Das große Buch der verrückten Experimente

Buch

Bei den beschriebenen Experimenten geht es um zwinkernde Tote, fliegende Schafe und unbarmherzige Theologiestudenten. Um Schamhaare auf Wanderschaft und einen Hund mit zwei Köpfen. Ganz beiläufig lernt der Leser, wie es Katzen schaffen, immer auf den Füßen zu landen, und mit welchen Maßnahmen das Servicepersonal in der Gastronomie zum größtmöglichen Trinkgeld kommt. Einige der Experimente sind berühmt-berüchtigt: Der Elektroschock-Versuch von Stanley Milgram etwa. Andere, wie das Sexualverhalten von männlichen Käfern mit weiblichen Köpfen, sind grotesk unwichtig. Einige der vorgestellten Studien, zum Beispiel die Beeinflussung von Kinobesuchern durch heimlich in den Film montierte Reklamebilder, sind zwar legendär, wurden aber niemals durchgeführt. Reto U. Schneider lädt den Leser zu einem Streifzug durch sieben Jahrhunderte Geschichte der Wissenschaft ein – erstaunlich, informativ und hoch vergnüglich.

Autor

Reto U. Schneider, geboren 1963, ist stellvertretender Redaktionsleiter bei NZZ-Folio, dem Magazin der Neuen Zürcher Zeitung, in der auch seine Kolumne »Das Experiment« erscheint. Der diplomierte Elektroingenieur ETH besuchte die Ringier-Journalistenschule und arbeitete als Wissenschaftsjournalist für Schweizer und deutsche Medien. Für seine Artikel wurde er mehrfach ausgezeichnet. Er ist auch Autor des Buches »Planetenjäger« (Birkhäuser, 1997) über die Entdeckung der ersten Planeten außerhalb unseres Sonnensystems.

Filmclips, Links und neue Experimente finden Sie unter www.verrueckte-experimente.de

Reto U. Schneider

Das große Buch der verrückten Experimente

Doppelband

Weltbild

Genehmigte Lizenzausgabe für Verlagsgruppe Weltbild GmbH,
Steinerne Furt, 86167 Augsburg

Umschlaggestaltung: X-Design, München
Umschlagmotiv: Getty images
Gesamtherstellung: GGP Media GmbH, Pößneck
Printed in the EU
978-3-8289-5728-2

2013 2012 2011
Die letzte Jahreszahl gibt die aktuelle Lizenzausgabe an.

Einkaufen im Internet:
www.weltbild.de

Das Buch der
verrückten Experimente

Das neue Buch der
verrückten Experimente

Für meine Eltern

Inhalt

Zeichenerklärung:

Unter verrueckte-experimente.de gibt es Links zu diesem Experiment.

Die kleine Filmrolle weist auf Filmclips hin, die es unter verrueckte-experimente.de zu sehen gibt.

◆ Hinter diesem Symbol findet sich die Hauptquelle für das jeweilige Experiment.

Einleitung

Dieses Buch entstand aus Abfallprodukten. Wer als Wissenschaftsjournalist arbeitet, häuft zwangsläufig einen Stapel von Studien an, über die er schreiben will, wenn er einmal Zeit dazu hat. Natürlich hat er nie Zeit. Und selbst wenn Zeit wäre – das Sammelgut widerspricht allen journalistischen Kriterien: Entweder ist es uralt, grotesk unwichtig oder beides zusammen. Und trotzdem hat man, aus Gründen, die einem selbst schleierhaft bleiben, sein Herz daran gehängt.

Meine Leidenschaft sind ungewöhnliche Experimente, und mein Stapel sah schon seiner Entsorgung entgegen, als ich in *NZZ-Folio*, der Zeitschrift der *Neuen Zürcher Zeitung*, die Gelegenheit bekam, eine Wissenschaftskolumne zu verfassen, die sich nicht an der aktuellen Nachrichtenlage orientierte. Endlich konnte ich über den getürkten Mordversuch im Hörsaal schreiben, über das Lebenselixier aus Meerschweinchenhoden, über den Puls beim Orgasmus. Die Texte in *NZZ-Folio*, die einen Teil dieses Buches ausmachen, hatten bald eine feste Fan-Gemeinde. Leserinnen gaben mir Hinweise auf Tramper-Tipps, Leser wollten genauere Informationen über die Stripteaseversuche in Las Vegas.

Doch die Kolumne entschärfte die Lage in meiner Abfallbewirtschaftung nur vorübergehend, denn während meiner Recherchen stieß ich auf immer neue Versuche, die auf dem Stapel landeten. Durch die Spinnen im Weltall entdeckte ich die Spinnen unter LSD, durch die Autohupforschung die Anhalterforschung. So entstand die Idee für »Das Buch der verrückten Experimente«.

Ein Experiment ist nach Brockhaus »die künstliche Herbeiführung und Abwandlung von Beobachtungsbedingungen zur Gewinnung wissenschaftlicher Unterlagen«. Verrückt ist ein Experiment dann, wenn ich es für verrückt erkläre. Das kann auf Grund der unterschiedlichsten Kriterien geschehen. Zum Beispiel wegen einer ungewöhnlichen

Fragestellung: Wie beeinflusst die Einnahme von Drogen das Erleben eines Gottesdienstes? Wegen einer seltsamen Methode: die Fernsteuerung eines Stiers in der Arena. Wegen einer bizarren Erkenntnis: In einem Prozent der Fälle kommt es beim Geschlechtsverkehr zum Austausch von Schamhaaren.

In wissenschaftlichen Publikationen erscheint die Durchführung eines Experiments oft geradlinig: Die Forscher studieren das relevante Material, bilden eine Hypothese, entwerfen ein Experiment, das sie dann ohne größere Probleme in die Tat umsetzen. In Wirklichkeit, so erklärte mir ein Forscher, ist die Durchführung eines Experiments ein bisschen, als würde man in den Krieg ziehen: »Beim ersten Feindkontakt werden alle Pläne über den Haufen geworfen.« Für dieses Buch interessierten mich die offiziellen Publikationen genauso wie die inoffiziellen Schwierigkeiten bei der Durchführung der Experimente. Ich griff auf Hintergrundmaterial, unveröffentlichte Aufzeichnungen und Zeitungsartikel zurück und befragte die beteiligten Wissenschaftler persönlich, sofern das möglich war. Dabei bin ich auf Experimente gestoßen, die Ehen zerstörten und Karrieren beendeten, auf solche, die Schlagzeilen machten, und andere, die standhaft weitererzählt werden, obwohl sie nie durchgeführt worden sind.

Man kann dieses Buch wie jedes andere von vorne bis hinten durchlesen. Die Experimente sind chronologisch geordnet, sie beginnen im Mittelalter und enden in der Gegenwart. Ab Seite 281 finden Sie ein thematisch geordnetes Inhaltsverzeichnis, zudem wird in vielen Texten auf verwandte Experimente im Buch verwiesen. Sie können aber auch einfach blättern und sich von den Bildern zum Lesen verführen lassen. Jeder Text steht für sich.

Die Jahreszahlen in den Überschriften geben an, wann ein Experiment durchgeführt worden ist. Wo sich das exakte Jahr nicht ermitteln ließ, habe ich mit Hilfe anderer Quellen das Jahr geschätzt.

In der Randspalte finden Sie Hinweise auf Bücher, Filme und Internetseiten sowie die Hauptquelle des jeweiligen Experiments. Filmclips, Links und weitere Informationen zum Buch gibt es unter www.verrueckte-experimente.de.

1304 **Und Dietrich ging zum Regenbogen**

Irgendwann zwischen 1304 und 1310 füllte der Dominikanermönch Dietrich von Freiberg eine kugelförmige Glasflasche mit Wasser und hielt sie in die Sonne. »Der größte wissenschaftliche Beitrag der westlichen Welt im Mittelalter«, sollte später darüber geurteilt werden.

Zahllose Gelehrte vor ihm hatten schon versucht, hinter das Geheimnis des Regenbogens zu kommen. Einige vermuteten, der Bogen am Himmel sei eine Reflexion der Sonnenscheibe, andere glaubten, die Wolke aus Regen wirke als Linse. Klar war, dass der Regen irgendwie das Sonnenlicht reflektierte, denn der Regenbogen war nur mit tief stehender Sonne im Rücken zu sehen. Doch warum war er immer Teil eines gleich großen Kreises? Wie war die Anordnung der Farben zu erklären? Und woher kam der zweite Bogen, der manchmal oberhalb des ersten erschien und dessen Farben die umgekehrte Reihenfolge hatten?

Durch bloßes Beobachten war dem Regenbogen nicht beizukommen. Doch wie konnte man das Naturschauspiel ins Labor holen? Man wusste zwar, dass sich das Sonnenlicht in Farben aufteilte, wenn es durch eine Wasserflasche schien, doch die Flasche, die man sich als verkleinerte Regenwolke dachte, erzeugte ja keinen Regenbogen.

Eine neue Idee musste her, und Dietrich von Freiberg hatte sie: Er sah die kugelförmige Wasserflasche nicht als verkleinerte Wolke, sondern als vergrößerten Tropfen. Wer verstand, was mit dem Sonnenlicht in einem einzelnen Tropfen passiert, brauchte sich nur noch zu überlegen, was geschähe, wenn die unzähligen Tropfen eines Regenschauers gleichzeitig diesen Effekt zeigten.

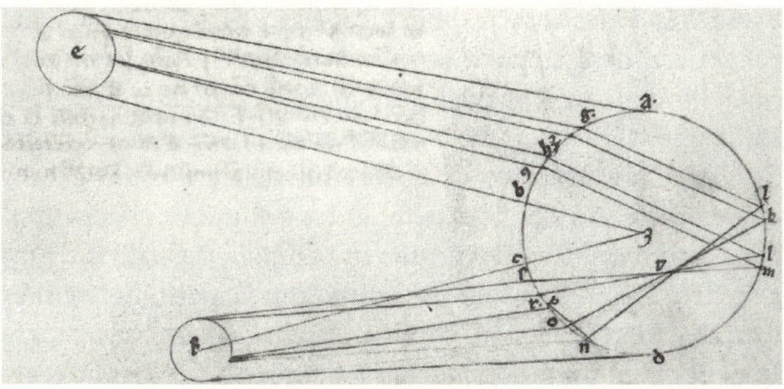

Die Entstehung des primären Regenbogens, gezeichnet von Dietrich von Freiberg. Das Licht der Sonne (links oben) wird beim Eintritt in den Wassertropfen (rechts) gebrochen, an der Rückwand reflektiert, beim Austritt erneut gebrochen und erreicht dann, aufgespaltet in verschiedene Farben, das Auge (links unten).

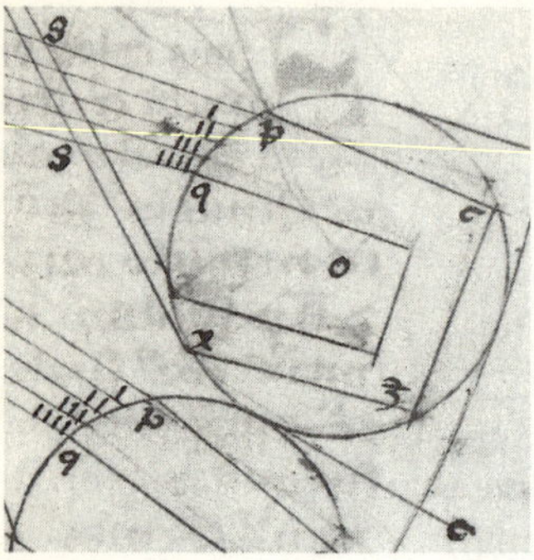

Im Gegensatz zum primären Regenbogen wird das Sonnenlicht (zwei Linien von links oben) beim sekundären Regenbogen zweimal an der Rückwand des Wassertropfens reflektiert, bevor es austritt (fünf Linien).

Also verfolgte von Freiberg einen einzelnen Sonnenstrahl auf seinem Weg. Zuerst ließ er den Strahl in den oberen Teil des Tropfens eindringen: Er sah an seiner Kugelflasche, dass er zuerst gebrochen wurde und dann seinen Weg im Wasser in einem etwas steileren Winkel fortsetzte. An der Rückseite der Flasche verließ ein Teil des Strahls die Flasche, der andere Teil wurde reflektiert, durchquerte das Wasser jetzt rückwärts und verließ es dann im unteren Teil der Kugelflasche, der Sonne zugewandt, wobei er erneut gebrochen wurde.

Aus anderen Experimenten wusste von Freiberg, dass Sonnenlicht auf dem Weg durch Wasser oder Glas in Farben aufgespalten wird. Jeder einzelne Tropfen strahlt also immer alle Farben gleichzeitig in verschiedene Richtungen ab. Wir sehen davon jeweils nur jene Farbe, deren gebündelte Reflexion für einen Moment unser Auge trifft. Wenn ein Tropfen fällt, streift uns zuerst das rote Bündel des Sonnenlichts, das in einem Winkel von etwa 42 Grad reflektiert wird, dann das orangefarbene, das gelbe, das grüne, das blaue und am Schluss das violette Bündel mit etwa 41 Grad Reflexionswinkel. Ein Regenbogen besteht also aus einer Art fallenden Spiegeln – den Regentropfen –, die nacheinander in den Regenbogenfarben aufblitzen. Weil für die gefallenen Tropfen ständig neue nachrücken, entsteht der Eindruck eines stillstehenden Farbbandes.

Doch wie kam es zum zweiten, etwas größeren Regenbogen, der oft über dem ersten entstand? Von Freiberg fand die Antwort, als er dem Lichtstrahl folgte, der in den unteren Teil der Kugelflasche eindrang. Der Strahl wurde wieder gebrochen, durchquerte das Wasser bis an die Rückwand der Flasche, wurde dort aber in so flachem Winkel reflektiert, dass er nach kurzem Weg durchs Wasser gleich noch einmal zur Rückwand gelangte. Nach einer erneuten Reflexion verließ er die Flasche nun im oberen Teil, der Sonne zugewandt, wo er noch einmal nach unten gebrochen wurde. An der Entstehung des sekundären Regenbogens waren also zwei Reflexionen beteiligt, deshalb die umgekehrte Farbreihenfolge des primären Bogens, bei dem es nur zu einer Reflexion kommt. Auch dass der sekundäre Regenbogen immer schwächer leuchtet als der primäre, ergibt einen Sinn: Bei zwei Reflexionen geht mehr Licht verloren als bei einer.

In einem Punkt allerdings lag Dietrich von Freiberg falsch. Er glaubte, Rot, Gelb, Blau und Grün, die er im Regenbogen sah, entstünden abhängig von der Eindringtiefe des Lichtes und der Durchsichtigkeit des Wassers. Erst später fand man heraus, dass die Farben wegen ihrer unterschiedlichen Wellenlänge bei der Lichtbrechung entstehen.

Von Freibergs Experiment war eines der ersten in der Geschichte der Wissenschaft. Seine Methode, aus den Eigenschaften der Elemente auf die Eigenschaft des Ganzen zu schließen, wurde als Reduktionismus zum erfolgreichsten Prinzip der Naturwissenschaften überhaupt, auch wenn Kritiker den Regenbogenforschern schon bald vorwarfen, »die Poesie des Regenbogens zu zerstören«.

verrueckte-experimente.de

◆ von Freiberg, D. (um 1310) *De iride et radialibus impressionibus*. Übersetzung: *Über den Regenbogen und die Strahlen erzeugten Eindrücke* (1914), Aschendorff.

1600 **Ein gewogenes Leben**

Hätte es das *Guinness-Buch der Rekorde* schon gegeben, Sanctorius Sanctorius wäre bestimmt darin aufgenommen worden: Kein Mensch dürfte längere Zeit auf einer Waage verbracht haben als der berühmte Arzt aus Padua. Sein Arbeitstisch, sein Stuhl, sein Bett: Alles hing an Seilen, die zu in der Decke versteckten Gegengewichten führten. Damit bestimmte Sanctorius dreißig Jahre lang eifrig die kleinsten Veränderungen seines Gewichts. Zudem wog er das Essen, das er zu sich nahm, und die Exkremente, die er ausschied. Die daraus gezogenen Schlüsse über die Funktion des menschlichen Körpers veröffentlichte er als Merksätze in seinem Werk *De Statica Medicina*, das heute als Klassiker gilt. Der bekannteste davon bezog sich auf die erstaunliche Tatsache, dass der Mensch nur einen kleinen Teil des Gewichts dessen, was er zu sich nimmt, als Urin und Stuhl wieder ausscheidet: »Wenn man an einem Tag acht Pfund Fleisch und Getränke einnimmt, ist die Menge, die in dieser Zeit als nicht wahrnehmbare Ausdünstung weggeht, fünf Pfund.« Dass diese unsichtbare Ausdünstung vor allem Schweiß war, wusste Sanctorius nicht, doch er war der Erste, der ihre Menge bestimmte, und

Im Haus von Sanctorius hing alles an einer Waage: das Bett, der Arbeitstisch oder – wie in diesem Kupferstich – der Stuhl.

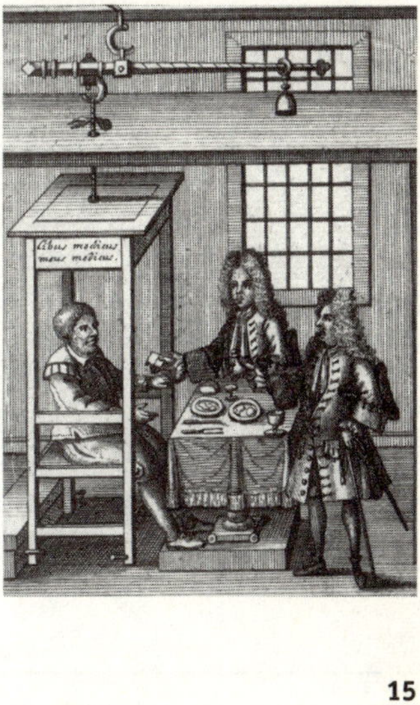

wurde damit zum Begründer der quantitativ-experimentellen Medizin. Bis dahin hatten Ärzte beschreibend gearbeitet.

Leider hat Sanctorius seine Experimente nirgends genau geschildert. So bleibt es der Fantasie des Lesers überlassen, wie der Versuch für den Merksatz Nummer zwei im Kapitel »Über den Geschlechtsverkehr« ausgesehen haben mag: »Bei maßlosem Geschlechtsverkehr wird etwa ein Viertel der üblichen Menge der Ausdünstungen blockiert.«

◆ Sanctorius, S. (1614), *De Statica Medicina*. Übersetzung: *Being the Aphorisms of Sanctorius* (1728), J. Osborn.

1604 **Steine im Kopf**

Ist es möglich, die Meinung zu widerlegen, dass ein schwerer Stein schneller fällt als ein leichter, ohne je einen Stein in die Hand zu nehmen? Der italienische Gelehrte Galileo Galilei tat im 17. Jahrhundert mit einem Gedankenexperiment genau das. Damals galt noch die zweitausend Jahre alte Ansicht des griechischen Gelehrten Aristoteles: Die Geschwindigkeit von frei fallenden Körpern ist proportional zu ihrem Gewicht.

In seinem Gedankenexperiment band Galilei den schweren und den leichten Stein zusammen und fragte sich, wie schnell die Steine jetzt wohl fallen würden. Falls Aristoteles tatsächlich Recht hätte und der schwere Stein allein schneller fiele als der leichte, dann »bremst der langsame den schnellen, und der schnelle beschleunigt den langsamen. Zusammen haben sie also eine Geschwindigkeit, die zwischen der des langsamen und der des schnellen Steins liegt.« Andererseits, argumentierte Galilei, seien die beiden Steine zusammen doch schwerer als der schwere Stein allein und müssten deshalb schneller fallen als der schwere Stein. Das Prinzip von Aristoteles führt zu einem Widerspruch, der sich erst auflöst, wenn man annimmt, dass die Fallgeschwindigkeit eines Körpers unabhängig von seinem Gewicht ist. Die Alltagserfahrung, dass ein Laubblatt langsamer fällt als eine Bleikugel, hat nichts mit dem Gewicht der beiden Gegenstände zu tun, sondern mit dem unterschiedlichen Widerstand, den sie der Luft mit ihrer Form und Oberfläche entgegensetzen. Wer es immer noch nicht glaubt: Auf dem Mond wurde es getestet (S. 219).

◆ Galileo (1638), *Discorsi e Dimostrazioni Matematiche Intorno a Due Nuove Scienze* appresso gli Elzevirii. Übersetzung: *Dialogues Concerning the Two New Sciences* (1914), Macmillan.

1620 **Aus Wasser wird Holz**

»Ich nahm einen Topf, in den ich 200 Pfund im Ofen getrocknete Erde füllte, die ich mit Regenwasser befeuchtet hatte, und pflanzte darin einen fünf Pfund schweren Weidenschössling.« Diese schlichte Beschreibung ist der Anfang eines der Experimente von Johan Baptista Van Helmont.

Dass es sein berühmtestes werden würde, konnte der belgische Gelehrte nicht ahnen, hatte er doch schon viel spektakulärere Versuche durchgeführt: Mal verwandelte er ein Pfund Quecksilber in acht Unzen Gold, dann wieder war er überzeugt, das Rezept für die Erschaffung von Leben gefunden zu haben: »Wenn man ein schmutziges Hemd in die Öffnung eines mit Weizenkörnern gefüllten Gefäßes stopft, wird sich nach etwa einundzwanzig Tagen der Geruch verändern, und die Zersetzungsprodukte werden in die Schale des Weizens eindringen und so den Weizen in Mäuse umformen.«

Als Van Helmont dieses Experiment durchführte, erstaunte ihn weniger die Entstehung der Tiere selbst, als dass beide Geschlechter daraus hervorgingen.

Van Helmont war der letzte Alchemist und der erste Chemiker, sein Weltbild eine Mischung aus Magie und Wissenschaft. Er wurde 1579 als Sohn einer wohlhabenden Familie in Brüssel geboren, schloss nach einer Odyssee durch fast alle Fachgebiete an der Universität von Löwen 1599 in Medizin ab und zog sich kurze Zeit später als Privatgelehrter aus dem öffentlichen Leben zurück.

In seinem Labor untersuchte er Gase, beobachtete die Fermentierung von Stoffen und stellte neue Arzneien her. Wann genau er Schaufel und Hacke für das Weidenbaumexperiment zur Hand nahm, ist nicht bekannt. Lesen konnte man erst 1648 davon, vier Jahre nach Van Helmonts Tod, als sein Sohn die gesammelten Werke des Vaters im Buch *Ortus medicinae* herausgab.

Dort legte Van Helmont auch seine Naturphilosophie dar, die er mit der Weide im Topf bestätigen wollte. Im Gegensatz zum griechischen Philosophen Aristoteles, der behauptete, alle Materie bestehe aus den vier Elementen Erde, Wasser, Feuer und Luft, hielt Van Helmont nur zwei davon für elementar: Luft und Wasser. Feuer bringe aus sich selbst heraus nichts hervor, und Erde sei Wasser in Reinheit und Einfachheit unterlegen. Zudem tauche Wasser in der

Schöpfungsgeschichte schon vor dem ersten Tag auf. Van Helmont war überzeugt, dass alle Materie – Steine, Erde, Tiere, Pflanzen – letztlich aus Wasser bestünden. Das Experiment sollte diese Hypothese für die Pflanzen belegen.

Fünf Jahre nachdem er die Weide gepflanzt hatte, riss er sie aus der Erde und wog beides: Von der Erde waren in dieser Zeit bloß zwei Unzen verloren gegangen, der Baum hingegen kam mit 169 Pfund und drei Unzen auf mehr als das Dreißigfache seines ursprünglichen Gewichts.

Daraus zog Van Helmont den einzigen nach damaligem Wissensstand vernünftigen Schluss: »164 Pfund Holz, Rinde und Wurzeln entstanden aus Wasser allein.« Denn außer ihn regelmäßig zu gießen, überließ er den Baum sich selbst.

Van Helmont wusste, dass das Resultat wenig überraschte. Als Gedankenexperiment hatten schon lange vor ihm Gelehrte den Versuch durchgeführt – mit demselben Resultat. Doch er war der Erste, der ihn mit Erde, Baum und Waage in die Wirklichkeit holte und damit dem Experiment als Werkzeug für den Erkenntnisgewinn den Weg ebnete.

Angeregt durch Van Helmonts Idee, forschten bald auch in anderen Labors Gelehrte an Topfpflanzen. Dabei stellte sich heraus, dass der Belgier mit seiner Interpretation nicht ganz richtig lag: Pflanzen brauchen nicht nur Wasser, um zu wachsen, sondern auch Luft, Licht und geringe Mengen von Stoffen aus dem Boden.

Van Helmonts Experiment war das erste auf dem Weg zur Klärung des geheimnisvollen Vorgangs, den man später »Photosynthese« nannte: die Umwandlung der energiearmen Verbindungen Wasser und Kohlendioxid mittels Licht in energiereiche Verbindungen, die den Tieren als Nahrung dienen. Ohne dass die Gelehrten es gleich merkten, stießen sie dabei auf den wichtigsten Unterschied zwischen Pflanze und Tier: Nur Pflanzen können Sonnenenergie auf diese Weise in chemischen Verbindungen speichern. Tiere – auch der Mensch – sind direkt oder indirekt davon abhängig.

Im 20. Jahrhundert erlebt Van Helmonts Experiment eine Renaissance. Studenten sollen daran ihren Scharfsinn testen und das saubere Design eines Experiments üben. Selbst im Internet gibt es Übungsaufgaben dazu. Um die Studiendauer nicht unnötig zu verlängern, wird allerdings empfohlen, anstatt Weiden Radieschen zu pflanzen.

verrueckte-experimente.de

◆ van Helmont, J. B. (1648), *Ortus medicinae,* Elzevir. Teilübersetzung in *A Source Book in Chemistry, 1400–1900.* (1952) McGraw-Hill.

1729 **Die Uhr in der Mimose**

Der französische Astronom Jean Jacques d'Ortous de Mairan hat nie erfahren, dass er ein neues Wissenschaftsgebiet begründete, als er eine seiner Topfpflanzen in einen Schrank stellte. Er selbst wollte das Resultat seines Mimosenexperiments gar nicht publizieren. Zu unbedeutend schien es ihm.

Mimosen schließen ihre Blätter in der Nacht und öffnen sie am Tag. De Mairan fragte sich, was wohl passieren würde, wenn die Mimose nicht mehr wüsste, ob gerade Tag oder Nacht ist. Am Ende des Sommers 1729 stellte er eine Pflanze in einen stockfinsteren Kasten und fand heraus, dass sich die Blätter auch ohne Sonnenlicht zur richtigen Zeit öffneten und schlossen. »Die Mimose spürt also die Sonne, ohne sie zu sehen«, hieß es in dem Brief, den ein Freund de Mairans und Mitglied der Académie an das höchste wissenschaftliche Gremium Frankreichs, an die Académie Royale des Sciences, schrieb.

Dieser Schluss war nicht der richtige. Viel später stellte man fest, dass die Mimose nicht die Sonne spürt, sondern einen Taktgeber in sich trägt. Trotzdem gilt de Mairan heute als der Begründer der Chronobiologie, der Wissenschaft von der inneren Uhr von Lebewesen. Zweihundert Jahre später führte ein Wissenschaftler de Mairans Experiment mit Menschen durch: Er zog sich mit seinem Assistenten einen Monat in eine Höhle zurück (S. 106).

Der Astronom Jean Jacques d'Ortous de Mairan stellte eine Mimose ins Dunkle und begründete damit eine neue Wissenschaft.

◆ de Mairan, J. J. D. (1729), Observation Botanique. In *Histoire de l'Académie Royale des Sciences*, S. 35.

1758 **Die Socken des Philosophen**

»Ich hatte während einiger Zeit beobachtet, dass meine Strümpfe beim Ausziehen am Abend häufig ein knisterndes Geräusch von sich gaben.« So beginnt der englische Gelehrte Robert Symmer seinen Artikel in den *Philosophical Transactions*, der wichtigsten wissenschaftlichen Fachzeitschrift jener Zeit. Da Symmers Freunde mit ihren Socken ähnliche Erfahrungen gemacht hatten und er niemanden kannte, der dieses Phänomen »auf philosophische Weise« betrachtet hatte, habe er die »genaustmögliche Untersuchung« dazu durchgeführt.

Diese Ankündigung war nicht übertrieben. Symmer trug seine Experimente an drei Zusammenkünften der

Royal Society vor. Die detaillierten Berichte über die aufregenden Erlebnisse mit seinen Socken füllten schließlich über dreißig Seiten, was ihm später in Frankreich prompt den Spitznamen »Barfußphilosoph« (philosophe déchaussé) eintrug.

An Beobachtungen herrschte kein Mangel, denn durch die »Einfachheit des Untersuchungsgegenstandes« – die Socken – und die »große Leichtigkeit, Experimente zu machen« – damit war das An- und Ausziehen der Socken gemeint –, »stand es in meiner Macht, meine Untersuchung zu jeder beliebigen Zeit zu machen«. Nach einigen Tests mit Socken aus Baumwolle, Wolle und Seide fand Symmer als Erstes heraus, dass sich Wolle und Seide am besten für die Experimente eigneten. Ob er den Wollsocken über dem Seidensocken trug oder umgekehrt, spielte keine Rolle: Hauptsache, er zog sie gemeinsam aus und trennte sie erst dann voneinander. Dabei luden sie sich elektrisch auf. Das sah Symmer daran, dass die Socken sich aufblähten, als stünden sie im Wind, und sich gegenseitig anzogen, wenn sie in die Nähe voneinander kamen.

In einer zweiten Serie von Experimenten benutzte Symmer nur noch einen schwarzen und einen weißen Seidensocken, weil die den stärksten Effekt zeigten. Zudem wechselte er die Technik. »Nachdem ich es als unangenehm empfunden hatte, die Strümpfe zu elektrisieren, indem ich sie so oft an- und auszog, wie es für die Experimente erforderlich war, habe ich diese Methode völlig aufgegeben; ich gebe mich jetzt zufrieden mit der Elektrizität, die entsteht, wenn ich die Strümpfe über die Hand ziehe.« Das habe auch den Vorteil, dass sich die Socken länger für die Versuche verwenden ließen, denn »wie jeder andere elektrische Apparat müssen auch sie sauber gehalten werden«.

Symmer wusste, dass hinter vorgehaltener Hand über seine Experimente gelacht wurde, und hatte sogar ein gewisses Verständnis dafür. Einem Freund schrieb er: »Ich gebe zu, dass man sich ekeln kann bei der häufigen Erwähnung des An- und

Diese Elektrizitätsversuche mit seinen Socken trugen Robert Symmer den Spitznamen »Barfußphilosoph« ein.

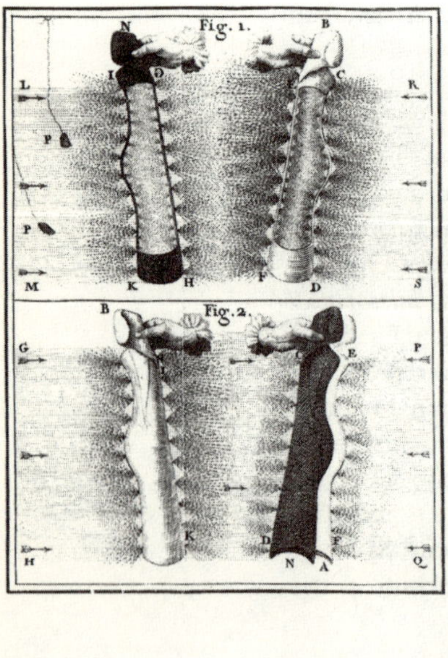

Ausziehens von Strümpfen. Ein Umstand, so wenig philosophisch und so einladend, sich darüber lustig zu machen, dass ich nicht überrascht war, als er Anlass für manch einen Witz unter Philosophen wurde.«

◆ Symmer, R. (1759), New Experiments and Observations Concerning Electricity. *Philosophical Transactions of the Royal Society* 61, S. 340–389.

1772 **Eunuchen unter Strom**

Nicht lange nach der Erfindung der Leydener Flasche, einer Vorrichtung, mit der sich elektrische Ladung speichern lässt, machte in Paris ein seltsames Gerücht die Runde. Es war damals en vogue, mit diesem Gerät lange Ketten aus Menschen zu elektrisieren. Die Herrschaften der höheren Gesellschaft kreischten vor Vergnügen, wenn ein elektrischer Schlag zwanzig Leute gleichzeitig zum Hüpfen brachte. Sogar der König ließ sich diese wundersame Wirkung der Elektrizität vorführen. Mal an einhundertachtzig Soldaten, dann an über zweihundert Kartäusermönchen (oder waren es siebenhundert, wie in manchen Quellen behauptet wird?). Doch bei einigen Vorführungen zeigte sich ein unerwarteter Effekt: Die Wirkung der Elektrizität erstarb mitten in der Kette.

Als zum Beispiel der Gelehrte Joseph Aignan Sigaud de la Fond in einem Pariser Schulhof sechzig Personen elektrisieren wollte, kam der Stromschlag immer nur bis zur sechsten. Weil man vermutete, dass der junge Mann, der dort stand, »nicht mit allem ausgestattet war, was die Eigenart eines Mannes ausmacht«, entstand das Gerücht, »dass es unmöglich sei, jene, die die Natur in diesem Punkt verhext hat, zu elektrisieren.«

Sigaud de la Fond hielt diese Meinung zwar für lächerlich, doch als eine Demonstration am Hof des Königs gewünscht wurde, ließ er sich nicht zweimal bitten. Die Versuchspersonen waren drei Musiker des Königs, »über deren Zustand keine Zweifel bestanden«. Und Sigaud de la Fond behielt Recht: An keiner Stelle in der Kette unterbrachen die königlichen Eunuchen den Stromkreis. Sie schienen im Gegenteil besonders empfindlich auf die elektrischen Schläge zu reagieren.

»Auf diese Weise ist die Elektrisiermaschine um die Ehre gekommen, dereinst als nützliches Instrument in den Versammlungssälen der Consistorien und Ehegerichte zu prangen«, schrieb der deutsche Physiker und Philosoph Georg Christoph Lichtenberg später.

Der Grund dafür, dass sich der Strom nicht durch alle Menschenketten gleich ausbreitete, war nicht die Impotenz der Männer (oder, wie auch vermutet wurde, die Frigidität der Frauen), sondern die Leitfähigkeit des Bodens, auf dem die Leute standen. War er zum Beispiel feucht, floss ein großer Teil des Stroms über ihre Beine in die Erde und erreichte die folgenden Glieder der Menschenkette nicht mehr.

◆ Sigaud de la Fond, J. A. (1785), *Précis historique et expérimental des phénomènes électriques: depuis l'origine de cette découverte jusqu'à ce jour*, Rue et Hôtel Serpente, ab S. 231.

1774 **Sauna für die Wissenschaft**

Am 23. Januar 1774 wurde der Arzt Charles Blagden von seinem Kollegen George Fordyce zu einigen Experimenten eingeladen. Was die zwei Männer im Dienste der Wissenschaft taten, unterscheidet sich kaum von dem, was heute Millionen von Leuten jede Woche für ihr Wohlbefinden und ihre Gesundheit tun: Sie gingen in die Sauna. Bloß dass dieser Saunabesuch der am besten dokumentierte der Geschichte wurde. Auf 24 Seiten ließ Blagden die Öffentlichkeit in den *Transactions of the Royal Society* wissen, wie es ihm und den anderen Versuchsteilnehmern in der Hitze ergangen war. Außer Blagden und Fordyce nahmen noch der ehrenwerte Hauptmann Phipps, Lord Seaforth, Sir George Home, Mr. Dundas, Mr. Banks, Dr. Solander, der am stärksten schwitzte, und Dr. North an den Experimenten teil.

Wahrscheinlich wusste Fordyce nicht, dass das Gebäude, das er hatte bauen lassen, einer Sauna recht nahe kam. Es bestand aus drei Kammern, von denen die heißeste eine Kuppel hatte und zweifach beheizt wurde: über Heißluftkanäle im Boden und indem Fordyce' Bedienstete von außen heißes Wasser über die Wände gossen.

Der Arzt George Fordyce ließ für seine Hitzeversuche eine Art Sauna bauen.

Mit dieser Anlage wollten die Forscher herausfinden, welche Temperatur der menschliche Körper ertragen kann. Sie begannen mit bescheidenen 45 Grad Celsius, steigerten aber bald auf 100 Grad, später auf 127 Grad. Zuerst schwitzten sie acht Minuten angezogen, in Straßenkleidern mit Handschuhen und Strümpfen, später auch nackt und zeitgleich mit einer Bratpfanne, in der ein Beefsteak lag.

Das Fleisch war nach einer Dreiviertelstunde »nicht nur gar, sondern fast schon ausgetrocknet«, wie Blagden schrieb. Beim nächsten Steak dauerte es nur 33 Minuten, bis er es »eher zu stark durchgebraten« aus der Pfanne hob, und das dritte, bei dem er mit einem Blasebalg die Luft im Heißraum etwas umwälzte, war nach 13 Minuten durchgebraten. Das war im Grunde nicht erstaunlich, schließlich wurden die Steaks auf eine Temperatur von über 100 Grad erhitzt. Was Blagden erstaunte, war, dass ihm selber die hohen Temperaturen nichts anhaben konnten.

Totes Fleisch war nach kurzer Zeit gar, ein lebender Mensch verließ den Raum unter den gleichen Bedingungen intakt. Daraus schloss Blagden, dass Lebewesen die besondere Gabe haben, Hitze zu vernichten. Er meinte damit nicht etwa die Kühlung das Körpers durch Schwitzen, sondern eine »Einrichtung der Natur, die unmittelbarer mit den Lebenskräften zusammenzuhängen schien«.

Blagden lag in diesem Punkt falsch: Eine Lebenskraft, die imstande ist, Hitze zu zerstören, gibt es nicht. Die Kühlung des Körpers wird allein durch das Verdunsten von Feuchtigkeit wie Schweiß oder Speichel in Kombination mit der Erweiterung von Blutgefäßen bewerkstelligt.

◆ Blagden, C. (1775), Experiments and Observations in a Heated Room. *Philosophical Transactions of the Royal Society* 65, S. 111–123.

◆ Blagden, C. (1775), Further Experiments and Observations in a Heated Room. *Philosophical Transactions of the Royal Society* 65, S. 484–495.

1783 **Das fliegende Schaf**

Warum dieses Experiment nicht schon viel früher gemacht worden ist, wird für immer ein Rätsel bleiben. Die physikalischen Grundlagen dazu waren seit zweitausend Jahren bekannt. Auch das nötige Baumaterial gab es schon lange. Doch erst am 19. September 1783 erhoben sich die ersten Passagiere in einem Heißluftballon in die Lüfte: eine Ente (Tier des Wassers), ein Schaf (Tier des Bodens) und ein Hahn (Tier der Luft).

Seit die Brüder Joseph Michel und Jacques Étienne Montgolfier in Annonay, südlich von Lyon, mit ihren ersten Ballonexperimenten begonnen hatten, war bloß ein Jahr vergangen. Es gibt verschiedene mehr oder weniger glaubhafte Versionen darüber, wie Joseph Montgolfier auf die Idee für seine Versuche gekommen sei: Mal war ein am Kamin aufgehängter Unterrock seiner Frau, den die warme Luft aufblähte, der zündende Funke, mal eine achtlos ins

Feuer geworfene Papiertüte, die davongetragen wurde, oder der Anblick von aufsteigendem Rauch und Wolken. Jedenfalls versuchte Joseph Montgolfier, »eine Wolke in eine Hülle einzuschließen und Letztere durch den Auftrieb der Ersteren in die Höhe heben zu lassen«, indem er den Rauch eines Feuers in einen Papiersack leitete. Sein Bruder Étienne war begeistert und baute am nächsten größeren Ballon mit.

Bald erfuhr auch König Ludwig XVI. von den wundersamen Fluggeräten der aus einer Familie von Papierherstellern stammenden Brüder Montgolfier und lud sie zu einer Demonstration nach Versailles ein. Weil der dafür vorgesehene Ballon bei einem Gewitter zerstört worden war, musste innerhalb weniger Tage ein neues Modell gebaut werden. Aus langen Baumwollbahnen schneiderten Étienne Montgolfier und seine Mitarbeiter eine Kugel mit angesetztem Zylinder und schlugen das Ganze mit Papier aus. Der Heißluftballon traf um acht Uhr morgens am Tag der Demonstration in Versailles ein und wurde zur Plattform gebracht, die aufgebaut worden war, um ihn zu füllen.

Montgolfier war überzeugt davon, dass er das ideale Gas gefunden habe, um einen Ballon steigen lassen: Der übel riechende Rauch eines Feuers. Er konnte nicht wissen, dass Rauch und Gestank nichts mit dem Effekt zu tun hatten. In Wirklichkeit bewirkt Wärme, dass die Luft sich ausdehnt und dadurch leichter wird als das gleiche Volumen kälterer Luft.

Um zwölf Uhr ließ Montgolfier unter der Plattform Feuer machen. Die 80 Pfund Stroh und fünf Pfund Wolle, vor allem aber die alten Schuhe und das verwesende Fleisch, das verbrannt wurde, veranlassten die königlichen Gastgeber, das Schauspiel aus sicherer Entfernung zu beobachten.

»In vier Minuten war die Maschine gefüllt«, schrieb Étienne später an seinen Bruder, der in Annonay geblieben war, »alle ließen gleichzeitig los, und die Maschine stieg majestätisch in die Höhe. Unmittelbar nach dem Aufstieg kam ein Windstoß, der sie schräg legte. In diesem Augenblick befürchtete ich einen Misserfolg.« Doch der 18 Meter hohe Ballon richtete sich wieder auf und trug Schaf, Huhn

und Ente in einem Weidenkorb in eine Höhe von 440 Metern.

Am 19. September 1783 werden in Versailles die ersten Luftreisenden – ein Schaf, ein Hahn und eine Ente – von einem Heißluftballon emporgetragen.

Die Tausende von Zuschauern, die sich auf dem Platz eingefunden hatten, blickten dem Luftgefährt erstaunt nach und begannen dann zu jubeln. Acht Minuten nach dem Start ging der Ballon in drei Kilometern Entfernung sanft zu Boden. Ein Ast, der das Gefährt streifte, öffnete den Weidenkorb, sodass die Tiere den Käfig verlassen konnten. Das Schaf fand man friedlich grasend in einer nahen Wiese, und auch die Ente war wohlauf. Einzig der Hahn gab zu Diskussionen Anlass: Sein rechter Flügel war verletzt, und besorgte Zuschauer fragten sich, ob es der Mensch je wagen dürfe, selbst in den Himmel zu steigen. Bald aber meldeten sich Zeugen, die gesehen hatten, dass die Verletzung des Hahnes »die Konsequenz eines Trittes war, den er mindestens eine halbe Stunde zuvor vom Schaf bekommen hatte«.

◆ Cavallo, T. (1785), *The History and Practice of Aerostation*, S. 68.

Einen Monat später, am 15. Oktober 1783, stieg der erste Mensch in einem Ballon auf.

1802 **Der zwinkernde Tote**

An einem kalten Januartag im Jahr 1802 wartete Giovanni Aldini unweit des Gerechtigkeitsplatzes in Bologna auf seine Versuchsobjekte. Auf einem großen Holztisch lagen Skalpelle, Sägen und Drähte bereit, daneben stand eine seltsame kniehohe Säule: die Voltasäule. Aus je 100 Zink-, Silber- und salznassen Lederscheiben abwechselnd geschichtet, war sie die erste Vorrichtung, die stetig Strom lieferte und damit die Erforschung der Elektrizität ermöglichte. Doch das wusste Aldini noch gar nicht. Wie sollte er, ein Jahrhundert bevor das Elektron seinen Namen bekam, erkennen, dass er eigentlich eine Batterie vor sich hatte, die Elektronen in Bewegung setzte und damit einen elektrischen Strom erzeugte?

Aldini ging es mehr ums Praktische, er war mehr Showman als Wissenschaftler: Mit den 100 Volt der Säule hatte er bereits einen abgeschlagenen Stierkopf zum Blinzeln gebracht. Jetzt wollte er ihre Wirkung an einem »edleren Subjekt« ausprobieren. Seine Versuche verlangten nach der »Leiche des Menschen mit der in höchstem Maße konservierten Lebenskraft«. Und die gab es nur an einem Ort: neben dem Schafott.

Giovanni Aldini war der Neffe von Luigi Galvani, der bei seinen ausgiebigen Versuchen mit Froschschenkeln beobachtet hatte, dass ihre Muskeln zuckten, wenn sie von zwei verschiedenen Metallen berührt wurden, die in Kontakt waren. Galvani glaubte, der Grund dafür sei »tierische Elektrizität«, die im Froschschenkel schlummere und durch den Kontakt mit den Metallen befreit werde. Er konnte nicht wissen, dass es genau umgekehrt war: Seine Anordnung war eine primitive Batterie, die den Froschschenkel elektrisierte. Weil sich die Froschschenkel dabei bewegten, als lebten sie noch, nahm Galvani an, dass die »tierische Elektrizität« mit der Lebenskraft zu tun habe und sich von der Elektrizität in unbelebter Materie unterscheide. Alessandro Volta, der im Jahr 1800 die Voltasäule erfunden hatte, glaubte hingegen, dass es nur eine Sorte Elektrizität gebe, die sowohl für den Blitz des Gewitters als auch für zuckende Froschschenkel verantwortlich sei.

Für die Frösche waren Galvanis Experimente schlechte Neuigkeiten. Wo immer es in Europa Froschschenkel und

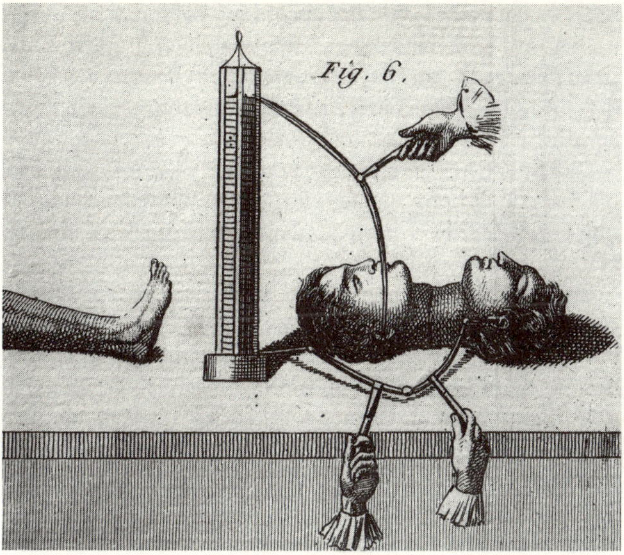

Bei Elektrizitätsversuchen mit Enthaupteten fielen immer wieder Zuschauer in Ohnmacht. Auch als Giovanni Aldini in Bologna diese zwei Köpfe mithilfe einer Voltasäule zu Grimassen reizte.

zwei verschiedene Metalle gab, begannen Gelehrte und Amateurforscher mit ihnen zu hantieren. Einer davon war der schottische Arzt James Lind, der in seinem Labor oft Besuch vom Schuljungen Percy Shelley bekam. Percy Shelley war der spätere Ehemann von Mary Shelley, der Autorin des Romans *Frankenstein*, in dem ein aus Leichenteilen zusammengesetzter Körper mit Elektrizität zum Leben erweckt wird. Die Froschschenkelversuche dürften also für eines der populärsten Bücher der Weltliteratur verantwortlich sein.

Die erste Leiche wurde Aldini eine Dreiviertelstunde nach der Hinrichtung gebracht. Er legte ihren Kopf auf den Tisch, steckte einen Draht in jedes Ohr und beobachtete »starke Zuckungen aller Gesichtsmuskeln, die so unregelmäßig angespannt wurden, dass sie die schlimmsten Grimassen erzeugten«. Dann steckte Aldini den einen Draht in den Mund, dann in die Nase. Er ließ den Kopf rasieren, den Schädel aufsägen, stocherte im Hirn herum. Als ihm die Ideen auszugehen drohten, wo er seine Elektrode noch hätte hinstecken können, brachte man ihm einen zweiten Kopf.

Aldini legte die beiden Köpfe dort aneinander, wo sie abgeschlagen worden waren, und elektrisierte sie. »Die Grimassen, die beide Gesichter einander machten, waren wunderbar und beängstigend«, schrieb er später in seinem Buch *Essai théorique et expérimental sur le Galvanisme*, und dass bei diesem Anblick die ersten Zuschauer in Ohnmacht gefallen seien.

Das Spektakel brachte nur geringen Erkenntnisgewinn. Nach der Beschreibung des vierzigsten und letzten Experiments war Aldinis Schluss, dass weitere nötig seien, um die Natur des Galvanismus zu erhellen.

Ihm war bewusst, dass sein Elektrozirkus mit Hingerichteten nicht allen Leuten gefiel. Zwischen den Beschreibungen der makabren Experimente betonte er immer wieder die edlen Motive, die ihn bewogen, seinen Widerwillen gegen die Versuche mit Geköpften zu überwinden: die Liebe zur Wahrheit, zu den Menschen und zur Wissenschaft.

◆ Aldini, J. (1804), *Essai théorique et expérimental sur le Galvanisme*, Imprimerie de Fournier fils.

Versuche an Gehenkten hielt er für unmoralisch, weil ihr Körper noch in einem Stück war. Wer sie durchführe, werde zum »barbarischen Experimentator«. Zu diesem Schluss kam er freilich erst nach vierzehn Experimenten an der Leiche des Mörders Thomas Foster, der am 17. Januar 1803 in London aufgehängt worden war.

1802 **Eine eklige Doktorarbeit**

Medizinstudenten, die sich über die Mühseligkeit ihrer Doktorarbeit beklagen, sollten einen Blick in die Dissertation werfen, die Stubbins Ffirth vor zweihundert Jahren an der University of Pennsylvania einreichte.

Ffirth war gerade achtzehn Jahre alt, als er sich vornahm zu beweisen, dass Gelbfieber nicht von Mensch zu Mensch übertragen werden kann. Die Krankheit trat vor allem in tropischen Gebieten auf, kam aber auch im Süden der USA vor. Sie kündigte sich mit grippeartigen Symptomen an. Es folgten drei bis vier Tage hohes Fieber, Schüttelfrost, Kopfschmerzen und ständiges Übergeben. Das Erbrochene war schwarz, die Haut färbte sich gelb. In vielen Fällen führte die Krankheit nach sieben bis zehn Tagen zum Tod. Weil sich Gelbfieber oft epidemieartig ausbreitete, glaubten viele Leute, sie könnten sich an Kleidern, Decken oder anderen Gegenständen anstecken, mit denen die Kranken in

Berührung gekommen waren. Davon war zunächst auch Ffirth überzeugt. Doch er änderte seine Meinung, weil es keine Anzeichen dafür gab, dass Krankenschwestern, Ärzte, Angehörige von Opfern oder Totengräber häufiger an Gelbfieber erkrankten als andere Leute.

Ffirth wollte mit Experimenten beweisen, dass der Kontakt mit Gelbfieberkranken völlig ungefährlich sei. Als Erstes fütterte er einen kleinen Hund mit Brot, das mit Erbrochenem eines Gelbfieberpatienten voll gesogen war. Nach drei Tagen mochte der es so gern, dass er den Auswurf auch ohne Brot fraß. Der Hund blieb gesund. Auch die Katze, die er als Nächstes damit fütterte, wurde nicht krank. Wieder war der Hund an der Reihe. Ffirth schnitt ihm am Rücken die Haut auf, füllte die Wunde mit Erbrochenem und nähte sie zu. Der Hund blieb gesund. Erst als er ihm den Auswurf direkt in die Halsvene spritzte, starb er. Ffirth war überzeugt, dass sein Tod nichts mit dem Gelbfieber zu tun hatte, denn ein anderer Versuch zeigte: Ein Hund kam auch um, wenn man ihm Wasser in die Vene spritzte.

Am 4. Oktober 1802 verwendete er schließlich ein neues Versuchstier: sich selbst. Er schnitt sich in den Unterarm und gab Erbrochenes eines Gelbfieberpatienten in die Wunde. Nichts geschah. Um sicherzugehen, wiederholte er diesen Versuch an etwa zwanzig weiteren Körperstellen. Dann träufelte sich Ffirth Erbrochenes in die Augen, stellte Erbrochenes aufs Feuer und atmete den Dampf ein, schluckte Pillen aus getrocknetem und gepresstem Erbrochenem, schluckte es verdünnt »und steigerte die eingenommene Menge von einer halben Unze [14 Gramm] auf zwei Unzen [56 Gramm], die ich schließlich unverdünnt trank«, wie er in seiner Dissertation schrieb.

Nachdem er überzeugt war, dass Erbrochenes die Krankheit nicht übertragen konnte, nahm er sich Blut, Speichel, Schweiß und Urin der Kranken vor. Er schluckte das Blut »in beachtlichen Mengen« und brachte sich Schnittwunden bei, in die er die verschiedenen Körperausscheidungen gab. Hier hatte er Glück: Über das Blut hätte das Virus übertragen werden können. Vielleicht war Ffirth schon immun, oder im Blut waren gar keine Viren mehr, als er es verwendete. Jedenfalls blieb er gesund und war nun sicher, dass man sich bei einem kranken Menschen nicht mit Gelbfieber anstecken konnte.

Doch seine heroischen Versuche hatten wenig Einfluss auf die Medizin. Sie zeigten vor allem, wie sich Gelbfieber *nicht* verbreitete, doch die Frage war vielmehr: *Wie* verbreitet es sich?

Die entscheidenden Indizien kannte schon Ffirth. Gelbfieber unterscheide sich von einer ansteckenden Krankheit, schrieb er 1804, »indem es nur bei heißem oder warmem Wetter auftritt, von Kälte gestoppt wird und nie zur Epidemie wird, wenn die Temperatur unter null Grad fällt.« Hundert Jahre später wurde klar, dass Mücken das Virus übertragen.

◆ Ffirth, S. (1804), *On Malignant Fever: With Attempt to Prove its Non-Contagious Nature, from Reason, Observation, and Experiment*, B. Graves.

1825 **Der Mann mit dem Loch im Bauch**

Es war am 6. Juni 1822, kurz nach Mittag, als William Beaumont neben dem blutenden Soldaten niederkniete. Im Lagerhaus des Forts Mackinac an der kanadischen Grenze zwischen Lake Michigan und Lake Huron hatte sich ein Schuss aus einem Gewehr gelöst und den Soldaten Alexis St. Martin in den Bauch getroffen. Beaumont entfernte Knochensplitter und Kleiderfetzen aus der Wunde, knipste ein Stück einer Rippe ab, das in der Lunge steckte, und trug eine Mischung aus Mehl, heißem Wasser, Kohle und Hefe auf. Als Militärarzt hatte er Erfahrung mit Schussverletzungen: Dies hier war ein hoffnungsloser Fall. Doch Beaumont täuschte sich: Der achtundzwanzigjährige Soldat bekam zwar heftiges Fieber, eine Lungenentzündung und wurde von Beaumont auch noch zur Ader gelassen, doch sein Zustand besserte sich. Einzig die Wunde wollte sich nicht schließen. Was immer St. Martin zu sich nahm, verließ seinen Körper durch das Loch unter der linken Brust. In der ersten Zeit war ein satter Verband nötig, damit dies nicht während des Essens und Verdauens geschah, später bildete ein Wulst aus Haut ein Ventil. Leichter Druck reichte zwar, um mit dem Finger direkt in den Magen zu gelangen, Bandagen waren jedoch nicht mehr nötig.

Beaumont behauptete später, seine Motive, St. Martin zu pflegen, seien völlig uneigennützig gewesen. Doch wahr-

Der Militärarzt William Beaumont zapft Alexis St. Martin durch das Loch im Bauch Magensaft ab. Dieses Bild entstand über hundert Jahre nach dem Experiment als Teil einer Serie über amerikanische Pioniere der Medizin.

scheinlich war ihm längst klar geworden, welche Chance das Loch bot. Jedenfalls wehrte er sich erfolgreich dagegen, dass der Soldat nach langer Rekonvaleszenz seiner Obhut entzogen und nach Montreal geschickt würde.

Am 1. August 1825 um zwölf Uhr mittags stopfte Beaumont »ein Stück stark gewürztes Rindfleisch, ein Stück rohes, gesalzenes Schweinefett, ein Stück altes Brot und ein Stück rohen Kohl«, befestigt an einem Seidenfaden, in St. Martins Loch. Um ein, zwei und drei Uhr zog er den Faden heraus. Es war das erste Experiment von vielen. Beim zweiten ließ Beaumont durch einen Schlauch Magensaft in ein Gefäß fließen, in das er ein Stück Corned Beef legte: Das Fleisch wurde vor seinen Augen verdaut.

Damit war eine alte Frage beantwortet: Ist die Verdauung ein rein chemischer Vorgang, oder braucht es dazu eine Art Lebenskraft, die im Körper den Unterschied zwischen Verdauung und Verwesung ausmacht? Die Lebenskraft war nicht nötig, die Chemie des Magensafts in einer Schale reichte.

Im September 1825, kurz nachdem Beaumont seine Experimente begonnen hatte, reiste St. Martin »ohne mein Einverständnis«, wie Beaumont betonte, nach Kanada, wo er heiratete und zwei Kinder bekam. Zwei Jahre später machte Beaumont ihn ausfindig und überredete ihn

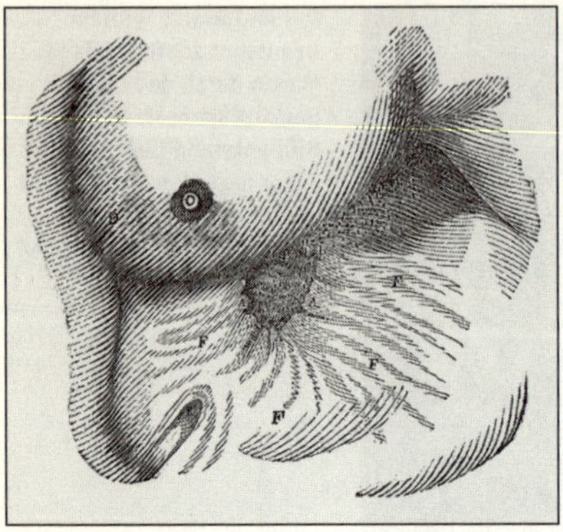

Das berühmteste Brustbild der Medizin: Eine Schussverletzung ließ beim Soldaten Alexis St. Martin ein Loch zurück, das direkt in den Magen führte.

1829 gegen Bezahlung, zu ihm zurückzukehren.

Der Arzt beobachtete nun die Bewegungen von St. Martins Magen, untersuchte die Magenschleimhaut, ließ ihn üppige Mahlzeiten verspeisen, die er zwanzig Minuten später dem Magen wieder entnahm. Er bestimmte die Verdauungszeit verschiedener Nahrungsmittel und untersuchte den Einfluss des Wetters darauf. Sein Versuchskaninchen hatte sich vertraglich verpflichtet, Beaumont »zu dienen und zu folgen, wo immer er hingeht« und »allen Anweisungen Folge zu leisten«. Dafür erhielt er einhundertfünfzig Dollar im Jahr, Unterkunft und Essen.

Die Experimente waren strapaziös. In manchen Monaten musste St. Martin fast jeden Tag einen Versuch über sich ergehen lassen, 1832 sogar an Weihnachten. 1834 besuchte er seine Familie im Süden Kanadas und kam nicht mehr zurück. Beaumont starb neunzehn Jahre später. Bis kurz vor seinem Tod versuchte er, St. Martin zurückzuholen. Der Fall war in der Fachwelt bekannt geworden. Kollegen aus London und Paris wollten den Mann mit dem Loch im Bauch sehen. Beaumont lebte in ständiger Angst, andere Ärzte könnten seinen Schützling direkt kontaktieren.

Für Beaumont war Alexis St. Martin ein Forschungsobjekt, auf das er ein Recht zu haben glaubte. Wie die meisten Ärzte seiner Zeit hatte er keine ethischen Bedenken – weder wegen möglicher Folgen seiner Experimente noch, weil er St. Martin dazu brachte, seine Familie für Jahre zu verlassen. Im Vorwort seines 1833 erschienenen Buches *Experiments and Observations on the Gastric Juice and the Physiology of Digestion*, das heute als Klassiker gilt, dankte er einer Reihe von Ärzten für ihre Unterstützung, seine Versuchsperson erwähnte er hingegen mit keinem Wort.

Alexis St. Martin starb am 24. Juni 1880, siebenundzwanzig Jahre nach Beaumont. Mehrere Ärzte wollten ihn obduzieren und seinen Magen einem Museum übergeben. Doch seine Familie zog es vor, ihn zu Hause aufzubahren, bis die Verwesung einsetzte. Dann begrub sie ihn. Das Grab war zwei Meter vierzig tief, damit ihn niemand exhumieren konnte.

◆ Beaumont, W. (1833), *Experiments and Observations on the Gastric Juice and the Physiology of Digestion*, F. P. Allen.

1837 **Darwin am Fagott**

Es gibt Experimente, die man sich einfach aus der Sicht der untersuchten Tiere vorstellen sollte. Da windet sich also ein Wurm in einem Topf mit Erde, und was sieht er, wenn er über den Rand blickt? Einen der bedeutendsten Naturwissenschaftler aller Zeiten, Charles Darwin, der sein Fagott ganz nah an den Topf hält und mit geblähten Backen den tiefstmöglichen Ton spielt. Wer nun glaubt, der Wurm sei überrascht, könnte sich täuschen. Der Gelehrte hatte nämlich schon auf der Flöte und auf dem Klavier für ihn gespielt.

Darwin begründete nicht nur die Evolutionslehre, er erforschte auch über vierzig Jahre lang intensiv das Leben der Regenwürmer. Dabei wollte er unter anderem die Frage klären, ob die Würmer hören können. Als sie auf keines der Instrumente reagierten und sich auch nichts anmerken ließen, als Darwin sie anschrie, schloss er in seinem 1881 erschienenen Buch *The Formation of Vegetable Mould, through the Action of Worms (Die Bildung der Ackererde durch die Tätigkeit der Würmer, mit Beobachtungen über deren Lebensweise)*: »Würmer haben keinen Gehörsinn.«

◆ Darwin, C. (1881), *The Formation of Vegetable Mould, through the Action of Worms* John Murray.

1845 **Trompeter auf der Eisenbahn**

Es hätte ein Konzert für Dadaisten sein können: Die Lokomotive, die am 3. Juni 1845 auf den Geleisen zwischen Utrecht und Maarsen in Holland hin- und herfuhr, zog einen einzigen offenen Wagen, auf dem drei Männer standen. Einer notierte in einem Formular Zahlen, ein zweiter spielte auf seiner Trompete ein G, sobald ihm der dritte das Zeichen dazu gab.

Neben dem Heizer im Führerstand der Lokomotive blickte Christoph Buys Ballot in den Himmel und hoffte, das Wetter würde nicht umschlagen. Den ersten Versuch hatte der achtundzwanzigjährige Physiker im Februar abbrechen müssen. Den Musikern blies der Schnee ins Ge-

Der Physiker Christoph Buys Ballot schlug sich mit der Disziplinlosigkeit von Orchestermusikern herum, als er den Dopplereffekt überprüfen wollte.

sicht, und die Kälte verstimmte ihre Instrumente. Doch dieser Dienstag war ein milder Sommertag, und Buys Ballot hatte gute Chancen, sein Experiment durchzuführen. Ein Experiment, das mithilfe von sechs Trompetern, zwei Uhren und einer Lokomotive überprüfen sollte, was ein unbekannter österreichischer Professor im Jahr 1842 über die Farbe von Sternen geschrieben hatte.

Drei Jahre waren vergangen, seit Buys Ballot ein »Schriftchen des Hrn. Doppler« in die Hände bekommen hatte. In der Arbeit mit dem Titel »Ueber das farbige Licht der Doppelsterne und einiger anderer Gestirne des Himmels« postulierte Christian Doppler, dass einer, der sich mit hoher Geschwindigkeit einer Lichtquelle näherte oder sich von ihr entfernte, sie in anderen Farben sähe, als wenn er sich nicht bewegte. Im Alltag lasse sich dieses Phänomen nicht beobachten, weil es erst bei sehr hohen Geschwindigkeiten auftrete. Doch Doppler war überzeugt, dass bloß in die Sterne zu blicken brauchte, wer nach einer Bestätigung seiner Theorie suchte.

Am Nachthimmel hatten Astronomen die Sterne in zwei Kategorien eingeteilt: weiße und farbige. Die weißen waren Einzelsterne, die sich nicht zu bewegen schienen, während die farbigen oft zu Doppelsternen gehörten: zwei Sterne, die einander umkreisen. Doppler glaubte, dass die Farbe der Doppelsterne damit zu tun habe, dass sie sich abwechselnd von der Erde entfernten und sich ihr näherten. Die Theorie, die er dazu aufstellte, ging als Dopplereffekt in die Geschichte der Physik ein.

Nach verschiedenen Auseinandersetzungen um die Natur des Lichtes war man sich zur Zeit Dopplers weitgehend einig, dass sich Licht wie eine Welle ausbreitet und die verschiedenen Farben zustande kommen, weil Lichtwellen unterschiedlich schnell schwingen: violettes Licht am schnellsten, rotes am langsamsten, dazwischen wie im Regenbogen blaues, grünes, gelbes und orangefarbenes.

Ob einer Rot oder Blau sieht, hängt davon ab, wie rasch aufeinander die »Wellenschläge« des Lichts in seinen Augen eintreffen. Zu Dopplers Überraschung hatte zuvor niemand gemerkt, dass dabei auch die Bewegung der Lichtquelle und die des Beobachters eine Rolle spielt. Wer sich auf ein Licht zubewegt, geht der Welle entgegen und trifft die Wellenschläge des Lichts in rascherer Folge, als wenn er ruht. Wer sich hingegen vom Licht entfernt, flieht vor den Wellenschlägen, die jetzt mehr Zeit brauchen, um ihn einzuholen, also in langsamerer Folge bei ihm ankommen. Dasselbe gilt auch im umgekehrten Fall, wenn der Beobachter in Ruhe ist und sich das Licht bewegt.

Doppler veranschaulichte den Effekt an einem Schiff, das den Wellen entgegensteuert und »in derselben Zeit eine größere Anzahl und viel heftigere Wellenschläge zu erleiden hat wie eines, das ruhet oder gar sich in der Richtung der Wellen mit ihnen fortbewegt«.

Er rechnete in seiner Arbeit auch aus, welche Geschwindigkeit nötig wäre, um den Effekt mit bloßem Auge zu sehen: »33 Meilen in der Sekunde.« Ein Wert, der jedem noch so optimistischen Forscher den Mut nahm, den Dopplereffekt in einem Experiment nachzuweisen.

Doch es gab eine Lösung, die auch Doppler nicht entgangen war: Wie Licht breitet sich auch Schall als Welle aus, bloß viel langsamer als Licht, und so würde der postulierte Effekt »auch vollkommen strenge« für Schallwellen gelten. Schall ist eine Welle aus schnellen kleinen Veränderungen des Luftdrucks, die unser Ohr wahrnehmen kann. Wie beim Schiff, das den Wellen entgegenfährt, treffen die Wellenschläge des Schalls das Ohr in rascherer Folge, wenn man sich auf die Quelle zubewegt, was den Ton höher erscheinen lässt, als er von der Quelle abgegeben wird. Doppler berechnete, dass sich eine Tonquelle dem Beobachter mit einer Geschwindigkeit von 68 Fuß pro Sekunde (70 Kilometer pro Stunde) nähern müsste, damit aus einem H das einen Halbton höhere C würde.

70 Kilometer pro Stunde, das war eine Geschwindigkeit, die seit der Erfindung der Dampflokomotive im vorigen Jahrhundert in Reichweite lag. Buys Ballot wandte sich an den Direktor der Rhein-Eisenbahn, der beim Minister des Innern die Erlaubnis zur »kostenfreien Benutzung einer Locomotive auswirkte«.

Als Tonquelle wollte Buys Ballot zuerst die Pfeife der Lokomotive benutzen. Sie war laut und deshalb über weite Distanzen hörbar. Doch in Vorversuchen stellte er fest, dass ihr Ton zu wenig rein war, als dass ein Musiker seine Höhe genau hätte bestimmen können. Also erweiterte Buys Ballot die Schar seiner Helfer um eine Hand voll der besten Trompeter, die er in Utrecht finden konnte. Einer davon fuhr mit zwei Helfern auf dem Bahnwagen mit, die anderen warteten, auf drei Gruppen verteilt, entlang der Gleise in Abständen von 400 Metern.

Auf dem Hinweg spielte der Trompeter auf dem Wagen ein G im Dienste der Wissenschaft, und die Musiker an den Geleisen notierten sich den Tonunterschied. Auf dem Rückweg wurden die Rollen getauscht: Jetzt spielten die Trompeter an den Gleisen, und der Musiker auf dem Wagen versuchte, die Tonhöhe zu bestimmen.

So einfach sich Buys Ballot das Experiment vorstellte, so tückisch war seine Durchführung. Um einen möglichst großen Tonunterschied zu verursachen, hätte die Lokomotive so schnell wie möglich fahren müssen, doch je schneller sie fuhr, desto schlechter konnte man in ihrem Lärm die Trompeten hören. Zudem war die Lok schnell weit weg und damit der Ton nur kurz hörbar. Fuhr die Lok jedoch langsam, wurde der Tonunterschied unmerklich klein. Buys Ballot wählte schließlich Geschwindigkeiten zwischen 18 und 72 Kilometern pro Stunde, die er mit zwei Uhren bestimmte. Zu seinem Ärger schaffte es der Heizer allerdings nicht, die Geschwindigkeiten konstant zu halten.

Buys Ballots größtes Problem schien jedoch nicht technischer, sondern menschlicher Natur gewesen zu sein: Trotz eines präzisen Einsatzplans waren die Musiker nicht in der Lage, zu den genau vereinbarten Zeiten zu spielen. Einmal vergaß einer sein G, ein andermal spielten plötzlich zwei Trompeter gleichzeitig. In *Poggendorff's Annalen der Physik und Chemie* riet Buys Ballot Nachahmern, die Versuche mit »disciplinirteren Personen« zu wiederholen.

Nachdem Buys Ballot die Versuche mit Ventiltrompeten vom 3. Juni am 5. Juni mit lauteren Signaltrompeten wiederholt hatte, konnte er Dopplers Theorie trotz einiger »Unregelmäßigkeiten« bestätigen. Die Musiker waren sich einig, dass der Ton höher war, wenn sich der Trompetenspieler näherte, als wenn er sich entfernte. Dass dieser Effekt beim Geräusch einer vorüberfahrenden Kutsche nicht zu hören war, wie einige Musiker vor dem Experiment einwandten, konnte Buys Ballot einfach erklären: Die Kutsche gab keinen reinen Ton ab, sondern ein Gemisch von verschieden hohen Tönen. Darin die Verschiebung auszumachen war selbst für ein Musikgehör unmöglich.

Aus einem ähnlichen Grund glaubte Buys Ballot auch, dass sich Doppler irrte: Seine Theorie war zwar zweifellos richtig, aber sie war nicht die Erklärung für die Farbe der Sterne. Auch das Licht der Sterne war ein Gemisch, und zwar aus verschiedenen Farben. Wenn durch den Dopplereffekt alle miteinander nach oben verschoben wurden, hätte ihm eigentlich die unterste Frequenz, also das Rot, fehlen müssen.

Doppler glaubte, diese Farbveränderung sei bei Doppelsternen sichtbar, doch er übersah, dass Sterne auch im unsichtbaren infraroten Bereich strahlen. Infrarote Lichtwellen sind noch etwas langsamer als rote und werden durch den Dopplereffekt ganz einfach in den sichtbaren Bereich gerückt. Für die Wahrnehmung durch das menschliche Auge ändert sich deshalb praktisch nichts. Doppler hatte für den Titel seiner Arbeit ausgerechnet jenes Phänomen ausgewählt – die Farbe der Doppelsterne –, das gerade nicht durch einen Dopplereffekt zustande kommt. Sterne geben von Anfang an farbiges Licht ab.

Heute würde Doppler wahrscheinlich nicht mehr Doppelsterne, sondern die Ambulanz als Beleg für seine Theorie anführen: Jedes Kind weiß, dass die Sirene höher klingt, wenn sich der Krankenwagen nähert, und tiefer, wenn er sich entfernt.

Auf dem Dopplereffekt basieren heute unzählige technische Anwendungen in Astronomie, Chemie und Medizin. Navigationssysteme von Flugzeugen arbeiten damit, die Urknalltheorie hätte ohne sie nicht aufgestellt werden können, und auch die Radarfalle benutzt den Dopplereffekt.

So weit blickte Buys Ballot nicht in die Zukunft. Die einzige praktische Anwendung des Dopplereffekts sah er darin, dass »vielleicht irgendwann bessere Musikinstrumente gebaut werden können«.

verrueckte-experimente.de

◆ Buijs (Buys) Ballot, C. (1845), Akustische Versuche auf der Niederländischen Eisenbahn, nebst gelegentlichen Bemerkungen zur Theorie des Hrn. Prof. Doppler. *Poggendorff's Annalen der Physik und Chemie* 66, S. 321–351.

1852 **Der Muskel der Lüsternheit**

Wie der alte Mann hieß, dessen Bild heute in Kunstausstellungen hängt und in Bildbänden gedruckt wird, hat der Arzt Guillaume Benjamin Armand Duchenne de Boulogne nie verraten. In seinem Buch *Méchanisme de la physionomie humaine* erfahren wir nur, dass er als Schuhmacher arbeitete und sein Gesichtsausdruck zu seinem »gutartigen Charakter« und seiner »beschränkten Intelligenz« passte.

Mehr als das Schicksal seiner Versuchsperson beschäftigte Duchenne, wie die Leser seines Buches darauf reagieren könnten, dass er für seine Versuche nicht ein schöneres Gesicht ausgewählt hatte: »Der für die meisten meiner elektrophysikalischen Experimente fotografierte alte Mann hatte ordinäre, hässliche Züge. Einem Mann von Welt mag diese Wahl merkwürdig erscheinen.«

Doch Duchenne hatte gute Gründe, den zahnlosen Alten zu bevorzugen: Einerseits ließ die faltige Haut die Muskeln besonders deutlich hervortreten, andererseits litt er seit langem an einer fast kompletten Gefühllosigkeit des Gesichts. Ein unschätzbarer Vorteil, der Duchenne erlaubte, »die einzelne Aktivität der Muskeln so effizient zu untersuchen wie an einer Leiche«. Auch das hatte er in Betracht gezogen. »Es stimmt, dass ich anstelle dieses Mannes eine Leiche hätte benutzen können.« Aber es gebe kein abstoßenderes Schauspiel, als mit Elektrizität Emotionen im Gesicht von Toten zu erzeugen, das wusste er aus eigener Erfahrung. »Mein alter Mann war deshalb die passende Versuchsperson.« Auch wenn die Bilder des Schuhmachers zuweilen an Folterszenen erinnern: Er spürte nichts, seine Atmung blieb während der Experimente regelmäßig und ruhig, wie der Arzt versicherte.

Als der sechsunddreißigjährige Duchenne im Jahr 1842 von Boulogne-sur-Mer am Ärmelkanal nach Paris zog, hatte er keine feste Anstellung, sondern behandelte Kranke in verschiedenen Spitälern, darunter auch im Krankenhaus Salpêtrière am unteren linken Seineufer, wo viele Patienten mit nicht genau diagnostizierten Lähmungen lebten. Duchenne untersuchte Epileptiker, Spastiker und Paraplegiker, indem er einzelne ihrer Muskeln mit Strom reizte, und legte so einen Katalog neurologischer Krankheiten an.

Wenn sich ein gelähmter Muskel elektrisch stimulieren ließ, so schloss Duchenne, musste der Kontrollmechanismus beschädigt sein, der Fehler also im Gehirn oder in der Verbindung dorthin liegen; wenn nicht, lag das Problem im Muskel selber. An diese Arbeit erinnert heute der Name der bekanntesten Muskelschwund-Erkrankung: Duchenne-Muskeldystrophie.

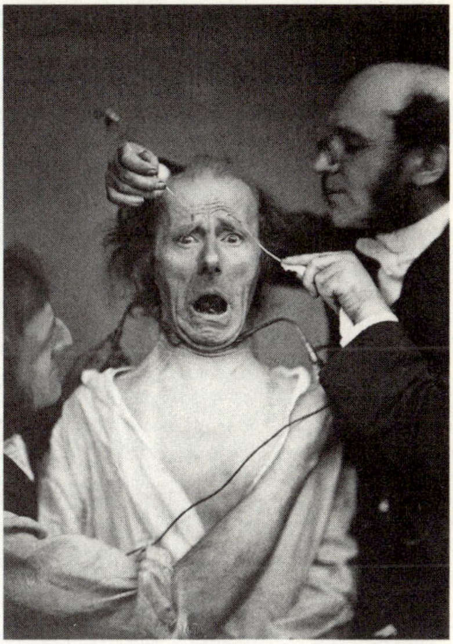

Guillaume B. A. Duchenne de Boulogne (rechts) untersuchte mit Strom die »Orthographie des Gesichtsausdrucks«.

Zu den Muskeln, die Duchenne untersuchte, gehörten auch jene des Gesichts. Dabei verfolgte er nicht nur wissenschaftliche, sondern zudem ästhetische Ziele. Er war überzeugt, dass er mit Elektroden und etwas Wechselstrom »die Gesetze, die den Ausdruck des menschlichen Gesichts bestimmen«, entschlüsseln könnte: die universelle »Orthographie des Gesichtsausdrucks«, die Gott geschaffen habe und die verantwortlich dafür sei, dass ein bestimmtes Gefühl bei allen Menschen die gleiche Kombination der Gesichtsmuskeln in Bewegung setzt.

Bei seinen Experimenten versuchte Duchenne, durch die elektrische Stimulation des Gesichts möglichst echt aussehende Gefühlsregungen hervorzurufen. Mit bis zu vier Elektroden gleichzeitig erzeugte er den Gesichtsausdruck für Wut, Fröhlichkeit oder Überraschung; manchmal rief er mit Strom auch in jeder Gesichtshälfte eine andere Emotion hervor. Er benannte die Muskeln nach den Gefühlen, bei denen sie aktiviert wurden: den Muskel der Traurigkeit *(m. depressor anguli oris)*, den Muskel des Schmerzes *(m. corrugator supercilii)*, den Muskel der Lüsternheit (Teil von *m. nasalis*), und er entdeckte, dass der Unterschied zwischen einem echten und einem falschen Lachen im *orbicularis oculi, pars lateralis* liegt, einem Muskel, der das Auge umfasst und nur bei einem natürlichen Lachen aktiviert wird. Er »gehorcht nicht dem Willen«, schrieb Duchenne. »Sein Fehlen entlarvt den falschen Freund.«

Die Elektrostimulation hatte den Nachteil, dass die Wirkung des Stromes auf die Muskeln nur kurze Zeit anhielt. Wäre nicht gerade die Fotografie erfunden worden, mit der sich kurzzeitige Phänomene festhalten ließen, Duchenne würden heute wohl nur noch historisch interessierte Neurologen kennen. Doch die Bilder seiner Experimente haben ihm auch einen Platz in der Geschichte der Fotografie gesichert. Für einen Originalabzug des »hässlichen Schuhmachers« aus Duchennes erster Publikation werden heute enorme Geldbeträge bezahlt.

Auch Charles Darwin benutzte 1872 mehrere von Duchennes Bildern in seinem Werk *The Expression of Emotions in Man and Animals (Der Ausdruck der Gemütsbewegung bei dem Menschen und den Tieren)*.

Der alte Mann war zwar Duchennes bekannteste, aber nicht seine einzige Versuchsperson. Er experimentierte zum Beispiel auch mit einer jungen Frau, deren Augenleiden er mit Elektrostimulation behandelte. Nachdem sie sich an die unangenehme Prozedur gewöhnt hatte, inszenierte er theatralische Szenen mit ihr: mal betend, mal lasziv lächelnd, mal als Mutter an der Wiege, mal als Lady Macbeth. Die Fotos haben etwas Surreales, weil von der Seite immer Duchennes Hand ins Bild ragt und der Frau die Elektrode auf das Gesicht drückt.

In einigen Fällen neigte Duchenne de Boulogne zu theatralischen Inszenierungen seiner Modelle. Dieses Bild nannte er »die verführerische Frau«.

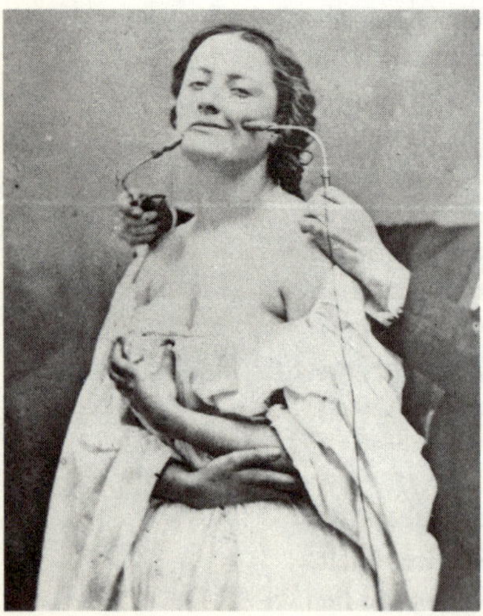

Duchenne sah seine Arbeit nicht nur als Mittel zur Erkenntnis. Er wollte mit seinen Studien des Gesichts auch den Lauf der Kunst verändern, indem er Regeln formulierte, die den Künstler »bei der wahren und vollständigen Darstellung der Bewegungen der Seele« führten.

Vielen der großen Meister der Antike stellte er kein gutes Zeugnis aus. Sie hätten zwar die groben Züge richtig getroffen, aber sonst sei vieles »mechanisch unmöglich«. Der Skulptur des griechischen Priesters Laokoon, von Kunsthistorikern als Meisterwerk gepriesen, fehle es zum Beispiel an der Stirn. Offenbar wussten die rhodischen Bildhauer Polydoros, Agesandros und Athanodoros nichts vom *m. corrugator supercilii,* der dort unter der Haut wirkt.

Um zu beweisen, wie viel schöner der Ausdruck wäre, wenn sich die Künstler an die »unveränderlichen Gesetze der Natur«

gehalten hätten, stellte Duchenne mit etwas Gips die natürlichen Verhältnisse an einer Kopie wieder her. Und das blieb nicht der einzige Klassiker, an dem er sich zu schaffen machte. Den Vorwurf, er reduziere Kunst auf den »anatomischen Realismus«, wies er zurück. Schließlich basiere seine Kunstkritik auf »strikter wissenschaftlicher Analyse«.

verrueckte-experimente.de

◆ Duchenne de Boulogne, G.-B. (1862), *Méchanisme de la physionomie humaine,* Jules Renouard. Übersetzung: *The Mechanism of Human Facial Expression* (1990), Cambridge University Press.

1883 **Toll, ein anderer zieht!**

Bekannt war es schon lange, doch wissenschaftlich bewiesen hat es erst der französische Agronom Max Ringelmann Ende des 19. Jahrhunderts: Der Mensch ist faul. Besonders, wenn er glaubt, es werde nicht bemerkt.

Ringelmanns elegantes Experiment bestand darin, zwanzig Studenten der École d'agriculture von Grandjouan alleine und in Gruppen an einem fünf Meter langen Seil ziehen zu lassen, dessen anderes Ende zu einem Kraftmessgerät führte. Dort zeigte sich die Neigung zum Drückebergertum in nackten Zahlen. Wenn zwei Leute gleichzeitig am Seil zogen, leistete jeder durchschnittlich nur 93 Prozent von dem, was er zuvor allein geschafft hatte. Bei drei Leuten waren es noch 85 Prozent, bei vier 77 Prozent. Und so ging die Spirale der Faulheit weiter, bis in einer Gruppe von acht Personen jeder nur noch durchschnittlich die Hälfte seiner Maximalleistung zeigte. Diesen schäbigen Zug der menschlichen Natur nennen die Psychologen heute Ringelmann-Effekt und erklären ihn so: Einerseits wirkt sich bei einer Gruppenarbeit der individuelle Einsatz nicht so stark auf das Gesamtergebnis aus, deshalb fehlt die Motivation, die volle Leistung zu geben; andererseits ist der Beitrag des Einzelnen nicht zu erkennen, und das lädt zum Trittbrettfahren ein.

Doch Ringelmann wusste, dass es noch eine andere mögliche Erklärung für seine Resultate gab. Vielleicht hatte die verminderte Effizienz gar nicht mit der »sozialen Faulheit« zu tun, sondern mit der schwierigeren Synchronisation innerhalb der Gruppe beim Seilziehen. Wenn die Studenten nämlich nicht genau gleichzeitig am Seil gezogen hatten, war die gemessene Kraft kleiner als die tatsächliche Summe der Einzelleistungen – und der Ruf des Menschen als selbstloses Wesen wiederhergestellt.

Wiederholung des Seilziehversuchs von 1883 im Jahr 1974 an der University of Washington. Das Resultat blieb das gleiche: Je mehr Leute ziehen, desto weniger setzt sich der Einzelne ein.

Doch diese Hoffung zerstörte in den Siebzigerjahren des 20. Jahrhunderts Alan C. Ingham von der University of Washington mit einer modernen Version von Ringelmanns Experiment. Ingham hatte Komplizen unter den Versuchsteilnehmern, die nur vorgaben, am Seil zu ziehen. An jedem Versuch nahm nur ein einziger Uneingeweihter teil, den man glauben ließ, er arbeite mal alleine, mal in einer Gruppe von zwei, drei, vier, fünf, sechs oder sieben Leuten. Damit er nichts von der Untätigkeit der anderen merkte, wurde er zuvorderst am Seil platziert, oder Ingham verband unter einem Vorwand allen Probanden die Augen. Und tatsächlich ließ auch bei ihm die Motivation nach, das Beste zu geben, und er drosselte die Leistung abhängig von der Anzahl vermeintlicher Mitstreiter.

Seit die Teamarbeit Eingang in die moderne Arbeitswelt gefunden hat, wird in Managementkursen hin und wieder Ringelmanns Studie erwähnt. Das wäre nicht nötig, denn Ringelmanns Fazit steckt schon im alten Witz über die wahre Bedeutung des Wortes »Team«: Toll, ein anderer macht's.

◆ Ringelmann, M. (1913), Recherches sur les Moteurs Animé Travails de l'Homme. *Annales de l'Institut National Agronomique* 2 (12), S. 2–39.

◆ Ingham, A. G., et al. (1974), The Ringelmann effect: Studies of group size and group performance. *Journal of Experimental Social Psychology* 10, S. 371–384.

1885 **Der Kopf des Mörders**

Der französische Arzt Jean Baptiste Vincent Laborde war froh, dass man es auf dem Land mit den Paragrafen nicht so genau nahm wie in Paris. In der Hauptstadt machte ihm ein Gesetz, das es im »zivilisierten Europa nur noch bei uns gibt«, die Arbeit unnötig schwer. Es schrieb vor, dass die Leiche eines Hingerichteten zur Friedhofspforte transportiert und dort zum Schein beigesetzt werden musste, »anstatt sie sofort in einem für wissenschaftliche Untersuchungen geeigneten Zustand freizugeben«, wie Laborde beklagte.

Labordes Ziel war es herauszufinden, wie lange ein vom Körper abgetrennter Menschenkopf noch lebte. Seit die Guillotine 1791 in Frankreich als angeblich gerechte und humane Methode der Hinrichtung eingeführt worden war, stellte sich die Frage, wie human sie wirklich war. Es gab Wissenschaftler, die behaupteten, Bewusstsein und Schmerzempfinden seien noch eine Viertelstunde nach der Enthauptung vorhanden. Die Frage nach dem Moment des Todes fand auch in der Literatur ihren Niederschlag. In der Erzählung *Der letzte Tag eines Verurteilten* von Victor Hugo schreibt der Gefangene in sein Tagebuch: »Und dann, man leide nicht, aber sind sie sicher? Wer hat es ihnen gesagt? Hat man je von einem abgeschlagenen Kopf gehört, der am Rand des Korbs stand und in die Menge rief: ›Es tut nicht weh!‹?« In einem anderen Roman, *Das Geheimnis des Schafotts* von Villiers de L'Isle-Adam, versucht der Chirurg Armand Velpeau der Ungewissheit ein Ende zu setzen, indem er mit dem zum Tode verurteilten Doktor Edmond-Désiré Couty de la Pommerais eine Vereinbarung trifft: Der Doktor solle nach der Enthauptung auf ein Zeichen hin dreimal zwinkern – wenn er tatsächlich noch bei Bewusstsein sei.

Diese Szenarien entsprangen nicht nur der Fantasie der Schriftsteller. Wissenschaftler hatten die Frage nach dem genauen Zeitpunkt des Todes nach der Enthauptung schon länger mit kreativen Methoden zu beantworten versucht: Mal wurden die Köpfe geohrfeigt, dann schrie man sie an oder rief ihre Namen und wartete auf eine Reaktion. Labordes Technik war noch ein Stück origineller: Er hatte Köpfe von Hingerichteten schon mehrmals an den Blutkreislauf eines Hundes angeschlossen. Doch die Minuten, die ihm das »blöde Gesetz« stahl, waren entscheidend. Um keine Zeit zu verlieren, passte er in Paris einmal die Lieferung eines Geköpften im Leichenwagen vor dem Friedhof ab und begann seine Untersuchungen am noch warmen Kopf auf der rumpelnden Kutschenfahrt zu seinem Labor.

In der Provinz war das alles einfacher. Deshalb erwartete er am 2. Juli 1885 auf der Place de la Tour des Städtchens Troyes 150 Kilometer östlich von Paris freudig die Enthauptung des Mörders Gagny. Gagny hatte zusammen mit einem Komplizen ein halbes Jahr zuvor auf dem Gehöft Gloire-Dieu den Besitzer, dessen Mutter und das Dienstmädchen umgebracht.

Unterstützt von einem Arzt in Troyes und mit der wohlwollenden Zustimmung des Bürgermeisters erhielt Laborde den Kopf Gagnys sieben Minuten nach der Hinrichtung und machte sich sofort daran, dessen linke Halsschlagader mit der Halsschlagader eines kräftigen Hundes zu verbinden. Durch die rechte Halsschlagader des Mörderkopfs wollte er mit einer Spritze erwärmtes Ochsenblut pressen. Doch er musste feststellen, dass die Guillotinen auf dem Land in schlechterem Zustand waren als in der Stadt. »Der Schnitt, schlecht ausgeführt, das Gewebe zermantscht und zerfetzt, machte die Suche nach den Schlagadern schwierig«, notierte Laborde später. Aber eine Kerze, die er vor die Augen des Kopfes hielt, zeitigte auch ohne Blutfluss Wirkung: Die Pupillen verengten sich. Nach zwanzig Minuten konnte die doppelte Transfusion endlich beginnen.

Der Effekt war sofort sichtbar: »Vor allem die linke Seite, die vom Hund mit Blut versorgt wurde, färbte sich purpurrot, was jene Leute überraschte, die bei den früheren Versuchen nicht dabei gewesen waren.« Durch die in den Schädel gebohrten Löcher begann Laborde nun, dem Gehirn Stromstöße zu erteilen. Aber selbst wenn er den Maximalstrom fließen ließ, passierte nichts. »Die Zeit ging vorbei, und auf vielen Gesichtern machte sich Enttäuschung breit.« Doch Laborde ließ sich nicht entmutigen und machte neue Löcher. In einem davon, auf der rechten Seite, wurde er fündig: Die elektrische Reizung des Gehirns an dieser Stelle führte zu Muskelzuckungen in der linken Gesichtshälfte. Sogar ein Klappern der Zähne war 40 Minuten nach der Enthauptung zu hören, hielt Laborde stolz fest.

Die Erkenntnis aus den makaberen Versuchen war eher

dünn: Sie zeigten, so Laborde, dass das Gehirn nach dem Tod mit einer direkten Bluttransfusion mindestens doppelt so lange aktiv bleibt wie ohne. Was das für den Hingerichteten bedeutete, ob und wie lange der Kopf noch bei Bewusstsein war, darüber erfuhr Laborde jedoch nichts.

◆ Laborde, J. B. V. (1885), L'exitabilité cérébrale après décapitation (1). Nouvelles recherches sur deux suppliciés: Gagny et Heurtevent. *Revue scientifique* 2e semestre, S. 673–677.

1889 **Jünger durch Meerschweinchenhoden**

Charles-Édouard Brown-Séquard war nicht zimperlich, was den Einsatz seines eigenen Körpers für die Medizin betraf. Der exzentrische Arzt hatte schon sein eigenes Blut in die Leichen Geköpfter injiziert, Erbrochenes von Cholerapatienten gegessen und an Fäden befestigte Schwämme geschluckt, die er – voll gesogen mit Magensaft – wieder ausspuckte.

Doch keiner seiner Versuche hatte so weitreichende Folgen wie jener, den er am 15. Mai 1889 begann. An diesem Mittwoch zermalmte er in seinem Labor am Collège de France in Paris die Hoden eines jungen, kräftigen Hundes, fügte etwas destilliertes Wasser hinzu, filtrierte den Brei und spritzte sich den Saft in den linken Unterarm.

Der angesehene Mediziner Charles-Édouard Brown-Séquard glaubte, dass Injektionen mit einem Saft aus gemahlenen Tierhoden ihn jünger machten.

Brown-Séquard glaubte, dass »die Schwäche des Alters zum Teil auf die verschlechterte Hodenfunktion« zurückzuführen sei. Die Symptome der Altersgebrechlichkeit seien dieselben, die sich bei Eunuchen von frühester Jugend an zeigten. Ähnliche Störungen fänden sich bei Männern, die zu oft onanierten. Der Schluss schien ihm zwingend: Die Hoden mussten einen Stoff ins Blut abgeben, der im ganzen Körper eine vitalisierende Wirkung hatte.

Und damit war Brown-Séquard auch klar, dass man gegen das Alter etwas tun konnte – auch gegen sein eigenes. Er war zweiundsiebzig Jahre alt, musste sich im Labor oft ausruhen, litt unter Schlaflosigkeit und trägem Darm. Das exotische Gebräu, so hoffte er, würde »die Veränderungen in der Struktur des Gewebes, die mit dem Alter zu tun hatten, aufhalten oder verlangsamen«. Er wiederholte die Injektion an den zwei darauf folgenden Tagen, und als ihm der Hundehodensaft ausging, stieg er für weitere vier Injektionen auf zerkleinerte Meerschweinchenhoden um.

Schon am zweiten Tag des Versuchs glaubte Brown-Séquard die Wirkung zu spüren. Er konnte wieder Trep-

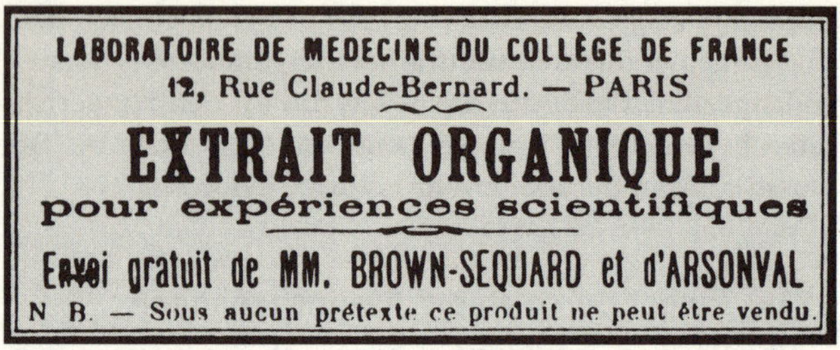

Eine Packung des Verjüngungsmittels. Brown-Séquard gab es gratis an Ärzte ab, wenn sie ihm dafür die Krankengeschichten der damit behandelten Patienten überließen.

pen hochrennen, lange am Labortisch stehen und abends an Artikeln arbeiten. Auch an seinem Urinstrahl ging die Behandlung nicht spurlos vorbei: »Was die Distanz betrifft, die er zurücklegte, bis er im Pissoir zu Boden kam« – eine seiner seltsamen Messgrößen –, stellte er einen Zuwachs von mindestens einem Viertel fest. Am 1. Juni 1889 gab er seine Resultate in der Versammlung der Société de Biologie in Paris bekannt. Dabei war es vor allem ein diffuser, aber vielsagender Satz, der die Fantasie der Öffentlichkeit anregte: »Ich kann auch sagen, dass andere Kräfte, die zwar nicht verloren, aber doch geschwächt waren, sich gebessert haben.«

Es dauerte nicht lange, bis in den Zeitungen die Rede vom »Lebenselixier« war und halbseidene Ärzte Behandlungen damit anboten. Die führten, wenn auch nicht zu einem längeren Leben, so doch in vielen Fällen zu einer zünftigen Blutvergiftung. Brown-Séquard selbst verdiente kein Geld mit dem Hodenextrakt; er gab sein »Extrait Organique« im Austausch gegen die Krankengeschichte der behandelten Patienten gratis an Ärzte ab. Doch er konnte nicht verhindern, dass mit seinem Namen Werbung für allerlei dubiose Mittel gemacht wurde. Zum Beispiel für »Sequarine«, das die »Essenz der tierischen Energie« enthalte und von Blutarmut bis Grippe gegen alles gut sei.

Heute wird vermutet, dass die Zeichen von Brown-Séquards Verjüngung auf einem Placeboeffekt beruhten. Jedenfalls konnte sie nie reproduziert werden. Sein krudes Experiment war jedoch ein Vorläufer der Hormontherapie, die heute zu den gängigen Verfahren in der Medizin gehört. Brown-Séquard erlebte ihre Anfänge nicht mehr. Er starb knapp fünf Jahre nach dem Experiment, am 2. April 1894, im Alter von sechsundsiebzig Jahren in Paris.

Der Spott seiner Gegner verfolgte ihn bis nach dem Tod: Das Gerücht machte die Runde, Brown-Séquard sei in London am Vorabend seines Vortrags »Wie ich zwanzig Jahre jünger wurde« gestorben.

◆ Brown-Séquard, C. (1889), Des effets produits chez l'homme par des injections sous-cutanées d'un liquide retiré des testicules frais de cobaye et de chien. *Comptes Rendus de la Société de Biologie* 41, S. 415–422.

1894 **Todmüde Hunde**

Drastischer konnte man die Wichtigkeit des Schlafes nicht zeigen. Die russische Wissenschaftlerin Marie de Manacéïne hielt vier Hundewelpen so lange wach, bis sie starben. Der erste nach 96 Stunden, der letzte nach 143. Sechs weitere Hunde versuchte sie nach Wachphasen zwischen 96 und 120 Stunden zu retten. Ohne Erfolg, auch sie starben. Das Experiment zeige, so die Forscherin, »dass der vollständige Schlafentzug für ein Tier tödlicher ist als das komplette Fehlen von Nahrung«. Hunde erholten sich selbst nach 20 bis 25 Tagen ohne Fressen.

Die seltsame Ansicht einiger Gelehrter, dass Schlaf nur eine unnütze Gewohnheit sei, war damit widerlegt. Doch woran die Hunde gestorben waren, hatte de Manacéïne nicht herausgefunden. Bis heute ist unklar, warum höhere Lebewesen Schlaf brauchen.

Dass die Experimente »äußerst beschwerlich« für sie gewesen seien, war für de Manacéïne der wichtigste Grund, keine weiteren durchzuführen. Wie beschwerlich sie für die Hunde waren, schrieb sie nicht.

◆ de Manacéïne, M. (1894), Quelques observations expérimentales sur l'influence de l'insomnie absolue. *Archives Italiennes de Biologie* 21, S. 322–325.

1894 **Katzen im Tiefflug**

Im Jahr 1894 erging von der Pariser Akademie der Wissenschaften ein Aufruf, »eine physikalische Erklärung zu geben, wie es eine Katze fertig bringe, beim Fallen aus größerer Höhe stets mit den Füßen voran auf den Boden zu kommen«. Laien sahen darin kein Problem: Die Katze bewegte sich im Flug halt einfach so geschickt, dass sie bei der Landung die Füße unten hatte. Doch wer sich etwas auskannte, musste den Eindruck gewinnen, dass sie dabei etwas physikalisch Unmögliches vollbrachte.

Das Problem war, dass sich die fallende Katze nirgends

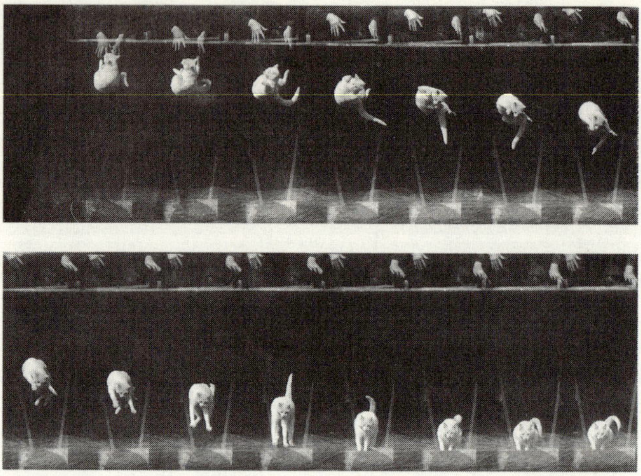

Wie schafft es die Katze, immer auf den Füßen zu landen? Der Arzt und Erfinder Étienne Jules Marey klärte das Geheimnis mit dieser Serienaufnahme.

abstoßen konnte. Jede Drehung, die sie mit dem vorderen Körperteil ausführte, hätte deshalb zu einer Gegendrehung im hinteren Körperteil führen müssen. Eine halbe Rechtsdrehung vorne zu einer halben Linksdrehung hinten. Die Katze hätte also eigentlich verschraubt landen müssen, was sie aber offensichtlich nicht tat.

Am Anfang glaubten die Forscher noch, die Katze würde sich an den Händen der Experimentatoren abstoßen. Doch selbst als sie eines der Tiere vor dem Fall mit Schnüren einzeln an den Pfoten aufhängten, sodass es sich nicht abstoßen konnte, gelang ihm die Drehung. Auch die Hypothese, es benutze die Luft als Hilfe, erwies sich als unhaltbar.

Das Rätsel löste schließlich der Arzt Étienne Jules Marey. Marey war ein besessener Bastler, der alle möglichen mechanischen Geräte erfand. Unter anderem eine Filmkamera, die den Fall mit sechzig Bildern pro Sekunde festhielt. Bei der Vorführung des Filmes zweifelten einige Physiker immer noch daran, dass die Drehung möglich sei, ohne dass die Katze sich irgendwo abstieß, doch einer erkannte den Trick der Katze.

Die Bewegung lief in zwei Phasen ab: Zuerst drehte die Katze den vorderen Körperteil gegen den Boden, dann – in die gleiche Richtung – den hinteren. Durch einen Wechsel der Beinstellung dazwischen konnten sich die beiden Körperteile dabei voneinander abstoßen. Die Katze nutzte das

Prinzip der Eiskunstläuferin bei einer Pirouette, die sich schnell dreht, wenn sie die Arme an den Körper legt, und langsam, wenn sie sie streckt. Die Katze machte beides gleichzeitig: Sie zog die vorderen Pfoten an sich heran und streckte die hinteren weit von sich. Dadurch konnte sie den vorderen Körperteil mit einer halben Drehung schnell gegen den Boden drehen, während der hintere Teil wegen der gestreckten Pfoten Widerstand entgegensetzte und sich nur wenig in die Gegenrichtung drehte. Um auch den hinteren Körperteil in Position zu bringen, ging sie genau umgekehrt vor: Jetzt streckte sie die vorderen Pfoten und zog die hinteren an den Körper heran.

Nach Mareys Serienaufnahmen kam das Filmen von fallenden Tieren in Mode. Bald ließ man auch Hunde, Kaninchen, Affen und in einer Studie ein »fettes, kleines Meerschweinchen« fallen, das seinen Bauch zum Erstaunen der Forscher problemlos um 180 Grad verdrehen konnte. Sie verbanden den Tieren die Augen, machten Tests mit Tieren ohne Schwanz und ohne Gleichgewichtsorgan. Selbst eine solche Katze konnte sich problemlos drehen. Offenbar orientieren sich Katzen vor allem mit den Augen.

In den Sechzigerjahren des 20. Jahrhunderts zog ein Forscher das Fazit aus siebzig Jahren Katzenfallforschung: »Es zeigt sich, dass die sich drehende Katze eine Menge interessanter Probleme aufwirft, obwohl ihre Lösung möglicherweise nicht von großem praktischem Wert ist – ausgenommen für andere Katzen.«

verrueckte-experimente.de

◆ Marey, E.-J. (1894), Mécanique animale: Des mouvements que certains animaux exécutent pour retomber sur leurs pieds lorsqu'ils sont précipités d'un lieu élevé. *La Nature*, S. 369–370.

1895 **Schlaflos in Iowa**

Auf den ersten Blick schien dieses Experiment ungefährlich: Drei Männer blieben neunzig Stunden wach, damit die Wissenschaftler G. T. W. Patrick und J. Allan Gilbert vom psychologischen Labor der University of Iowa an ihnen die Wirkung der Schlaflosigkeit studieren konnten. Warum ausgerechnet neunzig Stunden? Patrick und Gilbert geben darauf in ihrer Arbeit keine Antwort, doch es gibt eine nahe liegende Vermutung: Kurze Zeit zuvor hatte die russische Wissenschaftlerin Marie de Manacéïne ein Schlafentzugsexperiment mit Hunden gemacht (S. 47). Alle Tiere starben – das erste nach 96 Stunden.

Ob die Versuchspersonen davon gewusst hatten? Der erste Proband, der in der Arbeit mit seinen Initialen J. A. G. erscheint, stand jedenfalls am Mittwoch, dem 27. November 1895 um sechs Uhr morgens auf und ging erst drei Tage später, am Samstag um Mitternacht wieder ins Bett. Am Tag ging er seiner üblichen Beschäftigung nach, die Nacht vertrieb er sich mit Spielen, Lesen, Spaziergängen. Während der letzten fünfzig Stunden des Experiments musste er ständig beaufsichtigt werden, weil er sonst bei jeder Gelegenheit eingeschlafen wäre. Nach der zweiten Nacht setzten Halluzinationen ein. Der Proband beklagte sich darüber, dass der Boden mit einer »schmierig aussehenden, molekularen Schicht aus sich schnell bewegenden oder schwingenden Teilchen« bedeckt sei, die ihn beim Gehen behindere.

J. A. G. und die anderen Versuchspersonen mussten alle sechs Stunden einen zweistündigen Test absolvieren. Dabei wurde mit zunehmendem Schlafentzug eine deutliche Verschlechterung der Konzentrationsfähigkeit und der Gedächtnisleistung festgestellt.

Patrick und Gilbert wollten auch wissen, wie tief der Schlaf nach der langen Wachzeit war. Zu diesem Zweck verabreichten sie einem der Probanden, der allein in einem Raum schlief, zu jeder vollen Stunde Elektroschocks mit steigender Intensität. Er hatte die Anweisung bekommen, immer, wenn er davon erwachte, einen Knopf neben seinem Bett zu drücken.

Es stellte sich jedoch heraus, dass der stärkste Strom, den das Gerät automatisch liefern konnte, dafür nicht ausreichte. Erst als stärkere Schocks manuell verabreicht wurden, erwachte die Versuchsperson. Am tiefsten schlief der Proband nach zwei Stunden: Es war nicht möglich, ihn so weit wach zu bekommen, dass er den Knopf drücken konnte; stattdessen reagierte er mit einem Schmerzensschrei.

◆ Patrick, G., und Gilbert, J. (1896), On the Effects of Loss of Sleep. *The Psychological Review* 3 (5), S. 469–483.

1896 **Verkehrte Welt**

Es war zwölf Uhr mittags, als George Stratton seinem Gehirn eine Aufgabe stellte, vor der noch nie zuvor ein anderes gestanden hatte. Der einunddreißigjährige Psychologe von der University of California in Berkeley zurrte eine Art Maske am Gesicht fest: einen gepolsterten Gipsabdruck seiner Augenpartie, aus dem am Ort des rechten Auges ein kurzes Rohr mit vier Linsen ragte. Das linke Auge war zugegipst. Sofort wurde jede Aktion zur umständlichen Kette aus kurzen Bewegungen und ständigen Korrekturen: Die Linsen vor Strattons rechtem Auge stellten seine Welt auf den Kopf. Was oben war, war unten, und umgekehrt. Sieben Tage lang wollte er beobachten, wie sein Gehirn mit der neuen Weltsicht umgehen würde.

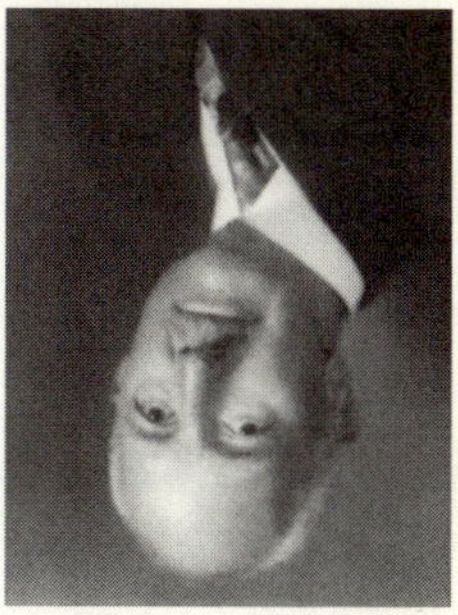

Auf Ihrer Netzhaut steht dieses Bild des Psychologen George Stratton aufrecht. Warum sehen Sie es dann verkehrt?

Strattons Experiment sollte ein jahrhundertealtes Rätsel lösen. Im Jahr 1604 hatte Johannes Kepler beschrieben, wie ein Bild auf der Netzhaut unserer Augen zustande kommt. Ein paar Jahre später kratzte jemand die Lederhaut vom hinteren Teil eines Ochsenauges und sah, dass Kepler Recht hatte: Die Strahlen kreuzen sich in der Linse des Auges. Das Bild, das auf die Netzhaut fällt, zeigt die Welt auf dem Kopf.

Warum sehen wir sie dann aufrecht? Diese Frage ist zwar nahe liegend, aber sinnlos. Es gibt im Gehirn keinen kleinen Mann, der das verkehrte Bild auf einer Leinwand betrachtet und bemerkt, dass es auf dem Kopf steht. Das Netz von Gehirnzellen, das die Signale vom Auge verarbeitet, kennt kein Oben und Unten. Das Gehirn stellt einfach einen einheitlichen Eindruck aus Bildern, Tönen und Tastempfindungen her, damit wir den Fuß dort spüren, wo wir ihn sehen, und umgekehrt.

Doch es gab eine zweite Frage: Muss das Bild auf der Netzhaut auf dem Kopf stehen, damit wir die Welt aufrecht wahrnehmen können? Oder könnte sich das Gehirn auch an eine andere Orientierung gewöhnen?

Am Anfang des Experiments litt Stratton unter leichter Übelkeit. Jede Drehung des Kopfes schien alles um ihn herum in Bewegung zu setzen. Das alte Bild der Welt erwies sich als hartnäckig: Wenn Stratton sich einen eben verkehrt gesehenen Gegenstand ins Gedächtnis rief, drehte sein Hirn ihn sofort um. Wollte er nach etwas greifen, bewegte er die falsche Hand. Seine Notizen machte er, ohne aufs Blatt zu schauen, die ungewohnte Sicht hätte ihm das Schreiben unmöglich gemacht. Je länger das Experiment dauerte, desto stärker passte sich das Gehirn jedoch an: Am fünften Tag konnte Stratton wieder durchs Haus gehen, ohne alles mit den Händen ertasten zu müssen.

Am längsten dauerte die Umstellung bei der Wahrnehmung des eigenen Körpers. Strattons Gehirn versuchte ständig, aus den widersprüchlichen Signalen von Augen, Ohren und Haut eine Einheit zu bilden. Solange er seine Arme und Beine nicht sah, fühlte er sie am alten Ort, doch wenn sie ins Blickfeld gerieten und er sich stieß, meldete das Gehirn den Stoß von dort, wo er das Bein sah. Das führte zu bizarren Täuschungen: Sah Stratton nur einen Fuß, stellte er sich den anderen in der alten Repräsentation vor: hundertachtzig Grad in die andere Richtung.

Das Sehen triumphierte auch über das Hören: Das Tappen seiner Schritte schien, verglichen mit der alten Sicht, aus der gegenüberliegenden Richtung zu kommen. Einzig jene Körperteile, die er im eingeschränkten Gesichtsfeld der Umkehrbrille nicht sehen konnte, widersetzten sich der Umstellung. Obwohl er beim Essen die Gabel aus seiner Perspektive zu einem Ort oberhalb der Augen führte, wurde die Illusion, dort befinde sich der Mund, durch die Berührung der Lippen sofort zerstört. Ab und zu gelang ihm der kubistische Akt, die Stirn unterhalb der Augen zu fühlen: Für einen Moment hatte er den Mund in der Stirn.

In Lehrbüchern wird oft der Eindruck erweckt, gegen Ende des Experiments habe Stratton die Welt wieder dauernd aufrecht gesehen. Tatsächlich konnte er den Eindruck einer aufrechten Welt nur mit großer Konzentration und für kurze Momente gewinnen.

Trotzdem kam er nach 87 Stunden mit der Umkehrbrille – in der Nacht trug Stratton eine Augenbinde – zu dem Schluss: »Das umgekehrte Bild auf der Netzhaut ist nicht erforderlich für ›aufrechtes Sehen‹.« Das Gehirn könne aus einem gedrehten Bild die Harmonie herstellen zwischen dem, was man sieht, und dem, was man spürt.

Diese Harmonisierung der Sinne enthält die eigentliche Bedeutung von »aufrecht sehen«. Denn das Gesehene kann nicht für sich aufrecht oder verkehrt stehen, sondern nur in Beziehung zu dem, was die anderen Sinne melden. Dass die Welt für Stratton am Schluss des Experiments noch immer meistens auf dem Kopf stand, hatte nichts damit zu tun, dass sich sein Gehirn der neuen Sicht nicht angepasst hatte, sondern damit, dass es sich noch daran erinnerte, wie die Welt vorher ausgesehen hatte.

Als Stratton die Umkehrbrille absetzte, kam ihm zwar fremd vor, was er sah, aber die Welt stand aufrecht. Er benutzte die falsche Hand, wenn er nach etwas greifen wollte, und duckte sich, wenn er sich eigentlich strecken sollte. Doch diese Störungen waren nach einem Tag verschwunden.

Das Experiment wurde wiederholt und erweitert. Die Versuchspersonen trugen beispielsweise Spiegel, die den Blick umlenkten, als hätten sie ihre Augen im Rücken. Die Resultate blieben im Wesentlichen dieselben. Das Gehirn kann sich so weit anpassen, dass Versuchspersonen mit Umkehrbrillen sogar bergsteigen und im Stoßverkehr Rad fahren konnten.

◆ Stratton, G. M. (1897), Vision without Inversion of the Retinal Image. *Psychological Review* 4, S. 341–360, S. 463–481.

1899 **Leichen im Gemüsegarten**

Zart besaiteten Gemütern konnte man zwischen Mai und September in den Jahren 1899 und 1900 von Spaziergängen auf dem Grundstück des gerichtsärztlichen Instituts der Universität Krakau nur abraten. In dieser Zeit unternahm der Pathologe Eduard Ritter von Niezabitowski seine Experimente zur »Lehre der Leichenfauna«, was mit sich brachte, dass er tot geborene Kinder »in einem wenig besuchten Orte des großen Gemüsegartens, der das Institutsgebäude umringt, der Einwirkung der Leicheninsecten preisgab«. Zu Vergleichszwecken legte er noch Kälber-, Katzen-, Fuchs-, Ratten- und Maulwurfskadaver dazu.

Niezabitowski wollte herausfinden, in welcher Reihenfolge Aasinsekten einen toten Körper besiedeln, ob sich die Insekten auf Menschenleichen von jenen auf Tierkadavern unterscheiden, welchen Einfluss die Jahreszeit auf die Leichenfauna hat und wie lange es dauert, bis von einem Körper nur noch die Knochen übrig sind. Er ging jeden Tag in den Garten und sammelte die Insekten auf den verwesenden Körpern. Elf verschiedene Arten machten sich an einer Leiche zu schaffen. Den größten Teil – etwa drei Viertel der Weichteile – fraßen die Maden der goldgrünen Fliege *Lucilia caesar L.*, die vom ersten Tag an zu finden waren. Ein anderer Schwerarbeiter war der Käfer *Necrodes litoralis*, der die

Arbeit erst aufnahm, als die Leiche schon etwa eine Woche alt war. Im Sommer dauerte es vierzehn Tage, bis nur noch das Skelett übrig war, im Frühling und im Herbst etwas länger. Dass an einer Menschenleiche eine ganz besondere Mischung von Insekten tafelt, wie zuweilen behauptet wurde, konnte Niezabitowski nicht bestätigen. Er fand auf den Tierkadavern die gleichen Arten.

◆ Niezabitowski, E. R. v. (1902), Experimentelle Beiträge zur Lehre von der Leichenfauna. *Vierteljahresschrift für gerichtliche Medizin und öffentliches Sanitätswesen* (1), S. 44–50.

Das Wissen um die Reihenfolge der Besiedlung einer Leiche durch Insekten lasse Rückschlüsse auf die Todeszeit zu, schrieb der Pathologe, doch hätten die Erkenntnisse nur örtlich Gültigkeit. Heute ist die forensische Entomologie ein etablierter Zweig der Kriminalistik.

1899 **Das Ausreißen von Schamhaaren**

Vielleicht war es Nervosität, oder die falsche Nadel lag bereit. Als August Hildebrandt bei seinem Chef August Bier die Spritze ansetzte, ging alles schief: Viel zu viel Rückenmarksflüssigkeit floss ab, und der größte Teil der Kokainlösung ging daneben. Es war der 24. August 1898 abends um sieben, und was dann folgte, war ebenso sehr bahnbrechendes Experiment wie schwarze Komödie. Bier sollte damit zum Starmediziner werden, Hildebrandt zum Assistenten mit Prellungen, Stich- und Brandwunden.

Der Mediziner August Bier erprobte eine neue Betäubungsmethode – an seinem Assistenten.

August Bier war Oberarzt an der Königlichen Chirurgischen Klinik zu Kiel und hatte bereits bei mehreren Beinamputationen eine neue Betäubungsmethode ausprobiert: Er spritzte den Patienten Kokainlösung in den Wirbelkanal, wo alle Nerven des Körpers nach ihrer Position geordnet zusammenkommen. Im oberen Teil zum Beispiel jene von Armen, Schultern und Brust, im unteren jene von Unterleib und Beinen. Die Kokainlösung wirkte betäubend auf diese Nerven, sodass je nach Ort und Stärke der Injektion der Körper bis zu einer bestimmten Höhe schmerzunempfindlich wurde.

Zwar verwendete man damals bereits Lachgas, Äther und Chloroform als Betäubungsmittel. Doch die versetzten die Patienten in eine tiefe Bewusstlosigkeit, die bei falscher Dosierung tödliche Folgen haben konnte.

Die Spinalanästhesie war ein Ausweg, und nach seinen Patienten wollte Bier ihre Wirkung auch am eigenen Leib testen. Doch nach dem Missgeschick mit der Nadel hatte er viel Rückenmarksflüssigkeit verloren und wollte das Experiment verschieben. Da bot sich Assistent Hildebrandt als Versuchsperson an. Abends um halb acht spritzte Bier ihm einen halben Kubikzentimeter einprozentige Kokainlösung. Dann führte er Protokoll:

»Nach 10 Minuten wurde eine große gestielte Nadel bis auf den Oberschenkelknochen eingestoßen, ohne den geringsten Schmerz zu erzeugen.

Nach 13 Minuten: Eine brennende Zigarre wird an den Beinen als Hitze, aber nicht als Schmerz empfunden.

Nach 20 Minuten: Ausreißen von Schamhaaren wird als Erhebung einer Hautfalte, von Brusthaaren oberhalb der Warzen dagegen als lebhafter Schmerz empfunden. Starkes Überbiegen der Zehen ist nicht unangenehm.

Nach 23 Minuten: Starker Schlag mit einem Eisenhammer gegen das Schienbein wird nicht als Schmerz empfunden.

Nach 25 Minuten: Starkes Drücken und Ziehen am Hoden ist nicht schmerzhaft.«

Nach drei Viertelstunden kehrte das normale Schmerzempfinden zurück, und die beiden Männer gingen essen, tranken Wein und rauchten mehrere Zigarren. Das war »mehr, als gut war«, wie Bier später schrieb. Er lag neun Tage mit Kopfschmerzen im Bett. Hildebrandt erbrach sich, hatte unerträgliche Kopfschmerzen, Blutergüsse und Schmerzen am ganzen Körper.

Nach der Publikation des Experiments verbreitete sich die Spinalanästhesie rasch. Heute gehört sie (allerdings nicht mehr mit Kokain) zu den Standardverfahren in der Medizin.

Hildebrandt wandte sich später gegen seinen früheren Chef: Nicht Bier sei der Vater der Spinalanästhesie, sondern der Amerikaner James Leonhard Corning. Tatsächlich hatte Corning ähnliche Versuche unternommen. Doch es war Bier, der ihr Potenzial erkannt hatte.

Warum Hildebrandt gegen Bier kämpfte, ist bis heute nicht geklärt. War es seine schwierige Persönlichkeit? Hildebrandt war als unfreundlich und jähzornig bekannt. Oder war es die Tatsache, dass Hildebrandt in Biers Artikel zwar als Versuchsperson, nicht aber als Mitautor genannt wurde?

◆ Bier, A. (1899), Versuche über Cocainisirung des Rückenmarkes. *Deutsche Zeitschrift für Chirurgie* 51, S. 361–369.

Damit ging er für alle Zeiten als Assistent in die Medizingeschichte ein, dessen Chef ihm an die Hoden gegriffen hatte.

1900 **Eine Ratte auf Umwegen**

Im Jahr 1690 begannen die königlichen Gärtner George London und Henry Wise im Südwesten von London einen Irrgarten anzulegen. Im Auftrag von William III. erstellten sie im Garten des Palasts Hampton Court mit kleinen Buchen achthundert Meter gewundene Gänge, in denen sich heute noch jährlich 330 000 Besucher verirren.

Zweihundert Jahre später baute der Psychologe Willard S. Small mit etwas Maschendraht auf einem Holzbrett seinen eigenen Hampton-Court-Irrgarten – für seine Ratten.

Das kam so: Der Forscher von der Clark University in Worcester, Massachusetts, suchte nach einer Möglichkeit, die Intelligenz einer Ratte zu erforschen. Die Untersuchung sollte in einer kontrollierten Umgebung stattfinden, das Verhalten der Ratten aber möglichst nicht durch unnatürliche Bedingungen gestört werden.

Da Ratten eine Vorliebe für gewundene Gänge haben, kam Small auf die Idee, ein kleines Labyrinth zu bauen. Dabei dürfte ihn ein Artikel über die Känguru-Ratte beeinflusst haben, den er kurz zuvor gelesen hatte. Die Zeichnung ihres Baus sehe »dem Apparat für diese Experimente auffallend ähnlich«, schrieb Small.

Er konnte nicht ahnen, welch beispiellose Karriere die Vorrichtung in der Psychologie und weit über ihre Grenzen hinaus machen würde. Die Ratte im Irrgarten wurde zum Symbol für die Wissenschaft als solches und für den Menschen, der sich im Labyrinth des modernen Lebens nicht mehr zurechtfindet. Die Suche nach der Wendung »like a rat in a maze« im Internet ergibt über tausend Fundstellen: Die amerikanische Regierung handle »wie eine Ratte im Labyrinth«, und ein gewisser Chris fühlt sich jeden Montagmorgen wie eine. Unter achievinghappiness.com gibt es die »Happiness Formula«, die helfen soll, sich

Das erste zu wissenschaftlichen Zwecken gebaute Labyrinth für Ratten. Es war eine Kopie des Heckenirrgartens von Hampton Court bei London.

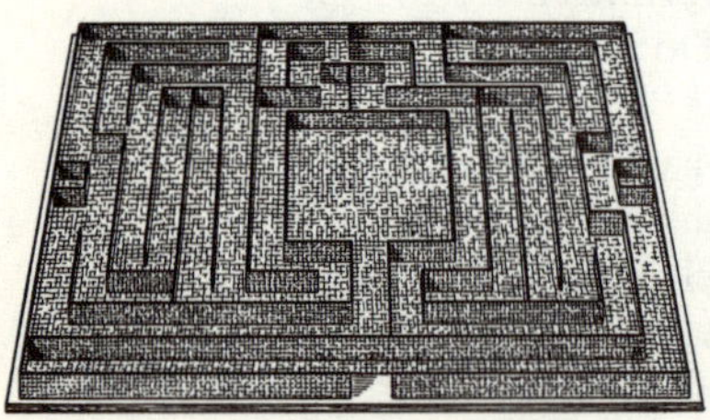

nicht mehr »wie eine Ratte im Labyrinth« zu fühlen. Die Ratte im Labyrinth hat uns sogar eine eigene Sorte von Cartoons beschert. Kein anderes Hilfsmittel aus einem wissenschaftlichen Experiment taucht häufiger in Witzzeichnungen auf.

Dass Small ausgerechnet Hampton Court kopierte, hat damit zu tun, dass er in der Encyclopædia Britannica den Begriff »Labyrinth« nachschlug und dort auf den Plan des englischen Irrgartens stieß. Seine Version war ein 2,40 Meter mal 1,80 Meter großes Rechteck (der Hampton-Court-Irrgarten ist trapezförmig). Die Gänge trennte er mit zehn Zentimeter hohem Maschendraht voneinander ab, auf den Boden streute er Sägemehl aus, im Zentrum deponierte er Nahrung.

»Sie scheinen sich an ihre neue Umgebung zu gewöhnen.«

Dann setzte er Ratten an den Eingang. Die ersten beiden Versuche scheiterten, weil Lärm die Tiere im Labor verängstigte. Beim dritten Versuch fand ein Männchen nach 15 Minuten ins Zentrum, beim vierten brauchte es noch zehn Minuten, beim fünften eine Minute und 45 Sekunden, beim sechsten drei Minuten und beim siebten 50 Sekunden. Die Ratte kannte das Labyrinth mit jedem Mal besser.

»Also wenn Sie mich fragen: Sie sehen nicht aus wie ein Experimentalpsychologe.«

Das scheint ein banales Ergebnis zu sein, doch im Grunde war es erstaunlich, denn erst wenn die Ratte das Futter gefunden hatte, wusste sie, welcher der vielen Versuche der richtige gewesen war. Sie musste also ein Erinnerungsvermögen dafür besitzen, wo sie vor fünf Minuten links abgebogen war und wo vor drei Minuten rechts.

Der Psychologe Edward Lee Thorndike stellte dazu das Gesetz des Effekts auf. Handlungen (den richtigen Weg durchs Labyrinth gehen), die für einen Organismus einen befriedigenden Effekt haben (Futter finden), werden mit einer größeren Wahrscheinlichkeit wieder auftauchen als solche, die einen unangenehmen Effekt zur

»Ich melde mich normalerweise nicht freiwillig für Experimente. Aber ich bin halt ein Rätsel-Fan.«

Folge haben. Dreißig Jahre später sollte der Psychologe B. F. Skinner diese Theorie mit einem neuen Vokabular versehen, ein weiteres bei Cartoonisten beliebtes Untersuchungsinstrument erfinden und sich mit seinen Theorien über das Wesen des Menschen viele Feinde machen (S. 95).

◆ Small, W. S. (1900–1901), Experimental study of the mental processes of the rat. *American Journal of Psychology* 12, S. 206–239.

1901 **Mordversuch im Hörsaal**

Wie geplant fällt der Schuss um Viertel vor acht. Es ist Mittwoch, der 4. Dezember 1901, und am kriminalistischen Seminar der Universität Berlin hat Professor Franz von Liszt eben seine Ausführungen über die Theorien des französischen Rechtsgelehrten Gabriel Tarde beendet. Da steht einer der Zuhörer auf und beginnt zu sprechen.

»Ich möchte Tardes Lehre noch kurz vom Standpunkt der christlichen Moralphilosophie aus betrachten.«

»Das fehlte gerade noch!«, ruft sein Nachbar und leitet damit einen unfreundlichen Wortwechsel ein.

»Seien Sie gefälligst ruhig, wenn Sie nicht gefragt sind!«

»Das ist eine Unverschämtheit.«

»Wenn Sie noch ein Wort sagen, dann ...«

Der Sprecher droht mit der Faust.

Der andere zieht einen Revolver und hält die Mündung an die Stirn seines Kontrahenten.

Professor von Liszt eilt herbei und schlägt auf den Arm mit dem Revolver. Als er sich auf der Höhe der Herzgegend befindet, knallt es.

Die Zuschauer konnten nicht wissen, dass die Waffe nur ein Kinderspielzeug war und das makabre Schauspiel Teil eines Experiments, das der deutsche Psychologe William Stern vorgeschlagen hatte. Stern war ein Hansdampf in allen Gassen der Psychologie. Auf ihn geht die Idee des Intelligenzquotienten zurück, er befasste sich mit Entwicklungspsychologie und war Herausgeber der *Beiträge zur Psychologie der Aussage*. In dieser Fachzeitschrift setzten sich Forscher mit der Frage auseinander, wie präzis sich Menschen erinnern.

Dass es mit dem Gedächtnis der meisten Leute nicht zum Besten stand, merkte Stern, als er Versuchspersonen ein Bild beschreiben ließ, das sie zuvor 45 Sekunden lang betrachtet hatten. Viele schworen, Dinge darauf gesehen zu haben, die nicht dort waren. Die Frage der Zuverlässigkeit des Gedächtnisses war besonders vor Gericht wichtig. Deshalb schlug Stern das Experiment mit dem inszenierten Streit vor, dessen Zeugen sich in einer Situation befanden, die der eines wirklichen Verbrechens recht nahe kam.

Nachdem der Revolver abgefeuert worden war, erfuhren die Anwesenden, dass der Streit bloß gespielt war. Fünfzehn unter ihnen – »ältere ›studiosi iuris‹ oder Referendare« – machten daraufhin schriftliche oder mündliche Zeugenaussagen. Drei noch am selben Abend oder am Tag darauf, neun eine Woche später und drei erst fünf Wochen nach dem Vorfall. Kein Einziger konnte sich an alle Details der in fünfzehn Einzelschritte unterteilten Handlung erinnern. Die Fehlerrate lag zwischen 27 und 80 Prozent.

Wie zu erwarten war, konnten sich viele Zeugen nicht an den genauen Wortlaut des Gesagten erinnern. Doch überraschenderweise erfanden einige Zeugen auch Vorgänge, die nie stattgefunden hatten: Sie legten stummen Zuschauern Worte in den Mund, ließen den einen Streitenden vor dem anderen flüchten, obwohl beide stehen geblieben waren.

Die geringe Zuverlässigkeit der Aussagen führte zu einer regen Diskussion unter Juristen. »Was soll aus unserer ganzen Strafrechtspflege werden, wenn ihre sicherste Grundlage, die Aussage unverdächtiger Thatzeugen, durch exakte wissenschaftliche Forschung erschüttert, wenn der Glaube an die Zuverlässigkeit unseres wertvollsten Beweismaterials untergraben wird?«, fragte Franz von Liszt in der *Deutschen Juristen-Zeitung*. William Stern, der das Experiment angeregt hatte, plädierte dafür, Experten in den Zeugenstand zu rufen, die das Gericht bei der Beurteilung einer Aussage beraten sollten. Ein Vorgehen, das heute üblich ist.

Die Methode dieses Revolverexperiments, der so genannte Überraschungsversuch, bei dem die Versuchspersonen nicht wissen, dass sie an einem Experiment teilnehmen, kam Anfang letzten Jahrhunderts in Mode. Einmal wurden Studenten zu einem fingierten lauten Streit vor der Tür des Hörsaals befragt, ein andermal zu einem Besucher, der zwanzig Minuten lang mit einer Maske vor dem Gesicht in der Vorlesung gesessen hatte. Nur vier von 22 Anwesenden konnten die Maske einige Tage später unter neun anderen wiedererkennen.

Manchmal nahm bei solchen Experimenten die Lust am Theater überhand. In der Göttinger psychiatrisch-forensischen Vereinigung stürzte 1903 mitten in einer Rede ein »Clown herein, der in der einen Hand eine Schweineblase, in der anderen Hand einen roten Fez schwang«, hinter ihm »in auffälligem Kostüm, einen Revolver in der Hand, ein Neger«. Die Zuschauer mussten danach einen Fragebogen ausfüllen, wo sie die Ereignisse durcheinander brachten.

verrueckte-experimente.de

◆ Jaffa, S. (1903), Ein psychologisches Experiment im kriminalistischen Seminar der Universität Berlin. *Beiträge zur Psychologie der Aussage* (1), S. 79–99.

Ihre schönste Bestätigung erfuhr die Erkenntnis über die Unzuverlässigkeit der Erinnerung in der Überlieferung des Revolverexperiments selbst: In einem 1955 erschienenen Lehrbuch über forensische Psychologie war aus der Revolverattacke in Berlin ein simulierter »Totschlag durch Dolchstiche« geworden.

1902 **Wenn der Pavlov einmal klingelt**

Der russische Mediziner Ivan Petrowitsch Pavlov hält einen kuriosen Rekord: Nach keinen Experimenten wurden mehr Musikgruppen benannt, als nach jenen, die er Anfang des 20. Jahrhunderts mit Hunden anstellte. In den Siebzigerjahren des 20. Jahrhunderts gab es eine Rockband

Blick in einen der Experimentierräume, die Pavlov im Laborgebäude aufhängen ließ, damit die Hunde während der Versuche völlig isoliert waren. Alle Manipulationen wurden über Hebel und Seilzüge (links) von außen ausgeführt.

mit Namen »Pavlov's Dog and the Condition Reflex Soul Revue and Concert Choir«, in den Achtzigern traten »Ivan Pavlov and the Salivation Army« auf, aus den Neunzigern kommen die Bluegrassband »Pavlov's Dawgs« und die Rockband »Conditioned Response«, im neuen Jahrtausend spielt die englische Folk-Formation »Pavlov's Cat« auf. Und Musiker waren nicht die Einzigen, die auf der Suche nach einem Namen bei Pavlov hängen blieben. »Pavlov's Dog« heißt auch eine Kommunikationsagentur in Irland, ein Pub in England, eine Theatergruppe in Kanada und ein Drink im One World Café in Baltimore, USA – gemixt aus Kahlua, Bailey's und Milch.

Ivan Petrowitsch Pavlov erhielt 1904 den Nobelpreis für Medizin. Doch berühmt wurde er durch seine später durchgeführten Konditionierungsversuche mit Hunden.

Pavlov erhielt 1904 den Nobelpreis für seine Forschungen über die Verdauung. Doch das ist nicht der Grund, weshalb sein Name heute so populär ist. Vielmehr ist es der fundamentale Lernmechanismus, den er bei dieser Arbeit zufälligerweise entdeckte.

Bei seinen Studien der Verdauung interessierte sich Pavlov auch für die Funktion der Speicheldrüsen. Um ihre Tätigkeit an lebenden Hunden beobachten zu können, führte er den Speichel der Tiere durch ein Loch in der Wange direkt von der Drüse in einen kleinen Messbecher. Eigentlich wollte er so die Zusammensetzung des Speichels bestimmen, wenn er die Hunde mit unterschiedlicher Nahrung fütterte. Doch bald tauchte ein Problem auf. Nachdem die Hunde ein paarmal gefüttert worden waren, begannen sie schon Speichel abzusondern, wenn sie das Fressen nur sahen. Zuerst betrachtete Pavlov diesen Effekt als Störfaktor und entwickelte Techniken, den Hunden das Fressen ohne Vorwarnung ins Maul zu geben. Doch es zeigte sich, dass die Tiere auch ganz subtile Signale mit dem Fressen verknüpften. Es reichte schon der Anblick des Forschers oder das Geräusch seiner Schritte, um den Speichelfluss in Gang zu bringen.

Bald schon sah Pavlov dieses Phänomen nicht mehr als Makel seiner Versuche, sondern als neues Forschungsgebiet. Er machte Experimente, bei denen er die Signale kon-

»Und dann, anstatt mich zu füttern, läutete er mit einer Glocke.«

trollierte, die vor der Fütterung erfolgten: Fünf Sekunden vorher wurde ein Metronom in Gang gesetzt oder eine elektrische Glocke. Nach eingen solchen Paarungen – bei der Glocke reichte eine einzige – begann der Speichel schon bei den Signalen zu fließen. Die Hunde hatten gelernt, dass sie nach dem Glockenläuten gefüttert wurden.

Weil die Hunde selbst kleinste Hinweise aus ihrer Umwelt als Signale für die Fütterung deuteten, ließ Pavlov in St. Petersburg ein neues Gebäude mit schalldichten Räumen bauen, in denen er alle nötigen Manipulationen über Hebel und Seilzüge ferngesteuert vornehmen konnte.

Der so von Pavlov entdeckte grundlegende Lernmechanismus heißt »klassisches Konditionieren«. Dabei wird an eine natürliche Reiz-Reaktions-Kombination (Futter-Speichelfluss) ein neuer Reiz gekoppelt (Glocke). Ein neuer Reiz kann dabei also nur ein angeborenes Verhalten auslösen. Das allerdings in fast beliebiger Kombination. Wie dagegen neue Verhalten gelernt werden, untersuchte dreißig Jahre nach Pavlov der amerikanische Psychologe B. F. Skinner mit der so genannten Skinnerbox (S. 95).

Pavlov fand bei seinen Versuchen auch heraus, wie sich die Konditionierung wieder löschen lässt. Man brauchte bloß ein paarmal mit der Glocke zu klingeln, ohne den Hund danach zu füttern, und er verlernte den Zusammenhang wieder. Auf diesem Prinzip basiert die später entwickelte Verhaltenstherapie, bei der Patienten kontrolliert mit jenen Situationen konfrontiert werden, die bei ihnen zum Beispiel Angst auslösen. Auf diese Weise soll die Verknüpfung zwischen Situation und Angst gelöscht werden.

Nach keinem Experiment wurden mehr Musikgruppen benannt. Hier das Album »Pavlov's Dog« (1997) der amerikanischen Rockband Conditioned Response.

Heute sind Pavlovs Hunde ein Alltagsbegriff. Für Kulturkritiker wurden sie zum Symbol für die breite Masse in westlichen Industriegesellschaften, die sich von der Werbung zu »Konsum-Tieren« dressieren lässt und auf bestimmte Reize vorhersehbare Kaufreaktionen zeigt.

Anders als Pavlov selbst, der einer der berühmtesten Wissenschaftler aller Zeiten ist, haben die nach ihm benannten Bands den Durchbruch nie oder zumindest noch nicht geschafft. Am nächsten kam ihm die Rockgruppe »Pavlov's Dog and the Condition Reflex Soul Revue and Concert Choir«, die 1973 in »Pavlov's Dog« unbenannt wurde und für ihr Debütalbum 600 000 Dollar erhielt, den höchsten bis dahin in den USA bezahlten Vorschuss für eine Platte. Drei Jahre später ließ die Plattenfirma sie fallen, die Musiker waren pleite und zerstritten.

verrueckte-experimente.de

verrueckte-experimente.de

◆ Pavlov, I. P. (1927), *Conditioned Reflexes: An Investigation of the Physiological Activity of the Cerebral Cortex.* Oxford University Press.

1904 **Der Pferde-Einflüsterer**

Im Sommer 1904 konnte man in einem gepflasterten Hof im Norden Berlins einem außergewöhnlichen Spektakel beiwohnen. Inmitten von Mietskasernen demonstrierte der pensionierte Lehrer Wilhelm von Osten dort immer zur Mittagszeit die ungewöhnlichen Fähigkeiten seines Pferdes Hans. Hans konnte bruchrechnen, die Leute zählen, Bilder erkennen, die Uhrzeit ablesen, hatte das absolute Musikgehör und den Kalender des gesamten Jahres im Kopf. Zeitungen auf der ganzen Welt berichteten über das Wunderpferd. Der *Mexican Herald* vermutete sogar, dass die erste Amerikatournee bestimmt nicht mehr lange auf sich warten lasse. Doch obwohl Hans in Liedern besungen wurde und Kinderspielzeug und Likör unter seinem Namen in den Handel kamen, erinnert man sich heute nicht wegen seiner vermeintlichen Klugheit an ihn, sondern wegen der Experimente, die seine Intelligenz widerlegten.

Vier Jahre lang hatte Wilhelm von Osten Hans wie einen Schulbuben unterrichtet. Das Pferd stand im Hof vor einer Wandtafel, und von Osten lehrte es mithilfe eines Zählrahmens das Rechnen, brachte ihm mit einer Buchstabentafel das Lesen bei und unterwies es mit einer Kinderharmonika in Musik. Da das Pferd nicht sprechen konnte, gab es seine Antworten, indem es mit dem Kopf nickte, ihn schüttelte oder mit dem Huf auf den Boden klopfte. Buchstaben, Töne auf der Tonleiter, selbst die Namen von Spielkarten wurden in Zahlen umgesetzt und dann in Hufschlägen wiedergegeben. As: einmal klopfen, König: zweimal, Dame: dreimal usw. Das didaktische Vorgehen war »wohl ausgedacht und vielleicht für den Unterricht von Hottentotten praktisch zu verwerten«, wie man von Osten später attestierte.

Rechenunterricht für das berühmteste Pferd der Welt: den klugen Hans. Ein raffiniertes Experiment zeigte, was wirklich hinter seinen erstaunlichen Fähigkeiten steckte.

Auch die Wissenschaft wurde auf Hans aufmerksam. Angesehene Persönlichkeiten ließen sich das Wunderpferd vorführen, darunter der Zirkusdirektor Paul Busch, Zoodirektor Ludwig Heck, Tierarzt Dr. Mietzner und Carl Stumpf von der Universität Berlin, einer der wichtigsten Psychologen seiner Zeit. Sie waren von den Fähigkeiten von Hans derart überzeugt, dass sie am 12. September 1904 ein seltsames Gutachten unterschrieben. Die Hans-Kommission, wie die dreizehn Unterzeichner genannt wurden, hielt fest, dass von Osten keine Tricks anwende. Weder bewusst noch unbewusst sollen Hans Zeichen gegeben worden sein. Es stehe fest, »dass es sich hier um einen Fall handelt, der von allen bisherigen, dem äußeren Anschein nach ähnlichen Fällen prinzipiell verschieden ist«.

Es fehle dem Hengst zum Menschen eigentlich nichts als die Sprache, sagte ein begeisterter Zuschauer. Und ein erfahrener Pädagoge stellte ihn auf die »Stufe eines dreizehn- bis vierzehnjährigen Kindes«. Die wenigen Fehler, die Hans machte, wurden als »Zeichen von Eigenwilligkeit und Selbstständigkeit, die man fast Humor nennen möchte« gedeutet. Einige Zoologen sahen in Hans nichts weniger als den Beweis für die Gleichartigkeit von Tier- und Menschenseele.

Das Phänomen habe »eine ernsthafte und eingehende wissenschaftliche Untersuchung verdient«, hieß es am

Ende des Gutachtens. Mit dieser Aufgabe betraute der Psychologe Stumpf seinen Assistenten Oskar Pfungst. Der fand zwar heraus, dass es mit der Intelligenz von Hans nicht weit her war, doch was er dabei entdeckte, war nicht weniger erstaunlich als ein rechnendes Pferd.

Pfungsts erstes Experiment sollte klären, ob Hans die gestellten Aufgaben wirklich ohne Hilfe von Menschen löste. Falls ja, hätte es keinen Unterschied machen dürfen, ob der Experimentator die Antwort auf die gestellte Frage kannte oder nicht. Pfungst gab Hans den Auftrag, so oft mit seinen Hufen zu treten, wie es der Zahl auf einer Kartontafel entsprach, die er ihm zeigte. Abwechselnd präsentierte er die Tafel nur dem Pferd oder schaute sie auch selbst an. Das Resultat war eindeutig: Wenn Pfungst die Zahlen kannte, lag die Trefferquote bei 98 Prozent, wenn nicht, bei acht Prozent.

Um die Rechenfähigkeit von Hans zu prüfen, flüsterten ihm zwei Personen je eine Zahl ins Ohr, die er addieren sollte. Unter diesen Bedingungen konnte nur Hans das Resultat kennen. Er versagte. Für Pfungst war klar, dass der Hengst »von seiner Umgebung gewisse Anregungen erhalten müsse«. Das war erstaunlich, denn anders als bei rechnenden Tieren im Zirkus, deren Meister ihnen Zeichen gaben, war von Osten bei den Experimenten oft gar nicht anwesend. Der Einzige, der Hans einen Wink hätte gegeben

Schaulustige bei einer mittäglichen Vorführung des klugen Hans im Hof des Hauses an der Griebenowstraße 10 in Berlin.

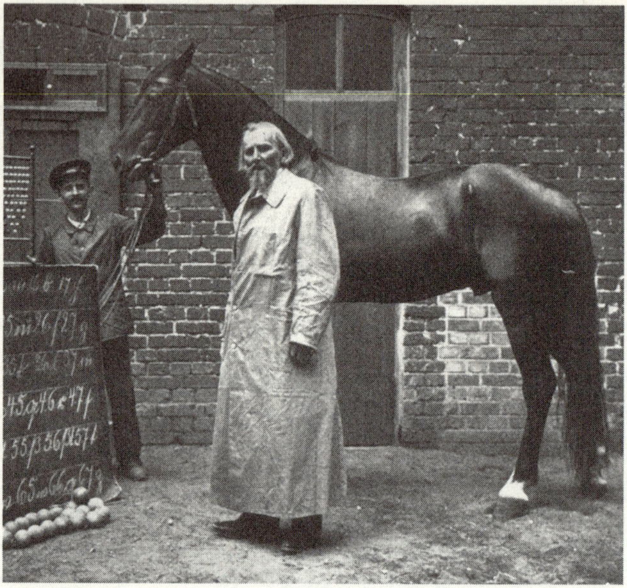

Lehrer und Schüler: Wilhelm von Osten und Hans mit Zählrahmen, Buchstabiertafel und weiteren Hilfsmitteln für den Unterricht.

haben können, war der Versuchsleiter: Pfungst! Doch der wusste nichts davon.

Kam der Hinweis wirklich vom Fragesteller? Pfungst legte dem Pferd Scheuklappen an, damit es ihn nicht sehen konnte. Diese Experimente waren schwierig, weil das Pferd trotzdem ständig versuchte, einen Blick von Pfungst zu erhaschen, es riss sich dabei sogar los. Trotzdem zeigte sich klar: Wenn Hans Pfungst nicht im Blickfeld hatte, gab er keine richtigen Antworten mehr. Offenbar konnte Hans die Antwort im Fragesteller lesen. Bloß wie? Pfungst hatte ja versucht, sich neutral zu verhalten.

Nach minutiösen Beobachtungen kam Pfungst zu dem Schluss, dass Hans sich an kleinsten unbewussten Kopfbewegungen orientieren musste. Wer dem Pferd eine Frage stellte, nickte ein klein wenig, um nach dem Huf zu blicken. Das war für Hans das Signal, mit dem Treten zu beginnen. Kam Hans in die Gegend der gewünschten Zahl, blickte der Fragesteller wieder auf, und das Pferd stoppte.

Um diese Hypothese zu überprüfen, entwarf Pfungst weitere Experimente. Er stellte Hans die Aufgaben zum Beispiel aus verschiedenen Entfernungen. Je weiter weg er war, desto unzuverlässiger waren die Antworten. Hans konnte die Körperzeichen aus der Distanz weniger genau lesen. Pfungst stellte Hans auch Aufgaben, deren Resultat eins war. Wenn seine Vermutung stimmte, mussten ihm diese Rechnungen am schwersten fallen, weil der Experimentator dem Pferd ja fast gleichzeitig Beginn und Ende des Tretens anzeigen müsste. Tatsächlich hatte Hans von allen Zahlen mit der Eins die größte Mühe.

»›Das hält auf die Dauer kein Pferd aus‹, meinte der kluge Hans mit einem Blick nach dem Reichstag, – ›Adieu, Berlin!‹« Karikatur aus dem *Kladderadatsch* (1909) zum Wegzug von Hans aus Berlin.

Den endgültigen Beweis erbrachte Pfungst, indem er zeigte, dass Hans auch dann mit dem Huf zu klopfen begann, wenn sich der Experimentator leicht vorbeugte, ohne ihm eine Aufgabe gestellt zu haben.

Allein diese elegante Serie von Versuchen wäre zu einem Klassiker geworden, doch das Glanzstück kam erst noch. Im November 1904 holte Pfungst nacheinander 25 Personen ins Psychologische Institut der Universität Berlin. Die Leute wussten nicht, worum es ging, als er sie aufforderte, sich eine Zahl zu denken, die er, Pfungst, erraten würde, indem er genau so viele Male mit der Hand auf den Tisch klopfte. »An Stelle des stummen war gleichsam ein redendes Pferd getreten«, schrieb Pfungst später in seinem berühmt gewordenen Buch *Der kluge Hans*. In 23 von 25 Fällen gelang es ihm, die unwillkürlichen Körpersignale zu erkennen und die Zahl herauszubekommen.

Pfungsts Untersuchung führte einen der größten Störfaktoren jedes Experiments vor Augen: die Erwartung des Versuchsleiters. Wie sich in vielen späteren Studien zeigte, beeinflussen Forscher die Ergebnisse ihrer Experimente

A Marvel in Animal Education in Germany

"The Wonder Horse" of Berlin Described by Prof. Amos W. Patten of Northwestern University.

»Ein Mirakel der Tierdressur in Deutschland« (*Stevens Point Daily Journal*, 13. 10. 1904). Über die vermeintlichen Fähigkeiten von Hans wurde auch in den USA berichtet.

unbewusst in die Richtung ihrer Annahmen. Pfungst signalisierte Hans unbewusst, wann er von ihm erwartete, mit Klopfen aufzuhören. In der Wissenschaft heißt dieses Phänomen heute »Versuchsleitereffekt«.

Wilhelm von Osten verlor mit den Experimenten alles. Als sich die Resultate abzuzeichnen begannen, schrieb er Carl Stumpf, die Wissenschaftler möchten nicht wiederkommen. Es gilt als sicher, dass von Osten kein Betrüger war, sondern seine Körpersignale genauso unbewusst einsetzte wie Pfungst. Zu den Fragen, die er Hans während der Demonstrationen in Berlin stellte, gehörten auch solche nach der Sympathie und Antipathie für gewisse Leute. Einmal fragte er ihn: »Hast du Herrn Geheimrat Stumpf lieb?« Hans schüttelte den Kopf.

Wilhelm von Osten starb am 29. Juni 1909. Auf dem Sterbebett verwünschte er sein Pferd, dem er die Schuld gab am Unglück seines Lebens, und wünschte ihm ein »Ende vor dem Mörtelwagen«.

◆ Pfungst, O. (1907), *Der kluge Hans. Das Pferd des Herrn von Osten*. Johann Ambrosius Barth. Neudruck: Fachbuchhandlung für Psychologie (1977).

Hans vermachte er dem Elberfelder Kaufmann Karl Krall, der einen »Stall für Unterrichtszwecke« einrichtete, wo er auch die Hengste Muhamed und Zarif unterwies. Im Ersten Weltkrieg wurden alle Pferde zwangsrekrutiert.

1907 **Die Seele wiegt 21 Gramm**

Die Meldung war so wichtig, dass selbst die *New York Times* sie abdruckte. »Arzt glaubt, die Seele habe Gewicht«, stand in der Ausgabe vom 11. März 1907 über einem Artikel auf Seite fünf. Darin berichtete die Zeitung von den seltsamen Experimenten eines gewissen Duncan MacDougall, Arzt aus Haverhill in Massachusetts.

MacDougall beschäftigte sich schon lange mit der Natur der Seele. Falls die psychischen Funktionen nach dem Tod weiterexistierten, so seine verquere Logik, mussten sie im lebenden Körper einen gewissen Raum eingenommen haben. Und weil alles, was Raum einnimmt, nach den »neuesten Erkenntnissen der Wissenschaft« auch ein gewisses Gewicht hat, müsse sich die Seele feststellen lassen, »indem man einen Menschen während des Sterbens wägt«. Also baute MacDougall eine Präzisionswaage: ein an einem Gestell aufgehängtes Bett, dessen Gewicht samt

Inhalt sich auf fünf Gramm genau bestimmen ließ.

Die Empfindlichkeit der Waage schränkte allerdings die Auswahl der Versuchspersonen stark ein. »Am geeignetsten schienen mir Patienten mit einer Krankheit, die zu starker Erschöpfung führt, deren Tod mit möglichst wenig Muskelbewegungen verbunden ist, weil die Waage so perfekt im Gleichgewicht gehalten werden kann und jeder Gewichtsverlust sofort bemerkt wird«, schrieb MacDougall später in der Fachzeitschrift *American Medicine*. Menschen, die an Lungenentzündung starben, eigneten sich zum Beispiel nicht. Sie würden »ausreichend kämpfen, um die Waage aus dem Gleichgewicht zu bringen«.

Als die besten Probanden erwiesen sich Tuberkulosekranke, deren letzte Momente so inaktiv seien, wie man sich das nur vorstellen könne. MacDougall fand sie in der Cullis-Free-Home-Lungenheilstätte. Ob die Kranken oder ihre Angehörigen ihr Einverständnis für die Experimente gaben, ist nicht bekannt. Sicher ist, dass es Leute gab, die MacDougalls Studien in biologischer Theologie skeptisch gegenüberstanden. Bei einer der sechs gewogenen Versuchspersonen, beklagt sich MacDougall, sei die Waage nicht richtig justiert gewesen, weil Leute, die mit seiner Arbeit nicht einverstanden gewesen seien, ihn gestört hätten.

Den ersten Sterbenden legte MacDougall an einem Abend um 17.30 Uhr auf seine Seelenwaage. Drei Stunden und 40 Minuten später »machte er seinen letzten Atemzug, und gleichzeitig mit dem Tod stieß der Balken der Waage mit einem hörbaren Schlag gegen die obere Blockierung«. MacDougall musste zwei Dollarmünzen auflegen, um sie wieder ins Gleichgewicht zu bringen. Das waren 21 Gramm.

Die nächsten fünf Versuchspersonen lieferten ein verwirrendes Bild: Bei zweien

SOUL WEIGHT PUZZLES

Hard to Believe Weird Theory and Hard to Discredit.

FACTS MEET NO EXPLANATION

Experiments Show Body Loses Weight at Death and Expounder of New Philosophy Defies Scientists to Solve Riddle—Firm Himself in Belief that Loss Is Due to Spirit Taking Flight.

»Rätselhaftes Seelengewicht – schwer zu glaubende merkwürdige Theorie und schwer zu widerlegen –, es gibt keine Erklärung für die Daten.« (*The Washington Post*, 18. 3. 1907)

»Ein Vorhaben, die Seele zu wiegen – Arzt schlägt Experiment mit elektrischem Stuhl vor – angemessener Test von neuer Theorie.« (*The Washington Post*, 12. 3. 1907)

PLAN TO WEIGH SOULS

Physician Proposes Experiment with Death Chair.

FAIR TEST OF NEW THEORY

Dr. Carrington, of New York, Says Proposed Method Would Do Away with Uncertainty Present in New England Experiments When It Is Said Immortal Part of Man Weighs an Ounce.

Der Film »21 Grams« (2003) von Alejandro González Iñárritu hat seinen Titel vom hundert Jahre zuvor durchgeführten Versuch, die Seele zu wiegen.

war die Messung ungültig, bei einer fiel das Gewicht nach dem Tod und blieb danach stabil, bei zweien fiel das Gewicht und stieg dann wieder, und bei einer fiel das Gewicht, stieg und sank noch einmal. Zudem hatte MacDougall Schwierigkeiten, den genauen Todeszeitpunkt zu bestimmen.

Doch solche Kleinigkeiten brachten ihn nicht vom Glauben ab, den Beweis für die Existenz der menschlichen Seele erbracht zu haben. Er hatte ja noch ein zweites Experiment durchgeführt, das diesen Befund bestätigte: 15 Hunde (»zwischen 15 und 75 Pfund«) verendeten auf der Waage – alle ohne den geringsten Gewichtsverlust. MacDougall verrät in seinem Fachartikel in *American Medicine* zwar nicht, wie er die Hunde davon überzeugen konnte, in seiner Waagschale zu sterben, doch man kann davon ausgehen, dass er sie vergiftete. MacDougall war nicht zufrieden mit diesem Experiment. Nicht etwa, weil er es für verwerflich hielt, 15 gesunde Hunde für den kuriosen Versuch zu töten, sondern weil sich die Resultate nicht direkt mit jenen seiner Versuchspersonen vergleichen ließen. Idealer wäre ein Test an Hunden gewesen, die auch ein schweres Leiden hatten und sich nicht mehr bewegen konnten, schrieb MacDougall. »Doch ich war nicht in der glücklichen Lage, an Hunde mit einer solchen Krankheit heranzukommen.«

Die Meinungen in der Fachwelt zu MacDougalls Seelenwägerei gingen weit auseinander. Einige seiner Kollegen hielten die Experimente für dumm, andere waren der Meinung, MacDougall habe »die wichtigste wissenschaftliche Entdeckung aller Zeiten« gemacht, und diskutierten, wie sich seine Methode verbessern ließe. Besonders der Einsatz von todkranken Versuchspersonen schien ihnen problematisch, weil die Verwesung sehr schnell einsetzen und ebenfalls zu Gewichtsveränderungen führen könne. »Wie viel befriedigender es doch wäre, wenn es sich bei den Versuchspersonen um normale, völlig gesunde Männer handelte«, wurde ein New Yorker Arzt in der *Washington Post* zitiert. Er schlug vor, den elektrischen Stuhl an eine Waage zu hängen und vor und nach der Hinrichtung das Gewicht zu bestimmen.

MacDougall machte weitere Versuche und erregte im Jahr 1911 noch einmal Aufmerksamkeit, als er behauptete, die Seele – »ein starker Strahl reinen Lichts« – beim Verlassen des Körpers beobachtet zu haben.

Das einzige Vermächtnis der Experimente ist der Gewichtsverlust der ersten Versuchsperson: Diese 21 Gramm geistern seit hundert Jahren als Gewicht der Seele durch die Populärkultur. Im Jahr 2003 schafften sie es sogar ins Kino. Unter dem Titel »21 Grams« hat der Regisseur Alejandro González Iñárritu einen Spielfilm gedreht, der die tiefere Bedeutung von Leben und Tod zum Thema hat.

◆ MacDougall, D. (1907/April), Hypothesis Concerning Soul Substance Together with Experimental Evidence of The Existence of Such Substance. *American Medicine*.

1912 **Happy Birthday, liebe Zellen!**

Der 17. Januar war ein besonderes Datum im Labor von Alexis Carrel am Rockefeller Institut in New York. Immer an diesem Tag versammelten sich die Angestellten vor einer verschlossenen Pyrexflasche und sangen *Happy Birthday*. Die Geburtstagswünsche galten den Hühnerherzzellen, die Carrel am 17. Januar 1912 in eine Nährlösung gegeben hatte. Die »unsterblichen Zellen«, wie sie genannt wurden, waren bald so berühmt, dass sich die Zeitung *New York World Telegram* immer im Januar nach ihrem Befinden erkundigte.

Carrel war nicht der Erste, der versuchte, Körperzellen außerhalb des Körpers am Leben zu erhalten. Dass später vor allem sein Name mit diesem Gebiet in Verbindung gebracht wurde, lag an seinem technischen Flair und an seinem Hang zur Show. Der Auslöser für das Hühnerherzexperiment war die Kritik anderer Wissenschaftler, die Carrels Erfolge bei der Zucht von Schilddrüsen- und Nierenzellen anzweifelten. Von den vielen Zellkulturen, die er unter verschiedenen Wachstumsbedingungen anlegte, war es jene mit der Nummer 725, die Anfang 1912 den Durchbruch brachte. Kleine Stücke eines Hühnerembryoherzens kamen bei 39 Grad in eine Lösung aus Blutplasma und destilliertem Wasser, wo sich die Zellen teilten.

In diesem Behälter wurden die berühmten »unsterblichen« Zellen von Alexis Carrel aufbewahrt. Sie sollen 34 Jahre alt geworden sein.

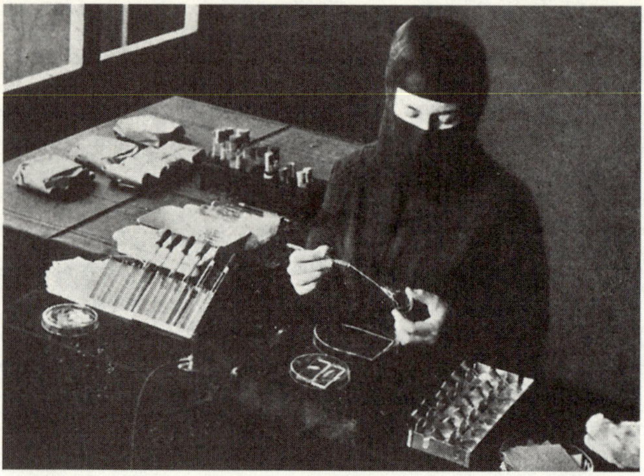

Ein Laborant versorgt die Zellkulturen mit neuer Nährlösung. Später stellte sich heraus, dass den »unsterblichen« Zellen hin und wieder beim Überleben geholfen wurde.

Nach ein paar Tagen wurde das Herzgewebe zerstückelt, gereinigt und in verschiedenen Unterkulturen in eine neue Nährlösung gegeben. Solche Zellkulturen sollten eine der großen Fragen der Biologie beantworten helfen: Warum altern wir? Ist es die einzelne Körperzelle, die irgendwie gebrechlich wird, oder ist das Gesamtsystem aller Zellen zusammen für unseren langsamen Verfall verantwortlich?

Carrel hielt seine Zellen für unsterblich. »Das Altern und der Tod sind unnötige Erscheinungen«, schrieb er bereits ein Jahr vor Beginn des Experiments. Das Ziel des Versuchs bestand darin, die Bedingungen zu ermitteln, »unter denen das Leben von Gewebe außerhalb des Organismus unendlich verlängert werden könnte«. Sobald er sie herausgefunden habe, »werden wir Lebewesen erschaffen können«.

So richtig berühmt wurden Carrels unsterbliche Zellen, als er kurz nach Beginn des Experiments für seine Arbeiten über die Gefäßchirurgie den Nobelpreis erhielt. Der *Rural Weekly* in St. Paul, Minnesota, titelte am 24. Oktober 1912: »Er züchtet Herzen im Reagenzglas und gewinnt 39 000-Dollar-Nobelpreis« und schrieb weiter: »Man sagt, dass Carrel aus Einzelteilen verschiedener Tiere ein neues erschaffen kann.« Das war natürlich maßlos übertrieben, und den unsterblichen Zellen ging es ähnlich. Auf dem Weg vom

Labor in die Zeitungsspalten war aus den millimeterkleinen Gewebestücken auf wundersame Weise ein schlagendes Hühnerherz in einem Einmachglas auf einem weißen Marmorsockel geworden, das von Zeit zu Zeit zurückgeschnitten werden musste, damit es das Labor nicht überwucherte.

Im Jahr 1940, als Carrel das Rockefeller Institut verließ, veröffentlichte das *New York World Telegram* einen Nachruf. Aber die Zellen waren nicht tot, ein Mitarbeiter Carrels pflegte sie weiter. Erst am 26. April 1946 wurden sie schließlich aufgegeben. Als Biologen später herausfanden, dass Zellen außerhalb des Körpers nach einer bestimmten Anzahl von Teilungen sterben, standen sie vor einem Rätsel: Carrels Zellen hätten nicht vierunddreißig Jahre alt werden dürfen!

Alle Versuche, Carrels Experiment zu wiederholen, scheiterten. Zwar konnten Zellen außerhalb des Körpers am Leben erhalten werden, aber nicht über so lange Zeit wie in Carrels Pyrexflasche. Laut dem Biologen Jan A. Witkowski, der den Fall untersucht hat, gibt es dafür drei mögliche Erklärungen: Carrels Zellen hatten sich durch eine Mutation so verändert, dass sie sich wie Krebszellen ewig hätten teilen können, den alten Zellen wurden mit der Nährlösung aus Versehen jeweils neue zugefügt, oder die ursprünglichen Zellen waren längst eingegangen, Carrel oder seine Assistenten hatten stets neue Zellkulturen angelegt, die sie der Öffentlichkeit als die alten präsentierten. Dann wäre eines der berühmtesten Experimente in der Biologie schlicht ein Betrug.

Darauf gab es bereits in den Dreißigerjahren des 20. Jahrhunderts Hinweise. Es kursierten Gerüchte, wonach bei Carrels Zellen nicht alles mit rechten Dingen zugehe. Eine seiner Assistentinnen soll einem Besucher des Labors sogar gesagt haben: »Wissen Sie, Dr. Carrel würde sich aufregen, wenn wir die Zelllinie verlören, hin und wieder mischen wir einfach ein paar Embryozellen darunter.«

UNHATCHED CHICK'S HEART IS BEATING AFTER TEN YEARS

NEW YORK Jan. 17.—Part of the heart of a chicken that never was hatched was beating today, the tenth anniversary of its removal from the embryo and isolation by Dr. Alexis Carrel of the Rockfeller Institute.

The tissue fragment is still growing and its pulsations are visible under the microscope, Dr. Carrel said. It grows so fast that it is sub-divided every forty-eight hours.

»Herz eines nicht ausgebrüteten Huhns schlägt nach zehn Jahren immer noch« (*Reno Evening Gazette*, 17. 1. 1922). Zum zehnten Geburtstag schafften es die Zellen auf Seite eins.

Alexis Carrel erhielt 1912 den Nobelpreis für Medizin. Wegen seiner kühnen Transplantationsversuche wurde er, wie in dieser Karikatur aus dem Jahr 1914, als Magier unter den Chirurgen angesehen.

◆ Carrel, A. (1912), On the Permanent Life of Tissue Outside the Organism. *The Journal of Experimental Medicine* 15, S. 516–528.

»Die unwiderruflichen Effekte des Alterungsprozesses machten es Carrel unmöglich, sich zu verteidigen«, bemerkte ein Forscher später ironisch. Carrel starb am 5. November 1944 in Paris – zwei Jahre vor seinen »unsterblichen Zellen«.

1914 **Der Turmbau zur Banane**

Das Bild hat hohen Symbolgehalt: Ein Schimpanse steht auf drei gestapelten Holzkisten und greift nach einer Banane. Generationen von Psychologiestudenten lasen darin die Geschichte vom vernunftbegabten Affen, der einen Geistesblitz hatte, zielstrebig eine Kiste auf die andere stellte und so an die sonst unerreichbare Frucht herankam. Doch die Sache war etwas komplizierter.

Der deutsche Psychologe Wolfgang Köhler, der diesen Denktest für Affen erfand, traf Ende 1913 auf Teneriffa ein, um die Leitung der dortigen Anthropoidenstation zu übernehmen. Eigentlich wollte er nur ein Jahr bleiben, doch der Erste Weltkrieg kam dazwischen, und so wurden sechs Jahre daraus.

Intelligenzbeweis? Die Schimpansin Grande stapelte Holzkisten, um an die Banane heranzukommen.

In dieser Zeit führte er eine Serie von eleganten Experimenten über die Intelligenz von Menschenaffen durch. Dabei kam er zu der Überzeugung, dass Schimpansen »einsichtiges Verhalten von der Art des beim Menschen bekannten« zeigten. Diese Ansicht beruhigte die damaligen Evolutionsbiologen. Es war noch nicht lange her, seit Darwin die Theorie von der natürlichen Auslese aufgestellt hatte, und die Biologen suchten überall nach Indizien, sie zu bestätigen. Die Ähnlichkeit der Körper von Mensch und Affe war ein Beleg für ihre Verwandtschaft, doch Darwin war überzeugt, dass sich Mensch und Affe auch geistig nahe sein mussten. Wie nahe, das wollte Köhler mit seinen Versuchen herausfinden.

Am 24. Januar 1914 führte er sechs seiner Schimpansen in einen zwei Meter hohen Raum, hängte eine Banane in die Ecke und stellte eine Holzkiste in die Mitte. Dann wartete er. Alle Tiere versuchten vergeblich, die Banane mit Sprüngen zu erreichen. »Sultan gibt jedoch bald auf«, schrieb Köhler, »er geht unruhig im Raum umher, bleibt plötzlich vor der Kiste stehen, ergreift sie, kantet sie hastig in gerader Linie auf das Ziel zu, steigt aber schon hinauf, als sie noch etwa einen halben Meter (horizontal) entfernt ist, und reißt, sofort mit aller Kraft springend, das Ziel herunter.« Sultan hatte das Problem gelöst. Er hatte unvermittelt und zielstrebig gehandelt, als hätte er eine plötzliche Einsicht gehabt.

Umso mehr erstaunte Köhler, dass seine Schimpansen lange Zeit am nächsten Problem scheiterten: Die Banane hing nun höher, und die Affen konnten sie nur erreichen, wenn sie zwei Kisten aufeinander stellten. Er bemerkte, dass das Problem für den Affen in »zwei wohl zu unterscheidende Teilanforderungen zerfällt, deren einer er recht leicht gerecht wird, während ihm die andere ungemeine Schwierigkeiten macht«. Die einfache Aufgabe bestand darin, eine Kiste unter die Banane zu schieben, die schwierige, eine zweite darauf zu stellen. Diese »merkwürdige Tatsache« machte Köhler ratlos, denn für den Menschen ist es ganz anders. Wenn der erst einmal einsieht, dass er zur Banane kommt, indem er die Kiste darunter schiebt und darauf steigt, dann ist ihm klar, dass sich bei größerer Höhe dasselbe mit zwei oder drei gestapelten Kisten erreichen lässt. Für ihn ist »das Aufsetzen eines zweiten Bauelementes auf das erste nur eine Wiederholung des Hinstellens des ersten auf den Boden«. Nicht so für den Affen.

Grande, die Schimpansin auf dem Bild, mühte sich immer wieder mit der zweiten Kiste ab. Mit der Zeit gelang ihr zwar der Bau eines kleinen Turms, doch machte sie dabei auch immer wieder die gleichen Fehler – über Jahre hinweg. Und selbst nach mehreren gelungenen Versuchen war sie plötzlich wieder völlig ratlos, was sie mit der zweiten Kiste anfangen sollte. Der Schimpanse habe überhaupt kein Verständnis für die Statik seiner Kistentürme, schloss Köhler, »fast alles, was sich an ›statischen Fragen‹ beim Bauen ergibt, löst er nicht einsichtig, sondern rein probierend …«.

Die Experimente von Köhler sind heute Klassiker und werden in abgewandelter Form immer noch durchgeführt.

◆ Köhler, W. (1921), *Intelligenzprüfungen an Menschenaffen*. Springer.

Was sie über die Ähnlichkeit von Mensch und Schimpanse verraten, ist allerdings schwer zu sagen. Ähnliches Verhalten von Mensch und Schimpanse muss nämlich nicht von ähnlichen Denkvorgängen erzeugt werden.

1917 **Die Scheidung des Dr. Watson**

Mary Ickes Watson dürfte eine der wenigen Frauen gewesen sein, die sich je wegen eines wissenschaftlichen Experiments scheiden ließen. Die Zeitungen berichteten damals fleißig über die schmutzige Trennung. John B. Watson, Marys Ehemann, war ein einflussreicher Psychologe. Im Jahr 1915 wurde er zum Präsidenten der American Psychological Association gewählt und 1919 von seinen Studenten zum bestaussehenden Professor an der Johns Hopkins University in Baltimore. Darin lag vielleicht einer der Gründe für die Probleme, in denen er steckte: Er sah einfach zu gut aus.

Watson hatte im Ersten Weltkrieg Aufklärungsfilme gesehen, die amerikanischen Soldaten gezeigt wurden, bevor sie ins sündhafte Europa reisten. Drastische Bilder von Geschlechtskrankheiten warnten vor dem Kontakt mit Prostituierten. Am Ende des Krieges führte Watson diese Filme Zivilisten und Ärzten vor, die er danach interviewte. Dabei stellte er fest, dass viele Ärzte die Sexualität als solche als unmoralisch und deshalb als eine Art Krankheit betrachteten.

Für Watson war das ein sicheres Zeichen dafür, dass man die Erforschung der Sexualität nicht mehr der Medizin allein überlassen durfte. Es war an der Zeit, dass die Psychologie das Sexualverhalten der Menschen untersuchte. Dass er dabei mit gutem Beispiel voranging, wusste lange Zeit nur ein eingeweihter Zirkel. Schätzungsweise von 1917 an machte der damals Neununddreißigjährige mit der zwanzig Jahre jüngeren Studentin Rosalie Rayner Experimente der delikaten Art: Er zeichnete ihre und seine körperlichen Reaktionen auf, während sie Geschlechtsverkehr miteinander hatten. James V. McConnell, der in seinem Buch *Understanding Human Behavior* 1974 zum ersten Mal darüber berichtete, vermutet, dass Watson damit die frühesten Aufzeichnungen dieser Art überhaupt gelungen seien. Watsons Frau freilich wusste die wissenschaftliche

Leistung ihres Gatten nicht richtig zu schätzen. Sie schöpfte Verdacht und suchte nach Beweisen. Rayner kam aus einer prominenten Familie und lebte noch bei ihren Eltern. Als diese die Watsons zu sich nach Hause einluden, täuschte Mary Ickes Watson im Verlauf des Abends Kopfschmerzen vor und bat darum, sich einen Moment hinlegen zu dürfen. Doch anstatt sich im ersten Stock auszuruhen, durchsuchte sie Rosalie Rayners Zimmer und stieß auf die Liebesbriefe ihres Mannes, die umgehend den Weg in die Spalten der *Baltimore Sun* fanden: »... jede Zelle, die ich habe, gehört dir, einzeln und als Ganzes... Ich kann dir nicht mehr gehören, als ich es schon tue, selbst wenn eine Operation uns eins machen würde.«

Auf Drängen des Präsidenten der Johns Hopkins University musste Watson seine Professur nach der Scheidung aufgeben und arbeitete von da an in der Werbung. Er heiratete Rayner und lebte bis zu ihrem frühen Tod 1935 mit ihr zusammen. Bevor er die Universität verließ, führte er mit ihr eines der berühmtesten Experimente der Psychologie durch: die Konditionierung des kleinen Albert (S. 77).

Nach Watsons Sex-Experimenten, deren Daten seine Exfrau vernichten ließ (ebenso wie die Gerichtsakte der Scheidung), dauerte es zehn Jahre, bis 1928 erneut ein Paar beim Sex wissenschaftlich beobachtet wurde – mit in jeder Beziehung befriedigenderem Resultat (S. 91).

◆ Magoun, H. W. (1981), John B. Watson and the Study of Human Sexual Behavior. *Journal of Sex Research* 17, S. 368–378.

1920 **Dem kleinen Albert wird Angst gemacht**

War sein Name wirklich Albert? Albert B., wie er in der Studie genannt wird? Dann könnte man ihn vielleicht noch finden. Mitte achtzig müsste er sein. Doch wahrscheinlich wüsste er selbst gar nicht, dass er der berühmte »Little Albert« ist, dessen Schrei jeder Psychologiestudent kennt. Neun Monate alt war er, als der Film entstand, in dem er und eine weiße Ratte die Hauptrollen spielen. Daran ließe er sich heute vielleicht noch erkennen: an seiner ausgeprägten Angst vor weißen Ratten.

Alberts Mutter war eine Amme im Harriet-Lane-Heim für behinderte Kinder, wo Albert viel Zeit verbrachte. Der Psychologe John B. Watson und seine Assistentin Rosalie Rayner (S. 76) hatten ihre Gründe, gerade diesen Säugling

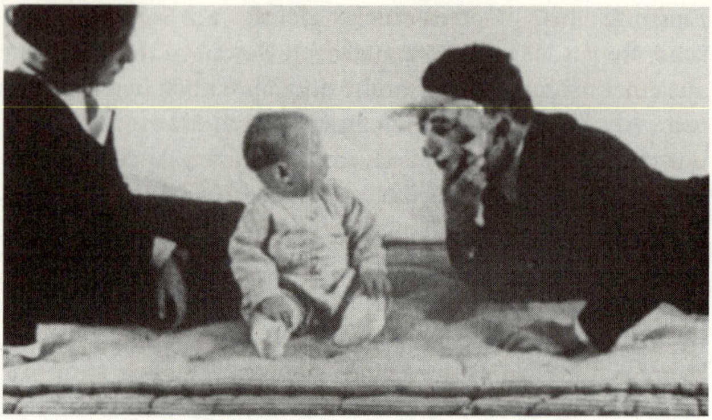

Das berühmteste Kindergeschrei der Psychologie: John Watson (mit Maske) und Rosalie Rayner testen die Generalisierung der Angst beim kleinen Albert.

für ihre Experimente auszuwählen. »Er war im Großen und Ganzen gleichmütig und passiv«, schrieben die beiden Forscher später. Diese emotionale Stabilität habe sie bewogen, die Tests mit Albert zu machen. »Wir hatten das Gefühl, ihm mit den ... Experimenten vergleichsweise wenig Schaden zufügen zu können.«

John Watson wollte bei Albert die Erkenntnisse, die Pavlov mit seinen Hunden gewonnen hatte (S. 60), auf Menschen anwenden. Er wurde der Begründer des Behaviorismus, einer Strömung in der Psychologie, bei der die Untersuchung des Verhaltens im Zentrum steht. Alle Vermutungen darüber, was im Gehirn abläuft, hielt er für gefährlich, da diese Vorgänge objektiv nicht zugänglich seien. Watson war überzeugt davon, dass sich das menschliche Verhalten allein als eine Kette von Reaktionen auf äußere Reize verstehen ließ.

Doch seine Theorie hatte einen Haken. Bei Säuglingen hatte man nur sehr wenige Typen angeborener Reaktionen beobachtet, zum Beispiel Angst vor lauten Geräuschen oder Wut über eingeschränkte Bewegungsfreiheit. Erwachsene hingegen zeigten solche Reaktionen auf alle möglichen Personen, Objekte und Ereignisse. Daraus schlossen Watson und Rayner: »Es muss eine einfache Methode geben, mit der das Sortiment der Reize, die diese Emotionen abrufen können, dramatisch vergrößert werden kann.« Und diese Methode, glaubte er, sei das Konditionieren.

Der erste Versuch mit Albert fand statt, als dieser acht Monate und 26 Tage alt war. Watson schlug hinter dem

Rücken des Kindes mit einem Hammer auf eine hängende Stahlstange. Albert reagierte sofort: »Das Kind zuckte heftig, hörte auf zu atmen und hob seine Arme auf typische Weise. Beim zweiten Schlag geschah dasselbe, und darüber hinaus zogen sich die Lippen zusammen und zitterten. Beim dritten Schlag bekam das Kind einen Schreianfall.« Das war die angeborene Verknüpfung zwischen Lärm und Angst, die Watson nutzen wollte, um das Kind die Furcht vor neuen Dingen zu lehren.

Ein schlechtes Gewissen plagte Watson und Rayner dabei in ihrer Publikation nur einen Abschnitt lang. Sie beruhigten sich damit, dass »solche Verknüpfungen ohnehin entstünden, sobald das Kind den geschützten Rahmen der Kinderkrippe gegen das wilde Durcheinander eines Zuhauses eintauschte«.

Als Albert elf Monate und vier Tage alt war, brachte ihm Watson die Angst vor einer weißen Ratte bei. Er nahm das Tier aus einem Korb und ließ es neben dem sitzenden Kind laufen. Albert zeigte überhaupt keine Angst und streckte die Hand nach dem Tier aus. Genau als er die Ratte berührte, schlug Watson auf die Stahlstange. »Das Kind zuckte zusammen und fiel mit dem Gesicht nach vorne auf die Matratze, schrie aber nicht.« Beim nächsten Berührungsversuch schlug Watson ein zweites Mal. Das Kind begann zu wimmern. Eine Woche später machten Watson und Rayner weiter. Immer wenn Albert die Ratte berührte, machten sie mit der Stahlstange Lärm. Zweimal, dreimal, viermal. Zwischendurch zeigten sie Albert die Ratte und testeten, ob sie schon am Ziel waren. Nach sieben Paarungen von Ratte und Lärm begann Albert beim bloßen Anblick der Ratte zu schreien. Watson und Rayner hatten die Angst vor lauten Geräuschen an einen neuen Reiz – die Ratte – gekoppelt.

Fünf Tage später wollte Watson herausfinden, ob Albert seine Angst vor der Ratte auf andere Tiere und Objekte übertragen würde. Tatsächlich fürchtete das Kind sich jetzt auch vor einem Kaninchen, einem Hund, einem Robbenmantel und, etwas weniger stark, vor Watte, Haaren und einer Nikolausmaske. Zur Kontrolle bekam Albert immer wieder Bauklötze präsentiert, die ihn überhaupt nicht ängstigten und mit denen er sofort zu spielen begann.

Der skurrile Film, den Watson über Little Albert drehte, machte das Experiment so populär, dass es heute zur Folklore der Psychologie gehört und in vielen falschen Versionen weitergegeben wird. So steht in Lehrbüchern, Watson habe Albert eine Katze präsentiert, einen Muff, einen weißen Pelzhandschuh und einen Teddybären. Auch Alberts Reaktionen wurden großzügig umgedeutet, sodass sie zu bestimmten Theorien passten. Einige Autoren beschreiben zudem im Detail, wie Watson die konditionierten Ängste Alberts vor Ende des Experiments wieder abbaute. Tatsächlich hatte er genau das nicht getan. Das erstaunt vor allem deshalb, weil er im Voraus genau wusste, wann Albert mit seiner Mutter das Heim verlassen würde, und sich der möglichen Folgen seines Versuchs bewusst war. Als er die Resultate publizierte, schrieb er, dass »diese Reaktionen wahrscheinlich für immer bestehen bleiben, wenn nicht zufällig eine Methode gefunden wird, um sie zu beseitigen«.

Kurze Zeit später entließ die Universität Watson wegen eines anderen Experiments, bei dem er Rosalie Rayner etwas zu nahe gekommen war (S. 76). Er schrieb danach ein viel gelesenes Erziehungsbuch, das Eltern davor warnte, ihren Kindern zu viel Zuwendung zu geben. 40 Jahre nach dem Versuch mit Little Albert bewies der Psychologe Harry Harlow mit grausamen Experimenten an Affen, wie Unrecht Watson damit gehabt hatte (S. 149).

Falls der kleine Albert noch am Leben sein sollte, kann er sich damit trösten, dass seine Berühmtheit bis in die Musik hinein wirkte: Das Album der texanischen Band »Crevice« aus dem Jahre 2002 heißt »Lullaby for Little Albert«. Auf der Rückseite des CD-Booklets gibt es ein Bild von Albert, und auf Konzerten wurden Ausschnitte aus dem Film gezeigt. Ob Albert bei diesem Wiegenlied wirklich eingeschlafen wäre? »Crevice« spielt experimentelle Geräuschmusik.

verrueckte-experimente.de

◆ Watson, J. B. und Rayner, R. (1920), Conditioned Emotional Reactions. *Journal of Experimental Psychology* 3 (1), S. 1–14.

1923 **Männliche Triebe in weiblichen Körpern**

Walter Finkler hatte seine Versuchstiere sorgfältig ausgewählt. Der pechschwarze Wasserkäfer *Hydrophilus piceus* war nicht nur in der Haltung anspruchslos, sondern er pflegte auch ein für die Forschung geeignetes Geschlechtsleben: *Hydrophilus piceus* kopulierte nicht »bei Nacht oder sonst heimlich«, wie Finkler es ausdrückte. Das war entscheidend, denn der Wissenschaftler an der Biologischen Versuchsanstalt in Wien wollte die Kopulationsstellung des Käfers als »Kriterium der Geschlechtsinstinkte« verwenden.

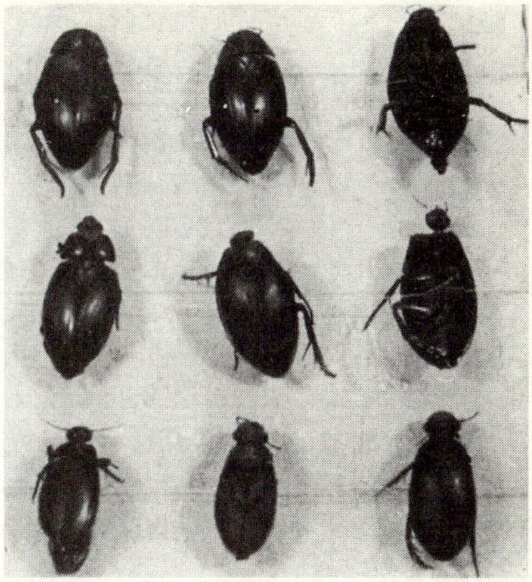

Walter Finklers seltsame Käfer. Oben rechts ein normaler *Hydrophilus*, unten links ein normaler *Dytiscus*. Alle anderen mit transplantieren Köpfen.

Seit einiger Zeit hatte er schon Transplantationsversuche bei Insekten unternommen. Das Verfahren war einfach und – wie Zweifler an seinen Erfolgen bemerkten – »an Rohheit schwerlich zu übertreffen«. Finkler ließ die Insekten zwei bis drei Tage hungern, betäubte sie mit Schwefeläther, schnitt ihnen mit einer Schere den Kopf ab und pflanzte diesen auf den Körper eines zweiten enthaupteten Tieres, das dann so lange fixiert wurde, bis der Kopf vermeintlich angewachsen war.

Finkler behauptete, mit dieser Methode sogar Köpfe verschiedener Käferarten erfolgreich vertauscht zu haben. »Der Wasserkäfer schwimmt mit dem Gelbrandkopf so natürlich herum, als hätte er sein Lebtag keinen anderen besessen«, heißt es in einer seiner Publikationen.

Es war nur eine Frage der Zeit, bis die Frage auftauchte: Was passiert, wenn die Köpfe von Männchen und Weibchen der Wasserkäfer vertauscht werden? Bestimmt der Kopf oder der Körper das Geschlechtsverhalten?

Bevor Finkler zur Lösung dieses Rätsels schreiten konnte, musste er allerdings eine andere Frage klären: »Gibt es bei den Wasserkäfern nicht auch Homosexualität?« Denn bei »anormaler Betätigung des Geschlechtstriebes« wäre zum Beispiel ungewiss, ob ein heterosexueller Frauenkopf oder ein homosexueller Männerkörper das Verhalten seiner Chimären steuerte.

Obwohl solche »Perversitäten« bei verschiedenen Käfern vorkamen, hatte sie Finkler bei *Hydrophilus* während einer zweijährigen Beobachtungszeit nie festgestellt. Das Experiment konnte beginnen. Der Biologe operierte die Tiere, steckte sie in verschiedenen Kombinationen in Gefäße und sah, was er später mit Talent zur Schlagzeile so umschrieb: »Männliche Triebe tobten in weiblichen Körpern.« Und er fuhr fort: »Weibchen mit Männchenkopf trafen ... Vorbereitungen zur Kopula, verhielten sich also so, als ob sie Männchen wären.« Bei der Beschreibung des Verhaltens der Weibchen hielt es Finkler für angebracht, sein eigenes Frauenbild einfließen zu lassen: »Und das zur Unzucht verführte Weibchen, das wirkliche Weibchen? Das ließ sich nicht nur alles ruhig gefallen, es hatte sogar Vergnügen an der Sache und nahm die Stellung ›Tu mit mir, was du willst!‹ ein.« Bei der Beschreibung des Geschlechtsverkehrs räumte er allerdings ein, dass das Innenleben eines Käferweibchens selbst einem gewieften Wissenschaftler wie ihm nicht im Detail zugänglich sei. Über die typischen Abschüttlungsbewegungen des Weibchens schrieb er: »Wer will entscheiden, ob sie echt sind oder mit Raffinement verstellt? Beim Käferweib, wo wir es beim Menschenweib nicht einmal können!«

Viele Wissenschaftler versuchten, Finklers Versuche zu wiederholen. Die Insektenforscher Hans Blunck und Walter Speyer schlossen 1924 nach 52 Seiten akribischer Beschreibung ihrer eigenen Experimente: »Die Wissenschaft hat angesichts der allen Erfahrungen widersprechenden Angaben des Wiener Autors keine Veranlassung, sich weiter mit ihm und seinen Schriften zu beschäftigen.«

◆ Finkler, W. (1923), Kopftransplantation an Insekten. *Archiv für mikroskopische Anatomie und Entwicklungsmechanik* 99, S. 104–133.

Finklers Publikationen weisen viele offensichtliche Ungereimtheiten auf. Möglicherweise wurde er Opfer des Versuchsleitereffekts (S. 63), doch wahrscheinlicher ist, dass er ein Betrüger war.

1926 **Schachteln gegen Schachteldenken**

Hier eines der wenigen Experimente, das den Sprung aus der Psychologievorlesung in die Knobelbücher geschafft hat. Sie können es gleich selbst machen: Legen Sie drei kleine Pappschachteln (etwa in der Größe von Streichholzschachteln) auf den Tisch, je gefüllt mit Reißnägeln, 1 kleinen Kerze und Streichhölzern. Ihre Aufgabe besteht nun darin, die drei Kerzen an einer Tür auf Augenhöhe zu befestigen. Na? – Die Lösung ist eigentlich ganz einfach: Sie befestigen die Schachteln mit den Reißnägeln an der Tür und benutzen sie als Ständer für die Kerzen.

Der entscheidende Schritt besteht darin, die Funktion der Schachteln von »Behältern« zu »Ständern« umzudeuten.

Darin sehen heute viele Forscher das Geheimnis der Kreativität: Die Fähigkeit, einer Sache eine Funktion zuzuweisen, für die sie eigentlich nicht gedacht war; sich von der »funktionalen Fixiertheit«, wie das die Psychologen nennen, zu lösen.

Die Kerzenaufgabe war eine von mehreren, die der deutsche Psychologe Karl Duncker seinen Versuchspersonen stellte. Das Vorgehen war etwas komplizierter als in der Kurzbeschreibung oben. Neben den drei Schachteln lagen noch andere Gegenstände auf dem Tisch, die für die Lösung des Problems nicht relevant waren. In der Anweisung wies Duncker die Versuchspersonen explizit darauf hin, dass sie alle Gegenstände verwenden dürften und dass sie bei der Lösung laut denken sollten. Er wollte so den Fluss der Gedanken beobachten.

Er machte das Experiment in zwei Versionen: Einmal waren die Schachteln mit Reißnägeln, Kerzen und Streichhölzern gefüllt, das andere Mal waren die Schachteln leer, und Reißnägel, Kerzen und Streichhölzer lagen auf dem Tisch. Von sieben Personen konnten alle die Aufgabe mit den leeren Schachteln lösen, jedoch nur drei, wenn die Schachteln gefüllt waren. Wie Duncker vermutet hatte, fiel es den Versuchspersonen leichter, die leeren Schachteln von ihrer ursprünglichen Funktion als Behälter zu lösen als die vollen, die ja tatsächlich als Behälter dienten.

Duncker versuchte noch mehr über die Bedingungen herauszufinden, die das »Umzentrieren« – die gedankliche Loslösung einer Sache von ihrer ursprünglichen Funktion – erleichterten. Wenn der Inhalt der Schachtel nichts mit der Lösung des Problems zu tun hatte – Duncker füllte sie zum Beispiel mit Knöpfen –, fiel die Umzentrierung leichter. Auch spezielle Anweisungen halfen: »Verwenden Sie zur Lösung die Reißnägel und etwas, das sich leicht mit Reißnägeln an der Tür befestigen lässt.«

Duncker veröffentlichte seine Experimente im Jahr 1935 in seinem Buch *Zur Psychologie des produktiven Denkens*, das heute zu den Schlüsselpublikationen der Psychologie zählt. Er war zweiunddreißig Jahre alt. Weil er der kommunistischen Partei nahe stand, wurde seine Habilitation zweimal abgelehnt. Fünf Jahre später nahm er sich, von Depressionen geplagt, das Leben.

◆ Duncker, K. (1935), *Zur Psychologie des produktiven Denkens*. Springer.

1927 **Montage bei Mondlicht**

Die Lichtexperimente, mit denen alles begann, hätten eigentlich nur belegen sollen, was jeder vernünftig denkende Mensch längst wusste: Bei besserem Licht lässt sich besser arbeiten. Doch die konfusen Resultate führten zu den bekanntesten Experimenten der Arbeitspsychologie. Über ihre Interpretation wird bis heute gestritten.

Die Hersteller von Elektrogeräten und Glühbirnen behaupteten in den Zwanzigerjahren des 20. Jahrhunderts, elektrisches Licht verhüte Unfälle, schone das Augenlicht und steigere die Produktivität. Mit systematischen Versuchen wollten sie ihren Kunden die Vorteile elektrischer Beleuchtung vor Augen führen.

Einer der Versuche fand im Jahr 1924 in den Hawthorne-Werken der Firma Western Electric in Chicago statt. Das Vorgehen war einfach: In verschiedenen Abteilungen wurde das Licht systematisch verändert und die Produktivität gemessen. Dass besseres Licht zu höheren Stückzahlen führe, stellte sich als Trugschluss heraus. Zwar leisteten die drei Testgruppen im Verlauf des Experiments tatsächlich immer mehr, doch dieser Effekt war unabhängig von der Stärke des Lichtes. Zudem legte auch die Kontrollgruppe zu – ganz ohne elektrische Lampen.

Ein Teilexperiment ergab ein besonders kurioses Resultat: Die Experimentatoren ließen zwei Angestellte in einer Garderobe unter extrem schlechten Lichtverhältnissen arbeiten. Trotzdem erhielten sie ihre Produktivität aufrecht

Der T-Room in den Hawthorne-Werken: Hier hätte das Rätsel der Produktivität gelöst werden sollen. Die Resultate das Experiments sind bis heute umstritten.

oder steigerten sie sogar. Sie begann erst zu fallen, als die Lichtstärke 0,06 Candela erreicht hatte – die Helligkeit einer Vollmondnacht.

Der Wirtschaftswissenschaftler Elton Mayo wurde beigezogen, als bei der Interpretation der Daten Probleme auftauchten.

Diese Episode wird Studenten der Arbeitspsychologie noch heute erzählt. Die Forscher seien damals ratlos gewesen, hätten so lange um eine Interpretation gerungen, bis sie endlich begannen, psychologische Faktoren in Betracht zu ziehen: naive Ingenieure, die die Akkordarbeiter wie isolierte Maschinen untersuchen wollten.

Tatsächlich war den Wissenschaftlern von Anfang an klar, dass auch andere Faktoren als die Lichtveränderung ihre Spuren in den Daten hinterlassen würden. Für den Test in der dunklen Garderobe hatten sie sogar richtig vorausgesagt, dass ihnen wohlgesinnte Mitarbeiter ihren Ausstoß selbst unter schlechtesten Bedingungen aufrechterhalten würden.

Als der Wissenschaftshistoriker Richard Gillespie für sein Buch *Manufacturing Knowledge* Anfang der Neunzigerjahre die Originaldaten aller Experimente sichtete, stieß er auf weitere Ungereimtheiten. Um ihre Studie als perfekte Abfolge von Hypothesen, Tests und Erkenntnissen darzustellen, hatten die Autoren in der offiziellen Publikation die Chronologie von Ereignissen verändert, störende Interpretationen unterschlagen und im Nachhinein langsam gewonnene Einsichten als Erleuchtungen dargestellt.

Das 1939 erschienene Buch *Management and the Worker*, das die Experimente auf über sechshundert Seiten beschreibt, habe »Generationen von Sozialwissenschaftlern in die Irre geführt«, schreibt Gillespie. Die vorherrschende Lehrbuchdeutung des Experiments ging nicht einfach aus den Daten hervor, sondern wurde von den Autoren verordnet.

Doch auch die zahllosen Neuinterpretationen in den siebzig Jahren seit dem Abschluss des Experiments haben eher zur Verwirrung als zur Klärung beigetragen. »Wir werden nie genau wissen, was in Hawthorne geschah«, sagte ein Experte resigniert.

Von den Lichtexperimenten wurde nie ein Abschlussbericht erstellt. Der Elektroindustrie fehlte offensichtlich das Interesse, Resultate, aus denen sie keinen Vorteil ziehen konnte, zu veröffentlichen. Dafür entschied man sich im

Hawthorne-Werk, jene Serie von Versuchen zu starten, die später unter dem Namen »Hawthorne-Experiment« in die Geschichte der Sozialwissenschaften eingingen. Sie sollten ein breiteres Spektrum von Fragen beantworten: Welche Einstellung haben die Arbeiter zu ihrer Arbeit? Warum sinkt die Produktivität am Nachmittag? Wirken sich Pausen positiv auf die Arbeitskraft aus?

Dazu wurde ein Experimentierraum mit sechs Arbeitsplätzen für die Montage des Relais R-1498 eingerichtet. R-1498 war ein elektromagnetischer Schalter für Telefonzentralen. Er bestand aus zweiunddreißig Teilen, die eine Arbeiterin in etwa einer Minute zusammenbauen konnte. Das fertige Relais legte sie in einen schrägen Schacht, von wo es in eine Kiste rutschte und dabei gezählt wurde.

Die sechs Frauen im Experimentierraum waren eine separate Einheit: Ihr Lohn hing nicht mehr von der Leistung einer ganzen Abteilung mit einigen hundert Arbeiterinnen ab, sondern berechnete sich aus der Produktivität der Kleingruppe. Die Forscher befürchteten, dass die Arbeiterinnen ohne diesen finanziellen Anreiz nicht uneingeschränkt kooperieren würden, was das Experiment gefährdet hätte.

Allerdings gefährdeten sie mit dieser Maßnahme ihren Versuch gleich selbst. Später wurde vermutet, dass das aus organisatorischen Gründen eingeführte Lohnsystem unbeabsichtigt einen großen Einfluss auf die Resultate hatte.

Gegenüber der Werkbank, an der die Frauen die Relais zusammenbauten, saß Homer Hibarger, eine Mischung aus Aufseher und Experimentator, der die Arbeit überwachte sowie die Arbeitszeiten und alle Details über das Experiment notierte.

Doch damit war der Forschertrieb der Wissenschaftler noch nicht befriedigt. Die sechs jungen Frauen – zwischen 15 und 28 Jahre alt – mussten sich monatlich einer ärztlichen Kontrolle unterziehen. Hibarger nutzte die Untersuchungen, um Einzelheiten aus ihrem Privatleben und den Zeitpunkt ihrer Menstruation zu erfahren.

Im August 1927 gab es die ersten Pausen: zuerst zwei Fünf-Minuten-Pausen, am Morgen und am Nachmittag, dann zwei Zehn-Minuten-Pausen, dann sechs Fünf-Minuten-Pausen, schließlich 15 Minuten am Morgen mit Gratisverpflegung und zehn Minuten am Nachmittag. Die Arbeitsleistung stieg stetig, von 49,7 auf 55,8 Relais pro Arbeitsstunde.

Die Frauen merkten bald, dass die Forscher auf ihre Kooperation angewiesen waren, und begannen Einfluss zu nehmen. Die meisten Wünsche waren klein: Einmal war ihnen das Licht zu hell, ein andermal wollten sie eine Sichtblende vor der Werkbank, damit sie nicht dauernd den Blicken der Experimentatoren ausgesetzt waren. Als diese Maßnahme nicht sofort umgesetzt wurde, bemerkte eine der Frauen: »Ich mache jede Wette, wir könnten schneller arbeiten, wenn wir die Sichtblende hätten und so nicht dauernd unsere Röcke richten müssten.« Bald darauf wurden die Blenden installiert.

Die ärztlichen Kontrollen und die damit verbundenen persönlichen Fragen waren bei den Frauen unbeliebt. Das änderte sich auch nicht, als die Ärzte sie am Arbeitsplatz besuchten, um das Verhältnis zu lockern. Erst als die monatlichen Arztvisiten mit kleinen Partys endeten, wo es Kuchen und Eis gab und ein Radio für Unterhaltung sorgte, besserte sich die Stimmung. Weil dabei auch Tee serviert wurde, hieß der Experimentierraum bei den anderen Angestellten im Werk bald nur noch T-Room.

Als die Arbeiterinnen damit begannen, sich während der Arbeit zu unterhalten, wurden sie von den Forschern ermahnt. Die Wissenschaftler fürchteten, die Daten könnten dadurch verfälscht werden. Zwei der Frauen, Adeline Bogatowicz und Irene Rybacki, ließen sich nicht beeindrucken. Hibarger machte Rybacki zwar auf ihre schlechte Arbeitsleistung aufmerksam, doch sie gab nur zurück: »Zuerst sagen Sie einem, man solle so arbeiten, wie man sich fühle, und wenn man das tut, ist es auch nicht recht.«

Aus wissenschaftlicher Sicht war es tatsächlich grotesk, die Frauen wegen ihrer geringen Produktivität zu ermahnen, schließlich wollte man ja gerade wissen, wie sich die Produktivität abhängig von den Pausen verhielt.

Als Bogatowicz' bevorstehende Heirat für unerschöpflichen Gesprächsstoff zwischen ihr und Rybacki sorgte, eskalierte die Situation. Am 25. Januar 1928 wurden Bogatowicz und Rybacki durch zwei andere Frauen aus dem Werk ersetzt.

Nach dem scheinbaren Erfolg, den die Pausen im T-Room hatten, wurden sie auch im Werk eingeführt. Doch die Forscher waren verunsichert: Waren es wirklich nur die Pausen, die für die Produktivitätssteigerung von insgesamt 25 Prozent verantwortlich waren? Im Jahr 1928 baten die Hawthorne-Leute zwei Akademiker um Hilfe: Clair Turner von der Ingenieurschule MIT und Elton Mayo von der Harvard Business School.

Doch die zwei Professoren stifteten vorerst nur Verwirrung: Sie ließen Persönlichkeitstests ausfüllen, fragten die Frauen über ihre Essgewohnheiten aus, maßen ihren Blutdruck. Es fand sich kein Zusammenhang zwischen diesen Daten und der Arbeitsleistung. Auch der Menstruationszyklus schien keinen Einfluss zu haben.

Währenddessen steuerten die Experimente im T-Room auf die zwölfte Periode zu, bei der alle vorher eingeführten Pausen wieder gestrichen wurden. Die Arbeitsleistung stieg dennoch weiter an. Sie war um 19 Prozent höher als während der Periode drei, in der es auch keine Pausen gegeben hatte.

In der offiziellen Publikation wird die Periode zwölf als Zeit der Erleuchtung dargestellt. Tatsächlich war es ein langsamer, stetiger Prozess, der zur Erkenntnis führte, dass Arbeiterinnen emotional empfindende Wesen sind, die entsprechend behandelt werden müssen, dass sie informelle Gruppen bilden, die in Konkurrenz zueinander stehen und die Arbeitsleistung bewusst steuern.

Die Frauen selbst führten ihre steigende Leistung auf die gelöste Atmosphäre zurück. Diese Idee war auch den Experimentatoren gekommen. Anfang 1930 entfernten sie deswegen Hibarger, der eine lockere Beziehung zu den Frauen hatte, eine Zeit lang aus dem T-Room. Doch die Experimente danach zeigten keine eindeutige Tendenz. Auch weitere Experimente außerhalb des T-Rooms zum Einfluss des Lohnsystems brachten keine klaren Erkenntnisse über den Ursprung des Produktivitätszuwachses.

Der letzte Ausweg war die Anthropologie. Ein Forscher wurde in den T-Room gesetzt und sollte gleichzeitig Experimentatoren und Frauen beobachten, wie ein Feldforscher die Einheimischen auf einer Südseeinsel. Doch Hibarger, der die Arbeiterinnen jahrelang studiert und belauscht hatte, mochte nicht selbst zum Forschungsobjekt werden. Im Februar 1933 wurde der T-Room geschlossen.

Noch heute streitet man darüber, weshalb die Produktion dort in den fünf Jahren der Experimente um insgesamt 46 Prozent gestiegen war. Die Daten sind allen Interpretationen gegenüber flexibel. War es das auf kleinen Gruppen basierende Lohnsystem? Die Pausen? Die Tatsache, dass im T-Room nur eine Sorte Relais hergestellt wurde? Die bessere Arbeitseinstellung? Die entspanntere und freundlichere Aufsicht? Oft werden auch die sozialen Beziehungen zwischen den Arbeiterinnen genannt. Zum Beispiel steuerten die Frauen als Gruppe ihre Produktivität bewusst. Sie erkannten, dass es dumm von ihnen gewesen wäre, mit voller Kraft zu arbeiten. Bei zu hohem Ausstoß hätte die Firma nämlich den Lohn pro gebautem Relais gesenkt. Es galt also, die Produktivität sorgfältig auszutarieren.

Man wollte Industriearbeiterinnen untersuchen und entdeckte soziale Wesen. Das hatte praktische Folgen: Arbeitsklima, Motivation, Eigenverantwortung und Identifikation wurden zu den Schlagworten einer neuen Generation von Managern. Dabei wurden die Resultate des Versuchs auch romantisiert. Die Arbeitsleistung sei gestiegen, weil es den Frauen gestattet worden sei, »ihre eigenen Werte und Zielvorstellungen zu entwickeln. Die Versuchsbedingungen erlaubten es ihnen, in aller Offenheit Normen für ihr soziales Verhalten bei der Arbeit aufzustellen, und diese Normen, in die ihnen niemand hineinredete, gaben ihrer Arbeit eine bleibende Bedeutung.« Was würden wohl Adeline Bogatowicz und Irene Rybacki dazu sagen, die man aus dem T-Room geworfen hatte, weil die Normen, die sie für sich aufstellten, nicht die Normen waren, die dem Aufseher passten?

Die Schwierigkeiten des Experiments haben übrigens als stehender Begriff überlebt: Wenn in einem Experiment der Sozialwissenschaften unerwartete Einflüsse auftauchen, die vom Experiment selbst stammen, spricht man vom »Hawthorne-Effekt«.

◆ Gillespie, R. (1991), *Manufacturing Knowledge: A History of the Hawthorne Experiment*. Press Syndicate of the University of Cambridge.

◆ Mayo, E. (1933), *The Human Problems of an Industrial Civilization*. MacMillan.

1927 **Der geküsste Nährboden**

»40 000 Keime in einem Kuss« (*Science and Invention*, Mai 1927).

Anfang des 20. Jahrhunderts wuchs in der Bevölkerung das Wissen über Infektionskrankheiten. Eine der seltsamen Maßnahmen gegen drohende Ansteckung war die Gründung so genannter Anti-Kuss-Ligen. Gesellschaften, die gegen das promiske Küssen von Kindern kämpften, gegen das Küssen unter Frauen oder, wie die Anti-Kuss-Liga von Paris, gegen das Küssen überhaupt.

Als Argument führten die Franzosen ins Feld, dass bei jedem Kuss vierzigtausend Krankheitskeime übertragen würden. Wenn sich die Menschen diese Tatsache vor jedem Kuss ins Gedächtnis rufen würden, wäre die Praktik bald ausgestorben, war ihre Überzeugung, und sie fragten rhetorisch, warum wohl aus amerikanischen und europäischen Kinofilmen die Kussszenen geschnitten wurden, bevor sie in Japan zur Aufführung kämen. Offenbar wollten die Japaner nicht krank werden. Jedenfalls hätten sie keine Neigung, die Kunst des Küssens zu lernen.

Die Amerikaner waren jedoch nicht gewillt, sich von irgendwelchen Franzosen das Küssen verbieten zu lassen, und so machte das amerikanische Wissenschaftsmagazin *Science and Invention* im März 1927 ein Experiment. Die Redaktion bat einige Männer und Frauen, einen sterilen Nährboden in einer Schale zu küssen. Der Nährboden kam dann bei 37,5 Grad 24 Stunden lang in einen Brutkasten. Keime, die beim Küssen darauf haften geblieben waren, vermehrten sich in dieser Zeit zu sichtbaren kleinen Bakterienkolonien. Aus ihrer Zählung konnte man auf die Menge ursprünglich vorhandener, einzeln nicht nachweisbarer Bakterien schließen.

Durchschnittlich fand das beauftragte Labor nicht 40 000, sondern nur 500 Keime, wobei Frauen, die Lippenstift trugen, 200 Keime mehr beherbergten. Eine Tatsache, die den Männern endlich eine wissenschaftliche Begründung für die Weigerung gebe, geschminkte Lippen zu küssen, folgerte *Science and Invention*.

◆ Kraus, J. H. (1927), 40 000 Germs in a Kiss. *Science and Invention* 15 (169), S. 14.

1928 **Die Kurve der Wollust**

Das vom amerikanischen Mediziner Ernst P. Boas entwickelte Kardiotachometer war der Traum jedes Herzspezialisten. Es erlaubte die automatische und kontinuierliche Aufzeichnung der Herztätigkeit, während eine Versuchsperson körperlich aktiv war. Bei allen bis dahin bekannten Geräten hatte sie stillliegen müssen.

Boas und sein Kollege Ernst F. Goldschmidt machten sich sofort daran, das Leben von einundfünfzig Männern und zweiundfünfzig Frauen pulsmäßig zu vermessen. Dabei bestimmten sie auch den Maximalpuls während verschiedener Tätigkeiten: essen (102), telefonieren (106), Morgentoilette (106,7), Musik hören (107,5), tanzen (130,6), Turnübungen (142,6). Spitzenreiter war jedoch mit 148,5 Schlägen pro Minute der Orgasmus. Über den genauen Hergang dieser Messung erfährt man in Boas' und Goldschmidts Buch *The Heart Rate* nicht viel. »Wir hatten das Glück, eine Aufzeichnung des Herzschlags eines Mannes und seiner Ehefrau während des Verkehrs zu erhalten«, schreiben sie und konzentrieren sich dann auf die Resultate. Dass der Orgasmus dem Herz mehr abfordert als Turnübungen, war nicht erstaunlich, doch über eine zweite, höchst bemerkenswerte Eigenschaft dieses Herzdiagramms schreiben die zwei Mediziner hinweg, als gäbe es nichts Normaleres: »Es zeigt vier Spitzen der Herzfrequenz bei der Frau. Jede Spitze steht für einen Orgasmus.« Die Frau hatte in dieser Nacht zwischen 23.25 und 23.45 Uhr

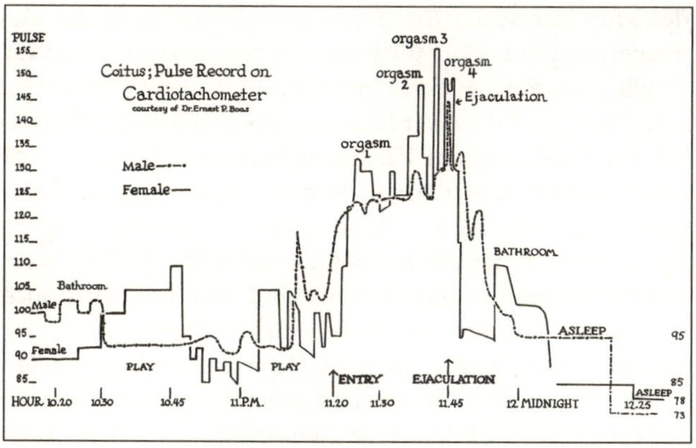

Pulsmessung während des Geschlechtsverkehrs. Zwischen 11.20 Uhr und 11.45 Uhr hatte die Probandin vier Orgasmen! Ein Forscher führte das auf die »ausgereifte Technik« des Mannes zurück.

vier Orgasmen! Und das mit zwei von unbequemen Gummibändern gehaltenen Elektroden auf der Brust, die über dreißig Meter Kabel mit dem Aufzeichnungsgerät verbunden waren.

Der einzige Kommentar von Boas und Goldschmidt: »Die Kurve der Pulsfrequenz zeigt klar die Belastung, unter denen das Herz-Kreislauf-System steht, und hilft, einige Fälle des plötzlichen Todes während und nach dem Koitus zu erklären. Pussepp [ein anderer Forscher] hat einen markanten Anstieg des Blutdrucks in Hunden während des Koitus nachgewiesen.«

Erst der Sexualforscher Robert Latou Dickinson, der das Diagramm 1933 in sein Buch *Human Sex Anatomy* aufnahm, hatte ein Auge für die vier Spitzen. Allerdings schrieb er sie vor allem der Fähigkeit des Mannes zu, dem er eine »ausgereifte Technik« attestierte, die ihm erlaubte, fünfundzwanzig Minuten in der Vagina der Frau zu bleiben, um auf »ihre vollständige Befriedigung« zu warten.

Dass es nicht unbedingt durchschnittliche Frauen waren, die an Orgasmusexperimenten teilnahmen, zeigte zweiundzwanzig Jahre später eine Probandin, deren Stoffwechsel während des Geschlechtsverkehrs untersucht wurde (S. 124).

◆ Boas, E. P., und Goldschmidt, E. F. (1932), *The Heart Rate*. C. C. Thomas.

1928 **Mamba im Blut**

Der Titel war unauffällig: Ein gewisser »F. Eigenberger, Arzt« veröffentlichte 1928 in der Juniausgabe des Bulletins des amerikanischen Seruminstituts »Einige klinische Beobachtungen über die Wirkung von Mambagift«. Doch die Studie kostete Friedrich Eigenberger fast das Leben.

Im Frühling 1928 verdünnte er einen Tropfen Mambagift mit zehn Tropfen Kochsalzlösung und injizierte sich 0,2 Kubikzentimeter davon in den linken Unterarm. Danach stieg er ins Auto. – Man fragt sich natürlich, warum ein Mann sich freiwillig das Gift einer der gefährlichsten Schlangen der Welt verabreicht. Und man fragt sich noch viel mehr, warum er danach ins Auto steigt.

Eigenberger wurde 1893 in Österreich geboren, wanderte 1922 in die USA aus und arbeitete dort an der Sheboygan-Clinic in Sheboygan, Wisconsin. Mit seiner Frau unternahm er ausgedehnte Reisen, von denen er in öffentlichen Filmvorträgen berichtete. Das Prunkstück in seiner Souvenirsammlung dürfte der Schrumpfkopf eines melanesischen Häuptlings gewesen sein, der selbst in seinem Nachruf erwähnt wurde.

Das Ehepaar Eigenberger lebte in einem auffälligen, im mexikanischen Stil gebauten Haus. Ihr Garten beherbergte nicht nur eine beeindruckende Orchideensammlung, sondern auch einen Berglöwen, einen Leoparden und einen Gibbon. Wahrscheinlich hielten sich die Eigenbergers zudem eine Grüne Mamba. Jedenfalls steht im Artikel, das verwendete Schlangengift sei vor dem Experiment »frisch extrahiert« worden.

Eigenberger erwähnt auch, dass er früher an Meerschweinchen und an sich selbst Tests mit Klapperschlangengift unternommen habe. Dabei sei es zu zwar schmerzhaften, aber bloß lokalen Schwellungen gekommen. Zweifellos erwartete er bei seinem Experiment mit Mambagift einen ähnlichen Ausgang. Doch es kam anders. Eigenberger wurde plötzlich überempfindlich gegenüber allen äußeren Reizen. »Die Vibrationen und der Motorenlärm meines Autos waren so laut und störend, dass ich glaubte, alle vier Reifen seien platt, und anhielt, um nachzusehen, bevor ich den wahren Grund begriff.«

Nach zwanzig Minuten hatte er ein leichtes Vergiftungsgefühl, bald darauf fühlte er sich todkrank. Um die Wirkung des Giftes zu dämpfen, legte er über dem Ellenbogen eine Aderpresse an, schnitt die Schwellung, die sich über zehn Zentimeter ausgebreitet hatte, auf und goss heiße Permanganatlösung über die blutende Wunde, in der Hoffnung, das Gift auszuwaschen.

Doch das hatte sich schon im ganzen Körper ausgebreitet. Eigenberger empfand »ein taubes Gefühl um die Lippen, das Kinn, die Zungenspitze, das sich rasch über das ganze Gesicht und den Hals hinab ausbreitete«. Auch Finger und Zehen wurden taub. Die Augen schmerzten. Reden und Schlucken fielen ihm schwer. »Das allgemeine Befinden war extrem schlecht, trotzdem ging ich auf und ab, weil ich fühlte, dass ich das Bewusstsein verlöre, wenn ich mich hinlegte.« Als der Puls auf 160 gestiegen war, verlangte Eigenberger die Injektion von Strychnin, eine aus heutiger Sicht ziemlich sonderbare Maßnahme, wirkt Strychnin doch anregend. Doch vielleicht glaubte Eigenberger an den damaligen Ruf von Strychnin als Mittel gegen Schlangenbisse. Sechs Stunden später schmerzte sein ganzer Körper bei jeder Berührung. Nach einer Nacht mit Grippesymptomen klang die Vergiftung am nächsten Tag jedoch ab.

Eigenberger wusste, dass er fast zum Opfer seiner eigenen Fehleinschätzung geworden wäre. »Der Grund, weshalb ich eine solche Menge Mambagift injizierte, war die Beobachtung, dass das Gift in Mäusen eher langsam wirkt. Sie leben nach dem Biss einer Mamba normalerweise länger als nach dem Biss einer Klapperschlange.« Die beiden Gifte wirken jedoch völlig unterschiedlich. Das Gift der Klapperschlange zielt auf Blutgefäße und Blutzellen. Es kann Gewebe zerstören und die Gerinnung des Blutes verzögern oder beschleunigen. In vielen Fällen führt es aber nur zu den von Eigenberger beschriebenen schmerzhaften Schwellungen. Das Gift der Mamba ist hingegen ein Neurotoxin, das auf das zentrale Nervensystem wirkt und Atmung und Herz lähmen kann.

Warum Eigenberger das Experiment überhaupt unternahm, beantwortet er in seiner Arbeit ebenso wenig wie die Frage, warum er sich mit Schlangengift im Blut ins Auto setzte. Es scheint jedoch, dass er bis zu seinem Tod im Jahr 1961 keinen weiteren derartigen Selbstversuch mehr unternommen hat. Offenbar war das Risiko dabei selbst für einen exzentrischen Pathologen mit Raubkatzen im Garten und einem Schrumpfkopf auf dem Pult zu groß.

◆ Eigenberger, F. (1928), Some Clinical Observations on the Action of Mamba Venom. *Bulletin of the Antivenin Institute of America* 2 (2), S. 45–46.

1928 **Der lebende Hundekopf**

Sieht so das ewige Leben aus? Lebender Hundekopf in russischem Experiment.

Auf den Fotos macht es den Anschein einer Zirkusvorstellung. In der Mitte die Schale mit dem abgetrennten Hundekopf, von dem ein paar Schläuche zu einem Gestell mit einer Pumpe, einer Flasche und einer Schale randvoll mit Blut führen. Darum herum, eng gestaffelt, eine Gruppe von Schaulustigen, die Zeugen eines wissenschaftlichen Wunders werden: Der Hundekopf lebt.

Die russischen Chirurgen Sergei Brukhonenko und S. Tchetchulin hatten ihn vom Körper getrennt in einer Operation, deren Beschreibung »grausam und unmenschlich scheinen mag«, wie das populärwissenschaftliche Magazin *Science and Invention* urteilte – nicht ohne im nächsten Satz auf den großen Nutzen von Tierversuchen hinzuweisen. Jetzt lag er mit halb geöffnetem Maul da, und es schien, als müssten die Wissenschaftler den Laien möglichst abwechslungsreich demonstrieren, dass dieser Kopf wirklich lebte. Sie leuchteten ihm mit einem Scheinwerfer in die Augen, bis die Pupillen sich verengten, sie schmierten ihm Essig ums Maul, den er sofort wegleckte, und bitteres Chinin, das seine Augen tränen ließ, und sie gaben ihm Süßigkeiten, die aus dem Stumpf der Speiseröhre austraten, nachdem er sie geschluckt hatte.

Vorführung eines vom Körper abgetrennten, lebenden Hundekopfs. Die seltsame Anordnung der Zuschauer lässt vermuten, dass sie nachträglich ins Bild montiert wurden.

Brukhonenko und Tchetchulin waren nicht die Ersten, die Experimente mit abgetrennten Köpfen machten (S. 42), aber anders als bei früheren Versuchen hielten sie den Kopf mit einem mechanischen Herzen am Leben. Aus den Halsvenen gelangte das Blut über Gummischläuche in eine offene Schale, wo es mit Sauerstoff versetzt wurde, und von dort in eine Flasche etwas über dem Kopf des Hundes, aus deren unterem Ende es mit konstantem Druck in die Halsschlagadern zurückfloss. Eine elektrische Pumpe trieb diese primitive Herz-Lungen-Maschine an. Das Blut war zuvor chemisch behandelt worden, damit es nicht gerann.

Das seltsame Experiment regte die Fantasie an. Wäre das auch mit einem Menschenkopf möglich? Sieht so das ewige Leben auf Erden aus? Ein französischer Forscher regte die Gründung einer Gesellschaft zur Vermeidung des Todes an, und *Science and Invention* fragte begeistert: »Verblassen vor dem ständigen Fortschritt der Forschung nicht sogar die wildesten Fantasien unserer Science-Fiction-Autoren?«

verrueckte-experimente.de

◆ Brukhonenko, S. S., und Tchetchulin, S. (1929), Expériences avec la tête isolée du chien. *Journal de Physiologie et de Pathologie Générale* 27 (1), S. 31–45, 64–79.

1930 **Die Kiste des Herrn Skinner**

Burrhus Frederic Skinner konnte nicht ahnen, dass die Kiste, die er in der Werkstatt der Psychologieabteilung an der Harvard University zusammenbastelte, einer der be-

Der Psychologe B. F. Skinner mit einer Skinnerbox, einem Tierkäfig, in dem sich das Lernverhalten von Tieren untersuchen lässt.

rühmtesten je für ein Experiment hergestellten Apparate werden sollte. Später benannte sich eine Rockband danach, Cartoonisten entdeckten sie für ihre Zeichnungen, und in der Trickfilmserie »The Simpsons« wurde sie parodiert: die Skinnerbox. Sogar mit dem vermeintlichen Selbstmord von Skinners Tochter wurde der Käfig mit automatischer Fütterung in Zusammenhang gebracht.

Skinner war 26 Jahre alt, als er nach einem Instrument suchte, mit dem sich das Verhalten von Ratten messen ließ. Das damals unter Forschern populäre Labyrinth (S. 56) schien ihm nicht ideal. »Das Verhalten der Tiere bestand aus zu vielen unterschiedlichen ›Reflexen‹. Es sollte stückweise untersucht werden«, schrieb er später in seinen Memoiren. Also konzentrierte er sich auf einen kleinen Teil des Testparcours: eine schalldichte Kiste mit einer geräuschlosen Tür, aus der eine Ratte ohne Störung in ein Labyrinth entlassen werden konnte. Doch bald schon ließ er das Labyrinth weg. Er versuchte mit uhrwerkartigen Messgeräten die Bewegungen der Tiere festzuhalten. Die Aufzeichnungen waren jedoch zu chaotisch, als dass sie sich hätten verwerten lassen. Skinner las Pavlov, der dreißig Jahre zuvor das klassische Konditionieren entdeckt hatte (S. 60). Damit ließen sich angeborene Reaktionen an neue Reize koppeln. Er wollte aber nicht einfach bestehende Reaktionen untersuchen, sondern herausfinden, wie neues Verhalten zustande kam.

Schließlich kam er auf die Idee, seine Experimentierkiste mit einem Hebel auszustatten. Immer wenn die Ratte ihn drückte, erhielt sie eine Futtertablette. Das wusste die Ratte am Anfang natürlich nicht und löste die Fütterung bloß aus, wenn sie den Hebel zufällig berührte. Doch nach solchen Glückstreffern schien sie den Zusammenhang gelernt zu haben: Die Zeit zwischen zweimal Hebeldrücken wurde immer kürzer. Skinner hatte ein einfaches Maß für Verhaltensveränderungen einer Ratte gefunden: die Häufigkeit, mit der ein Verhalten auftauchte.

Anders als bei Pavlov zeigte das Tier dabei keine angeborene Reaktion, sondern es lernte ein neues Verhalten. Die Theorie, die Skinner darauf aufbaute, bestand aus drei Elementen: Lebewesen zeigen ständig spontanes Verhalten; die Konsequenzen, die ein Verhalten hat – positive oder negative –, verringern oder vergrößern die Wahrscheinlichkeit, dass ein Organismus sich wieder so verhält; und es ist die Umwelt, die diese Konsequenzen bestimmt. Den ganzen Vorgang nannte er »operantes Konditionieren« (im Gegensatz zum klassischen Konditionieren von Pavlov).

Was dabei im Gehirn geschah, interessierte Skinner nicht. Weil es unmöglich war, dem Geist direkt bei der Arbeit zuzuschauen, hielt er es für unwissenschaftlich, sich damit auseinander zu setzen. Zusammen mit John B. Watson (S. 76) führte er die Bewegung des Behaviorismus an, die das Verhalten von Mensch und Tier ausschließlich als Folge von Reaktionen auf äußere Reize beschrieb.

Die Skinnerbox hatte gegenüber früheren Geräten, wie zum Beispiel dem Labyrinth, einen großen Vorteil: Nachdem die Ratte den Hebel gedrückt und das Futter bekommen hatte, war ohne menschliches Zutun alles bereit für die nächste Aktion des Tieres. Ein automatischer Schreiber zeichnete den Zeitpunkt jedes Drückens auf, und Skinner konnte aus diesen Daten das Lernverhalten unter verschiedenen Bedingungen studieren. Was geschah, wenn die Ratte fünfmal hintereinander drücken musste, um die Futtertablette zu bekommen, oder wenn sie erst nach einer zufälligen Anzahl belohnt wurde? Was, wenn sie durch eine bestimmte Aktion einer Bestrafung entgehen konnte? Wie ließ sich ein erlerntes Verhalten wieder löschen? Die Skinnerbox war so etwas wie die Automatisierung der Tierverhaltensforschung.

»Oh, nicht schlecht. Das Licht geht an, ich drücke den Hebel, sie stellen mir einen Scheck aus. Und wie geht es dir?«

Die Methode des operanten Konditionierens scheint banal – Belohnung verstärkt ein Verhalten, Bestrafung schwächt es ab –, doch Skinner brachte Tieren damit viel mehr bei, als bloß einen Hebel zu drücken. Er lehrte eine Taube ein Lied auf einem Kinderklavier und zwei Tauben eine Art Tischtennis. Der Trick dabei war, die Tiere nicht erst für das Erreichen des Gesamtziels zu belohnen, sondern schon für jeden kleinen Zwischenschritt. Die Taube bekam zum Beispiel Körner, wenn sie zufälligerweise mit dem Schnabel den ersten Ton auf dem Kinderklavier in der Skinnerbox drückte. Dann, wenn der zweite richtig war, dann beim dritten, bis sie das Kinderlied »Over the Fence is Out, Boys« spielen konnte.

Mit einem solchen Training konnte der Mensch sich der Sinne der Tiere für alle möglichen Aufgaben bedienen. Während des Zweiten Weltkriegs arbeitete Skinner für das amerikanische Militär an einem seltsamen Bombenlenksystem für den Angriff auf Schiffe: Tauben in der Spitze des Geschosses wurden darauf konditioniert, ein primitives Steuerungssystem zu bedienen. Je nach Position des Schiffes, das sie durch Fenster an der Spitze der Bombe sehen konnten, hackten sie an unterschiedlichen Stellen mit dem Schnabel auf einen Schirm. Mit diesen Signalen wurde die Bombe gelenkt. Die Steuerung funktionierte im Labor, kam aber nie zum Einsatz.

Es war nicht Skinner selbst, der den Begriff »Skinnerbox« prägte, doch der Name wurde schnell populär. Skinner wurde sogar verdächtigt, seine zweite Tochter Deborah in einer Skinnerbox aufgezogen zu haben. Später machte das Gerücht die Runde, Deborah sei in einer psychiatrischen Anstalt gelandet und habe sich umgebracht.

Den Keim für diese moderne Legende legte im Oktober 1945 das *Ladies' Home Journal*. Die Frauenzeitschrift berichtete über die schallgedämpfte, beheizte Kinderkrippe, die Skinner für Deborah gebaut hatte. Unglücklicherweise lautete der Titel des Beitrags »Baby in einer Box«, woraus viele Leser schlossen, Deborah stecke in einer Skinnerbox, wo sie, wie die Ratten und Tauben ihres Vaters, an Experimenten teilnehmen müsse. Heute taucht Skinners Tochter, die als Künstlerin in London lebt, in unregelmäßigen Abständen in der Presse auf, um die unausrottbare Legende ihres Selbstmords zu dementieren.

»Drücke Hebel für Essen.«

Skinner war eine kontroverse Figur des amerikanischen Geisteslebens. Besonders große Bedeutung bekamen seine Erkenntnisse in der Erziehung: Die Parallelen zwischen Lob und Tadel und seinen Experimenten waren offensichtlich. Für Skinner war die Welt eine große Skinnerbox. Er war überzeugt, dass sich das gesamte Verhaltensrepertoire der Menschen daraus erklären lässt. In seinem umstrittenen Buch *Jenseits von Freiheit und Würde* machte er 1971 den Vorschlag, die Konditionierungstechniken zum Wohle der Menschheit einzusetzen, um damit die Menschen zu trainieren, sich auf sozial erwünschte Weise zu verhalten.

verrueckte-experimente.de

◆ Skinner, B. F. (1938), *The Behavior of Organisms: An Experimental Analysis*, Appleton-Century.

1930 **Reisen mit Chinesen**

Der Soziologe Richard T. LaPiere stellte auf einer Reise durch die USA fest, dass sich aus den Überzeugungen einer Person nicht unbedingt auf ihre Handlungen schließen lässt.

Richard T. LaPiere muss die Antwort geahnt haben, als er den Anruf tätigte. Ob das Hotel bereit wäre, »einen wichtigen chinesischen Herrn« unterzubringen? – »Nein«, hieß es am anderen Ende der Leitung.

Zwei Monate zuvor hatte der Soziologieprofessor von der Stanford University mit einem befreundeten Paar aus China in genau diesem Hotel übernachtet. Es galt als das beste Hotel in einer kleinen Stadt, die für ihre ablehnende Haltung gegenüber Asiaten bekannt war. Zu LaPieres Überraschung hatten sie ohne Probleme ein Zimmer bekommen.

Der Hotelmanager hatte am Telefon eine Sache gesagt, zwei Monate vorher aber das Gegenteil davon getan. War das ein Einzelfall? Die Tat eines wankelmütigen Charakters? Oder steckte mehr dahinter? Ein Experiment sollte Klarheit schaffen.

Die Frage war wichtig: Hatten Menschen grundsätzlich Schwierigkeiten, Auskunft darüber zu geben, wie sie in bestimmten Situationen handeln würden? Ein großer Teil der Sozialwissenschaften basierte auf Fragebogenuntersuchungen. Glauben Sie an Gott? Würden Sie in der Straßenbahn einer Armenierin ihren Platz anbieten? Was halten Sie von Asiaten? Bei der Auswertung der Antworten ging man stillschweigend davon aus, dass sich die Leute im Alltag entsprechend verhielten. Doch wenn diese Annahme nicht stimmte, war ein großer Teil der Resultate wertlos oder zumindest unbedeutend. Letztlich wollte man ja erfahren, was die Leute wirklich tun würden, und nicht, was sie auf dem Papier beabsichtigten zu tun.

In den Jahren 1930 und 1931 reiste LaPiere in Begleitung seiner chinesischen Freunde zweimal quer durch die USA. 10 000 Meilen legte er mit dem jungen Paar im Auto zurück. Sie übernachteten in 66 Hotels, speisten in 184 Restaurants. Ein einziges Mal wurden sie abgewiesen. Der Besitzer einer billigen Bungalowsiedlung schaute ins Auto und beantwortete LaPieres Frage nach einem freien Haus mit: »Nein, ich mag keine Japsen.«

Sonst wurden die drei Reisenden ausgesucht höflich behandelt. Viele Leute auf dem Land hatten zwar noch nie Kontakt mit Asiaten gehabt, doch das Aufsehen, das sie erregten, führte nicht etwa zu Ablehnung, sondern im Gegenteil zu besonders zuvorkommendem Verhalten.

LaPiere führte genau Buch über alle Begegnungen mit Empfangschefs, Gepäckträgern, Liftjungen, Kellnerinnen. Natürlich waren diese Aufzeichnungen subjektiv, wie er selber einräumte, aber schließlich war das kein Laborexperiment, bei dem sich alle Faktoren kontrollieren ließen.

Um den Einfluss der eigenen Person zu dämpfen, überließ er es so oft wie möglich seinen chinesischen Freunden, nach dem Zimmer zu fragen, und kümmerte sich ums Gepäck. Er schickte sie auch häufig allein ins Restaurant und kam später nach. Damit sie sich ganz normal verhielten, hatte er ihnen noch nicht einmal erzählt, dass sie Teil eines Experiments waren.

Aus seinen Notizen am Ende der Reise schloss LaPiere, dass nicht die Rasse den größten Einfluss auf das Verhalten der Leute hatte, sondern die ordentliche Kleidung, ein Lachen im richtigen Moment und die perfekten Englischkenntnisse seiner Freunde. »Man kann einem Weißen, der durch sein Heimatland reist, nur einen chinesischen Begleiter empfehlen«, schrieb er in seinem berühmt gewordenen Artikel »Attitudes vs. Actions« – »Einstellungen im Vergleich mit Handlungen« – über das Experiment.

Bloß: Wie passte das zu den mit Fragebogen erhobenen Einstellungen der Leute? Aus Umfragen wusste LaPiere, dass die Amerikaner große Vorurteile gegenüber Asiaten hatten. Um die konkreten Erfahrungen und die Einstellungen der Leute vergleichen zu können, schickte er, ohne sich zu erkennen zu geben, allen besuchten Hotels und Restaurants sechs Monate nach der Reise einen Brief mit der Frage: »Würden Sie Angehörige der chinesischen Rasse als Gäste aufnehmen?« Von den 128 Antworten, die er darauf bekam, lautete eine einzige »Ja«. Praktisch alle anderen schrieben, sie würden Chinesen wegschicken. Ein paar wenige konnten sich nicht entscheiden.

LaPiere fragte sich sofort, ob er das negative Resultat mit der Reise selbst verursacht hatte. Vielleicht war der Besuch mit seinen chinesischen Freunden, ohne dass er etwas davon ahnte, in schlechter Erinnerung geblieben? Deshalb schickte er den gleichen Brief an Hotels und Restaurants entlang der Reiseroute, die sie nicht besucht hatten. Mit dem gleichen Resultat. Niemand wollte etwas mit Chinesen zu tun haben.

»Aufgrund der obigen Daten wäre es von einem Chinesen töricht zu versuchen, in den Vereinigten Staaten zu reisen«, schrieb LaPiere. Doch die Erfahrung zeigte ein anderes Bild. Der Soziologe schloss daraus, dass Fragebogen grundsätzliche Mängel haben, wenn man wissen will, wie Menschen in bestimmten Situationen handeln. »Ein Fragebogen wird zeigen, was Herr A schreibt oder sagt, wenn er mit einer bestimmten Kombination von Wörtern konfrontiert wird. Aber nicht, was er tun wird, wenn er Herrn B trifft. Herr B ist ziemlich viel mehr als eine Serie von Wörtern. Er ist ein Mensch, und er handelt.«

◆ LaPiere, R. T. (1934), Attitudes vs. Actions. *Social Forces* 13, S. 230–237.

1931 **Brüderchen Affe**

Von allen ungewöhnlichen Kindheitserlebnissen, die je ein Affe hatte, war jenes der Schimpansin Gua wohl das bizarrste: Am 26. Juni 1931 – Gua war gerade sieben Monate alt – wurde sie in eine Menschenfamilie aufgenommen. Nicht als Haustier, sondern als vollwertiges Familienmitglied, das genau gleich behandelt wurde wie der zehn Monate alte Sohn der Familie, Donald.

Donald und Gua verbrachten neun Monate zusammen.

Winthrop Kellogg war neunundzwanzig Jahre alt, als er im Jahr 1927 die Idee zu dem ungewöhnlichen Versuch hatte. Vermutlich brachte ihn ein Artikel über Wolfskinder darauf. Zwei kleine Mädchen waren in Ostindien in einer Höhle gefunden worden, wo sie mit Wölfen zusammenlebten. Sie aßen und tranken wie Wölfe und

Dominiert Natur oder Kultur? Lässt sich Gua zu einem Menschen erziehen? Der Affe und das Menschenkind wurden genau gleich behandelt.

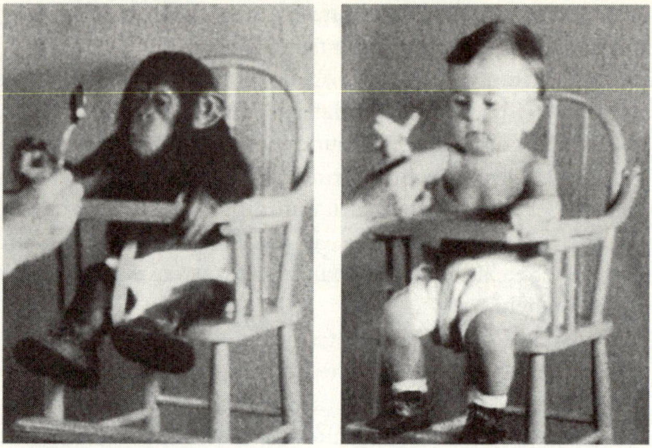

brauchten die Hände nur, um sich auf allen vieren fortzubewegen. Nachdem sie entdeckt worden waren, lernten sie zwar, auf zwei Beinen zu stehen, doch das nächtliche Heulen und die Angewohnheit, sich auf Vögel zu stürzen und sie zu verschlingen, konnten ihnen die Erzieher nicht abgewöhnen. Auch sprechen lernten sie kaum.

Fachleute schrieben diese Schwächen der niedrigen Intelligenz der Wolfskinder zu. Kellogg war anderer Meinung: Das wilde Verhalten der Kinder sei unter Wölfen erlernt worden. An die neue Umgebung hätten die Mädchen sich nicht anpassen können, weil es schwierig sei, früh im Leben erworbene Prägungen wieder loszuwerden.

Um diese Hypothese zu testen, schrieb Kellogg, müsse man bloß einen normal intelligenten Säugling in der Wildnis aussetzen und sein Verhalten studieren. Doch bei aller »wissenschaftlichen Begeisterung« für dieses Vorhaben sei es natürlich aus ethischen und rechtlichen Gründen nicht durchführbar. Ganz anders aber der umgekehrte Versuch: ein Affenbaby unter den gleichen Bedingungen aufwachsen zu lassen wie ein Menschenbaby.

Die Adoptiveltern des Affenbabys dürften es keine Minute als Affen behandeln. Es müsste geküsst, gezärtelt und im Kinderwagen herumgeschoben werden, lernen, mit einem Löffel zu essen und aufs Töpfchen zu gehen. Als Spielkameraden stellte sich Kellogg zuerst Kinder »mit verständnisvollen Eltern« aus einem Kinderhort vor. Noch besser wäre es, wenn der Affe von einer Familie mit eigenem Kind adoptiert würde. So ließe sich die Entwicklung der beiden vergleichen.

Kellogg hoffte damit, ein für alle Mal zu klären, ob bei der Entwicklung die Natur oder die Kultur, die Umwelt oder das Erbgut das Sagen haben. Wenn sich der Affe nicht so entwickelte wie das Kind, dann wären die vererbten Instinkte des Tieres dominant. Würde der Affe aber typisch kindliche Reaktionen zeigen, wäre das ein Beleg für die Macht der Umwelt.

Bevor das Experiment beginnen konnte, musste Kellogg seine Frau Luella davon überzeugen mitzumachen. Denn als Adoptiveltern hatte er sie und sich selbst vorgesehen, als Kontrollobjekt das Kind, das er mit ihr zeugen wollte. Eine Stelle im Vorwort zu dem Buch *The Ape and the Child*, in dem das Experiment beschrieben ist, lässt erahnen, dass es gegen den Willen von Luella geschah. »Die Begeisterung von einem von uns traf auf so viel Widerstand des anderen, dass eine Einigung unmöglich schien.« Doch Winthrop Kellogg setzte sich durch. Er war inzwischen Professor für Psychologie an der Indiana University geworden. Für die Dauer des Versuchs lebte die Familie in der Nähe des Affenparks von Orange Park, Florida.

Von Guas Ankunft an widmeten sich Luella und Winthrop Kellogg vollständig dem Experiment. Rund um die Uhr achteten sie peinlich genau darauf, Gua und Donald gleich zu behandeln. Sie wogen sie täglich, maßen Blutdruck und Körpergröße. Sie testeten ihre visuelle Wahrnehmung und ihre Motorik. Um ihre Schreckhaftigkeit zu prüfen, feuerte Kellogg eine Schreckschusspistole hinter ihnen ab und nahm die Reaktion auf Film auf.

Die Beschreibung der Tests lässt kaum glauben, dass es sich beim einen Versuchsobjekt um den Sohn des Experimentators handelte: »Der Unterschied zwischen den Schädeln kann hörbar festgestellt werden, wenn man mit einem Löffel oder einem ähnlichen Gegenstand darauf schlägt. Bei Donalds Kopf ist das Geräusch dumpf, während Guas Kopf heller klingt.«

In vielem war Gua besser als Donald, doch in einem Punkt war er ihm unterlegen: Das Kleinkind konnte besser nachahmen als der Schimpanse.

The Ape and the Child ist ein minutiöser Bericht über die Entwicklung von Gua und Donald. Umso erstaunlicher ist es, dass nicht genau daraus hervorgeht, warum das Experiment nach neun Monaten beendet wurde. Der Psychologe Ludy T. Benjamin, der ehemalige Studenten von Kellogg befragte, vermutet, dass der Versuch einen unvorhergesehenen Verlauf nahm. Zwar zeigte Gua erstaunliche Anpassungen an ihre menschliche Umgebung: Sie gehorchte besser als Donald, bat mit einem Kuss um Verzeihung und zeigte früh an, wenn sie zur Toilette musste. Sie merkte auch schneller als Donald, dass sie den Stuhl benutzen musste, um an einen von der Decke baumelnden Keks heranzukommen. Doch in einem Punkt war ihr Donald überlegen: Er war der bessere Imitator. Gua war die Anführerin, entdeckte Spielzeug und Spiele, Donald ahmte sie nach. Das galt auch für die Sprache: Donald kopierte perfekt Guas Futterruf und bat mit stoßartigen Keuchlauten um eine Orange.

Mit neunzehn Monaten, am Ende des Experiments, beherrschte Donald genau drei Wörter, während ein amerikanisches Durchschnittskind in diesem Alter fünfzig beherrscht und damit Sätze zu bilden beginnt. Winthrop Kellogg wollte einen Affen zum Menschen erziehen und erzog einen Menschen zum Affen. Es ist anzunehmen, dass zumindest Luella dem nicht länger zuschauen wollte.

Luella Kellogg mit Donald und Gua im Kinderwagen. Die Frau des Experimentators war am Anfang nicht damit einverstanden, das Experiment mit dem eigenen Sohn zu machen.

Der Psychologe Winthrop Kellogg bei einem Vergleichstest der Schreckhaftigkeit. Die Kinder und Gua wurden gefilmt, während er hinter ihrem Rücken einen Schuss abfeuerte.

Das Experiment erregte großes Aufsehen, und Kellogg wurde hart kritisiert. Viele Leute hielten es für unverantwortlich, ein Kind einer solchen Prozedur zu unterziehen. Kellogg wurde Sensationsgier und Publizitätssucht unterstellt. Er selbst schrieb später, dass diese Art der Forschung einen »entschlossenen Wissenschaftler« verlange, der jenen gegenübertreten könne, die das Experiment lächerlich machten, weil sie es missverstünden.

Nach der Publikation von *The Ape and the Child* wandte sich Winthrop Kellogg anderen Gebieten zu. Er starb am 22. Juni 1972 im Alter von 74 Jahren in Florida, seine Frau Luella einen Monat später.

Donald Kellogg holte seinen Rückstand in der Sprachentwicklung schnell auf und studierte später Medizin an der Harvard Medical School. Er wurde Psychiater. Einige Monate nach dem Tod seiner Eltern nahm er sich das Leben. »Natürlich versuchen einige Leute, eine Verbindung zwischen dem Suizid und dem Experiment herzustellen«, sagt der Psychologiehistoriker Ludy T. Benjamin. »Eine naheliegendere Erklärung für Donalds Depressionen ist, dass er von einem Vater erzogen wurde, der unnachsichtig und fordernd war und von allen, die ihn umgaben, absolute Perfektion verlangte.«

Gua kehrte nach dem Experiment in die Orange-Park-Affenkolonie zurück. Über ihr weiteres Schicksal ist nichts bekannt.

◆ Kellogg, W. N., und Kellogg, L. A. (1933), *The Ape and the Child*. Hafner Publishing Company.

1938 **Der Tag hat 28 Stunden**

Nathaniel Kleitman hatte schon viele außergewöhnliche Experimente durchgeführt, doch noch nie wurde er von Scheinwerfern geblendet, wenn eines zu Ende ging. Als er mit seinem Studenten Bruce Richardson am 6. Juli 1938 aus der Mammuthöhle stieg, warteten Filmteams und Fotografen am Ausgang. Die Zeitungen druckten Bilder von zwei armseligen Gestalten, die mit ihren Vollbärten, langen Mänteln und feuchten Kapuzen an Landstreicher erinnerten. 32 Tage lang hatten die beiden Forscher der University of Chicago versucht, in einer Kammer der Höhle der Natur des Schlafes auf die Spur zu kommen.

Der damals dreiundvierzigjährige Kleitman war Selbstversuche gewohnt: Einmal studierte er die Auswirkungen von 180 Stunden Schlafentzug an der eigenen Person, dann probierte er erfolglos, seinen Körper vom normalen 24- auf einen 48-Stunden-Rhythmus umzustellen: Er blieb einen Monat lang jeweils 39 Stunden lang wach und schlief danach neun Stunden. Einer seiner Studenten versuchte sich am Zwölf-Stunden-Rhythmus: Er schlief zweimal pro Tag – zwischen vier Uhr und 7.30 Uhr und zwischen 16 Uhr und 19.30 Uhr – je dreieinhalb Stunden. 33 Tage lang. Auch diese Umstellung misslang.

Eines der großen Rätsel der Schlafforschung war zu dieser Zeit, ob der menschliche Schlafrhythmus von 24 Stunden bloß eine Gewohnheit war – aus praktischen Gründen

32 Tage verbrachten zwei Schlafforscher in dieser Kammer der Mammuthöhlen. Wegen der Ratten stehen die hohen Beine der Betten in Eimern.

der Tageslänge angepasst, aber jederzeit veränderbar – oder ob es eine innere Uhr gab, die fest programmiert war.

Verdoppeln oder halbieren ließ sich der Schlafrhythmus offenbar nicht, also entschied sich Kleitman bei einem nächsten Versuch an der University of Chicago für zwei Rhythmen, die den natürlichen 24 Stunden näher waren. Die Wahl fiel auf 21 und 28 Stunden, weil sich eine normale Sieben-Tage-Woche in exakt acht 21-Stunden-Tage und sechs 28-Stunden-Tage aufteilen ließ. Das erlaubte den beiden Versuchspersonen – Kleitman war eine davon –, ihrer Arbeit an der Universität auch während des Experiments nachzugehen.

Ob sich eine Versuchsperson an einen veränderten Schlafrhythmus gewöhnt hatte, erkannte Kleitman anhand der Körpertemperatur, die während des Schlafes normalerweise sinkt, weil der Stoffwechsel herabgesetzt ist und während der Wachphase das Maximum erreicht. Wenn sich der Temperaturverlauf synchron mit den neuen Schlaf- und Wachzeiten veränderte, dann hatte sich der Körper dem neuen Rhythmus angepasst.

Das Resultat des 21-/28-Stunden-Versuchs an der Universität war nebulös: Der Temperaturrhythmus eines am Experiment beteiligten Studenten hatte sich zwar an die neuen Umstände angepasst, doch Kleitmans Rhythmus blieb in der Nähe von 24 Stunden.

Ein möglicher Störfaktor war der Ort des Experiments: Es konnte sein, dass der Rhythmus des Tageslichts die Anpassung störte. Oder der höhere Lärmpegel und die höheren Temperaturen am Tag. Deshalb suchte Kleitman nach einem Ort, der weder Tag noch Nacht kannte. Er fand ihn in einer 20 Meter breiten und acht Meter hohen Kammer der Mammuthöhlen in Kentucky. Nicht weit von einem »Audubon Avenue« genannten Gang herrschten dort ständige Dunkelheit und Stille. Die Temperatur lag jahrein, jahraus bei zwölf Grad Celsius. War das der Ort für den 28-Stunden-Tag?

Das Mammoth Cave Hotel möblierte das »Apartment an der Audubon Avenue«, wie die 40 Meter unter der Erdoberfläche gelegene Kammer in der Presse genannt wurde, mit einem Tisch, Stühlen, einer Waschkommode und zwei Betten auf Stelzen – wegen der Feuchtigkeit und der Rat-

Schlafforscher Nathaniel Kleitman (links) und der Student Bruce Richardson bei der Morgentoilette.

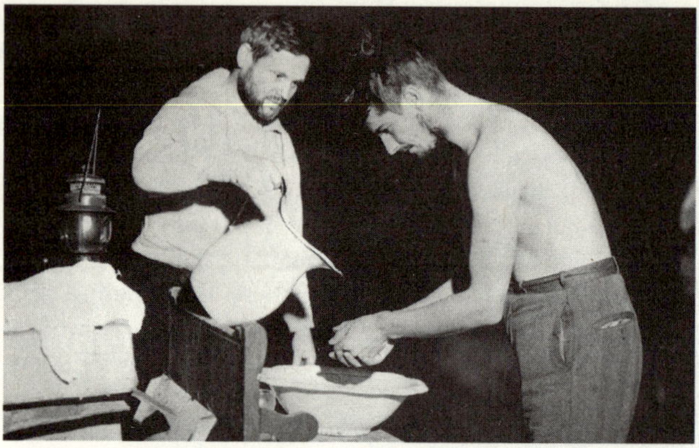

ten. An die gleiche Adresse lieferte der Hotelkoch täglich die Verpflegung.

Der Plan sah vor, dass Kleitman und Richardson jeweils neun Stunden schliefen, zehn Stunden arbeiteten und dann neun Stunden Freizeit hatten. Während der Wachphasen maßen beide Männer alle zwei Stunden ihre Körpertemperatur, wenn sie schliefen, alle vier Stunden.

Richardson hatte sich bereits nach einer Woche an den neuen Rhythmus gewöhnt. Seine Körpertemperatur nahm den 28-Stunden-Rhythmus an. Der 20 Jahre ältere Kleitman dagegen konnte sich bis zum Schluss nicht umstellen. Immer um zehn Uhr abends wurde er müde und acht Stunden später wieder munter, ganz egal, ob sein Stundenplan Arbeit, Freizeit oder Schlaf vorschrieb.

Wieder war das Resultat zweideutig. Immerhin hatte Kleitman herausgefunden, dass ihm ein anständiger Vollbart wachse, sagte er zu Journalisten.

Spätere Experimente zeigten, dass der Mensch tatsächlich über eine innere Uhr verfügt. Sie ist bei den meisten auf etwa 24 Stunden eingestellt und wird jeden Tag durch die wirkliche Tageslänge neu geeicht.

verrueckte-experimente.de

◆ Kleitman, N. (1963), *Sleep and Wakefulness*. The University of Chicago Press, S. 175–182.

1945 **Das große Hungern**

Es geschah vier Monate nach Beginn des Experiments. Bis zum 6. Juli 1945 war es nie zu Problemen gekommen, wenn Lester Glick Restaurants besuchte, »um den Leuten beim Essen zuzuschauen«. Wie es die so genannte Buddy-Regel vorschrieb, war er auch an diesem Tag nicht allein unterwegs, sondern mit Jim, einem anderen Versuchsteilnehmer. Zusammen mussten sie zusehen, wie eine gut angezogene Dame ein Schweinekotelett bestellte, ein bisschen damit herumspielte und die Hälfte auf dem Teller liegen ließ. Als sie dann auch noch den größten Teil der Kokoscremetorte zur Seite schob, platzte den Männern der Kragen.

Nachdem die Frau bezahlt hatte, folgten sie ihr, stoppten sie und hielten ihr einen Vortrag über den Welthunger und wie sie dazu beitrage. Die Frau schrie sie an und rannte davon. Sie konnte nicht wissen, dass Lester und Jim seit dem 12. Februar mit zwei mageren Mahlzeiten pro Tag auskommen mussten, die hauptsächlich aus Brot, Kartoffeln, Rüben und Kohl bestanden.

Die beiden Kriegsdienstverweigerer hatten sich auf einen Aufruf der Zivildienstbehörde gemeldet. »Wollen Sie hungern, damit andere besser ernährt werden können?«, stand auf dem Flugblatt, das der Biologe Ancel Keys Zivildienstlern zukommen ließ. Keys hatte das Labor für Körperhygiene an der University of Minnesota in St. Paul gegründet und war während des Krieges für die Armee tätig gewesen: Er testete die Esspakete für die Soldaten, untersuchte, welche Diäten müde machten und ob Vitamine mit dem Schwitzen verloren gingen. Gegen Ende des Krieges beschäftigte ihn eine neue Frage: »Zu dieser Zeit wurde mir bewusst, dass es in Europa Millionen halb verhungerter Leute gab. Ich wollte herausfinden, welche Wirkung Hunger hat, wie lange dieser Zustand anhält und was nötig wäre, um die Leute wieder aufzupäppeln.«

Über hundert Kriegsdienstverweigerer meldeten sich, sechsunddreißig wurden ausgewählt. Am 19. November 1944 bezogen sie Quartier in der Universität. Während der ersten drei Monate prüfte Keys bei normalem Essen ihren Gesundheitszustand, ihre durchschnittliche Nahrungsaufnahme und andere Details ihres Stoffwechsels. Das eigentliche Experiment begann am 12. Februar 1945. Die Versuchspersonen bekamen nur noch zwei Mahlzeiten pro Tag, eine um 8.30 Uhr, die andere um 17 Uhr. Die drei Menüs, die während eines knappen halben Jahres abwechselnd

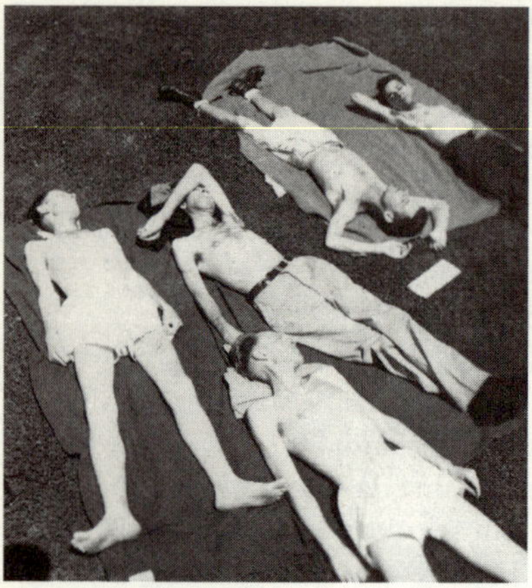

48 Wochen lang hungern: Sonnenbad kurz vor Ende des Versuchs. Einige Probanden wurden danach Köche.

serviert wurden, entsprachen dem Essen in den Hungergebieten Europas. Sie hatten einen Energiewert von 1500 Kalorien – die Hälfte von dem, was die Männer zuvor zu sich genommen hatten. Die genaue Nahrungsmenge errechnete Keys aus dem jeweiligen Körpergewicht eines Versuchsteilnehmers. Ziel war, dass in diesem halben Jahr jeder ein Viertel seines Gewichts verlor. Der Hungerphase folgte dann eine dreimonatige Rehabilitation: Die Versuchspersonen wurden in Gruppen unterteilt und nach unterschiedlichen Speiseplänen wieder aufgebaut.

Vier Jahre nach dem Experiment publizierte Keys die Ergebnisse seiner Untersuchung mit allen Daten auf den 1400 Seiten seines wegweisenden Buches *The Biology of Human Starvation*. Im Experiment wurden nicht nur körperliche Vorgänge wie Gewichtsverlust, Haarausfall, Kälteempfindlichkeit, Veränderung der Körperchemie und der inneren Organe untersucht, sondern auch die Wirkung der Mangelernährung auf Intelligenz, Auffassungsgabe und Persönlichkeit.

Die Versuchspersonen mussten pro Woche fünfzehn Stunden im Labor, in der Wäscherei oder im Schlafquartier arbeiten, mindestens dreißig Kilometer draußen und eine halbe Stunde auf einem Laufband gehen. Sie durften die regulären Kurse der Universität besuchen, am Wochenende hatten sie frei.

Zu den interessantesten Resultaten von Keys Experiment zählen die psychischen Veränderungen durch den Hunger. Viele Männer wurden apathisch und depressiv. Der Hunger überdeckte alles andere. Sie vernachlässigten Körperpflege und Tischmanieren, zogen sich sozial zurück und interessierten sich nur noch für Dinge, die mit dem Essen zu tun hatten. Auch sexuelle Bedürfnisse hatten sie keine mehr. Liebesfilme langweilten sie – bis auf die Szenen, in denen gegessen wurde.

Am 10. Mai schrieb Lester Glick in sein Tagebuch: »Mein Hunger hat ungeahnte Dimensionen angenommen. Es scheint, als ob sich meine Knochen, meine Muskeln, mein

Magen und mein Verstand in ihrer Sehnsucht nach Nahrung vereinigt haben!« Wie viele andere Männer sprach er immer weniger und las am liebsten Kochrezepte. Die zwanghafte Beschäftigung mit dem Essen zeigte sich in merkwürdigem Verhalten: dem Vergleichen von Lebensmittelpreisen in Zeitungsanzeigen, dem Beobachten anderer Leute beim Essen, dem Sammeln von Kochbüchern, dem Kauf von Kochutensilien wie Herdplatten oder Teekrügen. Drei Versuchspersonen wechselten nach dem Experiment den Beruf: Sie wurden Köche.

Gegen Ende der Hungerphase saßen einige der Männer zwei Stunden lang vor ihren armseligen Mahlzeiten. Sie arrangierten die Speisen immer neu auf dem Teller, damit es nach mehr aussah, als es war. Und nachdem sie den Teller ausgeleckt hatten, begannen sie schon mit der Planung, in welcher Reihenfolge sie die Speisen der nächsten Mahlzeit essen würden.

Zuerst war es den Männern noch erlaubt, so viel Kaffee und Kaugummi zu konsumieren, wie sie wollten. Doch einige tranken fünfzehn und mehr Tassen pro Tag und brachten es auf vierzig Päckchen Kaugummi. Also beschränkte Keys die tägliche Ration auf maximal neun Tassen Kaffee und zwei Päckchen Kaugummi.

Skelett auf dem Laufband: Die Leistungsfähigkeit der Versuchsteilnehmer wurde regelmäßig gemessen.

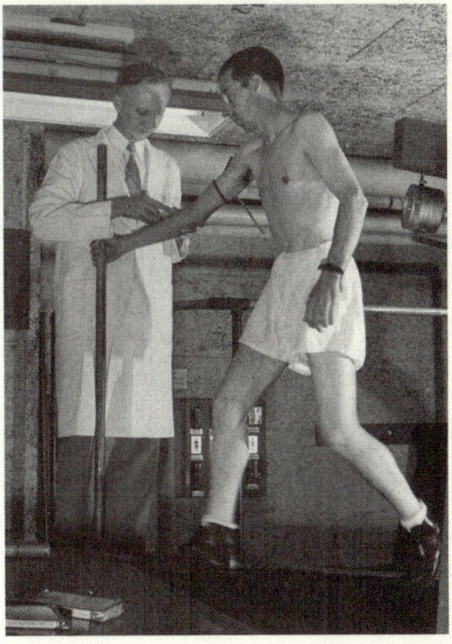

Nicht alle standen das Experiment durch. Einer verlor im Lebensmittelladen die Kontrolle und aß einige Kekse, eine Tüte Popcorn und zwei überreife Bananen, die er kurz danach wieder erbrach. Ein anderer stahl Kohlrüben und Süßigkeiten. Lester Glick entfernte einmal die Mine aus einem Bleistift und kaute das Holz. »Es schmeckte nicht schlecht«, schrieb er in sein Tagebuch und dann: »Ich versuche den Gedanken an Kannibalismus aus meinem Kopf zu verbannen, aber es gelingt mir einfach nicht.«

Die Versuchung, im Geheimen zu essen, wurde so groß, dass Keys nach zwei Monaten das »Buddy-System« einführte: Keine Versuchsperson durfte das Labor verlassen, wenn sie nicht mindestens von einer zweiten begleitet wurde.

Während der gesamten vierundzwanzig Wochen wünschten sich die Männer den letzten Teil des Experiments herbei. Doch die Rehabilitationsphase verlief für sie enttäuschend: Die Portionengröße wurde nur langsam gesteigert, und das Hungergefühl nahm kaum ab. Am 20. September 1945 schrieb Glick in sein Tagebuch: »Wir sind sieben Wochen in der Rehabilitation, und die Symptome unserer Mangelernährung sind nicht merklich verschwunden. Unser Aussehen, unser Hunger, unsere geringe Gewichtszunahme zeigen, wie klein die Fortschritte sind.«

Am 20. Oktober 1945 um 17 Uhr fand schließlich das Abschiedsessen der Gruppe statt. Es war die erste Mahlzeit seit 48 Wochen ohne irgendwelche Einschränkungen. »Der dringende Wunsch der Männer nach der Freiheit beim Essen war extrem; ein Aufschub um eine weitere Woche hätte zu emotionalen Krisen und vielleicht sogar zu einem offenen Aufstand geführt«, schrieb Keys. Doch das üppige Bankett machte einige der Versuchspersonen schneller satt, als sie es erwartet hatten. »Am Ende der Mahlzeit starrten die Männer ungläubig Speisen an, die sie nicht mehr essen konnten.«

Das Experiment führte zu keinen bleibenden Schäden, doch es dauerte Monate, bis sich die Körperfunktionen wieder normalisiert hatten. Viele Männer gaben nach dem Experiment an, dass sie oft hungrig seien, obwohl sie nicht imstande seien, noch mehr zu essen. Viele aßen bis zum Erbrechen, um danach gleich wieder zu essen.

Wegen der Ähnlichkeit dieses Verhaltens mit den Symptomen von Ess- und Brechsucht spielt Ancel Keys Arbeit heute bei der Erforschung von Essstörungen eine große Rolle. Die zwanghafte Beschäftigung der hungrigen Versuchspersonen mit Nahrung, die Apathie, der soziale Rückzug gleicht dem Benehmen Magersüchtiger. Diese Verhaltensweisen werden heute oft als Ursachen der Essstörung gesehen, doch sie könnten – wie bei den hungrigen Kriegsdienstverweigerern – auch nur die Folgen des Hungers sein.

Für die Männer blieb das Experiment »das bedeutendste Ereignis in ihrem Leben«. Sie veranstalteten bis in die Neunzigerjahre hinein regelmäßige Treffen.

verrueckte-experimente.de

◆ Keys, A., et al. (1950), *The Biology of Human Starvation*. University of Minnesota Press.

1946 **Ein Schulabbrecher lässt es regnen**

Kaum jemand in Pittfield dürfte an jenem Mittwoch bemerkt haben, dass es schneite. Die dünnen Flocken, die am 13. November 1946 aus einer mächtigen Cumuluswolke in Massachusetts fielen, waren geschmolzen und verdampft, bevor sie den Boden erreichten. Und selbst wer seinen Blick gen Himmel richtete und die Niederschläge an der Wolkenbasis ausmachte, konnte die Bedeutung des bescheidenen Naturschauspiels nicht erahnen. Denn dazu hätte er es mit dem Sportflugzeug in Verbindung bringen müssen, das um die Wolke herumkurvte.

In der einmotorigen Fairchild saßen der Forscher Vincent Schaefer und sein Pilot Curtis Talbot. Eben waren sie auf einer Höhe von etwa vier Kilometern durch die Wolke geflogen, und Schaefer hatte eineinhalb Kilogramm Trockeneis aus dem Fenster gestreut. Es sah aus, als säe er walnussgroße graue Samenkörner. Auf die Ernte musste er nicht lange warten: Aus dem Streifen der Wolke, den das Flugzeug eben durchflogen hatte, fiel Schnee. »Ich wandte mich Curt zu, schüttelte ihm die Hand und sagte: ›Wir haben es geschafft!‹«, schrieb Schaefer später in sein Labortagebuch.

Einer der ältesten Träume der Menschheit war Wirklichkeit geworden, so schien es. Keine abergläubischen Beschwörungen mehr, keine Regentänze, keine Stoßgebete. »Schaefer ließ es heute Nachmittag schneien über Pittsfield! Nächste Woche geht er über Wasser«, sagte einer seiner Kollegen nach dem erfolgreichen Flug.

Am nächsten Tag erfuhr die Welt von Schaefers Experiment. »Drei-Meilen-Wolke in Schnee verwandelt«, stand über einem Artikel in der *New York Times*. Und über Schaefer selbst konnte man im *Bershire Evening Eagle* lesen: »Der Mann, der über Greylock Schnee machte, ging früh von der Schule ab.« Tatsächlich hatte Schaefer nie eine Schule abgeschlossen. Sein enzyklopädisches Wissen über Chemie und Physik hatte er sich während seiner langjährigen Arbeit im Forschungslabor der Firma General Electric angeeignet, wo er auch die Versuche durchgeführt hatte. Der Chef des Labors, Irving Langmuir, war optimistisch, was die Zukunft der Wettermodifikation betraf: Das Verfahren der Wolkenimpfung mit Trockeneis könne zum Beispiel

Vincent Schaefer holte in der von ihm erfundenen *cold box* Wolken ins Labor.

»schwere Schneefälle von Städten fern halten und Wintersportorte mit Schnee versorgen«.

Langmuir hatte bereits den Nobelpreis für Chemie gewonnen, als er während des Zweiten Weltkriegs per Zufall auf die seltsame Mechanik von Regen und Schnee stieß. Er arbeitete damals mit Schaefer am Problem der statischen Aufladung von Flugzeugen in Schneestürmen, die den Funkkontakt stören konnte. Bei Experimenten auf dem Mount Washington, der Heimat des »schlechtesten Wetters der Welt« im Nordosten der USA, stießen sie auf ein sonderbares Phänomen: All ihre Geräte wurden im kalten Wind sofort von einer Eisschicht bedeckt. Die Luft war offenbar voller superkalter Wassertröpfchen, die nur auf eine Gelegenheit warteten, an einer Antenne oder einem Drahtseil zu Eis zu gefrieren.

Die beiden Forscher gaben die Funkstudien auf und widmeten sich dem Innenleben von Wolken. Es war damals allgemein bekannt, dass Wasser in einer Wolke nicht einfach gefriert, wenn die Temperatur in ihr unter null Grad sinkt. Doch die Frage war: warum? Warum gab es im Winter Wolken, aus denen es schneite, und andere, nicht weniger kalte, in denen aus den superkalten Wassertröpfchen keine Eiskristalle werden wollten?

Die Wassertröpfchen in einer Wolke bilden sich um mikroskopisch kleine so genannte Kondensationskerne: Staub, Ruß, Salzkristalle. Die Tröpfchen sind oft so winzig, dass Millionen davon nötig sind, um einen einzigen Regentropfen zu bilden, der es bis auf die Erdoberfläche schafft.

Liegt die Temperatur der Wolke über dem Gefrierpunkt, bildet sich ein solcher Tropfen, wenn die kleinen Tröpfchen zusammenstoßen. Häufig löst sich eine Wolke jedoch auf, bevor die Tropfen die kritische Größe erreicht haben, und es regnet nicht.

Ist die Wolke kälter als null Grad, können die Wassertröpfchen zu mikroskopisch kleinen Eiskristallen gefrieren, an denen wiederum andere Wassertröpfchen festfrieren, bis eine Flocke entsteht, die als Schnee oder geschmolzen als

Regen zur Erde fällt. Noch in der Wolke lösen sich von den Flocken kleine Eiskristalle, an denen weitere Wassertröpfchen festfrieren. Diese Kettenreaktion kommt in vielen Wolken aber offenbar nicht in Gang. Langmuir und Schaefer wollten herausfinden, warum.

Während Langmuir theoretische Überlegungen anstellte, versuchte Schaefer, das Phänomen im Labor zu untersuchen. Er legte eine Tiefkühltruhe mit schwarzem Samt aus und montierte einen Scheinwerfer so, dass Eiskristalle darin durch ihre Lichtreflexion sichtbar würden. Wenn er in die Truhe hauchte, kondensierte sein Atem bei minus 23 Grad zu kleinen Wassertröpfchen: Schaefer hatte eine superkalte Wolke ins Labor geholt.

In über hundert Experimenten fügte er einmal Vulkanasche, dann Talk, Schwefel oder andere Stoffe hinzu. Doch was er auch unternahm: Es bildeten sich keine Eiskristalle – bis am 13. Juli 1946 der Zufall nachhalf. Schaefer fand an diesem Morgen seine Tiefkühltruhe ausgeschaltet vor. Um mit den Experimenten möglichst schnell fortfahren zu können, legte er ein Stück Trockeneis hinein. Trockeneis ist die feste Form des ungiftigen Kohlendioxids, das bei minus 78 Grad gefriert und bei Zimmertemperatur dicken Rauch erzeugt, der bei Bühnenshows beliebt ist.

Bei Schaefer führte das Trockeneis zum ersten Schneesturm in der Kühltruhe. Weitere Tests zeigten klar, dass die entscheidende Eigenschaft des Trockeneises seine tiefe Temperatur ist: Bei mindestens minus 39 Grad gefroren alle Wassertröpfchen spontan zu Eiskristallen.

Was der Wolke aus superkalten Wassertröpfchen fehlte, waren die ersten Eiskristalle, die die Kettenreaktion zur Schneebildung anstießen. Wenn sich die Wirklichkeit wie das Innere von Schaefers Kühltruhe verhielt, konnten diese ersten Eiskristalle einfach erzeugt werden: Man musste bloß kleine Partien der Wolke auf minus 39 Grad abkühlen. Und genau das tat Schaefer, als er das Trockeneis über Pittsfield abwarf.

SNOWMAN — Scientist Makes Real Snow in Laboratory; to Try It in Sky from Plane

»Schneemann – Wissenschaftler macht richtigen Schnee im Labor, um es am Himmel aus dem Flugzeug zu versuchen« (*Iowa City Press Citizen*, 14. 11. 1946).

Um eine genaue Vorstellung davon zu bekommen, was dabei geschah, mussten aufwendige Berechnungen durchgeführt werden. Dafür stellte Langmuir den Physiker Bernard Vonnegut an (den Bruder des Schriftstellers Kurt Vonnegut). Er sollte herausfinden, wie viel Trockeneis für welche Menge Schneekristalle nötig ist. Dabei kam Vonnegut eine Idee: Wenn die ersten Eiskristalle die Kettenreaktion zur Schneebildung anstoßen konnten, warum nicht auch andere Stoffe, die eine ähnliche Form hatten wie Eiskristalle? Vonnegut ging die Kristallstrukturen von über tausend Stoffen in Tabellen durch und wählte drei für Tests in der Tiefkühltruhe aus. Nach einigen Fehlversuchen führte einer davon zum Erfolg: Silberjodid. Es brachte die Miniwolke in der Tiefkühltruhe sofort zum Schneien – im Gegensatz zum Trockeneis aber bei einer Temperatur von weit über minus 39 Grad.

Es gab also zwei Möglichkeiten, die ersten Eiskristalle in einer Wolke zu erzeugen: Temperaturen kälter als minus 39 Grad oder das Verteilen von Silberjodidkristallen.

Schaefer machte weitere Testflüge mit Trockeneis. Einer davon schien so erfolgreich, dass es die Rechtsabteilung von General Electric mit der Angst zu tun bekam. Am Mittag des 20. Dezember 1946 impfte Schaefer die Wolken über Schenectady, New York, mit elf Kilogramm Trockeneis. Gut zwei Stunden später begann es zu schneien und hörte acht Stunden nicht mehr auf. Es waren die heftigsten Schneefälle des ganzen Winters. Schaefer war sich zwar sicher, dass nicht er für die zwanzig Zentimeter Schnee verantwortlich war, doch darauf wollten sich die Anwälte von General Electric nicht verlassen und verboten vorerst alle weiteren Versuche.

Es gelang Langmuir schließlich, das amerikanische Militär für seine Arbeit zu interessieren. Im Februar 1947 wurde das Projekt Cirrus ins Leben gerufen, währenddessen zum ersten Mal Silberjodid zum Einsatz kam. Der Stoff hatte den Vorteil, dass er nicht mit einem Flugzeug ausgebracht werden musste. Man konnte vielmehr unter einer vielversprechenden Wolke Rauch mit Silberjodid erzeugen, der dann von alleine zur Wolke hochstieg.

Das Projekt wurde bald schon öffentlich kritisiert, und selbst Wissenschaftler, die daran beteiligt waren, hielten

Langmuir vor, seine Daten zu optimistisch zu interpretieren. Im Oktober 1947 versuchte er, die Kraft eines Hurrikans zu dämpfen, indem er ihm zu viele Kondensationskeime einimpfte und so die Dynamik der Wolken störte. Tatsächlich machte der Hurrikan einen Neunzig-Grad-Bogen, nachdem Langmuirs Team das Trockeneis abgeworfen hatte. Obwohl eine solche Bewegung für einen Hurrikan nichts Ungewöhnliches ist, war sich Langmuir sicher, dass er es gewesen war, der ihn vom Weg abgebracht hatte. Später behauptete er, seine Versuche in Sorocco, New Mexico, hätten Regen am mehr als tausend Kilometer entfernten Mississippi ausgelöst, obwohl es keinen Beweis dafür gab, dass die zwei Ereignisse zusammenhingen.

Für alle, die etwas vom Wetter verstünden, sei eine solche Behauptung schlicht »fantastisch«, schrieben Langmuirs Kritiker. Zu seinen Gegnern gehörte auch das US Weather Bureau der amerikanischen Regierung, das eigene Versuche unternommen hatte und dabei zum Schluss gekommen war, die Wolkenimpfung sei von »relativ geringer wirtschaftlicher Bedeutung«. Langmuir entgegnete trocken: »Die Kontrolle eines Systems von Cumuluswolken verlangt Wissen, Geschick und Erfahrung.«

Langmuir glaubte bis zu seinem Tod im Jahr 1957, dass seine Experimente funktionierten, doch die meisten Wissenschaftler waren skeptisch, und die finanzielle Unterstützung für die Experimente schwand. Zwar zweifelte niemand daran, dass das Impfen von Wolken mit Gefrierkernen zur Bildung von Eiskristallen führt. Doch viele hielten es für unbelegt, dass in der Folge wirklich mehr Regen den Boden erreicht. Langmuirs statistische Analysen waren mangelhaft, und bis heute ist die Verarbeitung der Daten ein Problem der Regenmacher, denn anders als in Schaefers Tiefkühltruhe weiß man bei Experimenten in der Atmosphäre nie, ob der Regen nicht auch ohne Wolkenimpfung gefallen wäre.

Schaefer arbeitete nach dem Ende des Projekts Cirrus 1953 an verschiedenen meteorologischen Problemen. Er starb 1993 siebenundachtzigjährig in Schenectady, wo er ein halbes Jahrhundert zuvor für die heftigsten Schneefälle des Winters gesorgt hatte – oder auch nicht.

In kleinerem Umfang wird auch heute noch am Wetter

auf Bestellung geforscht. Die Weather Modification Association hält jährlich ihre Treffen ab, und es gibt einige Forschungsgruppen, die Experimente auf solider statistischer Basis machen wollen. Eine Ansicht hat sich jedoch durchgesetzt: Das Wetter ist zu kompliziert, als dass es sich mit einfachen Mitteln manipulieren ließe.

Das musste kürzlich auch der russische Präsident Wladimir Putin einsehen, als er für die Dreihundert-Jahr-Feier von St. Petersburg schönes Wetter garantieren wollte. Weit über eine halbe Million Euro waren budgetiert für zehn Flugzeuge der russischen Armee, die heranziehende Regenwolken vor dem Fest hätten impfen sollen. Die Aufgabe der Piloten sei es gewesen, so teilte der russische Wetterdienst mit, »dem Regen nicht zu erlauben, die Feierlichkeiten an der Newa zu trüben«. Doch als Putin seine Staatsgäste vor der Statue Peters des Großen begrüßen und mit ihnen zur Isaak-Kathedrale spazieren wollte, regnete es in Strömen.

Wohl wegen solcher Misserfolge gibt es nur noch wenige Firmen, die ihre Dienste zum »Unterdrücken von Hagel«, »Erhöhen von Regenfall« oder zum »Auflösen von Nebel« anbieten. Das Geschäft ist hart, denn bei den Wettermanipulatoren kann ein Erfolg so problematisch sein wie ein Misserfolg: Als der Bierbrauer Coors im Jahr 1978 die Wolken über seinen Gerstefeldern gegen Hagel impfen ließ, gingen andere Bauern vor Gericht, weil sie Coors verdächtigten, mit dieser Aktion in Wirklichkeit Regenfälle während der Erntezeit verhindern zu wollen. Der Richter gab ihnen Recht. Coors musste die Operation stoppen.

verrueckte-experimente.de

◆ Schaefer, V. J. (1946), The Production of Ice Crystals in a Cloud of Supercooled Water Droplets. *Science* 104 (2707), S. 457–459.

1946 **Urlaub im Durchzug**

Wer in England kurz nach dem Zweiten Weltkrieg billig Ferien machen wollte, reiste nach Salisbury. In der Nähe des 150 Kilometer südwestlich von London gelegenen Städtchens wohnte man damals kostenlos zu zweit in großzügigen Appartements, ausgestattet mit Büchern, Spielen, Radio und Telefon, vertrieb sich die Zeit mit Tischtennis, Badminton oder Golf und bekam dafür sogar noch drei Schillinge pro Tag bezahlt.

Die Sache hatte nur einen Haken: In den Gebäuden des

Harvard-Hospitals auf dem windigen Hügel etwas außerhalb war die Abteilung für Erkältungsforschung der britischen Regierung, die Common Cold Unit, untergebracht, und die Besucher – meist waren es Studenten – dienten als Versuchskaninchen. »Unbefriedigende« zwar, wie der Leiter der Common Cold Unit, Christopher Howard Andrewes, im Jahr 1949 in einem Artikel schrieb, doch »die einzigen Tiere, die uns zur Verfügung stehen«.

Außer auf Menschen ließ sich damals eine Erkältung nur auf Schimpansen übertragen. Und die waren, so Andrewes, »sehr teuer, kräftig und schwierig im Umgang«. Ganz anders die Studenten: Die »zehntägigen Gratisferien« im Harvard-Hospital seien beliebt. Einige der Versuchspersonen kehrten mehrmals dorthin zurück.

Um sich vor Ansteckungen zu schützen, wurden am Zentrum für Erkältungsforschung in Salisbury, England, solche Schutzanzüge verwendet.

Die zwölf Leute, die an einem Samstagmorgen nach einem Bad in heißem Wasser eine halbe Stunde in einem zugigen Durchgang ausharren mussten, dürften nicht dazugehört haben. Sie fühlten sich »frostig und elend«, schrieb Andrewes, und ihre Stimmung hat sich wahrscheinlich auch mit den nassen Socken, die sie für den Rest des Morgens tragen mussten, nicht aufgeheitert.

Glaubte man der Volksmeinung, dann war diese Behandlung das Rezept für eine zünftige Erkältung. Und genau diese Volksmeinung wollte Andrewes wissenschaftlich überprüfen, denn es gab Beobachtungen, die ihr widersprachen. Arktisforscher, die sich auf lange Expeditionen begaben, erkälteten sich nie. Und in Eskimodörfern wurden die Leute nicht im Winter krank, wenn es am kältesten war, sondern im Frühling, nachdem die ersten fremden Schiffe in den Hafen eingefahren waren.

Die Versuchspersonen mit den nassen Socken waren drei Tage zuvor in Salisbury angekommen. Wie alle anderen Experimente der Common Cold Unit begann auch dieses an einem Mittwoch. Die Probanden durchliefen die Eintrittsuntersuchung, bezogen jeweils zu zweit eine der zwölf Wohnungen und wurden instruiert, während der nächsten zehn Tage alle ungeschützten Personen außer ihren Wohn-

Zwei Versuchsteilnehmerinnen werden mit Erkältungsviren infiziert. Die Experimente zeigten, dass Erkältungen nichts mit Kälte zu tun haben.

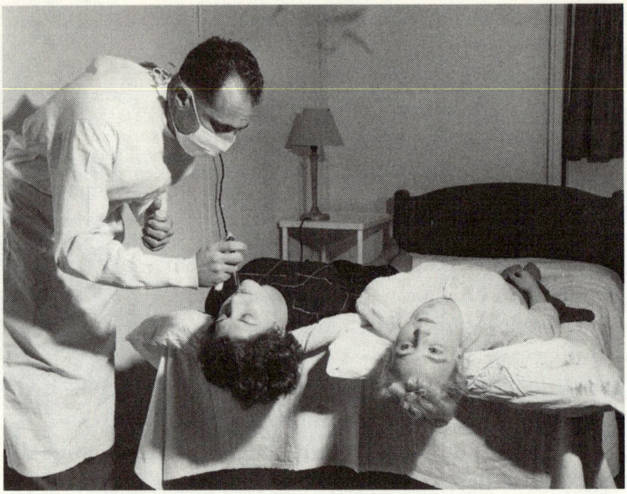

partnern auf mindestens zehn Meter Distanz zu halten. Spaziergänge waren zwar erlaubt, aber Gebäude und Fahrzeuge mussten gemieden werden. Ärzte und Krankenschwestern trugen bei den Untersuchungen Schutzanzüge und Gesichtsmasken. Das Essen wurde dreimal pro Tag in Wärmebehältern vor die Wohnungstür gestellt.

Die Tage zwischen Mittwoch und Samstag verstrichen ohne nennenswerte Aktivität. Das Warten hatte den Zweck, eine eventuell eingeschleppte Erkältung vor dem eigentlichen Experiment zu erkennen.

Am Samstagmorgen teilten die Ärzte die Versuchsteilnehmer dann in drei Gruppen zu je sechs Personen ein. Den ersten sechs träufelten sie das gefilterte und verdünnte Nasensekret eines Erkälteten in die Nase. Die zweiten sechs unterzogen sie der Kältebehandlung mit Badewanne, Durchzug und nassen Socken. Die dritten sechs schließlich erhielten beides zusammen: Kältebehandlung und Nasensekret.

Man war sich damals ziemlich sicher, dass eine Erkältung von Viren verursacht wird, die sich vor allem im Nasensekret finden. Da das Hauptsymptom ein kräftiger Schnupfen war, zog man in Salisbury den täglichen Gewichtszuwachs der Taschentücher als Indiz für den Schweregrad der Erkältung heran. Um den Erreger jedoch genau bestimmen zu können, hätte man ihn züchten müssen, was sich als schwierig erwies.

Einige Tage nach der Behandlung vom Samstag wurden die ersten Teilnehmer krank: vier der Versuchspersonen, die das Virus und die Kältebehandlung bekommen hatten, und zwei, die nur mit dem Virus infiziert worden waren. Frieren allein produzierte keine Erkältung.

Der Volksglaube schien bestätigt: Zwar führt Kälte allein noch zu keiner Erkältung, doch begünstigt sie offenbar die Aktivität des Virus. Damit konnte sich Andrewes jedoch nicht zufrieden geben, denn die Anzahl der Versuchsteilnehmer war zu gering, um verbindliche Aussagen zu machen. »Wir waren dumm genug, das Experiment zu wiederholen«, schrieb er, »mit dem umgekehrten Resultat.«

Wieder führte Frieren allein zu keiner Erkältung, doch wurden aus der Gruppe, die nur mit dem Virus infiziert worden war, doppelt so viele krank wie aus der Gruppe, die zusätzlich noch in der Kälte gestanden hatte. Ein drittes Experiment kam zum selben Resultat: Wieder gab es keinen Zusammenhang zwischen einer Erkältung und vorangegangenem Frieren.

Andrewes Experimente waren die ersten einer ganzen Serie, die in den Fünfziger- und Sechzigerjahren des 20. Jahrhunderts an Hunderten von Versuchspersonen durchgeführt wurden. Kein einziges konnte nachweisen, dass Frieren irgendetwas mit dem Entstehen einer Erkältung zu tun hat.

Warum Erkältungen in unseren Breiten im Winter häufiger auftreten als im Sommer, ist bis heute nicht ganz klar. Mit einem geschwächten Immunsystem oder der trockenen Luft in beheizten Räumen hat diese Häufung offenbar nichts zu tun, das haben weitere Studien gezeigt. Es wird vielmehr vermutet, dass das Virus sich leichter verbreitet, wenn die Menschen im Winter in schlecht gelüfteten Räumen näher zusammenrücken. Auch die Sonnenstrahlung, deren Ultraviolettanteil Keime abtötet, ist im Winter schwächer.

Bereits Andrewes erkannte jedoch, dass die Wissenschaft einen schwierigen Stand hat gegen den Volksglauben. »Sogar die hervorragendsten Wissenschaftler verlieren fast ausnahmslos jedes kritische Urteilsvermögen, wenn Erkältunverrueckte-experimente.de

◆ Andrewes, C. H. (1948), Cantor Lecture: The Common Cold. *Journal of the Royal Society of Arts* 103, S. 200–210.

gen, im Speziellen ihre eigenen Erkältungen, betroffen sind, und vergessen die statistischen Methoden, die sie in ihrer täglichen Arbeit brauchen.«

Vor allem dann, wenn im Namen einer Krankheit ihre Ursache zu stecken scheint.

1948 **Spinnen 1: Drogennetze**

Spinnen pflegen einen für Wissenschaftler anstrengenden Brauch: Sie spinnen ihre Netze um vier Uhr morgens. Dieses Problem machte 1948 auch dem Zoologen Hans M. Peters von der Universität Tübingen zu schaffen. Er wollte Filmaufnahmen des Netzbaus machen, aber nicht immer mitten in der Nacht aufstehen. Also wandte er sich an Peter N. Witt, einen jungen Assistenten der Pharmazieabteilung, mit der Frage, ob sich Spinnen vielleicht mit Aufputschmitteln dazu bringen ließen, ihre Netze zu einer freundlicheren Stunde zu weben. Witt versuchte es als Erstes mit Strychnin, Morphium und Dextroamphetamin (Speed). Die Fütterung war einfach: Mit etwas Zuckerwasser vermischt, fraßen die Spinnen jedes Gift. Doch der Erfolg blieb aus. Sie arbeiteten immer noch in aller Herrgottsfrühe, und Peters verlor das Interesse an den Versuchen.

Witt hingegen fand das Resultat hochinteressant: Netze, wie sie die Spinnen unter Drogeneinfluss bauten, hatte er noch nie gesehen. Luftige, dichte, grotesk unregelmäßige, aber auch extrem exakte. Ließ sich das Spinnennetz als Messgerät für die Wirkung von Drogen und Medikamenten verwenden? Es gab damals kaum Verfahren, um den Effekt dieser Stoffe auf einen Organismus zu quantifizieren.

Peter N. Witt verabreicht einer Spinne Drogen.

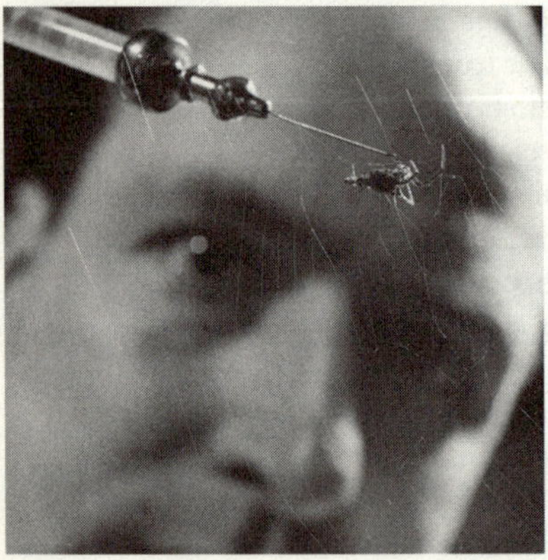

Witt fütterte die Spinnen mit allem, was der Arzneimittelschrank hergab: Meskalin, LSD, Koffein, Psilocybin, Luminal, Valium. Danach ließ er sie in einem 35 mal 35 Zentimeter großen Rahmen ein Netz spinnen, das er vor einem schwarzen Hintergrund fotografierte.

Weil die Netze mit bloßem Auge nicht klar kategorisierbar waren, entwickelte Witt eine statistische Methode, mit der sich selbst kleine systematische Unterschiede feststellen ließen. Auf dem Bild des Netzes bestimmte er Winkel, Fadenabstände und Flächen und erstellte Tabellen mit der Häufigkeit des Netzbaus, der Größe der Fangflächen und dem Verhältnis der Netzachsen zueinander.

Das Verfahren war aufwändig: Das Netz eines ausgewachsenen Weibchens *Araneus diadematus* konnte leicht aus 35 radialen Fäden und 40 Spiralrunden bestehen. Es hatte 1400 Kreuzungen. Für einen vernünftigen Vergleich mussten 20 Netze vor der Verabreichung der Droge analysiert werden und 20 danach. Eine solche Datenfülle war zu dieser Zeit – am Anfang noch ohne Computerhilfe – kaum zu bewältigen. Um sich die Arbeit zu erleichtern, beschränkte Witt die Messungen nur auf die Stellen, die bei einer bestimmten Droge interessant erschienen. Das erschwerte aber den Vergleich zwischen verschiedenen verabreichten Stoffen.

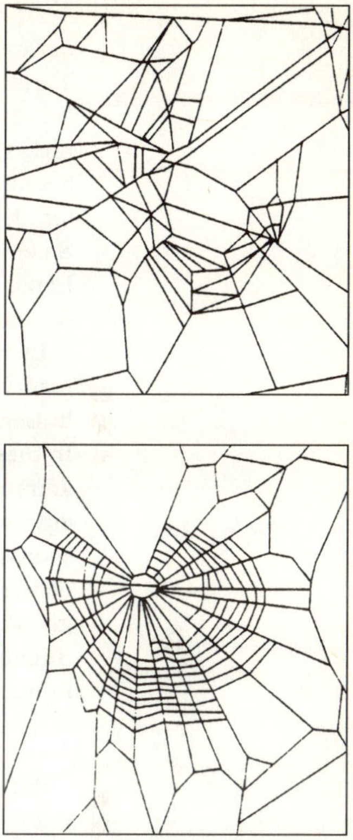

Keine geeigneten Argumente für die Drogenprävention: Das chaotischste Netz (oben) entstand unter Koffein, das schönste (unten) unter Marihuana.

Nach weiteren bizarren Versuchen (S. 135) zerschlug sich die Hoffnung, das Spinnennetz als universelle Anzeige für chemische Stoffe einsetzen zu können. Spätere Forschungen betrafen nicht mehr die Identifizierung des verabreichten Stoffes, sondern die Wirkung bestimmter Drogen auf das Nervensystem der Spinnen. Im Jahr 1995 publizierten Wissenschaftler der NASA ihre Resultate (warum ausgerechnet die NASA solche Versuche durchführte, bleibt rätselhaft). Die Computertechnik hatte Fortschritte gemacht, die Netze ließen sich jetzt mit Statistikprogrammen analysieren, die für die Kristallographie entwickelt worden waren. Für die Drogenprävention eigneten sich die Fabrikate der Spinnen definitiv nicht: Das chaotischste Netz entstand unter Koffein, das schönste unter Marihuana, das regelmäßigste – das hatte schon Witt entdeckt – unter LSD.

◆ Witt, P. N. (1956), *Die Wirkung von Substanzen auf den Netzbau der Spinne als biologischer Test*. Springer.

1949 Der Handel der Sekretärinnen

Zwei Sekretärinnen der Rand Corporation wurde eines Tages folgender Handel angeboten: Entweder die erste Sekretärin bekäme 100 Dollar, und die zweite bekäme nichts, oder beide zusammen bekämen 150 Dollar, vorausgesetzt, sie könnten sich einigen, wie sie diesen Betrag teilten. Es war der Mathematiker Merrill Flood, der sich das Spiel ausgedacht hatte. Flood wollte herausfinden, wie Leute einen Gewinn teilen, wenn sie sich durch Kooperieren zusätzliches Geld sichern können.

Er sagte voraus, dass die erste Sekretärin 125 Dollar nehmen würde, die zweite 25. Damit wären beide 25 Dollar besser dran gewesen, als wenn sie sich nicht geeinigt hätten. In diesem Fall hätte ja die erste Sekretärin 100 Dollar bekommen und die zweite nichts. Doch die Sekretärinnen entschieden sich anders. Sie halbierten den Gesamtbetrag, sodass jede 75 Dollar bekam. Offenbar, so schloss Flood, handeln Menschen nicht nur nach der mathematischen Logik der Gewinnmaximierung. Vielmehr wirken sich in Situationen, wie sie Flood geschaffen hatte, soziale Beziehungen stark auf das Verhalten aus.

◆ Poundstone, W. (1992), *Prisoner's Dilemma*. Doubleday, S. 102.

1950 Orgasmen im Stakkato

Als die Mediziner Gerhard Klumbies und Hellmuth Kleinsorge von der Universitäts-Poliklinik Jena die Resultate ihres Experiments veröffentlichen wollten, bekamen sie Probleme. Die Redaktion der Fachzeitschrift *Medizinische Klinik* ließ sie wissen, dass der Artikel mit dem Titel »Das Herz im Orgasmus« nur unter der Bedingung abgedruckt werden könne, dass die heiklen Passagen in lateinischer Sprache erschienen. Klumbies und Kleinsorge gingen darauf ein.

In ihrer Arbeit schreiben sie, dass ein »seltener Umstand« die Untersuchung ermöglichte. Was damit gemeint ist, erfährt nur, wer genug klassische Bildung genossen hat, um zu verstehen, was eine »Femina supersexualis, quae emotione animae se usque ad orgasmum irritavit« ist: eine Frau, die bereits durch bloßes Fantasieren zum Orgasmus kommen kann. Ob sie die beiden Ärzte genau deswegen aufgesucht hatten, geht aus dem Artikel nicht hervor. Außer dass sie eine trainierte Sportlerin war, erfährt man nichts über sie.

Für die Ärzte war die »Femina supersexualis« die ideale Probandin. Sie lag allein in einem Raum, angeschlossen an Puls- und Blutdruckmessgerät, und produzierte im Minutenrhythmus Orgasmen. Ihr Blutdruck stieg dabei um 50 Millimeter Quecksilber und war damit ein Fünftel höher als bei Presswehen während der Geburt und doppelt so hoch wie nach »schnellstem Treppensteigen über sechs Stockwerke«. Dass sich daraus wirksame Maßnahmen ableiten ließen, um »Kohabitationszwischenfälle« zu vermeiden, glaubten die Autoren nicht: »Den Koitus verbieten ist ein hoffnungsloses Beginnen. Der Arzt ist wohl stärker als Bacchus, aber schwächer als Venus.«

◆ Klumbies, G., und Kleinsorge, H. (1950), Das Herz im Orgasmus. *Medizinische Klinik* 45, S. 952–958.

1950 **Sei gutmütig – aber kein Trottel!**

An einem Nachmittag im Januar 1950 schlugen die beiden Mathematiker Merrill Flood und Melvin Dresher zwei Kollegen ein Spiel vor, das sie am Morgen desselben Tages erfunden hatten. Es war kein besonders geistreiches Spiel, man brauchte nur A oder B zu sagen. Niemand konnte ahnen, dass sich schon bald Politiker und Generäle dafür interessieren würden. Für jede Runde wählte jeder der beiden Mitspieler verdeckt A oder B: »kooperieren« oder »nicht kooperieren«. Hatten sich beide entschieden, gaben sie ihre Wahl bekannt. Abhängig von der Kombination ihrer Wahl wurden die Spieler belohnt oder mit einer Geldstrafe belegt. Hundert Runden sollten so gespielt werden.

Das Gebiet, das sich mit solchen Spielen beschäftigt, war eben erst begründet worden: Es heißt »Spieltheorie« und ist die mathematische Technik für die Analyse von Konflikten. Zum Beispiel in der Wirtschaft: Der Käufer will möglichst wenig bezahlen, der Verkäufer möglichst viel einnehmen. Doch der Preis regelt sich nicht stur nach Angebot und Nachfrage. Die getroffenen Entscheidungen sind manchmal irrational und zielen nicht auf Gewinnmaximierung. Typisch für Konflikte aus der Spieltheorie: Zum Zeitpunkt der Entscheidung weiß kein Konkurrent, was der andere tun wird, aber alle wissen, dass das Schlussergebnis von den Entscheidungen aller abhängt.

Das war auch beim Spiel von Flood und Dresher so. In jeder Runde gab es für die beiden Spieler Armen Alchian und John D. Williams vier mögliche Resultate: Beide Spieler kooperierten, beide Spieler kooperierten nicht, Alchian kooperierte, aber Williams nicht, oder umgekehrt. Auf einer Tabelle konnten sie nachschauen, wer in welchem Fall wie viele Cent bekam. Und als sie diese Tabelle studierten, merkten sie bald, worin das Dilemma des Spiels bestand: Wenn beide kooperierten, bekam Alchian 0,5 Cent und Williams einen Cent. Wenn beide nicht kooperierten, gab es je einen halben Cent weniger: für Alchian nichts, für Williams 0,5 Cent. So gesehen schien Kooperieren die beste Strategie für beide zu sein. Doch das Problem lag bei den beiden verbleibenden Fällen: Wer nämlich allein kooperierte, wurde bestraft, wer allein nicht kooperierte, wurde belohnt.

Wenn also Alchian kooperierte und Williams nicht, musste er einen Cent bezahlen, während Williams zwei Cent bekam. Im umgekehrten Fall musste Williams einen Cent bezahlen, und Alchian bekam einen Cent. Die verwirrenden Zahlen spielen in diesem Fall für das grundsätzliche Dilemma keine Rolle.

Weil keiner der Spieler die Taktik seines Gegenübers kannte, musste er zu dem Schluss kommen, dass Nichtkooperieren die einzige vernünftige Taktik war: Im besten Fall kooperiert der Partner, und man wird belohnt. Im schlechtesten kooperiert der Partner nicht, und man wird zumindest nicht bestraft. Genau dieses Verhalten sagte die Minimax-Theorie des Mathematikers John Nash für zwei vernünftige Spieler voraus.

Doch das scheinbar vernünftige Verhalten führt zu einem Paradox: Schließlich mussten beide Spieler zum gleichen Schluss kommen und nie kooperieren. Irgendwann würden sie aber merken, dass sie so weniger Geld einnahmen, als wenn beide »unvernünftig« wären und ständig kooperierten. Logik verhinderte offenbar die für alle beste Lösung.

Wie Flood und Dresher vermuteten, hielten sich Alchian und Williams nicht an Nashs Theorie und waren unvernünftig: Alchian kooperierte in achtundsechzig von hundert Runden, Williams in achtundsiebzig.

Flood und Dresher publizierten den kuriosen Versuch in

einem internen Forschungsmemo. Wer es genau las, konnte die Karriere dieses Experiments bereits erahnen. Es enthielt nämlich auch die Notizen, die sich Alchian und Williams nach jeder Spielrunde gemacht hatten.

»Vielleicht hat er es jetzt gelernt.« – »Schon besser.« – »Dieses Schwein.« – »Er ist verrückt. Den werde ich lehren.« – »Mal schauen, ob er jetzt vernünftig geworden ist.« – »Er wird nicht teilen.« – »Mein Gott! Wie freundlich!« – »Das ist ja wie Toilettentraining.«

Das Spiel drehte sich um Vertrauen und Verrat. Manche sahen in diesem Dilemma später das fundamentale Problem der Gesellschaft: Individuen oder Gruppen, deren Handlungen ihnen Vorteile bringen, sich aber ruinös auf das Wohl aller auswirken.

Doch es war nicht die umständliche Version mit den verwirrenden Centbeträgen, die das Experiment populär machte. Albert Tucker, ein Kollege von Flood und Dresher, verpackte das Dilemma in eine andere Geschichte und gab ihm den Namen, der es berühmt machen sollte: das Gefangenendilemma. Eine Version davon geht so: Zwei Mitglieder einer Gang werden verhaftet und einzeln verhört. Der Polizei fehlen die Beweise, um beiden das Hauptvergehen nachzuweisen.

Ein geringeres Vergehen, das sich ohne weitere Aussagen beweisen lässt, brächte beide für ein Jahr ins Gefängnis. Die Polizei schlägt jedem der Beschuldigten einen Handel vor: Wenn einer gegen den anderen aussagt, ist er frei, während der andere drei Jahre ins Gefängnis muss. Der Haken: Wenn beide gegeneinander aussagen, müssen beide für zwei Jahre ins Gefängnis.

Ein vernünftiger Verdächtigter wird Folgendes überlegen: Wenn ich den andern verrate und er hält den Mund, komme ich sofort frei, anstatt ein Jahr ins Gefängnis zu müssen (wenn ich geschwiegen hätte). Wenn wir beide einander gegenseitig verraten, sitze ich zwei Jahre anstatt drei (wenn ich geschwiegen hätte und mein Partner mich verraten hätte). Ich bin also auf jeden Fall besser dran, wenn ich rede. Das Problem ist bloß, dass der andere zum gleichen Schluss kommen muss und so beide zwei Jahre bekommen. Hätten sie bloß geschwiegen, dann wäre es nur eines gewesen.

Das Gefangenendilemma besteht aus immer denselben Zutaten: einer Belohnung, wenn alle Spieler untereinander kooperieren, einer Strafe, wenn niemand kooperiert, und einer Versuchung, die darin besteht, dass man seinen Gewinn erhöhen kann, wenn man nicht kooperiert und die anderen kooperieren.

Die ganze Welt besteht aus Gefangenendilemmas. Ladendiebstahl, Steuerhinterziehung, Schwarzfahren: Solange die anderen bezahlen, funktioniert es, wenn niemand mehr bezahlt, sind alle bestraft.

Das Paradebeispiel für ein Gefangenendilemma war der Rüstungswettlauf zwischen den USA und der Sowjetunion. An ihn hatten Flood und Dresher zwar bei ihrem Spiel nicht gedacht, aber die Parallelen waren offensichtlich – schließlich arbeiteten die beiden Mathematiker bei der Rand Corporation, einem armeenahen Forschungsinstitut in Santa Monica bei Los Angeles.

Wenn zwei Nationen entscheiden, ob sie ein Atomwaffenarsenal aufbauen wollen, weiß jede: Wenn nur die andere Macht Atomwaffen baut, sind wir im Nachteil. Also werden sie Atomwaffen bauen lassen. Doch wenn beide so handeln, verkehrt sich der Vorteil in einen Nachteil. Sicherer wäre es gewesen, wenn beide ohne Waffen geblieben wären.

Seit dem Experiment von Flood und Dresher im Jahr 1950 hat das Gefangenendilemma eine erstaunliche Karriere gemacht. Hunderte von Forschungsarbeiten in Mathematik, Wirtschaft, Psychologie und Biologie wurden dazu verfasst. Es gibt zwar im strengen Sinn keine Lösung – sonst wäre es kein Dilemma –, aber die Spieltheorie ermöglicht es, Konflikte präzis zu beschreiben und Strategien auszuarbeiten.

Die Strategie, nicht zu kooperieren, ist nämlich nur dann die beste, wenn sich die Kontrahenten nur einmal treffen. Falls sie wiederholt zusammenkommen, wie zum Beispiel Menschen, die immer wieder Geschäfte miteinander machen, oder Affen, die einander gegenseitig lausen, sollte man anders vorgehen.

Der Politikwissenschaftler Robert Axelrod hat 1979 versucht herauszufinden, wie. Er ließ Spieltheoretiker mit ihrer Strategie gegen Kollegen antreten. Gewonnen hat zu aller Überraschung die einfachste Strategie: Kooperiere in der ersten Runde; dann mache genau das, was der andere Spieler beim vorangegangenen Spielzug gemacht hat. Sie trug den Namen »Auge um Auge«.

In späteren Experimenten wurde diese Strategie verfeinert. Erfolgreicher als »Auge um Auge« scheint demnach eine etwas großzügigere Haltung zu sein. Also: Wenn dich einer betrügt, schlage sofort zurück, aber dann verzeihe deinem Partner und versuche es wieder mit Kooperation. Einfacher ausgedrückt: Sei gutmütig, aber kein Trottel.

verrueckte-experimente.de

◆ Flood, M. M. (1952), *Some Experimental Games* (RM-789), RAND Corporation. Auszüge in: Poundstone, W. (1992), *Prisoner's Dilemma*. Doubleday, S. 108.

1951 **Sturzflug im Kotzbomber**

Mit dem Bau immer leistungsfähigerer Düsenjets Ende der Vierzigerjahre des 20. Jahrhunderts stieg der Bedarf der Flugmedizin, die verschiedenen Phasen des Fluges zu simulieren. Zentrifugen konnten die Belastung des Körpers durch starke Beschleunigung nachahmen, Druckkammern den Abfall des Luftdrucks in großen Höhen. Man vermutete, dass auch die Schwerelosigkeit für den Körper ernste Probleme darstellen könnte. »Doch konfrontiert mit der Notwendigkeit, den Zustand der Schwerelosigkeit zu erzeugen, müssen wir eingestehen, dass alle Tricks der Simulation versagen«, schrieben Fritz und Heinz Haber von der USAF School of Aviation Medicine der Randolph Air Force Base in Texas. In ihrem legendären Artikel »Mögliche Methoden zur Erzeugung der Schwerelosigkeit für die medizinische Forschung« gingen sie alle Szenarien durch und fanden dann trotzdem eine Methode – allerdings keine, die sich am Erdboden realisieren ließ.

Die Autoren hatten damals nicht die zukünftigen Astronauten im Blick. Das Raumfahrtzeitalter war noch zu weit weg, und obwohl die Düsenmaschinen in große Höhen vorstießen, war dort die Schwerkraft kaum merklich kleiner als auf der Erde. Der Grund für ihre Überlegungen war vielmehr, dass bestimmte Flugmanöver eine zeitlich begrenzte Schwerelosigkeit erzeugten. Wenn ein Flugzeug zum Beispiel in großer Höhe die Triebwerke drosselte, bewegte es sich im freien Fall auf die Erde zu, und der Pilot wurde schwerelos.

Bis heute ist es niemandem gelungen, die Schwerkraft auf der Erde mit einem Gerät auch nur zu verringern, ge-

Amerikanische Astronauten 1959 während eines Parabelfluges. Die Null-g-Flugbahn mit einem Jet ist bis heute die einzige Möglichkeit, im Schwerefeld der Erde für eine halbe Minute Schwerelosigkeit zu erleben.

schweige denn auszuschalten. Obwohl es immer wieder Forscher gibt, die behaupten, sie hätten es geschafft, glauben die meisten Physiker nicht, dass es möglich sei. Unter dem Einfluss des Schwerefelds der Erde könne die Schwerkraft nur mithilfe von Bewegung ausgeschaltet werden, schrieben Fritz und Heinz Haber. Zum Beispiel in einem fallenden Lift: Vorausgesetzt, der Lift wird nicht vom Luftwiderstand gebremst, fällt er genau gleich schnell wie die Person darin, die nun schwerelos ist. Allerdings dauert der Fall selbst bei einem hohen Liftschacht nicht sehr lange. Doch der Lift brachte die Autoren auf die richtige Idee: Ganz egal, wie ein Mensch durch die Luft fällt – wenn er in einer Kabine steckt, die sich genau entlang seiner Flugbahn bewegt, ist er darin schwerelos. Damit diese Phase möglichst lange anhält und der Fall sanft abgebremst werden kann, muss diese Kabine ein Flugzeug sein, das einer wellenförmigen Flugbahn folgt, schlossen die Autoren. Es steigt zuerst mit 45 Grad auf, verringert dann langsam seinen Winkel bis zum Scheitelpunkt und folgt der symmetrischen Kurve auf der anderen Seite hinunter. Es ist genau die Wurfparabel, der ein Mensch folgen würde, wenn ihn ein Katapult im 45-Grad-Winkel in einen luftleeren Himmel schleudern würde. Die Autoren sagten voraus, dass sich auf diese Weise bis zu 35 Sekunden Schwerelosigkeit erzeugen ließe.

Im Sommer und Herbst 1951 fanden die Testpiloten A. Scott Crossfield und Charles E. Yeager heraus, dass die beiden Habers Recht hatten: Sie folgten mit Abfangjägern einer Wurfparabel und waren bis zu 20 Sekunden schwerelos. Crossfield sagte danach, die Schwerelosigkeit habe ihn beduselt, aber seine Koordination sei davon nicht betroffen gewesen. Yeager hatte den Eindruck, frei zu fallen, und fühlte sich »verloren im Raum«.

Die Parabelflüge sind bis heute Teil des Trainings für Astronauten. Allerdings nicht festgeschnallt in Abfangjägern wie Crossfield und Yeager, sondern im geräumigen, innen gepolsterten Spezialflugzeug KC-135 der NASA, das wegen der typischen körperlichen Reaktionen der Passagiere den Spitznamen »Kotzbomber« trägt.

Wer sich davon überzeugen will, dass in der Kabine des KC-135 während des Parabelflugs tatsächlich Schwerelosigkeit herrscht, sollte sich den Film »Apollo 13« mit Tom Hanks anschauen. Die Filmcrew hatte den Kotzbomber für die Aufnahmen gemietet.

verrueckte-experimente.de

◆ Haber, F., und Haber, H. (1950), Possible Methods of Producing the Gravity-Free State for Medical Research. *Journal of Aviation Medicine* 21, S. 395–400.

◆ Pitts, J. A. (1985), *The Human Factor: Biomedicine in the Manned Space Program to 1980*, NASA, S. 6.

◆ Swenson jr., L. S., et al. (1989), *This New Ocean: A History of Project Mercury*, NASA, S. 37.

1951 **Zwanzig Dollar fürs Nichtstun**

Der Aufruf klang nach leicht verdientem Geld: Der Psychologe Donald O. Hebb von der McGill University in Montreal suchte Studenten, die gewillt waren, für zwanzig Dollar pro Tag nichts zu tun. Sie mussten ganz einfach in einem schallisolierten, erleuchteten Raum auf einem Bett liegen, an den Händen Fausthandschuhe, über den Unterarmen Kartonröhren, vor den Augen eine Brille, die nur diffuses Licht passieren ließ. Lediglich für die Mahlzeiten und für den Toilettengang durften sie aufstehen, die Brille dabei aber nicht ablegen.

Hebb hatte sich schon seit einiger Zeit Gedanken darüber gemacht, was mit einem Hirn geschähe, wenn es von allen eingehenden Reizen abgeschnitten würde. Es gab die Theorie, dass für sein normales Funktionieren wechselnde Sinneseindrücke nötig seien. Bei Tieren lässt sich diese Isolation mit einem Schnitt durch den Hirnstamm erreichen. »Studenten hingegen unterziehen sich nur widerwillig einer Gehirnoperation für ein Experiment, deshalb mussten wir uns mit einer weniger extremen Isolation von der Umwelt zufrieden geben«, steht in der Arbeit über das Experiment. Darin wird auch ein praktischer Grund für die Forschung angegeben: Menschen, die eine monotone Arbeit ausführen, wie zum Beispiel das Beobachten eines Radarschirms, neigen zu Fehlern, über deren genaue Ursachen man mehr wissen wollte.

Der wirkliche Auslöser für das Experiment wurde jedoch nicht verraten: Die Sowjetunion und China wandten bei der Gehirnwäsche bei Gefangenen den Sinnesentzug an. Das Militär hatte daher großes Interesse an Hebbs Arbeit.

Die 22 Versuchsteilnehmer waren schnell gefunden. Doch keiner hielt es länger als drei Tage in der Kammer aus. Obwohl die zwanzig Dollar mehr als das Doppelte von dem waren, was die Studenten sonst in der gleichen Zeit verdienen konnten, hatten die Psychologen die größte Mühe, sie zum Bleiben zu bewegen. Eigentlich hatten die Versuchsteilnehmer geplant, während der Isolation Stoff zu repetieren, eine Seminararbeit vorzubereiten, einen Vortrag zu strukturieren, doch praktisch alle gaben an, nach einer gewissen Zeit nicht mehr in der Lage gewesen zu sein, über ein bestimmtes Thema konzentriert nachzudenken. »Mir gingen einfach die Dinge aus, über die ich hätte nachdenken können«, sagte ein Teilnehmer. Einige begannen, aus lauter Langeweile zu zählen.

Was geschieht, wenn man das Gehirn von allen Reizen abschirmt? Dieser Teilnehmer an einem Isolationsversuch an der McGill University in Montreal bekam Halluzinationen.

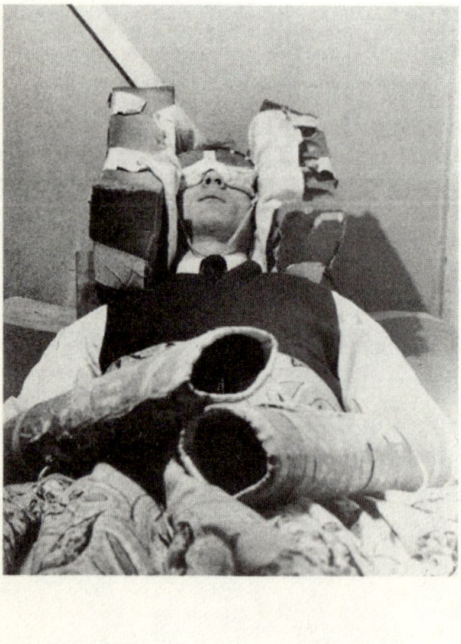

Die Studenten gaben sich schließlich Tagträumen hin, ließen ihre Gedanken wandern. Psychotests zeigten, dass die Isolation die Denkfunktionen stark beeinträchtigte. Das wichtigste Resultat war jedoch ein unerwarteter Effekt: Alle Versuchspersonen hatten Halluzinationen. Sie sahen plötzliche Farbwechsel, tapetenartige Muster, aber auch komplexe Szenen: prähistorische Tiere im Dschungel oder eine Prozession aus Eichhörnchen mit geschulterten Säcken, die durch den Schnee gingen.

Hebb begründete mit diesem Isolationsexperiment eine neue Forschungsrichtung. In den Jahren darauf wurden Hunderte von ähnlichen Versuchen gemacht. Nicht nur das Militär, auch die NASA interessierte sich für die Resultate, mit der Überlegung, dass es auf langen Raumflügen zu ähnlichen Situationen kommen könnte wie in Hebbs Kammer.

Vier Jahre nach den ersten Experimenten in Montreal hatte ein exzentrischer Forscher in den USA eine Idee, wie sich die Isolation von der Außenwelt und damit auch die Halluzinationen dramatisch verstärken ließen (S. 136).

◆ Bexton, W. H., et al. (1954), Effects of Decreased Variation in the Sensory Environment. *Canadian Journal of Psychology* 8, S. 70–76.

1952 **Spinnen 2: Netzbau mit amputierten Beinen**

Wen heute noch sein Gewissen plagt, weil er als Kind einer Spinne ein Bein ausgerissen hat, wird die achtundvierzigseitige Untersuchung von Margrit Jacobi-Kleemann beruhigen. Die Biologin hat Spinnen *(Aranea diadema)* eine unterschiedliche Anzahl von Beinen »amputiert« und die Tiere dann mit der Filmkamera beim Netzbau beobachtet. Nach dem Studium von etwa 10 000 Einzelaufnahmen kam sie zu dem Schluss: »Nach Verlust von einem oder mehreren Beinen ist *Aranea diadema* immer noch imstande, ein zweckerfüllendes Fanggewebe anzufertigen.« Jacobi-Kleemann hat allerdings höchstens zwei Beine entfernt: eines auf der linken und eines auf der rechten Seite. Wer sich in seiner Kindheit zu ausgiebigeren Untaten hat hinreißen lassen, dem kann die Wissenschaft keine Absolution erteilen.

◆ Jacobi-Kleemann, M. (1953), Über die Lokomotion der Kreuzspinne *Aranea diadema* beim Netzbau. *Zeitschrift für vergleichende Physiologie* 34, S. 606–654.

1954 **Frankenstein für Hunde**

Die meisten Besucher des Staatlichen Museums für Biologie in Moskau gehen achtlos an der Vitrine über Transplantationsmedizin vorbei. Denn auf den ersten Blick ist schwer zu erkennen, welche Ungeheuerlichkeit ihnen da präsentiert wird: Da scheint einfach ein ausgestopfter Welpe nahe vor einem ausgewachsenen Schäferhund zu liegen, als sei zu wenig Platz gewesen, um beide ordentlich nebeneinander zu stellen.

In Wirklichkeit hört der Körper des Welpen knapp hinter den Vorderpfoten auf. Dort hatte ihn der russische Chirurg Vladimir Demikhov an den Hals des Schäferhunds genäht.

»Wissenschaftler behauptet, er könne 2-köpfige Hunde erschaffen« (*Lethbridge Herald*, 16. 12. 1954).

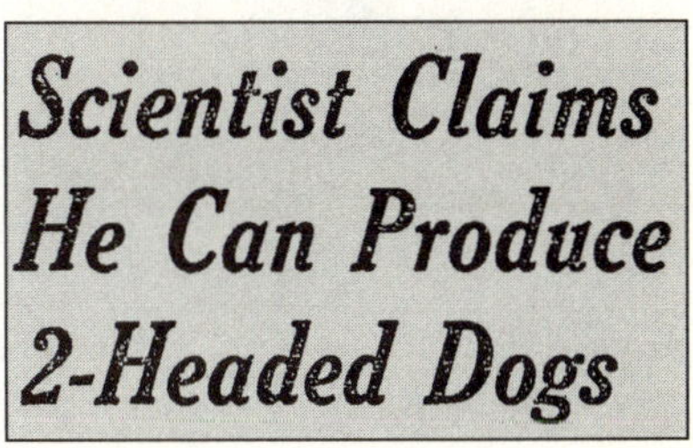
Scientist Claims He Can Produce 2-Headed Dogs

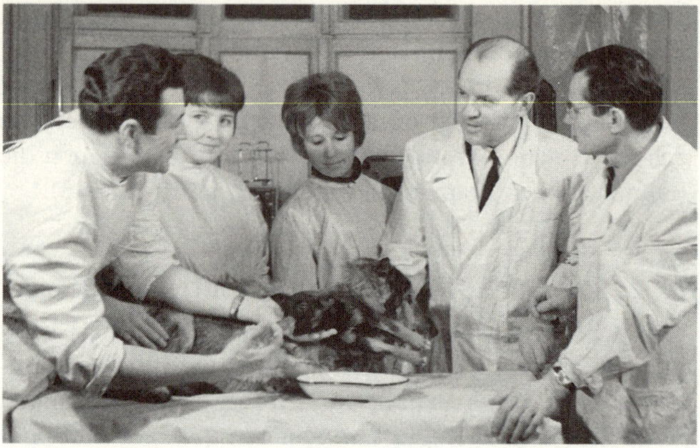

Der Mediziner Vladimir Demikhov (2. v. rechts) mit seiner bizarren Schöpfung: einem vier Jahre alten Mischling, dem er den Kopf und die Vorderbeine eines zwei Monate alten Welpen annähte.

Am 26. Februar 1954 führte Demikhov sein Werk der Moskauer Chirurgischen Gesellschaft vor. Er hatte acht Jahre zuvor eine Herztransplantation bei Hunden durchgeführt, später auch Lungentransplantationen und Bypassoperationen. Die Operation mit den Hundeköpfen sei nun die erste Transplantation eines ganzen Systems verschiedener Organe, schrieb Demikhov. In dreistündiger Arbeit trennte er den Körper des Welpen zwischen der fünften und sechsten Rippe ohne Herz und Lunge ab, verband die Arterien und Venen mit jenen des Schäferhunds und fixierte den Kopf des Welpen am Skelett des Schäfers. Luft- und Speiseröhre ließ er offen: Der Welpe wurde vom Blutkreislauf des Schäferhunds versorgt. Drei Stunden später blinzelte der Schäferhund, noch einmal vier Stunden vergingen, bis er den Kopf bewegte. Nach einem Tag hatte auch der transplantierte Welpenkopf seine Kraft zurückgewonnen: Er biss einen von Demikhovs Mitarbeitern so kräftig in den Finger, dass er blutete.

Einer von Demikhovs zweiköpfigen Hunden ist heute im Staatlichen Museum für Biologie in Moskau ausgestellt.

Das traurige Monster starb nach sechs Tagen an einer Infektion. Doch Demikhov ließ sich nicht entmutigen. Zwanzig weitere solcher Operationen führte er in den folgenden Jahren durch. In einem Fall transplantierte er ein Junges an den Hals seiner Mutter. Die Rekordüberlebenszeit lag bei 29 Tagen im Jahr 1959.

Der Erkenntnisgewinn dieser Experimente war bereits damals umstritten, doch sie brachten Demikhov weltweiten Ruhm. Nachdem die Sowjetunion 1957 mit Sputnik den ersten Satelliten ins All geschossen hatte, galten Demikhovs Operationen als »Sputnik der Chirurgie«.

◆ Demikhov, V. P. (1962), *Experimental Transplantation of Vital Organs*. Consultants Bureau, S. 162–170.

1955 **Spinnen 3: Urin im Netz**

Im Jahr 1948 hatte der Pharmazeut Peter N. Witt zufällig entdeckt, dass Spinnen unter Drogeneinfluss andere Netze bauen als sonst (S. 122). Davon hatten auch die Psychiater an der Heil- und Pflegeanstalt Friedmatt in Basel gehört und kamen auf die Idee, mit Spinnen dem Geheimnis der Schizophrenie auf die Schliche zu kommen.

Was diese Geisteskrankheit auslöst, war ein Rätsel – und ist es bis heute geblieben –, doch vor fünfzig Jahren glaubte man, auf eine heiße Spur gestoßen zu sein: Nach der Einnahme von Drogen wie Meskalin oder LSD zeigten sich bei gesunden Menschen ähnliche Symptome wie bei Schizophrenen. Die chemischen Stoffe führten zu kurzzeitigen Halluzinationen und Persönlichkeitsstörungen. Gab es im Stoffwechsel von Schizophrenen permanent solche Substanzen? Waren Schizophrene durch eine Laune ihrer Körperchemie einfach ständig high?

Anfang der Fünfzigerjahre begann man in Basel im Urin von Schizophrenen nach dem Stoff zu suchen. Das Ausgangsmaterial Urin wurde gewählt, »um bei der Beschaffung von größeren Mengen nicht in Verlegenheit zu kommen«, wie einer der beteiligten Forscher schrieb. Doch wie sollte man eine Substanz finden, vor der man weder wusste, ob es sie überhaupt gab, noch, welcher Art sie war?

Der Biologe Hans Peter Rieder ließ fünfzig Liter Urin von fünfzehn Schizophrenen sammeln und aufbereiten. Das Urinkonzentrat wurde an Spinnen verfüttert und deren Netze mit den Netzen von Spinnen verglichen, die Urin von Pflegern erhalten hatten. Wenn sich die Netze dieser zwei Gruppen systematisch unterschieden, wäre vielleicht der gesuchte Stoff dafür verantwortlich, und wenn die Netze zudem noch einem LSD- oder Meskalinnetz glichen, wüsste man schon, in welcher Klasse der Stoff zu suchen wäre.

Der Versuch wurde mehrmals mit verschiedenen Konzentraten durchgeführt, das Resultat war enttäuschend: Zwar bauten die Spinnen unter Urineinfluss tatsächlich etwas andere Netze als sonst, aber es gab keinen systematischen Unterschied zwischen Pflegern und Schizophrenen. Nach weiteren Experimenten setzte sich die Ansicht durch, dass sich die Geometrie des Spinnennetzes nicht zur Diagnose von Geisteskrankheiten eigne.

Eines hatten die Forscher aber herausgefunden: dass das Urinkonzentrat »trotz des beigegebenen Zuckers auch geschmacklich sehr unangenehm wirken muss«. Das Verhalten der Tiere ließ keine Zweifel offen: »Nach kurzem Trinken zeigen die Spinnen eine ausgesprochene Abscheu vor weiteren Berührungen mit dieser Lösung; sie verlassen das Netz, streichen den restlichen Tropfen am Holzrahmen ab, kehren erst nach ausgiebiger Säuberung ihrer Fühler und Mundpartien wieder ins Netz zurück und sind kaum mehr zu weiterer Annahme eines neuen Tropfens zu bewegen.«

◆ Rieder, H. P. (1957), Biologische Toxizitätsbestimmung pathologischer Körperflüssigkeiten. *Psychiatria et Neurologia* 134, S. 378–396.

1955 **Die Badewanne des Psychonauten**

Wer sich im Jahr 1980 den Film »Altered States« bis zum Ende ansah, musste den Hinweis im Abspann für ziemlich überflüssig halten: »Die Geschichte, alle Namen, Personen und Ereignisse dieser Produktion sind erfunden. Keine Ähnlichkeit mit wirklichen Personen, Orten, Gebäuden

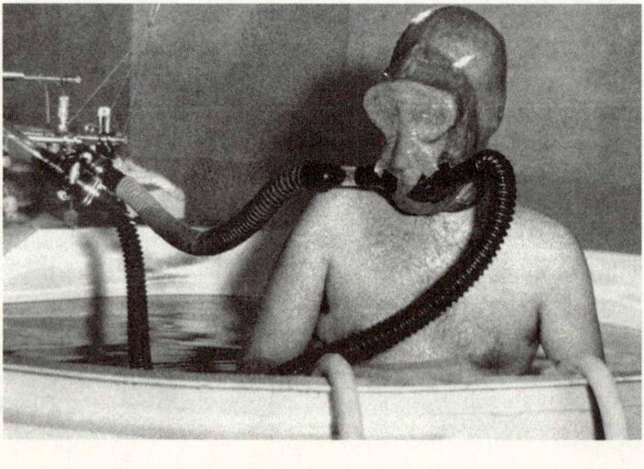

Wie reagiert das Hirn auf Sinnesentzug? Versuchsperson mit Atemmaske im Isolationstank.

oder Produkten ist beabsichtigt oder sollte angenommen werden.«

Als ob jemand auf die Idee kommen würde, diesen wirren Plot für wahr zu halten: Der Wissenschaftler Eddie Jessup (William Hurt) erforscht in einem Isolationstank andere Bewusstseinszustände. Die Situation gerät außer Kontrolle. Seine Frau kann gerade noch verhindern, dass er sich in kosmische Energie auflöst. Später macht er eine Reise in seine evolutionäre Vergangenheit und verwandelt sich in einen Urmenschen.

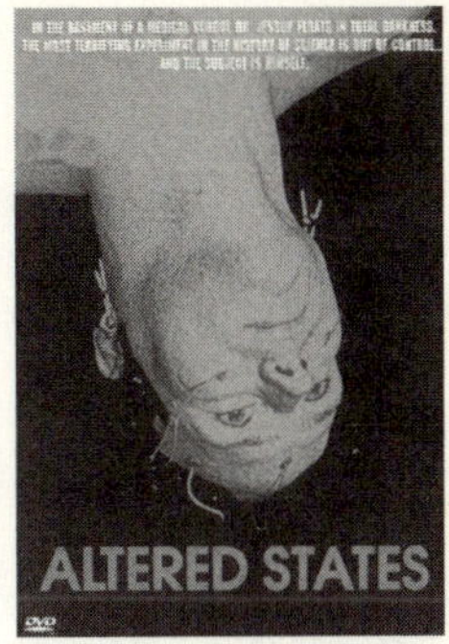

Die Handlung des Films »Altered States« (1980) basiert auf den Isolationsexperimenten von John Lilly.

So bizarr die Handlung klingt, der Abspann lügt. »Altered States« basiert auf den Experimenten des Mediziners John Lilly, der dem Regisseur Ken Russell »gute Arbeit« attestierte. Der Autor der Romanvorlage, Paddy Chayefsky, hat darin Teile von Lillys Biografie *Dyadic Cyclone* verarbeitet. Zum Beispiel die Szene, in der Jessup von seiner Frau gerettet wird. Und auch die Sache mit dem Urmenschen sei tatsächlich passiert, allerdings nicht Lilly selbst, sondern einem Kollegen bei Versuchen mit Drogen im Tank. »Craig Enright wurde plötzlich ein Affe, hüpfte und schrie für fünfundzwanzig Minuten. Später fragte ich ihn: ›Wo warst du?‹ Er sagte: ›Ich wurde ein Urmensch auf einem Baum. Ein Leopard griff mich an. Ich versuchte, ihn zu verscheuchen.‹«

Lange Zeit deutete nichts darauf hin, dass John Lilly dereinst mit Delphinen sprechen, Außerirdische treffen und das Erd-Koinzidenz-Kontrollbüro entdecken würde. Lilly war ein brillanter Wissenschaftler mit Abschlüssen in Biologie, Physik und Medizin, als er 1954 begann, sich mit einem alten Problem der Hirnforschung zu beschäftigen: Was würde passieren, wenn man das Hirn von allen äußeren Reizen abschnitte? Wenn weder Augen noch Ohren, weder Haut noch Nase etwas zu melden hätten? Dazu gab es zwei Meinungen: Das Gehirn schläft ein, der Mensch fällt ins Koma. Oder das Gehirn ist selbstaktiv, es verfügt über einen internen Schrittmacher, der es wach hält, auch wenn nichts von außen kommt (S. 131).

Um diese Hypothesen zu testen, baute Lilly in einem abgelegenen Gebäude auf dem Gelände der National Institutes of Health in Bethesda, Maryland, seinen ersten Isolationstank: eine überdimensionierte Badewanne mit exakt

John Lilly erlebte im Isolationstank Halluzinationen. Später verließ er die Forschung und wurde eine Leitfigur von Esoterikern.

34,5 Grad warmem Wasser in einem schallisolierten Raum, der sich verdunkeln ließ. Darin waren äußere Störungen, auch jene der Schwerkraft, gering.

Fast ein Jahr dauerte es, bis er der Kinderkrankheiten des Tanks Herr geworden war. Vor allem die Konstruktion einer bequemen Atemmaske zog sich hin. Der Kopf der Versuchsperson war unter Wasser, wenn sie auf dem Rücken im Tank lag. Die Atemmaske aus Gummi deckte Mund, Nase und Ohren ab und hatte zwei kurze Schnorchel in der Mundregion. Wer sie anzog, sah aus wie ein Monster. Weil die Beine nicht genug Auftrieb hatten, ruhten die Füße auf einem Gummiband – der einzige Kontakt mit etwas anderem als Wasser.

Gegen Ende 1954 funktionierte alles perfekt. Einzig der Einstieg war noch etwas kompliziert. Lilly arbeitete oft allein: Er musste die geschlossene Maske aufsetzen, blind die Leiter hochsteigen, das Licht ausmachen und dann seinen Körper ins Wasser gleiten lassen, im Vertrauen darauf, dabei nicht zu ertrinken. Aber wenn er einmal drin war, wurde die Dauer seines Aufenthalts nur durch die Notwendigkeit beschränkt, Nahrung aufzunehmen, und durch Termine in der »anderen Welt«, wie er das nannte, was sich außerhalb des Tanks abspielte. Urinieren konnte er ins Wasser. Es wurde ständig erneuert.

Ein Jahr später veröffentlichte Lilly den ersten Fachartikel über den Tank. Er beschrieb die Erfahrungen von Schiffbrüchigen und Polarforschern, die in völliger Isolation lebten, und verglich sie mit den verschiedenen Phasen seiner Erlebnisse. Während der ersten Dreiviertelstunde dominierte der Alltag: Lilly war sich bewusst, wo er war, und dachte über Dinge der vergangenen Tage nach. Dann entspannte er sich und genoss es, nichts tun zu müssen. Doch während der nächsten Stunde wuchs der Hunger nach Reizen von außen. Der Forscher machte langsame Schwimmbewegungen, um das Wasser zu spüren, zuckte mit den Muskeln. Seine ganze Aufmerksamkeit floss den wenigen Dingen zu, die er noch spürte: der Gesichtsmaske und dem Gummiband an seinen Füßen.

Wenn er diese Phase durchstand, ohne den Tank zu verlassen, traten intensive Fantasien ein. »Diese sind zu persönlich, als dass man sie publik machen könnte.« Danach erreichte er die letzte Phase: die Projektion von Bildern. Einmal öffnete sich der schwarze Vorhang vor den Augen nach zweieinhalb Stunden. Eigenartige Objekte mit leuchtenden Rändern tauchten auf und ein blau schimmernder Tunnel. Lilly hätte noch lange zugeschaut, wenn seine Maske nicht leck geworden wäre, worauf er das Experiment abbrechen musste. Er war zum Psychonauten geworden, auf Entdeckungsreise ins Ich.

Das Gehirn fällt also nicht ins Koma, wenn es ihm an Input fehlt, ganz im Gegenteil: Es kann sich offenbar prima selbst unterhalten. Doch die Klärung dieser Frage stand längst nicht mehr im Zentrum von Lillys Interesse. Er hielt seine Vorträge auf Symposien weit entfernter Fachgebiete: einen auf dem Treffen der American Psychiatric Association zum Thema »Forschungsmethoden in der Schizophrenie«, einen anderen auf dem Symposium »Psychosoziale Aspekte der Raumfahrt«. Auch das Militär hatte Interesse: Es war bekannt, dass China und Korea im Krieg mit der Isolation von Gefangenen Gehirnwäsche betrieben.

Die Erlebnisse im Tank schienen Lilly tief beeindruckt zu haben. »Ich habe vieles herausgefunden, worüber ich damals nicht zu schreiben wagte, weil ich als Forscher am National Institute of Mental Health (NIMH) war und nicht als Patient.« Später brachte er seine Erfahrungen im Tank mit Gedankenübertragung in Verbindung, entwickelte eine Theorie des menschlichen Geistes, die nach seiner eigenen Einschätzung »am Fundament der Psychiatrie rüttelte«, und verglich seine Situation mit jener Einsteins, als der die Möglichkeiten der Atomspaltung erkannte.

Das waren keine Dinge, die wissenschaftliche Fachzeitschriften druckten. Lilly verließ das NIMH und zog auf die Virgin Islands, um die Kommunikation mit Delphinen zu studieren, später nach Miami, Baltimore, Malibu und Chile. Seine Forschungen im Tank betrieb er weiter. Auf den Virgin Islands füllte er ihn mit aufgeheiztem Meerwasser und stellte fest, dass er darin

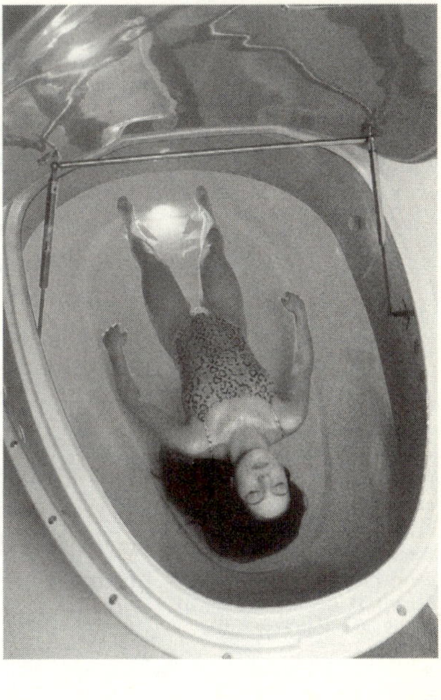

Lilly ließ in den Achtzigerjahren Isolationstanks (auch Samadhi-Tanks genannt) als Entspannungshilfen bauen. Moderne Versionen stehen heute in Wellnesszentren. Im Bild das Modell OVA von Jürgen Tapprich.

fast von selber schwamm und das stabilisierende Gummiband sowie die umständliche Atemmaske nicht mehr brauchte. Er machte Versuche mit Kochsalz im Wasser. Weil dabei die kleinste Hautverletzung brannte, trug Lilly auf den ganzen Körper Silikon-Gel auf, bevor er ins Wasser stieg. Bei späteren Experimenten kippte er säckeweise weniger aggressives Magnesiumsulfat in einen zwei Meter langen, einen Meter breiten und 25 Zentimeter tiefen Tank. Darin schwamm sogar die drahtigste Person.

Nach den Vorgaben von Lilly baute die 1972 gegründete Firma Samadhi Tank die ersten Tanks für den Hausgebrauch, die in Esoterikkreisen rasch populär wurden. »Samadhi« bedeutet in Sanskrit einen Zustand tiefer innerer Ruhe.

In den Achtzigerjahren trieben Manager über Mittag für damals rund sechzig Mark pro Stunde im Salzwasser und stärkten ihr Urvertrauen, steigerten ihre Kreativität, unternahmen Zeitreisen oder produzierten Glückshormone. Das alles und noch viel mehr versprechen Samadhi Center bis heute. Der Boom hat allerdings nachgelassen, denn nicht bei allen Kunden öffnete sich der schwarze Vorhang, und viele warteten vergeblich auf Fantasien, die sie nicht hätten publik machen können.

Die Erlebnisse im Tank waren höchst individuell, das machte sie wissenschaftlich schwer fassbar. Lilly interessierte vor allem seine eigene Reaktion. Es kam ihm gerade recht, dass der Tank wegen seiner vagen Verbindung zur Gehirnwäsche keinen guten Ruf hatte und es deshalb schwierig war, Versuchspersonen zu finden.

Sein Mitarbeiter Jay Shurley, der an der University of Oklahoma ein eigenes Forschungsprogramm initiierte, versuchte in den Sechzigerjahren, die Wirkung des Isolationstanks systematisch zu erforschen. Doch die wissenschaftliche Einteilung der visuellen Fantasien seiner Versuchspersonen machte ihn ratlos. »Wie zum Beispiel soll man diese Aussage klassifizieren: ›Ich hatte das Gefühl, dass ich mit meinem rechten Bein rührte, es war ein Löffel in einem Glas kalten Tees und ging einfach immer im Kreis herum.‹«

Lilly wurde zu einem Guru der Esoterikbewegung, schrieb mehrere wirre Autobiografien und kombinierte

verrueckte-experimente.de

◆ Lilly, J. C. (1956), Mental Effects of Reduction of Ordinary Levels of Physical Stimuli on Intact Healthy Persons. In *Research Techniques in Schizophrenia* (Psychiatric Research Reports 5) (Gottlieb, J. S. ed.), S. 1–9, American Psychiatric Association.

seine Aufenthalte im Tank mit LSD-Trips. Eine Journalistin, die in den Achtzigerjahren frühere Kollegen von Lilly fragte, wo er zu finden sei, bekam zur Antwort: »Meinen Sie, in welcher Dimension?«

Lilly starb am 30. September 2001 an Herzversagen. Er wurde sechsundachtzig Jahre alt.

1955 **Nebel des Schreckens**

Als die Sirene kein zweites Mal heulte, wusste Lloyd Long, dass es in dieser Nacht ernst werden würde. Vor sechs Tagen war der Achtzehnjährige mit einer Gruppe Freiwilliger in der Nähe des Testgeländes Dugway in der Wüste von Utah angekommen. Seither spielte sich jeden Abend dasselbe Procedere ab: Kurz vor Sonnenuntergang wurden er und die anderen Männer von einem Lastwagen abgeholt und in ein verlassenes Stück Wüste gefahren. Dort wuschen sie sich unter provisorischen Freiluftduschen, zogen sich frische Kleider an und gingen mit einer Decke unter dem Arm an ihren zugewiesenen Platz: zu einem der barhockerähnlichen Stühle, die in einer fast einen Kilometer langen geraden Linie auf dem festgestampften Sand bereitstanden. Auf Podesten zwischen den Hockern befanden sich Käfige mit Rhesusaffen und Meerschweinchen.

Immer wenn die Sirene losging, musste Lloyd Long in Richtung des Berges Granite Peak blicken und ruhig atmen. »Denkt daran«, hatte Oberst William Tigertt, der für das Experiment verantwortliche Armeearzt, gesagt, »wenn ihr die Pumpen hört, atmet ruhig. Atmet ganz ruhig.« Normalerweise ging die Sirene dann ein zweites Mal los: das Zeichen, dass das Experiment wegen schlechter Windbedingungen nicht durchgeführt werden konnte. Die Männer wechselten wieder ihre Kleider und wurden zu den Baracken zurückgebracht.

Doch in dieser Nacht des 12. Juli 1955 war der Wind ideal. Eine leichte Brise wehte vom Granite Peak her, und Lloyd Long konnte die Pumpen hören, die etwa einen Kilometer von ihm entfernt einen knappen Liter Bakterienbrühe in die Nacht sprühten. Für den Test war der Erreger des Q-Fiebers ausgewählt worden, das starke Kopf- und Muskelschmerzen und hohes Fieber verursacht. Die

Krankheit verläuft meistens harmlos, doch durchschnittlich einer von dreißig Erkrankten starb damals daran. Lloyd Longs Gruppe bestand aus dreißig Leuten.

Long spürte kaum etwas von dem dünnen Nebel, der über ihn wegzog. Erst als Menschen in Schutzanzügen auftauchten, wusste er, dass es vorbei war. Er musste duschen, sich unter eine Ultraviolettlampe stellen, die verbleibende Mikroben abtötete, und noch einmal duschen. Seine Kleider wurden verbrannt. Darauf wurde die ganze Gruppe nach Fort Detrick in der Nähe von Washington geflogen. Der erste und nach Aussagen der amerikanischen Armee bis heute einzige Freisetzungsversuch mit biologischen Waffen an Menschen ging in die zweite Phase.

Die amerikanische Regierung wusste damals, dass die Japaner im Zweiten Weltkrieg umfangreiche Experimente mit Biowaffen durchgeführt hatten, und sie vermutete, dass auch die Russen ähnliche Versuche machten. Öffentlich verurteilten die USA die biologischen Waffen zwar, doch im Geheimen begannen sie 1943 selber daran zu forschen. Als Hauptsitz der Wissenschaftler diente Fort Detrick. Dort wurden in Tierversuchen die Eignung verschiedener Krankheitserreger als Waffen geprüft und Impfungen für die eigene Truppe entwickelt. Doch vom Tier auf den Menschen zu schließen war schwierig. In einem Dokument der amerikanischen Luftwaffe stand es so: »Die Luftwaffe könnte die Wirkung eines biologischen Angriffs auf eine Stadt voller Affen ziemlich genau voraussagen, was aber mit einer Stadt voller Menschen passieren würde, bleibt die ›64-Dollar-Frage‹.« Die Militärs kamen zu dem Schluss, dass nur Tests mit Menschen sie weiterbringen konnten.

Dass Menschen in der Medizin als Versuchskaninchen eingesetzt werden, ist nicht ungewöhnlich. Jedes Medikament wird vor seiner Einführung von Versuchspersonen eingenommen. Die Tests mit dem Erreger des Q-Fiebers unterscheiden sich allerdings dadurch, dass dabei nicht versucht wurde, Menschen mit einem Medikament zu heilen, sondern sie mit einem Erreger krank zu machen. Doch solange das mit dem Einverständnis der Betroffenen geschah, sahen die Leute in Fort Detrick kein Problem.

In der amerikanischen Armee gab es eine Gruppe von Soldaten, die sich besonders gut für diese Aufgabe eigne-

Der »Eight Ball« im Forschungszentrum Fort Detrick, Maryland. Die Hohlkugel diente zum Test von biologischen Waffen an Menschen. Sie steht heute unter Denkmalschutz.

ten. Die Männer der Glaubensgemeinschaft der Adventisten leisteten zwar aus religiösen Gründen keinen Dienst an der Waffe, waren aber außergewöhnlich gesund: Sie rauchten nicht und tranken weder Alkohol noch Kaffee. Zudem waren viele von ihnen Vegetarier. »Man musste sich nicht fragen, ob sie Symptome zeigten, weil sie Samstagnacht betrunken waren«, beschrieb ein Kirchenmann die Vorzüge des seriösen Lebenswandels für die medizinische Forschung.

Oberst Tigertt kontaktierte die Kirchenführung, die sich schnell von der Ehrenhaftigkeit der Aufgabe überzeugen ließ und den Plan, Adventisten für die Tests zu gewinnen, offiziell guthieß. Am 19. Oktober 1954 reagierte Theodore Flaiz, Sekretär der Adventisten und zuständig für medizinische Fragen, begeistert auf eine Anfrage der Regierung: »Die Art von freiwilligem Dienst, der unseren Jungs mit diesem Forschungsprogramm angeboten wird, bringt für die jungen Männer nicht nur die einmalige Gelegenheit, etwas Wichtiges für die Militärmedizin zu tun, sondern auch für die Gesundheit der Bevölkerung.« Zwischen 1955 und 1973 meldeten sich 2200 junge Männer für diesen Dienst. Der Codename für die 153 streng geheimen Experimente – unter anderem mit Milzbrand, Hasenpest,

Bauchtyphus und Hirnhautentzündung – lautete »Operation Whitecoat«.

Die ersten Tests waren jene Q-Fieber-Experimente, an denen Lloyd Long teilnahm. Vor dem Freilandversuch in Utah kam in Fort Detrick allerdings der »Eight Ball« zum Einsatz, eine dreizehn Meter hohe Hohlkugel aus rostfreiem Stahl, die die Angestellten nach der schwarzen Kugel im Pool-Billard benannt hatten. Wenn Tests anstanden, betraten die Adventisten die telefonzellengroßen Kammern am Rand des »Eight Ball«. Dort zogen sie sich Atemmasken an, die mit dem Inneren der Kugel verbunden waren. Ein Techniker konnte dann ferngesteuert Bakterien oder Viren in der Kugel versprühen. Die Männer atmeten das Gemisch eine Minute lang ein und wurden dann sofort auf die Krankenstation gebracht, isoliert und beobachtet.

Dasselbe geschah nach der Rückkehr aus Utah: Die Versuchsteilnehmer warteten in Einzelzimmern mit Fernsehern, Büchern und Spielen auf die hämmernden Kopfschmerzen, die den Ausbruch des Q-Fiebers ankündigten. Etwa ein Drittel der Männer wurde tatsächlich krank. Die Schwere der Symptome war abhängig davon, ob sie bei den vorangegangenen Experimenten mit dem »Eight Ball« immun geworden waren. Auch die Position ihres Hockers in der Wüste war entscheidend. Lloyd Long, am Rand positioniert, war nach einem Tag im Bett wieder fit. Alle Versuchsteilnehmer wurden wieder vollkommen gesund.

Heute sind die meisten Whitecoat-Veteranen stolz auf ihren Einsatz. »Ich kenne keinen, der dabei war und später das Gefühl hatte, betrogen worden zu sein«, sagt Lloyd Long, jetzt 66 Jahre alt und pensionierter Versicherungsagent. Einige der Whitecoat-Freiwilligen werden seit dem Anschlag auf das World Trade Center und der wachsenden Angst vor Bioterrorismus regelmäßig von Journalisten interviewt. Zwar gibt es Stimmen, die die engen Beziehungen zwischen der Armee und der Kirche der Adventisten kritisieren, auch kam bereits in den Sechzigerjahren die Frage auf, ob eine Kirche, die Gewaltlosigkeit predigt, ein Biowaffenprojekt unterstützen dürfe. Gemessen an den damaligen Bräuchen, stellen Ethiker der Operation Whitecoat aber gute Noten aus. Die Freiwilligen wurden wiederholt über die Risiken informiert und konnten jederzeit aussteigen. Trotzdem würden solche Experimente heute kaum mehr bewilligt: Das Risiko für ein so empfindliches Organ wie die Lunge ist einfach zu groß.

Die in die Wüste entlassenen Bakterien wurden am nächsten Tag vom Sonnenlicht abgetötet. Von den Meerschweinchen, die man zusätzlich am Highway 40, 55 Kilometer vom Testgelände entfernt, platziert hatte, erkrankte keines.

verrueckte-experimente.de

◆ Regis, E. (1999), *The Biology of Doom: The History of America's Secret Germ Warfare Project*. Holt, S. 172–176.

1957 **Die Atombombe der Psychologie**

Am 12. September 1957 löste der amerikanische Marktforscher James Vicary auf einer Pressekonferenz in New York eine Paranoia aus, die bei einigen Leuten bis heute anhält: Vicary zeigte den versammelten Journalisten einen kurzen Film über Fische. Dabei warf ein Spezialprojektor 169-mal den Befehl »Trink Coca-Cola!« auf die Leinwand – alle fünf Sekunden einmal. Die Projektionen waren nur $^{1}/_{3000}$ Sekunde lang; zu kurz, als dass die Zeitungsleute sie bewusst hätten wahrnehmen können. Erst als der Vorführer sie absichtlich dunkler machte, waren sie wie ein Wasserzeichen im Film zu sehen.

Vicary behauptete, er habe das gleiche Experiment kurz zuvor in einem Kino in Fort Lee, New Jersey, gemacht. Während sechs Wochen seien dort 45 699 Filmbesucher ohne ihr Wissen den geheimen Befehlen »Iss Popcorn!« und »Trink Coca-Cola!« ausgesetzt worden. Mit dem Resultat, dass der Verkauf von Coca-Cola an der Kinokasse um 18,1 Prozent gestiegen sei, jener von Popcorn um 57,5 Prozent.

Die Öffentlichkeit war entrüstet. Wer Kinobesuchern ohne Wissen den Trieb zum Popcornkauf ins Hirn pflanzte, konnte der nicht auch einen Mord befehlen? Ein Heer willenloser Zombies in den Krieg schicken? Die Frauen vom Staubsaugen abhalten?

»Der menschliche Geist wurde aufgebrochen und betreten«, schrieb die Zeitschrift *The New Yorker*. Der Schriftsteller Aldous Huxley warnte vor der »alarmierenden Gefahr«, dass die Menschen die Kontrolle über ihren Geist verlieren könnten, wie er es in seinem Roman *Schöne neue Welt* vorausgesagt habe. Und die christliche Vereinigung der abstinenten Frauen hatte den Verdacht, die teuflischen Werbe-

In diesem Kino in Fort Lee, New Jersey, wurden die Filmbesucher angeblich mit unterschwelligen Botschaften manipuliert.

botschaften würden von Brauereien und Destillerien benutzt, um das Geschäft anzukurbeln. Nur die Modezeitschrift *Vogue* konnte der Sache etwas Positives abgewinnen. Sie präsentierte ein »subliminales Kleid, das mit seiner Botschaft direkt das Unterbewusste anzapft«. Schwarze Crêpe-Seide zum Preis von einhundertsechzig Dollar.

Vicary war zwar nicht der Einzige, der mit unterschwelligen Botschaften experimentierte. In der Psychologie interessierte man sich schon lange für die Wirkung von Information, die unter der Schwelle der bewussten Wahrnehmung lag. Doch er war der Erste, der behauptete, Filmbesucher ferngesteuert zu haben. Seine Firma Subliminal Productions, hieß es auf der Pressekonferenz, wolle innerhalb eines Monats fünfzehn Kinos für eine dreimonatige Testphase mit dem Spezialprojektor ausrüsten.

Vicary behauptete, dass die versteckte Werbung die Fernsehzuschauer endlich von den lästigen Werbeunterbrechungen befreie. »Wie viele Nächte versuchte ich mir im Fernsehen einen Film anzusehen, und gerade bevor John Mary küsste, unterbrach eine Werbung für ein Waschmittel die Sendung.« Die unterschwelligen Botschaften seien ein Segen für die Konsumenten.

Die sahen das freilich anders. Der Publizist und Kritiker der Werbung, Vance Packard, hatte in seinem Buch *Die geheimen Verführer* gerade enthüllt, mit welchen Tricks die Werbeindustrie die Kaufentscheidungen der Menschen beeinflusst. Das Buch wurde ein Bestseller, und Vicarys Experiment schien Packards düstere Vision zu bestätigen. Der

Spezialprojektor des Marktforschers wurde schon bald die »Atombombe der Psychologie« genannt. Höchste Zeit, dass die Politik eingriff.

Nach verschiedenen Interventionen von Senatoren reiste Vicary im Januar 1958 nach Washington, um den Politikern seine neue Werbemethode zu demonstrieren. Die Filmvorführung mit der versteckten Popcornwerbung musste, laut dem Bericht des Werberblatts *Printers' Ink*, etwas Groteskes gehabt haben: »Gekommen, um etwas zu sehen, was nicht gesehen werden kann, und es, wie vorausgesagt, nicht gesehen zu haben, schienen die Kongressabgeordneten zufrieden gestellt.« Die *New York Times* beobachtete dagegen, dass einige der Politiker enttäuscht waren, weil sie keinen Drang nach Popcorn verspürt hatten. Die einzige überlieferte Reaktion ist jene des republikanischen Senators Charles E. Potter, der mitten im Film gesagt haben soll: »Ich glaube, ich will einen Hotdog.«

Vicary hatte für das scheinbare Versagen seiner Technik eine Erklärung zur Hand: »Nur jene, die bereits ein Bedürfnis im Zusammenhang mit der Botschaft haben, werden darauf reagieren.« Unterschwellige Werbung sei eine milde Form der Werbung, sie werde niemals aus einem Republikaner einen Demokraten machen.

Nach der Vorführung in Washington begann sich abzuzeichnen, dass mit Vicarys Behauptungen etwas nicht stimmen konnte. Alle Versuche, sein Experiment zu wiederholen, scheiterten, und den Wissenschaftlern ging langsam die Geduld mit dem halbseidenen Marktforscher aus. Der weigerte sich mit dem Hinweis auf die laufende Patentierung, das genaue Vorgehen und die exakten Daten zu seinem Versuch bekannt zu geben. Es gab Gerüchte, wonach Vicary in dieser Zeit über viereinhalb Millionen Dollar an Beratungshonoraren von Werbeagenturen eingestrichen habe. Schlecht investiertes Geld. Ein Besuch in Fort Lee, wo das Experiment stattgefunden haben soll, hätte sofort gezeigt, dass dieses Kino in sechs Wochen wohl kaum 45 699 Zuschauer besuchten.

Im Jahr 1962 schließlich gab James Vicary im Branchenblatt *Advertising Age* mehr oder weniger offen zu, dass die ganze Geschichte nicht stimmte. Sein Projektor funktionierte zwar, doch die Methode hatte offenbar keine messbare Wirkung. »Wir ersuchten um ein Patent, nachdem wir das Ding in einem Kino in Fort Lee getestet hatten. Journalisten bekamen Wind davon. Da waren wir gezwungen, an die Öffentlichkeit zu gehen, bevor wir wirklich bereit waren. Ich hatte nur sehr wenig Daten – zu wenig, um ein sinnvolles Resultat zu bekommen.«

Vicary verschwand später spurlos. Es ist unklar, ob er noch lebt und ob seine letzte Version der Geschichte stimmt.

Das vermeintliche Experiment hat sich als moderne Legende in die heutige Zeit gerettet. Hartnäckig nennen es die Hersteller von Selbsthilfekassetten mit unterschwelligen Botschaften zum Abnehmen oder für mehr Selbstvertrauen als Beleg für die Wirksamkeit ihres Produkts. Auch in die Populärkultur fand es Eingang. Es gibt mehrere Filme, deren Handlung auf dem Prinzip unterschwelliger Beeinflussung beruht. Selbst Inspektor Columbo löste 1973 in der Folge »Double Exposure« ein Verbrechen um einen dubiosen Marktforscher mithilfe von unterschwelligen Botschaften.

In der Wissenschaft ist das Studium der unterschwelligen Wahrnehmung ein blühender Forschungszweig geworden. Heute kann mit einfachen Experimenten belegt werden, dass Menschen Informationen aufnehmen, von denen sie nichts wissen, und dass diese Informationen ihr Handeln beeinflussen. Allerdings ist dieser Effekt gering und führt nicht zu einer Steigerung des Popcornabsatzes um fast 60 Prozent.

Seinen bisher letzten großen Auftritt hatte Vicarys Experiment im US-Wahlkampf, als im Jahr 2000 die Wahlhelfer des Demokraten Al Gore in einem Fernsehspot des Republikaners George W. Bush einen sonderbaren Effekt entdeckten. Für die Zuschauer unsichtbar, wurde im Zusammenhang mit den Demokraten das Wort »RATS« (Ratten) über den ganzen Bildschirm eingeblendet. Der Produ-

Huxley Fears New Persuasion Methods Could Subvert Democratic Procedures

»Huxley fürchtet, neue Verführungsmethoden könnten den demokratischen Prozess untergraben« (*The New York Times*, 19. 5. 1958). Der Autor von *Schöne neue Welt*, Aldous Huxley, meldete sich zu Wort.

zent des Films verteidigte sich mit der gewundenen Erklärung, die Einblendung habe bloß zum Ziel gehabt, das darauf folgende Wort »bureaucrats« optisch interessanter zu machen. Wahrscheinlicher ist, dass die Ratten im Spot der Republikaner späte Erben von Vicarys Experiment waren – eines Experiments, das nie stattgefunden hat.

verrueckte-experimente.de

◆ Talese, G. (1958), Most Hidden Hidden Persuasion. *The New York Times Magazine*, 12. Januar, S. 22.

1958 **Die Muttermaschine**

Einige der aufwühlendsten und grausamsten Experimente in der Geschichte der Wissenschaft wurden gemacht, um die Natur der Liebe zu erforschen. Ausgedacht hatte sie sich Harry Harlow, ein alkohol- und arbeitssüchtiger Psychologe, ein schwieriger Ehemann und distanzierter Vater, dessen Erkenntnisse über die Liebe die Erziehung für immer veränderten.

Harlows Forschung kreiste um die ursprünglichste Art der Zuneigung: die Mutterliebe. Er stieß auf dieses Thema, als er versuchte, für seine Lernversuche Rhesusaffen zu züchten. Um sie vor Krankheiten zu schützen, trennte er die Affen kurz nach der Geburt von ihrer Mutter und zog sie mit der Flasche in Einzelkäfigen auf. Die Tiere waren gesünder und schwerer als in natürlicher Umgebung aufgewachsene, und Harlow war überzeugt, die bessere Affenmutter zu sein.

Doch obwohl es den Babyaffen an nichts zu fehlen schien, saßen sie gebeugt in ihren Käfigen, nuckelten an den Fingern und starrten ins Leere. Als Harlow später Männchen und Weibchen zusammenbrachte, wussten die Tiere nicht, was sie miteinander anfangen sollten. Das überraschte ihn, denn das Credo der Wissenschaft zu dieser Zeit war, dass Säuglinge für die bestmögliche Entwicklung in erster Linie genug zu essen bekommen und sauber gehalten werden müssten. Beides war bei seinen Affen der Fall.

Mutterliebe war aus der Sicht der Psychologie eine zweitrangige Emotion, die entstehe, wenn die Mutter die viel wichtigeren Bedürfnisse ihres Nachwuchses, Hunger und Durst, befriedige. Das gelte auch für Menschen. Erziehungsratgeber warnten Eltern davor, ihre Kinder zu hätscheln. Der Psychologe John B. Watson (S. 77) führte einen

Der Psychologe Harry Harlow mit seiner berühmt-berüchtigten Erfindung: der Stoffmutter.

Kreuzzug gegen das Übel von zu viel Zuneigung. In seinem 1928 erschienenen Bestseller *Psychological care of infant and child (Psychische Erziehung im frühen Kindesalter)* ist ein Kapitel mit »Die Gefahren von zu großer Mutterliebe« überschrieben. Zu viel Zärtlichkeit in der Kindheit führe unweigerlich zu Problemen im Erwachsenenalter, stand dort. Wenn man unbedingt sein Kind küssen wolle, dann höchstens auf die Stirn.

Neben der Apathie zeigten Harlows Babyaffen noch ein weiteres sonderbares Verhalten: eine fanatische Zuneigung zu den Stoffeinlagen in ihren Käfigen. Die Äffchen umarmten sie, wickelten sie um sich und begannen zu schreien, wenn sie bei der Käfigreinigung gewechselt wurden. Verbrachten sie die ersten fünf Tage ohne Tuch, überlebten sie kaum. Konnte es sein, dass dieses weiche Tuch genauso wichtig war wie die Milch aus der Flasche?

Harlow machte ein Experiment: Er baute seinen Äffchen eine Mutter. Der Kopf war eine Billardkugel aus Ahornholz, als Augen dienten Fahrradreflektoren. Doch dieser Teil war im Grunde unwichtig. Wichtig war der zylindrische Frotteekörper mit flauschigen Polstern. Neben die Stoffmutter stellte er eine zweite Mutter: genau gleich geformt, aber aus Drahtgeflecht ohne weiche Ummantelung, dafür mit einer Milchflasche auf Brusthöhe. Wenn die Lehrmeinung richtig war, dachte sich Harlow, müssten die Babyaffen eine starke Zuneigung zur Drahtmutter entwickeln, weil sie bei ihr den Hunger stillen konnten. Doch das Gegenteil war der Fall: Die Affen klammerten sich mehr als zwölf Stunden pro Tag an die Stoffmutter. Die Drahtmutter bestiegen sie nur ganz kurz, wenn sie Durst hatten. Harlow belegte damit, dass die Zuneigung des Säuglings vor allem dem weichen, warmen Körper der Mutter gilt, unabhängig davon, ob dieser auch Nahrungsquelle ist. Er zeigte, wie wichtig körperliche Nähe für die Entwicklung eines Kindes ist.

Die Stoffmutter war nur der Anfang von Harlows umfangreichem Forschungsprogramm über die Liebe und was geschieht, wenn Babyaffen keine bekommen. Als Nächstes baute er Monstermütter: flauschig weich zwar, wie seine erste Stoffmutter, aber zugleich hinterlistig und gemein. Eine schüttelte das Baby immer wieder ab, eine andere erschreckte es, indem sie Druckluftstöße von sich gab, die dritte hatte versteckte Stahldorne, die plötzlich aus ihrem Körper drangen und das Baby wegstießen. Und was taten die Babyaffen? Sobald sich die Mutter beruhigt hatte, kehrten sie zu ihr zurück und schmiegten sich an sie. Immer und immer wieder. Harlows Monstermütter waren eine eindrucksvolle Demonstration für die Sucht eines Babys nach seiner Mutter und die vollständige Abhängigkeit von ihr.

Noch grausamer war die »Fallgrube der Verzweiflung«, ein trichterförmiger Käfig, an dessen unterstem Punkt der Affe platziert wurde. Die ersten zwei, drei Tage versuchte er vergeblich, die steilen Wände hochzuklettern. Dann blieb er einsam und ohne Hoffnung einfach sitzen. Der Affe wurde innerhalb kürzester Zeit, was man bei einem Menschen depressiv nennen würde, und Harlow versuchte, ihn mit Medikamenten oder durch die Gesellschaft anderer Affen zu heilen, was teilweise gelang.

Harlow hat nie abgestritten, dass die Affen unter seinen

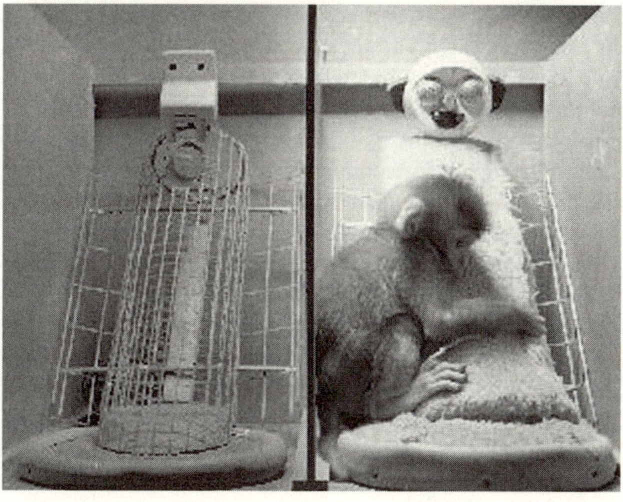

Selbst wenn es bei der Drahtmutter Milch gab, bevorzugten die Babyaffen die Stoffmutter.

»Das Erziehungsproblem – Muttermaschine funktioniert« (*Stevens Point Daily Journal*, 15. 11. 1958).

The Parent Problem—
Mother-Machine Works

Experimenten litten. Bereut hat er sie nie. Einem Zeitungsreporter sagte er einmal: »Bedenken Sie, dass auf jeden misshandelten Affen eine Million misshandelter Kinder kommen. Wenn meine Arbeit dies verdeutlicht und auch nur eine Million Menschenkinder rettet, kann ich mich über zehn Affen nicht übermäßig ereifern.«

Um seine eigenen Kinder hat Harlow sich nie gekümmert. Seine erste Frau verließ ihn mit ihnen, da sie ohnehin schon so gut wie allein gelebt habe. Seine zweite Frau starb an Krebs, als er 66 Jahre alt war. Acht Monate später heiratete er wieder – seine erste Frau.

verrueckte-experimente.de

◆ Harlow, H. F. (1958), The Nature of Love. *American Psychologist* 13, S. 573–685.

1959 **Sauerei im Düsenjet**

Acht Jahre waren vergangen, seit Piloten gezeigt hatten, dass sie für kurze Zeit schwerelos wurden, wenn sie entlang einer Wurfparabel flogen (S. 129). Damals ging es vor allem darum herauszufinden, wie sich Flugzeuginsassen in einer solchen Situation zurechtfänden. Doch in der Zwischenzeit hatte sich die Lage geändert: Die Sowjetunion und die USA hatten erste Satelliten auf eine Erdumlaufbahn geschickt, und der Tag schien nicht fern, an dem ihnen bemannte Raumfahrzeuge folgen würden.

Bloß: Wie würde der Mensch mit länger dauernder Schwerelosigkeit zurechtkommen? Konnte er in diesem Zustand überhaupt seine grundsätzlichsten Bedürfnisse befriedigen? Essen? Trinken? Schlafen? Essen schien kein Problem zu sein. Wie es mit dem Trinken stand, versuchte Hauptmann Julian E. Ward von der amerikanischen Luftwaffe mit einigen Kollegen herauszufinden.

Ward erteilte 25 Freiwilligen den Auftrag, während der Schwerelosigkeitsphase des Parabelflugs aus verschiedenen Gefäßen zu trinken: aus einem offenen Becher ohne Hilfsmittel, aus einem offenen Becher mit Strohhalm und aus einer Quetschflasche aus Kunststoff, mit der sich das Wasser direkt in den Mund spritzen ließ. Das Resultat war eine Riesensauerei: »Obwohl klar war, dass solche Versuche ein großes Gesudel geben würden, waren viele ihrer Konsequenzen nicht vorausgesehen worden.« Mit dem offenen Becher hatten alle außer zwei Versuchspersonen Probleme: Sobald sie ihn auch nur geringfügig bewegten, entschwebte ihm eine amöbenartige Masse Wasser, die das Gesicht einhüllte. Wenn sie atmen wollten, drang das Wasser über die Nase in die Luftröhre und löste einen Hustenanfall aus. Die Experimentatoren stellten erstaunt fest, dass man auf diese bizarre Weise tatsächlich ertrinken könnte. Auch der Strohhalm war nutzlos. Mit der Quetschflasche hingegen gab es keine Probleme, jedenfalls nicht bis kurz nach dem Schlucken. Dann zeigte sich bei vielen, was Ward das »Schwerelos-Aufstoß-Phänomen« nannte: Geringer Druck auf den Bauch reichte, und der Mageninhalt bewegte sich in Richtung Kopf zurück in den Mund.

Pilot unternimmt Trinkversuch in der Schwerelosigkeit.

Komplizierter als diese Trinkexperimente war die Untersuchung des Schlafes während der Schwerelosigkeit. Die Phasen der Schwerelosigkeit während eines Parabelflugs dauerten ja höchstens dreißig Sekunden. Andererseits war die Frage nicht unbedingt, wie es sich schläft, wenn keine Schwerkraft wirkt, sondern, was beim Erwachen geschieht. Es gab Flugmediziner, die glaubten, in dieser Situation entstünde eine völlige Orientierungslosigkeit.

Leutnant Clifton M. McClure machte sich daran, es herauszufinden. Nachdem er 48 Stunden nicht geschlafen hatte, nahm er ein üppiges Frühstück ein, was ihn noch müder machte, und bestieg dann den hinteren Sitz eines F-94C-Jets. Auf 3500 Meter Höhe legte er seine Kopfhörer ab und schlief 25 Minuten später ein. Der Pilot flog dann eine Schwerelosigkeitsparabel, während der er McClure weckte, indem er an einer Schnur zog, die an dessen linkes Handgelenk geknüpft war. McClures erster Eindruck war, dass seine Arme und Beine »von ihm wegschwebten«. Er versuchte, sich an der Kabinenhaube festzuhalten, und war völlig desorientiert.

Später stellte sich heraus, dass dieses Phänomen kein ernsthaftes Problem darstellte. Viel gravierender war die geringere Belastung von Skelett und Muskeln. Sie wurde in einem Experiment untersucht, bei dem sich die Versuchspersonen einfach ins Bett legten und nichts taten – ein Jahr lang (S. 265).

◆ Ward, J. E. (1959), Physiologic Response to Subgravity I. Mechanics of Nourishment and Deglutition of Solids and Liquids. *Journal of Aviation Medicine* 30, S. 151–154.

1959 **Der Versuch mit dem Unabomber**

Am 3. April 1996 stürmten einhundertfünfzig schwer bewaffnete FBI-Beamte eine einsame Hütte in einem Wald bei Lincoln im US-Staat Montana. Ihr Bewohner war ein vierundfünfzigjähriger ehemaliger Mathematikprofessor mit einem Abschluss an der Eliteuniversität Harvard und einer preisgekrönten Doktorarbeit. Später trugen ihm diese Auszeichnungen den Titel »intellektuellster Serienmörder der USA« ein.

Ted Kaczynski hatte von 1976 bis 1995 mit sechzehn selbst gebauten Bomben drei Menschen getötet und elf zum Teil schwer verletzt. Mit seinen Anschlägen wollte er gegen den wissenschaftlichen und technischen Fortschritt protestieren, der nach seiner Meinung unweigerlich die Freiheit des Individuums zerstöre. Das FBI nannte ihn »Unabomber«, weil seine ersten Opfer an Universitäten und bei Fluggesellschaften arbeiteten (Universities and Airlines).

Nach seiner Verhaftung fragte sich die Öffentlichkeit, warum ein glänzender Mathematiker, der eine große Karriere vor sich gehabt hätte, in einer Hütte ohne Strom und fließendes Wasser Bomben baute. Der Historiker Alston Chase glaubt in seinem Buch *Harvard and the Unabomber* von 2003 eine Antwort darauf gefunden zu haben: das Murray-Experiment.

Seit Anfang 1960 nahm Kaczynski an einem drei Jahre dauernden Experiment teil, das von Henry A. Murray durchgeführt wurde. Murray war Professor am Department for Social Relations an der Harvard University, und als er Kaczynski als eine seiner Versuchspersonen kennen lernte, neigte sich seine Karriere bereits dem Ende entgegen. Er war 62 Jahre alt, hatte einen wegweisenden psychologischen Test entwickelt (TAT, Thematic Apperception Test), ein viel gelesenes Buch darüber geschrieben und beim Militär Rekruten auf ihre Eignung für geheime Einsätze geprüft.

Wie genau Kaczynski von dem Versuch erfahren hatte, ist nicht klar. Vielleicht hatte er die Ausschreibung gesehen: »Wären Sie bereit, zur Lösung eines bestimmten psychologischen Problems beizutragen (Teil eines laufenden Forschungsprogramms zur Persönlichkeitsentwicklung), indem Sie während des akademischen Jahres als Versuchsperson an einer Reihe von Experimenten und Tests teilnehmen (zum aktuellen Stundenlohn der Universität)?« Vielleicht hatte Murray Kaczynski aber auch selber ausgewählt. Für den Versuch wollte er Harvard-Studenten aus dem ersten Semester mit möglichst unterschiedlichen Persönlichkeiten: selbstsichere, angepasste, unsichere. Von den zweiundzwanzig jungen Männern, die er für das Experiment auswählte, war Kaczynski laut den psychologischen Tests der am meisten verunsicherte.

Um die Privatsphäre der Versuchsteilnehmer zu wahren, gab Murray jedem Studenten einen Codenamen. Kaczynski nannte er Lawful (»Gesetzestreu«). Das scheint ironisch, war aber nicht unpassend: Kaczynski war unauffällig, kein Rebell. Als Arbeitersohn fühlte er sich in Harvard unsicher, hatte nur wenige Freunde und litt unter den hohen Erwartungen seiner Eltern. Er arbeitete viel und ging wenig aus.

Die Verhaftung des Unabombers 1996. Wurde Ted Kaczynski wegen eines psychologischen Experiments zum Serienmörder?

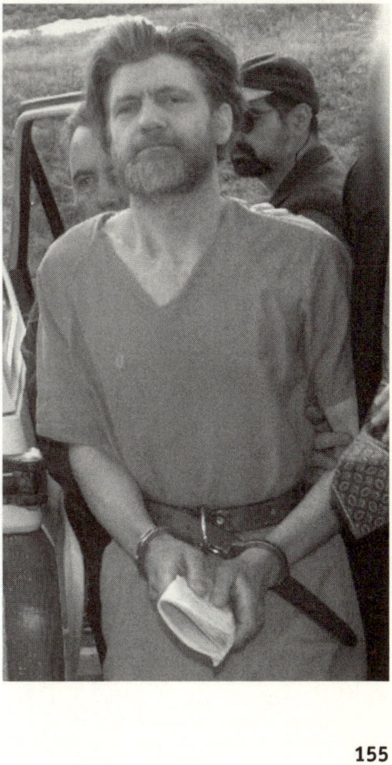

Das Kernstück des Experiments nannte Murray die »Dyade«, ein belastendes Streitgespräch. Die Versuchsperson saß dabei in einem hell erleuchteten Raum vor einem Einwegspiegel, durch den sie beobachtet und gefilmt wurde. Messgeräte zeichneten Puls und Atmung auf.

Murray hatte allen gesagt, dass ein anderer Student mit ihnen eine Diskussion führen würde. Was er ihnen verschwiegen hatte: Der Gesprächspartner war ein redegewandter Rechtsstudent, den Murray darauf trainiert hatte, die Versuchspersonen zu ärgern; er sollte sie roh behandeln und

Der Psychologe Henry A. Murray führte umstrittene Experimente durch, in denen die Überzeugungen der Versuchspersonen erschüttert wurden.

ihre Lebensphilosophie lächerlich machen. Die Information über die Weltsicht seiner Opfer hatte er aus Tests und persönlichen Stellungnahmen gewonnen, die zum Experiment gehörten. Alle Testpersonen versuchten zuerst, ihre Haltung zu verteidigen, mussten aber vor der virtuos-zynischen Argumentation ihres Gegners kapitulieren und wurden schließlich von machtloser Wut übermannt.

Nach dieser Konfrontation folgte eine Kaskade weiterer Tests und Gespräche. Unter anderem mussten sich die Versuchspersonen die Aufnahme ihres Streitgesprächs anschauen und ihren Zorn kommentieren.

Was Murray mit dem Experiment genau hatte herausfinden wollen, ist bis heute unklar. Seine Ziele blieben diffus. Er wolle »eine Theorie der dyadischen Systeme entwickeln« und mit den Daten die Persönlichkeitsentwicklung des Menschen unterstützen, sagte er. Doch selbst seine Assistenten wussten nicht, worauf die Sache hinauslief. Sein Biograf schrieb, Murray habe bloß schauen wollen, was geschehe, wenn eine Person eine andere angreife.

Alston Chase vermutet, dass Murrays Experiment einen ganz anderen Ursprung hatte: Murray hatte mit 23 Jahren geheiratet, sieben Jahre später lernte er die ebenfalls verheiratete Christiana Morgan kennen, mit der er eine turbulente lebenslange Affäre begann. Einige seiner früheren Assistenten glauben, dass Murrays Experimente bloß ein Abbild dieser Beziehung waren. Kurz vor seinem Tod im Jahr 1988 bestätigte Murray diesen Verdacht indirekt. »Ich bin gefragt worden, warum Christiana und ich eine eigene Dyade begonnen haben«, schrieb er und nannte unter mehreren Gründen auch die beiden folgenden: »Ich hatte den Wunsch, meine Theorie zu entwickeln, in der zwei Leute (nicht nur eine Persönlichkeit) in einem System vereinigt sind, einem dyadischen System«; und: »Wir wollten auch mit verschiedenen Arten von Kombinationen bei der Arbeit und in der Freizeit experimentieren.« Murray schien die Affäre als Experiment betrachtet zu haben. Chase glaubt, die Konfrontationen im Murray-Experiment standen für seine Beziehung zu Christiana Morgan.

Kaczynski bezeichnete die Dyade später als eine »sehr unangenehme Erfahrung«. Ob sie der Wendepunkt in seinem Leben war? Nicht allein, sagt Chase, hinzu kamen die ethische Orientierungslosigkeit jener Zeit und Kaczynskis zerbrechliche Persönlichkeit.

Während seines letzten Jahres in Harvard entwickelte Kaczynski seine technikfeindliche Sicht der Welt. Er war überzeugt, dass Technik und Wissenschaft die Freiheit der Menschen bedrohten und ihre Gedanken zunehmend kontrolliert würden.

Nachdem Ted Kaczynski Harvard verlassen hatte, schrieb er an der University of Michigan eine brillante Doktorarbeit und nahm 1967 eine Stelle als Assistenzprofessor an der University of California in Berkeley an. 1969 verließ er Berkeley und baute die Hütte bei Lincoln, in der er die Attentate plante.

Zum Verhängnis wurde dem Unabomber schließlich der Text, den er am 24. Juni 1995 der *New York Times*, der *Washington Post* sowie dem Magazin *Penthouse* schickte: ein Traktat mit dem Titel »Industrial Society and its Future«, das als »Unabomber-Manifest« bekannt geworden ist. Er stellte in Aussicht, mit den Anschlägen aufzuhören, wenn der Aufsatz publiziert würde.

Am 19. September 1995 druckte die *Washington Post* den Text auf 56 Zeitungsseiten ab. Kurz danach meldete sich David Kaczynski beim FBI. Er vermutete, sein Bruder Ted könnte der Unabomber sein. Einige Stellen im Manifest hatte er wortwörtlich in alten Briefen von ihm wiedergefunden.

Ted Kaczynski wurde am 4. Mai 1998 zu lebenslanger Haft ohne Möglichkeit auf Begnadigung verurteilt. Nachdem Alston Chase in der Zeitschrift *The Atlantic Monthly* vom Juni 2000 angedeutet hatte, das Murray-Experiment könnte etwas mit Kaczynskis Werdegang zum Bombenleger zu tun haben, widersprach das Murray Research Center, das nach dem Forscher benannte Institut an der Harvard University. Andere Studenten, die am Experiment teilgenommen hatten, hätten das Streitgespräch nicht als Belastung empfunden, zudem habe Chase die Arbeit Murrays missverstanden.

◆ Chase, A. (2003), *Harvard and the Unabomber. The education of an American terrorist*, W. W. Norton.

Nachdem Ted Kaczynskis Codename »Gesetzestreu« in der Öffentlichkeit bekannt geworden war, sperrte das Murray Research Center den Zugang zu den Rohdaten des Experiments auf unbestimmte Zeit.

1959 **Der dreifache Christus**

Das unmögliche Treffen fand am 1. Juli 1959 in der Abteilung D-23 der staatlichen psychiatrischen Klinik in Ypsilanti in der Nähe von Detroit statt. Die drei Männer, die der Psychologe Milton Rokeach in einem kleinen, schmucklosen Besuchszimmer zusammenbrachte, stellten sich einer nach dem anderen vor. Zuerst ein Achtundfünfzigjähriger mit Glatze und Zahnlücken.

»Ich heiße Joseph Cassel. Ich bin Gott.«

Dann ein Siebzigjähriger, dessen Gemurmel schwer zu verstehen war.

»Ich heiße Clyde Benson. Ich wurde Gott.«

Zuletzt ein Achtunddreißigjähriger mit asketischem Körper und ernstem Gesicht, der sich weigerte, seinen wirklichen Namen, Leon Gabor, zu nennen.

»In meiner Geburtsurkunde steht, dass ich der wiedergeborene Jesus Christus von Nazareth bin.«

Das war die Ausgangslage für eines der bizarrsten Experimente in der Geschichte der Psychiatrie. Was geschieht mit Menschen, die mit dem äußersten vorstellbaren Widerspruch konfrontiert werden: mit einem anderen Menschen, der behauptet, dieselbe Identität zu haben? Wie würden die drei Männer darauf reagieren, dass es plötzlich mehr als einen Jesus gab? (Gott und Jesus war für die Männer dasselbe.)

Milton Rokeach beschäftigte sich schon lange mit der Frage, wie die Identität eines Menschen mit seinem inneren Glaubenssystem zusammenhängt. Welche inneren Standards sind zentral für die Persönlichkeit? Welche können sich ohne Folgen ändern? Und was geschieht, wenn eine Stütze des Glaubenssystems bedroht wird?

Dass Menschen sehr empfindlich auf die Verletzung ihrer Identität reagieren, hatte er bei seinen eigenen Kindern gesehen. Als er einmal zum Spaß seine beiden Töchter mit vertauschten Namen ansprach, machte das Vergnügen bald der Unsicherheit Platz. »Papa, das ist ein Spiel, oder?«, fragte die jüngere. Er verneinte, und kurz darauf baten ihn beide, damit aufzuhören. Rokeach hatte den Kern ihrer innersten Überzeugung angegriffen: das Wissen darum, wer sie waren.

Was geschehen wäre, wenn er die Namensverwechslung

eine ganze Woche lang durchgehalten hätte, konnte Rokeach nur erahnen. Ein Experiment dazu ließ sich aus ethischen Gründen nicht durchführen. Doch Berichte aus chinesischen Gefängnissen, wo mit ähnlichen Methoden Gehirnwäsche betrieben wurde, legten nahe, dass die Auswirkungen auf die Identität gravierend sind.

Auf der Suche nach einem bedenkenlosen Experiment kamen Rokeach Psychotiker in den Sinn: Menschen, die glauben, eine andere Person zu sein. Wenn er mehrere von ihnen, die dieselbe Identität für sich beanspruchten, zusammenbrächte, würden zwei innere Glaubensgrundsätze kollidieren: die falsche Überzeugung, wer sie waren, und die richtige, dass nicht zwei Leute dieselbe Identität haben können.

Three 'Christs' Together In State Hospital

EAST LANSING, Jan. 29 (AP)— Three mental patients — each claiming to be Jesus Christ— have been brought together at the Ypsilanti State Hospital.

»Drei ›Christusse‹ zusammen in staatlicher Anstalt« (*The Herald-Press*, 29. 1. 1960).

In der Literatur fand Rokeach zwei knappe Beschreibungen solcher Fälle: Im 17. Jahrhundert kamen in einem Irrenhaus per Zufall zwei Männer zusammen, die beide glaubten, Christus zu sein. Dreihundert Jahre später trafen sich ebenfalls in einer psychiatrischen Anstalt zwei Marien. In beiden Fällen soll die Konfrontation zur teilweisen Heilung geführt haben.

Rokeach hoffte, mit dem Experiment nicht nur mehr über das innere Glaubenssystem des Menschen zu erfahren, sondern auch über neue Therapiemöglichkeiten bei schweren Identitätsstörungen. Auf der Suche nach zwei Psychotikern, die dieselbe Identität beanspruchten, erkundigte er sich bei den fünf psychiatrischen Anstalten im Bundesstaat Michigan. Unter den 25 000 Patienten gab es nur eine Hand voll solcher Fälle. Keine Napoleons, keine Chruschtschows, keine Eisenhowers. Bloß ein paar Leute, die der Familiendynastie der Fords oder der Morgans anzugehören glaubten, darüber hinaus eine Frau Gott, ein Schneewittchen und ein Dutzend Mal Christus.

Von den drei Männern, die sich für Christus hielten und für das Experiment infrage kamen, befanden sich zwei in der Klinik Ypsilanti. Der dritte wurde dorthin verlegt. Zwei Jahre lang hatten sie ihre Betten nebeneinander, aßen am selben Tisch und bekamen ähnliche Arbeiten in der Wäscherei zugewiesen.

Leon Gabor war in Detroit aufgewachsen. Sein Vater hatte die Familie verlassen, die Mutter war eine religiöse Fanatikerin. Sie betete den ganzen Tag in der Kirche und ließ ihre Kinder allein zu Hause. Gabor ging kurze Zeit aufs Priesterseminar und dann zum Militär. Später lebte er wieder bei seiner Mutter, der er hörig war. 1953, Gabor war 32 Jahre alt, begann er Stimmen zu hören, die ihm sagten, er sei Jesus. Ein Jahr später landete er in einer psychiatrischen Anstalt.

Clyde Benson war auf dem Land in Michigan aufgewachsen. Als er zweiundvierzig war, starben seine Frau, sein Schwiegervater und seine Eltern. Die älteste Tochter heiratete und zog weg. Benson begann zu trinken und heiratete wieder, verlor sein Vermögen, wurde gewalttätig und landete im Gefängnis, wo er behauptete, Christus zu sein. 1942, mit 53 Jahren, wurde er in eine psychiatrische Anstalt eingewiesen.

Joseph Cassel war in der Provinz Quebec in Kanada zur Welt gekommen. Er war kein leutseliger Mensch, verkroch sich mit seinen Büchern und verlangte, dass seine Frau arbeitete, damit er an einem eigenen Buch schreiben konnte. Er zog mit der Familie zu den Eltern seiner Frau, wo er ständig befürchtete, vergiftet zu werden. Wegen dieser Wahnvorstellung kam er 1939 nach Ypsilanti. Damals war Cassel achtunddreißig Jahre alt. Zehn Jahre später begann er zu glauben, er sei Gott, Jesus und der Heilige Geist.

Schon nach wenigen Treffen hatte jeder der drei eine Erklärung für den Umstand, dass die beiden anderen auch Jesus sein wollten. Benson sagte: »Sie sind nicht wirklich am Leben. Die Maschinen in ihnen sprechen. Nimm die Maschinen raus, und sie werden nicht mehr sprechen.« Cassels Erklärung war von entwaffnender Logik: Gabor und Benson könnten nicht Jesus sein, weil sie ja offensichtlich Patienten in einer psychiatrischen Anstalt seien. Gabor hatte verschiedene Erklärungen für die unmögliche Identität der andern. Zum Beispiel: Sie wollten nur Jesus sein, um Prestige zu gewinnen. Aber er gestand ihnen zu, möglicherweise »ausgehöhlte Hilfsgötter mit einem kleinen g« zu sein.

Um die drei Männer besser kennen zu lernen, gab Rokeach bei den täglichen Treffen die Themen vor. Man sprach über Familie, Kindheit, die Ehefrauen und immer wieder über die eigene Identität. Es kam zu hitzigen Diskussionen, die nach drei Wochen zu einem ersten gewaltsamen Zusammenstoß führten: Als Gabor behauptete, Adam sei ein Schwarzer gewesen, haute ihm Benson eine runter. Nach zwei weiteren tätlichen Auseinandersetzungen – je einer zwischen Benson und Cassel und zwischen Cassel und Gabor – verhielten sich die drei Jesusse für den Rest des Experiments friedlich. Am Standpunkt, wer sie zu sein glaubten, hielten sie aber fest. Einzig Gabor hatte wahrscheinlich unter dem Eindruck von Bensons Ohrfeige seine Meinung über Adam geändert: Möglicherweise sei Adam doch kein Schwarzer gewesen.

Nach zwei Monaten übergab Rokeach die Gesprächsleitung den Männern. Abwechselnd leitete einer der drei die täglichen Zusammenkünfte, wählte das Diskussionsthema und gab die Tagesration an Zigaretten aus. Die Themen waren breit gestreut: Filme, Kommunismus, Religion, doch über ihre eigene Identität sprachen sie nicht mehr. Wenn einer trotzdem erwähnte, dass er Gott sei, dann wechselten die anderen das Thema.

Das änderte allerdings nichts an der Überzeugung eines jeden, der einzig wahre Christus zu sein. Gabor zeigte dem Personal seine selbst geschriebene Visitenkarte, auf der man lesen konnte: »Dr. Domino dominorum et Rex rexarum, Simplis Christianus Puer Mentalis Doktor, reincarnation of Jesus Christ of Nazareth«.

Im Januar 1960, etwa ein halbes Jahr nach dem ersten Treffen, änderte Gabor überraschend seinen Namen. Jetzt stand auf der Visitenkarte: »Dr. Righteous Idealed Dung Sir Simplis Christianus Puer Mentalis Doktor«.

»Wie sollen wir Sie ansprechen?«, fragte Rokeach.

»Sie haben das Vorrecht, mich Dr. Dung zu nennen.«

Der Name führte in der Klinik zu einigen Schwierigkeiten. Die Schwestern weigerten sich, einen Patienten »Dung« (Kot) zu nennen, doch Gabor reagierte auf keinen anderen Namen. Schließlich einigte sich Gabor mit der Oberschwester auf den Namen »R. I.« von »Righteous Idealed«.

Rokeach fragte sich sofort, ob der Namenswechsel bedeutete, dass Gabor seine Identität gewechselt hatte. Doch wahrscheinlich wollte sich Gabor damit bloß aus der

Schusslinie nehmen und zu keinen Konfrontationen mehr Anlass geben.

Im Verlauf des Experiments versuchte Rokeach immer wieder mit gezielten Interventionen, mehr über das Innenleben der Männer zu erfahren. Er schlug zum Beispiel vor, ihre Identitäten zu akzeptieren und sie deshalb anders anzusprechen: Cassel als »Mr. God«, Benson als »Mr. Christ«. Die Männer lehnten ab. Offenbar war ihnen klar, dass niemand außer ihnen glaubte, was sie glaubten, und dass eine offizielle Namensänderung nur Schwierigkeiten mit sich bringen würde. Ein andermal las er ihnen einen Artikel aus der Lokalzeitung vor, der von dem Experiment handelte. Rokeach fragte Benson, was er von den drei Personen darin halte.

»Die sind verrückt«, antwortete er.

»Wissen Sie, wer die Männer sind?«

»Nein, das weiß ich nicht.«

»Haben Sie eine Ahnung?«

»Nein, ihre Namen stehen nicht im Artikel.«

»Was halten Sie von dem, der seinen Namen geändert hat?«, fragte Rokeach. Er meinte Gabor.

»Er vergeudet seine Zeit nicht mit dem Versuch, Jesus zu sein.«

»Warum bedeutet der Versuch, Jesus zu sein, Zeit zu vergeuden?«

Benson stotterte ein wenig, als er sagte: »Warum sollte ein Mann versuchen, jemand anderer zu sein, wenn er noch nicht einmal er selber ist? Warum kann er nicht einfach er selber sein?«

Im weiteren Verlauf der Unterhaltung äußerte Benson die Meinung, die drei Männer im Artikel gehörten in eine psychiatrische Anstalt.

Im April 1960 sagte Gabor, dass er einen Brief von seiner Ehefrau erwarte. Rokeach sah darin einen Weg, das Experiment auszubauen, denn die Frau gab es nur in Gabors Vorstellung: Er war nie verheiratet gewesen. Rokeach wollte herausfinden, ob Gabor tatsächlich an ihre Existenz glaubte, und falls ja, ob er seine falsche Identität ablegte, wenn sie ihn darum bitten würde. Also begann er Briefe an Gabor zu schreiben, die er mit »sincerely Madame Dr. R. I. Dung« unterschrieb.

Für Gabor gab es die Frau tatsächlich. Er ging zu den in den Briefen genannten Treffpunkten, wo sie natürlich nie auftauchte. Etwa eine Woche nach dem ersten Brief erklärte er Rokeach, dass seine Frau eigentlich Gott sei. Rokeach alias Madame Dr. R. I. Dung schickte in den Briefen auch Instruktionen: Gabor solle mit den Männern ein bestimmtes Lied singen oder Geld teilen. Am Anfang befolgte er die Befehle, doch der Bitte seiner Frau, den Namen Dr. R. I. Dung abzulegen, kam er nicht nach.

Am 15. August 1961, zwei Jahre nach der ersten Zusammenkunft, trafen sich die drei Christusse von Ypsilanti – so lautet auch der Titel von Rokeachs Buch über das Experiment – zum letzten Mal. Rokeach hatte die Hoffung begraben, sie mit der Therapie in die Realität zurückzubringen. Er hatte erkannt, dass die drei Männer es vorzogen, in Frieden miteinander zu leben, statt die Frage ihrer Identität abschließend zu klären.

◆ Rokeach, M. (1964), *The Three Christs of Ypsilanti*. Alfred A. Knopf.

1961 **Gehorsam bis zum Letzten**

Als Morris Braverman im Sommer 1961 die Linsly-Chittenden Hall an der Yale University in New Haven, Connecticut, betrat, konnte er nicht wissen, dass er eine Stunde später ohne Grund einen Menschen gefoltert haben würde. Braverman, ein neununddreißigjähriger Sozialfürsorger, meldete sich auf ein Inserat in der Lokalzeitung: »Wir bezahlen 500 Männer aus New Haven, die uns bei der Erstellung einer wissenschaftlichen Untersuchung über Gedächtnisleistung und Lernvermögen helfen.« Die Entschädigung für »etwa eine Stunde« betrage vier Dollar plus 50 Cent für die Fahrtkosten. Braverman schickte den Anmeldebogen an die angegebene Adresse. Ein paar Tage später wurde er per Telefon eingeladen.

Was dann folgte, wurde zum umstrittensten Experiment der Sozialpsychologie. Für manche ist es das wichtigste Experiment, das je über menschliches Verhalten gemacht worden ist, für andere hätte es nie stattfinden dürfen. Bald hieß es nur noch das »Milgram-Experiment«, nach dem siebenundzwanzigjährigen Assistenzprofessor Stanley Milgram (S. 177, 184), der es sich ausgedacht hatte. Heute ist es so bekannt, dass es in Zeitungsberichten über den Genozid in

Der Psychologe Stanley Milgram mit dem Elektroschockgenerator, einer Attrappe, die den Versuchspersonen vortäuschte, sie würden richtige Schocks austeilen.

Ruanda und die Folterungen im Irak vorkommt. In Frankreich heißt eine Punk-Rockband »Milgram«, und in New York nennt sich ein Komikerduo »The Stanley Milgram Experiment«. Stanley Milgram machte sein Experiment weltberühmt, und es kostete ihn die Karriere.

Als Braverman das Labor betrat, begrüßte ihn der Versuchsleiter, ein junger Mann in einer grauen Laborschürze, und stellte ihn der zweiten Versuchsperson vor, die schon vor ihm eingetroffen war: James McDonough, ein siebenundvierzigjähriger Buchhalter aus West Haven. Der Versuchsleiter erklärte den beiden zuerst, worin das Ziel des Experiments bestehe: Man wolle die Auswirkungen von Strafen auf den Lernerfolg messen. Dafür müsse einer von ihnen den Lehrer, der andere den Schüler spielen. Der Versuchsleiter ließ Braverman und McDonough ein Los ziehen, das ihnen ihre Rolle zuwies. Was Braverman nicht wusste: Bei der Ziehung wurde gemogelt, auf beiden Zetteln stand »Lehrer«. McDonough war ein Schauspieler, der den zweiten Versuchsteilnehmer bloß mimte. Für das Experiment, das Milgram machen wollte, musste die uneingeweihte Versuchsperson, also Braverman, den Lehrer spielen.

Nach der Ziehung der Zettel führte der Versuchsleiter McDonough in einen Nebenraum, wo er ihn an einen Stuhl fesselte, der entfernte Ähnlichkeit mit einem elektrischen Stuhl hatte. An seinem linken Handgelenk befestigte er eine Elektrode, die, so erklärte er Braverman, mit dem Stromgenerator im Hauptraum verbunden sei. Die rechte Hand hatte gerade so viel Bewegungsfreiheit, dass die Finger einen Apparat mit vier Tasten erreichen konnten, der auf dem Tisch stand. Auf die Frage von McDonough nach der Stärke der Elektroschocks sagte der Versuchsleiter, sie seien zwar »sehr schmerzhaft«, aber es seien »keine bleibenden Gewebeschäden« zu befürchten.

Zurück im Hauptraum, erklärte er Braverman seine Aufgabe. Über eine Gegensprechanlage solle er McDonough im Nebenraum Wortpaare vorlesen: »Blau-Schachtel«, »Schön-Tag«, »Wild-Vogel« und so weiter. Bei einem zweiten Durchgang solle Braverman nur noch das erste Wort des Paares vorgeben. Es sei nun die Aufgabe von McDonough, sich an das zweite zu erinnern. Wenn Braverman also »Blau« sage und McDonough dann vier Möglichkeiten gebe – »Tag«, »Schachtel«, »Himmel«, »Vogel« –, müsse dieser mittels Tastendruck die richtige auswählen.

Drücke McDonough die korrekte Taste, solle Braverman mit dem nächsten Wort in der Liste fortfahren. Wenn McDonough jedoch die falsche Antwort gebe, müsse Braverman ihn mit einem Stromstoß bestrafen. Beim ersten Fehler mit 15 Volt, beim zweiten mit 30 Volt, beim dritten mit 45 Volt und so weiter, bis die Spannung 450 Volt erreiche. Dazu hatte Braverman ein Gerät mit einer langen Reihe von Schaltern vor sich, auf dessen Typenschild zu lesen war: »Shock Generator, Type ZLB, Dyson Instrument Company, Waltham, Mass., Output 15 Volts – 450 Volts.« Hätte sich Braverman in Waltham ausgekannt, hätte er gewusst, dass es dort keine Firma mit diesem Namen gab.

Milgram hatte die Idee für dieses Experiment 1960 als Student an der Princeton University, New Jersey. Sein Mentor dort, der Psychologe Solomon Asch, wies mit einem später berühmt gewordenen anderen Experiment den enormen Druck nach, den eine Gruppe auf einen Einzelnen ausüben kann. Die Versuchspersonen gaben dabei in einer Schätzaufgabe bewusst ein falsches Urteil ab, um sich gruppenkonform zu verhalten.

Milgram wollte daraufhin den Einfluss des Gruppendrucks in einer weniger harmlosen Situation testen. Würde sich eine Versuchsperson dazu bringen lassen, einem anderen Menschen grundlos Schmerzen zuzufügen? Bei Vorversuchen wollte Milgram feststellen, wie weit die Versuchspersonen ohne Gruppendruck gehen würden. Dabei stellte sich heraus, dass die Gruppe gar nicht nötig war: Eine einzige Person reichte aus.

Von alledem wusste Braverman nichts, als er nach dem ersten Fehler von McDonough den 15-Volt-Elektroschock austeilte. McDonough machte weitere Fehler, und Braverman erhöhte die Spannung, wie es ihm vor dem Versuch aufgetragen worden war, jedes Mal um 15 Volt.

Nach dem 120-Volt-Schock sagte McDonough dem Versuchsleiter über die Gegensprechanlage, dass die Schocks jetzt schmerzhaft würden. Bei 150 Volt schrie McDonough: »Versuchsleiter, holen Sie mich raus! Ich will bei diesem Experiment nicht mehr länger mitmachen. Ich weigere mich weiterzumachen!« Bei 180 Volt: »Ich kann den Schmerz nicht aushalten!« Bei 270 Volt brüllte McDonough und sagte, er werde ab jetzt keine Antworten mehr geben.

Braverman wandte sich an den Versuchsleiter. Der sagte: »Bitte fahren Sie fort« und wies ihn an, keine Antwort wie eine falsche zu behandeln und den Schüler mit dem Schock zu bestrafen. Braverman rutschte nervös auf dem Stuhl hin und her und begann keuchend zu lachen, machte aber weiter. McDonough gab jetzt keine Antworten mehr, sondern schrie nur noch bei jedem Stromstoß.

Braverman wandte sich noch einmal an den Versuchslei-

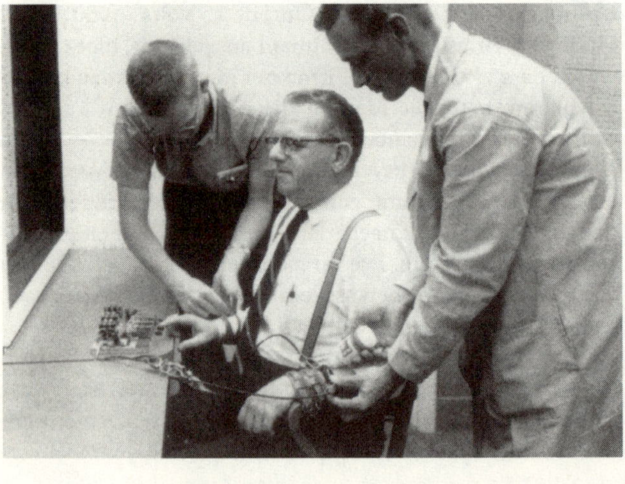

Am Körper des vermeintlich herzkranken Opfers – in Wirklichkeit ist es ein Schauspieler – werden Elektroden befestigt.

ter: »Muss ich diesen Anweisungen wörtlich folgen?« Der Versuchsleiter antwortete: »Das Experiment verlangt, dass Sie weitermachen.« Braverman machte weiter. Nach 330 Volt verstummte McDonough. Braverman bot sich halbherzig an, mit ihm zu tauschen. Doch dann machte er weiter. Unter dem Kippschalter für 375 Volt stand: »Gefahr: schwerer Elektroschock.« Braverman machte weiter bis zum letzten Kippschalter bei 450 Volt.

Morris Braverman, Sozialfürsorger aus New Haven, war nicht der Einzige, der im Sommer 1961 lebensgefährliche Elektroschocks austeilte, bloß weil ein Versuchsleiter ohne besondere Machtbefugnisse es ihm befahl. Auch der Arbeiter Jack Washington, der Schweißer Bruno Batta, die Krankenschwester Karen Dontz und die Hausfrau Elinor Rosenblum gingen bis ans Ende der Skala. Mehr als 1000 Versuchspersonen nahmen an Milgrams Experiment in verschiedenen Variationen teil. Zwei Drittel gingen bis zum 450-Volt-Schock.

Auf dieses Resultat war Milgram nicht vorbereitet. Niemand war es. Auf Vorträgen beschrieb er das Experiment im Detail und befragte die Zuhörer nach ihrer Einschätzung. Weder Psychologen noch Laien sagten die Bereitschaft zum Gehorsam auch nur annähernd richtig voraus. Die meisten vermuteten, dass niemand höher als 150 Volt gehen würde.

Milgram wusste, dass sein Experiment eine Sensation war, doch aus wissenschaftlicher Sicht gab es eine Schwierigkeit damit: Es löste weder ein Problem, noch bestätigte es eine Theorie. Zweimal lehnten Fachzeitschriften die Publikation ab. Erst als Milgram in einem dritten Anlauf mehrere Versionen des Experiments beschrieb und miteinander verglich, wurde seine »Verhaltensstudie über Gehorsamkeit« 1963 im *Journal of Abnormal and Social Psychology* veröffentlicht.

Milgram führte das Experiment in fast zwanzig Variationen durch. Mal klagte der Schüler über Herzschwäche, mal fand das Experiment in einem armseligen Bürogebäude außerhalb der Universität statt, mal teilten Frauen die Elektroschocks aus. Mit unverändertem Resultat: Über die Hälfte der Versuchsteilnehmer gingen bis zum Maximalschock.

In anderen Versionen des Experiments befand sich der Schüler im gleichen Raum wie die Versuchsperson. Der Gehorsam sank zwar deutlich, doch selbst wenn der Versuchsleiter der Versuchsperson befahl, die Hand des Schülers eigenhändig auf die Schockplatte zu pressen, von der der Stromstoß kam, ging noch ein Drittel bis zu den 450 Volt. Die körperliche Nähe zum Opfer schien zwar wichtig zu sein, noch entscheidender war jedoch die Nähe des Versuchsleiters. Als er seine Anweisungen über das Telefon gab, gehorchte nur noch eine von fünf Versuchspersonen.

Kaum hatte Milgram seine Resultate veröffentlicht, wusste die ganze Welt davon. Die Zeitungen berichteten darüber und versuchten den Ausgang des Versuchs zu deuten. Die große Frage war: Handeln Menschen im richtigen Leben ebenso wie die verschreckten Versuchsteilnehmer? Darüber wird bis heute gestritten. Milgram selbst sah das Experiment immer in Zusammenhang mit den Verbrechen der Nazis im Zweiten Weltkrieg. Seit der Krieg vorbei war, suchte die Welt nach einer Erklärung für den Holocaust. Milgram war überzeugt, dass die Bereitschaft zum Gehorsam, die in allen Menschen steckt, eine mögliche war.

Als seine Studie publiziert wurde, hatte die Philosophin Hannah Arendt gerade vom Prozess gegen den Naziverbrecher Adolf Eichmann in Jerusalem berichtet. In ihren berühmt gewordenen Artikeln für die Zeitschrift *The New Yorker* stellte sie das Konzept der »Banalität des Bösen« auf. Arendt behauptete, Eichmann sei nicht das sadistische Ungeheuer, als das ihn der Staatsanwalt darzustellen versuche, sondern ein fantasieloser Bürokrat, der einfach seine Pflicht getan habe.

Das passte genau zu Milgrams Experiment. Seine Versuchsteilnehmer waren weder besonders aggressiv, noch empfanden sie Vergnügen, als sie dem Schüler die Elektroschocks verabreichten. Ganz im Gegenteil: Viele wurden nervös, begannen zu schwitzen oder stritten sich mit dem Versuchsleiter, doch die Kraft, das Experiment abzubrechen, hatten nur wenige. Offenbar erleben Menschen Gehorsamsverweigerung als einen so radikalen Akt, dass sie es stattdessen vorziehen, ihre grundlegenden moralischen Überzeugungen über Bord zu werfen. »Der Schlüssel zum Verhalten von Personen liegt nicht in einem aufgestauten

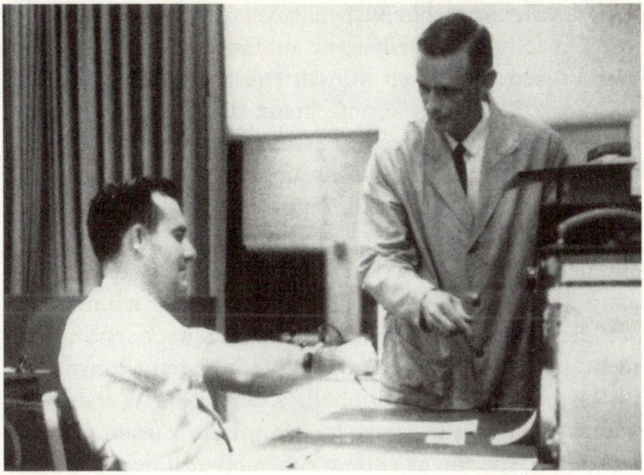

Der Versuchsperson wird befohlen, dem Opfer im Nebenraum als Strafe für falsche Antworten Elektroschocks auszuteilen.

Ärger oder in Aggression, sondern in ihrer Beziehung zur Autorität«, war Milgrams Folgerung.

Im September 1961, kurz nachdem sich das erschreckende Resultat abzuzeichnen begann, schrieb Milgram an seinen Geldgeber, die National Science Foundation: »Früher habe ich mich gefragt, ob eine grausame Regierung in den ganzen USA genug moralische Dummköpfe finden könnte, um den Personalbedarf für ein nationales System von Konzentrationslagern, wie es sie in Deutschland gegeben hat, zu decken. Jetzt glaube ich langsam, dass die ganze Belegschaft in New Haven allein rekrutiert werden könnte.«

Die Verbindung des Experiments mit dem Holocaust machte Milgram zur umstrittenen Figur, doch viel schwerer wog die Kritik, sein Experiment sei unethisch gewesen. Die Frage war, wie viel Stress einer Versuchsperson zugemutet werden darf. Einige seiner Kollegen waren der Meinung, Milgram sei zu weit gegangen. Er selbst hatte damit gerechnet, dass diese Vorwürfe kommen würden, aber er war enttäuscht darüber, dass die Sorgfalt, mit der er das Experiment vorbereitet hatte, nicht gewürdigt wurde.

Nach Abschluss des einstündigen Versuchs wurde der Schüler aus dem Nebenraum geholt, und man erklärte der Versuchsperson, dass er in Wahrheit gar keine Elektroschocks bekommen habe. In einer Nachuntersuchung be-

Das Milgram-Experiment wurde auch in der Populärkultur aufgegriffen. Im Bild das Album *Vierhundertfünfzig Volt* der französischen Punkrockband »Milgram«. 450 Volt maß der stärkste Elektroschock im Versuch.

◆ Der Psychologe Thomas Blass hat kürzlich die erste Biografie über das erstaunliche Leben von Milgram publiziert: *The Man Who Shocked the World: The Life and Legacy of Stanley Milgram* (2004). Basic Books.

◆ Milgram, S. (1974), *Obedience to Authority. An Experiment View*, Harper & Row. Übersetzung: *Das Milgram-Experiment* (1997). Rowohlt Tb. Allgemein verständlich und immer noch lesenswert.

◆ Milgram, S. (1963), Behavioral Study of Obedience. *Journal of Abnormal and Social Psychology* 67 (4), S. 371–378.

fragte Milgram schließlich alle Versuchsteilnehmer über ihre Einstellung zur Teilnahme am Experiment. Weniger als zwei Prozent von ihnen wünschten sich, nicht mitgemacht zu haben. Trotzdem könnte heute das Experiment nicht mehr durchgeführt werden: Die Aufregung um Milgrams Versuch hatte zur Folge, dass an allen Universitäten ethische Richtlinien über die Zulassung von Experimenten aufgestellt wurden.

Es gibt nur noch wenige direkt Beteiligte, die vom Hergang des Experiments erzählen wollen oder können. Wer von den über tausend Versuchspersonen noch lebt, spricht nicht gerne darüber. Milgrams Daten liegen anonymisiert in Karteikästen in der Bibliothek der Yale University. Alle Namen von Versuchsteilnehmern, die in Zusammenhang mit dem Experiment auftauchen, sind geändert worden – auch die in diesem Artikel.

Einer der wenigen Zeitzeugen ist Milgrams Forschungsassistent Alan Elms. Er ist heute Professor für Psychologie an der University of California und erzählt, dass viele Leute noch immer mit einer Mischung aus Faszination und Abscheu reagieren, wenn sie hören, dass er beim Experiment dabei gewesen war.

Milgram bezahlte einen hohen Preis dafür, dass er dem Menschen eine unangenehme Botschaft über sein Wesen überbrachte: An der Harvard University, wo er später Assistenzprofessor war, wurde er nie fest angestellt. Im Jahr 1967 wechselte er an die unbedeutende City University of New York, wo er 1984 im Alter von 51 Jahren an Herzversagen starb. Seine Frau wurde kürzlich zum ersten Mal Großmutter. Einem Reporter erzählte sie, dass ihr Enkel mit zweitem Vornamen Stanley heiße. Warum nicht mit erstem? »Ich glaube, es wäre eine Belastung, mit dem Namen Stanley Milgram durchs Leben zu gehen.«

1962 **Karfreitag auf Drogen**

Der Gottesdienst am Karfreitag 1962 war für zehn Theologiestudenten der Andover Newton Theological School ein besonderes Ereignis. An die Predigt von Pfarrer Howard Thurman erinnerten sie sich danach zwar kaum, dafür an einen Ozean von Farben, Stimmen aus dem Jenseits und das Gefühl, mit der Welt zu verschmelzen. Die Studenten waren high.

Anfang der Sechzigerjahre wandten sich mutige Wissenschaftler der Erforschung bewusstseinsverändernder Substanzen zu. Es war die Zeit, als zu einer Vorlesung über Mystik die praktische Übung gehörte, halluzinogene Pilze zu schlucken, und eine Doktorarbeit darin bestehen konnte, Studenten unter Drogen zu setzen und ihr Verhalten zu beobachten. Genau das tat Walter Pahnke. Der junge Arzt und Theologe von der Harvard University wollte herausfinden, ob psychedelische Drogen mystische Gefühle erzeugen können, wie sie sonst nur wenige Leute zum Beispiel in religiöser Trance erleben. Das hatten die Benutzer von LSD, Psilocybin oder Meskalin immer wieder behauptet.

Bevor Timothy Leary zur Leitfigur der Gegenkultur der Sechzigerjahre wurde, führte er an der Harvard University Drogenexperimente durch.

Pahnke wandte sich an Timothy Leary, der in Harvard seit kurzer Zeit Drogenexperimente durchführte und später zu einer Leitfigur der Gegenkultur der Sechzigerjahre wurde. Er schlug Leary ein Experiment vor: Versuchspersonen nehmen an einem Gottesdienst teil; die Hälfte bekommt eine bewusstseinserweiternde Droge. Danach füllen alle Teilnehmer Fragebogen aus und werden interviewt. Ein Vergleich mit Beschreibungen mystischer Erfahrungen aus der Religion soll zeigen, ob es einen Unterschied gibt.

Leary war halb schockiert, halb amüsiert. »Es war, als hätte Pahnke vorgeschlagen, zwanzig Jungfrauen Aphrodisiaka zu geben, um einen Massenorgasmus zu produzieren«, schrieb er später in seiner Autobiografie. Er erklärte Pahnke, dass eine psychedelische Drogenerfahrung etwas sehr Privates sei und dass man selbst mehrere Trips erlebt haben müsse, bevor man überhaupt daran denken könne, ein solches Experiment zu planen. Doch damit wollte Pahnke bis zur Annahme seiner Doktorarbeit warten. Niemand sollte ihm Voreingenommenheit vorwerfen können. Wenn das Experiment eine Chance hatte, dann nur, wenn er selbst noch keine Drogen genommen hatte.

Leary war beeindruckt von Pahnkes Sturheit und organisierte schließlich bei sich zu Hause einen Test mit ein paar Theologiestudenten. In seiner Biografie schreibt er, jeder der Teilnehmer habe »Visionen so dramatisch wie jene von

Moses oder Mohammed« gehabt, »es war starker Altes-Testament-Tobak«. Einer fürchtete zu sterben, ein anderer »kopulierte mit dem Teppich«. Für Leary kein Grund zur Besorgnis: »Es kam zu Bewusstseins- und Identitätskrisen – aber es war gesund und natürlich.«

Nachdem Pahnke und Leary das Verfahren festgelegt hatten, konnte das Experiment stattfinden. Am Karfreitagmorgen, zwei Stunden vor dem Gottesdienst, trafen sich zwanzig Theologiestudenten im Keller der Marsh-Kapelle der Boston University. Sie wurden ermuntert, »während des Experiments nicht zu versuchen, die Wirkung der Droge zu bekämpfen, selbst wenn die Erfahrung sehr ungewöhnlich oder erschreckend sein sollte«.

In Vierergruppen warteten sie in getrennten Räumen auf die Kapseln mit dem Psilocybin, dem magischen Pilz in Pulverform, den auch Naturvölker bei Ritualen benutzen. Jede Gruppe hatte zwei Begleiter. Am Abend zuvor hatte eine am Experiment nicht beteiligte Person die Kapseln abgepackt, für jede Gruppe zwei mit der Droge und zwei Placebos. Pahnke wollte sein Experiment nach den strikten Regeln eines Medikamentenversuchs doppelblind durchführen: Damit die Daten unvoreingenommen ausgewertet werden konnten, durften weder die Probanden noch die Versuchsleiter wissen, wer wirklich den magischen Pilz bekommen hatte. Er wandte sogar noch eine weitere Verschleierungstaktik an: Die Placebokapsel enthielt nicht wie üblich ein unwirksames Pulver, sondern 200 Milligramm Nikotinsäure, ein Vitamin, das Hitzewallungen erzeugt und den Teilnehmern damit die Wirkung der Droge vortäuschte. Zu Beginn jedenfalls, denn es wurde schnell klar, wie nutzlos es war, ein Experiment mit psychedelischen Drogen doppelblind durchzuführen. Am Anfang entstand zwar durch die Wirkung der Nikotinsäure Verwirrung, aber nach kurzer Zeit war klar, wer zu welcher Gruppe gehörte. Die Liste, auf der verzeichnet war, wer ein Placebo und wer die Droge bekommen hatte, hätte man bei der Auswertung gar nicht mehr gebraucht.

Die fünf Gruppen wurden zum Gottesdienst in die kleine Kellerkapelle geführt, wo Pfarrer Thurmans Stimme aus dem Lautsprecher klang. Er hielt seine offizielle Karfreitagspredigt in der Kapelle ein Stockwerk höher. Zehn der zwanzig Versuchspersonen saßen aufmerksam in der Bank. Von den anderen zehn wanderten einige murmelnd durch die Kapelle, einer lag auf dem Boden, einer quer auf einer Bank, einer saß an der Orgel und spielte schräge Akkorde. Auch fünf der zehn Begleiter verhielten sich sonderbar. Leary hatte gegen den Willen von Pahnke durchgesetzt, dass auch sie die Droge bekamen. »Wir sitzen alle im gleichen Boot. Geteilte Unwissenheit. Geteilte Hoffnung. Geteiltes Risiko«, lautete seine Begründung.

Der Gottesdienst dauerte zweieinhalb Stunden. Danach wurden die Studenten zum ersten Mal interviewt. Um fünf Uhr lud Leary alle zu sich zum Essen ein, doch die Studenten, die das Psilocybin bekommen hatten, »waren immer noch zu high, um viel anderes zu tun, als ihren Kopf zu schütteln und ›Wow!‹ zu sagen«, erinnerte er sich später.

In den Tagen nach dem Experiment und noch einmal sechs Monate später wurden die Versuchsteilnehmer nach ihren Erlebnissen befragt. Pahnke wollte den Grad des mystischen Erlebens mit seinem Fragebogen testen. Er bestand aus Fragen zu neun Bereichen, darunter das Gefühl, eins mit sich selbst zu sein, der Eindruck der Transzendenz von Raum und Zeit, auch zur Stimmung, Unbeschreiblichkeit und Vergänglichkeit. Die Resultate waren eindeutig: Acht der zehn Studenten, die den magischen Pilz genommen hatten, erlebten mindestens sieben der typisch mystischen Eindrücke und Empfindungen. Aus der Kontrollgruppe erreichte niemand diesen Wert. Sie lag in jeder Kategorie weit hinter der Experimentalgruppe zurück.

Auch in den Interviews zeigte sich der Unterschied. Die Studenten auf Psilocybin gaben an, der Trip habe auch auf ihren Alltag eine positive Wirkung gehabt: Sie hätten als Folge bewusster gelebt, sich mehr Gedanken über ihre Lebensphilosophie gemacht, sich sozial stärker engagiert. Pahnke glaubte, die positiven Folgen seien darauf zurückzuführen, dass der Gottesdienst einen vertrauten Rahmen bot, die Drogenerfahrung einzuordnen.

Das Schlucken von 30 Milligramm weißen Pulvers führte einen Bewusstseinszustand herbei, der sich nicht von dem unterscheiden ließ, was Christen, Buddhisten oder Hindi nach Selbstgeißelung, Einsiedlertum und jahrelangen Meditationsübungen erlebten. Das war eine kühne Erkenntnis. »Einigen Theologen mag die Vorstellung ironisch oder profan erscheinen, dass es möglich ist, mithilfe von Drogen an einem freien Samstagnachmittag eine mystische Erfahrung zu haben«, schrieb Pahnke. Für ihn war diese Möglichkeit jedoch nur ein Zeichen für die »unzulänglichen Methoden, die der Mensch anwendet, um sie zu erlangen.«

Pahnke war sich bewusst, dass psychedelische Drogen in der Kirche ein Reizthema waren. Das Experiment warf nicht nur die Frage auf, ob mystische Erfahrungen allein auf neurologischen Vorgängen basierten und ob der göttliche Funke in Wirklichkeit irdische Hirnchemie war. Es stellte auch den Grundsatz infrage, dass man sich eine mystische Erfahrung mit Askese verdienen muss. Doch Pahnke glaubte trotzdem daran, dass die Erforschung dieser neuen Bewusstseinszustände eine große Zukunft habe. Er träumte von einem Institut mit Psychologen, Psychiatern und Theologen, die den Mystizismus experimentell erforschten. Doch es kam anders: Pahnkes Doktorarbeit wurde zwar angenommen, doch für weitere Experimente erhielt er kein Geld mehr. Psychedelische Drogen wurden verboten, da die Gesundheitsbehörden sie für gefährlich hielten. Leary wurde gefeuert. Pahnke kam 1971 bei einem Tauchunfall ums Leben.

Fünfundzwanzig Jahre nach dem Experiment machte sich der Psychologe Rick Doblin auf die Suche nach den Versuchsteilnehmern. In vierjähriger Detektivarbeit gelang es ihm, neunzehn der zwanzig Männer ausfindig zu machen. Sechzehn ließen sich interviewen und füllten noch einmal denselben Fragebogen aus. Das Resultat war erstaunlich konsistent: Die Männer der Experimentalgruppe und der Kontrollgruppe gaben ähnliche Antworten wie ein Vierteljahrhundert zuvor. Die Versuchspersonen aus der Experimentalgruppe bezeichneten den Karfreitagsgottesdienst von 1962 als einen der Höhepunkte ihres spirituellen Lebens. Alle gaben an, das Experiment habe sie positiv beeinflusst. Einige führten ihre spätere soziale Einstellung darauf zurück, andere ihren positiven Umgang mit der Angst vor dem Tod.

Allerdings erinnerte sich die Mehrheit der Versuchspersonen auch an negative Aspekte. Es gab Momente während des Experiments, in denen sie fürchteten, verrückt zu werden oder zu sterben. Darüber sprach Pahnke in seiner Doktorarbeit nur am Rande. Vor allem verschwieg er, dass einer Versuchsperson ein Gegenmittel gespritzt werden musste, weil die Situation außer Kontrolle geraten war: Ein Student wollte Pfarrer Thurmans Aufruf, die Botschaft Christi weiterzuverbreiten, sofort in die Tat umsetzen, verließ die Kapelle und ging auf die Straße, von wo man ihn zurückholen musste.

Trotzdem fällt das Urteil über das Experiment bei Doblin weitgehend positiv aus. Die Männer aus der Experimentalgruppe sind zwar nicht zu Befürwortern einer totalen Liberalisierung von Drogen geworden, aber sie sind der Meinung, dass eine Drogenerfahrung im richtigen Umfeld durchaus bereichernd sein könne.

Von der Kontrollgruppe gab bloß ein Teilnehmer an, das Experiment habe ihm viel gebracht. Es war allerdings nicht der Gottesdienst selber, der für ihn positive Folgen hatte, sondern die dabei gefasste Entscheidung, bei der nächsten sich bietenden Gelegenheit selbst psychedelische Drogen auszuprobieren.

◆ Doblin, R. (1991), Pahnke's »Good Friday Experiment«: A Long-Term Follow-Up and Methodological Critique. *The Journal of Transpersonal Psychology* 23 (1), S. 1–28.

◆ Pahnke, W., und Richards, W. (1966), Implications of LSD and Experimental Mysticism. *Journal of Religion and Health* 5 (3), S. 175–208.

1962 **Erkenntnisgewinn mit Keksausstechern**

Das Experiment des amerikanischen Psychologen James J. Gibson war auf den ersten Blick nicht dazu ausersehen, berühmt zu werden. Es belegte eine Tatsache, die längst bekannt war, und war so einfach, dass jeder mit ein paar Keksausstechern aus der Küchenschublade es auf der Stelle nachmachen konnte. Doch Gibson erkannte die tiefere Bedeutung des offensichtlichen Resultats und löste damit einen Paradigmenwechsel in der Erforschung der Wahrnehmungsfähigkeit des Menschen aus.

Das Experiment ging so: Eine Versuchsperson steckte ihre Hände unter einen Tuchvorhang, wo sie einen von sechs verschieden geformten Keksausstechern erkennen sollte. Wenn sie die Form selbst in die Hand nehmen und abtasten durfte, lag die Trefferquote bei 95 Prozent, wenn sie sie in die offene Handfläche gedrückt bekam, ohne sie selbst zu halten, nur bei 49 Prozent. Das scheint nicht erstaunlich zu sein. Wer würde bestreiten, dass eine Form am zuverlässigsten und schnellsten erkannt wird, wenn die Finger sie erforschen können?

Doch Gibson fiel auf, wie sonderbar dieses Resultat eigentlich war. Angenommen, bei der Form handelte es sich um einen Stern. Die Aufgabe für das Gehirn wäre eigentlich viel einfacher, wenn dieser Stern, ohne sich zu bewegen, auf die Haut gepresst würde. Dann entspräche das Bild, das die Rezeptoren in der Haut dem Gehirn melden, genau dem Abbild des Sterns. Wenn die Finger den Stern dagegen aktiv abtasten, überfluten die Fingerspitzen das Gehirn mit einem Chaos aus zeitlich gestaffelten Nervensignalen, die nichts mit der Form eines Sterns zu tun haben und die, wenn sie denselben Stern zweimal abtasten, nicht zweimal dieselben sind. Und trotzdem führte das aktive Abtasten zu einer doppelt so hohen Erkennungsrate.

Konnte das wirklich stimmen? Vielleicht kam die unterschiedliche Trefferquote nur zustande, weil die Fingerspitzen empfindlicher sind als die Handfläche, überlegte sich Gibson und machte ein zweites Experiment: Die Versuchspersonen bekamen die Keksausstecher wie beim ersten Mal in die Handfläche gedrückt. Dabei blieben sie entweder unbewegt, oder sie wurden in kurzem Rhythmus geringfügig um die eigene Achse nach links und rechts bewegt. In beiden Fällen waren Rezeptoren in der gleichen Hautregion mit ähnlicher Empfindlichkeit aktiv. Wie beim Abtasten stieg die Erkennungsrate für das bewegte Objekt – von 49 auf 72 Prozent.

»Die Form eines Objektes schien dann am klarsten hervorzutreten, wenn die Form der Hautverformung am unklarsten war«, beschrieb Gibson die paradoxe Situation. »Eine klare, unveränderte Wahrnehmung entsteht dann, wenn sich der Fluss der Sinneseindrücke am stärksten ändert.«

Für diesen Umstand fand Gibson nur eine Erklärung: Die bisherige Vorstellung, wie der Tastsinn funktioniert, war falsch. Der Tastsinn ist nicht einfach das passive Weiterleiten von Berührungsreizen, sein Wesen liegt vielmehr im aktiven Erforschen von Formen, dem ein Strom wechselnder Reize entspringt. Das Gehirn ist offenbar in der Lage, aus diesen sich ständig ändernden Sinneseindrücken die unveränderlichen Strukturen herauszufiltern, die der Beschaffenheit unserer Umwelt entsprechen.

◆ Gibson, J. J. (1962), Observations on Active Touch. *Psychological Review* 69 (6), S. 477–491.

1963 **Die verlorenen Briefe**

Stellen Sie sich vor, Sie fänden auf einem Spaziergang in Ihrer Nachbarschaft einen frankierten Brief auf der Straße, der an die »Freunde der Nazi-Partei« adressiert wäre. Würden Sie ihn einwerfen? Was, wenn er an die »Freunde der Kommunistischen Partei« ginge, an die »Gesellschaft für medizinische Forschung« oder einfach an einen gewissen Walter Carnap?

Vor dieser Frage standen im Frühling 1963 viele Einwohner des Städtchens New Haven, Connecticut, die einen solchen Brief fanden. Was die Passanten nicht wussten: Die Briefe waren nicht etwa verloren gegangen, wie es den Anschein hatte. Vielmehr hatten Yale-Studenten sie sorgsam platziert: auf der Straße, in Telefonzellen, Läden und unter Scheibenwischern von Autos, versehen mit der Bleistiftnotiz »In der Nähe des Autos gefunden«. Sie verteilten die Briefe so, dass möglichst nicht eine Person zwei davon fand. Dann wäre ihr nämlich aufgefallen, dass sich die Adressaten zwar unterschieden, die Adresse aber immer dieselbe blieb: »P. O. Box 7147, 304 Columbus Avenue, New Haven 11, Connecticut«.

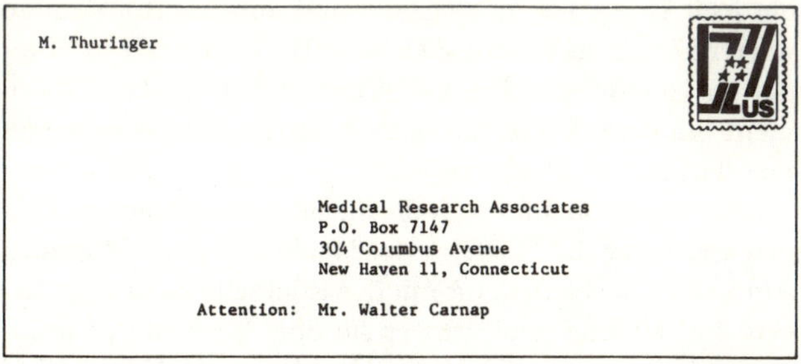

M. Thuringer

Medical Research Associates
P.O. Box 7147
304 Columbus Avenue
New Haven 11, Connecticut

Attention: Mr. Walter Carnap

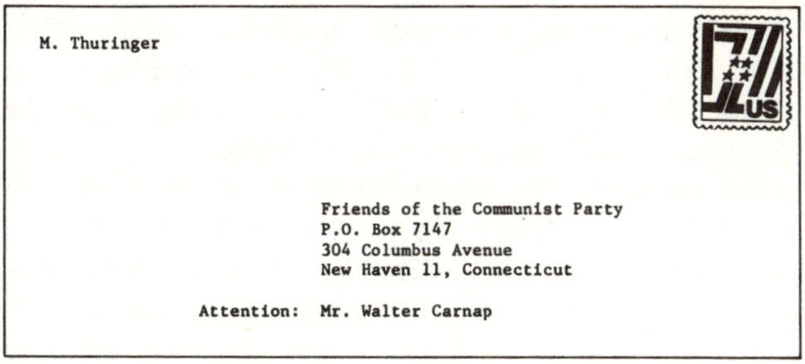

M. Thuringer

Friends of the Communist Party
P.O. Box 7147
304 Columbus Avenue
New Haven 11, Connecticut

Attention: Mr. Walter Carnap

Zwei der »verlorenen« Briefe, die Stanley Milgram verteilte. Mit ihrer Hilfe konnte er unauffällig die Einstellung der Leute zu unterschiedlichen Themen bestimmen.

Das Postfach 7147 hatte der Psychologe Stanley Milgram (S. 163, 184) gemietet. Zwei Wochen nach dem Verteilen der Umschläge waren von je hundert »verlorenen« Briefen 25 an die Partei der Nationalsozialisten dort eingetroffen, ebenfalls 25 an die Kommunistische Partei, 72 an die medizinische Gesellschaft und 71 an Walter Carnap.

Milgram war zufrieden. Der unterschiedliche Rücklauf zeigte, dass sich mit der »Methode der verlorenen Briefe« unauffällig die Einstellung der Menschen zu bestimmten Organisationen und damit zu bestimmten Themen erheben ließ.

Bei herkömmlichen Untersuchungen wurden die Leute direkt befragt, oder sie füllten Fragebogen aus. Dabei war nie sicher, ob sie ehrlich waren. Vor allem in heiklen Fragen entsprachen die Umfrageergebnisse selten der Wahrheit. Bei Milgrams Briefen war das anders: Weil die Leute nicht wussten, dass sie an einem Experiment teilnahmen, verstellten sie sich nicht.

Auf den ersten Blick scheine die Methode eine Technik für arbeitsscheue Sozialpsychologen zu sein, schrieb Milgram, bestehe sie doch aus nicht viel mehr, als hier und dort ein paar Briefe liegen zu lassen und auf den Rücklauf zu warten. Doch in Wirklichkeit war das Verteilen von Hunderten von Briefen äußerst mühsam. Damit das Experiment saubere Daten lieferte, musste jeder einzelne in Handarbeit ausgelegt werden.

Milgram versuchte zwar, die Sache zu vereinfachen. Einmal streute er die Briefe in der Nacht aus dem fahrenden Auto, doch sie blieben oft mit der Rückseite nach oben liegen. Ein anderes Mal warf er sie über Worcester, Massachusetts, aus einem Flugzeug ab. Mit wenig Erfolg. Viele Briefe landeten auf Hausdächern, Bäumen oder in Weihern, zudem verfingen sie sich im Querruder der Piper Colt und »gefährdeten nicht nur die Resultate, sondern auch die Sicherheit von Flugzeug, Pilot und Verteiler«.

Die Methode der verlorenen Briefe wurde seither in Hunderten von Untersuchungen angewendet. Milgram selbst sagte mit ihrer Hilfe den Sieger der Präsidentschaftswahlen von 1964, Lyndon B. Johnson, voraus, wenn er auch den Stimmenanteil für Johnson stark unterschätzte. Das

Verfahren eignet sich vor allem für sehr kontroverse Themen. In jüngerer Zeit wurden damit die Meinungen zu Kreationismus, Aufklärungsunterricht und schwulen Lehrern erhoben.

◆ Milgram, S., et al. (1965), The Lost Letter-Technique: A Tool of Social Research. *Public Opinion Quarterly* 29, S. 437–438.

1964 **Stierkampf mit Fernsteuerung**

Der Ort war gut gewählt: Wo sollte ein spanischer Neurowissenschaftler seine Macht über das Gehirn eines Tieres beweisen, wenn nicht in einer Stierkampfarena? José M. R. Delgado stand also in der Arena von Córdoba und schwenkte mit dem rechten Arm ein rotes Cape, in der Linken hielt er eine Funkfernsteuerung. Als der Bulle auf ihn zurannte, ließ er den Umhang fallen und drückte einen Knopf an der Fernsteuerung: Das Tier bremste ab. Dann einen zweiten Knopf: Der Stier trottete gemächlich davon.

Der Stierkampfversuch ist eines der wenigen wissenschaftlichen Experimente, die es auf die erste Seite der *New York Times* schafften, aus unbekannten Gründen jedoch erst im Jahr, nachdem es durchgeführt worden war. In einer wissenschaftlichen Zeitschrift wurde es nie publiziert. Die Wirkung blieb trotzdem nicht aus. »Seit damals habe ich jedes Jahr Briefe von Leuten erhalten, die glauben, ich würde ihre Gedanken kontrollieren«, sagte Delgado später.

Delgado war Professor an der Yale University. Er wollte mehr über das Verhalten von Mensch und Tier herausfinden, indem er das Gehirn elektrisch stimulierte. Wie vielen seiner Versuchstiere hatte er auch dem Stier Elektroden ins Gehirn gepflanzt, mit deren Reizung er bestimmte Verhaltensweisen erzeugen konnte. So hatte er schon Affen auf Knopfdruck zum Gähnen gebracht und Katzen zum Angreifen. Bei Epilepsiepatienten konnte er Freundlichkeit, Redefluss und Ängste beeinflussen.

Delgado war nicht nur überzeugt, dass die elektrische Stimulation des Gehirns der Schlüssel zum Verständnis der biologischen Grundlagen des Sozialverhaltens sei, er war auch der Prophet einer neuen »psychozivilisierten« Gesellschaft, deren Mitglieder jetzt im Besitz einer Technik seien, die es ihnen erlaube, »glücklichere, weniger zerstörerische und ausgeglichenere Menschen« zu werden.

Der Neurologe José Delgado stoppt einen Stier, ...

... indem er mittels einer Fernsteuerung Elektroden in dessen Gehirn aktiviert.

Kollegen nannten Delgado abwechselnd einen »verrückten Wissenschaftler« oder den »Thomas Edison des Gehirns«. Kritikern, die die Totalkontrolle über den Menschen befürchteten, hielt er die alte Weisheit entgegen, dass Wissen selbst nie schlecht sei, sondern immer nur dessen Anwendung. »Angenommen, der Ausbruch eines epileptischen Anfalls könnte von einem Computer erkannt und verhindert werden: Würde das die Identität bedrohen?«, gab er Zweiflern zu bedenken. »Oder denken Sie an Patienten, die wegen einer Fehlfunktion im Gehirn gewalttätig sind: Wahren wir deren Identität, indem wir sie in Gefängnisse für geisteskranke Kriminelle sperren?«

Delgados Vorstellung einer psychozivilisierten Gesellschaft ist zwar bisher nicht Wirklichkeit geworden, doch die elektrische Stimulation des Gehirns wird heute beim Menschen tatsächlich angewendet: Parkinsonkranke können damit ihre Krankheitssymptome besser beherrschen.

verrueckte-experimente.de

◆ Osmundsen, J. A. (1965), ›Matador‹ With a Radio Stops Wired Bull: Modified Behavior in Animals Subject of Brain Study. *The New York Times*, S. 1.

1966 **Psychologie mit Autohupe**

Die beiden Studenten Alan E. Gross und Anthony N. Doob hatten keine Ahnung, was sie eigentlich erforschen wollten. Sie wussten nur, dass sie ein Experiment durchführen mussten. So wurde es im Seminar über Sozialpsychologie, das sie an der Stanford University besuchten, verlangt. Dabei war lediglich die Methode vorgeschrieben.

Kurz zuvor war ein Buch herausgekommen, das auf die Tücken der Forschung im Labor aufmerksam machte: Die Probanden verhalten sich anders, wenn sie wissen, dass sie beobachtet werden. Fragebogen bringen sie auf Ideen, die sie ohne suggestive Fragen nie gehabt hätten. Die Aufgabe der Studenten im Seminar war es deshalb, ein unauffälliges Experiment durchzuführen, einen Versuch in natürlicher Umgebung, von dem die Menschen, die daran teilnahmen, nichts merkten.

Gross und Doob überlegten, in welcher Umgebung sich ein natürliches Experiment am einfachsten durchführen ließe, und verwarfen Ideen, für die teure Geräte nötig gewesen wären oder die die Privatsphäre der Versuchspersonen verletzt hätten. Als sie an einem Nachmittag über Frustration und Aggression sprachen, war plötzlich klar, wo sich diese Emotionen am häufigsten zeigten: im Stau.

Am selben Nachmittag fuhren die beiden mit Doobs siebzehn Jahre altem Plymouth in Palo Alto herum und blieben mehrmals einfach stehen, wenn die Ampel auf Grün wechselte. Prompt reagierten die blockierten Fahrer hinter ihnen und lieferten damit ein einfach bestimmbares Maß für ihre Frustration: die Zeit, bis sie hupten.

Doch das war noch kein Experiment. Normalerweise will man bei einem Experiment ja wissen, wie sich sein Resultat, also seine Wirkung, unterscheidet, wenn es unter verschiedenen Bedingungen durchgeführt wird. Die Wirkung (auch »abhängige Variable« genannt) hatten Gross und Doob gefunden: die Frustration gemessen an der Zeit, bis die Hupe erklingt. Doch was sollte die unabhängige Variable sein? Wie sollten sich die Bedingungen unterscheiden, unter denen sie die Frustration messen wollten? Zuerst dachten sie an die Anzahl der Insassen des blockierten Autos, doch die konnten sie nicht beeinflussen, dann an das Geschlecht des Fahrers im Auto, das die Fahrbahn blockierte, doch keine ihrer Kommilitoninnen wollte riskieren, an dem Experiment teilzunehmen. Schließlich wählten sie den Status ihres Autos: Würde sich das Verhalten des Fahrers hinter ihnen ändern, wenn anstatt das billigen Wagens eines Studenten ein teures Auto mit hohem Status vor ihm stand?

Das führte sofort zum nächsten Problem: Woher ein teures Auto kriegen? Ein Kommilitone besaß einen neuen schwarzen Cadillac Fleetwood, doch er wollte ihn auf keinen Fall für einen Tag gegen einen rostigen 1949er Plymouth eintauschen. Am Ende mieteten Gross und Doob bei Avis einen brandneuen Chrysler Crown Imperial Hardtop. Als Autos mit niedrigem Status benutzten sie einen rostigen Ford Caravan und einen grauen Rambler Sedan. Da sich keiner von beiden mit Autos auskannte, heuerten sie außerdem zwei Schüler an, die ihnen jeweils Marke und Modell des blockierten Autos mitteilten.

Am 20. Februar 1966 war alles bereit. Von 10.30 Uhr morgens bis 17.30 Uhr abends blockierten abwechselnd entweder Gross oder Doob in einem ihrer drei Autos eine von sechs Kreuzungen in Palo Alto und Menlo Park. Versteckt auf dem Rücksitz, stoppte der andere die Zeit zwischen dem Wechsel auf Grün und dem ersten und dem zweiten Hupen. Wenn die Ampel dann immer noch auf Grün stand, fuhr der Fahrer weiter.

Gross und Doob lernten dabei, dass unauffällige Experimente nicht immer ungefährlich sind: Zwei Fahrer von blockierten Fahrzeugen hupten erst gar nicht, sondern versetzten dem Experimentierauto einen Stoß, worauf Gross und Doob nicht mehr das Hupen abwarten wollten.

Das Resultat war eindeutig: Männer, die den rostigen Ford vor sich hatten, hupten nach durchschnittlich 6,8 Sekunden, beim Chrysler Crown Imperial dauerte es 8,5 Sekunden. Frauen zeigten das gleiche Muster, waren aber generell zurückhaltender. Eine weitere Auswertung zeigte, dass der alte Ford von 18 Fahrern zweimal angehupt wurde, während beim neuen Chrysler nur sieben Fahrer zweimal hupten.

Mehrere Zeitschriften lehnten die Publikation des Experiments ab. Erst der Chefredakteur des *Journal of Social Psychology* sah darin »eine raffinierte Forschungsmethode«. Er sollte Recht behalten: Die Arbeit von Gross und Doob wurde in vielen Lehrbüchern publiziert und hat zu einer Flut von Hupstudien geführt. Es wurde untersucht, ob bei Frauen eher gehupt wird als bei Männern (in den USA: ja, in Australien: nein), was geschieht, wenn Radfahrer Autos blockieren oder Pick-up-Lastwagen mit einem in der Rückscheibe sichtbaren Gewehr. Zudem hat man herausgefunden, dass eine leicht bekleidete Frau am Straßenrand die Zeit, bis ein Fahrer das erste Mal hupt, verlängert (S. 235).

◆ Doob, A. N., und Gross, A. E. (1968), Status of Frustrator as an Inhibitor of Horn-Honking Responses. *Journal of Social Psychology* 76, S. 213–218.

1966 **Tramper-Tipp 1: Sei gebrechlich!**

Das erste Experiment über das Verhalten von Autofahrern gegenüber Anhaltern dürfte in der Arbeit *Helping and Hitchhiking* eines gewissen James H. Bryan von der Northwestern University beschrieben worden sein. Ein »männlicher Student, glatt rasiert, mit kurz geschnittenem blondem Haar, in Shorts, einem weißen T-Shirt und Tennisschuhen« (wahrscheinlich ist das eine Beschreibung von Bryan selbst) stellte sich an vier Sommertagen an eine vierspurige Straße in Los Angeles und versuchte zu trampen. Mal mit verbundenem Knie und Gehstock, mal ohne.

Aus den Resultaten lässt sich für Anhalter ein erster wissenschaftlicher Rat ableiten: Trage grundsätzlich Bandagen und einen Stock! Bryan konnte so seine Chancen, eine Mitfahrgelegenheit angeboten zu bekommen, fast immer mindestens verdoppeln. Der nächste Tipp für Anhalter, den die Forschung bereithält, wird ohne chirurgischen Eingriff leider nicht von jedermann befolgt werden können (S. 219).

◆ Bryan, J. H. (1966), Helping and Hitchhiking. *Unveröffentlichtes Manuskript.*

1967 Jeder kennt jeden über sechs Ecken

Das Problem kursierte unter Mathematikern schon lange: Man wähle zufällig zwei Menschen an zwei beliebigen Orten auf der Welt aus. Über wie viele Freunde, Freunde von Freunden, Freunde von Freunden von Freunden lassen sie sich durchschnittlich miteinander verbinden? Kurz: Über wie viele Ecken kennen sich zwei beliebige Erdenbürger? Wie klein ist die Welt?

Auf den ersten Blick scheint die Lösung dieses »Kleine-Welt-Problems«, wie es auch genannt wird, einfach: Wenn man weiß, wie viele Leute ein einzelner Mensch durchschnittlich kennt, lässt sich eine einfache Hochrechnung anstellen. Wenn ich zum Beispiel zehn Leute kenne, und jeder von ihnen kennt wiederum zehn Leute, dann bin ich über zwei Stationen schon mit zehn mal zehn Leuten also mit 100 Leuten verbunden. Über drei Stationen mit 1000, über vier mit 10000 und so weiter.

Doch die beiden Mathematiker Ithiel de Solla Pool von der Technischen Hochschule MIT und Manfred Kochen vom Computerhersteller IBM, die diese Rechnung in den Fünfzigerjahren des 20. Jahrhunderts machten, stießen auf zwei Probleme. Das eine schien lösbar: Es existierten keine Angaben über die durchschnittliche Anzahl von Menschen, die eine Person kennt. Also wurden mehrere Personen damit beauftragt, 100 Tage lang Buch über ihre Kontakte zu führen. Es kamen im Schnitt 500 Bekannte zusammen. Das zweite Problem blieb jedoch unlösbar: Es ist sehr wahrscheinlich, dass sich viele Freunde meiner Freunde untereinander direkt kennen. Wegen dieser gemeinsamen Freunde erreiche ich also im obigen Beispiel nicht mit jeder Station zehnmal mehr Leute, sondern deutlich weniger. Wie viel weniger, das hängt von der Geschlossenheit der Gruppe ab, in der ich und meine Freunde und wiederum deren Freunde sich bewegen, und davon, wie diese Gruppen miteinander verbunden sind. Bei durchschnittlich 500 Bekannten wird die Sache nach einigen Stationen derart kompliziert, dass de Solla Pool und Kochen sich entschieden, ihre 1958 geschriebene Arbeit darüber nicht zu veröffentlichen. »Wir hatten nie das Gefühl, das Problem wirklich geknackt zu haben«, schrieben sie später. Doch ihre vorläufigen Resultate deuteten darauf hin, dass die Menschen über sehr wenige Stationen miteinander verbunden sind.

Als der Psychologe Stanley Milgram (S. 163, 177) von diesem Resultat erfuhr, machte er sich daran, es zu überprüfen. Milgrams Experiment wurde später so populär, dass es sich zu einem Gesellschaftsspiel entwickelte und ein Theaterstück nach dem Resultat benannt wurde.

Durch das Theaterstück »Six Degrees of Separation« (1990) von John Guare fand das Experiment Eingang in die Populärkultur.

Milgram wählte zuerst eine Zielperson aus: die Frau eines Theologiestudenten in Cambridge, Massachusetts, wo Milgram zu dieser Zeit an der Harvard University arbeitete. Seine Ausgangspunkte waren ein paar Dutzend Personen aus Wichita, Kansas, oder Omaha, Nebraska. Sie bekamen den Namen der Zielperson mit einer kurzen Beschreibung genannt sowie eine Anleitung: »Wenn Sie die Zielperson nicht kennen, versuchen Sie nicht, sie direkt zu kontaktieren. Stattdessen schicken Sie diesen Umschlag … an einen Bekannten, bei dem es wahrscheinlicher ist, dass er die Zielperson kennt … Es muss jemand sein, den Sie mit Vornamen kennen.«

Der erste Brief erreichte die Zielperson nach vier Tagen. Er hatte seine Reise bei einem Bauern in Kansas begonnen, der ihn dem Pfarrer in seiner Heimatstadt geschickt hatte. Der Pfarrer schickte ihn einem Kollegen in Cambridge, der die Frau des Theologiestudenten persönlich kannte. Nach zwei Stationen war der Brief am Ziel. Es war eine der kürzesten Ketten, die Milgram jemals beobachtete. Für die erste Studie gibt Milgram in seiner Publikation erstaunlicherweise keine weiteren Resultate bekannt. Der Durchschnitt seines zweiten Versuchs lag bei 5,5 Stationen.

Die Erkenntnis, dass die Welt so klein ist, fand auf erstaunlichen Wegen Eingang in die Populärkultur. Im Jahr 1990 veröffentlichte der amerikanische Schriftsteller John Guare das Theaterstück »Six Degrees of Separation« (etwa: »Sechs Stufen der Abgrenzung«), das indirekt auf Milgrams Experiment anspielt und später mit Will Smith in der Hauptrolle verfilmt wurde. 1994 erfanden drei Studenten vom Albright College in Pennsylvania das Spiel »Six Degrees of Kevin Bacon«, das sich darum dreht, einen beliebigen Filmschauspieler über möglichst wenige gemeinsame

Filme mit Kevin Bacon zu verbinden. Zum Beispiel Will Smith: Er spielte in »Welcome to Hollywood« (2000) mit Laurence Fishburne und dieser in »Mystic River« (2003) mit Kevin Bacon. Das ergibt für Smith einen »Bacon-Wert« von zwei.

Das Phänomen, dass jeder Reisbauer in China über wenige Zwischenstationen mit Madonna verbunden ist, hat viele Leute fasziniert. In Tschechien nennt sich sogar eine Metal-Rock-Band »Six Degrees of Separation«. Doch obwohl die Mathematik in jüngster Zeit Fortschritte gemacht hat und sich Leute aus allen möglichen Gebieten – zum Beispiel Computernetzwerkspezialisten und Epidemiologen – für die Prinzipien der »kleinen Welt« interessieren, gilt das Problem immer noch nicht als geknackt.

Bis heute ist nicht klar, ob Milgram mit seinen 5,5 Verbindungen Recht hatte. Er publizierte seine Experimente nicht wie üblich in einer Fachzeitschrift, sondern in dem populärwissenschaftlichen Magazin *Psychology Today*. Die Daten in dem Artikel sind lückenhaft und lassen eine Überprüfung kaum zu. Milgram hat zum Beispiel den Erfolg mit dem Bauern in Kansas zitiert, dessen Brief es über nur zwei Stationen nach Cambridge schaffte, doch Genaueres zu dieser Studie findet sich ausschließlich in unveröffentlichtem Archivmaterial: Nur drei der 60 in Kansas an die Startpersonen verteilten Umschläge kamen ans Ziel – über durchschnittlich acht Stationen. Auf die 5,5 Stationen stieß Milgram, der 1984 starb, in späteren Experimenten, bei denen als Startpersonen zuweilen bewusst Leute mit vielen sozialen Kontakten ausgesucht worden waren.

Im Jahr 2003 wiederholten Wissenschaftler von der Columbia University in New York Milgrams Experiment mit E-Mails anstatt mit Briefen. Als Ziele wählten sie 18 Personen in 13 Ländern aus. Wie bei Milgram wurde auch bei ihnen nur ein kleiner Teil der begonnenen Reihen abgeschlossen (384 von 24163). Die durchschnittliche Länge von Startperson zu Zielperson lag bei 4,05. Doch dieser Wert täuscht, da ja ein großer Teil der Ketten nicht bis zur Zielperson reichte. Ein Näherungsverfahren erlaubt, die fehlenden Ketten zu kompensieren, vorausgesetzt man weiß, an der wievielten Station diese abbrachen. Am Ende ergibt sich ein Wert zwischen fünf und sieben. Erstaunlich nahe bei Milgrams sechs Stationen, aber trotzdem keine eindeutige Bestätigung. Schließlich waren die Teilnehmer dieses Experiments weit entfernt vom Durchschnitt der Weltbevölkerung: Alle Personen ohne Internetzugang waren von vornherein ausgeschlossen.

verrueckte-experimente.de

◆ Milgram, S. (1967), The Small World Problem. *Psychology Today* 1 (1), S. 60–67.

1968 **Von Milben und Menschen**

Experimente, die viel Überwindung kosten, lassen sich in zwei Kategorien einteilen: jene, die einem Forscher ein Leben lang die Bewunderung seiner Mitmenschen sichern, und jene, die ihn auf ewig zum komischen Kauz machen. Die wahren Helden der Wissenschaft sind in der zweiten Kategorie zu finden. Zum Beispiel der Tierarzt Robert A. Lopez aus Westport, New York.

Lopez behandelte eine Katze zweimal wegen Ohrmilben. Ihre Besitzerin und deren Tochter klagten gleichzeitig über Juckreiz. Konnte die Ohrmilbe *Otodectes cynotis* auf Menschen überspringen? Die wissenschaftliche Literatur schwieg zu dieser Frage, also entschloss sich Lopez zu einem Selbstversuch. Er entfernte die Milben aus dem Ohr einer Katze, kontrollierte unter dem Mikroskop, dass es sich um *Otodectes cynotis* handelte, und transferierte etwa ein Gramm von mit Milben vermischtem Ohrenschmalz in sein linkes Ohr. Die Wirkung ließ nicht lange auf sich warten: »Als die Milben anfingen, meinen Ohrkanal zu erforschen, hörte ich sofort ein Kratzen, dann Bewegungsgeräusche. Ein Juckreiz setzte ein, und alle drei Empfindungen verschmolzen zu einer eigenartigen Kakophonie aus Geräuschen und Schmerzen, die von diesem Moment an, es war 16 Uhr, immer stärker wurden.«

Lopez bekam einen intimen Einblick in das Leben der Ohrmilben. »Das Geräusch in meinem Ohr (glücklicherweise hatte ich nur ein Ohr ausgewählt) wurde lauter, als die Milben tiefer in Richtung meines Trommelfells vorstießen. Ich fühlte mich hilflos. Fühlt sich so ein von Milben befallenes Tier?« Zu Lopez' Leidwesen passten die Fressgewohnheiten der Milben schlecht zu seinem Schlafrhythmus. »Nachdem ich mich etwa um 23 Uhr schlafen gelegt hatte, erhöhte sich die Milbenaktivität schrittweise, sodass die Milben um Mitternacht sehr beschäftigt waren zu beißen, zu kratzen und sich zu bewegen. Um ein Uhr morgens waren die Geräusche laut. Eine Stunde später war der Juckreiz sehr intensiv. Nach zwei Stunden wurde das höchste Niveau von Jucken und Kratzen erreicht.« Dieses Muster wiederholte sich Nacht für Nacht und »machte Schlafen, ganz egal wie nötig, völlig unmöglich.« Doch Lopez hielt durch.

»Nach drei Wochen war der Ohrkanal voller Rückstände, und mein linkes Ohr war taub. Nach vier Wochen hatte sich die Milbentätigkeit um 75 Prozent verringert, und ich spürte, wie die Milben in der Nacht über mein Gesicht krochen.« Als sein Ohr komplett mit Rückständen gefüllt war, reinigte er es mit warmem Wasser und konnte zwei Wochen später – jetzt milbenfrei – wieder normal hören.

Doch Lopez wäre kein echter Forscher gewesen, wenn er sich damit zufrieden gegeben hätte. Solange ein wissenschaftliches Experiment nicht wiederholt worden ist, gelten seine Resultate als unbestätigt. »Ich entschied mich, es noch einmal zu versuchen, um zu sehen, ob das erste Experiment fehlerhaft gewesen war.« Lopez entnahm die Ohrmilben einer anderen Katze und führte sie erneut in sein linkes Ohr ein. Die Milben zeigten ein ähnliches Verhalten wie beim ersten Versuch, doch nach vierzehn Tagen herrschte Stille. Das ließ viele Fragen offen, fand Lopez. War er durch den ersten Versuch immun geworden? Waren menschliche Ohren kein geeigneter Lebensraum für *Otodectes cynotis*? »Ein dritter und letzter Versuch musste gemacht werden.« Wieder waren die Symptome schwächer. Vielleicht gab es tatsächlich eine Immunreaktion gegen die Milben, vermutete Lopez.

Nach dem Experiment fand er dann doch noch einen einzigen in der medizinischen Literatur beschriebenen Fall: Eine Frau, die über Ohrensausen durch Milben im Ohr klagte. »Ich frage mich«, schrieb Lopez als Schlusssatz seiner Publikation, »ob diese Person ihre Erfahrung ebenso genoss wie ich meine.«

Lopez gewann mit seiner Arbeit 1994 den Ig-Nobelpreis für wissenschaftliche Arbeiten, die »nicht wiederholt werden können oder sollten«.

◆ Lopez, R. A. (1993), Of Mites and Man. *Journal of the American Veterinary Medical Association* 203 (5), S. 606–607.

1968 **Acht flogen über das Kuckucksnest**

Die Vorbereitungen für das Experiment waren immer dieselben: David Rosenhan, Professor für Psychologie an der Stanford University, putzte sich mehrere Tage lang die Zähne nicht. Er wusch sich auch nicht und ließ das Rasieren bleiben. Dann zog er schmutzige Kleider an, vereinbarte telefonisch unter dem falschen Namen David Lurie einen Termin in einer psychiatrischen Klinik und ließ sich von seiner Frau vor dem Haupteingang absetzen.

Als Scheinpatient hat der Psychologe David Rosenhan herausgefunden, wie lange ein Gesunder in einer Nervenklinik behalten wird.

Im Aufnahmebüro klagte er, Stimmen gehört zu haben, die, soweit er sie habe verstehen können, »leer«, »dumpf« und »hohl« gesagt hätten, und bat um Aufnahme in die Klinik. Der untersuchende Psychiater konnte nicht wissen, dass Rosenhan diese Symptome sorgfältig ausgewählt hatte, weil es in der wissenschaftlichen Literatur keinen Fall gab, der zu ihnen passte. Nach der Einweisung hörte Rosenhan sofort auf, die Symptome zu spielen. Er verhielt sich völlig normal, redete mit Patienten und Personal und wartete. Wie lange würde es dauern, bis er als geistig gesund entdeckt und entlassen würde? Das Resultat brachte die traditionelle Psychiatrie in ernsthafte Schwierigkeiten.

Rosenhan war vierzig Jahre alt, als er 1968 die Frage klären wollte, ob es »Normalsein und Irresein« gibt und wie man beides unterscheiden kann. »Die Frage ist weder überflüssig noch selbst irrsinnig«, schrieb er später in seinem berühmt gewordenen Artikel »Gesund in kranker Umgebung«. »Sosehr wir auch persönlich davon überzeugt sein mögen, dass wir normal von anormal abgrenzen können, die Beweise sind schlicht nicht zwingend.«

Das Handbuch für Diagnostik der Amerikanischen Psychiatrischen Vereinigung teilte Patienten zwar nach Symptomen in Kategorien ein, die eine Unterscheidung von Geisteskranken und Gesunden ermöglichen sollten. Doch bei Rosenhan war die Überzeugung gewachsen, dass eine psychische Krankheit weniger eine Sache objektiver Symptome sei als der subjektiven Wahrnehmung des Beobachters. Er glaubte, diese Frage ließe sich klären, indem man prüfte, ob normale Menschen, die nie an den Symptomen einer schweren psychischen Störung gelitten hatten, in einer psychiatrischen Klinik als gesund auffielen und, falls ja, wodurch.

In den Jahren 1968 bis 1972 ließen er und sieben seiner Seminarteilnehmer sich unter falschen Namen und mit denselben gespielten Symptomen in insgesamt zwölf psychiatrische Kliniken einliefern. Unter den Scheinpatienten waren ein Psychologiestudent, drei Psychologen, ein Kinderarzt, ein Psychiater, ein Maler und eine Hausfrau, die alle die Aufgabe hatten, aus eigener Kraft aus der Klinik herauszukommen, indem sie das Personal davon überzeugten, dass sie gesund waren. Sie zeigten sich kooperativ, hielten sich an alle Regeln der Station und nahmen die verschriebenen Medikamente ein – zum Schein wenigstens: Rosenhan hatte ihnen vor der Einlieferung erklärt, wie man Tabletten unter die Zunge klemmt, anstatt sie zu schlucken. Insgesamt erhielten sie 2100 Tabletten, darunter unterschiedlichste Präparate – alle für genau die gleichen Symptome.

Welchen Gefahren sich die Scheinpatienten aussetzten, wurde Rosenhan erst klar, als das Experiment schon am Laufen war: Einige befürchteten etwa, vergewaltigt oder geschlagen zu werden, und Rosenhan merkte, dass er keine Möglichkeit hatte, die Leute notfalls herauszuholen. Von da an stand ein Rechtsanwalt auf Abruf bereit. Da kaum jemand von dem Experiment wusste, hinterlegte Rosenhan auch Anweisungen für den Fall seines Todes.

Alle Scheinpatienten befürchteten, sofort enttarnt zu werden. Zu Beginn führten sie ihr Forschungstagebuch im Geheimen. Mit einem ausgeklügelten System wurde dieses Material täglich aus der Station geschmuggelt. Doch bald stellte sich heraus, dass keine Vorsichtsmaßnahmen nötig waren: Das Personal achtete gar nicht darauf.

Kein einziger der Scheinpatienten wurde entlarvt. Zwar wurden schließlich alle wieder entlassen, aber durchschnittlich erst nach drei Wochen und nicht etwa als geheilt, sondern in den meisten Fällen mit der Diagnose »Schizophrenie in Remission«. Rosenhan wartete einmal sogar 52 Tage auf seine Entlassung. »Mann, war das eine lange Zeit«, erinnert er sich heute, »aber ich hatte mich schon richtig an das Anstaltsleben gewöhnt.«

Ironischerweise waren es die anderen Patienten, die das Spiel durchschauten. Während der ersten drei Klinikaufenthalte äußerte ein Drittel den Verdacht, dass die Scheinpatienten gar nicht krank seien, einige von ihnen mit großer Treffsicherheit: »Sie sind nicht verrückt. Sie sind ein Journalist oder ein Professor. Sie überprüfen das Krankenhaus.«

Das Experiment entlarvte die Macht des Schubladendenkens in der Psychiatrie. Nachdem ein Scheinpatient bei der Eintrittsuntersuchung als schizophren eingestuft worden war, konnte er tun, was er wollte, das Stigma wurde er nicht mehr los. Die Krankengeschichte wurde unabsichtlich so verzerrt, dass sie zur Diagnose passte. Die Klassifizierung als geistig Kranker bewirkte auch, dass das Klinikpersonal normales Verhalten übersah oder fehlinterpretierte. Über einen Scheinpatienten, der sein Forschungstagebuch führte, hieß es in einem Pflegebericht: »Patient ist mit seinen Schreibgewohnheiten beschäftigt.«

Rosenhan und die anderen Scheinpatienten machten auch kleine Versuche mit dem Personal. So baten sie Pflegerinnen und Ärzte von Zeit zu Zeit um die Erlaubnis, hinausgehen zu dürfen, und beobachteten, was dann geschah. Die häufigste Reaktion war eine kurze Antwort im Vorbeigehen mit abgewandtem Kopf oder überhaupt keine Antwort. Oft hatten die Begegnungen dasselbe Muster.

Scheinpatient: »Entschuldigen Sie bitte, Dr. X., können Sie mir sagen, wann ich für den Gartenbesuch vorgesehen bin?«

Arzt: »Guten Morgen, Dave. Wie geht es Ihnen heute?« (Arzt geht weiter, ohne eine Antwort abzuwarten.)

Die Entmündigung von Patienten in psychiatrischen Kliniken wurde damals auch von anderer Seite zum Thema gemacht: 1962 hatte der Hippieautor Ken Kesey das Buch *One Flew over the Cuckoo's Nest* publiziert, das 1975 mit Jack Nicholson in der Hauptrolle mit riesigem Erfolg verfilmt wurde. Nicholson spielt den kleinen Gauner Randle Patrick McMurphy, der sich in eine psychiatrische Klinik einliefern lässt, um dem Gefängnis zu entgehen.

Das Buch käme durchaus als Inspiration für das Experiment infrage, denn dem Leser stellt sich immer wieder die Frage, wer denn hier eigentlich verrückt sei, die Insassen der Klinik oder das Personal. Doch Rosenhan kannte *One Flew over the Cuckoo's Nest* nach eigener Aussage nicht, als er 1968 seine Versuche startete.

Die Publikation des Experiments im Jahr 1973 löste

einen Proteststurm aus. Viele Kollegen kritisierten die Studie wegen methodischer Mängel, andere hielten »Schizophrenie in Remission« für so gut wie »gesund«.

Trotz der Kritik an Rosenhans Studie hatte sie Folgen. Rosenhan hatte nicht bestritten, dass gewisse Verhalten von der Norm abwichen, dass Leute unter Halluzinationen, Angst oder Depressionen litten. Doch er hielt die Klassifizierung der Diagnosen dieser Leiden für uneindeutig und im schlimmsten Fall für schädlich. Zwar hat nach Veröffentlichung der Studie niemand die Klassifizierung in der psychiatrischen Diagnose abgeschafft, doch wurden Listen mit Verhaltensweisen erstellt, die bei bestimmten Krankheiten erfüllt sein müssen. Die Entstigmatisierung von Diagnosen wie »schizophren« oder »geisteskrank« ist jedoch bis heute nicht erreicht worden. Der Mensch scheint sich ungewöhnlich stark von einmal vorgenommenen Klassifizierungen beeinflussen zu lassen. Wenn jemand als geistig krank gilt, dann werden all seine Handlungen in diesem Zusammenhang gedeutet.

Dass diese Erwartungshaltung auch im umgekehrten Fall funktioniert, hat Rosenhan in einem überaus eleganten zweiten Experiment bewiesen: Die Verantwortlichen einer Klinik, die von seinem Experiment erfahren hatten, behaupteten, bei ihnen wären diese Fehldiagnosen nicht vorgekommen. Rosenhan schlug ihnen folgenden Test vor: Innerhalb der nächsten drei Monate würde er einen oder mehrere Scheinpatienten schicken, damit die Leute ihr Können unter Beweis stellen könnten.

Die Klinik nahm in diesen drei Monaten 193 Patienten auf. 19 davon wurden von einem Psychiater und einem weiteren Mitglied des Personals als mögliche Scheinpatienten identifiziert. Bloß: Rosenhan hatte gar keinen Scheinpatienten geschickt.

◆ Rosenhan, D. (1973), On Being Sane in Insane Places. *Science* 179, S. 250–258.

1969 **In jedem steckt ein Vandale**

Auf der Fahrt zur Arbeit hatte der Psychologe Philip Zimbardo (S. 211) immer ausgiebig Gelegenheit, den Vandalismus in New York zu studieren. An einem einzigen Tag zählte er an der dreißig Kilometer langen Strecke zwischen seinem Arbeitsort, der New York University in der Bronx,

Der Vandalen- und Plündererversuch in der Bronx. Nach 26 Stunden war vom Experimentalauto kaum mehr etwas übrig.

und seiner Wohnung in Brooklyn 218 durch Vandalenakte zerstörte Autos.

Was steckte hinter dieser Zerstörung? Zimbardo machte einen Test: Er kaufte mit einem Kollegen einen zehnjährigen Oldsmobile, den er gegenüber des Universitätsgeländes parkte. Von seinen Beobachtungen wusste er, dass ein Auslöser nötig war, um die Zerstörung in Gang zu bringen. Also entfernte er die Nummernschilder, öffnete die Motorhaube und zog sich auf seinen Beobachtungsposten zurück. 26 Stunden später hatte eine Prozession von Plünderern die Batterie, den Kühler, den Luftfilter, die Antenne, die Scheibenwischer, die rechte Chromleiste, alle Radkappen, das Überbrückungskabel, den Benzinkanister, eine Dose Pflegewachs und den linken Hinterreifen entfernt – die anderen Reifen waren zu abgefahren, als dass sich jemand die Mühe gemacht hätte, sie zu stehlen. Die ersten Plünderer – ein Paar mit seinem achtjährigen Sohn – begannen ihr Werk, zehn Minuten nachdem Zimbardo abgezogen war. Die Mutter schob Wache, während der Sohn dem Vater das Werkzeug zum Ausbau der Batterie reichte. Das Ganze dauerte sieben Minuten.

Die Zerstörung folgte dem Muster, das Zimbardo von seinen Beobachtungen her kannte: Zuerst wird alles, was sich noch benutzen oder verkaufen lässt, gestohlen. Wenn nichts Verwertbares mehr zu holen ist, erobern Kinder und Jugendliche den Wagen und schlagen Scheinwerfer und Scheiben ein. Dann wird die ganze Karosserie mit Steinen, Hämmern und Stahlrohren traktiert und der Wagen schließlich zur Müllkippe erklärt.

In weniger als drei Tagen war aus dem Auto in »23 Ereignissen destruktiven Kontakts« ein nutzloser Haufen Metall geworden. Oft beobachteten Passanten die Vandalen, und anders als Zimbardo es erwartet hatte, fand die Zerstörung am helllichten Tag statt.

Zur gleichen Zeit in Palo Alto: Auch in dieser kalifornischen Universitätsstadt hatte Zimbardo ein nummernloses Auto mit offener Motorhaube an den Straßenrand gestellt. Doch nichts geschah. Als es zu regnen begann, klappte ein Passant sogar die Motorhaube zu. Zimbardo machte einen zweiten Versuch. Jetzt stellte er den Wagen auf dem Gelände der Universität ab. Wieder nichts.

Doch er war überzeugt, dass auch die Menschen in Palo Alto das Zeug zum Vandalen hatten. »Es war offensichtlich, dass der Auslöser, der in New York ausreichte, hier nicht genügte.« Um der Sache etwas nachzuhelfen, griffen Zimbardo und zwei seiner Studenten zum Vorschlaghammer und boten sich als Vorbild an. Und tatsächlich dauerte es nicht lange, bis andere Studenten mitmachten. Sie sprangen aufs Autodach, rissen die Türen aus den Angeln, zerschlugen alles Glas und drehten den Wagen schließlich aufs Dach. Mitten in der Nacht kamen dann noch drei Teenager und schlugen mit Stöcken auf das Wrack ein.

Offenbar war in Palo Alto der Schutz der Nacht oder die Anonymität in einer Gruppe nötig, um den schlafenden Vandalismus zu wecken. In der New Yorker Bronx schien die Schwelle tiefer zu liegen. Zimbardo vermutete, dass die Anonymität der Großstadt und die Signale des Verfalls in einem heruntergekommenen Viertel die Bereitschaft zu destruktivem Verhalten erhöhten.

Aus diesen Erkenntnissen strickten der Kriminologe George L. Kelling und der Politikwissenschaftler James W. Wilson eine der folgenreichsten Theorien der Kriminalgeschichte. 1982 publizierten sie in der März-Ausgabe des amerikanischen Intellektuellenmagazins *Atlantic Monthly* unter dem Titel »Broken Windows« einen Artikel, in dem sie eine neue Strategie zur Bekämpfung der Kriminalität vorschlugen: Am besten bekämpfe man die Unordnung, die ihr vorausgehe. »Eine einzige nicht ersetzte Scheibe ist ein Signal dafür, dass sich niemand kümmert und dass das Einschlagen von Scheiben keine Konsequenzen hat.«

Aus eigenen Experimenten und Umfragen wussten Kelling und Wilson, dass die Leute kleine Dinge beunruhigten: Graffiti, Abfall auf der Straße, Vandalismus. Diese Dinge erzeugten in ihnen das Gefühl, die Situation sei außer Kontrolle geraten, niemand sei für irgendetwas verantwortlich. Ein Gefühl, das der Kriminalität den Boden bereitet: Einerseits ziehen sich die Leute und manchmal sogar die Polizei von öffentlichen Plätzen zurück, wodurch diese zu gesetzlosen Zonen verkommen, andererseits sinkt die Hemmschwelle, weitere und schwerere Straftaten zu begehen.

Dass sich diese Entwicklung rückgängig machen ließe, indem man ihre äußeren Zeichen bekämpfte, wurde mit Skepsis aufgenommen. Die Kriminalität, so die Überzeugung, könne nur wirksam bekämpft werden, wenn man an ihre Wurzeln gelange. Je nach politischer Couleur war das die soziale Ungerechtigkeit oder der Verfall der Moral.

In den Neunzigerjahren des 20. Jahrhunderts wandte der New Yorker Polizeichef Bill Bratton die »Broken-Windows-Theorie« in New York an. Besprayte U-Bahn-Wagen wurden sofort aus dem Verkehr gezogen und gereinigt, Betrunkene und Bettler verscheucht, Abfall weggeräumt. Seit Brattons Amtsantritt 1994 ist die Mordrate in New York fast um die Hälfte gesunken. Ob dieser Erfolg wirklich auf die konsequente Null-Toleranz-Politik zurückzuführen ist, bleibt allerdings – wie nicht anders zu erwarten – umstritten.

◆ Zimbardo, P. G. (1969), The Human Choice: Individuation, Reason, and Order versus Deindividuation, Impulse, and Chaos. In *Nebraska Symposium on Motivation* 17 (Arnold, W. J., ed.), S. 237–307, University of Nebraska Press.

1969 **Der Affe im Spiegel**

Sie gehört zu den ältesten Fragen der Wissenschaft: Haben Tiere ein Selbstbewusstsein? Lange Zeit fand niemand eine Methode, sie zu beantworten, und viele Forscher waren überzeugt davon, dass dieses Problem grundsätzlich unlösbar sei. Das Bewusstsein sei kein vernünftiges Studienobjekt, hieß es. »Leider ist es unmöglich, Tiere zu befragen, um den exakten Zeitpunkt der Evolution festzustellen, an dem sich das Bewusstsein zeigt. Es gibt auch keinen anderen Weg, um herauszufinden, wann das ›Selbst‹ Teil des subjektiven Empfindens wird«, fasste ein Psychologe die Lage zusammen.

Das einfachste Instrument der Selbstwahrnehmung ist

der Spiegel. Bereits Darwin experimentierte damit. »Vor vielen Jahren stellte ich einen Spiegel auf die Erde vor den jungen Orangs hin, welche, soweit es bekannt war, niemals vorher einen solchen gesehen hatten«, schrieb er 1872 in seinem Werk *Der Ausdruck der Gemütsbewegungen bei dem Menschen und den Tieren*. Die Affen reagierten lebhaft darauf. Sie wollten ihr Spiegelbild küssen, schnitten Grimassen, blickten hinter den Spiegel. Später weigerten sie sich, weiter hinzusehen.

Hielten die Affen ihr Spiegelbild für einen Fremden, oder merkten sie, dass sie es selber waren? Darwin wusste darauf keine Antwort. Zwar konnte er ihr Verhalten beobachten, aber alles, was er daraus hätte schließen können, basierte auf seinen subjektiven Interpretationen und war kein wissenschaftlicher Beweis.

An diesem Problem scheiterten auch alle Forscher nach Darwin – bis Gordon G. Gallup beim Rasieren einen genial einfachen Einfall hatte. Das war 1964, als er Doktorand an der Washington State University war. Es dauerte fünf Jahre, bis er – mittlerweile selbst Professor – seine Idee an der Tulane University in New Orleans in die Tat umsetzen konnte.

Wie Darwin konfrontierte er Affen mit ihrem Spiegelbild. Vier junge Schimpansen wurden in getrennten Räumen in Käfigen untergebracht, vor die Gallup große Spiegel stellte. Dort beobachtete er sie zehn Tage lang. Würden die Schimpansen erkennen, dass der Spiegel eine Informationsquelle über sie selbst war? Während der ersten zwei Tage reagierten sie auf ihr Spiegelbild wie auf einen Fremden: Sie drohten und schrien, flüchteten und griffen an. Das war zu erwarten gewesen, schließlich hatten sie den Affen im Spiegel noch nie gesehen. Auch Kinder lernen nicht vor dem zweiten Lebensjahr, dass ihr Spiegelbild sie selbst sind. Doch am dritten Tag änderten die Schimpansen ihr Verhalten: Sie standen vor dem Spiegel und entfernten sich Essensreste aus den Zahnzwischenräumen, oder sie lausten an sonst nicht sichtbaren Stellen ihr Fell. Gallup war sich sicher, dass die Affen das Spiegelbild nun richtig interpretierten, doch damit war er nicht weiter als Darwin. Seine Überzeugung war nicht mehr als eine persönliche Einschätzung. Wer aber die Behauptung aufstellte, ein Schimpanse verfüge über ein Selbstbewusstsein, musste mit hieb- und stichfesten Belegen aufwarten. Und genau die konnte Gallup dank eines Tricks liefern.

Am zehnten Tag betäubte er die Schimpansen und malte ihnen einen roten Fleck auf eine Augenbraue und einen zweiten auf das gegenüberliegende Ohr. Sie konnten die Farbe weder riechen noch spüren. Das hatte Gallup einige Tage zuvor an der eigenen Haut geprüft.

Nachdem die Schimpansen erwacht waren, zählte Gallup, wie oft sie die roten Flecken berührten. Zuerst ohne Spiegel, dann mit. Das Resultat ließ keine Zweifel offen: Mit Spiegel griffen sie 25-mal häufiger danach (ohne Spiegel waren die Berührungen offensichtlich zufällig). Um ganz sicher zu gehen, bemalte Gallup auch Schimpansen, die zuvor noch nie einen Spiegel gesehen hatten, in der gleichen Art. Bei ihnen blieb die Reaktion aus.

Das bedeutete, dass die Schimpansen irgendwann während der zehn Tage die Bedeutung ihres Spiegelbilds erkannt haben mussten. »Der Mensch ist möglicherweise nicht das einzige Experiment der Evolution in Selbstwahrnehmung«, schrieb Gallup.

Gallups Farbtest wurde seither mit allen möglichen Tieren gemacht, und er ist oft der erste wissenschaftliche Versuch, den Tierverhaltensforscher mit ihren eigenen Kindern machen (meistens kleben sie ihnen unbemerkt einen Post-it-Zettel auf die Stirn). Bestanden haben ihn außer Menschen ab etwa zwei Jahren nur Schimpansen, Orang-Utans und ein einzelner Gorilla, der bei Menschen aufgewachsen war. Bei Delphinen ist das Resultat umstritten. Mangels Händen, mit denen sie den Farbfleck untersuchen könnten, eignet sich Gallups Methode nicht für sie.

Ob es ein Zufall war, dass Gallup seinen Einfall beim Rasieren hatte, als er die weißen Flecke des Rasierschaums auf seinem Gesicht im Spiegel sah, wird sich nie mit Sicherheit sagen lassen. Gallup selbst glaubt nicht, dass diese Situation eine Rolle spielte, doch andererseits verlaufen solche Denkvorgänge selten bewusst.

Trotz des Erfolgs des Tests ist schwer zu sagen, was er genau misst. Was heißt es, wenn ein Tier die Fähigkeit hat, sich selbst im Spiegel zu erkennen? Hat es damit schon die Gewissheit, dass es das selbst ist? Kann es sich in andere hineinversetzen? Ihre Absichten erkennen? Lügen? – Alles verrueckte-experimente.de

◆ Gallup, G. (1970), Chimpanzees: Self-Recognition. *Science* 167 (3914), S. 86–87.

Dinge, die beim Menschen mit dem Selbstbewusstsein einhergehen.

Gallups Farbtest ist ein Beispiel dafür, dass die Wissenschaft zwar oft interessante Antworten geben kann, doch nicht immer weiß, wie die Frage genau lautete.

1969 **Farbtest im Urwald**

Als Eleanor Rosch im Sommer 1969 die Grenze zwischen Papua-Neuguinea und West-Irian überquerte, blickten die Beamten ratlos auf die Hunderte von spielkartengroßen Farbtafeln, die sie in ihrem Gepäck fanden. Rosch versuchte ihnen gar nicht erst zu erklären, dass sie mit den Karten eine umstrittene Hypothese aus der Linguistik widerlegen wollte. Nach einigen vagen Antworten und unter Vorlage offizieller Dokumente konnten sie und ihr damaliger Ehemann, der Anthropologe Karl Heider, einreisen.

Rosch war Doktorandin an der Harvard University, wo ihr Heider von einer Merkwürdigkeit des Volkes der Dani erzählte. Er hatte diese Jäger und Sammler schon mehrmals besucht und festgestellt, dass sie nur zwei Wörter für Farben kannten: »mili« für dunkle, »mola« für helle. Rosch erkannte sofort, dass sie damit der Schlüssel zu einem alten Rätsel der Sprachforschung sein konnten: Wie beeinflusst die Sprache das Denken?

Der Linguist Edward Sapir neigte in den Dreißigerjahren zu der Meinung, dass die Sprache das Denken bestimme. Nicht die Sprache passe sich der Wirklichkeit an, sondern die Wirklichkeit könne umgekehrt nur durch die Brille der Muttersprache wahrgenommen werden: jede Sprache eine andere Weltsicht. Das legte den Schluss nahe, dass die Wirklichkeit nicht da draußen in der Welt lag, sondern im Kopf jedes Menschen – möbliert mit dem Inventar der Muttersprache.

Sapirs Schüler Benjamin Lee Whorf nannte dieses Prinzip in Anlehnung an Einsteins Relativitätstheorie die »linguistische Relativität«. Später wurde es auch als »Sapir-Whorf-Hypothese« bekannt. Wer diese Idee radikal zu Ende dachte, musste zu dem Schluss kommen, dass zwei Völker mit verschiedenen Sprachen einander nie wirklich verstehen konnten.

Whorf glaubte, in der Sprache der Indianer auf Belege für seine Hypothese gestoßen zu sein: Die Hopi würden zum Beispiel nur ein Wort für alles kennen, was neben Vögeln noch fliegen kann, die Eskimos hingegen hätten sieben verschiedene Wörter für Schnee. Auch in der Grammatik sah Whorf seine Idee bestätigt: Da es in der Sprache der Hopi-Indianer keine Zeitformen gebe, sprach er ihnen ein anderes Zeitgefühl zu. Doch seine Beispiele litten unter einem Zirkelschluss: Aus den Besonderheiten der Sprache schloss Whorf auf eine andere Weltsicht. Genauso gut konnte es aber umgekehrt sein: Weil die Welt der Indianer eine andere ist, sprechen sie anders darüber.

Im ersten Moment scheint dieses Dilemma unlösbar, es sei denn, man könnte das Denken und die Wahrnehmung unabhängig von der Sprache beobachten und auf einer objektiven Skala einordnen. Doch eine Weltsicht lässt sich nicht objektiv messen und unabhängig von der Sprache mitteilen. Es gibt keine feste physikalische Skala, auf der sich das vermeintlich andere Zeitgefühl der Hopi einreihen ließe.

Der Schlüssel zu dem Problem waren Farben: Farben lassen sich unabhängig von der Wahrnehmung nach ihren Wellenlängen einordnen. Und wie eine Versuchsperson den Farbraum in einzelne Farben unterteilt, das lässt sich unabhängig von der Sprache bestimmen. Jetzt brauchte man

Die Psychologin Eleanor Rosch bei einem Experiment in Papua-Neuguinea, das sich um das Erkennen von Gesichtsemotionen dreht. Sie machte diesen Versuch zur gleichen Zeit wie die Farbexperimente.

bloß noch Menschen, die in ihrer Muttersprache unterschiedlich viele Farbworte kannten, um zu testen, ob diese sprachlichen Unterschiede auch dazu führten, dass sie die Welt in anderen Farben sahen.

Die ersten Experimente in den Fünfzigerjahren des 20. Jahrhunderts kamen zu unklaren Resultaten, doch Ende der Sechzigerjahre verglichen Brent Berlin und Paul Kay von der University of California in Berkeley über hundert Sprachen miteinander und entdeckten, dass sich Farbworte in verschiedenen Sprachen nach einem festen Muster entwickelten. Hatte eine Sprache nur zwei Farbworte, dann waren es immer »Schwarz« (für alle dunklen Farben) und »Weiß« (für alle hellen); gab es drei, waren es »Schwarz«, »Weiß« und »Rot«; bei vier: »Schwarz«, »Weiß«, »Rot« und entweder »Gelb« oder »Grün«. So kam eine nach der anderen der elf Basisfarben hinzu. Dieses Prinzip deutete darauf hin, dass die Farbwahrnehmung gewissen universellen Regeln unterworfen ist.

Auch ein Test wies in dieselbe Richtung: Berlin und Kay legten Sprechern von zwanzig verschiedenen Sprachen eine Palette von Farbkarten vor mit der Aufgabe, die Grenzen zwischen jenen Farben zu ziehen, für die in ihrer Sprache Namen existierten. Überdies sollten sie für jeden Farbnamen einen typischen Farbton auswählen.

Zwar zogen die Versuchspersonen die Grenzen zwischen den einzelnen Farben an unterschiedlichen Stellen, bei den typischen Farbtönen wählten sie jedoch alle ähnlich. Offenbar gab es also Fokalfarben, die unabhängig von Sprache und Kultur wahrgenommen wurden.

Ganz widerlegt war damit allerdings noch nicht, dass die Sprache die Wahrnehmung steuert: Die Versuchspersonen waren Einwanderer, die bereits einige Zeit unter dem Einfluss der englischen Sprache gestanden hatten. Wirkliche Aussagekraft hatten nur Tests mit Versuchspersonen, die kaum je Kontakt mit anderen Sprachgemeinschaften gehabt hatten.

Genau solche Leute waren die Dani. In Yibika, einem Außenposten holländischer Missionare, führte Rosch im Sommer 1969 mit 40 Männern ihr erstes Experiment durch. Rosch zeigte jedem von ihnen fünf Sekunden lang eine Farbkarte aus einem Stapel, wartete dreißig Sekunden und forderte ihn dann auf, aus 40 nach Helligkeit und Farbton ausgelegten Farbkarten die selbe Farbe auszuwählen. So verfuhr sie mit allen Karten des Stapels. Dabei zählte sie, wie oft eine Versuchsperson sich irrte und anstatt auf die richtige auf eine angrenzende Farbe tippte. Ihre Überlegung war einfach: Wenn Whorf Recht hatte und die Sprache die Wahrnehmung beeinflusst, müssten die Dani eher Farben verwechseln, für die sie nur ein Wort kannten, als Farben, für die es in ihrer Sprache verschiedene Worte gab.

Ein Vergleich mit amerikanischen Studenten, die denselben Test gemacht hatten, zeigte allerdings keinen solchen Effekt. Die Dani hatten zum Beispiel nicht mehr Mühe, Farben an der Grenze zwischen Blau und Grün auseinander zu halten, als Amerikaner, obwohl sie dafür nur ein Wort, »mola«, kannten. Damit schien die Sapir-Whorf-Hypothese widerlegt.

Tatsächlich aber begann die Auseinandersetzung darüber erst, denn hinter der Frage, ob jemand die Welt mit anderen Augen sieht, bloß weil er eine andere Sprache spricht, verbirgt sich die Frage, wie stark sich der menschliche Geist durch die Umwelt formen lässt. Mit dem scheinbar harmlosen Farbexperiment lässt sich der Einfluss der Umwelt von jenem der Gene trennen.

Die Diskussion wird hitzig geführt, denn die Sache ist politisch heikel. Würde sich die Rollenverteilung in den Gesundheitsberufen ändern, wenn wir mehr über Ärztinnen und Pfleger als über Ärzte und Krankenschwestern sprächen? Können sich Mädchen eher vorstellen, Mechanikerinnen zu werden, wenn sie das Wort dazu oft hören?

Dass in dieser Frage nie Einigkeit herrschen wird, war vorauszusehen. 1999 erschien eine Studie, die Roschs Resultaten widersprach: Debi Roberson von der University of London hatte Roschs Experiment mit einem anderen Volk auf Neuguinea wiederholt. Dass die Berimo nur fünf Farbworte kennen, so ihr Schluss, beeinflusste ihre Farbwahrnehmung. Roberson vermutet, dass Eleanor Rosch methodische Fehler unterlaufen seien. Rosch ihrerseits hält Robersons Auswahl von Farbkarten für ungeeignet.

Der Schnee der Eskimos wurde übrigens zur modernen Legende. Der Linguist Franz Boas, von dem das Beispiel

◆ Rosch Heider, E. (1972), Universals in Color Naming and Memory. *Journal of Experimental Psychology* 93 (1), S. 10–20.

stammt, fand im Jahr 1911 vier Wörter für Schnee in der Eskimosprache, Whorf erhöhte auf sieben, Journalisten rundeten großzügig auf, bis in einer Wettervorhersage Clevelands schließlich von hundert Wörtern die Rede war. Experten halten heute ein Dutzend für angemessen.

1970 **Peinlich, peinlich!**

Als Howard Garland das offene Toilettenfenster sah, wusste er, dass seine Methode wirkte. Garland war Student an der Cornell University in New York und beschäftigte sich mit der Psychologie von peinlichen Situationen: Warum ist etwas peinlich? Wie versuchen Menschen ihr Gesicht zu wahren? Dazu musste er im Labor für eine Situation sorgen, die der Versuchsperson peinlich war. Bei früheren Experimenten ließ sein Professor Bert R. Brown die Studenten an einem Schnuller saugen und vor Publikum ihre Gefühle beschreiben. »Ich war das Publikum, und selbst mir war diese Situation peinlich«, erinnert sich Garland. Die Schnullermethode wurde Anfang der Sechzigerjahre erfunden und hatte einen starken sexuellen Unterton. Sie war zwar sehr wirksam, doch Garland fragte sich, ob es nicht einen sanfteren Weg gäbe, einen Probanden in Verlegenheit zu bringen. Ihm kam die Idee, die Leute vor Publikum ein Lied singen zu lassen.

Wie wirksam diese Methode war, wurde ihm klar, als einer der Versuchsteilnehmer vor dem Singen nach der Toilette fragte. Garland erklärte ihm den Weg und wartete. Doch der Student kam nicht zurück. Als Garland nachschaute, war die Toilette – sie lag im ersten Stock – leer, und das Fenster stand offen. Der geflüchtete Student hat nie erfahren, dass die Regeln des Experiments es ihm erlaubt hätten, sich ohne Singen aus der Affäre zu ziehen.

Um zu verschleiern, worum es in dem Versuch wirklich ging, tarnte Garland ihn als Test eines neuartigen Musikcomputers, der darauf programmiert sei, Singstimmen zu beurteilen. Dazu, so erklärte er den Versuchspersonen, würde ihr Gesang zweimal beurteilt: zuerst vom Computer, dann von einem Publikum. Der Vergleich der beiden Werte zeige, wie nahe der Computer an ein Urteil durch Menschen herankomme.

Nach dieser Einführung erhielten die Probanden eine Tonbandaufnahme von »Love is a Many-Splendored-Thing«, einer Schnulze aus den Fünfzigerjahren, die Garland wegen ihres hohen »Peinlichkeitspotenzials« ausgewählt hatte: Das Lied erforderte einen großen Stimmumfang, und sein Text war kitschig. Die Versuchsteilnehmer konnten es kurz üben und mussten dann für den vermeintlichen Computer singen, der sein Urteil abgab: »gut« oder »dürftig«.

Dann führte Garland sie in einen kleinen Raum mit einem einseitig durchlässigen Spiegel, hinter dem angeblich Zuschauer saßen (in Wirklichkeit saß nur Garland dort und stoppte die Zeit). Er hatte ihnen zuvor gesagt, dass sie pro fünf Sekunden Gesang einen Cent bekämen. Die Zeit, bis sie mit Singen aufhörten, wurde zum direkten Maß für die Peinlichkeit der Situation.

Die ersten Resultate gingen in die erwartete Richtung: Wenn die Stimme einer Person vom Computer als dürftig eingeschätzt worden war, sang sie durchschnittlich 82 Sekunden, eine »gute« Stimme schaffte dagegen 132 Sekunden (die Computerbeurteilungen waren zufällig, schließlich gab es gar keinen Computer). Die Versuchspersonen sangen auch deutlich weniger lang, wenn sie hinter dem Spiegel Freunde wähnten, als wenn sie glaubten, Fremde säßen dort. Als Garland die Geschlechter getrennt untersuchte, stieß er auf ein überraschendes Resultat: Vor einem weiblichen Publikum sangen die Frauen durchschnittlich 16 Sekunden, vor einem männlichen viermal so lang. Als Grund vermutete er, dass die Frauen die Männer generell als schlechtere Sänger einschätzten, die beim Zuhören ein paar falsche Töne nicht bemerken würden.

◆ Brown, B. R., und Garland, H. (1971), The Effects of Incompetency, Audience Acquaintanceship, and Anticipated Evaluative Feedback on Face-Saving Behavior. *Journal of Experimental Social Psychology* 7, S. 490–502.

1970 **Die unbarmherzigen Samariter**

Die Anleitung für dieses Experiment fanden die Psychologen John M. Darley und C. Daniel Batson in der Bibel: »Es war ein Mensch, der ging von Jerusalem hinab nach Jericho und fiel unter die Räuber; die zogen ihn aus und schlugen ihn und machten sich davon und ließen ihn halb tot liegen. Es traf sich aber, dass ein Priester dieselbe Straße hinabzog; und als er ihn sah, ging er vorüber. Desgleichen auch ein Levit: Als er zu der Stelle kam und ihn sah, ging er

Das »Opfer« am Eingang des Soziologiegebäudes. Halfen ihm Theologiestudenten, die gerade einen Vortrag über den barmherzigen Samariter vorbereitet hatten?

vorüber. Ein Samariter aber … ging zu ihm, goss Öl und Wein auf seine Wunden und verband sie ihm, hob ihn auf sein Tier und brachte ihn in eine Herberge und pflegte ihn.« Als Batson das Gleichnis vom barmherzigen Samariter genau las, fand er darin drei Voraussagen über die Hilfsbereitschaft von Menschen.

Erstens: Wer es eilig hat, ist weniger hilfsbereit. Der Priester und der Levit, so spekuliert Batson, waren religiöse Funktionäre, »eilig unterwegs mit kleinen schwarzen Büchern voller Treffen und Verabredungen, verstohlen auf ihre Sonnenuhren blickend«. Der Samariter dagegen war kein wichtiger Mann und hatte Zeit.

Zweitens: Wer sich gerade mit ethischen oder religiösen Gedanken beschäftigt, wenn sein Beistand gefragt ist, hilft nicht häufiger, als wer an etwas anderes denkt. Priester und Levit müssen oft über religiöse Fragen nachgedacht haben, wahrscheinlich auch zum Zeitpunkt, als sie auf das Opfer stießen. Der Samariter dürfte dagegen weltlichere Gedanken gehabt haben.

Drittens: Wer religiös ist, weil er hofft, daraus einen persönlichen Nutzen zu ziehen, bietet weniger schnell Hilfe an, als wer die Religion ohne Hintergedanken als ständige Suche nach dem Sinn seines alltäglichen Lebens betrachtet. Der Levit und der Priester gehörten eher zur ersten Kategorie, der Samariter zur zweiten.

Diese drei Hypothesen wollte Batson testen. Dazu brauchte er religiöse Versuchspersonen. »Das bedeutet, dass der übliche Einsatz von erstsemestrigen Studenten nicht angebracht sein dürfte«, bemerkte er ironisch. Batson hatte andere Leute im Sinn: Studenten des theologischen Seminars der Princeton University.

Auch den »Weg von Jerusalem nach Jericho« hatte er schon ausgewählt: einen Asphaltpfad zwischen der Psychologieabteilung und einem angrenzenden Gebäude der Soziologen auf dem Gelände der Princeton University. Dieser Durchgang wurde zwar nicht von Räubern aufgesucht, aber er war düster, schäbig und einsam. Die wenigen Leute, die ihn regelmäßig benutzten, bat Batson für die Dauer des Experiments, einen anderen Weg zu nehmen.

Am 14. Dezember 1970 um zehn Uhr morgens schickte Batson den ersten Theologiestudenten auf den Weg. Der konnte nicht ahnen, dass er von »Jerusalem nach Jericho« unterwegs war, denn Batson hatte das Experiment getarnt. Die Versuchspersonen meldeten sich im Psychologiegebäude im Glauben, es gehe um eine Erhebung zur religiösen Bildung und Berufung. Dort wurden sie gebeten, einen Vortrag von drei bis fünf Minuten Länge vorzubereiten, den sie dann auf Band sprechen sollten. Weil es im Psychologiegebäude zu eng sei, schickte man sie auf dem ausgewählten Weg zum Soziologiegebäude, wo ein Assistent mit dem Tonband warte.

Auf diesem Weg fand die Begegnung mit dem »Opfer« statt: einem Mann mit zerzaustem Haar, die Hände tief in den Taschen seiner Windjacke vergraben, der mit geschlossenen Augen zusammengekrümmt in der Tür des Soziologiegebäudes saß. Der Mann, der das Opfer spielte, hielt sich exakt an seine Anweisungen: Er hustete zweimal und stöhnte, wenn die Versuchsperson sich näherte. Wenn sie sich nach seinem Befinden erkundigte, sagte er: »Oh, danke [Husten] ... Nein, alles in Ordnung. [Pause] Ich habe eine Atemwegserkrankung [Husten] ... Der Arzt hat mir diese Pillen gegeben, und ich habe eben eine eingenommen ... Wenn ich einfach sitzen bleibe und mich ausruhe, wird es mir in ein paar Minuten wieder besser gehen.« Falls die Versuchsperson darauf bestand, ihn ins Gebäude zu bringen, folgte er ihr.

Die Frage war, unter welchen Bedingungen das Opfer Hilfe angeboten bekam. Ein Teil der Versuchspersonen wurde im Psychologiegebäude zur Eile angetrieben: »Oh, Sie sind zu spät. Sie werden seit einigen Minuten erwartet. Wir machen besser vorwärts. Der Assistent wartet schon auf Sie.« Anderen sagte man, sie seien früh dran und hätten mehr als genug Zeit, um ins Soziologiegebäude zu gelangen. Auch das Thema das Vortrags, den die Versuchspersonen halten mussten, variierte Batson: Die Hälfte der Versuchspersonen musste drei Minuten über die Lieblingsberufe von Abgängern des Theologieseminars sprechen, die andere Hälfte über das Gleichnis vom barmherzigen Samariter. Den dritten möglichen Einfluss auf das Verhalten – welche Glaubensauffassung die Versuchspersonen teilten – erhob Batson mithilfe eines Fragebogens.

Während drei Tagen schickte er 47 Studenten zum Soziologiegebäude. Nicht ohne Zwischenfälle. Es gab unter den Versuchspersonen eine Art Superhelfer: Leute, die einfach nicht vom Opfer abließen, bis sie ihm bei einer Tasse Kaffee von Jesus erzählen konnten. Das brachte die Planung durcheinander, da alle halbe Stunde eine neue Versuchsperson losgeschickt werden musste.

Das Resultat war überraschend: Der einzige Umstand, der sich auf die Hilfsbereitschaft auswirkte, war die Eile. Versuchspersonen, die Zeit hatten, boten sechsmal häufiger ihre Hilfe an als solche, die in Eile waren. Die Art der Glaubensauffassung führte zu keinem klaren Resultat, obwohl die dogmatischen Theologiestudenten auffällig häufig zu den Superhelfern gehörten. Doch das erstaunlichste Ergebnis war ein anderes: Ob die Leute halfen oder nicht, hing nicht im Geringsten damit zusammen, ob sie gerade über das Gleichnis des barmherzigen Samariters nachdachten oder nicht. Es gab tatsächlich mehrere Versuchspersonen, die, ohne anzuhalten, über das Opfer wegstiegen, um ihren Vortrag über das unmenschliche Verhalten von Levit und Priester zu halten.

Nachdem die Studenten über den wahren Hintergrund des Experiments aufgeklärt worden waren, schämten sich viele und nahmen ihr eigenes Verhalten in ihre Predigten auf.

Batson wollte am selben Ort weitere Experimente mit

einer größeren Anzahl Versuchspersonen machen. Doch als er die neuen Versuche vorbereitete, fiel der Asphaltweg mit seinen Pfützen und Abfallkübeln dem Gartenverschönerungsprogramm der Princeton University zum Opfer. An seiner Stelle führt nun ein lauschiger Spazierweg mit einer Sitzbank und einem Baum zum Nachbargebäude. »Alle sind sich einig, dass es jetzt ein viel schönerer Ort ist«, schrieb Batson später, doch als Weg von Jerusalem nach Jericho eignete er sich nicht mehr.

◆ Darley, J. M., und Batson, C. D. (1973), From Jerusalem to Jericho: A Study of Situational and Dispositional Variables in Helping Behavior. *Journal of Personality and Social Psychology* 27, S. 100–108.

1970 **Ein Dollar wird versteigert**

Als Allan I. Teger im Jahr 1970 an der University of Pennsylvania mit seinen Studenten die Psychologie von internationalen Beziehungen diskutierte, gab es keinen Mangel an Anschauungsmaterial. Die USA führten in Vietnam Krieg, die Zeitungen berichteten jeden Tag über die Themen, die Teger auf seinem Programm hatte: Entscheidungsfindung, Vergeltung, Gruppendynamik.

Eine wiederkehrende Argumentation der amerikanischen Regierung fiel Teger besonders auf, weil er glaubte, dass sie eine wichtige Ursache für die Eskalation der Auseinandersetzung sei: Auch wenn die Kosten des Krieges den Nutzen niemals aufwögen, müssten die USA ihn weiterführen, weil sonst »unsere Toten vergebens gestorben sind«. Anders ausgedrückt: Man hatte zu viel investiert, um jetzt noch auszusteigen.

Teger überlegte, wie er seinen Studenten diesen Mechanismus näher bringen konnte. Es gab zwar mathematische Spiele, die Konflikte simulierten, wie zum Beispiel das Gefangenendilemma (S. 125), doch dabei bleiben die Spieler meistens ruhig. Sie werden weder wütend noch frustriert. Teger hatte etwas Lebensnaheres im Sinn und erfand die Dollarauktion: Eine Dollarnote wird versteigert. Wie bei einer normalen Versteigerung geht sie an den Meistbietenden. Doch es gibt eine teuflische Zusatzregel, deren Wirkung die meisten Teilnehmer erst durchschauen, wenn es schon zu spät ist: Wer am zweitmeisten geboten hat, muss ebenfalls bezahlen, und zwar ohne dass er etwas dafür bekommt. Alle anderen mit tieferen Geboten bezahlen nichts. Dieses Spiel wird auch dem Ökonomen Martin Shubik zugeschrieben. Es ist unklar, ob Teger der Erste war oder ob beide es unabhängig voneinander erfanden.

Seine erste Dollarnote versteigerte Teger in einer Vorlesung. Am Anfang boten alle mit. Niemand wollte sich die Chance entgehen lassen, einen Dollar für weniger als einen Dollar zu bekommen. Als die Gebote bei etwa 70 Cent angelangt waren, bemerkten die meisten, wie hinterlistig die Zusatzregel war, und stiegen aus. Zurück blieben die zwei Studenten mit den höchsten Geboten, die bereits in einer unmöglichen Situation gefangen waren. Der erste Bieter hatte 80 Cent geboten, der zweite 90 Cent. Wenn der erste jetzt aufhörte, musste er 80 Cent bezahlen und bekam nichts dafür. Das konnte er nur verhindern, indem er einen Dollar bot. Damit gewann er zwar nichts – er kaufte ja einen Dollar für einen Dollar –, aber er verlor auch nichts. Jetzt war der zweite Bieter in der Zwickmühle: Wenn er ausstieg, verlor er 90 Cent. Da war es besser, auf 1,10 Dollar zu gehen. Bei diesem Gebot ging ein Raunen durch den Vorlesungssaal. Wie konnte einer bloß einen Dollar für 1,10 Dollar kaufen? Dabei verlor er ja 10 Cent! Doch hätte er nicht geboten, wäre der Verlust 90 Cent gewesen. So schaukelte sich die Sache hoch.

Teger machte dieses Experiment etwa vierzigmal, und für jeden Dollar, den er versteigerte, wurde mehr als ein Dollar – manchmal bis zu zwanzig – geboten. Er kassierte das Geld nie ein. Wichtig für das Experiment war nur, dass die Leute während des Spiels glaubten, sie müssten bezahlen.

Als Teger die Versuchsteilnehmer nach der Auktion zu ihren Überlegungen befragte, entschuldigten sich viele für ihr irrationales Verhalten. Wirtschaftsstudenten war es besonders peinlich, dass sie Geld verloren hatten. Einer erklärte sich sein Benehmen damit, dass er betrunken gewesen sei.

Doch das Verhalten war völlig normal: Es waren die Regeln des Spiels, die unweigerlich ins Verderben führten. Dasselbe galt für den Vietnamkrieg. »Es war nicht einfach ein Haufen Idioten, die andere Leute töten wollten, es waren Leute, die versuchten, aus dem Schlamassel zu kommen.« Doch dabei gerieten sie immer tiefer hinein.

Teger stellte bei seinen Interviews mit den Bietern auch

eine verhängnisvolle Verschiebung der Motive fest. Am Anfang lockte der schnelle Gewinn. Als die Gebote auf einen Dollar zusteuerten, standen alle vor demselben Dilemma: aufhören und den Einsatz verlieren oder weiterbieten. Die Motivation weiterzumachen hatte aber in vielen Fällen nichts mehr mit Geld zu tun. Vielmehr ging es nur noch darum, zu gewinnen, koste es, was es wolle. Und es ging darum, den anderen zu bestrafen. Die meisten Bieter waren nämlich überzeugt, der andere hätte sie in diese ausweglose Situation gebracht. Befragt nach den Motiven ihres Gegners, antworteten einige, er sei wohl verrückt. Die Einsicht, dass das Spiel symmetrisch war und der andere dasselbe von ihnen denken musste, fehlte den Versuchsteilnehmern.

Die Dollar-Versteigerung ist ein Gleichnis für die Eskalation von Konflikten. Das Buch, das Teger über seine Forschung schrieb, kam bei Workshops über den Nordirlandkonflikt zum Einsatz und bei Auseinandersetzungen zwischen Firmen. Als er selbst vor der Frage stand, ob er bereits zu viel investiert habe, um aufzuhören, antwortete er mit Nein. 1981 beendete er die akademische Forschung und wurde Fotograf.

◆ Shubik, M. (1971), The Dollar Auction Game: A Paradox in Noncooperative Behavior and Escalation. *Journal of Conflict Resolution* 15, S. 109–111.

◆ Teger, A. I. (1980), *Too Much Invested to Quit.* Pergamon Press.

1970 **Dr. Fox erzählt Unsinn**

Der Vortrag, den Myron L. Fox vor den versammelten Experten hielt, trug den eindrucksvollen Titel »Die Anwendung der mathematischen Spieltheorie in der Ausbildung von Ärzten«. Die Verantwortlichen für das Weiterbildungsprogramm der University of Southern California School of Medicine hatten sich für ihre jährliche Konferenz nach Lake Tahoe im Norden Kaliforniens zurückgezogen. Dort hielt Fox, der als »Autorität auf dem Gebiet der Anwendung von Mathematik auf menschliches Verhalten« vorgestellt wurde, das erste Referat. Er beeindruckte die Zuhörer mit seinem gewandten Auftritt derart, dass keiner von ihnen merkte: Dieser Mann war nicht nur Myron L. Fox von der Albert Einstein School of Medicine, sondern auch der Radiomann Leo Gore aus »Batman«, der Anwalt Amos Fedders aus »Falcon Crest« und der Tierarzt Dr. Benson aus »Columbo«, der sich um den Hund des Inspektors kümmert. Myron L. Fox hieß in Wirklichkeit Michael Fox und

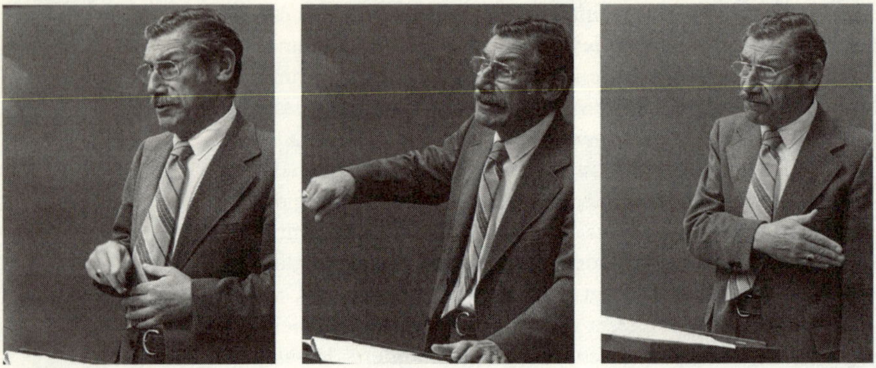

Der Schauspieler Michael Fox führte mit seiner brillanten Vortragstechnik Experten hinters Licht.

war Schauspieler (nicht verwandt mit Michael J. Fox aus »Back to the Future«). Er hatte keine Ahnung von Spieltheorie.

Alles, was Fox getan hatte, war, aus einem Fachartikel über Spieltheorie einen Vortrag zu entwickeln, der ausschließlich aus unklarem Gerede, erfundenen Wörtern und widersprüchlichen Feststellungen bestand, die er mit viel Humor und sinnlosen Verweisen auf andere Arbeiten vortrug. Hinter dieser Täuschung standen John E. Ware, Donald H. Naftulin und Frank A. Donnelly, die mit dieser Demonstration eine Diskussion über den Inhalt des Weiterbildungsprogramms initiieren wollten. Das Experiment sollte die Frage beantworten: Ist es möglich, eine Gruppe von Experten mit einer brillanten Vortragstechnik so hinters Licht zu führen, dass sie den inhaltlichen Nonsens nicht bemerken? John Ware übte stundenlang mit dem Schauspieler, bis jede Substanz aus dem Text verschwunden war. »Das Problem war, Fox davon abzuhalten, etwas Sinnvolles zu sagen.«

Fox war sich sicher, dass der Schwindel auffliegen würde. Doch das Publikum hing an seinen Lippen und begann nach dem einstündigen Vortrag, fleißig Fragen zu stellen, die er so virtuos *nicht* beantwortete, dass niemand es merkte. Auf dem Beurteilungsbogen gaben alle zehn Zuhörer an, der Vortrag habe sie zum Denken angeregt, neun fanden zudem, Fox habe das Material gut geordnet, interessant vermittelt und ausreichend erklärende Beispiele eingebaut.

Ware und seine Kollegen zeigten zwei weiteren Gruppen eine Videoaufnahme des Vortrags – mit ähnlichem Resultat. Einer glaubte sogar, schon Fachartikel von Myron L. Fox gelesen zu haben. Das Publikum bestand auch hier nicht aus Studenten, sondern aus erfahrenen Pädagogen, die sich vom gekonnten Stil des Schauspielers blenden ließen.

Die Wissenschaftler machten weitere Experimente mit einer größeren Anzahl von Zuhörern. Die Tatsache, dass der Stil eines Vortrags über seinen dürftigen Inhalt hinwegtäuschen kann, hieß bald nur noch der »Dr.-Fox-Effekt«.

Die Resultate ließen Ware an der Aussagekraft von Unterrichtsevaluationen zweifeln. Wenn Studenten auf Fragebogen eine Lehrveranstaltung beurteilten, zeige sich darin möglicherweise nicht viel mehr als ihre Zufriedenheit und »ihre Illusion, etwas gelernt zu haben«. – »Unterrichten besteht aus viel mehr, als nur die Studenten glücklich zu machen«, schrieben die Autoren im Artikel über das Experiment.

Allerdings gab es eine Überraschung, die diesen Schluss relativiert: Nachdem die Zuhörer über die wahre Identität von Fox aufgeklärt worden waren, erkundigten sich einige von ihnen nach weiterführender Literatur. Der Vortrag – obwohl nichts sagend und als Betrug entlarvt – hatte durch seinen Stil offenbar das Interesse am Thema geweckt. Ware schlug darauf eine innovative Methode vor, die Motivation der Studenten zu steigern: Professoren könnten, anstatt selber Vorlesungen zu halten, Schauspieler dafür trainieren.

In der *Los Angeles Times* schrieb daraufhin ein Journalist: »Diese Untersuchung hat Implikationen, die selbst ihre Autoren nicht bemerkt haben. Wenn ein Schauspieler ein besserer Lehrer ist, warum nicht auch ein besserer Parlamentarier oder sogar ein besserer Präsident?« Sieben Jahre später wurde Ronald Reagan Präsident der Vereinigten Staaten.

◆ Naftulin, D. H., et al. (1973), The Doctor Fox Lecture: a Paradigm of Educational Seduction. *Journal of medical education* 48 (7), S. 630–635.

1971 **Das Gefängnis des Professors**

Im März 2001 bekam der amerikanische Universitätsprofessor Philip Zimbardo (S. 192) Hunderte von E-Mails aus Deutschland. »Wie konnten Sie das bloß tun?«, fragten die Absender, die im Kino gerade den deutschen Spielfilm

»Das Experiment« gesehen hatten. Darin steckt ein Psychologe zwanzig Studenten in ein simuliertes Gefängnis – zehn in der Rolle von Gefangenen, zehn als Wärter. Nach drei Tagen geraten die Dinge außer Kontrolle. Die Wärter fesseln und schlagen die Gefangenen. Es wird vergewaltigt und gemordet. Die Geschichte wurde von einem Experiment inspiriert, das an der Stanford University stattgefunden hatte. Der Versuchsleiter war Philip Zimbardo gewesen.

Im Frühling 1971 gab der achtunddreißigjährige Zimbardo in der *Palo Alto Times* eine Annonce auf: »Männliche Studenten gesucht für psychologische Untersuchung des Gefängnislebens. $15 pro Tag für 1–2 Wochen vom 14. Aug. an. Für weitere Informationen & Bewerbungen melden Sie sich im Zimmer 248, Jordan Gebäude, Stanford U.«

Die Idee für das Experiment entstand in Zimbardos Kurs an der Universität. Einige Studenten wählten das Thema »Psychologie des Gefangenseins« und spielten ein Wochenende lang Gefängnis. Zimbardo war überrascht von dem tiefen Eindruck, den die kurze Erfahrung auf die Studenten gemacht hatte, und entschied sich, die Sache genauer zu untersuchen.

Von den über 70 Bewerbern, die sich im Zimmer 248 gemeldet hatten, wählte Zimbardo die reifsten aus und teilte sie per Münzwurf der Gruppe der Gefangenen oder der Wärter zu. Elf Studenten erfuhren per Telefon, dass sie die Gefangenen spielen würden und sich am Sonntag, dem 15. August, zu Hause bereithalten sollten. Zehn spielten die Wärter und wurden am Tag vor Beginn des Versuchs dem »Gefängnisdirektor« Philip G. Zimbardo und seinem Stellvertreter David Jaffe – einem Forschungsassistenten – vorgestellt. Man zeigte ihnen das Gefängnis, das im Keller des Psychologiegebäudes eingerichtet worden war. Als Zellen dienten drei kleine Laborräume, deren Türen durch Gitter ersetzt worden waren. Es gab Überwachungsräume für die Wärter und einen neun Meter langen Korridor, der als Hof für Inspektionen gebraucht und von einer Videokamera überwacht wurde. Über eine

Annonce in der *Palo Alto Times*: »Männliche Studenten gesucht für psychologische Untersuchung des Gefängnislebens.«

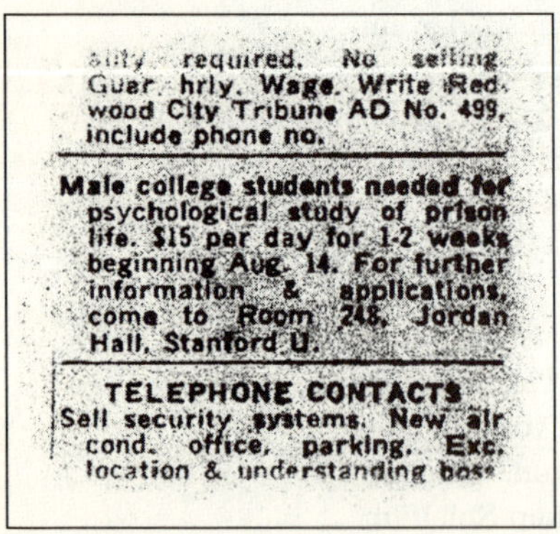

ility required. No selling. Guar. hrly. Wage. Write Redwood City Tribune AD No. 499, include phone no.

Male college students needed for psychological study of prison life. $15 per day for 1-2 weeks beginning Aug. 14. For further information & applications, come to Room 248, Jordan Hall, Stanford U.

TELEPHONE CONTACTS
Sell security systems. New air cond. office, parking. Exc. location & understanding boss

Gegensprechanlage in der Zelle konnten die Wärter Befehle geben und die Gefangenen heimlich belauschen.

Die Wärter wählten gemeinsam in einem Armyshop ihre Uniformen aus – Kakihemden und -hosen –, bekamen eine Trillerpfeife, eine reflektierende Sonnenbrille und einen Gummiknüppel. Sie arbeiteten in Achtstunden-Schichten und erhielten die allgemeine Anweisung, »die für den effizienten Betrieb des Gefängnisses nötige Ordnung aufrechtzuerhalten«.

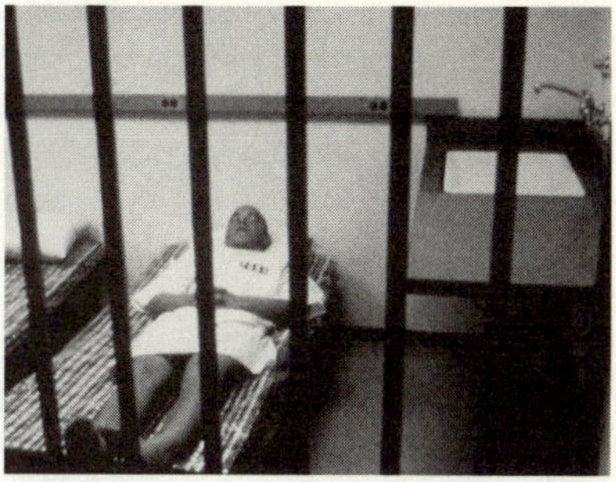

Einer der Gefangenen in der vorgeschriebenen weißen Schürze. Die Probanden wurden zufällig der Gruppe der Gefangenen oder jener der Wärter zugeteilt.

Am Tag darauf nahm die Campus-Polizei der Stanford University die elf anderen Studenten unter Verdacht auf Raub und Einbruch fest. Die Polizisten fuhren mit heulenden Sirenen vor ihren Wohnungen vor, legten sie unter den neugierigen Blicken der Nachbarn in Handschellen. Mit verbundenen Augen im Gefängnis angekommen, mussten sie sich ausziehen, wurden fotografiert, mit einem Entlausungsmittel behandelt und bekamen ihre Gefängniskleider: eine Art weißer Schürze mit Nummern vorne und hinten, unter der sie keine Unterwäsche tragen durften, Plastiksandalen und einen Nylonstrumpf als Kappe. An einem Fußgelenk trugen sie eine Kette mit Vorhängeschloss.

Zimbardo versuchte, während der kurzen Zeit der Simulation in seinen Gefangenen die gleichen Gefühle zu wecken, die richtige Häftlinge nach längerer Zeit haben: Machtlosigkeit, Abhängigkeit, Hoffnungslosigkeit. Die Kleider hatten das Ziel, die Gefangenen zu erniedrigen und ihnen ihre Individualität zu rauben. Die Kette am Fuß sollte sie selbst im Schlaf daran erinnern, wo sie sich befanden.

Am ersten Tag wurden die 17 Regeln vorgelesen, die die Wärter mit David Jaffe ausgearbeitet hatten: »Regel Nummer eins: Gefangene dürfen während der Ruhepausen und Mahlzeiten, nach dem Lichterlöschen und außerhalb des Gefängnishofs nicht sprechen. Zwei: Gefangene dürfen zu den Essenszeiten und nur zu den Essenszeiten essen ... Sieben: Gefangene müssen einander mit ihrer Identifikationsnummer ansprechen ... Siebzehn: Nichtbefolgung der oben genannten Regeln kann eine Bestrafung nach sich

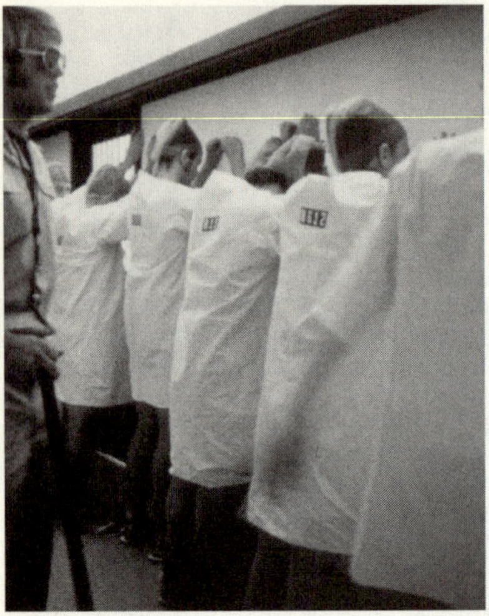

Schon kurz nach Beginn des Experiments benutzten die Wärter die Zählappelle, um die Gefangenen zu schikanieren.

ziehen.« Mehrmals während jeder Schicht – auch mitten in der Nacht – konnten die Wärter die Gefangenen zu einem Zählappell zusammenrufen. Dabei mussten die Häftlinge ihre Identifikationsnummern und die siebzehn Regeln aufsagen. Am Anfang dauerten diese Inspektionen zehn Minuten. Später konnten es Stunden sein.

Interessanterweise hatte Zimbardo keine eigentliche Hypothese, was in einer solchen Situation geschehen würde. Das etwas diffus formulierte Ziel des Experiments war es, herauszufinden, welche psychischen Auswirkungen es hat, wenn man Gefangener oder Strafvollzugsbeamter ist. Er wollte verstehen, wie die Gefangenen ihre Freiheit, Unabhängigkeit und Privatsphäre verlieren, während die Wärter an Macht gewinnen, indem sie das Leben der Gefangenen kontrollieren. Seine früheren Experimente hatten gezeigt, wie leicht sich ganz normale Leute zu üblen Taten hinreißen ließen, wenn sie in einer Gruppe nicht mehr als Individuen wahrgenommen wurden oder wenn man sie in eine Situation brachte, in der sie andere Menschen als Feinde oder Objekte sahen. Das »Stanford-Prison-Experiment«, wie es heute genannt wird, kombinierte mehrere dieser Mechanismen. Es wurde so berühmt, dass sich eine Rockgruppe in Los Angeles danach benannte.

Am zweiten Tag – nach einem Zählappell um 2.30 Uhr morgens – rebellierten die Gefangenen. Sie legten ihre Kopfbedeckungen ab, rissen die Nummern von ihren Kleidern und verbarrikadierten sich in der Zelle. Die Wachen drängten sie mit einem Feuerlöscher von der Tür weg und bestraften sie: Die Rädelsführer wurden ins »Loch« gesperrt, einen dunklen Kasten am Ende des Ganges. Wer nicht mitgemacht hatte, genoss eine Vorzugsbehandlung in einer besonderen Zelle und bekam besseres Essen. Kurze Zeit später steckten die Wärter Leute aus diesen beiden Gruppen ohne Erklärung in gemeinsame Zellen. Das verwirrte die Gefangenen, und sie begannen, einander zu misstrauen. Von da an begehrten sie nie mehr als Gruppe auf.

Die Wärter stellten jetzt absurde Regeln auf, disziplinierten die Gefangenen willkürlich und gaben ihnen sinnlose Aufgaben. Sie mussten Kisten von einem Raum in den anderen tragen und wieder zurück, die Toilette mit bloßen Händen putzen, stundenlang Dornen aus ihren Decken entfernen (die Wärter hatten die Decken zuvor durch Dornenbüsche geschleift). Und es wurde ihnen befohlen, Mitgefangene zu verhöhnen oder sexuelle Handlungen mit ihnen zu simulieren.

Nach weniger als 36 Stunden musste Zimbardo den Gefangenen 8612 wegen extremer Depressionen, unkontrollierter Weinkrämpfe und Wutausbrüche entlassen. Er zögerte zuerst damit, weil er glaubte, der Student gebe bloß vor, am Ende zu sein. Für Zimbardo war es unvorstellbar, dass ein Versuchsteilnehmer in einem simulierten Gefängnis nach so kurzer Zeit derart extreme Reaktionen zeigte. Doch in den nächsten drei Tagen passierte dasselbe mit drei weiteren Probanden. Aufgrund eines Missverständnisses glaubten die Versuchspersonen, sie könnten das Experiment nicht abbrechen.

Sowohl für die Gefangenen als auch für die Wärter verwischten sich allmählich die Grenzen zwischen Experiment und Realität. Je länger das Experiment dauerte, desto häufiger mussten die Bewacher daran erinnert werden, dass keine körperliche Gewalt erlaubt war. Die Macht, die ihnen das Experiment gab, machte aus pazifistisch eingestellten Studenten sadistische Gefängniswärter. Selbst Zimbardo verhielt sich sonderbar. Eines Tages glaubte eine der Wachen, die Gefangenen bei der Planung eines Massenausbruchs belauscht zu haben. »Was denken Sie, wie wir auf dieses Gerücht reagierten?«, schrieb Zimbardo später, »glauben Sie, wir hätten die Verbreitung des Gerüchts auf Tonband aufgenommen und uns darauf vorbereitet, den bevorstehenden Ausbruch zu beobachten? Das hätten wir selbstverständlich tun sollen, wenn wir wie experimentelle Sozialpsychologen gehandelt hätten.« Stattdessen ging Zimbardo zur Polizei von Palo Alto und wollte die Gefangenen in das alte Stadtgefängnis transferieren. Als die Polizei ablehnte, wurde er wütend und beklagte den Mangel an Kooperation zwischen den Gefängnissen. Zimbardo selbst war Gefängnisdirektor geworden! Der geplante Ausbruch fand übrigens nie statt. Es hatte sich nur um ein Gerücht gehandelt.

Als Nächstes befürchtete Zimbardo, die Eltern könnten nach der Besuchszeit darauf bestehen, ihre Söhne sofort mit nach Hause zu nehmen. Also ließ er das Gefängnis auf Hochglanz bringen, die Gefangenen bekamen gutes Essen, sie durften sich waschen und rasieren. Die Besucher wurden von einer hübschen jungen Frau empfangen. Sie mussten sich anmelden, eine halbe Stunde warten und bekamen dann zehn Minuten Besuchszeit. Zwar schockierte einige Eltern der desolate Zustand der Gefangenen, doch auch sie schienen das Gefängnis als Realität zu akzeptieren und baten den Gefängnisdirektor individuell um bessere Haftbedingungen für ihre Söhne.

Kurze Zeit später ließ Zimbardo einen katholischen Priester kommen, der auch schon in Gefängnissen gearbeitet hatte. Die Hälfte der Gefangenen stellte sich ihm mit ihrer Nummer vor. Unaufgefordert spielte auch er den Part eines richtigen Gefängnispfarrers. Obwohl die Häftlinge gar kein Verbrechen begangen hatten und Zimbardo rechtlich überhaupt keine Macht über sie hatte, riet der Pfarrer ihnen, einen Anwalt zu konsultieren, um freizukommen.

Am vierten Tag stellte Zimbardo aus Abteilungssekretärinnen und Doktoranden des Instituts einen Bewährungs-

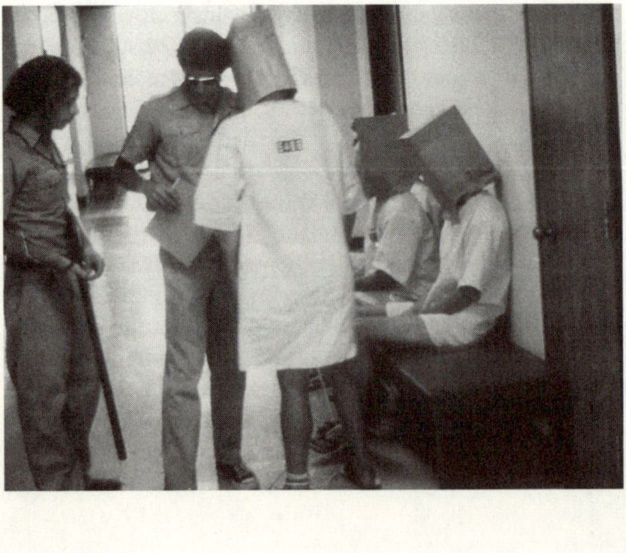

Den allabendlichen Gang zur Toilette mussten die Gefangenen mit Papiersäcken über den Köpfen antreten.

ausschuss zusammen, bei dem die Gefangenen einen Antrag auf vorzeitige Entlassung stellen konnten. Fast alle waren bereit, auf die fünfzehn Dollar pro Tag zu verzichten, wenn sie rauskämen. Der Bewährungsausschuss schickte sie in die Zellen zurück, während er über die Anträge beriet. Erstaunlicherweise gehorchten alle Gefangenen, obwohl sie ihre Teilnahme an dem Experiment einfach hätten beenden können, wenn sie ohnehin auf das Geld verzichteten. Doch dazu hatten sie nicht die Kraft. »Ihr Realitätssinn hatte sich verschoben«, schrieb Zimbardo, »sie nahmen ihre Gefangenschaft nicht mehr als ein Experiment wahr. In dem psychologischen Gefängnis, das wir kreiert hatten, hatte nur das Strafvollzugspersonal die Macht, vorzeitige Entlassungen zu bewilligen.«

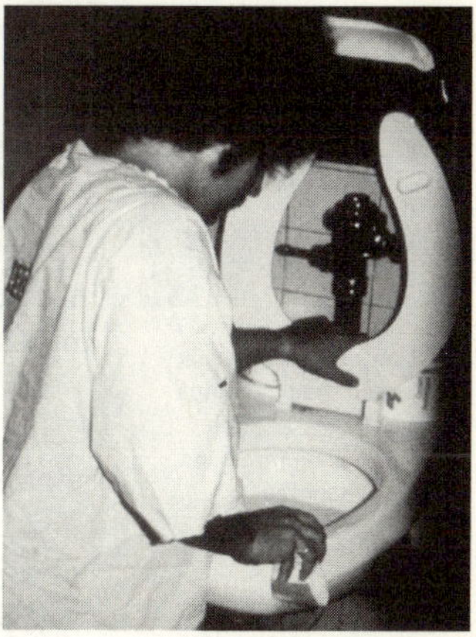

Die Wärter verhängten demütigende Strafen wie, die Toilette mit bloßen Händen putzen zu müssen.

In der Zwischenzeit tauchte ein Anwalt auf, den die Eltern eines Studenten kontaktiert hatten, um ihren Sohn herauszuholen. Er besprach mit dem Gefangenen, wie sich die Kaution auftreiben ließe, und versprach, nach dem Wochenende wiederzukommen – obwohl auch er wusste, dass es hier um ein Experiment ging und die Frage nach einer Kaution absurd war. Zu diesem Zeitpunkt war für alle Beteiligten völlig unklar, wo ihre Rolle aufhörte und wo ihre eigene Identität begann.

Fünf Tage nach Beginn des Experiments, am Donnerstagabend, besuchte Zimbardos Freundin und spätere Frau Christina Maslach das Gefängnis. Sie war Psychologin und hatte sich bereit erklärt, die Gefangenen am nächsten Tag zu interviewen. Es war nicht besonders viel los, und Maslach las im Kontrollraum einen Artikel. Etwa um 23 Uhr klopfte Zimbardo ihr auf die Schulter und zeigte auf den Bildschirm. »Schnell, schnell – schau dir das an!« Maslach schaute auf, und ihr wurde sofort übel. Die Wärter schrien auf eine Reihe von an den Füßen aneinander geketteten Gefangenen ein, deren Köpfe in Papiersäcken steckten. Es war der Gang zur Toilette vor dem Schlafengehen. In der Nacht mussten die Gefangenen ihre Notdurft in der Zelle in einen Eimer verrichten, dessen Leerung die Wärter willkürlich verweigerten. »Siehst du das? Komm schon, schau es dir an – das ist wirklich erstaunlich!« Doch Maslach hatte

Das Stanford-Prison-Experiment beeindruckte einige Musiker in Los Angeles derart, dass sie ihre Band danach benannten.

keine Lust. Als Zimbardo sie beim Verlassen des Gefängnisses fragte, was sie von dem Experiment halte, schrie sie ihn an: »Es ist entsetzlich, was du diesen jungen Leuten antust!« Es kam zu einem hitzigen Streit, in dessen Verlauf Zimbardo merkte, dass alle am Experiment beteiligten Personen die zerstörerischen Werte des Gefängnislebens verinnerlicht hatten. Schließlich entschied er sich, den Versuch am nächsten Morgen zu stoppen.

Das wichtigste Ergebnis des Stanford-Prison-Experiments war die Erkenntnis, wie groß die Macht der Umstände ist. Wie im Milgram-Experiment (S. 163) zeigten ganz normale Studenten in einer ungewohnten Situation ein völlig unerwartetes Verhalten. Offenbar lässt sich aus der Persönlichkeit eines Menschen nicht auf sein Verhalten schließen, wenn er in eine Lage gerät, für die er keine Regeln kennt. »Jede Tat, die je ein Mensch begangen hat, wie schrecklich auch immer, kann jeder von uns begehen – unter dem richtigen oder falschen Druck einer bestimmten Situation«, schrieb Zimbardo nach dem Experiment. »Dieses Wissen entschuldigt das Böse nicht, es demokratisiert es eher, teilt die Schuld unter normalen Leuten auf, anstatt sie zu verteufeln.«

Diese unangenehme Erkenntnis über das Wesen des Menschen ist schwer zu akzeptieren. Als im April 2004 amerikanische Soldaten in Bagdad irakische Gefangene folterten und Bilder davon an die Öffentlichkeit gelangten, ließ die Regierung in Washington verlauten, bei den fehlbaren Männern und Frauen handle es sich bloß um wenige »faule Äpfel im Korb«.

Der Psychologe Philip Zimbardo waltete während des Experiments als »Gefängnisdirektor«.

Weil Zimbardo seinen Gefängnishof rund um die Uhr von einer versteckten Videokamera überwachen ließ, gilt seine Studie als Vorläufer der Reality-TV-Formate – mit dem entscheidenden Unterschied, dass sie nicht im Hinblick auf hohe Einschaltquoten durchgeführt wurde. Doch auch das wurde nachgeholt: Im Jahr 2002 startete die BBC unter dem Titel »The Experiment« eine Reality-Show, die das Standford-Prison-Experiment vor den Augen von Millionen von Fernsehzuschauern wiederholen sollte. Zimbardo hält die Resultate dieses von zwei Psychologen begleiteten Versuchs für fragwürdig, weil die Teilnehmer die ganze Zeit wussten, dass sie gefilmt wurden.

Die E-Mails aus Deutschland, die er nach dem Kinodebüt des Spielfilms »Das Experiment« erhielt, versuchte er alle zu beantworten. Er schrieb den Leuten, wie sich die Sache tatsächlich zugetragen hatte, und ließ seine Website mit Informationen zum Experiment ins Deutsche und sicherheitshalber gleich noch ins Spanische und Italienische übersetzen. Zimbardos Rolle mag nicht heroisch gewesen sein, aber anders als im Film kam es weder zu Mord noch zu Vergewaltigung. Bei einer Nachuntersuchung ein Jahr nach dem Experiment zeigten sich bei keinem der Teilnehmer negative Nachwirkungen. Der Gefangene 8612, der als Erster zusammengebrochen war, wurde später Psychologe im Bezirksgefängnis von San Francisco.

verrueckte-experimente.de

◆ Haney, C., et al. (1973), Interpersonal Dynamics in a Simulated Prison. *International Journal of Criminology & Penology* 1 (1), S. 69–97.

1971 **Tramper-Tipp 2: Sei eine Frau!**

Die Resultate ihrer Studie würden nicht »radikal von den allgemeinen Erwartungen abweichen«, schreiben Margaret M. Clifford und Paul Cleary in ihrer Arbeit *The Odds in Hitchhiking*. Nachdem sich Männer und Frauen unterschiedlich angezogen stundenweise an den Straßenrand gestellt hatten, stellte sich heraus, dass es in schmuddeligen Kleidern schwieriger ist, mitgenommen zu werden, und dass Frauen es leichter haben als Männer. Clifford und Cleary prüften auch den Einfluss der Gruppengröße und -zusammensetzung auf das Verhalten der Autofahrer: Zwei Männer hatten es am schwersten, einer allein bekam etwa gleich viele Mitfahrgelegenheiten angeboten wie ein Paar (Mann und Frau). Am leichtesten hatten es zwei Frauen. Auf die Experimentalbedingung »eine Frau allein« verzichteten Clifford und Cleary: »Unsere beiden Anhalterinnen bekamen eine so übermäßige Anzahl von Mitfahrangeboten, dass ein Polizist sie wegen ›Störung des Verkehrs‹ verwarnte.« Der nächste Tipp für Anhalter steht auf Seite 236.

◆ Clifford, M. M., und Cleary, P. (1971), The Odds in Hitchhiking. *Unveröffentlichtes Manuskript.*

1971 **Galileo auf dem Mond**

Obwohl Galileo Galilei schon im 17. Jahrhundert mit einem eleganten Gedankenexperiment (S. 16) belegte, dass die Fallgeschwindigkeit eines Gegenstands nicht von dessen Masse abhängt, fällt es uns immer wieder schwer, das zu glauben. Im Alltag machen wir ständig gegenteilige Erfahrungen: Eine Flasche fällt schneller als ein Laubblatt, ein Hagelkorn schneller als eine Schneeflocke, ein Hammer schneller als eine Feder. Natürlich sagte uns der Physiklehrer, dass die unterschiedlichen Fallgeschwindigkeiten mit dem Luftwiderstand zu tun haben und nicht mit der Masse. Aber die Macht dessen, was wir mit eigenen Augen sehen, bleibt stark.

Deshalb führte der Astronaut David Scott am 2. August 1971 vor laufender Kamera ein Experiment vor. Er ließ auf dem atmosphärelosen Mond gleichzeitig eine Feder und einen vierzigmal schwereren Hammer fallen. Beide landeten gleichzeitig auf der Mondoberfläche. Obwohl im Voraus bekannt, sei das Resultat doch beruhigend gewesen, hieß es später im NASA-Report über die Apollo-15-Mission. Schließlich habe die Heimreise entscheidend von der Gültigkeit der mit dem Experiment verbundenen Theorie abgehangen.

verrueckte-experimente.de

◆ Allen, J. (1972), *Apollo 15 Preliminary Science Report/ Chapter 2: Summary of Scientific Results* (SP-289), NASA, S. 11.

1971 **Die Atomuhr fliegt Economy**

»Das Ding war unheimlich schwer«, daran erinnert sich Joseph Hafele genau. »Als wir es ins Flugzeug schleppten, hing es schief zwischen uns, und ich bekam mehr Gewicht ab.«

Sechzig Kilo wogen die beiden Atomuhren, die Richard Keating vom US Naval Observatory und Joseph Hafele von der University of Washington am 4. Oktober 1971 abends um halb acht in der Boeing 747 anschnallten. Groß wie Schubladenschränke, brauchten sie zwei eigene Sitze – und damit auch eigene Flugscheine, die auf den Namen Mr. Clock ausgestellt worden waren.

»Das Ticket der Uhr war zweihundert Dollar billiger als unseres – schließlich aß die Atomuhr nichts während des Flugs«, erzählt Hafele, der sich auf der Reise den Ausdruck »Atomuhr« abgewöhnte. »Bei einer Zwischenlandung in Istanbul fragten mich Journalisten, was dieses Experiment mit der Atombombe zu tun hätte.« Und auch die Passagiere im Flugzeug wichen zurück, als der Physiker ihnen wohlmeinend erklärte, der Kasten auf dem Nebensitz sei eine Atomuhr. »Wir nannten sie dann nur noch Cäsiumuhr.«

Ein anderer Passagier schaute auf die Anzeige der Cäsiumuhr, dann auf seine Armbanduhr und sagte: »Ihre Uhr geht ein bisschen vor.« Der Mann konnte nicht wissen, dass er eine der genauesten Uhren der Welt vor sich hatte. Nur mit einer solchen Uhr ließ sich die sonderbare Voraussage überprüfen, die ein technischer Experte III. Klasse des Berner Patentamts 1905 gemacht hatte:

Albert Einstein stellte damals, gerade 26 Jahre alt, mit einem Artikel die Physik auf den Kopf. Unter dem unauffälligen Titel »Über die Elektrodynamik bewegter Körper« formulierte er zum ersten Mal, was später als spezielle Relativitätstheorie ein neues Weltbild formte. Einstein schaffte darin die absolute Zeit ab. Zeit vergehe nicht an jedem Ort gleich schnell, sondern sei von der Geschwindigkeit abhängig. Wer sich schnell bewege, für den vergehe die Zeit langsamer. Einstein dachte dabei nicht etwa an das individuelle Zeitempfinden, sondern an die Zeit als physikalische Größe. Wer sich mit hoher Geschwindigkeit bewegt, bei dem ticken die Uhren langsamer, kocht das Wasser später, dauert eine Schachpartie länger. Von all dem merkt er nichts, weil auch für ihn selbst die Zeit langsamer vergeht: Er altert weniger schnell. Ein Zwilling, der eine Reise mit einer Rakete unternimmt, würde den Effekt bemerken, wenn er nach der Rückkehr seinen Bruder wiedertrifft: Obwohl am selben Tag geboren, wäre der jetzt plötzlich älter (dabei spielt auch noch die allgemeine Relativitätstheorie eine Rolle).

Das war sowohl für Laien als auch für Fachleute absurd. Einsteins Theorie ließ sich durch keine Erfahrung im Alltag belegen. Doch das war kein Wunder. Um den Effekt zu messen, musste man entweder mit sehr hoher Geschwindigkeit unterwegs sein, nahe der Lichtgeschwindigkeit von dreihunderttausend Kilometern pro Sekunde, oder über eine sehr genaue Uhr verfügen.

Zehn Jahre später formulierte Einstein die allgemeine Relativitätstheorie, die unter anderem besagt, dass der Gang der Uhren nicht nur von ihrer Geschwindigkeit abhängt, sondern auch von der Gravitation. Eine Uhr geht auf dem Berg schneller als im Tal. Wieder ist der Unterschied auf der Erde so gering, dass wir nichts davon merken.

Als die amerikanischen Fluggesellschaften Anfang der Siebzigerjahre des 20. Jahrhunderts Reisen um die Welt an-

Die Physiker Joseph Hafele (links) und Richard Keating und die Atomuhren, mit denen sie zweimal um die Welt reisten.

boten, fragte sich Joseph Hafele, ob man nicht einfach eine Uhr an Bord des Flugzeuges nehmen könnte, um diese Effekte zu messen. Man würde die Uhr vor dem Flug ganz einfach mit einer Uhr, die auf dem Boden zurückblieb, synchronisieren, flog um die Erde und müsste dann, wenn Einstein Recht hatte, eine Zeitdifferenz sehen: Die Uhr, die sich schneller bewegt hatte, müsste nachgehen.

Hafele berechnete, dass diese Zeitdifferenz einige Milliardstel Sekunden betragen musste. Als er auf einem Physikerkongress einen Vortrag über seine Idee hielt, saß Richard Keating von der Time Service Division des US Naval Observatory in Washington im Publikum. Diese Abteilung der amerikanischen Armee war damals die Hüterin der genauen Zeit für die »freie Welt«. Die exakte Zeit zu haben war vor allem in der Funknavigation wichtig. Keating war selbst oft mit einer tragbaren Atomuhr im Flugzeug unterwegs, um Atomuhren an anderen Orten in der Welt zu synchronisieren.

Keating erkannte sofort, dass eine solche Uhr die von Hafele berechnete Zeitdifferenz messen konnte, und begann mit ihm, die Reise um die Welt zu planen. Er selbst zweifelte allerdings daran, dass man etwas sehen würde: »Ich vertraue diesen Professoren nicht, die etwas an die

Wandtafel kritzeln und behaupten, sie wüssten alles. Ich habe zu viele Messungen gemacht, die nicht so herauskamen, wie sie vorausgesagt worden waren.«

Hafele und Keating flogen zuerst in östlicher und vier Tage später in westlicher Richtung um die Welt. Die erste Reise führte in 65 Stunden von Washington DC nach London und von dort über Frankfurt, Istanbul, Beirut, Teheran, Delhi, Bangkok, Hongkong, Tokio, Honolulu, Los Angeles und Dallas wieder nach Washington.

Die Flüge waren beschwerlich. Nicht nur, weil die Physiker die schwere Uhr – eigentlich waren es zwei zusammengebaute Uhren, was die Messung genauer machte – immer wieder tragen mussten. Sie konnten auch kaum schlafen, weil die fragilen Instrumente ständiger Kontrolle bedurften. Hinzu kam, dass Keating wegen einer falschen Verdrahtung im Gerät die Erdung durchtrennen musste, wodurch das Gehäuse unter Strom stand und ihnen regelmäßig Schläge austeilte.

Nach den Flügen füllte Hafele die gesammelten Daten in Einsteins Gleichung und berechnete den Effekt von Geschwindigkeit und Gravitation: Die Uhr im Flugzeug musste nach der Reise in östliche Richtung zwischen 17 und 63 Milliardstel Sekunden nachgehen. Tatsächlich ging sie 59 Milliardstel Sekunden nach. Weil die Uhr, die in Washington geblieben war, sich mit der Erde mitdrehte, war es bei der Reise westwärts umgekehrt: Jetzt verging in Washington die Zeit langsamer als im Flugzeug, 273 Milliardstel Sekunden. Das scheint im ersten Moment seltsam, schließlich bewegte sich die Uhr im Flugzeug ja auch in diesem Fall schneller als die Uhr am Boden. Doch von außen betrachtet, sieht die Sache anders aus: Die Uhr am Boden bewegt sich mit der Erde und deshalb schneller als das Flugzeug, das der Erdrotation entgegenfliegt.

Hafele und Keating beim Aussteigen. Die Uhren wogen sechzig Kilo.

Zum Ärger einiger Physiker, die das Experiment für überflüssig hielten, erzeugte der Flug der Atomuhr ein großes Medienecho. Tatsächlich war die spezielle Relativitätstheorie bereits mehrmals experimentell bestätigt worden, das erste Mal schon 1938. Doch die früheren Versuche maßen die Veränderung der Zerfallzeiten von Elementarteilchen, die auf hohe Geschwindigkeiten beschleunigt worden waren. Für Laien waren sie nicht sehr anschaulich. Da war die Uhr, die Keating und Hafele im Handgepäck hatten, um einiges handfester. »Irgendwann habe ich mich entschieden, dass ich dieses Experiment für Laien gemacht habe, nicht für die Experten«, sagte Hafele.

verrueckte-experimente.de

◆ Hafele, J. C., und Keating, R. E. (1972), Around-the-World Atomic Clocks: Predicted Relativistic Time Gains. *Science* 177, S. 166–168.

◆ Hafele, J. C., und Keating, R. E. (1972), Around-the-World Atomic Clocks: Observed Relativistic Time Gains. *Science* 177, S. 168–170.

»Wenn Sie also länger leben möchten, könnten Sie einfach ostwärts fliegen«, schrieb der bekannte Physiker Stephen Hawking, warnt jedoch vor übertriebenen Hoffnungen: »Der winzige Bruchteil einer Sekunde, den Sie gewännen, würde durch den Verzehr der Flugzeugverpflegung mehr als aufgewogen.«

1972 **Flucht über die Kreuzung**

Wie erforscht man, welche Wirkung Anstarren auf Menschen hat? Forscher von der Stanford University entwickelten eine einfache Methode: Sie stellten sich in Palo Alto an Straßenkreuzungen und starrten Autofahrer an, die an der roten Ampel warteten. Nachdem die Ampel auf Grün gesprungen war, maßen sie, wie schnell die Autos losfuhren. Die Fahrer, die angestarrt worden waren, hatten es eilig: Sie überquerten die Kreuzung in durchschnittlich 5,5 Sekunden, die anderen in 6,7 Sekunden. Wie Tiere, so interpretiert offenbar auch der Mensch Anstarren als Bedrohung, die zur Flucht verleitet – auch wenn diese nur über die Kreuzung führt.

◆ Ellsworth, P. C., et al. (1972), The Stare as a Stimulus to Flight in Human Subjects: A Series of Field Experiments. *Journal of Personality and Social Psychology* 21, S. 302–311.

1973 **Das Sexfloß**

Es war ein Experiment ganz nach dem Geschmack der Boulevardpresse. »Kommandiert von einer drallen schwedischen Blondine, beendete am Montag ein Floß mit einer Gruppe von halb nackten Männern und Frauen in Bikinis, die hundert Tage das ›Gruppen- und Sexualverhalten‹ studiert hatten, seine 5000-Meilen-Odyssee über den Atlantik.« So beschrieb die Presseagentur UPI am 20. August 1973 die Ankunft der Arche *Acali* in der mexikani-

Sechs Frauen und fünf Männer verschiedener Rassen und Religionen überquerten mit dem Floß *Acali* den Atlantik.

schen Hafenstadt Cozumel. Es war das Ende des »größten Gruppenexperiments der modernen Verhaltensforschung«. Diesen Titel verlieh der mexikanische Anthropologe Santiago Genovés jedenfalls seiner Idee, mit sechs Frauen und fünf Männern verschiedener Rassen und Religionen auf einem wohnzimmergroßen Floß den Atlantik zu überqueren. Zeitungsleser kannten die *Acali* vor allem als »das Sexfloß«.

Genovés gehörte 1969 und 1970 zur Mannschaft von *Ra* und *Ra II*, den Papyrusschiffen des norwegischen Anthropologen Thor Heyerdahl. Wie mit *Kon-Tiki* wollte Heyerdahl mit diesen Expeditionen seine Thesen über frühe Seereisen anderer Völker belegen. Genovés war dabei klar geworden, was jeder Segler schon immer wusste: »Es gibt keine bessere Versuchsanordnung für das Studium menschlichen Verhaltens, als in einer Nussschale auf dem Meer zu schwimmen.«

Das Floß, das Genovés bauen ließ, war zwölf Meter lang und sieben Meter breit. Die Kajüte – ein einziger Raum, in dem alle Teilnehmer schliefen – maß vier mal vier Meter und war nur brusthoch. Er wollte kein schnittiges Schiff,

Die Scham auf der Bordtoilette schwand schnell.

sondern eine schwimmende Insel, die träge dahintrieb. Darauf versammelte er elf Versuchskaninchen: die schwedische Kapitänin, eine jüdische Ärztin, einen Fotografen aus Japan, einen griechischen Restaurantbesitzer, einen angolanischen Priester, eine weiße und eine schwarze Amerikanerin, eine Araberin aus Algerien, einen Uruguayer, eine Französin und sich selbst.

Bei der Auswahl der Gruppe hatte Genovés nicht die Harmonie im Auge, die Mischung sollte im Gegenteil möglichst explosiv sein. Bewusst vergab er die wichtigsten Posten – Kapitän und Bordarzt – an Frauen. Er achtete darauf, dass möglichst viele Teilnehmer verheiratet waren und Kinder hatten und dass viele Rassen und Religionen vertreten waren.

Am 13. Mai 1973 stach die *Acali* von Las Palmas auf den Kanarischen Inseln aus in See. Kurz zuvor hatte Genovés die Schlafpositionen in der engen Kajüte bekannt gegeben: In zwei Reihen lagen abwechselnd Mann und Frau. Man warf ihm sofort vor, er hätte sich zwischen die zwei hübschesten Frauen gelegt. Später beklagte er sich darüber, dass die Leute vor allem der sexuelle Aspekt des Experiments interessierte.

Genovés füllte während der hunderteintägigen Reise über tausend Seiten mit seinen Beobachtungen zum Leben an Bord. Die Teilnehmer nahmen sich sechsundvierzig Fragebogen vor. Sie gaben 8079 Antworten zu den Beziehungen an Bord, ihrem Sexualverhalten, zu Religion, Aggression und Moral.

Am Anfang herrschte Zurückhaltung. Niemand gab sich eine Blöße. Am schnellsten schwand die Scham davor, vor aller Augen die Freilufttoilette zu benutzen. Nach vierzehn Tagen konnte man sich mit allen unterhalten, während sie ihr Geschäft verrichteten. Bei der Arbeitsaufteilung an Bord kam es zu ersten Reibereien. Der Kommandoton von Kapitänin Ingrid wurde schlecht vertragen. Aischa, die Algerierin, drückte sich vor der Arbeit und bekam den Spitznamen »die Touristin«. Fast alle ärgerten sich über die übertriebene Körperpflege der Französin Sofia, die morgens bis zu einer Stunde brauchte, um sich fertig zu machen. Der Priester strömte einen fast unerträglichen Schweißgeruch aus. Genovés machte ihn darauf aufmerksam, worauf er sich dreimal pro Tag von Kopf bis Fuß wusch.

Nach vierzehn Tagen fragte sich Genovés: »Wie weit ist das mit dem Sex auf dem ›Sexfloß‹?« Und gab die Antwort gleich selbst: »Nicht sehr weit.« Einer der sechs Gründe, die er dafür anführte, lautete: »Einige sind noch seekrank und müssen sich übergeben. Nicht sehr verführerisch.« Der japanische Fotograf Komico und die Amerikanerin Ana waren sich offenbar näher gekommen. Das glaubte Genovés bei Mondschein in der Kajüte gesehen zu haben. Er selbst ging eine intime Beziehung mit Sofia ein. Nach einem Monat herrschte auf dem Floß eine »freizügige und gesunde, aber platte Kumpanei«, schrieb Genovés in sein Tagebuch.

Fragebogen Nummer fünf brachte Bewegung. Er enthielt Fragen wie: »Was stört dich auf der *Acali* am meisten? Was magst du an dir und deinen Mannschaftskameraden am liebsten? Am wenigsten? Möchtest du eine neue Platzverteilung in der Kajüte? Wenn ja, neben wem möchtest du liegen? Neben wem nicht? Mit wem würdest du gern schlafen, wenn es keinerlei Hemmungen gäbe?« Alle wollten die Ergebnisse wissen. Danach wurde eine neue Platzverteilung in der Kajüte beschlossen.

Gruppengespräch auf dem Dach. Immer wieder kam es zu Konflikten zwischen den Teilnehmern.

Am 13. Juni brach ein Ruderblatt der *Acali*. Genovés sprang trotz der vielen Haie ins Meer, um sich den Schaden anzusehen. Plötzlich wussten alle, was sie zu tun hatten. »Müssen erst lebensgefährliche Situationen entstehen, damit die Mannschaft zusammenhält?«, fragte sich Genovés. Das Ruder konnte ersetzt werden.

Nach sieben Wochen schlug Ana vor, das Wahrheitsspiel zu machen: Jeder stellt einer Person seiner Wahl schriftlich vier Fragen, die dann anonym verlesen und vor der ganzen Gruppe beantwortet werden. Genovés wurde zum Beispiel gefragt: »Wenn du auf

Reisen bist, hat deine Frau dann auch außereheliche Beziehungen?« Seine Antwort: »Ich glaube nicht, aber ich weiß es nicht.« – »Emiliano: Würdest du gern mit einer Frau schlafen?« – »Wenn jemand mich wirklich lieb hätte, wäre ich nicht abgeneigt.« – »Antonio: Wie kann man nur so falsch sein wie du?« – »Ich finde nicht, dass ich falsch bin.«

Nach zwei Monaten wollte Genovés mit Schockfragen testen, wie die Teilnehmer auf einen gezielten Verstoß gegen Konventionen reagierten: »Sollen wir: – einen ganzen Tag nackt bleiben? Sechs dafür, fünf dagegen. – eine Art Fest veranstalten, auf dem jeder mit jedem schläft? Vier dafür, die übrigen dagegen. – Pärchenbildung verhindern? Zwei dafür, die übrigen dagegen. – den Status quo beibehalten? Zwei dafür, sechs dagegen, drei Enthaltungen.«

Nach dreizehn Wochen schlugen die beiden Amerikanerinnen vor, fünf Nächte lang einen Mann und eine Frau für jeweils eine Stunde allein in der Kajüte zu lassen. Der Vorschlag wurde abgelehnt, aber Genovés erkannte das Bedürfnis, sich hin und wieder abzusondern, und regte an, jeweils fünf zugeloste Pärchen könnten sich eineinviertel Stunden an den fünf Orten auf dem Floß treffen, die nicht einsehbar waren. Eine erwartungsvolle Stimmung machte sich breit. Nach den Treffen ging es auf dem Küchendeck recht vulgär hin und her: Es war die Zeit der Zoten und anzüglichen Bemerkungen. Genovés schrieb: »Ich bin etwas deprimiert. Mit dem geistigen Niveau auf dem Floß geht es bergab.«

Danach überschlugen sich die Ereignisse: Der Japaner Komico wollte über Bord springen. Er fand seine Bilder schlecht, konnte sich mit den anderen nicht richtig verständigen und wurde von seiner Liebe, Aischa, verschmäht. Zur selben Zeit rammte ein Frachter fast die *Acali*, und Genovés litt an einer Blinddarmentzündung. Wie in früheren Krisensituationen funktionierte die Gruppe wieder besser. Der Blinddarm heilte. Zwei Wochen später lief die *Acali* in Cozumel ein, wo alle Teilnehmer sofort isoliert und von bewaffneten Sicherheitsleuten im Hotel bewacht wurden. Eine Woche lang mussten sie Tests von Psychiatern, Psychologen und Medizinern über sich ergehen lassen.

Die Resultate dieser Nachuntersuchungen sind dürftig. Und auch wenn Genovés es anders darstellt: Das Gleiche gilt für das ganze Experiment. Im Buch *Acali*, das 1975 erschien, deutet er alle Ereignisse an Bord so, dass sie zu seiner Weltsicht eines fast ausschließlich von der Kultur geprägten Menschen passen. Er will an Bord den neuen Menschen gefunden haben, »frei von schicksalhaftem Territorialgebaren, aggressiven oder sadistischen Regungen«. Was die Sexualität betrifft, schloss Genovés: »Es gibt keinen angeborenen Geschlechtstrieb, der die anscheinende Notwendigkeit, sexuelle Beziehungen zu haben, hinreichend erklärt.«

Genovés' Experiment wurde hart kritisiert. Schon während der Überfahrt hatten sich seine Kollegen an der Universität davon distanziert. Viele fanden es unstatthaft, dass er die Teilnehmer vor der Reise eine Vereinbarung unterschreiben ließ, die ihn berechtigte, das erarbeitete Material, »auch dort, wo es intimen Charakter hat«, zu verwerten. Im Buch über das Experiment benutzte er zwar nicht die richtigen Namen, doch es ist reich bebildert, und die Teilnehmer sind leicht zu erkennen, zudem tauchen die richtigen Namen in Zeitungsartikeln auf.

Women Will Boss Men in Sex Study

»Frauen werden Männer herumkommandieren in Sex-Studie« (*News Journal*, 1. 5. 1973). Die Presse berichtete oft darüber, dass Frauen die wichtigen Positionen an Bord innehatten.

Auch nahm Genovés an Bord eine widersprüchliche Rolle ein. Einerseits wollte er nicht der Anführer sein. Es ging ihm ja darum herauszufinden, was geschehen würde, wenn sich diese gemischte Mannschaft zusammenraufen musste. Andererseits machte er den Teilnehmern Vorwürfe, wenn sie in den Tag hinein schliefen oder das von ihm verlangte Tagebuch nicht führten.

Doch die Kritik perlte an Genovés ab. Er hielt sein Experiment für einen großen Beitrag zum Zusammenleben der Menschen. Ein Vierteljahrhundert später erfanden schlaue Fernsehmacher Reality-Shows wie »Expedition Robinson« oder »Big Brother«, die dem Experiment auf der *Acali* aufs Haar glichen. Diese Entwicklung hätte Genovés vorhersehen können: Bereits die *Acali* wurde von einer mexikanischen Fernsehstation mitfinanziert.

◆ Genovés, Santiago (1975), *Acali*. Planeta. Übersetzung: *Die Arche Acali* (1976), Scherz.

Die Capilano-Hängebrücke in der Nähe von Vancouver war Ort eines berühmten Experiments über die Irrwege der Liebe.

1973 **Herzflattern durch Kniezittern**

Wenn japanische Forscher bei dem Psychologen Donald G. Dutton zu Besuch sind, muss er mit ihnen zur Capilano-Hängebrücke fahren. Die Brücke liegt in der Nähe von Vancouver und ist eine lokale Touristenattraktion: Eineinhalb Meter breit und hundertfünfzig Meter lang, führt sie auf wackligen Holzbrettern über eine siebzig Meter tiefe Schlucht. Doch für die Psychologen aus Japan ist sie nicht deshalb eine Attraktion. Sie wollen sie sehen, weil Dutton und sein Kollege Arthur P. Aron hier mit einem berühmt gewordenen Experiment die Irrwege der Liebe erforschten.

Und das ging so: Im Sommer 1973 erwartete die Besucher der Hängebrücke eine hübsche Studentin, die Dutton und Aron angeheuert hatten, um den Männern, die eben mit zittrigen Knien von der Brücke kamen, eine Lügengeschichte aufzutischen. Sie erklärte ihnen, dass sie für den Psychologieunterricht eine Arbeit über die Wirkung von Sehenswürdigkeiten verfasse, und bat sie, ein paar Fragen zu beantworten. Was dann folgte, war, ohne dass die Männer etwas davon ahnten, der entscheidende Moment des Experiments: Die Studentin riss eine Ecke des Fragebogens ab, notierte ihren Namen – Gloria – und ihre Telefonnummer darauf und gab sie den Männern mit der Aufforderung, sie später anzurufen, falls sie Näheres über die Befragung wissen wollten.

Etwas später konnte man dieselbe Studentin im kleinen Park bei der Hängebrücke sehen. Dort hielten sich Männer auf, bei denen die Überquerung der Brücke schon etwas zurücklag. Die Studentin erzählte einzelnen von ihnen die gleiche Geschichte und gab ihnen ihre Telefonnummer – mit einem kleinen Unterschied: Jetzt hieß sie nicht mehr Gloria, sondern Donna.

In den Tagen danach riefen 13 der 25 am Ende der Brücke befragten Männer Gloria an, sieben der 23 Männer aus dem Park wollten mit Donna sprechen – ganz, wie Dutton und Aron es vorausgesagt hatten. Das Hängebrückenexperiment war ein weiterer Beleg für eine Vermutung, die in der Psychologie schon lange diskutiert wurde: Wenn ein bestimmter Reiz Menschen körperlich erregt, kann diese Erregung fälschlicherweise einem anderen Reiz zugeordnet werden. Die Psychologen sprechen von einer Fehlattribution.

Die Männer, die direkt von der Brücke kamen, missdeuteten Gloria als Ursache für ihre zittrigen Knie. Sie glaubten unbewusst, die Studentin habe die körperliche Erregung verursacht, die in Wirklichkeit die Überquerung der Hängebrücke ausgelöst hatte. Kein Wunder, dass viele von ihnen mit Gloria in Kontakt treten wollten. Bei den Männern im Park war die Erregung der Brückenüberquerung bereits wieder abgeklungen, deshalb gab es keine körperlichen Signale, für die Donna der Grund hätte sein können.

Fehlattributionen wurden seither in vielen verschiedenen Zusammenhängen nachgewiesen. Einige Forscher stützen darauf die Hypothese, dass Eltern, die einem jungen Paar den Umgang miteinander verbieten, für zusätzliche Erregung sorgen, die als Liebesgefühle fehlinterpretiert wird und die jungen Leute noch stärker aneinander bindet. Für diese Psychologen ist die Geschichte von Romeo und Julia ein klassischer Fall einer Fehlattribution.

◆ Dutton, D. G., und Aron, A. P. (1974), Some Evidence for Heightened Sexual Attraction under Conditions of High Anxiety. *Journal of Personality and Social Psychology* 30, S. 510–517.

1973 **Spinnen 4: Im Weltall**

Wie eine Spinne ihr Netz unter Drogeneinfluss (S. 122), mit fehlenden Beinen (S. 133) und nach der Verabreichung des Urins Schizophrener (S. 135) baut, fand die Wissenschaft bereits in den Fünfzigerjahren des 20. Jahrhunderts heraus. Mit dem Anbruch des Raumfahrtzeitalters stellte sich natürlich die Frage, wie ein in der Schwerelosigkeit gewobenes Netz aussehen würde. Der Biologe und Spinnenspezialist Peter N. Witt plante bereits 1968, Spinnen mit einem Satelliten ins All zu schicken. Doch erst vier Jahre später, als die Schülerin Judith Miles bei einem Jugendwettbewerb der NASA das Spinnenexperiment vorschlug, wurde es durchgeführt.

Am 28. Juli 1973 startete eine Apollo-Kapsel mit drei Astronauten und zwei Kreuzspinnen – Arabella und Anita – an Bord zur amerikanischen Raumstation Skylab. Dort wurde Arabella in einen Rahmen gesetzt, in dessen Ecken sie am nächsten Tag ein paar armselige Fäden verwob. Doch bereits kurz danach hatte sie sich offenbar an die Schwerelosigkeit gewöhnt und baute, ebenso wie später Anita, ein komplettes Netz. Auf Beute warteten sie dort allerdings vergebens: Fliegen waren keine mit ins All gereist. Wenn Kreuzspinnen genug Wasser bekommen, können sie bis zu drei Wochen ohne Nahrung überleben. Unplanmäßig hängten die Astronauten zweimal ein kleines Stück Filet ins Netz, das sowohl Arabella als auch Anita sofort entfernten.

Die Fotos von den im All gebauten Netzen übergab die NASA Witt zur Auswertung, der offenbar mit dem Material nicht zufrieden war. In seinem Artikel beklagt er sich immer wieder über die schlechte Qualität der Bilder, die keine saubere Analyse ermögliche. Darüber hinaus sei bei der aus dem All mitgebrachten Spinnenseide nicht klar protokolliert worden, aus welchen Netzen sie stammte.

In diesem Rahmen woben die Spinnen ihre Netze im All. Die Kamera hielt die verschiedenen Stadien des Baus fest.

Als wichtigstes Resultat des Versuchs bezeichnet Witt, dass sich Spinnen an die Schwerelosigkeit anpassen können und selbst unter diesen ungewohnten Umständen eine vernünftige Fliegenfalle zustande bringen. Netzbau hat bei Spinnen hohe Priorität, denn ohne Netz keine Nahrung.

Für Arabella und Anita nahm die Reise ins All ein übles Ende. Sie reihten sich am Ende ihres Aufenthalts in die Masse der Raumfahrtmärtyrer ein und starben, wie sich im Nachhinein herausstellte, an Flüssigkeitsmangel.

Tierschützer werden beruhigt sein, wenn sie erfahren, dass die Spinnen nicht umsonst gestorben sind: Einer der beteiligten NASA-Forscher erkannte in den Weltallnetzen der Spinnen ein neues Konstruktionsprinzip für einen Tennisschläger, den er unter dem Namen »Rocket Racquet« auf den Markt zu bringen gedachte.

◆ Witt, P. N., et al. (1977), Spider Web-Building in Outer Space: Evaluation of Records from the Skylab Spider Experiment. *American Journal of Arachnology* 4, S. 115–124.

1973 **Invasion im Pissoir**

Die Idee für dieses Experiment hatte Dennis Middlemist auf der Toilette, und genau dort wollte er es auch durchführen. Middlemist besuchte damals ein Seminar über Umweltpsychologie und dachte über ein Klassenprojekt nach. Ein Thema faszinierte ihn besonders: persönlicher Raum. Wie viel Raum braucht ein Mensch um sich herum? Warum braucht er ihn? Was geschieht, wenn jemand in ihn eindringt?

Erste Antworten auf seine Fragen lieferte ihm eine alltägliche Begebenheit: »Als ich eines Tages am Pissoir stand und ein Mitstudent das Becken neben mir benutzte, bemerkte ich sofort die Wirkung.« Es dauerte länger, bis Middlemist sich erleichtern konnte. Als er in der Klasse vorschlug, ein Experiment über persönlichen Raum auf der Basis dieser Beobachtung zu machen, lachten ihn seine Mitstudenten aus. Doch der Professor ermutigte ihn, es zu versuchen.

Bei der Erforschung des persönlichen Raums gab es ein Problem: Zwar wusste man aus Experimenten, dass Menschen reagieren, wenn die unsichtbaren Grenzen um sie herum verletzt werden. Sie weichen zurück, um den Raum wiederherzustellen, oder versuchen auf andere Art und Weise, zu große Nähe zu kompensieren. Doch man wusste nicht, warum. Und bei dieser Frage konnte Middlemists Pissoirerfahrung weiterhelfen.

Dass Angst und Beklemmung die Entspannung des

Schließmuskels beeinflussten, war schon lange bekannt. Wer nervös und aufgeregt ist, braucht länger, bis er loslassen kann. Falls eine uneingeweihte Versuchsperson verzögert mit dem Urinieren begann, wenn ein anderer Mann in der Nähe war, dann wäre elegant belegt, dass durch die Verletzung des persönlichen Raums Angst und Beklemmung ausgelöst werden.

Um diese Hypothese zu testen, entwarf Middlemist mit seinem Kommilitonen Eric Knowles ein Experiment, das sie im Spätherbst 1973 in einer Herrentoilette mit drei Pissoirs gegenüber einem großen Hörsaal an der University of Wisconsin-Green Bay durchführten.

Mit falschen »Außer-Betrieb«-Schildern schufen sie für die Männer, die die Toilette betraten, eine von drei Situationen:

1. Der Versuchsteilnehmer hatte einen der Experimentatoren als direkten Nachbarn am nächsten Pissoir.
2. Zwischen Experimentator und Versuchsteilnehmer war ein leeres Pissoir.
3. Der Versuchsteilnehmer war allein in der Toilette.

Zumindest glaubte er, allein zu sein. In einer der beiden WC-Kabinen hinter den Pissoirs saß Middlemist mit zwei Stoppuhren und einem durch gestapelte Bücher getarnten Periskop, mit dem er unter der WC-Tür hindurch den Urinstrahl des Versuchsteilnehmers beobachten konnte. Er startete die Uhren, wenn die Versuchsperson vor das Pissoir trat, und stoppte die eine, wenn sie zu urinieren begann, die andere, wenn sie damit aufhörte.

Nach 60 Männern war der Fall klar: Wenn ein Experimentator am nächsten Pissoir stand, dauerte es durchschnittlich 8,4 Sekunden, bis sich der entscheidende Muskel der Versuchsperson lockerte, fast doppelt so lange, wie wenn sie allein war. Und ein gestresster Pinkler war wie vorausgesagt auch schneller fertig als ein entspannter, denn in der längeren Wartezeit hatte sich ein höherer Druck aufgebaut.

Nachdem Middlemist diese Resultate publiziert hatte, wurde ihm vorgeworfen, ethisch fragwürdig vorgegangen zu sein. Das Experiment »wirft wichtige Fragen auf zum Stand der Würde des Menschen, wie sie in der psychologischen Forschung definiert wird«, schrieb Gerald P. Koocher von der Harvard Medical School und machte sich Sorgen um »instabile Versuchspersonen, die zufälligerweise entdecken könnten, dass sie beim Urinieren beobachtet worden seien«. Das fand Middlemist etwas übertrieben, schließlich sei das Eindringen in den persönlichen Raum in einem Pissoir alltäglich. Es sei keine Erfahrung, die den Männern Schmerzen bereitete. Im Gegenteil: Die Männer, die in der Pilotstudie erfuhren, dass sie Teil eines Experiments gewesen waren, hätten sofort Anekdoten aus dem Pissoir zum Besten gegeben.

Das Pissoirexperiment hat Middlemist sein Leben lang begleitet. Selbst die Politik befasste sich deshalb mit ihm. Als er eine Stelle an der Oklahoma State University annahm, kam dem Gouverneur zu Ohren, dass sich einige seiner Bürger über den Versuch empörten. Er beschwerte sich beim Rektor, der ihm erklären musste, dass der Versuch gar nicht an seiner Universität durchgeführt worden sei.

Und selbst wenn, hätte sich der Gouverneur darüber freuen müssen: Middlemists Experiment ist schlüssige und dazu billige Wissenschaft auf minimalem Raum. Was kann sich ein Politiker anderes wünschen?

◆ Middlemist, R. D., et al. (1976), Personal Space Invasions in the Lavatory: Suggestive Evidence for Arousal. *Journal of Personality and Social Psychology* 33, S. 541–546.

1974 **Erregt an der Ampel**

Autofahrer werden wütend, wenn der Wagen vor ihnen bei Grün ohne ersichtlichen Grund stehen bleibt. Das ist eine Binsenweisheit und seit 1966 auch wissenschaftlich bestätigt (S. 181). Der Psychologe Robert A. Baron fragte sich, wie sich dieser Ärger dämpfen ließe. Er hatte in verschiedenen Laborstudien gezeigt, dass die Aggression abnahm, wenn eine Versuchsperson einem Reiz ausgesetzt war, der andere Emotionen weckte, wie Mitgefühl, Humor oder sexuelle Erregung. Jetzt wollte Baron diese Hypothese in der Welt draußen testen.

Und so kam es, dass im Sommer 1974 120 Autofahrer in West Lafayette, Indiana, in den Genuss von Barons kleinem Theater kamen: An einer Ampel blockierte ein Komplize Barons mit einem Auto bei Grün den nachfolgenden Fahrer; dann erschien eine vollbusige Studentin in Minirock und engem Top, die zwischen den beiden Autos die Straße

Experimentalbedingung »sexuelle Erregung«: Eine vollbusige Studentin in Minirock und engem Top überquert die Straße.

überquerte. Das war die Experimentalbedingung »sexuelle Erregung«. Fahrern, die weniger Glück hatten, widerfuhr eine der vier anderen Experimentalbedingungen: keine Studentin (Kontrollgruppe), normal angezogene Studentin (Ablenkung), Studentin an Krücken (Mitgefühl), Studentin mit Clownmaske (Humor).

Der Wagen des Komplizen blockierte die Fahrbahn 15 Sekunden lang. Die Frage war, ob die verschiedenen Bedingungen etwas an der Reaktion der Fahrer änderten. Das nicht unbedingt überraschende Resultat: Wenn Krücken, Clownmaske oder Minirock in Sicht waren, hupten die Fahrer später als bei der normal angezogenen Studentin. Der Minirock eignete sich dabei allerdings deutlich besser als Krücken oder Clownmaske.

◆ Baron, R. A. (1976), The Reduction of Human Aggression: A Field Study of the Influence of Incompatible Reactions. *Journal of Applied Social Psychology* 6, S. 260–274.

1974 **Tramper-Tipp 3: Schau ihnen in die Augen!**

Nachdem es der Wissenschaft gelungen war, zwei grundsätzliche Regeln für Anhalter aufzustellen und experimentell zu bestätigen – »Sei gebrechlich!« (S. 183) und »Sei eine Frau!« (S. 219) –, brachte das Jahr 1974 eine neue Erkenntnis über die Beeinflussung von Autofahrern. Von 600 Wagen in Palo Alto, Kalifornien, hielten 40 an, wenn ihre Fahrer angestarrt wurden, aber nur 18, wenn es keinen Augenkontakt zwischen Fahrer und Anhalter gab.

◆ Snyder, M., et al. (1974), Staring and Compliance: A Field Experiment on Hitchhiking. *Journal of Applied Social Psychology* 4, S. 165–170.

1975 **Tramper-Tipp 4: Sei vollbusig!**

Und hier ein weiterer experimentell bestätigter Tipp für Anhalterinnen (sorry, Männer – nur für Frauen): Lasst euch den Busen vergrößern. Frauen mit gepolstertem BH (plus fünf Zentimeter Oberweite) bekamen bei einem Versuch in Seattle doppelt so häufig eine Mitfahrgelegenheit angeboten wie ohne.

Eine Nachfrage bei Carol Fahrenbruch, einer der beteiligten Forscherinnen, zerstört allerdings alle Fantasien über Massen von leicht geschürzten Experimentatorinnen am Straßenrand: »Die Studie wurde – ohne Zweifel zur Enttäuschung ihrer Leser – im kalten und regnerischen Herbst und Winter in Seattle durchgeführt, alle Anhalterinnen waren die ganze Zeit in Skijacken und Regenmäntel eingepackt.« In der offiziellen Publikation wird vermutet, dass der Erfolg bei besserem Wetter noch größer gewesen wäre. »Die Sichtbarkeit der Signale – besonders der Oberweite – wurde durch häufigen Regen und die Notwendigkeit, dickere Kleider zu tragen, wahrscheinlich vermindert.«

◆ Morgan, C., et al. (1975), Hitchhiking: Social Signals at a Distance. *Bulletin of the Psychonomic Society* 5, S. 459–461.

1975 **Schweißextrakt im Wartezimmer**

Das Wartezimmer der Zahnklinik an der Birmingham University in England hatte nichts Außergewöhnliches. Eine Empfangstheke, einen Couchtisch mit Zeitschriften, zwölf Stühle. Die Patienten, die darauf Platz nahmen, glaubten, zufällig einen davon ausgewählt zu haben. Doch sie täuschten sich.

Frühmorgens hatte sich Michael Kirk-Smith in das noch leere Wartezimmer begeben, eine Spraydose in der einen Hand, eine Stoppuhr in der anderen. Er war zum Stuhl gegenüber der Theke gegangen, hatte die Sprühdose auf die Sitzfläche gerichtet und genau fünf Sekunden auf den Knopf gedrückt: Ein Nebel aus 16 µg Androstenon ging auf den Stuhl nieder. So verfuhr er jeden Tag während der nächsten Wochen. Manchmal sprühte er nur eine Sekunde, manchmal zehn. Oft wischte er die Sitzfläche vorher mit einem Putzmittel ab und vertauschte den Stuhl mit einem anderen. Androstenon ist ein Stoff, den Männer im Achselschweiß absondern. Kirk-Smith glaubte, dass er Frauen anzieht.

Dass die Paarung vieler Tiere durch leicht flüchtige Sexuallockstoffe gesteuert wird, hatten Biologen schon lange entdeckt. Auch im Schweiß von Menschen hatten sie ähnliche Pheromone gefunden. Doch die Ansicht, dass sie bei der Partnersuche der Menschen eine Rolle spielen, hielten die Psychologen für Unsinn. »Sie sagten, die Menschen seien zu hoch entwickelt für solch primitive Effekte«, erinnert sich Kirk-Smith, der anderer Meinung war und sich in seiner Doktorarbeit mit Pheromonen zu beschäftigen begann.

Dabei lernte er den Psychiater Tom Clark kennen. Clark hatte bereits kleine Tests mit Androstenon unternommen. »Er hatte während einer Party Androstenon auf einen Stuhl gesprüht und sagte mir: ›Nur homosexuelle Männer haben sich darauf gesetzt.‹ Ich fragte ihn, woher er das wisse. Er antwortete etwa so: ›Ich bin Psychiater – ich kenne mich da aus.‹« Clark unternahm auch ein Experiment in einem Theatersaal, wo er die Programme besprühte und bestimmte Sitze. Seinen Versuchen mangelte es jedoch an Wissenschaftlichkeit. Das sollte beim Experiment von Kirk-Smith ganz anders werden.

Die ersten vier Tage beobachtete er nur, ohne Androstenon zu versprühen. Eine Praxishelferin, die den Zweck des Experiments nicht kannte, notierte den ganzen Tag, auf welche Stühle sich Männer setzten und auf welche Frauen. Die drei Stühle gegenüber der Theke waren bei den Frauen offenbar unbeliebt. Auf den mittleren hatte sich keine einzige der 67 Patientinnen gesetzt. An diesem Stuhl wollte Kirk-Smith die Macht der Pheromone beweisen.

Während der nächsten fünf Wochen behandelte er den Stuhl mit Androstenon, dann analysierte er die Listen, die die Helferinnen für ihn geführt hatten. Der vorher verschmähte Stuhl erfreute sich unter den Praxisbesucherinnen plötzlich großer Beliebtheit: 21 Frauen setzten sich darauf. Die Männer schien das Androstenon eher abzustoßen. Kirk-Smiths Vermutung hatte sich als richtig erwiesen.

Heute weiß man, dass Pheromone auch bei der Partnerwahl des Menschen eine Rolle spielen, was findige Geschäftsleute auf die Idee brachte, Androstenon als Bestandteil von dubiosen Duftwässern (»Sexparfum Willenlos«) teuer zu verkaufen. Auch sollen Möbelhersteller versucht haben, alte Polstergruppen damit an die Frau zu bringen. Seine Wirkung ist aber nur schwach und wird wahrscheinlich von vielen anderen Faktoren überdeckt.

Für eine Dokumentarserie über Partnerwahl stellte der britische Sender BBC Kirk-Smiths Versuch mit versteckter Kamera nach. Spätestens damit wurde sein Experiment zum Klassiker.

◆ Kirk-Smith, M. D., und Booth, D. A. (1980), Effects of Androstenone on Choice of Location in Others' Presence. In *Olfaction and taste VII* (Starre, H.v.d., ed.), S. 397–400, IRL Press.

1976 **Didaktik mit dem Rasierapparat**

Für bärtige Professoren, die didaktisch nicht auf der Höhe sind, gibt es Hoffnung: den Rasierapparat. Das hat Jürgen Klapprott von der Universität Erlangen-Nürnberg festgestellt. Für die Arbeit »Barba facit magistrum – eine Untersuchung über die Wirkung eines bärtigen Hochschullehrers auf seine Studenten« unterrichtete er zwei Semester ohne Bart, eines mit und dann wieder eines ohne.

Der Psychologe Jürgen Klapprott untersuchte, wie er auf seine Studenten wirkte – mit und ohne Bart.

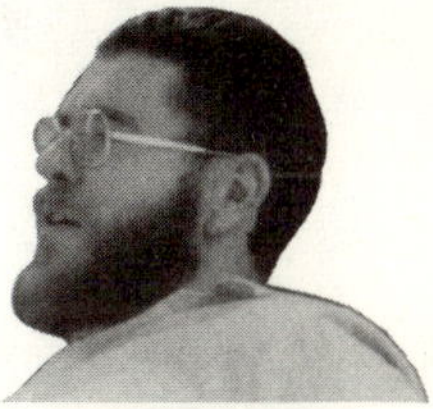

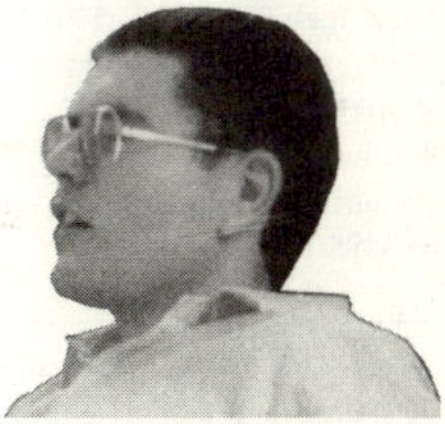

Dass »stationäre Reizcharakteristika bei der Objektperson« – gemeint sind in diesem Fall Bärte – auf das Urteil über die Persönlichkeit in einer Alltagssituation durchschlagen, vermutete der Professor aufgrund von Studien im Labor: Schon kleine Veränderungen in einem Gesicht wirkten sich auf den Eindruck aus, den ein Betrachter davon hatte. Doch stimmte das auch in der Praxis?

Jeweils zehn Minuten nachdem seine Studenten ihn Anfang des Semesters zum ersten Mal gesehen hatten, ließ Klapprott sie Beurteilungsbogen zu seiner Person ausfüllen.

Die Resultate sprechen eindeutig gegen das Barttragen bei Hochschullehrern: Die Studenten beurteilten Klapprott mit Bart als »weniger zielstrebig, weniger genau, weniger konzentriert, weniger freundlich, weniger hartnäckig, … weniger gewandt, weniger scharfsinnig, weniger rational und weniger intelligent«. Auf der positiven Seite gab es wenig zu vermelden: Mit Bart schien Klapprott ungezwungener, lässiger, progressiver – wenn das denn wirklich positiv ist für einen Professor.

◆ Klapprott, J. (1976), Barba facit magistrum – Eine Untersuchung über die Wirkung eines bärtigen Hochschullehrers auf seine Studenten. *Schweizerische Zeitschrift für Psychologie* 35, S. 16–27.

1976 Ein Millionär lässt sich klonen

Im September 1973 bekommt ein amerikanischer Wissenschaftsjournalist einen geheimnisvollen Anruf. Als er in seiner Hütte am Flathead-See im Westen Montanas den Hörer abhebt, meldet sich ein Mann, der seinen Namen nicht nennen will: Er sei siebenundsechzig Jahre alt, reich, unverheiratet, und er brauche einen Erben. Näheres will der Anrufer erst bei einem persönlichen Treffen sagen.

Mit dieser Szene beginnt David Rorviks Buch *Nach seinem Ebenbild*. Es ist die abenteuerliche Geschichte eines alternden Millionärs, der sich mithilfe von Forschern, die ihm der Wissenschaftsjournalist vermittelt, klonen lässt. Die mittelmäßige Science-Fiction im Milieu der Reproduktionsmedizin hat bloß einen Fehler: Rorvik behauptete, dass jedes Wort davon wahr sei, der Wissenschaftsjournalist im Buch sei er selbst.

Schon bevor das Buch am 31. März 1978 erschien, hatte die Presse Wind von der Geschichte bekommen. Die Boulevardzeitung *New York Post* informierte ihre Leser am 3. März in einer fetten Schlagzeile über den Anbruch des neuen Zeitalters der menschlichen Fortpflanzung: »Säugling ohne Mutter geboren: Er ist der erste Menschenklon.« Und bis am Abend desselben Tages hatte es Rorviks Klonbuch in alle Fernsehnachrichten zwischen New York und Los Angeles geschafft.

NEW YORK POST
FINAL
FRIDAY, MARCH 3, 1978 25 CENTS
627,478
y braces for 5-in. snow Page 2
Startling claim in book
BABY BORN WITHOUT A MOTHER
He's first human clone
By SHARON CHURCHER

»Mutterloses Kind geboren« (*New York Post*, 3. 3. 1978). Die Welt erfuhr vom ersten Menschenklon aus einer Boulevardzeitung. Doch stimmte die Meldung wirklich?

Die Wissenschaftler hielten Rorviks Klongeschichte für erfunden. Rorvik sei »ein Betrüger und ein Esel«, sagte zum Beispiel Beatrice Mintz, eine führende Mausgenetikerin, deren Arbeit in Rorviks Buch zitiert wird. Die Geschichte um den rätselhaften Anrufer, einen Geschäftsmann mit dem Codenamen »Max«, war wirklich schwer zu glauben.

Im Buch erklärt Max, er sei bereit, »eine Million Dollar, eventuell auch mehr« auszugeben, um eine Reproduktion von sich selbst zu erhalten. Ein Kind, das genetisch identisch mit ihm wäre, einen um siebzig Jahre zeitlich verschobenen Zwillingsbruder sozusagen, einen Klon. Rorvik, der früher

Wissenschaftsreporter beim Nachrichtenmagazin *Time* gewesen war und mehrere Bücher über Fortpflanzungsmedizin geschrieben hatte, sollte den Kontakt zu Wissenschaftlern herstellen, die bereit wären, das Experiment zu wagen.

Technisch besteht das Klonen eines Lebewesens aus mehreren heiklen Schritten. Als Erstes muss einer Frau ein Ei entnommen werden – oder besser gleich mehrere, da mit vielen Fehlversuchen zu rechnen ist. Aus dieser Eizelle entfernt man den Zellkern, der das Erbgut der Frau enthält. Die Person, die sich klonen lassen will, muss ebenfalls eine Zelle spenden. Grundsätzlich kommt fast jede Körperzelle infrage, da, von wenigen Ausnahmen abgesehen, jede Zelle das komplette Erbgut eines Menschen enthält. Dieses Erbgut steckt im Zellkern, der aus der Körperzelle entfernt und in die leere Eizelle verfrachtet wird.

Das so zusammengebaute Ei enthält jetzt das exakte Erbgut des Spenders. Es wird außerhalb des Körpers in einer Nährlösung gehalten, bis es sich einige Male geteilt hat, und dann in die Gebärmutter der Frau eingepflanzt, die das Kind austragen soll.

Die ganze Prozedur birgt Probleme, die der von Rorvik ausfindig gemachte Arzt (Codename: »Darwin«) innerhalb von achtzehn Monaten gelöst haben wollte, obwohl ihrer die weltbesten Forscher in Jahrzehnten nicht Herr geworden waren. Allein ein befruchtetes Ei so einzupflanzen, dass es auch wirklich zu einer Schwangerschaft kommt, gelang offiziell erst 1978. Und das war noch die niedrigste Hürde.

Die größte Schwierigkeit bestand darin, den Zellkern einer Körperzelle mit der entkernten Eizelle so zu verschmelzen, dass sich daraus wieder ein ganzer Mensch entwickelte. Zwar trägt jede Körperzelle in ihren Genen den kompletten Bauplan des jeweiligen Menschen, doch viele Gene einer Zelle werden während der Entwicklung ausgeschaltet. In einer Leberzelle sind nur noch jene Gene aktiv, die sie zur Erfüllung ihrer Aufgabe braucht, ebenso in einer Haut- oder Hirnzelle.

Das Problem besteht darin, die stummen Gene wieder zum Sprechen zu bringen, nachdem man sie in die leere Eizelle verpflanzt hat. Man muss dem »erwachsenen« Zellkern irgendwie vormachen, dass er wieder jung sei, und ihn dazu bringen, die Entwicklung eines ganzen Menschen einzuleiten. Zwar beherrschte man damals das Klonen von Fröschen, aber eben nicht aus voll entwickelten Körperzellen, sondern aus ganz jungen, unspezialisierten Zellen eines Embryos, die noch keine Gene stumm geschaltet hatten. Solche Zellen heißen Stammzellen.

Doch nicht nur die wissenschaftlichen Details, auch der Ort der Handlung und die Besetzung in Rorviks Geschichte trugen nicht zu ihrer Glaubwürdigkeit bei. Der Arzt Darwin macht seine Untersuchungen auf einer ungenannten Pazifikinsel irgendwo hinter Hawaii, wo Max Gummiplantagen und ein Teil der Fischindustrie gehören. Roberto, ein Angestellter von Max »mit einer Vorliebe für auffällige Kleidung und protzige Ringe«, macht sich »in Fabriken und auf Farmen« auf die Suche nach einer geeigneten Kandidatin, die den Klon von Max austragen soll. Max stellt zwei Bedingungen: Die Frau muss Jungfrau und hübsch sein. Nach einer längeren Evaluation wird schließlich eine Siebzehnjährige (Codename »Spatz«) gefunden, die das Baby zwei Wochen vor Weihnachten 1976 zur Welt bringt und in die sich Max prompt verliebt.

Obwohl mit dieser Geschichte offensichtlich etwas nicht stimmte, verfehlte sie ihre Wirkung nicht. Es war die Zeit, als die Öffentlichkeit der Wissenschaft zunehmend kritisch gegenüberstand. Ira Levin hatte kurz zuvor ihren Thriller *The Boys from Brazil* herausgebracht über den Versuch von Altnazis, Hitler zu klonen, und es war noch nicht lange her, dass selbst einige Forscher ein Moratorium verlangt hatten für die gerade erst entwickelte Technik, einzelne Gene ins Erbgut fremder Organismen einzuschleusen. Rorviks Buch entwickelte sich zum PR-Desaster für die Wissenschaft. Das deutsche Nachrichtenmagazin *Der Spiegel* titelte: »Genetik: tausendmal schlimmer als Hitler«. Aus Angst, sie würden Rorvik noch größere Publizität verschaffen, weigerten sich einige Wissenschaftler, überhaupt etwas zu dem Buch zu sagen. Andere wollten eine öffentliche Debatte anstoßen. »Eines Tages werden wir aufwachen. Vielleicht ist es dieses Mal nicht passiert. Aber das nächste Mal oder das übernächste Mal werden wir merken, dass wir ein Monster geschaffen haben, das wir nicht schaffen wollten«, sagte der Biologe Jonathan Beckwith von der Harvard University.

Am 31. Mai 1978, zwei Monate nach Erscheinen des Buches, fand vor dem amerikanischen Kongress eine Anhörung statt über das »Wissenschaftsgebiet, das am besten Zellbiologie genannt wird«. In Wirklichkeit war es eine Untersuchung zu Rorviks Buch. Obwohl dabei der Verlag J. B. Lippincott unter Beschuss kam, weil er das Buch publiziert hatte, verkaufte es sich jetzt erst recht. Rorvik selbst, der bei der Anhörung hätte dabei sein sollen, sagte seine Teilnahme mit der Begründung ab, er verlängere seine Promotiontour in Europa.

»Um das Kind vor schädlicher Publizität zu schützen«, weigerte sich Rorvik auch, den direkten Kontakt zu den Beteiligten herzustellen. Selbst der Verlag hatte keinen einzigen Beweis in der Hand, dass die Geschichte stimmte. Rorvik hielt gerade die Unglaubwürdigkeit der Handlung für einen Beleg dafür, dass alles wahr sei: ein alternder Millionär? Eine tropische Insel? Eine siebzehnjährige Leihmutter? »Würden Sie es wagen, eine solche Geschichte zu erfinden, wenn Sie ich wären? Sie würden damit Ihre ganze Karriere aufs Spiel setzen!«

Drei Monate nach der Publikation des Buches reichte der Genetiker J. Derek Bromhall, dessen Name im Buch auftaucht, eine Sieben-Millionen-Dollar-Klage wegen Verleumdung ein. Mit einer Abwandlung seiner bei Kaninchen entwickelten Methode wird Max geklont. Rorvik hatte Bromhall im Mai 1977 in einem Brief um nähere Informationen zu dieser Technik gebeten – fünf Monate nachdem der Klon laut Buch geboren worden war. Im Verlauf des Gerichtsverfahrens gab Rorvik zu, dass er drei Personen – darunter Roberto – erfunden hatte. Er schlug schließlich einen Bluttest vor unter der Bedingung, dass Max die Leute selbst auswählen dürfe, die ihm und dem Kind die Proben entnehmen sollten.

Der Richter lehnte ab und erkannte auf Betrug. Am 7. April 1982 schloss der Verleger mit Bromhall einen Vergleich: Lippincott bezahlte ihm hunderttausend Dollar und gab bekannt, dass der Verlag die Geschichte im Buch für unwahr halte. Rorvik behauptete immer noch, sein Buch entspreche der Wahrheit.

Das Rätsel, warum Rorvik diesen Betrug begangen hat, blieb bis heute ungelöst. Es wurde vermutet, dass das Buch eine getarnte politische Stellungnahme sei oder dass es ihm

Das Buch über den Klon wurde unter dem Titel *Nach seinem Ebenbild* 1978 auch in Deutsch publiziert. Ein amerikanisches Gericht befand, dass die Geschichte erfunden sei.

einfach ums Geld ging. Vielleicht steckt auch etwas anderes dahinter. Ein früherer Kollege sagte über ihn: »David ist intelligent. David ist ein guter Schreiber. David ist ein bisschen komisch.«

In einem Beitrag für das Online-Magazin *Omni* relativierte Rorvik 1997 seine Position, wenn auch nur geringfügig: »Ich war nicht in jedes Detail des in meinem Buch beschriebenen Projekts eingeweiht, und mir wurde nie ein Beweis präsentiert. Trotzdem ließen mich die Indizien den Schluss ziehen, dass das Projekt erfolgreich war. Ich glaubte das in den späten Siebzigerjahren, und ich glaube das heute.« Rorvik gefällt sich heute in der Rolle des Mahners in der Wüste, der schon immer auf die Möglichkeit des Menschenklonens hingewiesen haben will.

Tatsächlich lagen einige Wissenschaftler mit ihren Prognosen ziemlich daneben. Zum Beispiel der Entdecker des genetischen Codes und Nobelpreisträger James Watson in einem Interview mit *People* im Jahr 1978. Auf die Frage, wann der erste Mensch geklont würde, antwortete er: »Ganz sicher nicht, solange wir leben.« Und später sagte er: »Wenn einer meiner zwei kleinen Söhne Wissenschaftler werden möchte, würde ich ihm vorschlagen, sich vom Klonen fern zu halten. Das hat keine Zukunft.«

Im Jahr 1997 wurde die Geburt des Schafes Dolly bekannt gegeben, des ersten geklonten Säugetiers.

Am 26. Dezember 2002 soll zum zweiten Mal der erste Menschenklon geboren worden sein. Wiederum an einem ungenannten Ort. Laut der Pressemitteilung von Clonaid, einer von der Ufo-Sekte der Raelier gegründeten Klonfirma, ist Eve gesund und besitzt das Erbgut der etwa dreißigjährigen Frau, die eine Körperzelle gespendet hat.

Der angekündigte Gentest durch einen unabhängigen Experten ist auf unbestimmte Zeit verschoben worden, weil die Mutter des Säuglings befürchtet, man könnte ihr das Kind wegnehmen.

◆ Rorvik, David M. (1978), *In His Image: The Cloning of Man*, J. B. Lippincott. Übersetzung: *Nach seinem Ebenbild* (1978), Wolfgang Krüger.

1976 **Streit um Leben auf dem Mars**

Es war der 28. Juli 1976, als dreihundertdreißig Millionen Kilometer von der Erde entfernt ein Greifarm ausfuhr, um eine der größten Fragen der Menschheit zu klären. Eine kleine Schaufel füllte eine Hand voll Marsstaub in den Trichter, der zum Biologiemodul von *Viking 1* führte. In diesem Teil des Marslandegeräts waren drei Experimente untergebracht, die Gewissheit hätten schaffen sollen: Gibt es Leben auf dem Mars? Stattdessen verfolgen die Resultate den Wissenschaftler Gilbert Levin seit 28 Jahren bis in den Schlaf. Sein Leben wurde zum Kreuzzug gegen die amerikanische Raumfahrtorganisation NASA, die die Wahrheit oder was Levin dafür hält unterdrückt.

»Der einzige widerspruchsfreie Schluss aus allen bekannten Fakten ist, dass das Experiment mit markiertem Kohlenstoff im Marsboden Mikroorganismen entdeckt hat«, sagt Gilbert Levin.

»Jedes Mal, wenn Levin zum Thema Mars den Mund aufmacht, macht er sich lächerlich«, sagt Norman Horowitz, ein früherer Weggefährte von Levin, der ebenfalls ein Experiment an Bord von *Viking* hatte.

»Galilei glaubten sie am Anfang auch nicht«, sagt Levin.

Das Projekt, zwei Sonden auf dem Mars zu landen, nahm die NASA 1968 in Angriff. Schon acht Jahre zuvor hatte die Sowjetunion begonnen, Raumfahrzeuge zum Mars zu schicken. Doch die lange Reise entpuppte sich als Abbruchunternehmen: Kaum ein Gerät, das nicht spurlos in den Tiefen des Alls verschwand.

Das große Interesse am Mars hatte einen besonderen Grund: Der Mars ist der erdähnlichste aller Planeten in unserem Sonnensystem. Seine Größe liegt zwischen jener des Mondes und jener der Erde, seine Masse erlaubt ihm, eine Atmosphäre zu halten, und er liegt in einer günstigen Distanz zur Sonne. Bedingungen, die nach Meinung der Wissenschaft für die Entstehung von Leben nötig sind.

Darüber hinaus war der Mars durch die Arbeiten des exzentrischen amerikanischen Astronomen Percival Lowell bereits vor hundert Jahren zum Planeten der Außerirdischen geworden. Angeregt durch den italienischen Astronomen Giovanni Schiaparelli, der durch sein Teleskop auf dem Mars ein Netz von Furchen gesehen haben wollte, begann Lowell den Planeten zu beobachten. Schiaparelli nannte die Furchen »canali« – der italienische Ausdruck sowohl für Kanäle als auch für Rinnen und Furchen. Übersetzt wurde es als »canals« – Kanäle –, was die Assoziation von künstlich angelegten Wasserwegen und damit von intelligentem Leben weckte.

Wir werden nie erfahren, was Lowell ohne das Wort »Kanal« im Hinterkopf durch sein Teleskop gesehen hätte. Jedenfalls entwickelte er ein detailliertes Szenario für das Leben auf dem Mars: Die Marsianer hätten die Kanäle gebaut, weil es auf dem Mars sehr trocken sei und sie für die Landwirtschaft Wasser von den Polkappen zum Äquator leiten mussten.

Lowells Idee inspirierte eine ganze Generation von Science-Fiction-Autoren zu fantastischen Chroniken über den Mars. Und obwohl die meisten Astronomen Lowells Thesen widersprachen und die vermeintlichen Kanäle durch ihre Teleskope nicht sehen konnten, trat der Marsmensch einen unvergleichlichen Siegeszug durch die Populärkultur an.

Wie fast alle Wissenschaftler, die am *Viking*-Projekt arbeiteten, glaubte auch Levin nicht daran, auf dem Mars größere Tiere oder Pflanzen zu finden. Nach allem, was man wusste, waren die Lebensbedingungen dafür zu feindlich. Wenn dort oben etwas leben konnte, dann höchstens Mikroben. Doch selbst die Entdeckung noch so primitiver Lebewesen hätte weitreichende Folgen gehabt. Sie hätte die Frage des Lebens »von einem Wunder in eine Statistik verwandelt«, wie es ein Forscher ausdrückte.

Gilbert Levin hatte in den Sechzigerjahren des 20. Jahrhunderts eine Methode entwickelt, mit der Bakterien im Trinkwasser oder in Nahrungsmitteln nachgewiesen werden konnten. Die NASA erkannte, dass sich dieses Verfahren auch für die weit aufregendere Aufgabe verwenden ließ, nach Leben auf dem Mars zu suchen.

Und so gelangte an diesem 28. Juli 1976 ein Fingerhut voll Marssand in den kleinen Behälter, den Levin entworfen hatte, und wurde mit einer Nährlösung besprüht.

Weil kein anderes Leben bekannt war als jenes auf der Erde, gingen die Wissenschaftler davon aus, dass Marsleben den gleichen Gesetzen gehorchte. Der gemeinsame Nenner allen irdischen Lebens ist der Stoffwechsel: Jedes Lebewesen von der Bakterie bis zum Elefanten nimmt Stoffe auf und gibt Stoffe ab. Darüber hinaus waren sich die Wissenschaftler einig, dass Leben, wo immer es sich zeigt, auf Kohlenstoff basiert. Sie bezeichneten sich deshalb im Scherz als »Kohlenstoffchauvinisten«.

Das Kohlenstoffatom ist das vielseitigste aller Atome. Kein anderes lässt sich auch nur annähernd zu so vielen verschiedenen Riesenmolekülen kombinieren. Eiweiße, Hormone, die Erbsubstanz DNA: Was zum Leben wichtig ist, besteht mehrheitlich aus Kohlenstoff.

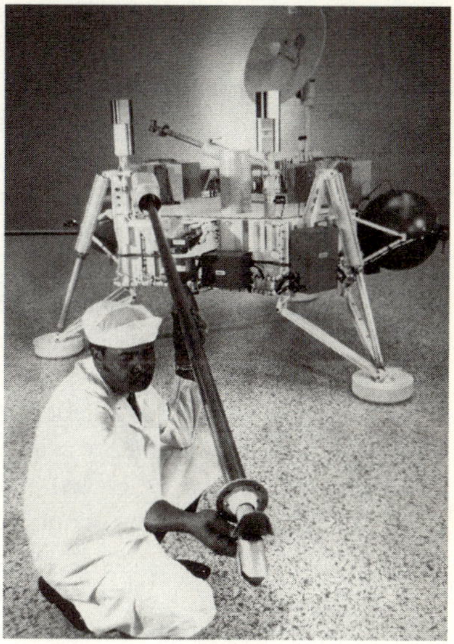

Ein Techniker prüft die ausfahrbare Schaufel einer *Viking*-Sonde, mit der Bodenproben gesammelt werden. Bis heute wird um das Resultat der Analysen dieser Proben gestritten.

Levins Überlegung war einfach: Wenn der Marssand Lebewesen enthielte, würden diese die Nährlösung aufnehmen, verarbeiten und ein Gas abgeben. Kurz: Sie würden essen. Um den Geschmack der Mikroben zu treffen, bestand das »Futter« aus einem Gemisch sieben verschiedener Moleküle, die zu einem großen Teil Kohlenstoff enthielten, der zuvor radioaktiv markiert worden war. Ein Geigerzähler maß dann, ob dieser radioaktive Kohlenstoff später im Gas, das den Behälter verließ, auftauchte. Das wäre ein Zeichen dafür gewesen, dass etwas im Sand die Nährstoffe gegessen und die Abbauprodukte als Gas abgegeben hätte.

Neben Levins Versuch waren im Biologiemodul der *Viking*-Sonde noch zwei weitere Experimente untergebracht, die andere Aspekte des Stoffwechsels untersuchten. Es war, als hätte man drei wohl ausgestattete Universitätslabors auf die Größe einer Autobatterie zusammengepresst. Ein Uhrwerk aus viertausend Teilen sollte ferngesteuert die größte aller Fragen beantworten. Allein dieser Teil der *Viking*-Sonde kostete 59 Millionen Dollar, das ganze Unternehmen nahezu eine Milliarde.

Als Levin nach zwei Tagen Wartezeit die ersten Resultate erhielt, konnte er sein Glück nicht fassen: Der Geigerzähler tickte wie wild! Das Gas war offenbar radioaktiv, der Beweis für Leben auf dem Mars schien erbracht. Was immer im Marssand steckte, es war weit aktiver als fruchtbare Böden auf der Erde, in denen es von Bakterien nur so wimmelte. Levin signierte die erste Seite der Datenblätter: Dieses Dokument würde zweifellos in die Geschichte der Menschheit eingehen.

Auch das zweite der drei Experimente, das prüfte, ob etwas im Sand atmete, kam zu einem positiven Resultat. Am 31. Juli gab das Biologieteam auf einer Pressekonferenz bekannt, dass die Reaktion von Levins Experiment »sehr stark wie ein biologisches Signal« aussah, warnte aber vor voreiligen Schlüssen, denn die Daten waren fast zu gut, um wahr zu sein: Der Boden reagierte viel zu schnell. Normalerweise brauchen Mikroben einige Zeit, um die Nährlösung aufzunehmen, zu verarbeiten und die Abbauprodukte abzugeben, doch die zwei bisher durchgeführten Experimente zeigten eine augenblickliche Reaktion.

Es traf ein, was die am *Viking*-Projekt beteiligten Geologen schon lange vorausgesagt hatten: Die Biologen waren nicht imstande, die Resultate ihrer Experimente zu deuten. Die Geologen, die ihre eigenen Messinstrumente für die *Viking*-Sonde entworfen hatten, waren die natürlichen Gegner der Biologen. Beide Teams kämpften vor dem Start um einen möglichst großen Teil der Nutzlast und, als die Sonde auf dem Mars gelandet war, um möglichst viel Funkzeit, um ihre Daten herunterzubringen.

Obwohl die Geologen ständig gewarnt hatten, man wisse noch nicht genug über den Mars, um die Frage nach Leben dort in einem Experiment zu beantworten, waren die Biologieexperimente von Anfang an die treibende Kraft hinter dem *Viking*-Projekt, sowohl was das politische als auch das öffentliche Interesse betraf. Die Geologen waren klar die Zweite-Klasse-Passagiere an Bord von *Viking*.

Ein drittes Experiment, das nicht zum Biologiemodul gehörte, machte die Konfusion perfekt: Es konnte im Marssand keine organischen Verbindungen nachweisen. Organische Verbindungen sind jene Riesenmoleküle aus Kohlenstoff, die unter den Wissenschaftlern als Voraussetzung für Leben gelten. Eigentlich hatten sie erwartet, dass *Viking* im Marsboden zwar organische Verbindungen finden würde, aber kein Leben. Jetzt war es gerade umgekehrt: Levins Experiment zeigte Leben an, aber es gab keine organischen Verbindungen.

Am 3. September 1976 landete die baugleiche Schwestersonde *Viking 2* auf dem Mars. Sie konnte die Experimente wiederholen, was allerdings nicht zur Klärung beitrug. Die Wissenschaftler stritten vielmehr darum, von welcher Stelle der Greifer die Erde holen sollte, wer welches Experiment machen durfte und wie die Daten zu interpretieren waren.

Schon bald kam die Vermutung auf, dass man bei der Suche nach einer exotischen Biologie in Wirklichkeit auf eine exotische Chemie gestoßen war, die nichts mit Leben zu tun hatte. Heute stehen Stoffe wie Wasserstoffperoxid im Verdacht, die Wissenschaftler genarrt zu haben. Sie können in Kontakt mit Wasser und Metallen Gase freisetzen, die als Lebenszeichen gedeutet werden können.

In irdischen Labors wurden daraufhin unzählige Versuche unternommen, die Resultate von *Viking* zu reproduzieren. Die meisten Wissenschaftler sind heute überzeugt, dass tatsächlich chemische Reaktionen hinter den vermeintlichen Lebenssignalen vom Mars steckten.

Levin hingegen kämpft noch immer für seine Sicht der Dinge. Auf Bildern von Marsfelsen will er grüne Flecken gesehen haben, die sich bewegten. Unterstützt wird er in seinem Feldzug gegen die NASA von Verschwörungstheoretikern, die schon immer wussten, dass die Regierung etwas vor ihnen verbirgt.

Um endlich Gewissheit zu erlangen, hat Levin der NASA schon zahllose neue Versuche vorgeschlagen. Doch dort seufzt man nur, wenn sein Name fällt.

◆ Ezell, E. C., und Ezell, L. N. (1984), *On Mars. Exploration of the Red Planet 1958–1978*, The NASA History Series (SP-4212) NASA.

1977 **Country-und-Western-Psychologie**

Es kommt selten vor, dass ein Countrysong die Wissenschaft inspiriert. Doch Mickey Gilleys »Don't the girls all get prettier at closing time« hat es gleich zu mehreren Fachartikeln gebracht. Zu verdanken ist dies dem Psychologen James W. Pennebaker, damals an der University of Virginia, der mit seiner Arbeit »Werden die Mädchen nicht hübscher zur Polizeistunde: Eine Country-und-Western-Anwendung in der Psychologie« gute Chancen hat, den Preis für die witzigste Beschreibung eines Experiments zu gewinnen. »Die Jukebox war lange Zeit eine reiche Quelle sozialpsychologischer Wahrheiten«, schreibt er. »Manch eine Hypothese kann der Forscher für nur 25 Cent bekommen (drei Hypothesen für 50 Cent).« Es sei ein weit verbreitetes Vorurteil, dass Countrymusik nur von »Mama oder Eisenbahnzügen oder Gefängnissen oder dem Betrunkenwerden« handle. Vielmehr stecke in ihr eine Fülle psychologischer Themen. Der Gerechtigkeitssinn in »Your cheatin' heart will tell on you« (»Dein falsches Herz wird dich verraten«) von Hank Williams, die Dissonanztheorie in »A boy named Sue« (»Ein Junge namens Sue«) von Johnny Cash oder Skinners positive Verstärkung (S. 95) in »If you've got the money, honey, I've got the time« (»Wenn du das Geld hast, Liebling, dann habe ich die Zeit«) von Lefty Frizzell.

Als Pennebaker »Don't the girls all get prettier at closing time« zum ersten Mal hörte, war ihm sofort klar, dass darin nicht nur »die Reaktanztheorie und die Attraktivität von Alternativen vor einer Entscheidung« thematisiert werden, sondern dass das Lied auch eine Methode vorschlägt, wie die Hypothese im Titel geprüft werden kann.

Im Oktober 1977 zogen sechs von Pennebakers Studenten mit Fragebogen in die drei Bars von Charlottesville und fragten die Barbesucher um 21 Uhr, 22.30 Uhr und um Mitternacht, wie schön sie die anwesenden Gäste des anderen Geschlechts auf einer Skala von eins bis zehn einschätzten. Die Bars schlossen um 0.30 Uhr.

Die Auswertung zeigte, dass Countrysänger Gilley Recht hatte. Je später der Abend, desto schöner schätzten die Männer in der Bar die Frauen ein. Und umgekehrt die Frauen die Männer. Eine mögliche Erklärung dafür bietet die Dissonanztheorie: Ein Mann, der nicht allein nach Hause gehen will, ist dumm dran, wenn in seinen Augen alle potenziellen Partnerinnen unattraktiv sind. Diese Dissonanz wird beseitigt, indem sein Schönheitsurteil toleranter wird, je näher die Stunde der Wahrheit rückt. Auch das hat schon Gilley gewusst: »Ist es nicht sonderbar, wie ein Mann mit der Aussicht, die Nacht allein zu verbringen, seine Meinung ändert?«

Das Experiment ist oft wiederholt worden, mit unterschiedlichen Resultaten. Eine Studie differenzierte die Resultate und antwortete Pennebaker in der Zeitschrift *Basic and Applied Social Psychology* mit dem Artikel: »Sie werden schöner zur Polizeistunde, aber nur für jene, die nicht in einer festen Beziehung stecken.« Diese Studie geht auch auf das Phänomen ein, warum sich manche Leute wundern, wenn sie am nächsten Morgen aufwachen: »Die bei Tageslicht eintretende Befriedigung (oder Reue) über die getroffene Wahl kann auf einer zu einem früheren Zeitpunkt anderen Einschätzung der Attraktivität beruhen.«

Pennebaker hat seine Arbeit im *Personality and Social Psychology Bulletin* publiziert. Das renommierte *Journal of Personality and Social Psychology* hatte die Veröffentlichung mit einer Begründung abgelehnt, an die sich Pennebaker genau erinnert: »We ain't going to take it (»The Who«, 1968)« [»Wir werden es nicht nehmen«]. »Es war eine der schönsten Absagen, die ich je bekommen habe.«

◆ Pennebaker, J. W. (1979), Don't the Girls Get Prettier at Closing Time: A Country and Western Application to Psychology. *Personality and Social Psychology Bulletin* 5, S. 122–125.

1978 **Möchtest du mit mir ins Bett?**

Die 16 Frauen, die sich im Frühling 1978 auf dem Campus der Florida State University in Tallahassee aufhielten, erlebten einen Annäherungsversuch der unverblümten Art. Ein junger Mann kam auf sie zu und sagte: »Du bist mir auf dem Campus aufgefallen. Ich finde dich sehr hübsch. Möchtest du heute Nacht mit mir ins Bett?« Alle Frauen lehnten ab. Sie antworteten: »Das muss ein Witz sein.« Oder: »Spinnst du? Lass mich in Ruhe!«

Von den 16 Männern, die das gleiche Angebot von einer Frau erhielten, nahmen es zwölf an. Sie sagten: »Warum müssen wir bis heute Abend warten?« Oder: »Heute Abend kann ich nicht, aber wie wär's mit morgen?«

Der Psychologe Russell Clark, der dieses Experiment durchführte, wollte herausfinden, wie es mit den Geschlechtsunterschieden steht, wenn es um sexuelle Offerten geht. Seine Resultate waren eindeutig. Es dauerte jedoch elf Jahre, bis er sie publizieren konnte.

Die Siebzigerjahre des 20. Jahrhunderts waren die Zeit des sozialen Umbruchs. Die Ansicht, Männer und Frauen unterschieden sich von Geburt an nicht nur durch ihren Körperbau, sondern auch durch ihr Verhalten, wurde als chauvinistische Denkweise betrachtet, nur dazu da, den Frauen die Gleichberechtigung vorzuenthalten. Wer behauptete, Männer und Frauen gingen die Partnerwahl aus biologischen Gründen unterschiedlich an – und davon war Clark überzeugt –, war vielen Sozialpsychologen suspekt.

Die Keimzelle für das Experiment war sein Seminar in Sozialpsychologie, wo Clark mit den Studenten eine kurz zuvor erschienene Arbeit von James W. Pennebaker diskutierte: »Werden die Mädchen nicht hübscher zur Polizeistunde: Eine Country-und-Western-Herangehensweise an die Psychologie« (S. 249).

Im Zusammenhang mit dieser Untersuchung kam Clark auf die Unterschiede zwischen Mann und Frau bei der Partnerwahl zu sprechen: »Eine Frau – ob sie gut aussieht oder nicht – braucht sich keine Sorgen über den Zeitpunkt zu machen, wenn sie einen Mann sucht. Alles, was sie tun muss, ist, mit dem Finger auf einen Mann zu zeigen, zu flüstern: ›Komm her zu mir!‹, und sie hat ihn erobert. Männer haben es schwerer. Sie müssen über eine Strategie nachdenken, über den richtigen Zeitpunkt und Tricks.« Die Frauen im Seminar protestierten. Da sagte Clark: »Wir müssen nicht streiten. Das ist eine empirische Frage. Lasst uns ein Experiment planen und sehen, wer Recht hat.«

Einige Wochen später waren fünf Frauen und vier Männer auf dem Universitätsgelände unterwegs und versuchten, Kontakt mit dem anderen Geschlecht aufzunehmen. Neben dem unverschämten Sexangebot gab es zwei Alternativen, die ebenfalls an je 16 Männern und Frauen ausprobiert wurden: »Möchtest du heute Abend mit mir ausgehen?« Und: »Möchtest du heute Abend zu mir in meine Wohnung kommen?« Die erste Einladung nahmen etwa gleich viele Männer wie Frauen an: die Hälfte. In die Wohnung mitkommen mochte dann bloß noch eine Frau von 16, während elf Männer dazu bereit gewesen wären. Das Sexangebot lehnten alle Frauen ab, während es zwölf Männer annahmen – eineinhalbmal so viele, wie zu einem normalen Treffen mit der Frau bereit waren.

Clark war sich sicher, dass der Grund für diesen Unterschied die asymmetrische Biologie der Geschlechter sei. »Um ein Kind zu produzieren, müssen Männer nur eine vernachlässigbare Menge Energie investieren; ein einzelner Mann könnte eine fast unbegrenzte Anzahl von Kindern zeugen. Eine Frau dagegen kann nur eine begrenzte Anzahl von Kindern austragen und aufziehen.«

Die unterschiedlichen Kosten von Sex für Mann und Frau führen geradewegs zu dem Verhalten, das Clark in seinem Experiment beobachtet hatte. Die Frauen sind wählerisch, die Männer grundsätzlich bereit, mit jeder Frau ins Bett zu gehen. Im Gegensatz zu den Frauen, die alle entrüstet auf das Sexangebot reagierten, entschuldigten sich die vier Männer, die es nicht annahmen, noch bei den Frauen: »Ich bin verheiratet.« Oder: »Ich habe schon eine Freundin.«

Als Clark seine Studie publizieren wollte, bekam er zu spüren, dass seine Resultate nicht dem Zeitgeist entsprachen. Von einer Zeitschrift erhielt er folgende Antwort: »Diese Arbeit sollte zurückgewiesen werden, ohne die Möglichkeit, sie bei irgendeiner anderen Fachzeitschrift einzureichen. Wenn ›Cosmopolitan‹ sie nicht drucken will, ... dann mag sie vielleicht ›Penthouse‹. Diese Zeitschrift jedenfalls nicht.«

Später erfuhr die Psychologin Elaine Hatfield von dem Experiment und schrieb Clarks Artikel etwas um. Der Ton der Reaktionen wurde etwas gemäßigter, die Absagen gewundener. »Ich finde, diese Studie sollte publiziert werden (und ich bin sicher, dass sie es auch wird). Ich bedaure, dass ich Ihnen nicht mitteilen kann, dass wir sie publizieren werden.«

Dann tauchte ein neuer Kritikpunkt auf: Die Resultate seien veraltet. 1978 seien die Geschlechterunterschiede vielleicht so gewesen, aber das habe sich seither verändert. Also wiederholte Clark des Experiment im Jahr 1982 – mit praktisch demselben Resultat. Nach weiteren Absagen wurde die Studie schließlich 1989 vom *Journal of Psychology & Human Sexuality* publiziert. Als die Vermutung aufkam, die Angst vor Aids hätte das Verhalten verändert, schickte Clark seine Studenten noch einmal los – mit dem bekannten Resultat.

Heute taucht die Studie »Geschlechterunterschiede in der Empfänglichkeit für sexuelle Angebote« immer wieder in den Medien auf (»Indirekter Beweis, dass Männer dumm sind«, »Männer = eklig: der definitive Beweis«). Die BBC hat den Versuch in England für einen Dokumentarfilm mit versteckter Kamera wiederholt. Auch die englischen Männer waren eklig.

◆ Clark III, R. D., und Hatfield, E. (1989), Gender Differences in Receptivity to Sexual Offers. *Journal of Psychology & Human Sexuality* 2 (1), S. 39–55.

1979 **Der freie Unwille**

Eine Sekunde ist eine lange Zeit. Eine zu lange, fand Benjamin Libet. Der amerikanische Hirnforscher hörte zum ersten Mal 1977 auf einem Wissenschaftskongress von dieser Sekunde, zwölf Jahre nachdem sie gemessen worden war. Eine Sekunde, das ist die Zeit, die bei einer willkürlichen Handbewegung verstreicht von den ersten Vorbereitungen im Gehirn bis zur Ausführung der Bewegung, so hatten es Hans Kornhuber und Lüder Deecke 1965 publiziert. Die beiden deutschen Neurologen hatten damals die vor einer Handlung auftretenden elektrischen Veränderungen im Gehirn entdeckt und »Bereitschaftspotenzial« getauft.

Dass das Bereitschaftspotenzial vor der Bewegung einsetzt, ist keine Überraschung – schließlich können Muskeln erst aktiv werden, nachdem sie vom Gehirn den Befehl dazu erhalten haben. Dennoch war das Resultat in einem gewissen Sinn absurd.

Die Versuchspersonen durften selbst entscheiden, wann sie ihre Hand bewegten. Zwischen dem Zeitpunkt dieser freien Entscheidung und der Bewegung musste also mindestens eine Sekunde liegen. Libet fiel sofort auf, dass das der Alltagserfahrung widersprach: Eine Sekunde zwischen der Entscheidung, nach dem Bleistift zu greifen, und dem Griff danach – das war eindeutig zu lange.

Die ganzen Überlegungen basierten auf einer Voraussetzung, die so selbstverständlich schien, dass niemand sich die Mühe gemacht hatte, sie zu überprüfen: Die bewusste Entscheidung für die Bewegung muss fallen, *bevor* das Gehirn die ersten Vorbereitungen dafür einleitet. Ursache vor Wirkung. Daran konnte niemand ernsthaft zweifeln – oder doch?

Libet wollte es genau wissen. »Das ganze nächste Jahr fragte ich mich, wie in aller Welt sich der Zeitpunkt der bewussten Entscheidung messen ließe.« Kornhuber und Deecke hatten ja nur den Moment des Bereitschaftspotenzials und der Bewegung erfasst, nicht aber den Zeitpunkt der bewussten Entscheidung, denn der ist nur der Versuchsperson selbst zugänglich. Er lässt sich nicht objektiv messen, nicht aus Hirnströmen lesen, also ließen die Forscher die Finger davon. Der freie Wille galt als wissenschaftlich nicht untersuchbar. »Ich glaube, die Leute hatten richtig Angst davor.«

Libet suchte nach einer Möglichkeit, wie die Versuchspersonen ihm mitteilen könnten, wann ihre Entscheidung fiel, die Hand zu bewegen. Doch sie konnten weder etwas sagen noch ein Handzeichen geben: Diese Signale wären ja selbst mit der unbekannten Verzögerung einer willkürlichen Bewegung behaftet gewesen.

Dann hatte Libet die Idee mit der Uhr. Wenn die Versuchspersonen auf eine schnell gehende Uhr blicken und sich merken würden, wann sie den Entschluss für die Bewegung fassten, könnten sie diesen Wert nachher dem Versuchsleiter melden. Libet zweifelte zuerst an seinem Einfall: »Weil die Messung sehr genau sein musste, glaubte ich nicht daran, dass es funktionieren würde, doch ich beschloss, es zu versuchen.«

Keine Arbeit hat in den Neurowissenschaften mehr Kontroversen und unterschiedliche Interpretationen hervorgebracht als diese Versuche, denn Libet fand heraus, dass es den freien Willen möglicherweise gar nicht gibt.

Im März 1979 nahm die erste von fünf Versuchspersonen, die Psychologiestudentin C. M., auf dem bequemen Lehnstuhl in Libets Labor am Mount-Zion-Hospital in San Francisco Platz. Sie wurde am Kopf und am rechten Handgelenk mit Elektroden versehen und blickte auf einen kleinen Bildschirm in zwei Metern Entfernung. Dort kreiste ein grüner Punkt, der 2,56 Sekunden pro Umdrehung benötigte: die Uhr. Libet forderte C. M. nun auf, zu einem frei gewählten Zeitpunkt das rechte Handgelenk zu knicken. Den genauen Zeitpunkt der Bewegung verriet ihm die Spannungsänderung der Elektrode am Handgelenk, das Bereitschaftspotenzial lieferten die Elektroden am Kopf, und den Zeitpunkt der bewussten Entscheidung erfuhr er nach jedem Versuch von C. M. selbst, die sich merkte, wo der kreisende Punkt gestanden hatte, als ihr Wille einsetzte.

»Die Versuchspersonen hatten keine Ahnung, worum es ging, und fanden das alles recht sonderbar«, erinnert sich Libet. Aber für 25 Dollar pro Sitzung waren sie gerne bereit, ihr Handgelenk zu einem frei gewählten Zeitpunkt zu bewegen.

»Ich merkte schon nach dem ersten Versuch, wie sonderbar das Resultat war«, sagt der heute fünfundachtzigjährige

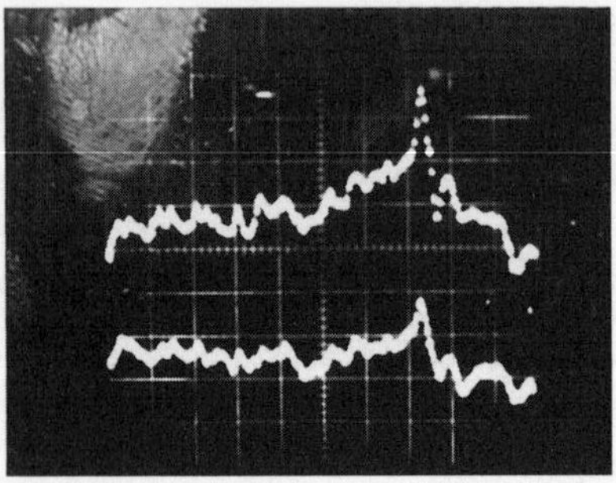

Diese Messungen der Hirnströme, die einer Bewegung vorausgehen, lassen die Interpretation zu, dass der Mensch keinen freien Willen hat.

Libet und zieht die alten Labornotizen aus einer Schublade. Ein Stapel Papiere, unordentlich mit Zahlen übersät, dazwischen Fotos von Bildschirmkurven: die Bereitschaftspotenziale.

Der Moment, den C. M. als Zeitpunkt ihres Entschlusses für die Bewegung angab, lag immer etwa 0,2 Sekunden vor der Bewegung selbst. Das war ein vernünftiges Resultat, das mit der Erfahrung übereinstimmt. Das Bereitschaftspotenzial setzte aber mindestens 0,55 Sekunden, in manchen Fällen wie bei Kornhuber und Deecke sogar eine ganze Sekunde vor der Bewegung ein. Im Gehirn von C. M. wurde also eine Handlung eingeleitet, von der das Gehirn eigentlich noch gar nichts wissen konnte, weil sich C. M. ja erst eine Drittelsekunde später überhaupt dazu entschließen würde. Bei den anderen Versuchspersonen war es nicht anders: Immer war das Bereitschaftspotential da, lange bevor der freie Wille einsetzte.

Auf den ersten Blick ließ das Experiment nur eine Folgerung zu: Der freie Wille ist eine Illusion. Das Hirn schickt das Bewusstsein als Strohmann vor, um uns vorzugaukeln, wir hätten die freie Wahl. Doch in den Tiefen des Unterbewusstseins ist längst alles arrangiert. Wir tun nicht, was wir wollen, wir wollen, was wir tun.

Libet mag diese Interpretation nicht. »Wir wären im Wesentlichen raffinierte Automaten, unser Bewusstsein und unsere Absichten eine angeheftete Begleiterscheinung ohne kausale Macht.« Das Experiment rüttelt damit an den Grundfesten unseres Rechtssystems. Darf ein Gericht jemanden für eine Tat bestrafen, die er eigentlich nicht hätte nicht tun können?

Libet entwarf sofort eine neue Theorie: Zwar zeige sein Experiment tatsächlich, dass wir keine Macht hätten darüber, welche Absichten aus dem Unterbewussten als freier Wille getarnt auftauchten, doch wir könnten dagegen intervenieren. Libet belegte in weiteren Experimenten, dass die zwei Zehntelsekunden zwischen dem bewussten Entschluss und der Aktion ausreichten, das Veto dagegen einzulegen und die ganze Sache abzubrechen. Wenn wir schon keinen freien Willen haben, dann doch wenigstens einen freien Unwillen.

Das stimme auch mit religiösen und ethischen Regeln überein, die zur Selbstkontrolle mahnen, und mit den Zehn Geboten, die oft mit »Du sollst nicht…« begännen. Seine Veto-Theorie, witzelt Libet, biete sogar eine »physiologische Erklärung der Erbsünde«: »Wer bereits die böse Absicht als sündhaft betrachtet, auch wenn sie zu keiner Handlung führt, macht alle Menschen zu Sündern.«

Doch die Veto-Theorie hat einen entscheidenden Schwachpunkt: Wenn einer bewussten Entscheidung eine unbewusste Hirnaktivität vorangeht, warum nicht auch Libets bewusstem Veto?

Einige Wissenschaftler glauben, Libet wolle den freien Willen retten, weil er die Konsequenzen seines eigenen Experiments fürchte. Der Philosoph Thomas W. Clark schreibt: »Der unterschwellige Gedanke ist: Weil es undenkbar ist, dass wir keinen freien Willen haben (schließlich wollen wir keine Automaten sein, oder etwa nicht?), sollten wir uns schleunigst daranmachen, einen Beweis für den freien Willen zu finden.« Diese Argumentation sei unwissenschaftlich.

Der Streit mündet immer in dieselbe Frage: Gibt es einen nichtmateriellen Geist, oder ist das Bewusstsein allein das Resultat der chemischen und physikalischen Vorgänge im Gehirn? Im zweiten Fall, den die Deterministen vertreten, verliert das Experiment von Libet seine Merkwürdigkeit. Wenn der Geist auf materiellen Reaktionen beruht, die im Gehirn ablaufen, dann muss der freie Wille von unbewusster Hirnaktivität angestoßen worden sein. Anders ist es gar nicht möglich. Jede Wirkung hat eine Ursache.

In Libets Ergebnissen liegt so gesehen nichts Übernatürliches. Sie widersprechen bloß unserem persönlichen Empfinden. Wir fühlen, dass wir einen freien Willen haben, deshalb glauben wir es. Dieses Eindrucks können sich auch Hirnforscher nicht erwehren. Zwar behaupten viele von ihnen, den Gedanken der persönlichen Schuld und Sühne aufgegeben zu haben, müssen aber zugeben, dass es ihnen nicht gelingt, im täglichen Leben den Widerspruch zwischen wissenschaftlicher Erkenntnis und persönlichem Empfinden aufzulösen.

◆ Libet, B., et al. (1983), Time of Conscious Intention to Act in Relation to Onset of Cerebral Activity (Readiness-Potential). The Unconscious Initiation of a Freely Voluntary Act. *Brain* 106 (Pt 3), S. 623–642.

Obwohl er nicht an den freien Willen glaube, sagt der deutsche Hirnforscher Wolf Singer, »gehe ich abends nach Hause und mache meine Kinder dafür verantwortlich, wenn sie irgendwelchen Blödsinn angestellt haben, weil ich natürlich davon ausgehe, dass sie auch anders hätten handeln können«.

1984 **Mehr Trinkgeld bei Berührung**

Die Trinkgeldforschung mag vielleicht in Sachen Ansehen nicht mit anderen Gebieten der Wissenschaft mithalten, ihre Resultate haben aber die seltene Eigenschaft, im Alltag eine Rolle zu spielen. Sie ist überdies beliebt, weil sie einfache und billige Verhaltensstudien erlaubt: Restaurants gibt es in Hülle und Fülle, als Versuchspersonen dienen die Gäste, und wer die Wirkung der experimentellen Manipulation bestimmen will, braucht bloß das erhaltene Trinkgeld zu zählen.

April H. Crusco studierte an der University of Mississippi Psychologie und interessierte sich eigentlich nicht für die Wissenschaft des Trinkgelds, sondern für die Bedeutung der Berührung in einer therapeutischen Beziehung. Doch eine Studie in diesem Umfeld war zu kompliziert, und da sie nebenher als Bedienung arbeitete, kam ihr die Idee, ihre Kolleginnen im Restaurant als Pseudotherapeutinnen einzusetzen: Wenn Berührungen in einer Therapie eine Wirkung hatten, indem sie Sympathie erzeugten oder Macht demonstrierten, mussten sie das eigentlich auch im Restaurant tun. Und der Effekt würde sich in der Höhe des Trinkgelds zeigen.

Als Erstes testeten Crusco und Christopher G. Wetzel, in dessen Sozialpsychologievorlesung sie saß, wie die Kellnerinnen ihre Gäste berühren sollten. Sie entschieden sich für zwei Varianten, die einfach auszuführen waren und gleichzeitig natürlich erschienen. Unter der Experimentalbedingung »flüchtige Berührung« berührte die Kellnerin die Hand des Gastes zweimal für je eine halbe Sekunde mit den Fingern. Davon versprach sich Crusco einen positiven Effekt. Bei der Experimentalbedingung »Schulterberührung« legte sie ihre Hand für eineinhalb Sekunden auf die Schulter des Gastes. Diese Manipulation konnte als dominantes

Verhalten gedeutet werden, und Crusco glaubte, dass es sich negativ auswirken würde.

Die Kellnerinnen übten diese beiden Berührungen, bis sie sie beiläufig ausführen konnten, ohne Verdacht zu erwecken. Für alle, die das Experiment wiederholen möchten, ist die exakte Abfolge der Handlungen in der Publikation festgehalten: »Die Kellnerinnen näherten sich den Kunden von der Seite oder von schräg hinten, stellten Kontakt her, lächelten aber nicht, als sie in einem freundlichen, aber festen Ton sagten: ›Hier ist Ihr Wechselgeld.‹ Sie neigten ihren Körper etwa um zehn Grad, als sie das Wechselgeld brachten, und nahmen während der Berührungsmanipulation keinen Augenkontakt auf.«

An 116 Gästen zweier Restaurants in Oxford, Mississippi, ging diese Behandlung nicht spurlos vorüber. Die flüchtige Berührung der Hand brachte durchschnittlich 37 Prozent mehr Trinkgeld ein, die Schulterberührung – anders als vorausgesagt – immerhin 18 Prozent mehr.

Für alle Kellnerinnen, die ihre Gäste nicht berühren mögen, hier noch ein paar Maßnahmen, die sich in späteren Experimenten positiv auf die Höhe des Trinkgelds auswirkten: sich mit Vornamen vorzustellen, bei der Bestellungsaufnahme am Tisch zu kauern, ein handschriftliches »Danke« auf die Rechnung zu schreiben, eine Sonne darauf zu zeichnen oder ein Smiley-Gesicht, die Bestellung des Gastes zu wiederholen oder der Rechnung einen Witz beizulegen. In der Untersuchung war es der folgende: »Ein Eskimo wartete lange Zeit vor dem Kino auf seine Freundin, und es wurde kälter und kälter. Nach einer Weile öffnete er zitternd und wütend seinen Mantel und zog ein Thermometer hervor. Dann sagte er laut: ›Wenn sie bei minus zehn nicht da ist, gehe ich!‹« Für so wenig Humor waren die Kunden bereit, die Hälfte mehr Trinkgeld zu geben.

◆ Crusco, A. H., und Wetzel, C. G. (1984), The Midas Touch: The Effects of Interpersonal Touch on Restaurant Tipping. *Personality and Social Psychology Bulletin* 10 (4), S. 512–517.

1984 **Effiziente Anmache**

Als Michael R. Cunningham in einem Seminar über Sozialpsychologie auf die Anziehung zwischen den Geschlechtern zu sprechen kam, fragten ihn seine Studenten, welches aus wissenschaftlicher Sicht die besten Anmachsprüche seien. Der Professor für Psychologie durchforstete die Fachzeitschriften und fand eine Arbeit, die hundert Anmachsprüche nach ihrer Beliebtheit auflistete und in drei Kategorien einteilte: direkt, harmlos und salopp. Doch diese Hitparade war das Resultat einer Fragebogenerhebung, die hundert Eröffnungen waren nicht wirklich zum Einsatz gekommen. Cunningham beschloss, das zu ändern.

Ein paar Wochen später näherte sich ein durchschnittlich aussehender Mann in einer Bar in Chicago unbegleiteten Frauen mit einer von sechs Bemerkungen aus den drei Kategorien. Der direkte Weg: »Es ist mir etwas peinlich, aber ich möchte dich kennen lernen.« Oder: »Es brauchte Überwindung, an dich heranzutreten. Darf ich dich wenigstens fragen, wie du heißt?« Die harmlose Methode: »Hallo!« Oder: »Was hältst du von der Band?« Und die saloppe Art: »Du erinnerst mich an jemanden, mit dem ich früher ausgegangen bin.« Oder: »Wetten, ich kann mehr trinken als du?«

Cunningham saß etwas entfernt und notierte das Resultat. Lächeln, Blickkontakt oder eine freundliche Antwort bedeuteten, die Annäherung war erfolgreich; sich abwenden, weggehen oder eine abweisende Antwort war ein Misserfolg.

Am meisten Kontaktaufnahmen zählte er bei der direkten Methode: Neun von elf Frauen reagierten auf den »Es ist mir etwas peinlich«-Spruch, fünf von zehn auf »Es brauchte Überwindung …«. Die harmlosen Sprüche waren ähnlich erfolgreich. Gar nicht zu empfehlen sind hingegen die saloppen Bemerkungen: 80 Prozent der Frauen reagierten negativ darauf.

In weiteren Tests hat Cunningham herausgefunden, dass Frauen von den saloppen Bemerkungen auf negative Eigenschaften des Mannes schließen wie Geistlosigkeit und Dominanz.

Als Cunningham den gleichen Versuch umgekehrt machte, ahnte er das Resultat schon. Die Männer reagierten auf alle Anmachsprüche der Frauen ähnlich: zu 80 bis 100 Prozent positiv.

◆ Cunningham, M. R. (1989), Reactions to Heterosexual Opening Gambits: Female Selectivity and Male Responsiveness. *Personality and Social Psychology Bulletin* 15, S. 27–41.

1984 **Das erwünschte Magengeschwür**

Barry Marshall hatte gar nicht erst um eine Bewilligung für sein Experiment nachgefragt. Er wusste, dass er sie niemals bekommen hätte. Auch seiner Frau sagte er nichts von der sonderbaren Brühe, die er an diesem Dienstagmorgen um 11 Uhr schluckte. Es war der 10. Juli 1984, und Marshall hatte zuvor in seinem Labor am Fremantle Hospital im australischen Perth etwa eine Milliarde Bakterien aus dem Magen eines sechsundsechzigjährigen Patienten mit ein bisschen Wasser vermischt. »Es roch irgendwie abstoßend nach frischem Fleisch«, erinnert sich Marshall. Die Bakterien in seinem Trank hatten noch nicht einmal einen Namen, so wenig wusste man über sie. Der dreiunddreißigjährige Marshall hoffte einzig, dass sie ihn so richtig krank machen würden.

Der Mediziner Barry Marshall infizierte sich mit Bakterien, um zu beweisen, dass sie Magengeschwüre verursachen.

Drei Jahre zuvor war der angehende Mediziner auf der Suche nach einem Forschungsprojekt gewesen, das er während seiner Ausbildung durchführen musste. Am Royal Perth Hospital lernte er den Pathologen Robin Warren kennen, der in Gewebeproben von Patienten mit Magenschleimhautentzündung (Gastritis) ein unbekanntes Bakterium gefunden hatte. Marshall untersuchte weitere Proben und sah, dass die meisten infiziert waren. In der Bibliothek stellte er erstaunt fest, dass Warren nicht der Erste war, der die Bakterien bemerkt hatte. Bereits im letzten Jahrhundert hatten Forscher spiralförmige Bazillen im Magen von Menschen und Tieren gefunden. Könnten die Bakterien etwas mit der Entzündung zu tun haben?

Marshall behandelte einen ersten Patienten mit Antibiotika und brachte damit die unbekannten Keime samt Magenschleimhautentzündung zum Verschwinden. Die Resultate der Untersuchung bestärkten Marshall in seiner Meinung, dass Bakterien nicht nur Gastritis, sondern auch Zwölffingerdarm- und Magengeschwüre verursachen.

Seine Kollegen rieten ihm, diese Vermutung für sich zu behalten. Erstens hatte Marshall noch nicht einmal seine Ausbildung abgeschlossen, zweitens hatte er noch keinen Beweis für seine These, und drittens ging die Bakterienhypothese gegen die gängige Lehrmeinung. Bisher hatte man psychologische Probleme und Stress für die Ursache von Magenproblemen gehalten. Kein anderes körperliches Leiden wurde so stark mit Frustration, Nervosität und emotionalem Ungleichgewicht in Verbindung gebracht wie das Magengeschwür.

Doch Marshall war viel zu begeistert, um sich zurückzuhalten. »Ich hatte nichts zu verlieren, ich war kein renommierter Forscher, der zwanzig Jahre seiner Arbeit verteidigen musste.« Im September 1983 stellte er seine Erkenntnisse auf dem zweiten Internationalen Workshop über Campylobacter-Infektionen in Brüssel vor. Mit seinem missionarischen Eifer und seinem Selbstvertrauen, das an Überheblichkeit grenzte, erlangte er sofort umstrittene Berühmtheit. Viele Zuhörer fanden, er lasse es in seinem Vortrag eindeutig an der nötigen Bescheidenheit und Zurückhaltung fehlen.

Allein dass Bakterien eine Magenschleimhautentzündung auslösen sollen, war eine kühne Behauptung, aber dass diese Bakterien über Monate, ja Jahre im Magen lebten, war schlicht albern. Die zwei Liter Magensaft, die der Mensch täglich produziert, bestehen zu einem großen Teil aus Salzsäure und können einen Nagel auflösen. Eine dicke Schleimschicht muss den Magen davor schützen, sich selbst zu verdauen. In einem solchen Milieu konnten unmöglich Keime leben.

Die Experten vermuteten, dass die frühen Studien, die Marshall gefunden hatte, durch verunreinigte Proben zu fehlerhaften Resultaten gekommen waren. Und selbst wenn es diese Bakterien im Magen wirklich geben sollte, bewiesen sie noch lange nicht, dass sie die Krankheit verursachten. Wahrscheinlicher schien, dass die Bakterien die Wunden im Magen erst nach ihrer Entstehung besiedelten.

Marshall wusste, welcher Teil des Beweises ihm fehlte: die letzten zwei der vier Postulate, die der deutsche Mediziner Robert Koch 1882 aufgestellt hatte, um einen Keim als Krankheitserreger zu identifizieren:

1. Das Bakterium muss bei jedem Krankheitsfall zu finden sein.
2. Das Bakterium muss sich außerhalb des Körpers züchten lassen.
3. Die Krankheit muss sich bei Versuchstieren durch diese gezüchteten Bakterien erzeugen lassen.
4. Das Bakterium muss sich wiederum aus dem Versuchstier gewinnen und züchten lassen.

Mit dem ersten Postulat gab es kein Problem. Warren und Marshall hatten die Bakterien immer wieder in den

Magenwänden ihrer Patienten gefunden. Postulat Nummer zwei war schon schwieriger zu erfüllen. Monatelang versuchten Marshalls Kollegen, die Bakterien im Labor der Klinik zu züchten. Ohne Erfolg. Normalerweise brauchen Bakterien nicht länger als zwei Tage, um sich in einer Petrischale zu vermehren. Lässt man sie länger wachsen, überwuchern sie den Nährboden. Doch im Falle von Marshalls Bakterien sah man nach 48 Stunden nicht die geringsten Anzeichen einer Vermehrung.

Etwa dreißig vergebliche Versuche wurden unternommen, bis eine gefährliche Infektion unter Patienten und Angestellten der Klinik an Ostern 1982 die unerwartete Lösung brachte: Wegen Personalmangels bekam Marshalls Projekt in dieser Zeit eine niedrigere Priorität, und so blieben seine Kulturschalen länger als die üblichen zwei Tage im Wärmeschrank liegen. Nach fünf Tagen hatten sich die Bakterien wunderbar vermehrt.

Die wirklichen Schwierigkeiten begannen jedoch beim dritten Postulat, der Übertragung der Krankheit auf einen gesunden Organismus. Zwei Ratten, denen Marshall die Bakterien in den Magen spritzte, entwickelten keine Symptome, zwei junge Schweine »widersetzten sich der Infizierung«.

Wenn die Infektion nicht an einem Tiermodell bewiesen werden konnte, blieb eigentlich nur noch der Weg über epidemiologische Studien beim Menschen. Dabei versucht man, aus den Daten von möglichst vielen Patienten mit Magenproblemen mit statistischen Methoden Schlüsse über die Ursache der Krankheit zu ziehen. Doch es konnte Jahre dauern, bis sich ein klares Bild abzeichnete. So lange wollte Marshall nicht warten, denn er wusste, dass der Beweis mit einem geeigneten Versuchstier bloß eine Sache von Wochen wäre. Es gab nur einen Ausweg: Das Versuchstier würde er selbst sein.

In den ersten Stunden, nachdem er die Bakterienbrühe geschluckt hatte, bemerkte er eine »verstärkte Peristaltik im Unterleib (hörbares Gurgeln in der Nacht)«. Danach geschah eine Woche lang nichts mehr. Am Morgen des achten Tages erbrach Marshall ein wenig Schleim. In der zweiten Woche des Experiments bemerkte Marshalls Mutter seinen fauligen Mundgeruch. Er selbst hatte Kopfschmerzen und

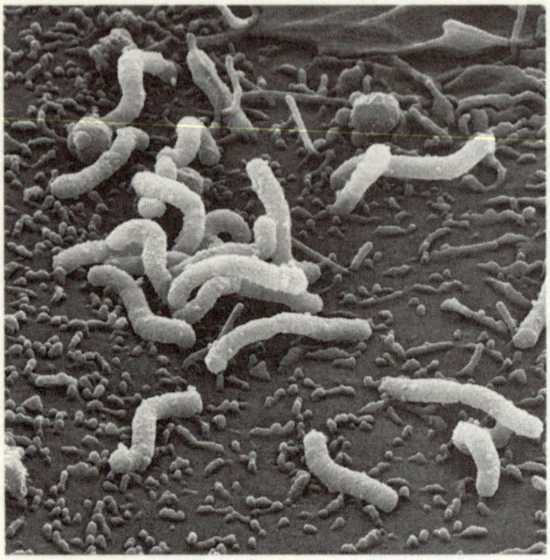

Helicobacter-pylori-**Bakterien können im feindlichen Milieu des Magens überleben.**

war gereizt. Am zehnten Tag schließlich führte ein Kollege den biegbaren Schlauch des Gastroskops durch Marshalls Speiseröhre zum Magenausgang, um zwei Proben zu entnehmen. Marshall hatte diese Prozedur bereits einmal vor fünf Wochen hinter sich gebracht. Damals stellte er sicher, dass sein Magen vor dem Selbstversuch gesund war.

Die neue Probe wurde gefärbt und unter dem Mikroskop untersucht. Die Zellen der obersten Hautschicht waren beschädigt, und auf dem Schleim hatten sich weiße Blutkörperchen gesammelt: Marshall hatte eine Magenschleimhautentzündung – Kochs drittes Postulat war erfüllt.

Für das vierte Postulat isolierte Marshall aus der zweiten Probe die Bakterien und züchtete sie auf einer Nährlösung. Es waren dieselben, die er zehn Tage zuvor geschluckt hatte. Jetzt gab es keinen Zweifel mehr: Die Bakterien (später würde man sie *Helicobacter pylori* nennen) können eine Magenschleimhautentzündung verursachen. Marshall war begeistert. »Ich hoffte, dass sich aus der Entzündung ein Geschwür entwickeln würde, worüber ich jahrelang hätte publizieren können.« Doch als er seiner Frau von dem Experiment erzählte, stellte sie ihn vor die Wahl, entweder Antibiotika zu nehmen oder eine eigene Wohnung. Marshall entschied sich für die Antibiotika, die aber gar nicht nötig gewesen wären: Die Entzündung war nach zwei Wochen von selbst abgeklungen. Offenbar war das Immunsystem mit den Eindringlingen fertig geworden. Das passte zur Verbreitung des Bakteriums: Man nimmt an, dass heute etwa die Hälfte der Weltbevölkerung damit infiziert ist, dass aber nur ein kleiner Teil an Gastritis oder Magengeschwüren erkrankt.

Die Öffentlichkeit erfuhr von Marshalls Experiment nicht auf dem üblichen Umweg über eine Fachzeitschrift, sondern direkt aus der amerikanischen Boulevardzeitung *Star*. Kurze Zeit nachdem das Resultat feststand, bekam Marshall einen Anruf eines Reporters, der ihn wegen eines früheren Fachartikels interviewen wollte. Marshall konnte den Mund nicht halten und landete schließlich als »Versuchskaninchen-Doktor« zwischen Lady Di und neuen Schlankheitsdiäten in den Spalten des *Star*.

Doch es sollte noch zehn Jahre dauern, bis die Nachricht vom Magengeschwür als Infektionskrankheit die breite Masse der Ärzte erreichte. Einerseits hatte die Pharmaindustrie kein großes Interesse, die Neuigkeit zu verbreiten, dass Antibiotika Gastritis innerhalb von Wochen für immer zum Verschwinden bringen können. Sie verdiente gut an den säurehemmenden Medikamenten, die zum Teil über Jahre eingenommen werden mussten. Andererseits hatte Marshall die vier Postulate Kochs nur für die Magenschleimhautentzündung erfüllt, nicht aber für das Magengeschwür. Heute wird zwar von den Gesundheitsbehörden empfohlen, Magengeschwüre mit Antibiotika zu behandeln, doch es gibt immer noch namhafte Kritiker von Marshalls Idee.

Marshall hat mit seinem Experiment den Trend eingeläutet, auch andere Krankheiten mit Infektionen zu erklären. Heute spekulieren die Forscher über den Einfluss von Bakterien und Viren bei Schizophrenie und Herzinfarkt, Rheumatismus und Diabetes. Bestätigt sind bisher aber nur wenige dieser Vermutungen.

◆ Marshall, B. J., et al. (1985), Attempt to Fulfil Koch's Postulates for Pyloric Campylobacter. *The Medical Journal of Australia* 142 (8), S. 436–439.

1986 **Ein Jahr im Bett**

Es klingt nach der idealen Arbeit für Phlegmatiker: Die elf Männer, die im Januar 1986 für dieses Experiment ausgewählt worden waren, mussten sich ins Bett legen und liegen bleiben – ein Jahr lang. 370 Tage und Nächte verbrachten sie, ohne ein einziges Mal aufzustehen oder sich aufzusetzen. Sie wurden im Liegen gewaschen, aßen im Liegen, lasen, schauten fern, schrieben Briefe. Boris Morukov vom Institut für Biomedizinische Probleme in Moskau wollte wissen, was mit einem Menschen geschieht, wenn er eine lange Reise in der Schwerelosigkeit unternimmt. Morukov ist Arzt und Kosmonaut.

Bettruhestudien kamen in den Sechzigerjahren des 20. Jahrhunderts auf, als Weltraumfahrer immer länger im All blieben. Bald stellte sich die Frage, wie sich die fehlende Schwerkraft auf den Körper auswirkt. Da es auf der Erde

Der Arzt und Kosmonaut Boris Morukov leitete die längste Bettruhestudie aller Zeiten.

keine Möglichkeit gibt, einen Körper für längere Zeit in die Schwerelosigkeit zu versetzen (S. 129), musste ihre Wirkung simuliert werden. Und die einfachste Simulation bestand darin, die Probanden in ein Bett zu legen, das sechs Grad zum Kopfende hin geneigt war.

Diese Lage hat ähnliche Auswirkungen auf den Körper wie die Schwerelosigkeit: Das Herz arbeitet nicht mehr gegen die Schwerkraft an und schaltet auf tiefere Leistung, Muskeln und Skelett werden kaum belastet und teilweise abgebaut, die Zahl der roten Blutkörperchen verringert sich, weil der Körper weniger leistet und deshalb auch weniger Sauerstoff braucht. Die ersten Bettruhestudien dauerten ein paar Tage, spätere ein paar Wochen oder zwei, drei Monate. Die 370 Tage der Moskauer Studie übertrafen alles, was bis dahin gemacht worden war, um ein Vielfaches.

Was die elf Männer dazu bewogen hatte, an diesem Experiment teilzunehmen, lässt sich nicht mit Sicherheit sagen. War es das Verlangen, etwas für die Wissenschaft zu tun, wie Morukov glaubt? Die Auszeichnungen, die der Sowjetstaat für solche Leistungen verteilte? Oder war es das Auto, das man ihnen versprochen hatte? »Das war noch die Sowjetzeit«, sagt Morukov, »damals war es schwierig, ein Auto zu kriegen.« Die Probanden schienen die Sache jedenfalls ernst zu nehmen. Nur ein einziger brach das Experiment nach drei Monaten ab – er hatte schon ein Auto.

Ziel des Versuchs war es, neue Mittel gegen die Degeneration des Körpers zu testen. Während des Experiments machten die Versuchsteilnehmer im Liegen Krafttraining oder unternahmen einen Spaziergang auf einem senkrechten Laufband, das vors Bett gestellt wurde. Fünf der Männer durften damit erst nach vier Monaten beginnen. Sie sollten den Fall simulieren, wenn wegen Krankheit oder Energiemangels im Raumschiff das Training für längere Zeit ausfällt.

Nach vier und nach acht Monaten und am Ende der Studie brachte man die Männer in ihren Betten liegend in eine Zentrifuge, wo sie mit achtfacher Erdbeschleunigung belastet wurden. Das ist ein Wert, wie er am Ende eines Raumflugs beim Wiedereintritt in die Erdatmosphäre auftreten kann. Als das Jahr vorüber war, folgten fast zwei Monate Rehabilitation: Die Bettkosmonauten mussten wieder Sitzen und Gehen lernen.

Größer als die körperliche Belastung war die psychische. Die Männer waren in Gruppen in drei Räumen untergebracht und vertrieben sich die Zeit mit Fernsehen und Lesen. Am Anfang planten sie, eine Fremdsprache zu lernen, doch nach zwei Wochen gaben sie auf. Dass sie das Essen nach Raumfahrerart in Aluminiumtuben serviert bekamen, hellte die Stimmung auch nicht auf. Immerhin bescherte es ihnen ein unerwartetes Hobby: An ihre Betten gefesselt, begannen sie, aus dem Aluminium Schiffe zu basteln oder Medaillen für die Krankenschwestern. Morukov bekam einen Ritter geschenkt. An Geburtstagen beschenkten sie sich gegenseitig, und an Festtagen versuchten sie, so gut es im Liegen ging, eine Party zu feiern.

Die Langeweile und die ständigen medizinischen Untersuchungen führten auch zu Spannungen. In einem Fünferzimmer hatten sich die Teilnehmer so zerstritten, dass einer umziehen musste. »Sonst wäre da etwas geschehen«, erinnert sich Morukov, der auch medizinisches Personal auswechselte, mit dem sich die Männer nicht verstanden. »Ich brauchte vor allem die Männer.«

Die Versuchsteilnehmer waren zwischen siebenundzwanzig und zweiundvierzig Jahre alt, viele selbst Mediziner. Die meisten hatten Frau und Kinder, die sie nur einmal pro Woche, am Sonntag, zu Gesicht bekamen. Das überstanden einige Beziehungen nicht. Einer hat sich in eine Forscherin verliebt, die am Experiment beteiligt war.

◆ Grigorev, A. I., und Morukov, B. V. (1989), [370-Day Anti-Orthostatic Hypokinesia in Russisch]. *Kosmicheskaia Biologiia i Aviakosmicheskaia Meditsina* 23 (5), S. 47–50.

1992 **Sie tun es im Kernspintomographen**

Es war der ungewöhnlichste Ort, an dem Ida Sabelis je Sex hatte. Am 24. Oktober 1992 lag die vierzigjährige Holländerin mit ihrem Partner Jupp – beide nackt – auf dem Untersuchungstisch des Kernspintomographen der Universitätsklinik Groningen in den Niederlanden. Ein Radiologe schob den Tisch in die kaum fünfzig Zentimeter große Röhre des Geräts und verließ dann das Zimmer. Ein improvisierter Vorhang deckte das Fenster zum Kontrollraum ab, in dem die beiden Mediziner Willibrord Weijmar Schultz und Pek van Andel auf ein historisches Bild warte-

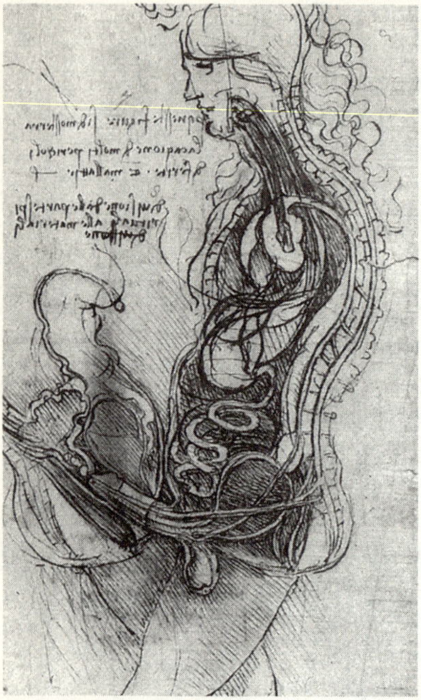

Das Innenleben während des Geschlechtsverkehrs, wie es sich Leonardo da Vinci vorstellte (etwa 1493).

ten. Das Gerät hatten sie auf ein Patientengewicht von einhundertfünfzig Kilogramm eingestellt.

Bereits Ende des 15. Jahrhunderts hatte Leonardo da Vinci eine Skizze eines Paars während des Geschlechtsverkehrs angefertigt. Die Schnittzeichnung gestattete einen Blick in den Körper und zeigte die Anatomie von Penis, Vagina, Gebärmutter und anderen inneren Organen. Die Grundlagen für dieses Bild hatte da Vinci zweifellos aus der Sektion von Leichen gewonnen. Doch da Tote keinen Sex haben, musste er auch Annahmen über das Innenleben des Menschen während der Kopulation treffen.

Die nächste ernsthafte Zeichnung zu diesem Thema wurde 1933 publiziert. Der Sexualforscher Robert Latou Dickinson hatte seine Erkenntnisse aus Experimenten gewonnen, bei denen sexuell erregten Frauen ein Reagenzglas in der Größe eines erigierten Penis eingeführt wurde. Später gingen Sexualforscher wie Alfred C. Kinsey, William Masters und Virginia Johnson mit Kunstpenissen und Spekulum ans Werk. Doch letztlich sagten die dabei gewonnenen Erkenntnisse wenig darüber aus, wie es im Körper während des Geschlechtsverkehrs wirklich aussieht.

Im Jahr 1991 bekam der Arzt Pek van Andel ein Kernspintomogramm vom Kehlkopf eines Sängers zu Gesicht, der einen Ton summt. Das Bild erinnerte ihn an Leonardo da Vincis Zeichnung, und er fragte sich, ob eine solche Aufnahme nicht auch während des Koitus gemacht werden könnte. Dazu brauchte er als Erstes einen Kernspintomographen. Doch die angefragten Krankenhäuser nahmen sein Anliegen nicht ernst. Immerhin fand er heraus, dass Kernspintomographen nie ausgeschaltet werden, aber an Wochenenden häufig nicht in Gebrauch sind. Mit der Unterstützung von Freunden und unter Umgehung der Klinikleitung bekam er schließlich Zugang zu einem solchen Gerät.

Die besondere Situation erforderte, dass die Versuchspersonen drei Bedingungen erfüllten: Sie mussten schlank und beweglich sein und durften nicht unter Klaustrophobie leiden. Van Andel erinnerte sich an seine Freunde Ida und Jupp, die dem Profil entsprachen und zudem als Amateurstraßenakrobaten gewohnt waren, »unter Stress aufzutreten«, wie die Forscher es ausdrückten.

Einmal in der Röhre, bekamen sie Instruktionen über eine Gegensprechanlage aus dem Kontrollraum. »Die Erektion ist gut sichtbar einschließlich der Wurzel«, kam es aus dem Lautsprecher und dann: »Jetzt legt euch ruhig hin und haltet während der Aufnahme die Luft an!«

Ein Kernspintomograph kann Schnittbilder des menschlichen Körpers anfertigen. Im Gegensatz zum Röntgen belastet diese Methode den Körper nicht, doch sie hat einen großen Nachteil: Die Aufnahmezeit, während der sich die zu untersuchende Person nicht bewegen darf, ist lang. Bei Jupp und Ida waren es 52 Sekunden, bei späteren Versuchen mit einem besseren Gerät zwölf Sekunden.

Die Publikation des Experiments wurde dreimal abgelehnt. Bei einigen Fachzeitschriften war man nicht sicher, ob sich da jemand mit einem erfundenen Artikel einen Scherz erlaubte. Das *British Medical Journal* hingegen verlangte noch mehr Daten: Aufgrund nur eines Paares ließen sich keine wissenschaftlichen Schlüsse ziehen.

Also suchte van Andel weitere Versuchspersonen. Der Aufruf im Lokalfernsehen sorgte für großes Aufsehen, hitzige Diskussionen und schließlich für acht Paare und drei einzelne Frauen, die mitmachten.

Ida Sabelis erarbeitete mit den Forschern ein genaues Untersuchungsprotokoll, das einen Eindruck der Strapazen vermittelt, die die Versuchspersonen auf sich nahmen: »Nachdem ein Grobscan gemacht worden war, um das Becken der Frau zu positionieren, wurde das erste Bild mit ihr auf dem Rücken liegend geschossen. Dann wurde der Mann gebeten, in die Röhre zu klettern und den Koitus in der oberen Position von Angesicht zu Angesicht zu vollziehen. Nach diesem Bild – ob gelungen oder nicht – wurde der

Dieses Längsschnittbild der Anatomie während des Geschlechtsverkehrs hat der Sexualforscher Robert Latou Dickinson 1933 publiziert.

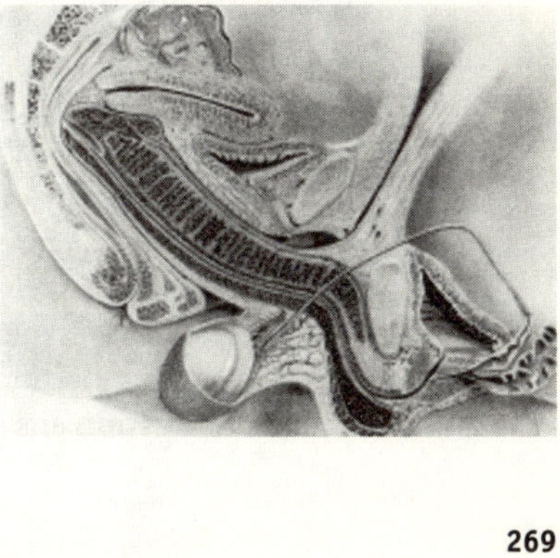

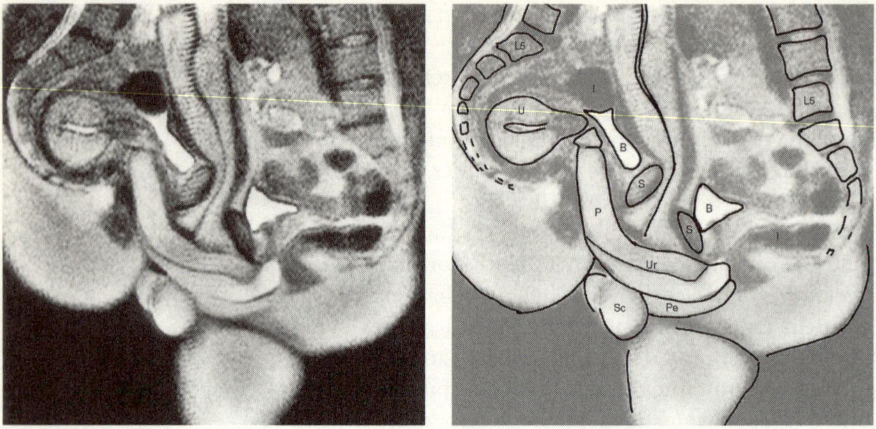

Längsschnittbild (Kernspintomogramm) der Anatomie während des Geschlechtsverkehrs (P: Penis, Ur: Harnröhre, Pe: Damm, U: Gebärmutter, S: Schamfuge, B: Blase, I: Darm, L5: 5. Lendenwirbel, Sc: Hodensack).

Mann gebeten, die Röhre zu verlassen, und die Frau wurde gebeten, ihre Klitoris manuell zu stimulieren und den Forschern über die Wechselsprechanlage mitzuteilen, wenn sie das präorgasmische Stadium erreicht hatte. Dann hörte sie für ein drittes Bild mit der Selbststimulation auf. Nachdem dieses Bild gemacht worden war, stimulierte die Frau sich weiter bis zum Orgasmus. Zwanzig Minuten nach dem Orgasmus wurde das vierte Bild gemacht.«

Die meisten Paare erreichten unter diesen Bedingungen in der fünfzig Zentimeter hohen Röhre das Ziel des Experiments nicht. »Wir haben nicht vorausgesehen, dass die Männer im Scanner mehr Probleme haben würden mit ihrer sexuellen Leistung (ihre Erektion aufrechtzuerhalten) als die Frauen.« Pek van Andel wäre nicht zu seinen Bildern gekommen, wenn in Holland 1998 nicht Viagra auf den Markt gekommen wäre. Nach erfolglosen Versuchen nahmen zwei der Männer das Potenzmittel. Eine Stunde später klappte es.

Das Bild, das das *British Medical Journal* 1999 schließlich in seiner Weihnachtsnummer publizierte, zeigt, dass die Wurzel des Penis ein Drittel seiner Gesamtlänge ausmacht und er, anders als angenommen, in der Missionarsstellung die Form eines Bumerangs hat.

Das Experiment brachte den Autoren einen Ig-Nobelpreis ein und löste unter den Spezialisten eine heftige Diskussion aus. Ein Arzt schlug vor, für weiterführende Experimente auf Pornodarsteller zurückzugreifen: »Diese Leute sind besonders trainiert, den Sexualakt unter allen möglichen Bedingungen auszuführen.« Ein anderer zweifelte an der Aussagekraft der Daten, weil die Frauen in der engen Röhre die Beine nicht genug spreizen konnten für eine »wahre Missionarsstellung«.

verrueckte-experimente.de

◆ Schultz, W. W., et al. (1999), Magnetic Resonance Imaging of Male and Female Genitals During Coitus and Female Sexual Arousal. *British Medical Journal* 319, S. 1596–1600.

1994 **Schönwetterkellner**

Im März 1994 gab es in einem Casinohotel in Atlantic City, New Jersey, einen Zimmerkellner, der eine seltsame Art des Wetterberichts betrieb: Jeden Morgen, bevor er mit dem Frühstück die Zimmertür eines Gastes erreichte, nahm er einen Stapel Karten aus dem Jackett und zog eine davon. Darauf stand eine von vier Vorhersagen: »kalt und regnerisch«, »kalt und sonnig«, »warm und regnerisch«, »warm und sonnig«. Die Hotelzimmer waren schallisoliert und mit dunklen Scheiben versehen, sodass man von drinnen unmöglich das Wetter erkennen konnte. Wenn sich die Gäste danach erkundigten, gab ihnen der Kellner, unabhängig vom wirklichen Wetter, bekannt, was auf der gezogenen Karte gestanden hatte, und verließ den Raum.

Mit dem Experiment wollte der amerikanische Psychologe Bruce Rind herausfinden, ob nicht nur die realen Wetterbedingungen auf die Stimmung der Menschen einwirken, sondern bereits der Glaube, es herrsche ein bestimmtes Wetter.

Das erhaltene Trinkgeld zeigte, dass tatsächlich »keine direkte sensorische Einwirkung der Wetterbedingungen nötig ist, um das Verhalten zu beeinflussen«. Anders gesagt: Es lohnt sich für den Hotelangestellten zu lügen, wenn das Wetter schlecht ist. Im vorliegenden Fall erhielt er etwa ein Drittel mehr Trinkgeld, wenn er den Gästen sagte, die Sonne scheine. Die Temperatur war ohne Einfluss.

Für Kellner, die nicht lügen wollen, hier die gute Nachricht: Vier Jahre später hat derselbe Forscher in einem italienischen Restaurant herausgefunden, dass bereits eine gute Wettervorhersage für den nächsten Tag auf der Rückseite der Rechnung ein Viertel mehr Trinkgeld einbringt.

◆ Rind, B. (1996), Effects of Beliefs About Weather Conditions on Tipping. *Journal of Applied Social Psychology* 26 (2), S. 137–147.

1995 Striptease mit Mindestabstand

Verletzt der Staat das Recht auf die freie Meinungsäußerung von Tänzerinnen, wenn er ihnen gesetzlich verbietet, sich während ihrer Darbietung in Nachtlokalen ganz auszuziehen? Diese bizarre Frage wurde zwischen dem 19. und 23. August 1995 im Club »Little Darlings« in Las Vegas mit einem Experiment geklärt.

Die freie Meinungsäußerung wird in den USA durch den ersten Verfassungszusatz (»First Amendment«) garantiert und ist unantastbar. Jede Verordnung, die den Inhalt einer wie auch immer gearteten Meinungsäußerung beschränkt, ist verfassungswidrig. Das Nackttanzverbot sowie Vorschriften über den Mindestabstand zwischen Tänzerinnen und Zuschauern, so befanden mehrere Gerichte, waren jedoch nicht verfassungswidrig, weil sie die von der Tänzerin übermittelte erotische Botschaft nicht substanziell veränderten.

Diese Annahme schien Daniel Linz von der University of California und einigen seiner Kollegen etwas realitätsfern, und so reisten sie nach Las Vegas, um das Gegenteil zu beweisen. Eine Woche vor dem Versuch wurden acht Tänzerinnen des »Little Darlings« von einer Choreographin so lange trainiert, bis sie es schafften, ihr schwarzes Kleid genau dreißig Sekunden nach Beginn der Vorführung auszuziehen. Beim nachfolgenden Experiment trugen sie darunter zufällig BH und Slip oder nichts. Die 24 Versuchspersonen (Männer zwischen achtzehn und fünfundsechzig Jahren) füllten nach dem dreiminütigen Tanz einen Fragebogen über dessen Wirkung aus. Die statistische Auswertung der Antworten »zeigte einen signifikanten Unterschied zwischen Nackt- und Nicht-Nackt-Bedingungen«, was die erotische Kommunikation betraf. »Die Kunden unter Nackt-Bedingungen empfangen eher eine erotische Botschaft als die Kunden unter Nicht-Nackt-Bedingungen.«

◆ Linz, D., et al. (2000), Testing Legal Assumptions Regarding the Effects of Dancer Nudity and Proximity to Patron on Erotic Expression. *Law and human behavior* 24 (5), S. 507–533.

1997 Schamhaare auf Wanderschaft

Die Autoren der Arbeit »Frequenz der Übertragung von Schamhaaren während des Geschlechtsverkehrs« wollten über die Motive ihrer Versuchspersonen keine Zweifel aufkommen lassen: »Der einzige Ansporn für die Teilnahme war die uneigennützige Förderung der Forschung«, heißt es in der Publikation des Forensikers David L. Exline und seiner Kollegen.

Sechs Paare – Angestellte des Amts für forensische Wissenschaft in Birmingham, Alabama, und ihre Partner – wurden gebeten, zehnmal nach dem Geschlechtsverkehr Haarproben zu nehmen, und zwar nach dem von den Forschern aufgestellten »Standard-Schamhaar-Kämm-Protokoll«. Dabei legten die Versuchspersonen ein 90 mal 90 Zentimeter großes Papiertuch unter das Gesäß ihrer Partner, kämmten die Schamgegend gründlich durch, sodass lose Haare auf das Tuch fielen, steckten das Tuch samt Kamm in einen Umschlag und hefteten einen Fragebogen daran, auf dem sie die Dauer des Verkehrs vermerkten, die Zeitspanne seit dem letzten Bad und dem letzten Sexualkontakt und die praktizierten Stellungen.

In den 110 Haarproben – eines der Paare lieferte pro Person nur je fünf ab – fanden die Wissenschaftler 344 Schamhaare, 20 Körperhaare, sieben Kopfhaare und ein Tierhaar. Mindestens ein Haar des Partners fand sich in 19 Proben, was einer Transferfrequenz von 17,3 Prozent entspricht, wobei die Haare deutlich häufiger von der Frau zum Mann wanderten (23,6 Prozent) als vom Mann zur Frau (10,9 Prozent). Nur in einem Fall kam es zu einem Kreuztransfer, bei dem gleichzeitig Haare des Mannes zur Frau gelangten und umgekehrt.

Wegen der niedrigen Transferrate, so die Forscher, würden Sexualstraftäter nicht anhand ihrer Schamhaare identifiziert werden können.

◆ Exline, D. L., et al. (1998), Frequency of Pubic Hair Transfer During Sexual Intercourse. *Journal of Forensic Sciences* 43 (3), S. 505–508.

1998 **Die Lautsprecher von Jericho**

Als sich das amerikanische Bildungsfernsehen »The Learning Channel« daranmachte, ein paar alten Rätseln aus der Bibel auf den Grund zu gehen, stand eines ganz oben auf der Liste: die Posaunen von Jericho. Das Buch Josua schildert, wie sieben Priester vor der Bundeslade ihre Posaunen blasen und damit die Mauern von Jericho zum Einsturz bringen. Weil selbst der UFO-Autor Erich von Däniken an der Lungenkraft der Priester zweifelte, stellte er die These auf, die Mauern seien möglicherweise von einem fortgeschrittenen Schallerzeugungsapparat zerstört worden.

Grund genug für die Fernsehproduzenten, die Wyle Laboratories in Kalifornien zu beauftragen, eine kleine Backsteinmauer ins Labor zu stellen und mit Schall aus ihrem größten Lautsprecher zu traktieren.

Eine Aufgabe wie gemacht für Wyles Speziallautsprecher WAS 3000, der so laut ist wie 10000 Heimboxen. Nach sechs Minuten Dauerlärm begann der Mörtel tatsächlich zu bröckeln, und das Mäuerchen brach zusammen. Dieses Resultat nannte der Produzent der Sendung, Jim McQuillan, »eindeutig«. Er meinte damit allerdings nicht, dass von Däniken Recht hatte, sondern die Binsenweisheit, »dass Schall tatsächlich Zerstörung verursachen kann«.

McQuillan tat gut daran, sich nicht weiter vorzuwagen, denn es ist längst klar, dass die kanaanäischen Städte, zu denen Jericho gehörte, überhaupt nicht befestigt waren und dass es daher gar keine Mauern gab, die sieben Priester mit 10000 Heimboxen hätten zum Einsturz bringen können.

◆ Wyle Laboratories (1998), *Wyle Completes Unique Tests in Investigation of Biblical Mysteries for Television Program*, Pressemitteilung.

1999 **Der unerklärliche Hunger**

Der Hunger gibt der Wissenschaft immer wieder Rätsel auf. Zum Beispiel mit dem Experiment, das Barbara J. Rolls von der Pennsylvania State University machte.

Rolls servierte in ihrem Labor drei Gruppen von Frauen ähnliche Vorspeisen. Die eine Gruppe bekam einen Auflauf aus Hühnchen, Reis und Gemüse vorgesetzt, die andere den gleichen Auflauf als Suppe – man fügte einfach 356 Gramm Wasser hinzu. Obwohl sich der Energiegehalt des Gerichts dadurch nicht änderte – Wasser hat keine Kalorien –, wirkte die Suppe weit sättigender: Wer sie als Vorspeise bekommen hatte, nahm von der Hauptspeise gut ein Viertel weniger zu sich.

Dieses Resultat ließ sich mit dem größeren Volumen der Suppe noch halbwegs erklären, doch richtig bizarr wurde es bei der dritten Gruppe. Sie bekam zum Auflauf genau jene 356 Gramm Wasser zu trinken, die bei der zweiten Gruppe in der Suppe waren. Die beiden Gruppen nahmen also innerhalb der genau gleichen Zeit – zwölf Minuten waren vorgesehen – die gleiche Menge und die gleiche Art Nah-

Dreimal die gleichen Zutaten, dreimal die gleiche Kalorienzahl, dreimal unterschiedlich satt.

rung zu sich, und trotzdem waren die Suppenesser danach weit weniger hungrig. Wieder nahmen sie vom Hauptgang ein Viertel weniger zu sich.

Da ist selbst Rolls, die weltweit als eine der führenden Appetitforscherinnen gilt, um eine Erklärung verlegen. Sie vermutet, dass bereits der Anblick der Suppe sättigender wirkte, weil sie im Teller ein größeres Volumen einnahm als der Auflauf.

Rolls' Experiment zeigt, wie wenig die Wissenschaft über die Regulation des Hungers weiß – und dass die Suppe der Feind des Vielfraßes ist.

◆ Rolls, B. J., et al. (1999), Water Incorporated into a Food but not Served with a Food Decreases Energy Intake in Lean Women. *American Journal of Clinical Nutrition* 70, S. 448–455.

2002 **Die Mathematik des Stöckchenwerfens**

An einem Tag im Oktober 2002 konnte man nahe der Ortschaft Holland am Lake Michigan einen Mann bei einem seltsamen Spiel mit seinem Hund beobachten. Der Mann stand am Ufer des Sees und warf einen Tennisball schräg ins Wasser. Sofort rannte der Hund hinter dem Ball her und der Mann seinerseits hinter dem Hund. Der Hund rannte ein Stück am Ufer entlang und sprang dann ins Wasser. Dort steckte der Mann hastig einen Schraubenzieher in den Sand, ergriff das Ende eines Maßbands, das er zuvor etwas weiter vorne bereitgelegt hatte, und rannte damit ebenfalls ins Wasser auf den Ball zu. Das merkwürdige Schauspiel wiederholte sich in drei Stunden über vierzigmal.

Mit Maßband und Schraubenzieher fand Elvis' Herrchen heraus, dass der Hund ein schwieriges mathematisches Problem intuitiv richtig löst.

Der Mann heißt Tim Pennings und ist Mathematikprofessor am Hope College in Holland, Michigan. Sein sonderbares Manöver mit Schraubenzieher und Maßband sollte die Frage beantworten, ob sein Hund Elvis rechnen kann – dabei ging es nicht um das kleine Einmaleins, sondern um eine komplizierte Aufgabe aus der Mathematik.

Nehmen wir es vorweg: Elvis kann rechnen. Und das weiß inzwischen die ganze Welt: Pennings wurde von der BBC interviewt, von einer Fernsehshow in Hollywood eingeladen, sogar von einer vietnamesischen Zeitung zitiert.

Die Idee zu dem Versuch hatte Pennings, kurz nachdem er Elvis im August 2001 bekommen hatte. Auf seinen Spaziergängen warf er dem Hund immer wieder einen Tennisball ins Wasser, den dieser zurückbrachte. »Als ich Elvis zuschaute, wie er den Strand entlangrannte und irgendwann ins Wasser abbog, fiel mir plötzlich auf, dass er genau den Weg nahm, den ich im Mathematikunterricht skizziere, wenn ich den Studenten ein Optimierungsproblem erkläre.« In der Aufgabe rennt Tarzan am Ufer eines stehenden Flusses entlang und schwimmt dann durch den Fluss, um Jane auf der anderen Seite aus dem Treibsand zu retten. Die Frage ist, wo er ins Wasser springen muss, um Jane am schnellsten zu erreichen.

Wie Tarzan, so hat auch Elvis verschiedene Möglichkeiten. Er kann sofort ins Wasser springen und direkt auf den

Ball zuschwimmen. Das ist zwar der kürzeste Weg, aber nicht der schnellste, weil Elvis ja langsamer schwimmt, als er rennt. Elvis kann auch am Ufer entlangrennen, bis er den Ball genau senkrecht vor sich hat, und dann ins Wasser springen. So kann er zwar die Schwimmstrecke auf ein Minimum verkürzen, doch wird die Gesamtstrecke maximal. Der schnellste Weg liegt irgendwo dazwischen: Zuerst ein bisschen am Ufer entlangrennen und dann schräg auf den Ball zuschwimmen. Wo der ideale Ort ist, um mit Schwimmen zu beginnen, ist abhängig vom Verhältnis zwischen Schwimm- und Laufgeschwindigkeit.

Pennings wollte herausfinden, ob Elvis dieses Optimierungsproblem tatsächlich richtig löste, wenn er ihm einen Tennisball ins Wasser warf. Dazu ermittelte er zuerst Elvis' Geschwindigkeit an Land und zu Wasser: Die Laufgeschwindigkeit betrug 6,4 Meter pro Sekunde, die Schwimmgeschwindigkeit 0,91 Meter pro Sekunde. Daraus konnte Pennings berechnen, nach welcher Distanz Elvis idealerweise vom Land ins Wasser wechseln müsste. Und siehe da: Elvis traf fast in jedem Versuch die richtige Stelle.

Konnte Elvis tatsächlich diese komplizierte Aufgabe aus der Mathematik lösen? Pennings dämpft diese Aussicht gleich selbst: »Ich gebe zu, dass Elvis, obwohl er die Aufgabe richtig löste, Analysis nicht beherrscht. In Wirklichkeit hat er sogar Mühe, ein einfaches Polynom zu differenzieren.« Vielmehr finde er offenbar intuitiv die beste Lösung.

Am Schluss seines Artikels schlägt Pennings vor, das gleiche Experiment mit einem Hund zu machen, der entscheiden muss, wann er von einem schneefreien Weg in den Tiefschnee wechseln soll. Oder mit Sechsjährigen, Grundschülern und Studenten. »Damit sie sich nicht blamieren, ist es besser, auf Professoren als Versuchspersonen zu verzichten.«

◆ Pennings, T. J. (2003), Do Dogs Know Calculus. *College Mathematics Journal* 34 (3), S. 178–182.

2003 **Begegnungen eines Roboters**

Die frühen Verhaltensforscher versuchten noch, Tiere mit billigen Attrappen zu täuschen (S. 149). Doch mittlerweile hat das Roboterzeitalter auch die Ethologie erreicht. Forscher von der Eötvös Loránd Universität in Budapest und vom Sony Computer Science Laboratory in Paris versuchten herauszufinden, ob Hunde den kommerziellen Tierroboter AIBO von Sony als Artgenossen akzeptierten. Sie brachten 40 Hunde mit dem 30 Zentimeter langen und eineinhalb Kilo schweren Technohund zusammen. Für einige Versuche zogen sie AIBO einen Pelz über, den sie einen Tag zuvor ins Körbchen eines Welpen gelegt hatten.

Zum Vergleich konfrontierten die Wissenschaftler die Hunde auch mit einem Welpen und einem Modellauto. Aus der Ausrichtung und Distanz zum Roboter, Bell-, Knurr- und Schnüffelfrequenz (vorne und hinten) zogen sie den Schluss, dass es heute noch »einige ernsthafte Einschränkungen gibt, AIBO-Roboter in Verhaltenstests mit Hunden einzusetzen«. Die Hunde reagierten zwar auf den Roboter, allerdings deutlich schwächer als auf den Welpen.

verrueckte-experimente.de

◆ Kubinyi, E., et al. (2004), Social Behaviour of Dogs Encoutering AIBO, an Animal-Like Robot in a Neutral and in a Feeding Situation. *Behavioural processes* 65, S. 231–239.

Auf ihrer Website weisen die Forscher darauf hin, dass bei diesem Experiment kein Tier zu Schaden gekommen sei. AIBO habe zwar mehrere Angriffe erleiden müssen, funktioniere aber immer noch tadellos. Trotzdem raten sie von ähnlichen Versuchen zu Hause ab. Die Garantie des Herstellers erstrecke sich nicht auf AIBOs, die auf diese Weise beschädigt würden.

Moderne Verhaltensforschung: Roboterhund AIBO trifft auf einen Hund aus Fleisch und Blut.

Dank

Dieses Buch ist nicht nur mein Buch. Ohne die Hilfe und Großzügigkeit einer Vielzahl von Menschen wären diese Seiten leer geblieben. Als Erstes gilt mein Dank den direkt an Experimenten beteiligten Wissenschaftlern, die bereit waren, sich mit mir zu treffen oder per Telefon oder E-Mail über die Hintergründe ihrer Arbeit Auskunft zu geben. Viele haben in altem Material gekramt, mir unveröffentlichte Arbeiten zur Verfügung gestellt und verschollen geglaubte Bilder hervorgezaubert.

Bei der Quellensuche war ich auf eine Reihe von Mittelsmännern angewiesen. Bernd Wechner schickte mir unveröffentlichte Tramper-Studien, die über Richard Pomazal zu ihm gelangten. Selbst die Autoren hatten kein Exemplar mehr ihrer Arbeiten. Peter Cogman gab mir entscheidende Hinweise, um die französischen Guillotinestudien zu lokalisieren, Sasha Andreev-Andrievsky war bei Recherchen in Moskau behilflich, Wladimir Bitter bei Russischübersetzungen. Andreas Rüesch, Christine Andres und Gaudenz Danuser stellten ihre Briefkästen in den USA zur Verfügung.

Meine Rechercheurin Stella Martino darf nach der Arbeit für dieses Buch als Spezialistin für exotische Fachzeitschriften gelten, Kathrin Hofmann als Expertin für die Beschaffung von bizarren Wissenschaftsbildern. Urban Fetz, der Zauberer am Scanner, hat Bilder aus alten Zeitschriften schärfer hinbekommen, als sie im Original waren. Carmen Zanin hat in Rekordzeit ein Testlayout produziert.

Die Inhaber der Kommunikationsagentur Partner & Partner in Winterthur, Kaspar Hintermüller und Benno Maggi, treten als Mäzene der Website www.verrueckte-experimente.de auf, die von Chris Keller programmiert wurde.

Thomas Häusler, Urs Willmann, André Schneider und Daniel Weber haben Teile oder das ganze Manuskript gegengelesen und mich vor vielen inhaltlichen Fehlern und stilistischen Dummheiten bewahrt.

Mein Agent Peter Fritz hat dieses Buch von Anfang an in sein Herz geschlossen und es mit Überzeugung vertreten.

Max Widmaier vom Verlag C. Bertelsmann ist für das elegante Layout verantwortlich, Dietlinde Orendi hat sich mit der Rechteabklärung meiner sonderbaren Bildwünsche herumgeschlagen.

Meine Kolleginnen und Kollegen in der Redaktion von *NZZ-Folio*, Lilli Binzegger, Andreas Dietrich, Andreas Heller und Daniel Weber, standen mir mit ihrer ganzen journalistischen Erfahrung zur Seite, Ernst Jaeger hatte eine schnelle Hand am Scanner, und Esther Baumann verpflegte mich mit ihren köstlichen Schokoladenkuchen. So habe ich mir meine Traumstelle immer schon vorgestellt.

Meine Frau Regula von Felten hat ebenfalls das ganze Manuskript gelesen und musste dazu Tischgespräche über wiederbelebte Hundeköpfe und Schweißextrakt im Wartezimmer über sich ergehen lassen. Auf dass unser Experiment noch lange dauern möge.

Die Experimente nach Themen

Erstaunliche Tiere

Fieses mit Tieren

Spinnen

Partnerwahl

Sex

Experimente, die Ehen zerstörten

Religiöses

Elektrisches

Bizarres mit Köpfen

Wetter

Essen und Trinken

Mit, ohne und gegen die Schwerkraft

Tramper-Tipps

Autos

Wer Ohren hat

Experimente in Theater, Literatur, Film, Musik

Experimente im Cartoon

Versuche zum Selbermachen

Selbstversuche

Überraschende Erkenntnisse

Wenn die Wirklichkeit sich als Experiment entpuppt

Getäuschte Versuchspersonen

Wissenschaftsbetrug?

Aufschlussreiche Bilder

Filme im Internet www.verrueckte-experimente.de

(Quick Time, Windows Media Player oder Real Player nötig.)

Sachregister

Namensregister

Bildnachweis

S.13, 14: Basel, Öffentliche Bibliothek der Universität, Mscr. F IV 30
S. 15: Image courtesy of the Blocker History of Medicine Collections, Moody Medical Library. The University of Texas Medical Branch at Galveston, Galveston, Texas
S. 19: Wellcome Library, London
S. 20: aus: Lettres sur L'electricité, dans lequelles on trouvera les principaux phénomènes qui ont été découverts depuis 1760, avec des discussions sur les conséquences qu'on en peut tirer. Paris, 1767
S. 22: Wellcome Library, London
S. 25: Bibliotheque nationale, Paris
S. 27: ETH-Bibliothek, Zürich (aus: Aldini, J. Essai théorique et expérimental sur le Galvanisme: avec une série d'experiences faites en présence des commissaires de L'Institut National de France, et en divers amphitéatres anatomiques de Londres, Vol. 1&2)
S. 31: Library of Congress, Washington

S. 32: Wellcome Library, London
S. 34: Museum Boerhaave, Leiden
S. 39, 40: école nationale supérieure des beaux-arts, Paris
S. 42: Freundlicherweise zur Verfügung gestellt von Alan G. Ingham
S. 45: Wellcome Library, London
S. 46: aus: Aminoff, M.J. (1993) Brown-Séquard: a visionary of science, Raven Press, S. 168
S. 48: Cinémathèque Française collections des Appareils, Paris
S. 51: Freundlicherweise zur Verfügung gestellt von University of California, Berkeley, Department of Psychology
S. 54: Wellcome Library, London
S. 56: aus: Munn, Norman L., Handbook of Psychological Research on the Rat: An Introduction to Animal Psychology, 1950. Houghton Mifflin and Company, Boston:
S. 57 o.: CartoonStock/Jim Sizemore
S. 57 m.: Die New Yorker Kollektion 1994 Sam Gross von Cartoonbank.com. Alle Rechte vorbehalten
S. 57 u.: Die New Yorker Kollektion 2002 Mike Twohy von Cartoonbank.com. Alle Rechte vorbehalten
S. 60, 61: Wellcome Library, London
S. 62 o.: Cartoonstock/Parolini + Elmer
S. 62 u.: Nightmare records
S. 64, 65: aus: Karl, K. (1912) Denkende Tiere: Beiträge zur Tierseelenkunde auf Grund eigener Versuche, Engelmann
S. 66: Bildarchiv Preußischer Kulturbesitz, Berlin
S. 67 o.: aus: Kladderadatsch, 1909
S. 67 u.: aus: Stevens Point Daily Journal Oct. 13, 1904, Stevens Point, Wisconsin
S. 69 o. : aus: Washington Post, Mar. 18, 1907
S. 69 u.: aus: Washington Post, Mar. 12, 1907
S. 70: Focus Features, Los Angeles und New York
S. 71, 72: Lederle Labs
S. 73 o.: aus: Reno Evening Gazette, Jan. 17, 1922
S. 73 u.: Wellcome Library, London
S. 74 : © Berlin-Brandenburgische Akademie der Wissenschaften (vormals Preußische Akademie der Wissenschaften)
S. 78: Prof. Ben Harris, Department of Psychology, University of New Hampshire
S. 81: aus: Finkler, W. Kopftransplantation an Insekten. Archiv für mikroskopische Anatomie und Entwicklungsmechanik, 1923, p. 104–133
S. 84: Freundlicherweise zur Verfügung gestellt von der AT&T Corp., USA
S. 85: Mit freundlicher Genehmigung von Harvard University Archives
S. 90: Titelbild von »Science and Invention«, Mai 1927
S. 91: aus: Dickinson, R.L., Human Sex Anatomy. 2nd Edition 1949 (1st Edition 1933), Williams & Wilkins, Baltimore

S. 94, 95: aus: Kraus, J.H., The Living Head, in Science and Invention, 1929, p.922-923
S. 96: B.F. Skinner Foundation
S. 97: © Die New Yorker Kollektion 1993 Tom Cheney von Cartoonbank. com. Alle Rechte vorbehalten
S. 98: © www. Perspicuity.com
S. 99: Stanford University News Service
S. 101–105: aus: Kellog, W.N. and L.A., The ape and the child, 1933, Hafner Publishing Company, New York
S. 106: Getty Images/Time Life Pictures
S. 108: Corbis/Bettman Collection
S. 110, 111: Getty Images/Kirkland
S. 114: Getty Images/Time Life Pictures
S. 115: aus: Iowa City Press Citizen, Nov. 14, 1946
S. 119: Das Fotoarchiv/SVT Bild
S. 120: Getty Images/Hulton Archive
S. 122: Getty Images/Hulton Archive
S. 123: NASA
S. 130: NASA
S. 132: aus: Menschliches Verhalten, Time Life Bücher 1976, S. 145
S. 133: Lethbridge Harald, Dec. 16, 1954
S. 134 o.: ITAR-TASS/P. Khorenko and Yu. Mosenzhnik
S. 134 u.: Reto U. Schneider, Zürich
S. 136: Shurley, J. T., Profound experimental sensory isolation. Amer. J. Psychiat., 1960, Vol 117: p. 539–545. Mit freundlicher Genehmigung der American Psychiatric Association.
S. 137: Warner Home Video
S. 138: Corbis/Ressmeyer
S. 139: J. Tapprich, Zürich
S. 143: Freundlicherweise zur Verfügung gestellt von U.S. Army, Fort Detrick, Maryland
S. 146: Freundlicherweise zur Verfügung gestellt von Fort Lee Film Commission, New Jersey, USA
S. 148: aus: The New York Times, May 19, 1958
S. 150, 151: University of Wisconsin Archives, USA
S. 152: aus: Stevens Point Daily Journal, Nov. 15, 1958
S. 153: aus: Ward, J.E. Physiologic Response to Subgravity I. Mechanics of Nourishment and Deglutition of Solids and Liquids. Journal of Aviation Medicine, 1959, 30: p.153
S. 155: Associated Press
S. 156: Mit freundlicher Genehmigung von Harvard University Archives
S. 159: aus: The Herold-Press, Jan. 29, 1960
S. 164: Collection of Alexandra Milgram, mit freundlicher Genehmigung von Alexandra Milgram
S. 166, 169: Standbilder aus dem Film »Obedience«, 1965 by Stanley Milgram and distributed by Penn State Media Sales. Mit freundlicher Genehmigung von Alexandra Milgram
S. 170: Pandemonium Records
S. 171: Getty Images/Hulton Archive

S. 177: aus: Psychology Today, Vol. 3, No. 3 (June 1969)
S. 180: aus: Delgado, J.M.R. Physical control of the mind: toward a psychocivilized society. 1969, Harper & Row, New York
S. 185: © 1998 by James McMullan mit freundlicher Genehmigung von Penguin/Penguin Group USA Inc.
S. 189: Stanford University News Service
S. 193: Freundlicherweise zur Verfügung gestellt von P.G. Zimbardo Inc.
S. 199: Freundlicherweise zur Verfügung gestellt von Karl Heider
S. 204: Freundlicherweise zur Verfügung gestellt von J.M. Darley und C. D. Batson
S. 210: Freundlicherweise zur Verfügung gestellt von John Ware
S. 212–217: Freundlicherweise zur Verfügung gestellt von P.G. Zimbardo Inc.
S. 218 o.: World Domination Music Group, Hollywood, California
S. 218 u.: P.G. Zimbardo
S. 222, 223: Associated Press
S. 225–227: mit freundlicher Genehmigung des Scherz Verlages, Zürich/Santiago Genovés
S. 229: aus: News Journal, May 5, 1973
S. 230: Dan Heller, Vancouver, Canada
S. 232: NASA
S. 236: aus: Baron, R. A. The reduction of human aggression: a field study of the influence of incompatible reactions. Journal of Applied Social Psychology, 1976, 6: p. 260-274
S. 239: Freundlicherweise zur Verfügung gestellt von Jürgen Klapprott
S. 240: aus: New York Post, Mar.3, 1978
S. 244: Wolfgang Krüger Verlag
S. 247: NASA
S. 256: Freundlicherweise zur Verfügung gestellt von Ben Libet
S. 261: Freundlicherweise zur Verfügung gestellt von Barry Marshall
S. 264: Bildagentur Focus/SPL, Hamburg
S. 266: Reto U. Schneider, Zürich
S. 268: Leonardo da Vinci, Koitus eines Mannes und einer Frau im Längsschnitt, um 1492
S. 269: aus: Dickinson, R.L., Human Sex Anatomy, 2nd Edition 1949 (1st Edition, 1933), Williams & Wilkins, Baltimore
S. 270: Prof. W. W. Schultz/British Medical Journal
S. 275: Freundlicherweise zur Verfügung gestellt von Barbara Rolls
S. 276: Freundlicherweise zur Verfügung gestellt von Tim Pennings
S. 278: Freundlicherweise zur Verfügung gestellt von Kubinyi Enikõ

Es konnten nicht alle Rechteinhaber ermittelt werden. Der Verlag bittet Personen oder Institutionen, die Abbildungsrechte geltend machen wollen, sich zwecks angemessener Vergütung zu melden.

Das Buch der verrückten Experimente

Das neue Buch der verrückten Experimente

Für Regula und Tim

Inhalt

1980

1990

Zeichenerklärung:

☝ Unter verrueckte-experimente.de gibt es Links zu diesem Experiment.

Die kleine Filmrolle weist auf Filmclips hin, die es unter verrueckte-experimente.de zu sehen gibt.

◆ Hinter diesem Symbol findet sich die Hauptquelle für das jeweilige Experiment.

Einleitung

Mit Fortsetzungen erfolgreicher Bücher ist es so eine Sache. Dem ökonomischen Kalkül gehorchend, werden sie so schnell wie möglich auf den Markt geworfen, zusammengeschustert aus Restposten, die es – oft aus guten Gründen – nicht ins erste Buch geschafft haben. Eine Idee, die für ein Buch gedacht war, wird verdünnt in ein zweites gegossen.

Viereinhalb Jahre sind vergangen, seit *Das Buch der verrückten Experimente* erschienen ist. Es entwickelte sich überraschend zum Bestseller, wurde zum »Wissenschaftsbuch des Jahres« gewählt und bisher in sieben Sprachen übersetzt. Dass der zweite Band, der jetzt erscheint, schnell hingeworfen wurde, kann man beim besten Willen nicht behaupten.

Als ich am ersten Buch arbeitete, gab es einen Zeitpunkt, an dem ich entscheiden musste, wie viele Experimente ich noch ins Buch aufnehmen wollte. Ich erinnere mich daran, wie ich an einem Abend etwa eine Woche vor dem Abgabetermin auf einer langen Liste möglicher Experimente jene ankreuzte, auf die ich keinesfalls verzichten wollte, es waren 116 – Platz gab es noch für vier. Beim Buch, das Sie jetzt in Händen halten, ging es mir nicht anders: Viele meiner Lieblinge mussten über die Klinge springen und auf einen späteren Auftritt hoffen. Zu einem Mangel an verwertbarem Material wird es also noch lange nicht kommen.

Noch konsequenter als beim ersten Band habe ich versucht, persönlich mit den Forschern zu sprechen. Dabei bewahrheitete sich mein Eindruck, dass die wirklich interessanten Details nicht in wissenschaftlichen Publikationen zu finden sind.

Hätte ich nicht mit dem Ozeanografen Craig Smith gesprochen, wäre mir entgangen, dass der ersten publizierten Versenkung eines toten Wals zu Forschungszwecken ein nicht publizierter erfolgloser Versuch vorangegangen war, bei dem der Walkadaver einfach nicht untergehen wollte.

Und ich wüsste auch nicht, dass Smith seine Kleider und Taucherausrüstung nach jeder Versenkung wegwerfen muss, weil dem bestialischen Gestank, den sie verbreiten, kein Waschmittel gewachsen war.

Man mag das für unwichtige Details halten, schließlich geht es ums Resultat, doch für mich sind sie die Seele der Wissenschaft: die Sackgassen und Umwege, die glücklichen und unglücklichen Zufälle, über die in der Publikation nichts steht. Sie vermitteln mehr über das Wesen wissenschaftlicher Forschung als die Reden der Nobelpreisträger.

Bei einigen Experimenten in diesem Buch ist denn auch der Weg interessanter als das Ziel. Als James Glasheen untersuchen wollte, wie die Jesusechse übers Wasser geht, war sein größtes Problem, die Echsen in Costa Rica aufzutreiben. Und bei den Warteschlangenexperimenten von Stanley Milgram überraschte nicht so sehr das Ergebnis, sondern die panische Angst seiner Studenten bei ihrer Durchführung.

Oft gestalten sich die Nachforschungen zu den Experimenten wie eine Schatzsuche: Von einer kleinen Notiz in einem vergilbten Buch, über verschiedene Datenbanken und Bibliothekskataloge zur ursprünglichen Facharbeit und von dort nach mehreren Telefonanrufen zu einem pensionierten Forscher, der darüber staunt, dass sich noch jemand für sein Experiment interessiert.

Wenn es nach mir geht, werde ich diese befriedigende Arbeit noch lange weiterführen.

Zürich, im März 2009
Reto U. Schneider

1654 **Der leere Raum im Bierfass**

Im Mai 1991 bewegte sich ein seltsamer kleiner Konvoi von Magdeburg in Richtung Schweiz: ein Lieferwagen mit einem kleinen Hebekran, schweren Eisenketten, einer Vakuumpumpe und mehreren merkwürdigen Halbkugeln, die größten einen halben Meter im Durchmesser und 290 Kilogramm schwer. Zum Begleitpersonal des tonnenschweren Materials gehörten vier Schauspieler mit ihrem Gepäck: Gehröcken, Kniebundhosen, Schnallenschuhen, Perücken, Filzhüten und einem falschen Schnauzbart.

Der Anführer des Transports, Manfred Tröger, saß im Begleitwagen und hoffte, dass es in den nächsten Tagen keinen Regen geben würde. Nicht, dass er fürchtete, nass zu werden, vielmehr machte ihm der sinkende Luftdruck Sorgen, denn mit ihm verringerte sich auch die Chance für ein Gelingen des Experiments. Selbst bei Hochdruck war die Schweiz kein einfaches Terrain. Zürich, wohin die Reise führte, liegt 400 Meter über Meer, und der Luftdruck dort ist schon deshalb erheblich niedriger als an den meisten Orten Deutschlands, die Tröger und sein Trupp bereits aufgesucht hatten.

Manfred Tröger reiste in seiner Funktion als Geschäftsführer der Guericke-Gesellschaft von Magdeburg in die Schweiz. Er war eingeladen worden, an der Schweizer Forschungsausstellung »Heureka« in Zürich vorzuführen, was der gelehrte Magdeburger Bürgermeister Otto von Guericke bereits Mitte des 17. Jahrhunderts einem erlauchten Publikum demonstriert hatte.

Kupferstich des berühmtern Magdeburger Versuchs: 20 Pferde versuchen die evakuierten Halbkugeln auseinanderzureißen. Neue Erkenntnisse brachte dieser Versuch zwar nicht, aber er machte seinen Erfinder berühmt.

Der Versuch mit den Magdeburger Halbkugeln ist eines der wenigen wissenschaftlichen Experimente, das mehrfach auf Briefmarken dargestellt wurde.

Otto von Guericke wurde 1646 einer der vier Bürgermeister von Magdeburg. Im selben Jahr erfuhr der wissenschaftlich interessierte Politiker, der auch als Festungsbauingenieur gearbeitet hatte, vom Buch *Principia philosophiae*, in dem René Descartes die Existenz eines Vakuums bestritt. Der französische Gelehrte setzte Raum mit Materie gleich und folgerte daraus, dass überall, wo Raum sei, auch Materie sein müsse. Ein Raum ohne Materie – ein Vakuum – war unmöglich. Diese These hatte auch schon Aristoteles aufgestellt, indem er den horror vacui postulierte: die Abneigung der Natur gegen die Leere.

Guericke war das zu viel des Philosophierens. Warum nicht einfach überprüfen, ob es ein Vakuum gibt, indem man eines herzustellen versucht? Dieser aus heutiger Sicht naheliegende Gedanke war im 17. Jahrhundert nicht selbstverständlich. Einerseits hatte die katholische Kirche den Glauben an die Existenz des Vakuums als Ketzerei verdammt, andererseits hatte die Wissenschaft erst kurz zuvor Experimente als Mittel des Erkenntnisgewinns entdeckt. Die alten Griechen, auf die sich viele Gelehrte immer noch beriefen, hatten Experimente rundweg abgelehnt. Ihre Vermutungen über die Welt gründeten sich auf Beobachtungen und Überlegungen.

Guericke hingegen war ein Mann der Tat. Er dichtete ein Bierfass ab, füllte es mit Wasser und ließ es mit einer umgebauten Feuerspritze leer pumpen. Die Idee war bestechend einfach: Wenn das Wasser draußen ist, wird es »hinter sich im Fass einen von Luft leeren Raum zurücklassen«, wie Guericke in seinem Buch *Neue Magdeburger Versuche* schrieb. Doch der Versuch verlief nicht nach Plan: Zuerst brachen Ösen und Schrauben, und Guericke musste das Fass verstärken, dann vermochten »drei starke Männer« das Wasser zwar herauszupumpen, aber ein zischendes Geräusch verriet, dass durch schmale Ritzen gleich wieder Luft in das Fass eindrang. Also tauchte Guericke das Fass ganz unter Wasser. Als er glaubte, alles Wasser aus dem Fass gepumpt zu haben, öffnete er es – und fand Wasser und Luft darin. Offenbar hatte das Wasser das Holz von außen nach innen durchdrungen und dabei auch noch Luftbläschen mitbefördert, die darin eingeschlossen waren.

Damit schied Holz für weitere Versuche definitiv aus.

Guericke ließ eine Kupferkugel herstellen, die aber beim ersten Versuch, sie auszupumpen, »mit einem lauten Knall und zu allgemeinem Schrecken so zusammengedrückt ward, wie man ein Leintuch in der Hand zerknüllt«. Hatte Descartes doch recht? Herrschte in der Natur tatsächlich eine Furcht vor dem Vakuum? Guericke glaubte, dass eher ein nachlässiger Handwerker für die kaputte Kupferkugel verantwortlich sei. Mit einer dickwandigeren Kugel klappte es tatsächlich. »Es gibt in der Natur keine Scheu vor dem Leeren, sondern alle diesbezüglichen Erscheinungen werden durch die Schwere der umgebenden Luftmassen bedingt«, schrieb Guericke.

Die Tatsache, dass Luft ein Gewicht hat, war zwar schon damals allgemein bekannt, doch die meisten Menschen machen sich bis heute keine Vorstellung davon, was das wirklich bedeutet. 1 Liter Luft wiegt etwa 1 Gramm. Die Luft in Ihrem Wohnzimmer dürfte also etwa 100 Kilogramm schwer sein. Das Gewicht der Luftsäule, die über jedem Quadratzentimeter Ihres Kopfes fast bis in den Weltraum reicht, beträgt ungefähr 1 Kilogramm. Auf einer Fläche von 10 mal 10 Zentimetern, die bequem auf Ihrem Kopf Platz findet, lasten also 100 Kilogramm Luft.

Wir leben auf dem Grund eines Ozeans aus Luft. Dass uns dessen enormes Gewicht nicht zerquetscht – wir merken noch nicht einmal etwas davon –, hat zwei Gründe: Erstens verhält sich Luft wie eine Flüssigkeit und übt von allen Seiten gleich hohen Druck aus; zweitens besteht der Körper des Menschen – bis auf wenige Stellen, die Luft enthalten – aus Stoffen, die nicht komprimierbar sind. Und bei den Stellen mit der Luft (zum Beispiel im Trommelfell) wird dafür gesorgt, dass innen und außen immer der gleiche Druck herrscht.

Guericke verbesserte seine Pumpe und fand dabei heraus, dass er die Luft auch direkt aus Gefäßen pumpen konnte. 1654 führte er einige seiner Versuche auf dem Reichstag zu Regensburg öffentlich vor. Wäre es dabei geblieben, so würde Manfred Tröger 350 Jahre später wohl kaum mit seiner Vakuum-Show durch die Lande tingeln. Richtig berühmt wurde Guericke nämlich erst mit einem Versuch, der zwar keine neue wissenschaftliche Erkenntnis erbrachte, der aber ein Schauspiel bot, wie man es noch nie erlebt hatte.

Der Versuch wurde auf mehreren Gedenkmünzen wiedergegeben.

Es war dieser wahrscheinlich 1657 zum ersten Mal durchgeführte Versuch, der später auf Briefmarken und Geldnoten gedruckt wurde, der als Denkmal in Magdeburg steht und mit dem Tröger im Jahr 2006 auch in Nashville/Tennessee aufgetreten ist. Selbst im Firmenzeichen des Jeansherstellers Levi Strauss hinterließ das Experiment seine Spuren: In Anlehnung an zeitgenössische Darstellungen von Guerickes sensationellen Vorführungen zeigt es zwei Pferde im vergeblichen Bemühen, eine dieser unverwüstlichen »Levi's« zu zerreißen. Um das Gewicht der Luft spektakulär zu veranschaulichen, ließ Guericke zwei Halbkugeln von 39 Zentimeter Durchmesser aus Kupfer herstellen. »Wenn ich diese aufeinanderlege und die Luft auspumpe, werden sie vom Gewicht der äußeren Luft so kräftig zusammengepresst gehalten, dass sechs starke Männer sie nicht auseinanderzureißen vermögen«, schrieb er. Als Nächstes spannte er seine vier Pferde vor – zwei auf jeder Seite – und ließ die Tiere ziehen. Nichts geschah. Guericke spannte acht Pferde an. Die rissen zwar die Lötungen ab und zerbrachen die Eisenringe, schafften es aber nicht, die Halbkugeln zu trennen.

Guericke ließ alles »doppelt so stark verfertigen« und zwölf Pferde ziehen, dann sechzehn. Erst jetzt gelang es hin und wieder, die Halbkugeln zu trennen. Guericke ließ noch größere Halbkugeln anfertigen (55 Zentimeter Durchmesser, 2 Zentimeter Wandstärke), an denen sich 24 Pferde vergeblich abmühten. Doch wenn ein Kind den Hahn an der einen Halbkugel öffnete, sodass Luft einströmen konnte, fiel die Kugel ohne weitere Kraftanstrengung auseinander.

Die bei den Experimenten verwendeten Magdeburger Halbkugeln sind heute im Deutschen Museum in München

Im Jahr 2002 hat Magdeburg ein neues Denkmal zu Guerickes Versuch erhalten.

ausgestellt. Zum Gedenken des 250. Todestages von Guericke im Jahr 1936 gossen die Krupp-Werke zwei neue Halbkugelpaare aus Stahl, mit denen die Versuche in ebendiesem Jahr erstmals in neuerer Zeit wiederholt wurden.

Diese Halbkugeln lagen im Lieferwagen, als Manfred Tröger in Zürich ankam. Die Pferde für den Versuch stellte die Brauerei Hürlimann zur Verfügung. Die Schauspieler kleideten sich in historische Gewänder, einer klebte sich den Schnauzbart ins Gesicht: So ähnlich hatte Guericke ausgesehen. Die Halbkugeln wurden mit einer Gummidichtung dazwischen aufeinandergelegt und leer gepumpt. Mit der elektrischen Vakuumpumpe war hierzu gerade mal eine halbe Stunde erforderlich. Von Hand hatte das zu Guerickes Zeiten acht Stunden gedauert.

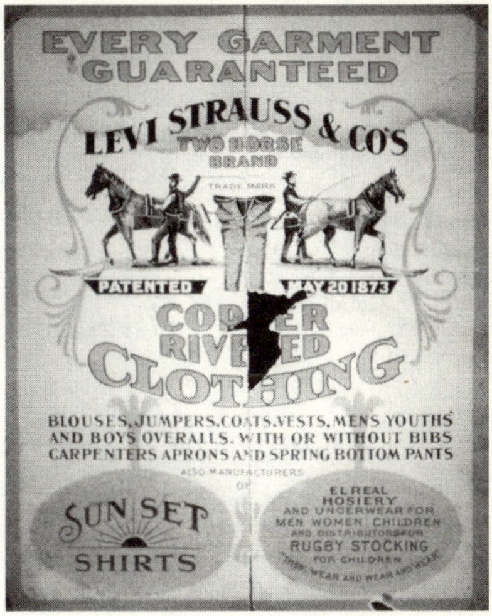

Das Firmenzeichen von Levi's-Jeans lehnt sich an die historischen Darstellungen von Guerickes Versuch an.

Nachdem die Pumpe 99 Prozent der Luft aus der Kugel entfernt hatte, wurden die Pferde angespannt, zuerst vier, dann acht, zwölf, schließlich sechzehn. Und als dann die Fuhrleute ihre Tiere – Brabanter, mächtige belgische Kaltblüter – antrieben, geschah es: Mit einem lauten Knall trennten sich die Halbkugeln. Die kraftvollen Pferde, die Höhenlage Zürichs, der niedrige Luftdruck hatten sich im Kampf gegen das Vakuum zusammengetan. »Zudem haben die Kutscher am Abend noch heimlich trainiert«, sagt Tröger. Das Experiment war trotzdem nicht misslungen. Auch zu Guerickes Zeiten hatten die Pferde hin und wieder die Halbkugeln auseinanderreißen können. Guericke ging es ja gerade darum, zu zeigen, dass der Luftdruck zwar groß, aber nicht unendlich groß ist. Drei- bis sechsmal wird die Guericke-Show pro Jahr gebucht. In einer modernen Version versuchen dabei Motorschiffe die Kugeln auf dem Wasser auseinanderzureißen.

Magdeburger Halb & Halb ist wohl der einzige Schnaps mit einem wissenschaftlichen Experiment auf dem Etikett.

Spätere Experimente anderer Forscher bestätigten, dass es nicht das Vakuum war, das eine Saugkraft ausübte, wie man lange glaubte, sondern dass sich alle Effekte mit dem Gewicht der Atmosphäre erklären ließen.

Wer beispielsweise einen Strohhalm in ein mit Wasser

gefülltes Glas steckt und dann an dem Halm saugt, zieht nicht das Wasser hoch, sondern senkt den Luftdruck im Strohhalm, worauf die Luft mit ihrem Gewicht das Wasser im Strohhalm empordrückt. Auch ein Staubsauger saugt nicht etwa Staub, wie sein Name vorgibt, sondern pumpt am Schlauchende Luft weg, was dort den Luftdruck senkt. Der Staub wird dann vom Gewicht der umgebenden Luft in den Schlauch gedrückt – auch wenn das unserer Intuition gründlich zuwiderläuft.

verrueckte-experimente.de

◆ von Guericke, O. (1672). *Experimenta nova (ut vocantur) Magdeburgica de vacuo spatio.* Amsterdam, Janssonium à Waesberge.

1747 **Killer an Bord**

Am 20. Mai 1747 suchte sich der Schiffsarzt James Lind an Bord der »Salisbury« für ein Experiment ein Dutzend Männer aus, die »so ähnlich waren, wie ich sie zusammenbekommen konnte«. Mit »ähnlich« meinte Lind »ähnlich krank«: Allen zwölf faulte das Zahnfleisch, schmerzten die Gelenke, blutete spontan die Haut. Zudem waren sie schwach und apathisch – typische Anzeichen für Skorbut. Sie dürften deshalb wenig begeistert gewesen sein von Linds Plan, sie während der folgenden vierzehn Tage seltsamen Behandlungen auszusetzen. Die »Salisbury« war wie die anderen Schiffe der britischen Kanalflotte im Ärmelkanal im Einsatz. In der Enge des 45 Meter langen, mit 50 Kanonen bewaffneten Schiffs taten 350 Männer Dienst. Die Arbeit an Bord war hart und gefährlich, die hygienischen Verhältnisse waren prekär, die Quartiere kalt und feucht, die Verpflegung oft verdorben und mit Rattenkot durchsetzt. Auf der »Salisbury« gab es morgens üblicherweise gezuckerten, wässrigen Haferschleim zu essen, mittags häufig Hammelbrühe, sonst Wurst oder Teigauflauf, gekochten Zwieback mit Zucker, abends Graupen mit Rosinen, Reis mit Johannisbeeren, Sago mit Wein. Diese Mahlzeiten wurden zubereitet von einem Schiffskoch, dessen einzige Qualifikation häufig darin bestand, dass er für keine andere Tätigkeit an Bord taugte.

Die HMS »Salisbury« hatte schon einige Wochen in keinem Hafen mehr angelegt, und wie immer in einem solchen Fall begannen die meisten der Seeleute an Skorbut zu leiden, 80 unter ihnen so schwer, dass sie ihre Arbeit nicht mehr verrichten konnten.

Der Schiffsarzt James Lind untersuchte sechs Mittel gegen Skorbut. Sein Versuch im feuchten Krankenlager der HMS »Salisbury« wurde zum Vorbild für moderne Medikamentenstudien.

Lind hatte sieben Jahre als Gehilfe eines Schiffsarztes gedient, bevor er auf der »Salisbury« selber einen solchen Posten bekam. Der Anblick der von Skorbut ausgezehrten Körper muss ihm vertraut gewesen sein. Auf längeren Fahrten war das geheimnisvolle Leiden der große Killer, schlimmer als tropische Krankheiten, Unfälle und Seeschlachten zusammen.

Lind kannte auch alle vermeintlichen Mittel gegen Skorbut und kam als Erster auf die Idee, einige davon systematisch zu testen. Er teilte die Männer in sechs Zweiergruppen auf, ließ ihre Hängematten in einem gesonderten Raum anbringen und behandelte für zwei Wochen jede Gruppe anders: Vier mussten zu ihrer normalen Verpflegung Apfelwein, Essig, verdünnte Schwefelsäure oder Meerwasser trinken. Eine bekam ein damals gebräuchliches Gemisch aus Knoblauch, Senfkörnern, Perubalsam und Harz des Balsambaums verabreicht, und die Männer der sechsten Gruppe aßen täglich zwei Orangen und eine Zitrone.

Es gab viele Vermutungen darüber, was die Krankheit verursachte: die schlechte Luft an Bord, Ratten, eine Leberinfektion, zu stark gesalzene Nahrung, zu heißes Wetter, zu kaltes Wetter. Und es gab ebenso viele Mittel dagegen, doch bei keinem war eine Wirkung wirklich nachgewiesen worden.

Das Resultat von Linds Versuch hätte klarer nicht sein können: Obwohl der Vorrat an Orangen und Zitronen schon nach sechs Tagen ausging, erholten sich die zwei Männer dieser Gruppe fast völlig. Von den anderen Mitteln zeigte nur der Apfelwein geringe Wirkung. Die übrigen schienen nutzlos zu sein.

Es dauerte sechs Jahre, bis Lind diese Resultate in seinem Werk *Treatise on the Scurvy* veröffentlichte. Seine umfassenden Recherchen zum seinerzeitigen Wissen über Skorbut ließen den geplanten Fachartikel zu einem 400-seitigen Buch anschwellen. Lind hielt darin nicht mit Kritik an den absurden Ideen seiner Kollegen über Skorbut zurück. Er war der Meinung, dass eine Theorie nur dann akzeptiert werden darf, wenn sie belegt werden kann. Diese Forderung scheint aus heutiger Sicht selbstverständlich, doch damals hatte eine auch noch so verschrobene Theorie aus dem Mund eines bedeutenden Mediziners mehr Gewicht als das Resultat eines Versuchs. Auch Lind selbst konnte in *Treatise on the Scurvy* nicht widerstehen, ein wirres Gedankengebäude über die Gründe für Skorbut zu entwerfen, das dem Resultat seines eigenen Experiments widersprach. Immerhin gelangte er zu der eindeutigen Erkenntnis: »Orangen und Zitronen sind die wirkungsvollsten Heilmittel für diese Krankheit auf See.«

Wie Stephen R. Bown in seinem Buch *The Age of Scurvy* schreibt, dauerte es trotz dieser klaren Aussage noch 48 Jahre, bis die britische Marine Zitronensaft zur Prävention einsetzte und damit Skorbut auf ihren Schiffen praktisch zum Verschwinden brachte. Diese Verzögerung hatte viele Gründe. Einer bestand darin, dass Lind nicht der Einzige war, der glaubte, ein Heilmittel gegen Skorbut gefunden zu haben. Die Admiralität erhielt viele Berichte anderer Kapitäne und Ärzte, die überzeugt davon waren, dass zum Beispiel Malzwürze oder Skorbutgras das Mittel der Wahl sei. Lind stand auch vor dem Problem, dass er nun zwar die Effizienz von Orangen und Zitronen gegen Skorbut kannte, er aber keinen Schimmer hatte, warum sie das taten. Er wäre niemals darauf gekommen, dass Skorbut eine Mangelerkrankung ist.

Heute wissen wir, dass der Körper ohne Vitamin C kein funktionstüchtiges Kollagen produzieren kann. Fast alle Symptome von Skorbut gehen darauf zurück, dass dem Körper der Leim fehlt, der ihn zusammenhält.

Dass das Fehlen eines Nährstoffs in der Nahrung eine Krankheit auslösen kann, war damals undenkbar. Erst mit der Entdeckung des ersten Vitamins Anfang des 20. Jahrhunderts begannen Wissenschafter, Mangelerkrankungen zu erforschen.

James Lind auf einer Briefmarke der Transkei (heute zu Südafrika gehörig) aus dem Jahr 1993.

Doch es waren nicht nur wissenschaftliche Gründe, die den Durchbruch von Linds Erkenntnissen verhinderten. Die Marine hatte lange Zeit gar kein Interesse daran, die Gesundheit auf den Schiffen zu verbessern. Erst als sich bei Zählungen herausstellte, dass einer von sieben Seeleuten an Skorbut starb und die Flotte dadurch dramatisch an Leistungsfähigkeit und Kampfkraft verlor, bekam die Behandlung von Skorbut eine höhere Priorität.

Und dann gab es noch ein ganz praktisches Problem: Zitronen und Orangen waren teuer und für lange Fahrten schlecht konservierbar. Lind versuchte deshalb ein Konzentrat herzustellen, das sich einfacher mitnehmen und verabreichen ließ. Er konnte nicht wissen, dass Wärme bei der Herstellung des Konzentrats das Vitamin C weitgehend zerstört. Hätte er sich an den Grundsatz aus seinem eigenen Buch gehalten, »keine Maßnahme vorzuschlagen, die nur in der Theorie begründet war, sondern sie in der Praxis zu überprüfen«, so wäre ihm dieses Problem nicht entgangen. Aber Lind hat, soviel wir wissen, keine weiteren systematischen Studien mehr betrieben.

Vielmehr begann er an den Erkenntnissen aus seinem Experiment zu zweifeln. In der dritten Auflage des *Treatise on the Scurvy* empfahl er unter anderem Stachelbeeren und Bier als Heilmittel gegen Skorbut, ohne ihre Wirksamkeit überprüft zu haben. Am Ende seines Lebens war Lind nicht viel weiter als vor seinen Experimenten. Er starb 1794, ein Jahr vor der Einführung von Zitronensaft gegen Skorbut in der britischen Marine, die von anderen vorangetrieben wurde.

Doch seine Vorgehensweise wurde später zum Standard bei medizinischen Studien. Um alle anderen Einflüsse auszuschalten, teilt man die Versuchspersonen in möglichst ähnliche Gruppen auf, die man unterschiedlich behandelt. Heutige Medikamententests werden zudem doppelblind durchgeführt: Patient und Arzt erfahren erst nach der Studie, welche Substanz sie genommen beziehungsweise verabreicht haben. So wird verhindert, dass allein das Wissen, ein bestimmtes Medikament bekommen zu haben, eine Wirkung zeigt.

Anfang des 19. Jahrhunderts hatte sich Zitronensaft als Prävention gegen Skorbut durchgesetzt. Die königliche Marine verbrauchte 200 000 Liter pro Jahr. An Bord lagerte der Saft in Fässern unter einer Schicht Olivenöl. Frische Zitronen wurden gesalzen und in Papier eingewickelt. Später ersetzte die Marine Zitronen durch Limonen, weil Limonenplantagen in den englischen Kolonien unter eigener Kontrolle waren. Daher rührt der Slangausdruck »Limeys« für englische Seeleute und später für Briten überhaupt.

Was wirklich hinter Skorbut steckt, entdeckten Forscher erst Anfang des 20. Jahrhunderts. Meerschweinchen, die bloß Getreide zu fressen bekamen, entwickelten skorbutähnliche Symptome, die wieder verschwanden, sobald man ihnen Früchte und Gemüse gab. Es war ein glücklicher Zufall, dass die Forscher Meerschweinchen für ihre Experimente benutzten. Sie gehören mit den Fledermäusen, einigen Affenarten und dem Menschen zu den wenigen Lebewesen, die Vitamin C im Körper nicht selbst produzieren können.

1932 isolierte der ungarische Chemiker Albert Szent-Györgyi schließlich Vitamin C. Es wird auch Askorbinsäure genannt – Askorbin von »antiskorbutisch«.

◆ Lind, J. (1753). *A treatise of the scurvy*. London, Printed for S. Crowder.

1752 **Eine Blitzidee**

Kein Experiment hat je eine steilere Karriere gemacht. Am 19. Oktober 1752 veröffentlichte die *Pennsylvania Gazette* einen Brief von Benjamin Franklin, in dem er beschrieb, wie er während eines Gewitters einen Drachen steigen ließ.

Kurze Zeit später war das »mutigste Experiment, das je ein Mensch gemacht hat« – so die Einschätzung eines Zeitgenossen – in aller Munde. Der Philosoph Immanuel Kant nannte Franklin einen »modernen Prometheus«. Der Ver-

Die berühmteste von vielen Darstellungen des Blitzexperiments: das Kalenderblatt von Currier & Ives. Wenn Franklin die Leine wie im Bild gehalten hätte, hätte er den Versuch kaum überlebt. Es gibt Zweifel daran, ob er den Versuch je durchgeführt hat.

such wird heute an runden Jahrestagen gefeiert, Franklin mit Drachen gibt es als Kalenderblatt, im Schulbuch, auf Briefmarke. Da ist nur ein Problem: Vielleicht hat Franklin den Versuch nie durchgeführt.

Franklin war ein brillanter Wissenschaftler. Eines seiner vielen Interessen galt der Elektrizität. Ohne Kenntnisse über die Natur der Elektronen – sie wurden erst viel später entdeckt – stellte er sich Elektrizität korrekt als eine Art unsichtbare Flüssigkeit vor, die vom Ort höherer zum Ort tieferer Ladung fließt.

Wissenschaft im Kinderzimmer: Der Benjamin-Franklin-Schlumpf mit Drachen.

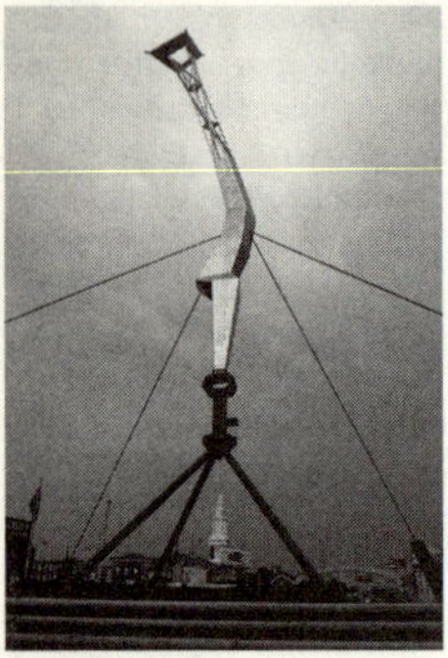

Das Blitzexperiment als Denkmal das Künstlers Isamu Noguchi in Philadelphia (eingeweiht 1984).

»Und was nun, Mister Genie?« – Eine von vielen Karikaturen über das Blitzexperiment.

Der Drachenversuch drehte sich um die Frage, ob Gewitterblitze eine Form elektrischer Entladung seien. Franklin war ihre Ähnlichkeit mit den Funken, die man mit den einfachen Elektrisierungsmaschinen jener Zeit erzeugen konnte, aufgefallen. Um zu beweisen, dass sie ein und dasselbe waren, musste er den Blitz an einen Ort leiten, wo er ihn untersuchen konnte. 1749 schlug er vor, eine 20 bis 30 Fuß (etwa 6,50 bis 9,50 Meter) hohe Eisenstange – einen Blitzableiter – zu errichten, an deren unterem Ende man die abgeleitete Elektrizität abzapfen könnte. Kurze Zeit später soll er auf eine einfachere Lösung gekommen sein: den Drachen.

Franklin schilderte in der *Pennsylvania Gazette*, wie er den Drachen aus Zedernholzleisten und einem Seidentuch baute, einen Eisendraht an der Spitze befestigte und das Fluggerät mit einer langen Hanfleine versah. An das untere Ende der Leine hängte er einen Schlüssel und knüpfte als Isolation ein kurzes Seidenband daran, an dem er den Drachen aus einem Fenster einer Hütte herausfliegen ließ. Auf diese Weise blieb das Seidenband im Trockenen und verlor seine Eignung als Isolation nicht.

Was immer es war, was dann die Leine entlang vom Himmel strömte – laut Franklin erzeugte es Funken, wenn er einen Finger dem Schlüssel näherte, und er konnte es in eine Leidener Flasche leiten, der damals üblichen Vorrichtung, um elektrische Ladung zu speichern. Diese Ladung konnte für elektrische Experimente verwendet werden, und damit, so Franklin, sei »die Gleichheit von elektrischem Stoff mit dem von Blitzen zweifelsfrei nachgewiesen«.

Anders als es in vielen Darstellungen wiedergegeben wird, ist kein Blitz in den Drachen eingeschlagen – das hätten weder der Drachen noch Franklin überlebt. Aber Franklin nahm richtig an, dass die vom Himmel abgeleitete Elektrizität dieselbe war, die zu Blitzen führte.

Schon bald nach Bekanntwerden von Franklins Heldentat wurden Zweifel laut. Der Brief in der *Pennsylvania Gazette* enthielt weder Angaben zum Ort noch zum

Datum des Experiments und nannte auch keine Zeugen. Erst 14 Jahre später konnte man einer indirekten Quelle entnehmen, dass es im Juni 1752 durchgeführt worden sein soll und dass Franklins Sohn William dabei gewesen sei. Warum hat Franklin vier Monate mit der Publikation gewartet? Warum hat er nicht, wie damals üblich, mehr Zuschauer eingeladen? Warum hat er das Experiment nie wiederholt?

Auf Fragen wie diese versuchen Historiker seit Jahrzehnten eine schlüssige Antwort zu finden. Die einen halten Franklin die Stange, die anderen sind der Meinung, es gebe einfach zu viele Ungereimtheiten. Diese These vertritt auch Tom Tucker in seinem Buch *Bolt of Fame* (etwa: »Blitzstrahl des Ruhms«).

Tucker konnte den bereits bekannten Indizien noch weitere hinzufügen, die für einen Betrug sprechen. Dazu gehört auch der Schlüssel: Ein Hausschlüssel des 18. Jahrhunderts wog ein Viertelpfund. Tucker hat mit einem Nachbau des Drachens versucht, dieses Gewicht in die Luft zu befördern – ohne Erfolg.

Damit hatte offensichtlich auch der Zeichner des bekannten Kalenderblatts von Currier & Ives Probleme. Franklin hält die Hanfleine dort mit der rechten Hand vor dem Schlüssel und dem isolierenden Seidenband, was keinen Sinn ergibt, da die Elektrizität dann sofort über ihn abflösse.

Tucker versuchte später, das Gewicht mit einem modernen Drachen nach oben zu bekommen. Seine Frau hielt einen großen Bilderrahmen als Modell für das Fenster. Als Tucker sich an die unmöglich zu lösende Aufgabe machte, das Ende der Leine mit dem Gewicht im Trockenen zu halten, ohne dass die Drachenleine den Bilderrahmen berührte, sei ihm klar geworden: Franklin hat das Experiment nie durchgeführt.

Franklins Blitzexperiment als Briefmarkenmotiv.

verrueckte-experimente.de

◆ Franklin, B. (19. Oktober 1752). The Kite Experiment. *The Pennsylvania Gazette.*

1758 **Olivenöl gegen die »Wuth der Wogen«**

Warum bloß hat Benjamin Franklin die Rechnung nicht gemacht? Sie wäre ganz einfach gewesen, und ihr Resultat hätte seinem Experiment zu historischer Größe verholfen. So blieb es ein kurioser Trick, mit dem er zwar regelmäßig

Clapham Pond um 1825. Vor 250 Jahren goss Benjamin Franklin einen Teelöffel Öl in diesen Teich – mit überraschenden Folgen für Seefahrer und Biologen.

seine Freunde verblüffte, der es aber nur zur Fußnote in der Wissenschaftsgeschichte brachte.

Als er 1757 mit einem Schiffskonvoi von New York nach London reiste, fiel Franklin auf, dass bei zwei Schiffen das Kielwasser merkwürdig ruhig war. Der Kapitän war darüber nicht erstaunt. »Die Köche haben wohl eben fettiges Wasser durch das Speigatt geleert. Das hat diese Seite des Schiffs etwas eingefettet.« Franklin erinnerte sich nun dumpf daran, dass schon der römische Gelehrte Plinius der Ältere vom Brauch der Seeleute schrieb, Wellen mit Öl zu glätten, und beschloss, es bei Gelegenheit selbst zu versuchen.

Irgendwann im nächsten Jahr ging er bei starkem Wind zum Teich von Clapham bei London und goss Olivenöl ins Wasser. »Das Öl, obwohl nicht mehr als ein Teelöffel voll, bewirkte sofortige Stille«, schrieb Franklin später. Es breitete sich sehr schnell aus, erreichte bald die andere Seite und machte ein Viertel des Gewässers, »vielleicht einen halben Acre, so glatt wie einen Spiegel«. Von da an hatte Franklin in einem Hohlraum seines Gehstocks immer ein bisschen Öl dabei und wiederholte seinen Versuch in anderen Gewässern.

Ließ sich der Effekt auch in der Seefahrt nutzen? Konnte Öl auf dem Wasser das Landen in einer Bucht bei schwerer See erleichtern? Im Oktober 1773 machte Franklin in Portsmouth den Test: Von einem Schiff aus, das vor der Küste kreuzte, gossen Helfer stetig kleine Mengen Öl ins

Wasser. Dadurch verschwanden zwar die weißen Schaumkronen auf den Wellen, doch zu Franklins Enttäuschung konnte er keinen Unterschied in der Stärke der Dünung feststellen.

Der französische Gelehrte M. Achard wollte es genau wissen und baute kurze Zeit später in seinem Labor eine vier mal ein Meter große Wanne, in der sich über eine Kurbel Wellen erzeugen ließen. Er setzte ein Schiffchen in die Wanne und beobachtete, wie lange es dauerte, bis es bei hohem Wellengang kenterte. Ohne Öl auf der Wasseroberfläche sank es nach 30 Kurbelumdrehungen, mit Öl nach 35. Dieser kleine Unterschied und weitere Versuche mit uneindeutigem Resultat überzeugten Achard jedoch nicht. Er vermutete, dass »die Seeleute in ihren Erzählungen stark übertrieben haben«. Achard hatte in seinen Experimenten eine wichtige Komponente vernachlässigt: den Wind.

Die Legende vom Öl gegen hohen Wellengang hielt sich hartnäckig. Ein holländischer Kapitän soll während eines Sturms mit Öl die »Wuth der Wogen« geglättet haben, und ein anderer Seemann hatte angeblich bereits 1735 beobachtet, wie zwei mit Olivenöl beladene Schiffe, die bei einem Sturm geringe Mengen davon verloren, auf ruhigerer See weiterfuhren. Es gab sogar ein altes Seegesetz, demzufolge Öl als Erstes an der Reihe sei, wenn bei Sturm die Ladung über Bord geworfen werden müsse.

1882 ließ der Schotte John Shields im Hafen von Peter-

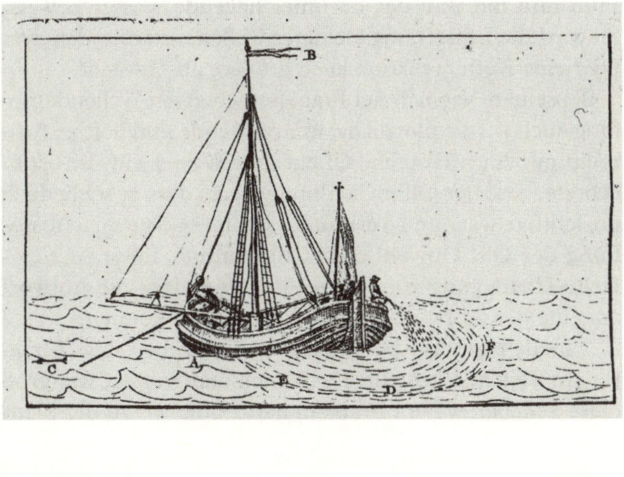

Ein späteres, nicht von Franklin durchgeführtes Experiment in der Nordsee (1776). B gibt die Windrichtung an, C die Wasserströmung. Das Öl wurde hinter dem Schiff ins Wasser geleert (Buchstaben E D F).

head Röhren legen, die kontinuierlich Öl ins Wasser abgaben. Ein Test schien zwar erfolgreich, doch waren die Mengen Öl, die bei einem Sturm nötig gewesen wären, wohl etwas groß und die technischen Schwierigkeiten beträchtlich. Nach einem weiteren Versuch in Aberdeen verlief die Sache im Sand.

Einfacher und billiger waren mit ölgetränktem Hanf gefüllte Segeltuchsäcke, die je nach Windrichtung an Bug oder Heck über Bord gehängt wurden. Noch in den 1960er-Jahren galt für deutsche Schiffe die Vorschrift, »Wellenberuhigungsöl« mitzuführen. Tierische Öle seien wirksamer als Pflanzenöle und diese besser als mineralische. Das Öl sollte verhindern, dass Wasser in die Rettungsboote schwappte. Weil diese heute oft geschlossen sind und keine Einigkeit über die Wirkung der Maßnahme herrschte, wurde die Vorschrift aufgehoben. Aber es soll immer noch Rettungsboote mit einem kleinen Ölkanister an Bord geben.

Dass ein Ölfilm Wellen tatsächlich dämpfen kann, zeigten Experimente unter der Leitung von Heinrich Hühnerfuß von der Universität Hamburg in den 1970er-Jahren. Im Bereich eines zweieinhalb Quadratkilometer großen Ölfilms, der in der Nordsee ausgebracht wurde, verringerte sich die Höhe größerer Wellen um zehn Prozent.

Warum das so ist, konnten Wissenschafter bereits Ende des 19. Jahrhunderts erklären: Das Öl bildet auf der Oberfläche einen zähen, teilweise elastischen Film. Der Wind, der die Wellen erzeugt, verliert Energie, wenn er diesen Film und mit ihm das darunter liegende Wasser bewegt. So wird die Entstehung kleinerer Wellen unterbunden, was über eine Kettenreaktion auch größere abschwächt.

Bei seinem Versuch fiel Franklin neben der Wellendämpfung auch »... die plötzliche, weitreichende und heftige Ausbreitung« eines Tropfens Öl auf dem Wasser auf. Er beobachtete, dass der Ölfilm so dünn wurde, dass er schließlich unsichtbar war, und vermutete dahinter eine Art Abstoßung des Öls. Obwohl das nicht stimmte, hätte eine einfache Überlegung zu diesem Phänomen ihm die Antwort auf eine der großen Fragen der Zeit geben können.

Damals herrschte bereits Einigkeit darüber, dass Materie aus Teilchen besteht. Doch niemand wusste, wie groß diese Teilchen waren. Franklin hätte lediglich zu der plausiblen Annahme gelangen müssen, dass die schnelle Ausbreitung des Öls erst dann zum Stillstand kommt, wenn der dünne Film nicht mehr dünner werden kann, wenn er also genau ein Molekül dick ist, und das Rätsel wäre gelöst gewesen.

Anhand Franklins Beschreibung lässt sich einfach errechnen, dass der Ölfilm auf dem Teich von Clapham etwa ein Millionstel Millimeter dünn gewesen sein muss, was in der Größenordnung tatsächlich der Länge eines Trioleinmoleküls entspricht (Triolein ist der Hauptbestandteil von Olivenöl und etwa zwei Millionstel Millimeter lang). Doch diese Berechnung kam erst über hundert Jahre später zustande. Es war die erste zuverlässige Schätzung einer Molekülgröße.

Bis man herausfand, warum sich Olivenöl in einer bloß ein Molekül dicken Schicht, einem sogenannten Monolayer, das Wasser bedeckt, dauerte es noch einmal dreißig Jahre. Wie viele andere organische Moleküle stoßen auch die lang gestreckten Atomketten des Trioleins am einen Ende das Wasser ab – deshalb löst sich Öl nicht in Wasser – und ziehen es am anderen Ende an. Mit diesem Ende versuchen sie, mit dem Wasser in Kontakt zu kommen, was zur Bildung des Monolayers führt.

In den 1950ern kam eine andere Verwendung für Ölfilme auf: Man brauchte sie, um in heißen, trockenen Gegenden das Wasser in Reservoiren am Verdunsten zu hindern. Diese Maßnahmen wurden jedoch wieder aufgegeben: Wenn der Wind zu stark blies, blieb der Oberflächenfilm nicht intakt und verlor seinen Effekt.

Die gravierendsten Folgen hatte Franklins Versuch völlig unerwartet in der Biologie bei der Beantwortung der Frage, woraus die Membranen bestehen, die Zellen umhüllen. 1899 publizierte der Botaniker Charles E. Overton eine Arbeit, in der er vermutete, es müsse zwischen Olivenöl und Zellmembran eine Ähnlichkeit geben. Overton hatte per Zufall festgestellt, dass die Durchlässigkeit der Zellmembran für bestimmte Stoffe auf charakteristische Weise mit ihrer Löslichkeit in Olivenöl zusammenhängt: Kann ein Stoff einfach in eine Zelle eindringen, so löst er sich auch gut im Öl auf; hat er hingegen Schwierigkeiten, die Membran zu passieren, so löst er sich auch schwer im Öl.

Die Zelle, so schloss Overton, müsse also von Molekülen umhüllt sein, die jenen des Olivenöls gleichen. Wie diese angeordnet sind, fanden Forscher 1925 heraus, indem sie – wie Franklin 170 Jahre vor ihnen – Öl auf Wasser gaben, wenn auch viel kleinere Mengen.

Evert Gorter und sein Student F. Grendel extrahierten von roten Blutkörperchen alle Fett- und Ölmoleküle (Lipide), weil sie vermuteten, dass diese vor allem die Membran bildeten. Dann gaben sie die gesammelten Lipide auf Wasser, wo sie einen Monolayer bildeten, dessen Fläche genau doppelt so groß war wie die gesamte Oberfläche der ursprünglichen Blutkörperchen. Die Forscher schlossen daraus korrekt: Die Membran der Blutkörperchen muss exakt zwei Moleküle stark sein – zwei Monolayer, die mit ihrem wasserfeindlichen Teil gegeneinanderstoßen.

Gemessen an seiner Einfachheit führte das Experiment, Öl auf Wasser zu gießen, in erstaunlich vielen Gebieten zu wichtigen Erkenntnissen.

Clapham Pond ist heute ein Wallfahrtsort für alle Oberflächenchemiker. Manchmal können die Wissenschaftler nicht widerstehen, Franklins Experiment dort zu wiederholen. Der Olivenölgehalt des Wassers dürfte weit über dem Durchschnitt liegen.

verrueckte-experimente.de

◆ Franklin, B. (1773). Oil on Water. *Letter to William Brownrigg.*

1822 **Aus der Bibel (I): Die importierte Hyäne**

Im Sommer 1821 entdeckten Arbeiter eines Steinbruchs im englischen Kirkdale (Grafschaft Yorkshire) eine Höhle, deren Boden über und über mit Knochen bedeckt war. Sie glaubten, es handle sich dabei um Vieh, das einige Jahre zuvor bei einem Erdrutsch verschüttet worden war. Doch als ein herbeigerufener Naturforscher, der Geistliche William Buckland, in die Höhle stieg, fand er Skelettreste von Tigern, Hirschen, Bären, Pferden, Elefanten, Nashörnern, Flusspferden und Hyänen. Buckland war stets bestrebt, fossile Funde in Einklang mit der Bibel zu bringen. Der Fall schien klar: Die Sintflut musste die Tiere in die Höhle geschwemmt haben. Doch den Pfarrer befielen Zweifel. Wenn Wasser die Kadaver in die Höhle befördert hätte, müssten dann nicht auch Sand und Steine liegen geblieben sein? Davon gab es aber keine Spur. Und wie sollten sich die großen Tiere überhaupt durch die enge Höhlenöffnung gezwängt haben?

Als Buckland die Knochen genauer betrachtete, fielen ihm Fraßspuren auf, die genau zu den am Höhlengrund gefundenen Hyänenzähnen passten. Er gelangte zu dem Schluss, dass in der Höhle vor der Sintflut Hyänen gelebt hatten, die über lange Zeit Beuteteile angeschleppt hatten.

Um seine Hypothese zu überprüfen, scheute Buckland keinen Aufwand. Er ließ von Südafrika eine Hyäne kommen, die er »Billy« taufte, und das Tier an Knochen nagen. Das Experiment war erfolgreich. Einem Freund schrieb er: »Billy hat an Rinderschienbeinen wunderbare Arbeit geleistet und genau diejenigen Teile übrig gelassen, die in Kirkdale übrig geblieben sind, und das verschlungen, was in Kirkdale fehlt. ... So wunderbar gleich waren die Knochen in ihren Brüchen, ... dass es unmöglich war zu sagen, welcher Knochen von Billy durchgebissen worden war und welcher von den Hyänen von Kirkdale!«

Der Geologe William Buckland zeigte mit einem eleganten Experiment, dass die Knochen, die er gefunden hatte, nicht von der Sintflut angeschwemmt worden waren.

◆ Buckland, W. (1822). Account of an assemblage of fossil teeth and bones of elephant, rhinoceros, hippopotamus, bear, tiger and hyaena ... *Philosophical Transactions of the Royal Society* 112: 171-230.

Doch Bucklands elegantes Verfahren überzeugte seine bibeltreuen zeitgenössischen Kollegen nicht: Sie behaupteten, die Zahnabdrücke auf den Knochen gingen in Wirklichkeit auf das »wilde Durcheinander« der Sintflut zurück; und überhaupt hätten in England nie tropische Tiere gelebt.

1874 **Schüsse auf Leichen**

Wie man im *Correspondenz-Blatt für Schweizer Aerzte* lesen konnte, fand kurz vor Weihnachten 1874 in der Nähe von Bern eine seltsame Schießübung statt. »Dr. K. v. Erlach«, der »mit verdankenswerthester Freundlichkeit das Schießen und Treffen zu besorgen« übernahm, schoss mit einem Vetterli-Gewehr, Kaliber 10,4, und einem Chassepot, Kaliber 11, auf »ein System von 5 tannenen Brettern«, »ein geschlossenes Buch«, »eine mit Sand gefüllte trockene Schweineblase« und auf »2 ganze Leichen, welche in knapp anliegende Tücher gehüllt waren«. Bei späteren Versuchen

Theodor Kocher (sitzend, mit schwarzer Melone) bei Schießversuchen des Militäroperationskurses in Thun im Juli 1904. Seinen kuriosen Experimenten verdanken Soldaten in aller Welt bis heute ihr Leben.

kamen noch mit »Kartoffelbrei gefüllte menschliche Schädel« hinzu. Es war »Herr Director Dr. Rud. Schärer«, der für die Versuche »bereitwilligst« seinen »Privat-Schießplatz« zur Verfügung stellte. Rudolf Schärer war Direktor der Irrenanstalt Waldau. Zu den Privilegien seines Amtes gehörte offenbar – aus was für Gründen auch immer – ein eigener Schießstand.

Obwohl die Experimente, denen laut *Correspondenz-Blatt* auch »Bundesrath Welli« zustimmte, kurios anmuten, gehören sie zu den wegweisenden Versuchen der Wundballistik. Die Motive des 33-jährigen Berner Medizinprofessors Theodor Kocher, der sie durchführte, waren durchaus ehrbar: Kocher ging es um die »Verbesserung der Geschosse vom Standpunkt der Humanität«, wie er in einem Vortrag auf dem internationalen medizinischen Kongress in Rom 1894 verkündete. Der Zweck eines Krieges zwischen zivilisierten Nationen sei nicht, möglichst viele Menschenleben zu vernichten, sondern aus »einem kampfestüchtigen Gegner einen pflegebedürftigen Patienten« zu machen.

Im 19. Jahrhundert herrschte kein Mangel an kriegerischen Auseinandersetzungen, an deren Schauplätzen die Mediziner Kriegsverletzungen studieren konnten. Doch durch welche Eigenschaft ein Schuss seine zerstörerische Wirkung entfaltete, war umstritten. War es die Hitze, die das Geschoss zum Schmelzen brachte, sodass Teile absplitterten; war es die Zentrifugalkraft der rotierenden Patrone, die Haut und Fleisch mitriss; oder war es der Druck, den die in Muskeln und Weichteile eindringende Kugel erzeugte?

Gegen die Zentrifugalkraft sprach, dass die Austrittsverletzung bei den Leichen kaum größer war als der Einschuss und die Haut an der Austrittswunde nicht wirbelförmig verdreht war. Auch hielt Kocher es für unwahrscheinlich, dass eine rotierende Kugel den Schusskanal im Körper von 1 Zentimeter Durchmesser auf die beobachteten 15 Zentimeter vergrößern konnte.

Wenn keine Knochen getroffen wurden, fand Kocher auch keine Bleipartikel. So vertrat er die Hypothese, dass der hydrostatische Druck, den ein Schuss erzeugt, das Gewebe zerstöre. Dazu passte der Befund, dass an einem leeren Schädel von einem Schuss bloß zwei Löcher zurückblieben, dass ein mit Kartoffelbrei gefüllter aber förmlich explodierte, wenn er getroffen wurde. Nicht die Geschosse waren explosiv, sondern vielmehr die Gewebe.

Kocher präzisierte diesen Befund mit vielen weiteren Experimenten. Sein Buch *Zur Lehre von den Schusswunden durch Kleinkalibergeschosse* enthält detaillierte Zeichnungen von getroffenen Sandsteinplatten, Blechbüchsen, Glasscheiben und an Schnüren aufgehängten Lebern. Einer der verwendeten Schädel befindet sich immer noch im

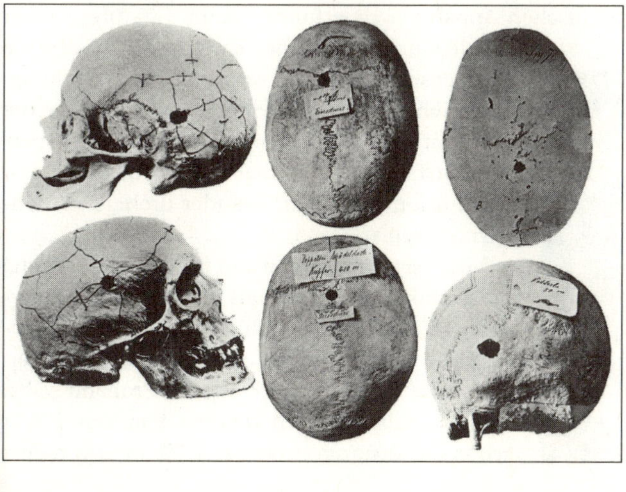

Bevor auf diesen Schädel geschossen wurde, füllte man die Hirnschale mit Kartoffelbrei.

Besitz der Universität Bern. Bekannt wurde Kocher aber durch seine Operationstechniken und die nach ihm benannte Kocher'sche Arterienklemme. 1909 erhielt er als erster Chirurg den Nobelpreis für Medizin.

Obwohl Kochers Schussversuche heute nur noch Spezialisten bekannt sind, hatten sie nicht weniger weitreichende Folgen als seine Arbeiten für den Nobelpreis. Seine Experimente zur Ballistik waren die Grundlage für die vom Direktor der Munitionsfabrik Thun, Eduard Rubin, eingeführte Rubin-Munition, die bis heute in der ganzen Welt verbreitet ist.

Kocher wusste, dass er nichts gegen die ständig zunehmenden Mündungsgeschwindigkeiten bei neuen Waffen ausrichten konnte. Auf die erhöhte Treffsicherheit schnellerer Projektile würde keine Armee verzichten wollen. Also propagierte er möglichst harte und kleinkalibrige Patronen, da diese den geringsten hydrostatischen Druck im Gewebe verursachten. Schließlich, so Kocher, würden auch bei minimaler Größe der Geschosse genug ausgedehnte Körperverletzungen auftreten, auf die es ja »bei der Schlichtung von Meinungsdifferenzen durch Schusswaffen« hauptsächlich ankomme.

◆ Kocher, T. (1875). Ueber die Sprengwirkung der modernen Kleingewehr-Geschosse. *Correspondenz-Blatt für Schweizer Aerzte* 5: 3-7, 29-33, 69-74.

1875 **Ein teuflischer Apparat**

Ernst Mach entwickelte ein Gerät, in dem es den meisten Menschen sofort übel wird.

Ernst Mach war wahrscheinlich nicht bewusst, welch teuflischen Apparat er da erfunden hatte. Er stülpte einen »hohlen, drehbaren linierten Cylinder« über seine Versuchspersonen und versetzte ihn in Drehung. So beschrieb er 1875 ein Experiment über die Bewegungsempfindungen. Für die Versuchsperson entstand dabei immer wieder für kurze Zeit die Illusion, nicht der Zylinder drehe sich, sondern sie selbst.

Man vermutete als Grund für diese Täuschung die Einbildung, die Welt als Ganzes sei normalerweise in Ruhe. Wenn sich also, wie in der Trommel, die ganze Umgebung bewegte, nahm das Gehirn selbstverständlich an, der Proband selbst bewege sich. Mach hatte den gleichen Effekt schon auf Brücken beobachtet. Wenn er von dort auf das fließende Wasser blickte, stellte sich bald das Gefühl ein, das Wasser sei in Ruhe, und er selbst rase samt der Brücke darüber hinweg.

Mit der »optokinetischen Trommel«, wie der »linierte Cylinder« später genannt wurde, konnten solche Phänomene im Labor untersucht werden – und nicht nur das. Es erwies sich nämlich, dass sich die gestreifte Trommel auch hervorragend eignet, um Menschen in Übelkeit zu versetzen. Weil sie einfach zu bauen und zu betreiben ist, wurde sie für Übelkeitsforscher zum Werkzeug ihrer Wahl.

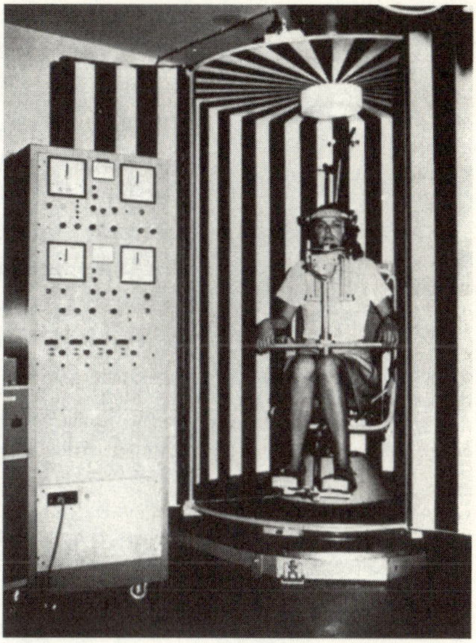

Bis heute das bevorzugte Werkzeug der Übelkeitsforscher: die optokinetische Trommel. Hier ein Modell aus den 1970er-Jahren.

Bereits in den 1920er-Jahren standen Versuchspersonen in von der Decke hängenden Pappzylindern, bis sich ihnen der Magen drehte. Damit der »Brechakt« besser beobachtet werden konnte, mussten sie eine Kontrastmahlzeit zu sich nehmen. Röntgenbilder zeigten dann, wie sich der Magen während des Versuchs zusammenschnürte.

Bei späteren Experimenten fand man auch heraus, dass Asiaten viel schneller übel wird als Europäern und dass Übelkeit und Erbrechen von unterschiedlichen Prozessen hervorgerufen werden. Heute werden mit der Trommel häufig Medikamente gegen Reisekrankheit getestet.

Doch die Brechforschung hat auf viele Fragen noch keine Antworten gefunden. Das größte Rätsel bleibt, warum den Versuchspersonen in der Trommel überhaupt schlecht wird. Die Standarderklärung hierfür: Der drehende Zylinder erzeugt widersprüchliche Sinnesmeldungen. Während das Gleichgewichtsorgan im Innenohr dem Gehirn Ruhe meldet, gaukeln die bewegten Streifen dem Auge Bewegung vor. Den umgekehrten Effekt erleben Schiffspassagiere: Ihnen meldet das Gleichgewichtsorgan »Schaukeln«, während sich den Augen das ruhig daliegende Deck präsentiert.

Offen bleibt die viel wesentlichere Frage, warum widersprüchliche Sinnesmeldungen zu Übelkeit führen müssen. Übelkeit und Erbrechen schützen uns vor giftiger oder verdorbener Nahrung. Es gibt für einen Schiffspassagier keinen einsichtigen Grund, sich bei schwerer See von einem Fünf-Gänge-Menü zu »verabschieden«. Schließlich ist er vollkommen gesund, und das Essen war einwandfrei.

Eine spekulative Erklärung nährt sich aus den Parallelen der Vergiftungssymptome mit den widersprüchlichen Sinnesmeldungen. Viele Gifte erzeugen im Gehirn als Erstes Gleichgewichtsstörungen und Schwindelgefühl: Alles schwankt und scheint sich zu drehen.

Möglich, dass das Gehirn aus diesen Symptomen grundsätzlich auf eine Vergiftung schließt, auch wenn sie nur von einem schwankenden Schiff oder einer optokinetischen Trommel stammen.

◆ Mach, E. (1875). *Grundlinien der Lehre von den Bewegungsempfindungen*. Leipzig, Wilhelm Engelmann.

1881 **Licht mit Rückenwind**

Die Kutschen müssen das Schlimmste gewesen sein. Die durch Pferdehufe verursachten Vibrationen auf der Neuen Wilhelmstraße in Berlin pflanzten sich bis in den Keller des Physikalischen Instituts fort. Dort stand der 29-jährige Albert Michelson vor seiner Erfindung, dem Interferenzrefraktometer, und war der Verzweiflung nahe.

Das Interferenzrefraktometer war so launisch wie sein Name lang. Bei jeder noch so geringen Erschütterung versagte das Gerät völlig seinen Dienst. Michelson stellte es

Nachbau des Interferenzrefraktometers, mit dem Albert Michelson 1881 in Potsdam erstmals versuchte, die Existenz des Äthers nachzuweisen.

Das astrophysikalische Observatorium in Potsdam. Hierher verlegte Michelson das Experiment, nachdem sich das Pferdegetrappel in Berlin als zu störend erwiesen hatte.

auf einen Steinsockel und begann in der Nacht zu arbeiten, doch selbst um zwei Uhr früh war es nicht ruhig genug.

Im April 1881 brachte er den Apparat ins ruhigere Potsdam, in den Keller des dortigen astrophysikalischen Observatoriums. Nun konnte der Forscher endlich durchführen, was als das erfolgreichste misslungene Experiment in die Geschichte der Wissenschaft eingehen sollte. Michelson trug es einen Nervenzusammenbruch und den Nobelpreis ein, doch dem unglaublichen Resultat seines Versuchs misstraute er bis zu seinem Tod.

Albert Michelson hatte an der US-Marineakademie in Annapolis, Maryland, Physik studiert und tat sich danach als ideenreicher Konstrukteur von Präzisionsinstrumenten hervor, mit denen er die Geschwindigkeit des Lichts bestimmte. 1880 reiste er zu einem Studienaufenthalt nach Europa. In Berlin angekommen, wagte er sich an eine der schwierigsten Aufgaben in der Physik: den Nachweis des Äthers.

Der Physiker Albert Michelson suchte nach Äther. Dass er ihn nicht fand, brachte ihm den Nobelpreis ein.

Licht, so viel wusste man, hat die Eigenschaften einer Welle. Und da jede Welle ein Transportmedium braucht, in dem sie sich ausbreiten kann – die Schallwelle die Luft, die Wasserwelle das Wasser –, etablierte sich die Vorstellung vom Äther, durch den die Lichtwellen wanderten. Der Äther musste ein unsichtbares, gewichtloses Medium sein, welches das ganze Universum durchdrang, sich aber von nichts beeinflussen ließ – außer von Licht natürlich. Er transportiert das Licht der Sterne durch den luftleeren Raum des Alls und die Radiowellen vom Sender zum Empfänger. Zwar war der Äther Kernstück aller Theorien über die Ausbreitung elektromagnetischer Wellen, zu denen Licht- und Radiowellen gehören, doch Beweise für seine Existenz gab es keine. Das wollte Michelson ändern.

Er glaubte, die Erde gleite durch den im Universum stillstehenden Äther – wie ein Schiff, das bei ruhiger See und Windstille das Wasser durchteilt. Die Erde legte auf dem Weg um die Sonne 30 Kilometer pro Sekunde zurück. So wie man an Deck des Schiffes den Fahrtwind spürt, musste auf der Erde deshalb ein Äthergegenwind herrschen, der das Licht beeinflusste: Rückenwind würde das Licht beschleunigen, Gegenwind bremsen. Man brauchte nur den Geschwindigkeitsunterschied zu messen, und die Existenz des Äthers wäre bewiesen.

Die Formulierung dieser Idee konnte jedermann in der neunten Ausgabe der *Encylopaedia Britannica* nachlesen, in welcher sie der große britische Physiker Clerk Maxwell entwickelt hatte. Doch Maxwell zweifelte daran, dass es je möglich sein würde, die Lichtgeschwindigkeit mit der erforderlichen Genauigkeit zu ermitteln.

Licht, das kann ohne Übertreibung gesagt werden, ist sehr, sehr schnell. Wer seine Schreibtischlampe einschaltet, kann nur einen extrem kurzen Espresso trinken, bis das Licht auf dem Tischblatt angekommen ist: Es dauert 0,000000001 Sekunden. Selbst die grobe Messung dieser Geschwindigkeit ist eine Meisterleistung, das wusste keiner besser als Michelson. Er hatte 1878 den bis dahin exaktesten Wert bestimmt: 299 940 Kilometer pro Sekunde.

Es gab jedoch eine Methode, mit der sich direkt die Differenz der Geschwindigkeiten zweier Lichtstrahlen ermitteln ließ, ohne dass ihre absoluten Geschwindigkeiten bestimmt werden mussten. Genau dies war die Funktion von Michelsons Interferenzrefraktometer.

Das Gerät teilte den Lichtstrahl einer Lampe in zwei Teile, schickte sie in verschiedene Richtungen und leitete sie über mehrere Spiegel an denselben Ort zurück. Dort bewirkte der Ätherwind, dass die Strahlen nicht gleichzeitig zurückkamen, was aus dem sogenannten Interferenzmuster ersichtlich wurde, das die zwei Lichtstrahlen zusammen erzeugten. Wie das genau funktioniert, ist für das Verständnis des Versuchs unerheblich.

Michelson richtete das Interferenzrefraktometer so aus, dass der eine Strahl der Erdrotation folgte, dort hatte das Licht zuerst Äthergegenwind und – nachdem es vom Spiegel zurückgeworfen worden war – Rückenwind. Im rechten

Winkel dazu schickte er den anderen Strahl aus, der von einem Spiegel auf dem gleichen Weg reflektiert wurde. Er hatte auf beiden Wegen Ätherseitenwind.

Seinen Kindern erklärte Michelson das Experiment so: »Zwei Lichtstrahlen treten gegeneinander an wie zwei Schwimmer: Einer schwimmt zuerst gegen den Strom und dann zurück, der andere legt die gleiche Distanz zurück, indem er den Fluss durchquert und dann zurückschwimmt. Der zweite Schwimmer wird immer gewinnen, wenn der Fluss eine Strömung aufweist.« Das mag im ersten Moment überraschen, könnte man doch annehmen, dass der erste Schwimmer den Rückstand, den er sich einhandelt, wenn er gegen den Strom schwimmt, wieder wettmacht, wenn er mit dem Strom zurückschwimmt. Doch das stimmt nicht, weil er ja nicht in beide Richtungen gleich lang unterwegs ist. Gegen den Strom ist der Schwimmer langsamer und deshalb länger unterwegs als mit dem Strom.

Der Chemiker Edward Morley wiederholte das Potsdamer Experiment mit Michelson in Chicago.

Doch wie Michelson sein Messgerät auch aufstellte – es gab keinen Gewinner. Die Lichtstrahlen kamen immer gleichzeitig zurück. Die Hypothese, dass sich die Erde durch den ruhenden Äther bewege, sei falsch, schrieb Michelson später, doch den Glauben an die Existenz des Äthers mochte er trotzdem nicht aufgeben. Vielmehr spekulierte er, der Äther werde von der sich drehenden Erde mitgerissen, und es herrsche im Potsdamer Keller deshalb Ätherwindstille. Diese These wurde später mit weiteren Experimenten widerlegt.

Weil Michelson mit der Präzision des Interferenzrefraktometers nicht zufrieden war und sich herausstellte, dass er beim Experiment in Potsdam einen kleinen Rechenfehler begangen hatte, wiederholte er den Versuch 1887 mithilfe des Chemikers Edward Morley an der Case School of Applied Science in Cleveland, Ohio. Die beiden montierten Lichtquelle und Spiegel auf einen tischgroßen und 40 Zentimeter dicken Steinbrocken, der vibrationsfrei auf Quecksilber schwamm. Am Resultat änderte sich nichts: Die Lichtstrahlen waren gleich schnell.

Gleich vielen anderen Physikern wollte auch Michelson den einzig möglichen Schluss aus seinen Messungen nicht ziehen: Es gibt keinen Äther. Mit dem Äther mussten sie sich nämlich auch von einem Weltbild verabschieden.

Verbesserter Versuchsaufbau in Chicago: Damit der Steinquader nicht vibrierte, schwamm er auf Quecksilber. Trotzdem ließ sich der Äther nicht nachweisen – weil es ihn nicht gab. Heute gilt dieser Versuch als das erfolgreichste misslungene Experiment in der Geschichte der Wissenschaft.

Die Tatsache, dass die Geschwindigkeit des Lichts (und jeder anderen elektromagnetischen Welle) offenbar zu allen Zeiten und in alle Richtungen gleich sein soll, widerspricht in seltener Harmonie der Newton'schen Physik und dem gesunden Menschenverstand. Man kann vor dem Licht weder davonrennen noch es einholen. Ganz egal, mit welcher Geschwindigkeit man sich bewegt – wenn man die Geschwindigkeit des Lichts misst, wird das Ergebnis immer 300 000 Kilometer pro Sekunde betragen. Dass ein Lichtstrahl für zwei Beobachter, die sich unterschiedlich schnell bewegen, gleich schnell ist, sollte man erst gar nicht versuchen zu verstehen. Unsere Alltagserfahrung lehrt uns das Gegenteil, und auch Physiker müssen akzeptieren, dass es einfach so ist.

1905, seit Michelsons erstem Versuch waren 24 Jahre vergangen, fand der 26-jährige »Technische Prüfer 3. Klasse« des Patentamts Bern, Albert Einstein, heraus, was es mit der konstanten Lichtgeschwindigkeit auf sich hat. Anders als in vielen Lehrbüchern behauptet wird, stützte sich Einstein allerdings nicht auf das Resultat des Michelson-Morley-Experiments, als er die Spezielle Relativitätstheorie aufstellte. Dass die Lichtgeschwindigkeit unabhängig von der Bewegung eines Beobachters konstant sein muss, hatte er durch reine Kopfarbeit herausgefunden.

Den Widerspruch, dass zwei unterschiedlich schnelle Beobachter denselben Lichtstrahl mit der gleichen konstanten Lichtgeschwindigkeit wahrnehmen, löst die Relativitätstheorie auf, indem sie postuliert, dass die Zeit für die zwei Beobachter unterschiedlich schnell vergeht. Obwohl dieser Effekt über jeden Zweifel hinaus nachgewiesen werden konnte (siehe *Das Buch der verrückten Experimente*, Seite 220 für eine besonders amüsante Bestätigung), vermag ihn, wie viele andere bizarre Folgen der Relativitätstheorie, ein Menschenhirn nicht wirklich zu verstehen.

Auch Michelson hatte seine Mühe mit der Relativitätstheorie. Nach einem Vortrag in Göttingen 1907 ging er mit den Zuhörern in ein Café und fragte laut: »An welchen Tisch soll ich mich setzen? An welchem Tisch sitzen die Götzendiener der Relativitätstheorie, und an welchem sitzen die Physiker?« Als Einstein Michelson 1931 am Totenbett zum letzten Mal besuchte, bat ihn seine Tochter: »Bitte vermeiden Sie, dass er wieder vom Äther anfängt.«

In der Wissenschaft hat der Äther nicht überlebt, im allgemeinen Sprachgebrauch dagegen schon. Auch heute gehen die Radiosendungen noch »über den Äther«. Das hartnäckige Festhalten am Begriff mag damit zu tun haben, dass letztlich nicht zu verstehen ist, wie sich eine Welle im Nichts ausbreiten kann.

verrueckte-experimente.de

◆ Michelson, A. A. (1881). The Relative Motion of the Earth and the Lumniferous Ether. *The American Journal of Science* 22: 127-132.

◆ Michelson, A. A., und E. W. Morley (1887). On the Relative Motion of the Earth and the Luminiferous Ether. *American Journal of Science (3rd series)* 34, 333-345.

1882 **Erwürgen oder Genick brechen?**

Es gibt Fragen, von denen man eigentlich annehmen sollte, dass sie sich grundsätzlich nicht mittels eines Selbstversuchs beantworten lassen. Dazu gehört: Wie fühlt es sich an, wenn man erhängt wird? Doch da unterschätzt man den Wissensdurst gewisser Mediziner.

Gegen Ende des 19. Jahrhunderts stritten Experten darüber, welche Art des Erhängens am schnellsten zum Tod führe: der sofortige Genickbruch durch den Fall in die Schlinge oder der Unterbruch der Blut- und Luftzufuhr durch gleichmäßigen Druck am Hals. Die Mehrheit war der Meinung, der Genickbruch sei die sauberste Lösung. Ein Pfarrer namens S. Houghton ersann sogar eine Formel, mit der sich aus dem Gewicht der Verurteilten die Fallhöhe bestimmen ließ, damit es dazu kam. Dem Gottesmann muss allerdings ein Kommafehler unterlaufen sein: Bei der ersten von Houghton berechneten Hinrichtung wurde dem Verurteilten der Kopf abgerissen.

Anders als viele seiner Kollegen – und viele Journalisten – vertrat Graeme M. Hammond vom Medical College New York die Ansicht, dass das »schnelle Erwürgen« dem »Genickbruch« nicht nur in Sachen Geschwindigkeit überlegen sei, es sei auch völlig schmerzlos. Er veröffentlichte einen Fachartikel »Über die richtige Methode, die Strafe ›Tod durch Erhängen‹ auszuführen«, worin er seinem Ärger darüber Luft machte, dass »die Zeitungen vor Sensationsmeldungen strotzten, überschrieben mit quälenden Formulierungen in großen Buchstaben, über das schreckliche Leiden, das der Hingerichtete durchlebt haben soll. ... Diese Beschreibungen bereiteten den Weichherzigen Kummer und erzeugten nicht nur erhebliche unverdiente Sympathie mit den Verurteilten, sondern führten selbst bei entschlossenen und vernünftigen Leuten zu einer Abscheu gegenüber der Todesstrafe.«

Um zu beweisen, dass erwürgt zu werden halb so schlimm war, probierte er es an sich selbst aus. Er ließ sich ein Handtuch um den Hals legen und dieses von einem befreundeten Arzt langsam zudrehen. Ein zweiter Arzt stand vor ihm und prüfte seine Schmerzverträglichkeit. Zuerst fühlte Hammond ein Kribbeln im Körper, dann konnte er zeitweise nichts mehr sehen und hörte ein starkes Rauschen. Nach achtzig Sekunden war er schmerzunempfindlich. »Ein Stich mit dem Messer, so tief, dass meine Hand blutete, war mit überhaupt keiner Empfindung verbunden.« Nach dieser Erfahrung war für ihn klar: Die richtige Methode, jemanden zu erhängen, besteht darin, ihn vom Boden hochzuziehen und dreißig Minuten hängen zu lassen.

So seltsam Hammonds Versuch erscheint, der Arzt war nicht der Einzige, der Hinrichtungsmethoden ausprobierte. Drei Jahre nach seinen Experimenten veröffentlichte die *New York World* unter dem Titel »Wie es ist, erhängt zu werden« einen Bericht über »die vergnügliche Erfahrung von einem, der es versucht hat«. Der anonym bleibende Mann, der einer Art »Selbstmordclub« angehörte, ging allerdings einen Schritt weiter und ließ sich für kurze Zeit richtig hängen. Dabei hatte er die angenehme Empfindung, durch ein Meer aus Öl auf eine Insel zuzuschwimmen, wo er einen wunderbaren Chor aus Menschen- und Vogelstimmen hörte. Doch obwohl er seinen Kollegen danach versicherte, dass die Sache »höchst vergnüglich« sei, wollte es keiner selbst probieren. Aber schon bald würde sich auf der anderen Seite des Atlantiks ein rumänischer Gerichtsmediziner dem Thema mit ganz anderer Ernsthaftigkeit annehmen (siehe Seite 50 ff.).

◆ Hammond, G. M. (1882). On the Proper Method of Executing the Sentence of Death by Hanging. *Sanitarian* 10, 664-668.

1887 **Schwanz ab!**

Für zwölf weiße Mäuse an der Universität Freiburg im Breisgau begann der 17. Oktober 1887 schlecht: An jenem Montag wurde ihnen der Schwanz abgeschnitten. Dann sperrte man die sieben Weibchen und fünf Männchen in einen Käfig. Während der nächsten 14 Monate warfen die Weibchen im »Zwinger I« 333 Junge. Für 15 von ihnen war der 2. Dezember 1887 der schwarze Tag: Schwanz ab, Umsiedlung in »Zwinger II«, Nachkommen zeugen. Wiederum 14 davon mussten vom 1. März 1888 an schwanzlos im »Zwinger III« weiterleben, und ein Teil ihrer Jungen ereilte am 4. April 1888 in »Zwinger IV« das gleiche Schicksal.

Ihr Quälgeist hieß August Weismann und war einer der berühmtesten Biologen seiner Zeit. Bis Ende 1888 hatte er Dutzende von weißen Mäusen um die elf Zentimeter an ihrem Körperende erleichtert. Von den 849 Jungen schwanzloser Eltern war aber kein einziges ohne Schwanz zur Welt gekommen. Damit war unwahrscheinlich, was viele Naturforscher behaupteten: dass Verletzungen vererbbar seien. Sie stützten diese Meinung auf unüberprüfte Beispiele: Ein Stier, dem in Jena ein zuschlagendes Scheunentor den Schwanz abtrennte, soll schwanzlose Kälber gezeugt haben. Die Tochter einer Frau, die sich in ihrer Jugend den Daumen quetschte, habe ebenfalls einen missgebildeten Daumen. Und dann natürlich, schrieb Weismann, »die schwanzlosen Kätzchen, welche auf der vorjährigen Naturforscher-Versammlung in Wiesbaden vorgezeigt wurden und – wie die Zeitungen berichteten – dort ›so großes Aufsehen hervorriefen‹«. Ihre Mutter habe den Schwanz angeblich durch Überfahren verloren, was ihr Besitzer, Herr Dr. Zacharias, als Beweis für die Vererbung von Verstümmelungen präsentierte.

Bringen schwanzlose Mäuse schwanzlose Junge zur Welt? 1887 griff August Weismann zum Messer.

All diese Vorfälle wurden zitiert, wenn es um die Frage ging, auf welchen Mechanismen die allmähliche Veränderung von Tierarten beruht. Denn dass sie sich verändern können, stand außer Zweifel. Man bekam es in jeder Tierzucht vor Augen geführt. Und viele glaubten zu wissen, was dahintersteckt: Die Tiere geraten in eine neue Umgebung, nehmen neue Gewohnheiten an und vererben sie ihren Nachkommen. Giraffen haben ihre kurzen Hälse gestreckt, um an die Blätter hoher Bäume zu gelangen. Jede Generation hat so der nächsten etwas längere Hälse vererbt. Seit der französische Naturforscher Jean-Baptiste Lamarck im 18. Jahrhundert diese Meinung vertreten hatte, hießen ihre Verfechter Lamarckisten.

Da die Langsamkeit der Veränderungen von Generation zu Generation sie der direkten Beobachtung entzog, versuchten die Lamarckisten, ihre These mit der Vererbung von Verletzungen zu beweisen. Doch Weismann, der früher selbst an die Weitergabe erworbener Eigenschaften geglaubt hatte, war skeptisch. Nicht nur, weil sich die geschilderten Beispiele bei genauer Überprüfung oft als Fantasieprodukte herausstellten, sondern auch, weil er keinen Weg sah, wie sich eine Verletzung praktisch hätte vererben lassen können. Die Information über den Ort und die Art der Verletzung hätte ja irgendwie in die Samenzelle oder in die Eizelle gelangen müssen, denn nur diese Zellen erreichen die nächste Generation. Die Tatsache, dass eine Maus ihren Schwanz verloren hat, hätte in die Sprache der Ei- oder Samenzellen übersetzt und in sie eingeschrieben werden müssen. Das schien Weismann unmöglich.

Er glaubte vielmehr, dass neue Gewohnheiten oder Verletzungen keinen Einfluss auf die Keimzellen hatten. Das Erbmaterial bleibe unverändert.

Was sich hingegen je nach Umständen änderte, war die Anzahl Nachkommen, die ein bestimmtes Tier hatte. Eine Giraffe, der eine zufällige Veränderung im Erbmaterial einen etwas längeren Hals bescherte, kam in einer Steppe mit hohen Bäumen besser an die Blätter heran, überlebte länger, war stärker und hatte deswegen mehr Nachkommen, die ihren langen Hals erbten. Der Naturforscher Charles Darwin nannte diesen Prozess »natürliche Auslese« und erklärte damit langsame Veränderungen und infolgedessen die Entstehung neuer Arten.

◆ Weismann, A. (1889). *Ueber die Hypothese einer Vererbung von Verletzungen*. Jena, Gustav Fischer.

Weismann schnitt den Mäusen noch bis in die 22. Generation die Schwänze ab. Alle Nachkommen hatten Schwänze.

1888 **Die humane Hinrichtung**

Arthur E. Kennelly hätte die Experimente lieber in der Nacht durchgeführt – »ein Versuch dieser Art weckt große Neugierde, was der nötigen Ruhe und Sorgfalt abträglich ist«. Aber es war nicht an ihm, den Zeitpunkt zu bestimmen. Und so trafen sich die Beobachter der makabren Tests am Nachmittag des 5. Dezember 1888 im Labor von Thomas A. Edison, dem Erfinder der Glühlampe, in Orange, New Jersey. Kennelly war der Chefelektriker von Edison und für den Ablauf der Experimente verantwortlich. Unter den Zuschauern waren nicht nur Politiker und Mitglieder der Medico-Legal Society, einer Vereinigung, die die Beziehungen zwischen Ärzten und Juristen förderte, sondern auch Journalisten.

Zwei Tage später konnte man in den Zeitungen lesen, dass an diesem Nachmittag ein Kalb mit einem Gewicht von 124,5 Pfund und 3200 Ohm elektrischem Widerstand, ein zweites Kalb (145 Pfund, 1300 Ohm) und ein Pferd (1230 Pfund, 11 000 Ohm) durch die »tödlichste der Wissenschaft bekannte Gewalt« zu Tode gekommen waren: durch Wechselstrom.

Anlass des Versuchs war ein neues Gesetz im Staat New York. Es schrieb vor, dass ab dem 1. Januar 1889 zum Tod Verurteilte mittels Strom hingerichtet werden müssten.

Dass sich mit Elektrizität Mäuse, Katzen und kleine Hunde töten ließen, wusste man schon seit den ersten Versuchen mit der neuen Wunderkraft im 18. Jahrhundert. Auch waren schon einige Menschen in tollkühnen Experimenten gestorben oder einfach, weil sie zum falschen Zeitpunkt das falsche Kabel angefasst hatten. Es sei ein »blitzartiger und schmerzloser Tod« gewesen, wie eine Zeitung über einen der ersten Unfälle mit Strom berichtete. Schnell hatten sich Wissenschaftler und Politiker darauf verständigt, dass die Elektrizität »menschliche, effiziente und beeindruckende« Hinrichtungen ermögliche. Der Strick schien für eine zivilisierte Nation nicht mehr zeitgemäß.

Thomas A. Edison hat immer bestritten, den elektrischen Stuhl erfunden zu haben, aber er verhalf ihm zweifellos zum Durchbruch.

Ein neues Gesetz schrieb vor, dass zum Tod Verurteilte mittels Strom hingerichtet werden mussten. Weil niemand wusste, wie viel Strom es dazu brauchte, machte Edison am 5. Dezember 1888 Versuche mit Tieren.

Obwohl Edison noch im Jahr vor den Versuchen in seinem Labor sagte, er sei gegen die Todesstrafe, zitierte ihn der *Brooklyn Citizen* im November 1888 mit den Worten, Verbrecher mit Strom hinzurichten, sei eine »gute Idee«. Edison versprach, dass mit »der richtigen Anzahl Volt« ein Mann innerhalb einer Zehntelsekunde sterben werde. Einen knappen Monat vor der Einführung der »Elektrokution«, wie die neue Methode genannt wurde, wusste allerdings noch niemand, wie groß diese »Anzahl Volt« war, ob eine Zehntelsekunde wirklich ausreichte und wie und wo die Elektroden angebracht werden mussten.

Es waren zwar schon einige Versuche mit Hunden gemacht worden, bei denen sich herausstellte, dass Wechselstrom schneller zum Tod führt als Gleichstrom. (Bei Gleichstrom fließen die Elektronen immer in die gleiche Richtung, bei Wechselstrom ändern sie sie.) Doch weil die Hunde ein viel geringeres Körpergewicht hatten als Menschen, waren diese Versuche nicht besonders aussagekräftig.

Das erste Kalb wurde an diesem Nachmittag um 15.50 Uhr für 30 Sekunden unter Strom gesetzt. Es fiel hin, erhob sich aber nach neun Minuten wieder. Nach einer kleinen Veränderung an der Apparatur wurde es um 15.59 Uhr noch einmal acht Sekunden elektrisiert, worauf es tot zusammensackte. Das zweite Kalb starb um 16.26 Uhr nach fünf Sekunden Wechselstrom.

Beim Pferd blieb ein erster kurzer Stromschlag um 17.20 Uhr ohne Wirkung, ebenso wie fünf Sekunden Strom um 17.25 Uhr und ein Schock von 15 Sekunden zwei Minuten später. Erst nach 25 Sekunden Strom um 17.28 Uhr starb es. In *The Electrical World* schrieb Harold P. Brown später: »Der Tod trat sofort ein und war schmerzlos.«

Brown war ein junger Elektrofachmann, der leidenschaftlich gegen die Nutzung von Wechselstrom im Haushalt kämpfte. Er hatte die Versuche mit vorbereitet und machte die Journalisten darauf aufmerksam, dass Wechselstrom mit »weniger als der Hälfte der in dieser Stadt üblichen Spannung für den sofortigen Tod ausreichte«.

Zehn Jahre waren vergangen, seit Edison die erste brauchbare Glühlampe erfunden hatte. Der Kampf um die lukrativen Verträge, die Städte zu elektrifizieren, war voll entbrannt. Edison setzte auf Gleichstrom, sein Konkurrent George Westinghouse auf Wechselstrom, den Edison für gefährlicher hielt. Auf die Frage, welches die beste Methode sei, Verbrecher hinzurichten, antwortete er einmal: »Gebt ihnen einen Job als Stromleitungsverleger bei einer Firma für elektrisches Licht in New York.«

Anders als Gleichstrom ließ sich Wechselstrom aber auf einfache Weise mit einem Transformator wandeln: Westinghouse entwarf ein System mit 1000 Volt, die er in der Nähe der Abnehmer auf 50 Volt reduzierte. So war es ihm möglich, mit einem einzelnen Elektrizitätswerk viel größere Gebiete abzudecken als Edison.

Westinghouse glaubte, dass Edison die Tierexperimente nur machte, um Westinghouse Electric zu schaden. Was wäre besser geeignet, der Öffentlichkeit die Gefährlichkeit des Wechselstroms vor Augen zu führen, als die Tatsache, dass er bei Hinrichtungen benutzt wurde? Und er verdächtigte Harold Brown, dass dieser von Edison für seine Agitation gegen den Wechselstrom bezahlt würde.

Daraufhin forderte Brown Westinghouse zu einem bizarren »Duell«: In 50-Volt-Schritten, beginnend bei 100 Volt, sollte Westinghouse elektrische Schläge in Wechselstrom ausgeteilt bekommen, Brown in Gleichstrom, bis einer »öffentlich seinen Irrtum eingesteht«. Westinghouse ging auf den Vorschlag nicht ein.

Als der Staat New York Brown im folgenden Jahr beauf-

Im Kampf um die Elektrifizierung der Städte setzte Edisons Gegenspieler George Westinghouse auf Wechselstrom. Um ihm zu schaden, versuchte Edison bei Hinrichtungen auf dem elektrischen Stuhl, Wechselstrom durchzusetzen.

tragte, das nötige Instrumentarium zur Vollstreckung von Todesurteilen zu beschaffen, bestand er darauf, Generatoren von Westinghouse zu verwenden. Dieser weigerte sich zwar, seine Geräte für Hinrichtungen zu verkaufen, doch irgendwie gelangte Brown auf Umwegen in ihren Besitz. Auf der Suche nach einem Wort für die neue Todesart schlug ein Anwalt von Edison vor, Verbrecher, die man auf dem elektrischen Stuhl hingerichtet habe, seien »westinghoused« worden.

Der Erste, dem dieses Schicksal zuteil wurde, war William Kemmler. Dieser wurde wegen Mordes vor Gericht von einem renommierten Verteidiger vertreten, den er sich nie hätte leisten können. Die Zeitungen vermuteten, dass Westinghouse die Rechnung bezahlte, weil er verhindern wollte, dass es zur Hinrichtung mit seinen Generatoren kam.

Nach langen Berufungsverhandlungen, einem Hearing in Washington, bei dem Edison als Fürsprecher der Elektrokution auftrat, und einer Verschiebung der Hinrichtung in letzter Minute – Kemmler hatte schon auf dem elektrischen Stuhl gesessen – war es dann am 6. August 1890 so weit.

Nachdem Kemmler im Gefängnis von Auburn an den elektrischen Stuhl geschnallt worden war, befestigte ein Aufseher die beiden Elektroden: eine am Rücken, etwa in der Mitte der Wirbelsäule, die andere an der geschorenen Stelle auf seinem Kopf. Diese Anordnung war das Resultat weiterer Versuche mit Tieren. Eigentlich war alles bereit, als sich herausstellte, dass niemand wusste, wie lange die etwas über 1000 Volt eingeschaltet bleiben sollten. Schließlich sagte einer der anwesenden Ärzte, er werde das Signal zum Ausschalten geben.

Der Schalter wurde umgelegt. Kemmlers Körper verkrampfte sich unter den Lederriemen. Sein Gesicht verzog sich zu einem grausigen Grinsen. Sein rechter Zeigefinger bohrte sich in die Handfläche, bis sie blutete. Nach 17 Sekunden glaubte der Arzt, es sei genug. Der Strom wurde abgestellt.

Doch dann begann Kemmler zu stöhnen. Er lebte! Panik breitete sich aus. »Schaltet den Strom ein! Schaltet den Strom ein!«, rief einer. Doch der Generator war bereits ausgeschaltet worden. Es dauerte mehr als zwei Minuten, bis er wieder anlief. Dann wurde Kemmler noch einmal elektrisiert. Ob eine Minute oder zwei, wusste danach niemand mehr. Die mit Salzwasser getränkten Schwämme der Elektroden trockneten aus, es roch nach verbranntem Fleisch. Ein Zeuge übergab sich, ein anderer fiel in Ohnmacht. Die *New York Times* titelte: »Viel schlimmer als Hängen«.

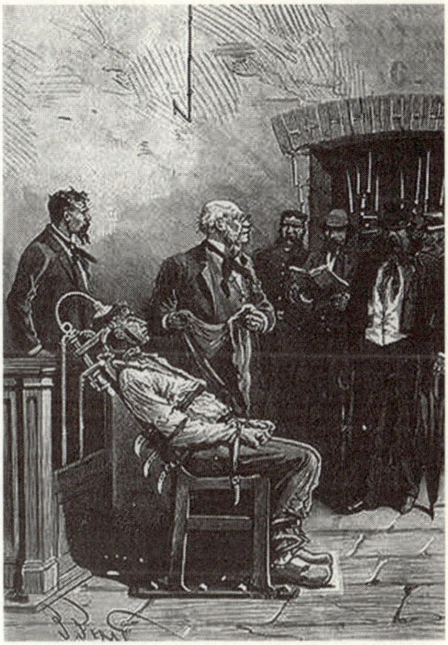

Die erste Hinrichtung auf einem elektrischen Stuhl am 6. August 1890 geriet zum Fiasko. Der Mörder William Kemmler überlebte den ersten Stromstoß von 17 Sekunden und musste ein zweites Mal »elektrokutiert« werden.

Wie Mark Essig in seinem großartigen Buch *Edison and the Electric Chair* schreibt, war der elektrische Stuhl für Edison wie jedes andere neue Gerät: Es brauchte einige Versuche, um seine Kinderkrankheiten auszumerzen. Westinghouse dagegen sagte einem Reporter: »Das hätten sie mit einer Axt besser hingekriegt.«

Als Edison 1905 nach der Elektrokution gefragt wurde, sagte er, seine Ansichten hätten sich nicht geändert: Er halte die Todesstrafe immer noch für »barbarisch«, die Elektrokution aber für die schnellste und daher menschlichste Hinrichtungsmethode.

Edison hat immer bestritten, den elektrischen Stuhl erfunden zu haben, aber nach Essigs Urteil war zweifellos er es, der ihm mit seinem hohen Ansehen zum Durchbruch verholfen hatte. Sein Hauptmotiv, auf diese Weise gegen den Wechselstrom zu kämpfen, sei die tiefe Überzeugung gewesen, er sei gefährlich.

In den späten 1970er-Jahren kamen immer mehr amerikanische Bundesstaaten vom elektrischen Stuhl als Hinrichtungsart ab. Die Methode der Wahl wurde die Giftspritze.

Was heute aus der Steckdose kommt, ist Wechselstrom. Obwohl tatsächlich gefährlicher als Gleichstrom (weil er zu stärkeren Muskelkontraktionen und zu Schwitzen führt, was den Hautwiderstand senkt), hat er sich durchgesetzt, weil er, wie Westinghouse richtig erkannte, einfach transformiert werden kann.

◆ Brown, H. P. (1888). Death-Current Experiments at the Edison Laboratory. *Electrical World* 12, 393-394.

1905 **Der Mann, der sich zwölfmal erhängte**

Die Arbeit *Etude sur la pendaison* (»Studie über das Erhängen«), die der rumänische Gerichtsmediziner Nicolas Minovici 1905 publizierte, enthält alles, was man je über diese Todesart hat wissen wollen – und vieles, was man lieber nie erfahren hätte. Sie beginnt mit dem Satz: »Es gibt in der Gerichtsmedizin kein Thema, das zu mehr Diskussionen und wissenschaftlichen Irrtümern Anlass gab als das Erhängen«, und lässt auf den 238 Seiten danach keine Zweifel darüber aufkommen, dass dieser missliche Zustand mit der vorliegenden Publikation nun ein Ende haben würde.

Minovici sortiert 172 Selbstmorde nach Alter, Geschlecht, Zivilstand, Nationalität und Beruf der Opfer, er analysiert Ort und Jahreszeit, kategorisiert die Hilfsmittel – 39 Seile, 12 Gürtel, 1 Taschentuch – und die verwendeten Knoten. All das natürlich erst, nachdem er eine saubere wissenschaftliche Definition geliefert hat: »Das Hängen ist ein gewalttätiger Akt, bei dem der Körper, aufgehängt am sich in einer an einem festen Punkt befestigten Schlinge befindenden Hals und seinem eigenen Gewicht überlassen, über das Seil einen starken Zug ausübt, was eine plötzliche Bewusstlosigkeit herbeiführt, die Atemfunktion stoppt und zum Tod führt.«

Der rumänische Gerichtsmediziner Nicolas Minovici bei einer »unvollständigen Erhängung«.

Trotz dieser Fülle von Angaben scheint Minovici die Information in einem Punkt immer noch unvollständig: Wie fühlt sich das Erhängen an? Die einzige Möglichkeit, darüber etwas zu erfahren, war schnell ausgemacht: Minovici und seine Mitarbeiter mussten sich selbst hängen.

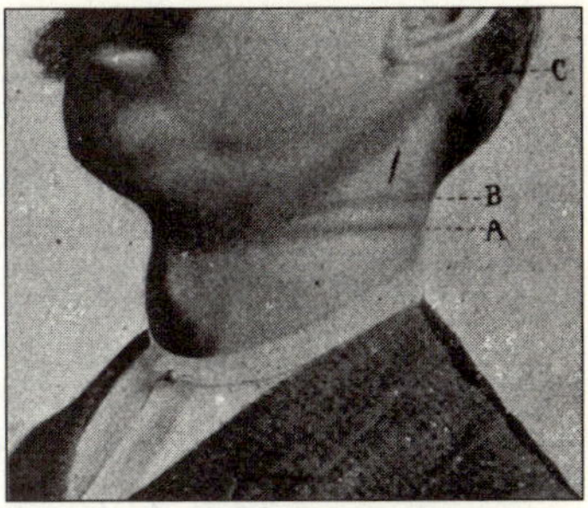

»A, B: Kontusionen, von unvollständigem Erhängen herrührend. C: Kontusion, von vollständigem Erhängen herrührend.« Nicolas Minovici führte detailliert Buch über die Verletzungen, die er sich bei seinen Versuchen zuzog.

Ihre Experimente begannen ganz harmlos damit, dass sie ihre Zeigefinger an die Halsschlagader drückten, bis ihnen schwarz vor den Augen wurde. Als Nächstes unterbrachen sie die gesamte Blutzufuhr für den Kopf, indem sie eine »unvollständige Erhängung« simulierten, deren Resultat, wie Minovici begeistert schrieb, »alle unsere Hoffungen übertraf«.

Die »Unvollständigkeit« der Erhängung bezog sich nicht etwa auf die Tatsache, dass Minovici dabei nicht starb, sondern darauf, dass er nicht mit seinem ganzen Gewicht am Seil hing. Er legte sich auf eine Pritsche, steckte den Kopf durch eine sich zusammenziehende Schlinge aus fünf Millimeter dickem Seil und fasste das andere Ende, das er an der Decke durch eine Rolle geführt hatte, mit der rechten Hand. Dann zog er am Seil, bis sich die Schlinge um den Hals zuzog und der Kopf sich anhob. »Obwohl wir das Experiment oft wiederholten, hielten wir es nie länger als fünf oder sechs Sekunden aus«, schrieb Minovici. Das Kraftmessgerät an der Decke zeigte dabei an, dass mit etwa 25 bis 30 Kilogramm Gewicht an der Schlinge gezogen wurde, wenn Minovici das Bewusstsein verlor. »Das Gesicht wurde rot, dann blau, die Sicht verschwommen, in den Ohren begann es zu pfeifen, und der Mut verließ uns, wir beendeten die Experimente.«

Der Mut hat Minovici allerdings nicht verlassen, sein drittes und viertes Experiment durchzuführen. Für das dritte verwendete er eine Schlaufe aus Stoff, die sich nicht zusammenzog. »Ich ließ mich sechs- oder siebenmal für vier oder fünf Sekunden hängen, um mich daran zu gewöhnen«, schrieb Minovici. »Was ich an diesen ersten kurzen Versuchen am meisten spürte, war der Schmerz.« Umso erstaunlicher, dass er, »ermutigt von diesen ersten Experimenten«, am nächsten Tag länger dauernde unternahm.

Nach etwas Training hielt Nicolas Minovici es schließlich 26 Sekunden aus. Die durch die Schlinge verursachten monströsen Schmerzen hielten zehn bis zwölf Tage an, was Minovici allerdings nicht daran hinderte, sein Königsexperiment durchzuführen: das richtige Erhängen mit einer Schlinge, die sich zusammenzieht. Wie bei allen vorherigen Experimenten entschuldigt sich Minovici wieder dafür, dass er und seine Mitarbeiter »trotz all unserem Mut dieses Experiment nicht länger als drei bis vier Sekunden ertrugen«.

Die Arbeit enthält ein Foto von Minovicis Hals, das seine nüchterne Feststellung illustriert: »Die Verletzungen des Halses als Folge der Experimente waren von einer großen Vielfalt. Die Frakturen von Kehlkopf und Zungenbein sind fast unvermeidlich. Nach dem letzten Experiment hatte ich einen Monat lang Schmerzen.« Im Bild hat er akribisch die Blutergüsse von »unvollständiger« und »vollständiger Erhängung« markiert.

Nicolas Minovici bei einem Versuch mit einer Schlinge, die sich nicht zusammenzieht. Er ließ sich jeweils hochziehen, bis seine Füße einen oder zwei Meter über dem Boden baumelten.

Minovici weist in seinem Artikel mehrmals auf die Gefährlichkeit der Versuche hin. Umso rätselhafter ist es, warum er sich jeweils hochziehen ließ, bis seine Beine einen oder zwei Meter über dem Boden baumelten, wo doch bereits in fünf Zentimeter Höhe das exakt gleiche Resultat zu erwarten gewesen wäre. Bei einem der Versuche wurde ihm das denn auch beinahe zum Verhängnis. Der Assistent, der am Seil zog, wollte Minovici am Ende des Versuchs mit den Armen auffangen, weil er befürchtete, er würde ohnmächtig. Doch das Seil verhedderte sich, und Minovici – obwohl auf den Armen des Assistenten – hing immer noch mit großem Gewicht in der Schlinge.

Minovicis Studie zählt zu den Klassikern der forensischen Medizin. Zu den darin enthaltenen Erkenntnissen gehört etwa, dass die Lage der Schlinge am Hals entscheidend ist. Einer von Minovicis Mitarbeitern brachte es mit der Schleife, die sich nicht zusammenzog, auf dreißig Sekunden, weil er das Seil geschickt positionierte. Minovici korrigierte auch die Ansicht, dass die meisten Erhängten ersticken würden. Der Tod sei vielmehr auf die unterbrochene Blutzufuhr im Gehirn zurückzuführen.

Wer das alles nicht glauben mag, den lädt Minovici ein, »unsere Resultate ohne Gefahr für sein Leben zu überprüfen. Man braucht sich nur hinzustellen und eine Schlinge um den Hals zu legen, deren anderes Ende zu einem Zugapparat führt. Und sobald man einen Zug von drei bis vier Kilogramm verspürt, der Körper sich zu heben beginnt, die Füße den Boden nicht mehr berühren, werden die Schmerzen unerträglich, sodass man das Erhängen bald aufgibt.«

◆ Minovici, N. S. (1905). Étude sur la pendaison. *Archives d'anthropologie criminelle de criminologie et de psychologie normale et pathologique* 20, 564-814.

1911 **Der Fall der 40 Fässer Coca-Cola**

Als am 16. März 1911 in Chattanooga im US-Bundesstaat Tennessee der Gerichtsfall gegen Coca-Cola zur Verhandlung kam, war Harry Hollingworth noch damit beschäftigt, die Daten seiner Experimente auszuwerten. Hätte er gewusst, wie der Prozess ausgeht, hätte er wohl nicht Nächte durchgearbeitet, um aus 64 000 Messungen eine klare Aussage zu gewinnen. Doch an diesem Donnerstag sah es noch ganz danach aus, als ob der Getränkefabrikant Hollingworths Resultate vor Gericht dringend benötigte.

Zwei Jahre zuvor hatten Regierungsbeamte in der Nähe von Chattanooga eine Lastwagenladung Coca-Cola-Sirup beschlagnahmt und Anklage gegen die Firma erhoben wegen Herstellung und Verkaufs eines gesundheitsschädlichen Getränks. Offiziell hieß der Fall »Die Vereinigten Staaten gegen 40 Fässer und 20 Fässchen Coca-Cola«.

Hinter der Aktion stand Harvey Wiley vom Landwirtschaftsministerium. Wiley war ein Kämpfer für natürliche Lebensmittel mit einer starken Abneigung gegen Koffein. Er war überzeugt davon, dass dieser Bestandteil von Coca-Cola giftig sei und süchtig mache.

Kurz vor dem Prozess wurde man sich in der Chefetage von Coca-Cola bewusst, dass es kaum Studien über die Wirkung von Koffein im Gehirn gab. Also beauftragte man Hollingworth, umfangreiche Experimente durchzuführen. Der junge Psychologe wusste, dass die Arbeit für den Getränkekonzern seinen Ruf für immer schädigen konnte. Aber er war in Geldnöten und wollte vor allem seiner Frau

Leta ein Universitätsstudium ermöglichen. Er ließ sich zusichern, dass sein Name nie im Zusammenhang mit Coca-Cola-Werbung verwendet werden dürfe.

Hollingworth mietete eine Sechszimmerwohnung in Manhattan und rekrutierte 16 Versuchspersonen im Alter zwischen 19 und 39 Jahren. Fünf Wochen vor Prozessbeginn begann er mit den ersten Tests: Die Versuchspersonen hielten sich von morgens 7.45 Uhr bis abends 18.30 in der Wohnung auf. Während dieser Zeit wurde wiederholt ihre Konzentrationsfähigkeit gemessen, ihre Wahrnehmung geprüft, ihr Urteilsvermögen abgefragt. Sie mussten kopfrechnen, Farben benennen, die Gegenteile von Begriffen suchen. Alle Versuchspersonen bekamen Kapseln zu schlucken, die entweder Koffein oder Milchzucker als Placebo enthielten. Die Tests sollten zeigen, wie sich das Verhalten der Koffeingruppe von dem der Placebogruppe unterschied.

Am 27. März hatte Harry Hollingworth seinen Auftritt vor Gericht. Er zeigte Grafiken und Tabellen und charakterisierte Koffein als mildes Aufputschmittel. Das einzige negative Resultat: Bei hoher Dosierung konnte es gelegentlich Schlafstörungen verursachen. Die Studie, die er in der kurzen Zeit durchgeführt hatte, gilt heute noch als Modell für gründliche und seriöse Forschung, auf den Ausgang des Prozesses hatte sie allerdings keinen Einfluss.

Nach Anhörung der Zeugen stellte Coca-Cola den An-

Früher wurde Coca-Cola in Fässern transportiert. 1909 ließ der amerikanische Landwirtschaftsminister eine Lastwagenladung Coca-Cola beschlagnahmen, weil er das Getränk für gesundheitsschädlich hielt.

trag, die Klage abzuweisen, weil sie auf der Annahme beruhe, dass Koffein ein künstlicher Zusatzstoff von Coca-Cola sei. Bei Koffein handle es sich um einen inhärenten Bestandteil von Coca-Cola wie von Tee und Kaffee. Dieser Argumentation schloss sich der Richter in seiner 25-seitigen Abhandlung über die Bedeutung des Wortes »Zusatz« an. Nach mehreren Berufungen landete der Fall schließlich beim obersten Gericht, das entschied, Koffein sei doch ein Zusatzstoff, und den Fall an das Gericht in Chattanooga zurückverwies. In der Zwischenzeit hatte Coca-Cola die Zusammensetzung des Getränks geändert und den Koffeingehalt halbiert. Damit wurde die ursprüngliche Klage hinfällig.

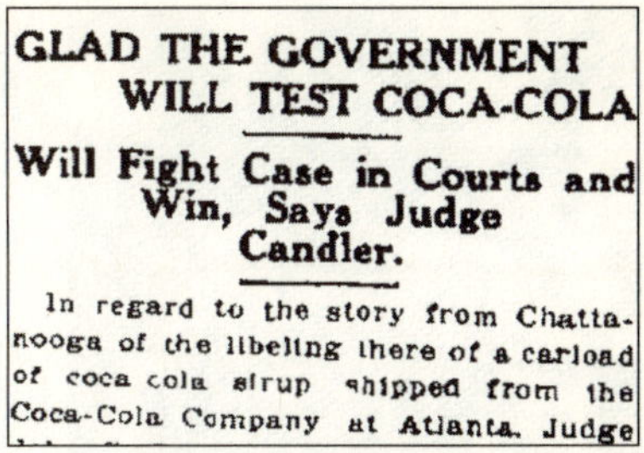
GLAD THE GOVERNMENT WILL TEST COCA-COLA

Will Fight Case in Courts and Win, Says Judge Candler.

In regard to the story from Chattanooga of the libeling there of a carload of coca cola sirup shipped from the Coca-Cola Company at Atlanta, Judge

»Erfreut darüber, dass die Regierung Coca-Cola testen wird« (*The Constitution*, 24.10.1909). Die Beschlagnahmung der 40 Fässer Coca-Cola machte Schlagzeilen. Richter Candler war sich sicher, den Prozess zu gewinnen.

Für Hollingworth waren die Koffeinexperimente der Anfang einer erfolgreichen Karriere in angewandter Psychologie. Seine Frau beendete ihre Ausbildung und wurde noch bekannter als ihr Mann. Aus der Koffeinstudie ergaben sich Hinweise darauf, dass – anders, als viele Männer glaubten – der Menstruationszyklus keinen Einfluss auf die geistige Leistungsfähigkeit von Frauen hatte. Leta Hollingworth benutzte die Methode der Coca-Cola-Experimente, um diese Tatsache ein für alle Mal zu belegen. Ihre Doktorarbeit »Funktionale Periodizität: Eine experimentelle Studie der mentalen und motorischen Fähigkeiten von Frauen während der Menstruation« gehört heute zu den Klassikern in der Psychologie.

◆ Hollingworth, H. L. (1912). The Influence of Caffein on Mental and Motor Efficiency. *Archives of Psychology* 22.

1926 **Kinderüberraschung**

Von allen wissenschaftlichen Experimenten mit Säuglingen gehören jene der Kinderärztin Clara Davis zu der erfreulicheren Sorte. Der acht Monate alte Abraham G., wie er in der Studie genannt wurde, konnte sich jedenfalls nicht beklagen. Vom 23. Oktober 1926 an, dem ersten Tag des Experiments, bekam er zu den Essenszeiten jedes Mal ein Tablett mit zehn Speisen und zwei Getränken aus einem Sortiment von über 30 verschiedenen Nahrungsmitteln vorgesetzt. Zur Auswahl standen unter anderem Äpfel, pürierte Ananas, Tomaten, gebackene Kartoffeln, ge-

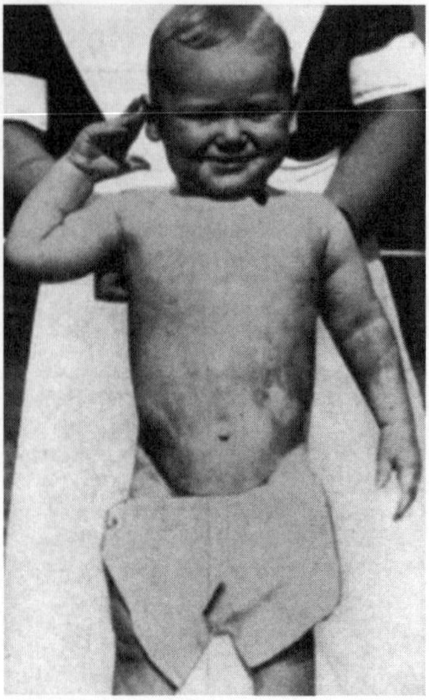

Earl H., eine der Versuchspersonen, mit 15 Monaten. Das Experiment bescherte ihm und den anderen den Kindern in Clara Davis' Experimenten ein Leben wie im Schlaraffenland.

kochter Weizen, Mais, Hafer, Roggen, gehacktes gekochtes Rindfleisch, Knochenmark, Hirn, Leber, Nierchen, gehackter Fisch, Eier, Salz, Wasser, verschiedene Sorten Milch und Orangensaft.

Der kleine Abraham konnte nach Belieben zulangen. Er musste bloß nach einer der Schalen greifen oder auf sie deuten, und eine Kinderkrankenschwester führte einen Löffel mit dem Inhalt des Näpfchens zu seinem Mund. Er konnte auch »mit seinen Fingern oder sonst wie essen, ohne dass seine Manieren kommentiert oder korrigiert werden dürfen«, wie es in der Studie hieß. Am Anfang tauchte er das ganze Gesicht in die Schalen.

Davis wog nach jeder Mahlzeit aufs Gramm genau ab, wie viel Abraham von welchen Speisen gegessen hatte. Etwa 60 Gramm fand sie jeweils auf dem Lätzchen und unter dem Stuhl. Sie wurden abgezogen.

Mit der eigenartigen Fütterungsmethode wollte Davis die alte Ansicht widerlegen, wonach sich die Ernährungsumstellung von der Muttermilch zur Erwachsenenkost kontinuierlich über eine Zeit von drei bis vier Jahren hinziehen sollte. Da die Säuglinge ihre Speisen selber wählten, wurde das Experiment auch oft in Zusammenhang mit einer anderen Auseinandersetzung in den Ernährungswissenschaften herangezogen: Sind Tiere – darunter auch die Menschen – in der Lage, sich aus einem breiten Angebot an Nahrungsmitteln instinktiv für die am besten für ihre Entwicklung geeigneten zu entscheiden, oder sollten sie den Ernährungsplänen von Biochemikern folgen, die alle Speisen nach Nährstoffgehalt analysiert hatten?

Neben Abraham brauchte Davis für ihre Experimente in den 1920er- und 1930er-Jahren in Chicago noch 14 Waisen im Alter zwischen sechs Monaten und viereinhalb Jahren. Die Resultate waren so spektakulär, dass sich ein Journalist fragte: »Hat sich während all der Jahre jemand einen kolossalen Witz mit uns erlaubt?« Obwohl sich Davis' Kinder nicht nach den Geboten von Eltern und Kinderärzten verhielten, entwickelten sie sich völlig normal. Sie wiesen keine Mangelerscheinungen auf, litten weder an Bauchschmerzen noch an Verstopfung.

Nach mehreren Jahren und 37 500 servierten Mahlzeiten zeigte sich: Die »Menüs« der einzelnen Kinder unterschieden sich nicht nur sehr stark, sie waren auch geprägt von Wellen der Vorliebe für ein bestimmtes Produkt. Es gab Kinder, die vier Bananen nacheinander aßen oder sieben Eier. Einen Dreijährigen filmte Davis, wie er als Abendessen ein Pfund Lammfleisch vertilgte. Generell nahmen die Kinder viel mehr Früchte, Fleisch, Eier und Fett zu sich, als Kinderärzte damals empfahlen, und weniger Getreide und Gemüse. Ein Mädchen aß während des Experiments drei Jahre lang nur gerade etwas mehr als ein Kilogramm Gemüse. Spinat wurde von fast allen Kindern verschmäht. Ähnlich unpopulär waren Kohl und Kopfsalat.

Die Kombinationen von Speisen, welche die Kinder sich zusammenstellten, waren »der Albtraum jedes Ernährungswissenschafters«, wie Davis sich ausdrückte: Ein Frühstück konnte aus einem halben Liter Orangensaft und etwas Leber bestehen. Was aussah wie ein ernährungswissenschaftliches Chaos, stellte sich jedoch bei genauerer Betrachtung als sinnvolle Ernährung heraus: Die Mengen an Protein, Fett und Kohlenhydraten lagen nämlich im Rahmen der üblichen Werte.

Davis' Experiment wirkte sich gravierend auf die bis dahin gängige Ernährungspraxis von Kleinkindern aus. Es zeigte, dass Kinder das Essen Erwachsener problemlos verdauen können, dabei normal heranwachsen und dass »normierte Diäten kaum eine optimale Ernährung sind«. Aus den Versuchen wurde aber auch der Mythos geboren, Kinder verfügten über die intuitive Fähigkeit, sich aus einem

Bei jedem Essen durften die Kinder aus einer reichen Selektion von Speisen wählen, was sie wollten. Sie konnten mit ihren Fingern oder sonstwie essen, ohne dass ihre Manieren kommentiert oder korrigiert werden durften.

beliebigen Sortiment von Speisen eine ausgeglichene Diät zusammenzustellen.

Dass das nicht stimmt, wusste schon Clara Davis. Ihre Auswahl bestand ja ausschließlich aus unverarbeiteten, ungewürzten und ungezuckerten Nahrungsmitteln: kein Brot, keine Suppen, keine Süßigkeiten. Zudem hatte sie ein Experiment mit verarbeiteten Speisen beabsichtigt, doch wurden ihr dafür keine Mittel bewilligt. Was dabei herausgekommen wäre, kann man heute an jedem Fast-Food-Stand beobachten.

◆ Davis, C. M. (1928). Self-selection of diet by newly weaned infants: an experimental study. *American journal of diseases of children* 28, 651-679.

1927 **Ein langweiliges Experiment**

Der Physiker Thomas Parnell hätte sich nicht träumen lassen, dass das Experiment, das er 1927 startete, im *Guinness-Buch der Rekorde* landen würde.

Thomas Parnell muss ein geduldiger Mensch gewesen sein. Irgendwann im Jahr 1927 goss der Professor für Physik an der Universität von Queensland in Brisbane, Australien, heißes Pech in einen unten verschlossenen Trichter – dann wartete er drei Jahre. Das Pech sollte sich in dieser Zeit setzen. 1930 öffnete er den Trichter und wartete erneut – diesmal acht Jahre, bis sich im Dezember 1938 der erste Tropfen Pech löste und in das Becherglas unter dem Behältnis fiel.

Pech ist eine teerartige Substanz, die bei der Verarbeitung von Erdöl, Kohle oder Holz anfällt. Es wurde früher benutzt, um Fackeln herzustellen oder Schiffe abzudichten. Bei Raumtemperatur ist Pech hart wie Stein und brüchig wie Glas. Doch der Eindruck täuscht, es hat auch in diesem Zustand die Eigenschaften einer Flüssigkeit. Berechnungen ergaben, dass es 100 Milliarden Mal zähflüssiger ist als Wasser. Der Tropfen Pech unter dem Trichter ist denn auch genauso hart wie das Ausgangsmaterial.

Neun Jahre nach dem ersten Tropfen hatte sich ein zweiter gebildet, der sich im Februar 1947 absonderte. Dann starb Parnell, und ein Mitarbeiter kümmerte sich um das Experiment – eine Aufgabe, die vor allem darin bestand, nichts zu tun. Im April 1954 machte sich der dritte Tropfen selbstständig.

1961 nahm der Physiker John Mainstone seine Tätigkeit an der Universität auf, und in den fast 50 Jahren – und fünf Tropfen –, die seither vergangen sind, hat er den Versuch beaufsichtigt.

Seit der Physiker John Mainstone 1961 die Betreuung des Experiments übernommen hat, haben sich fünf Tropfen Pech gelöst – doch noch nie hat ein Mensch dabei zugeschaut.

Die große Karriere des Pechtropfenexperiments begann sechzig Jahre nach seinem Start. Mainstone hatte die Idee, es anlässlich der Weltausstellung 1988 in Brisbane im Pavillon der Universität zu zeigen. Von da an verbrachte er einen zunehmenden Teil seiner Arbeitszeit als persönlicher Pressesprecher des langweiligsten Experiments der Welt (genau genommen ist es eher eine Demonstration einer bekannten Eigenschaft von Pech als ein Experiment, bei dem versucht wird, etwas Neues über Pech herauszufinden).

Journalisten von überall her riefen an, Fernsehteams flogen ein. 2003 wurde der pechgefüllte Trichter ins *Guinness-Buch der Rekorde* aufgenommen als der Welt am längsten andauerndes Laborexperiment. 2005 erhielten John Mainstone und posthum Thomas Parnell einen Ig-»Nobelpreis«, die populäre Spaßauszeichnung für seltsame Wissenschaft, »die uns erst zum Lachen, dann zum Denken bringt«. 2006 wurde das Experiment auch noch mit dem Titel »langweiligste Website im Internet« bedacht – knapp vor der Online-Präsentation des Essigmuseums in South Dakota.

Natürlich war es da nur noch eine Frage der Zeit, bis sich auch die erste Popgruppe nach dem Experiment benannte. Die drei Songs, die »The Pitch Drop Experiment« auf ihrer Website bei MySpace veröffentlichen, heißen »First Drop«, »Second Drop« und – man ahnt es – »Third Drop«.

Obwohl Pech extrem spröde ist und unter einem Hammerschlag in tausend Stücke zersplittert, verhält es sich wie eine extrem zähe Flüssigkeit.

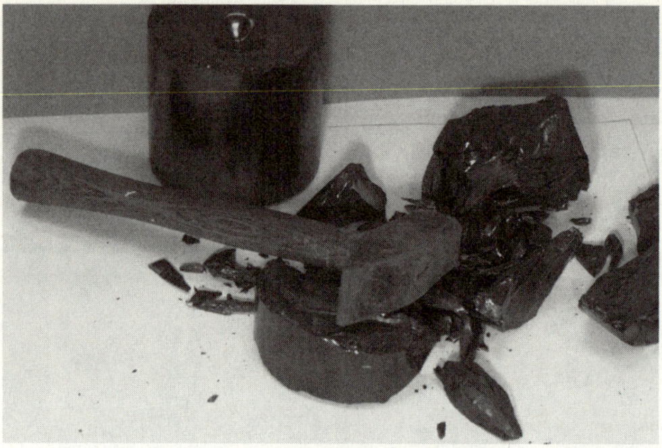

Bei so viel Popularität mag es erstaunen, dass bisher kein Mensch einen Tropfen Pech hat fallen sehen. Doch dieser Vorgang dauert nur eine Zehntelsekunde – nach acht bis zwölf Jahren Wartezeit. Beim letzten Tropfen im Jahr 2000 war zwar eine digitale Kamera auf den Trichter gerichtet, doch ausgerechnet, als es so weit war, streikte die Technik.

Nachdem der Trichter mit dem Pech anfangs über Jahrzehnte in einem verschlossenen Kasten untergebracht war, steht er nun im Foyer des Parnell-Gebäudes der Universität. Seit dieser Raum klimatisiert ist, liegt die Durchschnittstemperatur tiefer. Das ist mit ein Grund, weshalb das Pech heute langsamer fließt und größere Tropfen bildet – was Mainstone in ein »schreckliches ethisches Dilemma« versetzte. Der achte Tropfen löste sich zwar am 28. November 2000, weil er aber sehr groß war und deshalb nicht sonderlich tief fiel, wurde er auch nicht völlig vom Teer im Trichter abgetrennt, sondern war immer noch mit ihm verbunden. »Sollen wir die Verbindung kappen, damit der neue Tropfen auf kein Hindernis stößt, oder lassen wir Parnells Experiment ungestört?« Mainstone entschied sich, nicht einzugreifen.

Über die Gründe, die Parnell vor 81 Jahren bewogen, den Versuch zu beginnen, kann Mainstone nur spekulieren. Damals hatte in der Physik die Quantenrevolution eingesetzt. »Vielleicht wollte Parnell zeigen, dass es auch in der klassischen Physik Dinge gab, die nicht sind, was sie zu sein scheinen.«

Die vereinzelten Stimmen, die das kuriose Experiment als der Universität nicht würdig erachteten, sind schon lange verstummt. »Für nichts anderes ist die Universität so berühmt wie für das Pitch-Drop-Experiment«, sagt Mainstone, der hofft, den Fall des nächsten Tropfens, den er in fünf Jahren erwartet, endlich mitzuerleben. Auf den übernächsten Tropfen angesprochen, beginnt Mainstone zu rechnen und sagt dann: »Das könnte etwas problematisch werden.« Der Professor ist 73 Jahre alt.

verrueckte-experimente.de

◆ Edgeworth, R., B. J. Dalton et al. (1984). The pitch drop experiment. *European Journal of Physics* 5(4), 198-200.

1928 **Ohne Beilage bitte!**

Als Vilhjalmur Stefansson am 28. Februar 1928 mit seinem Experiment begann, sagten Experten voraus, dass er nicht mehr als vier bis fünf Tage durchhalten würde. Bei früheren Versuchen, so ein Ernährungsspezialist aus Europa, seien die Versuchspersonen bereits nach drei Tagen zusammengebrochen. Stefansson ließ sich aber nicht beirren. Er war sicher, dass ein Mensch nur von Fleisch leben konnte, solange er wollte, und dabei gesund blieb – ob in der Arktis, wo er es bei seinen Expeditionen zu den Inuit bereits praktiziert hatte, oder in der Abteilung B 1 des Bellevue-Hospitals in New York, wo das Experiment unter Aufsicht einer ganzen Schar von Ärzten nun stattfinden sollte. Dass er trotzdem bereits zwei Tage danach Durchfall hatte, lag daran, dass sich die Mediziner eine kleine Gemeinheit ausgedacht hatten.

Schon Anfang des 20. Jahrhunderts gab es eine feste Überzeugung, wie man sich gesund ernährt: Viel Gemüse und Früchte und wenig Fleisch, hieß die Grundregel. Ohne das Vitamin C aus Gemüse und Früchten – diese leidvolle Erfahrung hatten bereits die Seefahrer gemacht – erkrankt der Mensch an Skorbut (siehe Seite 18 ff.). Übermäßiger Fleischgenuss hingegen führe zu Rheumatismus, hohem Blutdruck, Überlastung der Nieren. Kein Mensch kann von Fleisch allein leben. Daran glaubte auch Stefansson, als er 1906 – 22 Jahre vor dem Experiment – seine Stellung als Assistenzlehrer in Anthropologie an der Universität Harvard aufgab und 27-jährig in die Arktis aufbrach.

Von allen Nahrungsmitteln, gegen die man eine Abneigung haben konnte, mochte Stefansson ausgerechnet Fisch überhaupt nicht. »Ich knabberte vielleicht ein- oder zweimal pro Jahr daran herum, nur um meine Meinung zu bestätigen, dass Fisch so schlecht schmeckte, wie ich dachte«, schrieb er später. Die Inuit (Eskimos), bei denen er auf seiner ersten Reise gezwungen war zu überwintern, lebten ausschließlich von Fisch. Immerhin musste Stefansson ihn nicht in Wasser gekocht oder roh essen, wie die Einheimischen es taten. Die Frauen brieten den Fisch für ihn, und er erlebte eine Überraschung. »Entgegen meiner Erwartung und fast gegen meinen Willen begann ich gebratene Lachsforelle zu mögen.« Und nicht nur das, schon bald bevorzugte Stefansson den gekochten Fisch, und auch der rohe, den die Frauen wie eine Banane schälten, schmeckte ihm.

Nach drei Monaten hatte Stefansson die Essgewohnheiten der Inuit weitgehend übernommen. Einzig an verfaulten Fisch wagte er sich nicht so recht heran. Doch dann: »Eines Tages versuchte ich verfaulten Fisch, und ich mochte ihn besser als mein erstes Stück Camembert.« In den darauf folgenden Wochen wurde auch der stinkende Fisch zu einer Delikatesse für ihn.

Stefansson unternahm weitere ausgedehnte Reisen in die Arktis. Nachdem er sich 1918 bereits fünf Jahre ausschließlich von Fisch, Eisbär, Robbe und Rentier – also Fleisch – ernährt hatte, teilte er einem Wissenschaftler der amerikanischen Nahrungsmittelbehörde mit, man müsse den Sachverhalt genauer prüfen. Er selbst schien keine Probleme zu haben, nur Fleisch zu essen. Stefansson bezog sich dabei auf die wissenschaftliche Definition von Fleisch, die Fisch einschließt.

Ständig verhindert durch seine Reisetätigkeit, ließ sich Stefansson schließlich 1926 untersuchen. In der Facharbeit »Die Wirkung von lang anhaltendem ausschließlichem Konsum von Fleisch« kamen die Ärzte zum Schluss, dass Stefansson unter keiner einzigen der angenommenen schädlichen Auswirkungen von maßlosem Fleischkonsum litt.

Doch die Fachwelt blieb skeptisch. Einige Experten vermuteten, dass Stefanssons Fleischdiät nur unter extremen klimatischen Bedingungen unschädlich war, andere

glaubten, die große körperliche Anstrengung in freier Natur sei nötig, um die einseitige Nahrung zu tolerieren. Positiv reagierte die Vereinigung der amerikanischen Fleischverarbeiter. Sie bat um die Erlaubnis, den Artikel in großen Mengen an Ärzte und Ernährungsberater zu verteilen. Stefansson und die beteiligten Ärzte lehnten ab, machten den Fleischverarbeitern aber ein anderes Angebot. Wenn sie ein Experiment finanzierten, das klären sollte, ob eine reine Fleischdiät auch für den durchschnittlichen amerikanischen Stadtbewohner gesund sei, dürften sie die Resultate für ihre Zwecke nutzen.

Der Arktisforscher Vilhjalmur Stefansson mit seiner Jagdbeute, einer Robbe. Um skeptischen Ernährungsexperten zu beweisen, dass nicht krank wird, wer ausschließlich Fleisch isst, nahm er ein Jahr lang nichts anderes zu sich.

Und so trat Stefansson am 13. Februar 1928 im New Yorker Bellevue-Hospital zum Test an. Während der ersten zwei Wochen bestimmten die Ärzte die Eckdaten von Stefanssons Stoffwechsel. Er aß eine gemischte Diät aus Früchten, Gemüse, Getreide und Fleisch und legte sich dann für drei Stunden in ein Kalorimeter, eine Art Sarg mit Glaswänden, der den Gasaustausch überwachte, die Temperatur und andere Werte bestimmte und daraus Rückschlüsse auf die Prozesse im Körper erlaubte. Diese Untersuchungen empfand Stefansson als besonders lästig. »Wir durften nicht lesen, und man warnte uns sogar, an irgendetwas besonders Angenehmes oder Unangenehmes zu denken, weil Gedanken und Gefühle den Körper erhitzen oder kühlen können.«

Ursprünglich wollte sich Stefansson dem Test allein un-

EXPORER IS MUCH BETTER EATING MEAT

Stefansson Has Eaten Nothing But Meat Three Weeks And Is More Ambitious

NEW YORK, March 22 (AP).—After three weeks on an all meat diet.

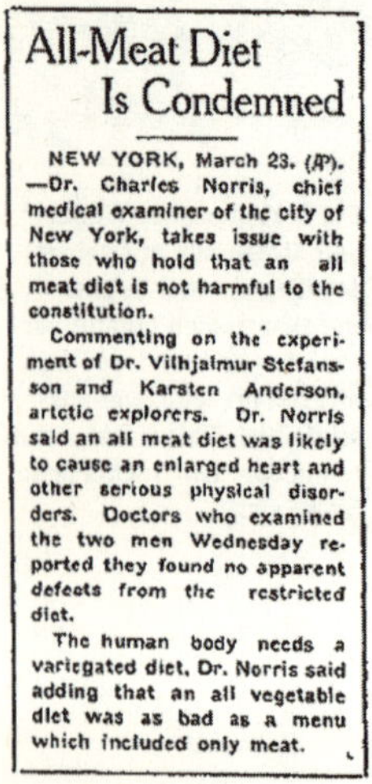

All-Meat Diet Is Condemned

NEW YORK, March 23. (AP). —Dr. Charles Norris, chief medical examiner of the city of New York, takes issue with those who hold that an all meat diet is not harmful to the constitution.

Commenting on the experiment of Dr. Vilhjalmur Stefansson and Karsten Anderson, artctic explorers. Dr. Norris said an all meat diet was likely to cause an enlarged heart and other serious physical disorders. Doctors who examined the two men Wednesday reported they found no apparent defects from the restricted diet.

The human body needs a variegated diet, Dr. Norris said adding that an all vegetable diet was as bad as a menu which included only meat.

»Entdecker geht es viel besser, wenn er nur Fleich isst« (*The Daily Mail*, 22.3. 1928). – »Nur-Fleisch-Diät wird verurteilt« (*The Morning Herald*, 24.3.1928). Stefanssons Experiment löste kontroverse Reaktionen aus.

terziehen, aber »ich hätte von einem Lastwagen überfahren werden können, und das würde von Mischessern und Vegetariern als Zeichen mangelnder Aufmerksamkeit und Vitalität ausgelegt, verursacht von der monotonen Diät und dem Gift im Fleisch«. Als zweiten Versuchsteilnehmer konnte Stefansson seinen früheren Expeditionskollegen Karsten Andersen überreden, einen jungen Dänen, der in Florida lebte und eine Diät, »reich an pflanzlichen Elementen«, bevorzugte, von der Stefansson offensichtlich nicht viel hielt, fügte er doch an, dass Andersen ständig an Erkältungen leide, seine Haare verliere und Probleme mit einer Vergiftung im Darm habe. Jeder Doktor, war Stefansson sicher, würde in einem solchen Fall sagen: »Ich befürchte, Sie müssen auf Fleisch verzichten.«

Nach der Phase mit der Normaldiät begann am 28. Februar der eigentliche Versuch. Stefansson und Andersen bekamen nur noch Fleisch zu essen und wurden Tag und Nacht überwacht. Niemand sollte ihnen vorwerfen können, sie hätten sich heimlich an Salat oder einem Apfel gütlich getan. Selbst telefonieren durften sie nicht mehr ohne Beaufsichtigung.

Andersen aß Koteletts, gekochte Rippen, Hähnchen, Leber, Speck und Fisch nach Belieben, mit ein bisschen Knochenmark als Dessert. Als Kontrast wurde Stefansson – das war die Gemeinheit – auf mageres Fleisch gesetzt, was ihm schon am zweiten Tag Schwierigkeiten bereitete: Durchfall und generelles Unwohlsein setzten ein. Ähnlich war es ihm in der Arktis ergangen, als er zu wenig Fett zu sich genommen hatte. So wusste er, dass die Sache nach ein paar fetten Steaks und in Schmalz gebratenem Hirn ausgestanden sein würde.

Zur Überraschung der Ärzte war die Fleischdiät nicht so eiweißhaltig, wie man bis dahin angenommen hatte, sondern vor allem reich an Fett. Stefansson und Andersen verzehrten pro Tag etwa eineindrittel Pfund mageres Fleisch und ein halbes Pfund Fett. Das Fett deckte drei Viertel ihres Energiehaushalts.

Stefansson verließ das Spital nach drei Wochen, weil er Termine außerhalb New Yorks hatte. Andersen blieb drei Monate unter strenger Überwachung. Beide lebten weiter nur von Fleisch – ein ganzes Jahr lang (Andersen überstand mit dieser Diät sogar eine schwere Lungenentzündung und behauptete, sein Haarausfall habe aufgehört). Dann ließen sie sich noch einmal gründlich untersuchen und wechselten wieder auf eine gemischte Diät. In der Schlussphase war es Andersen, der Probleme bekam. Die Ärzte verabreichten ihm eine Woche lang zu jeder Mahlzeit nur Fett, bis es ihm jeweils übel wurde. Außer in diesem Zeitraum hatte erstaunlicherweise keiner der Männer besondere Lust auf Abwechslung, auf Früchte oder Gemüse. Noch überraschender war die Tatsache, dass Stefansson und Andersen unter der fettreichen Diät etwa zwei Kilo abgenommen hatten.

Das Experiment wäre wohl im Kuriositätenkabinett der Medizin gelandet, hätte nicht 1972 ein amerikanischer Herzspezialist ein Buch mit dem großspurigen Titel *Dr. Atkins' Diät-Revolution* herausgebracht. Robert Atkins war der Überzeugung, dass nicht zu viel Fett in der Nahrung zu Übergewicht führe, sondern zu viele Kohlenhydrate. Spiegelei mit Speck, fette Steaks und Doppelrahmkäse sind ausdrücklich erlaubt, Kartoffeln, Reis, Zucker und andere kohlenhydratreiche Speisen verboten.

Die Atkins-Diät ist heute in aller Munde und immer noch heiß umstritten. Tatsächlich sollen Leute so Gewicht verloren haben. Unklar bleibt, warum, und ob sie Langzeitschäden befürchten müssen. Obwohl Vilhjalmur Stefansson seine Fleischernährung nicht als Diätvorschlag sah, wird er heute in einem Atemzug mit Atkins genannt.

Die Atkins-Diät hat einen neuen Säulenheiligen dringend nötig. Robert Atkins starb im April 2003, nachdem er in New York auf einer eisigen Straße gestürzt war. Wie das vegetariernahe Ärztekomitee für eine verantwortungsvolle Medizin später publik machte, wog er bei seinem Tod 117 Kilogramm. Welches Gewicht Stefansson im Alter auf die Waage brachte, ist nicht bekannt.

◆ Stefansson, V. (1957). *The Fat of the Land*. New York, The Macmillan Company.

1932 **Die ungleichen Zwillinge**

Johnny und Jimmy Woods kamen am 18. April 1932 ohne Komplikationen zur Welt: zuerst Johnny mit den Füßen voran, 16 Minuten und 30 Sekunden später Jimmy in Normalposition. Die Mutter Florence Woods war 32 Jahre alt und hatte schon fünf Kinder, für die ihr Mann Dennis als Taxifahrer in New York kaum genug Geld nach Hause brachte. Die Familie war von der Sozialhilfe abhängig und lebte in einer Wohnung ohne Heizung an der Amsterdam Avenue in New York.

Deshalb musste Florence Woods das Angebot eines seltsamen Experiments als Geschenk des Himmels empfunden haben: Eine Psychologin namens Myrtle McGraw wollte an Johnny und Jimmy studieren, wie sich Fördermaßnahmen auf die motorische Entwicklung von Kindern auswirken. Dieses Projekt erforderte, dass die Zwillinge fünf Tage pro Woche von neun bis fünf Uhr unter der Obhut von McGraw oder in einem Hort verbrachten – eine Art Gratiskrippenplatz in bester Umgebung. Überdies würden Johnny und Jimmy später ein Stipendium an der Columbia University erhalten.

Myrtle McGraw erforschte in der Säuglingsabteilung des Columbia Presbyterian Medical Center in New York die Entwicklung von Kindern. Sie war es zum Beispiel, die herausfand, dass Säuglinge in den ersten Monaten einen angeborenen Tauchreflex zeigen, der sie instinktiv die Luft anhalten lässt, wenn sie ins Wasser tauchen. Zu den Fragen, die sie besonders interessierten, gehörte: Lässt sich durch gezieltes Training beeinflussen, wann die Stadien auftreten, die ein heranwachsender Säugling in seiner Motorik durchläuft?

Prominente Wissenschaftler wie der Psychologe Arnold Gesell vertraten die Meinung, die motorische Entwicklung von Kindern folge einem von der Natur vorgegebenen Muster, das kaum beschleunigt werden könne. McGraw war davon nicht überzeugt und überlegte sich, wie sie die Wirkung frühen Trainings testen könnte.

Die einfachste Methode war, den Effekt unterschiedlicher Fördermaßnahmen an zwei genau gleichen Säuglingen zu beobachten. Solche Wesen gibt es zwar nicht, aber eineiige Zwillinge kamen dieser Voraussetzung recht nahe. Eineiige Zwillinge haben das gleiche Erbmaterial. Falls sie sich unterschiedlich entwickeln, kann der Grund also nicht in ihrer Natur liegen, sondern muss auf Umwelteinflüsse – zum Beispiel McGraws Fördermaßnahmen – zurückgehen.

Welche Wirkung hat die Frühförderung bei Säuglingen? Mit 21 Monaten schaffte es Johnny Woods, von einem 1,60 Meter hohen Podest zu klettern. Sein Zwillingsbruder Jimmy konnte noch nicht einmal gehen.

Unter welchen Umständen Florence Woods und Myrtle McGraw zum ersten Mal zusammentrafen, ist nicht bekannt. Aber es muss im Winter 1932 gewesen sein, nachdem Mrs. Woods – im siebten Monat schwanger – erfahren hatte, dass sie zwei Kinder austrug. McGraw wird ihr erklärt haben, wie das Experiment ablaufen würde: Vom zwanzigsten Tag nach der Geburt an sollte der eine Zwilling ein rigoroses Förderprogramm durchlaufen, der andere während derselben Zeit vor allem in einer Krippe mit höchstens zwei Spielzeugen liegen. In regelmäßigen Abständen durchgeführte Tests würden zeigen, was das Training bewirkte.

Weil Johnny bei der Geburt schlechter entwickelt war und auch weniger Gewicht auf die Waage brachte als Jimmy, wählte McGraw ihn für das Förderprogramm aus. Er bekam Schwimmunterricht, übte, über Hindernisse zu klettern und von Podesten zu springen, lernte, Kisten zu stapeln. Die Wirkung ließ nicht auf sich warten: Mit 15 Monaten vollführte Johnny einen Hecht von einem 1,50 Meter hohen Sprungbrett, mit 17 Monaten schwamm er vier Meter unter Wasser, mit 21 Monaten kletterte er von einem 1,60 Meter hohen Podest, und mit 22 Monaten kroch er mühelos eine 70 Grad steile Rampe empor.

Von all seinen Leistungen war Johnnys Geschick im Rollschuhlaufen am erstaunlichsten. Anlässlich eines Treffens der American Psychological Association 1934 zeigte McGraw einen Film, in dem er auf Rollschuhen die Gänge der Klinik unsicher macht. Die Idee, Johnnys Balance zu

Nichts machte das Experiment berühmter als die Tatsache, dass Johnny mit 13 Monaten Rollschuh laufen konnte (nach mehreren Monaten Training).

beurteilen, indem sie ihn auf Rollschuhe stellte, bezeichnete McGraw später als ihren größten Fehler: Nicht, weil die Methode falsch gewesen wäre, sondern weil ein Säugling auf Rollschuhen für Journalisten ein gefundenes Fressen war.

»Das beste Alter, das Rollschuhlaufen zu lernen, ist sieben Monate«, erklärte die *Reno Evening Gazette* ihren Lesern, und die *New York Times* schrieb: »Konditioniertes Kind beweist Überlegenheit.« Tatsächlich schienen die ersten Resultate die Wirksamkeit des Trainings zu beweisen.

Als die Zwillinge 22 Monate alt waren, konnte das Experiment nicht in der gleichen Form weitergeführt werden. Jimmy quengelte ständig und wurde immer unzufriedener mit seinen restriktiven Spielmöglichkeiten. In einem Intensivprogramm wurde er in den darauf folgenden zweieinhalb Monaten in allem unterwiesen, was Johnny von Geburt an gelernt hatte. Das Resultat war überraschend: Jimmy schloss praktisch in allen Disziplinen zu Johnny auf. Danach lebten die beiden zu Hause, kamen aber zu regelmäßigen Tests in die Klinik, bis sie zehn Jahre alt waren.

Führende Lehrbücher bezeichnen McGraw heute als Anhängerin der Reifungstheorie. Ihr Experiment habe klar gezeigt, dass die Lernbereitschaft letztlich genetisch gesteuert sei und dass eine frühe Förderung letztlich keinen Vorteil bringe. Man müsse einfach warten und die Kinder reifen lassen.

McGraw fühlte sich in dieser Hinsicht missverstanden, weil man ihrer Meinung nach keine allgemein gültigen Aussagen zur Wirksamkeit der Frühförderung machen könne, »da verschiedene Fähigkeiten ganz unterschiedlich bewahrt werden oder verloren gehen«. Persönlich war McGraw überzeugt davon, dass die bessere Körperkoordination, die Johnny im Erwachsenenalter zeigte, auf das Training zurückging.

Die Presseleute gaben dem Experiment von Anfang an einen eigenen Dreh. »Johnny ist ein Gentleman, Jimmy ist ein Idiot«, titelte der *Literary Digest* 1933 und spielte damit auf die Intelligenz und Persönlichkeit der Zwillinge an, obwohl McGraws Studie sich einzig um die motorische Entwicklung drehte.

Die Studie verlor bei den Journalisten rasch an Interesse – vielleicht weil sie keine einfachen Antworten gab, etwa auf die Frage, ob Natur oder Erziehung die wichtigere Rolle spielten. In vielen Artikeln wurde die Autorität der Psychologie in Sachen Kindererziehung infrage gestellt. »›Normaler‹ Jimmy ist ›wissenschaftlichem‹ Johnny überlegen«, schrieb eine Zeitung; eine andere: »Normaler Zwilling herrscht über ›Superbaby‹.« Den Experten sei es peinlich, dass ihren Theorien ein Schlag versetzt worden sei, war in einem Artikel zu lesen. Die Zeitung bezog sich dabei auf die Tatsache, dass Johnny zwar intelligenter sein mochte, zu Hause aber Jimmy das Sagen hatte und seinen Bruder »für sich arbeiten ließ. … Jimmy scheint alle Qualifikationen eines Managers zu haben und Johnny alle Fähigkeiten eines sachkundigen Untergebenen.«

Der Vergleich aus der Geschäftswelt war natürlich lächerlich, aber McGraw hatte selbst einmal gesagt, Johnnys

Eines der vielen Experimente, die Johnny durchlief. Dieser Test war ursprünglich entwickelt worden, um die Intelligenz von Affen zu bestimmen (siehe *Das Buch der verrückten Experimente*, Seite 74).

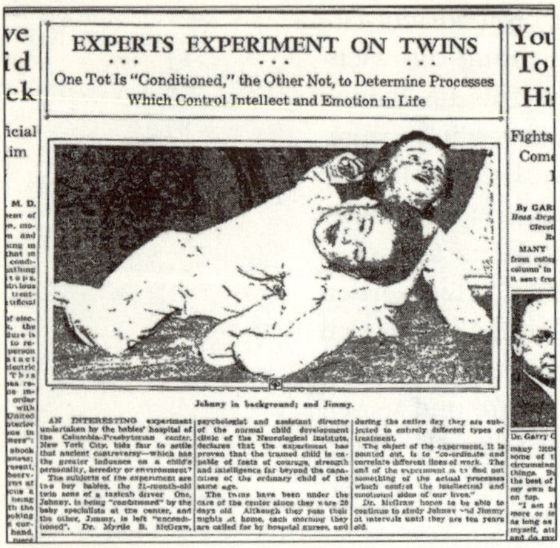

EXPERTS EXPERIMENT ON TWINS

One Tot Is "Conditioned," the Other Not, to Determine Processes Which Control Intellect and Emotion in Life

Johnny in background; and Jimmy.

»Experten experimentieren mit Zwillingen« (*Stevens Point Daily Journal*, 15.3.1934). Einer von unzähligen Presseartikeln über das Experiment.

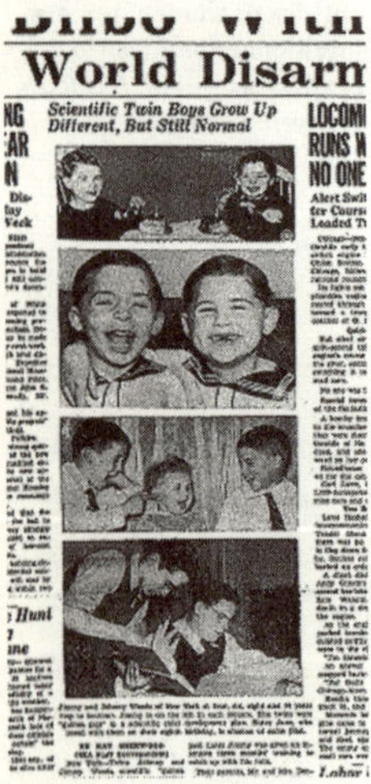

World Disarm

Scientific Twin Boys Grow Up Different, But Still Normal

»Wissenschaftliche Zwillinge wachsen unterschiedlich, aber normal auf« (*Daily Journal-Gazette*, 14.12.1946). Johnny und Jimmy waren 14 Jahre alt, als dieser Artikel erschien.

Förderprogramm sei »eine schlechte Vorbereitung auf das raue Leben in einer Großfamilie«. Zudem war nicht zu verhindern, dass die Eltern Jimmy aus Mitleid zu Hause stärker förderten als Johnny.

Die Journalisten besuchten Johnny und Jimmy zu Hause und begleiteten sie jedes Jahr auf ihrem traditionellen Geburtstagsausflug in den Zirkus. Als die Zwillinge mit sieben in die Schule kamen, schrieb die *New York Times*: »Nachdem er seit seiner frühsten Kindheit ›wissenschaftlich konditioniert‹ und beobachtet worden war, nahm John Woods gestern Rache an der Wissenschaft, indem er ausrief: ›Ich hasse die Schule!‹«

»Die Presse sammelte sich, um Jimmy zu unterstützen, als ob er der Underdog in einem undemokratischen Experiment sei«, schrieb der Wissenschaftshistoriker Paul M. Dennis vom Elizabethtown College in Pennsylvania, der die Medienberichterstattung über McGraws Experiment untersuchte.

Die entscheidende Frage vergaßen die Journalisten aber zu stellen, und McGraw wies sie aus naheliegenden Gründen nicht darauf hin. Einige Monate nach der Geburt zeigte sich nämlich, dass Johnny und Jimmy sich körperlich nicht so ähnlich waren, wie es eineiige Zwillinge hätten sein sollen. Bereits McGraw erwähnt in ihrer Studie, dass Johnny und Jimmy zweieiig sein könnten. Heute gilt das als praktisch sicher.

1932 gab es noch keine Möglichkeit, den Status von Zwillingen zweifelsfrei zu überprüfen. Als Hinweis auf Eineiigkeit galt, wenn Zwillinge an einer einzigen Plazenta hingen. Darauf hatte man bei der Geburt von Johnny und Jimmy zwar geachtet, aber nicht bemerkt, dass bei ihnen wohl zwei Plazenten zu einer zusammengewachsen waren. Das zentrale Ziel der Studie – Gene und Umwelteinflüsse auseinanderzuhalten – wurde verfehlt. Später unternahm McGraw ein zweites Experiment mit zwei Mädchen, Florie und Margie, von denen man sicher war, dass sie eineiig waren. Die Resultate dieser Studie sind nirgends zu finden.

Myrtle McGraw blieb noch bis 1942 am Columbia Presbyterian Medical Center und widmete sich dann für zehn Jahre ihrer Familie, bevor sie wieder an einer Universität zu unterrichten begann. Sie starb 1988. Über Johnny und Jimmy ist wenig Näheres bekannt. Johnny soll laut Victor W. Bergenn, einem früheren Mitarbeiter von McGraw, 1980 gestorben sein, Jimmy könnte noch am Leben sein. Dann wäre er jetzt 77 Jahre alt.

verrueckte-experimente.de

◆ McGraw, M. (1935). *Growth: A Study of Johnny and Jimmy*. New York, D. Appleton-Century Company.

1932 **Der Blutdruck beim Jawort**

Die 21-jährige Harriet Berger von Chicago und der 24-jährige Vaclav Rund von Riverside hatten einen ungewöhnlichen Ort ausgesucht, um sich das Jawort zu geben: das Crime-Detection-Labor der Northwestern University in Evanston, US-Bundesstaat Illinois. Auf dem Bild der Zeremonie, das im Juni 1932 die *Sheboygan Press*, der *Daily Independent* und viele andere Zeitungen druckten, war neben dem Paar und dem Pfarrer noch eine vierte Person zu sehen: ein junger Mann im Anzug, der die Knöpfe eines elektrischen Geräts betätigte, an dem das Hochzeitspaar über Kabel und Schläuche angeschlossen war. Charlie Wilson war Experte für die Anwendung des neuen Apparats, der unter dem Namen »Lügendetektor« bekannt werden sollte.

Der Lügendetektor war nichts anderes als ein kombiniertes Messgerät für Pulsfrequenz und Blutdruck. Aus diesen Werten glaubten die Verfechter der neuen Technik ablesen zu können, ob ein Mensch log. Doch das Verfahren war umstritten, und das war wohl auch der Grund, weshalb die Brautleute unter solch unromantischen Umständen heirateten: Wilson und sein Chef Leonard Keeler nahmen jede Möglichkeit wahr, um Werbung für den Lügendetektor zu machen. Und wie sie richtig vermuteten, ließ sich keine Zeitung die bizarre Trauung entgehen.

Warum sich Berger und Rund dazu bereit erklärten – ob sie mit den Forschern befreundet waren oder die Hochzeitstorte von ihnen bezahlt bekamen –, ist unbekannt, jedenfalls verkündete Wilson, dass »der Lügendetektor die Liebe der

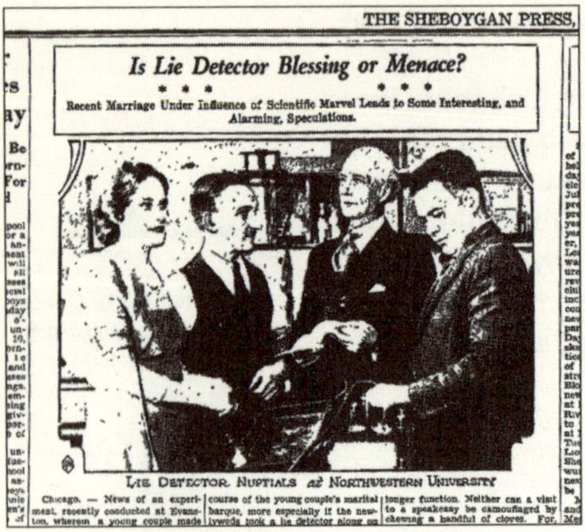

THE SHEBOYGAN PRESS,

Is Lie Detector Blessing or Menace?

Recent Marriage Under Influence of Scientific Marvel Leads to Some Interesting, and Alarming, Speculations.

LIE DETECTOR NUPTIALS at NORTHWESTERN UNIVERSITY

Chicago. — News of an experiment, recently conducted at Evanston, wherein a young couple made course of the young couple's marital barque, more especially if the newlyweds took a lie detector along on longer function. Neither can a visit to a speakeasy be camouflaged by chewing a handful of cloves. For,

»Ist der Lügendetektor ein Fluch oder ein Segen?« (*The Sheboygan Press*, 13. 6. 1932). Braut und Bräutigam waren bei dieser Hochzeit an einem Lügendetektor angeschlossen. Die seltsame Zeremonie machte im ganzen Land Schlagzeilen.

Frischvermählten füreinander bewiesen« habe. Die Aufzeichnungen hätten gezeigt, dass »das Herz von Miss Harriet Berger fast zum Stillstand kam, als sie das schicksalhafte ›Ich will‹ aussprach«. Beim Bräutigam musste Wilson schon genauer hinschauen, um eine Reaktion auszumachen. Stieg der Blutdruck der Braut während der Zeremonie nämlich stetig, so sank jener des Bräutigams. Schließlich entdeckte Wilson dann doch noch, dass der »Blutdruck einen Zahn zulegte«, als Vaclav Rund das Eheversprechen abgab. Laut *New York Times* wurden dem Paar die Aufzeichnungen des Lügendetektors mit der Heiratsurkunde überreicht.

Ob weitere Lügendetektortests im Verlauf der Ehe ein Segen wären, sei fragwürdig, schrieb ein Journalist. »Das Glück wäre sehr vergänglich, wenn der Ehemann sich ständig an die Wahrheit halten müsste. Welche Frau will schon die unerfreuliche Wahrheit über einen neuen Hut oder ein neues Kleid hören, oder über die Qualität ihres Gebäcks?«

Dass der Lügendetektor seine Wirkung nicht der vermeintlichen Fähigkeit verdankte, Unwahrheiten zu erkennen, sondern eher der Angst der »Delinquenten«, als Lügner entlarvt zu werden, wurde schon damals vermutet und später wissenschaftlich elegant genutzt (siehe Seite 148 ff.).

◆ (15. Juni 1932) Is Lie Detector Blessing or Menace? *The Tyrone Daily Herald*. S. 3.

1932 **Kitzeln (I): Vor dem Berühren bitte Maske anziehen**

Was bringt einen Vater dazu, sein Gesicht hinter einem 30 mal 40 Zentimeter großen Pappkarton mit zwei Augenschlitzen zu verbergen, bevor er sich daranmacht, seine Kinder zu kitzeln?

Der Psychologe Clarence Leuba vom Antioch College in Yellow Springs, US-Bundesstaat Ohio, hatte eine klaffende Lücke in der Lachforschung entdeckt. »Die Untersuchungen des Lachens beschränkten sich auf das Lachen der Erwachsenen. … Der Zugang war spekulativ und theoretisch anstatt beobachtend«, schrieb Leuba, und weiter: »Kitzeln wurde nur sparsam eingesetzt.« Die drei Mängel zusammen genommen ergaben seine Studie: ein Experiment, bei dem Säuglinge gekitzelt werden. Und weil Kinder, bevor sie im Kindergarten sind, »nicht in geeigneter Weise gruppiert sind und normalerweise unter Bedingungen zu Hause leben, die für ein Experiment nicht kontrolliert werden können«, unternahm Leuba den Versuch mit dem vierten und fünften seiner eigenen Kinder.

Das klingt alles höchst bizarr und ist es wohl auch, aber die Frage, die Leuba ein für alle Mal beantworten wollte, war gar nicht dumm. Das Rätsel, warum wir lachen, wenn wir gekitzelt werden, beschäftigte die Wissenschafter schon lange. Eine faszinierende Möglichkeit war aber nie erforscht worden: nämlich die, dass Kinder lernen zu lachen, wenn sie gekitzelt werden, weil in spielerischen Situationen, in denen dies geschieht, unabhängig davon meistens auch gelacht wird. Dieses Verhalten könnte mit dem von Pavlovs Hunden verglichen werden, die beim Klingeln einer Glocke Speichel produzierten, weil sie früher danach immer ihr Fressen bekommen hatten.

Es gab nur einen Weg, das herauszufinden: »Das Baby darf nie gekitzelt werden, wenn es gleichzeitig eine andere Person lachen sieht oder hört oder wenn es gleichzeitig mit anderen Späßen zum Lachen gebracht wird.« Mit anderen Worten: Es darf nie mitbekommen, dass es eine Beziehung zwischen Kitzeln und Lachen gibt. Beginnt es dann irgendwann doch zu lachen, wenn es gekitzelt wird, kann man davon ausgehen, dass diese Verbindung angeboren ist.

Nachdem Leuba seiner Frau die Zustimmung »entlockt« hatte, wie er schrieb, die Kinder nie zu kitzeln außer während der streng kontrollierten Kitzelphasen, konnte das Experiment beginnen.

Der kleine Robert Leuba wurde am 23. November 1932 geboren. Fünf Wochen danach schob sein Vater zum ersten Mal das Pappkartonvisier vor sein Gesicht und kitzelte ihn. Robert drehte und wand sich, verzog aber keine Miene. Auch nach sieben, neun und zwölf Wochen blieb sein Gesichtsausdruck in dieser Situation der gleiche, obwohl er bei anderen Spielen zu lachen begann. In der dreizehnten Woche dann hätte Roberts Kinderarzt das Experiment fast verdorben. Als er nämlich mit dem Tastzirkel die Brust von Robert berührte, begann dieser lauthals zu lachen. Zu Clarence Leubas Entsetzen hatte der Doktor aber keine Abdeckung vor dem Gesicht, wie es in dem Experiment eigentlich vorgesehen war. Der Gesichtsausdruck des Arztes soll allerdings »völlig nüchtern« gewesen sein, wie Leuba später schrieb, sodass er es für unmöglich hielt, dass Robert in dieser Situation das Lachen vom Arzt gelernt hätte. Nach 12 Kitzelsessionen schließlich, Robert war jetzt 31 Wochen alt, lachte er zum ersten Mal spontan, wenn er gekitzelt wurde.

Als Roberts vier Jahre jüngere Schwester die gleiche Prozedur durchmachte, begann auch sie nach etwa einem halben Jahr zu lachen, wenn sie gekitzelt wurde. Die Verbindung zwischen Kitzeln und Lachen scheint demnach angeboren zu sein. Aber das war nur eines von vielen Rätseln, das die »Kitzelforscher« noch zu lösen hatten (siehe Seite 166 ff. bzw. Seite 223 ff.).

◆ Leuba, C. (1941). Tickling and Laughter: Two Genetic Studies. *The Journal of Genetic Psychology* 58, 201-209.

1932 **Aus der Bibel (II): Ein Kreuz, drei Nägel, ein Hammer und eine Leiche**

Wer das Pech hatte, sich im Paris der 1930er-Jahre der Amputation einer seiner Gliedmaßen unterziehen zu müssen, machte vorsichtshalber einen weiten Bogen um das Krankenhaus Saint-Joseph im 14. Arrondissement. Denn dort arbeitete der streng katholische Chirurg Pierre Barbet, dessen Gottesfurcht sich vor allem darin äußerte, dass er die frisch abgetrennten Arme nur wenige Minuten später »mit Vierkantnägeln von acht Millimeter Stärke« auf ein Brett nagelte, »wie ein Henker, der nicht lange fackeln will«, und sie dann mit 40 Kilogramm Gewicht beschwerte. So kann man es in seinem Buch *Die Passion Jesu Christi in der Sicht des Chirurgen* – mit kirchlicher Druckgenehmigung vom 1. Dezember 1953 – nachlesen.

Um zu belegen, dass ein menschlicher Körper alleine an drei Nägeln hängen kann, hämmerte Pierre Barbet diese Frauenleiche an ein Kreuz.

Für Barbets Geschmack hatten sich die Evangelisten bei der Beschreibung von Jesu Tod etwas gar kurz gefasst: »Pilatus ließ Jesu geißeln und übergab Ihn der Kreuzigung.

Das Kruzifix von Villandre wurde nach Pierre Barbets Anweisung von seinem Kollegen Charles Villandre geschaffen, der gleichzeitig Bildhauer war.

Und sie kreuzigten Ihn.« Das war's. Der Chirurg war »bestürzt über die Schwierigkeit«, an Jesu Leiden wenigstens »im Geiste teilnehmen« zu können, und begann mit seinen Experimenten »über die physiologischen Vorgänge beim Tod am Kreuz, die eigentlich jeder Christ wissen sollte«, wie der Verlag der deutschen Ausgabe des Buches im Vorwort schrieb. Um dieses Ziel zu erreichen, brauchte er Hammer, Nägel, Kreuz, ein Dutzend »frisch abgetrennte Arme«, ein paar Füße und zum Schluss eine komplette Leiche.

Barbet stützte sich bei seiner Arbeit auf Fotos des Grabtuchs von Turin. Nach eingehendem Studium der Aufnahmen glaubte er zu wissen, wie Jesus gestorben war. Den entscheidenden Hinweis lieferten zwei Blutspuren, die der Leichnam dort auf dem Tuch hinterlassen hatte, wo seine Hände gelegen haben mussten. Das Blut floss »dem Gesetz der Schwerkraft folgend« senkrecht, als Jesus am Kreuz hing. Aus dieser scharfsinnigen Folgerung ließ sich der Winkel der Arme zur Vertikalen bestimmen: Er betrug 65 Grad für die größere Blutspur und zwischen 68 und 70 Grad für die andere. Jesus hing in zwei verschiedenen Positionen am Kreuz. Offenbar hatte er sich jeweils von seiner hängenden Position kurzzeitig aufgerichtet, was zur zweiten schwächeren Blutspur führte. Und Barbet wusste natürlich auch den Grund: Wenn man Menschen an den Händen aufhängt, können sie nach einer gewissen Zeit kaum mehr ausatmen und drohen zu ersticken. So viel war aus Berichten über Foltertechniken bekannt. Das Aufrichten schaffte in dieser Position kurzzeitig Erleichterung. Jesus war nach diesem Todeskampf letztlich erstickt, war Barbet überzeugt.

Auf Kritik an dieser und anderen seiner Schlussfolgerungen reagierte er empfindlich. Zu seinem letzten Experiment hätten ihn nur »die eigensinnigen Einwendungen gewisser Nichtanatomen gedrängt, die behaupteten, ein Körper könne nicht allein an drei Nägeln [wie Jesus] hängen«. Um dieses Argument zu entkräften, besorgte er sich eine für die »Bildveröffentlichung am wenigsten abstoßende« Leiche – es war eine Frau – und nagelte sie mit wenigen Hammerschlägen ans Kreuz. »Die eigentliche Kreuzigung im anatomischen Sinn dauert nur einige Sekunden«, schrieb Barbet, »die einzige ein wenig mühsamere Arbeit bei einer Kreuzigung ist es wohl, in das Holz an den zuvor angezeichneten Stellen ein Loch zu bohren, damit sich die Nägel dort ohne Schwierigkeit befestigen lassen.«

Erstaunlich an dieser Geschichte sind nicht nur Barbets Experimente selbst, sondern auch, dass er weder der Erste noch der Letzte war, die solche unternahmen. Offenbar hatten bereits die Maler der Renaissance zu Hammer und Nägeln gegriffen, um ihrer fehlenden Vorstellungskraft bei der Darstellung des Erlösers am Kreuz nachzuhelfen. Später nahmen sich gläubige Ärzte wie zum Beispiel Barbet der Frage an, wie Jesus genau gestorben sei.

Wer bei solchen Studien zu anderen Resultaten kam als der Chirurg vom Krankenhaus Saint-Joseph, konnte sich seiner Feindschaft sicher sein. Kein Detail war zu unbedeutend, als dass er nicht darüber streiten wollte. Zu einem »Pamphlet, über dessen Annahme als medizinische Doktorarbeit man sich wundern muss«, bemerkt Barbet etwa als Erstes, dass »der Verfasser kein sprachlich korrektes Französisch zu schreiben versteht«, bevor er dessen Wasserleiche als völlig untauglich taxiert und triumphierend konstatiert: »Mein Versuch wurde an einem lebenden Arm gemacht.« Die Leiche, die ein anderer Forscher verwendete, fand er »armselig«, »klein« und »sehr mager«.

»Ich kann versichern, dass seit Beendigung meiner Experimente die damals formulierten Feststellungen kaum einer Überholung bedurften«, schrieb Barbet später. Da wusste er noch nicht, dass ein amerikanischer Pathologe seine Erkenntnisse bald schon gründlich widerlegen würde (siehe Seite 182ff.).

Gewissensbisse scheint Barbet bei seinen Experimenten nie empfunden zu haben. Für die Seele der Toten, die er ans Kreuz genagelt hatte, betete er als Entschuldigung ein »De profundis« (»Aus der Tiefe rufe ich, Herr, zu dir«), ob es für die Arme und Beine jeweils ein Viertel »De profundis« gab, darüber schwieg sich der fromme Experimentator aus.

◆ Barbet, P. (1937). *Les Cinq Plaies du Christ*. Paris, Dillen & Cie.

1933 **Die wundersame Vermehrung des Sirups**

Die Experimente von Jean Piaget gehören zu den wenigen großen Versuchen in der Wissenschaft, die sich jederzeit zu Hause wiederholen lassen. Man braucht dazu lediglich einen Krug mit Sirup, einige Trinkgläser und ein paar Kinder zwischen vier und acht Jahren.

Als Piagets Mitarbeiterin Alina Szeminska den Versuch 1933 zum ersten Mal durchführte, war eine der Teilnehmerinnen die fünfjährige Madeleine. Szeminska stellte zwei gleiche halb volle Gläser vor sie und fragte: »In den Gläsern ist gleich viel Wasser, nicht wahr?«

Madeleine prüft die Höhe: »Ja.«

Szeminska gießt den Inhalt des einen Glases in zwei Gläser und sagt, die gehörten Renée. Dann fragt sie: »Habt ihr immer noch das Gleiche zu trinken?«

»Nein, Renée hat mehr, weil sie zwei Gläser hat.«

»Könntest du etwas tun, um ebenso viel zu haben?«

»Auch in zwei Gläser umgießen.«

Madeleine gießt den Inhalt ihres Glases in zwei Gläser um. »Habt ihr gleich viel?«

Madeleine betrachtet lange die vier Gläser: »Ja.«

Jetzt verteilt Szeminska den blauen Saft von Renée auf drei Gläser, den roten von Madeleine auf vier. Madeleine

In welchem Glas ist mehr Sirup? Kleine Kinder vermuten: Je höher der Flüssigkeitsspiegel, desto mehr Flüssigkeit befindet sich im Glas. Dass die Weite das Glases dabei eine Rolle spielt, ist ihnen noch nicht bewusst.

ist nun überzeugt, mehr Saft zu haben. Als Szeminska die Flüssigkeiten je in das ursprüngliche Glas zurückgießt und sie genau gleich hoch steigen, ist Madeleine verwirrt: »Es ist gleich viel!«

»Wie kommt das?«

»Ich glaube, man hat ein bisschen nachgefüllt, und jetzt ist es gleich viel.«

Madeleine glaubte offenbar, dass sich die Menge des Sirups veränderte, je nachdem, in wie vielen Gefäßen er sich befand. Sie hatte noch nicht verinnerlicht, was Piaget als »Mengeninvarianz« bezeichnete: Etwas wird nicht plötzlich mehr oder weniger, wenn es in mehreren Teilen oder in anderer Form auftritt.

Auf dem Experiment mit den Gläsern und einer Vielzahl anderer kreativer Versuche gründete Piaget seine Theorie von der Entwicklung des Denkens beim Kind. Er stellte sich vor, dass dieser Prozess in aufeinander aufbauenden Stufen abläuft, die das Kind in einem bestimmten Alter erreicht und die sich an typischen Fehlüberlegungen erkennen lassen.

Im voroperationalen Stadium (2–7 Jahre) ist das Urteil eines Kindes stark von seiner Wahrnehmung bestimmt. Es versteht zum Beispiel noch nicht, dass gewisse Vorgänge wie das Umgießen von Flüssigkeiten umkehrbar sind. Im konkret-operationalen Stadium (7–12 Jahre) beginnt es, nach logischen Regeln zu denken. Es weiß jetzt, dass eine Menge unverändert bleibt, wenn nichts hinzugefügt oder weggenommen wird, und kann gleichzeitig mehrere Merkmale beobachten (die Anzahl Gläser und die geringere Menge Sirup in jedem von ihnen).

Alles hatte damit begonnen, dass Piaget 1920 einen zehn

Monate alten Säugling beim Spielen beobachtete. Piaget war zu dem Zeitpunkt 24 Jahre alt, weilte in Paris und arbeitete daran, einen Intelligenztest zu standardisieren. Er wohnte im Haus seiner französischen Großmutter, wo der Säugling eines Nachmittags zu Besuch war. »Ich beobachtete ihn, wie er sich mit einer Kugel vergnügte. Die Kugel rollte unter einen Sessel. Er suchte sie, fand sie und stieß sie wieder fort. Sie verschwand unter einem tiefen Sofa mit Fransen. ... Er sah nichts mehr von ihr. Darauf wandte er sich wieder dem Sessel zu, unter dem er sie bereits einmal gefunden hatte.« Für Erwachsene ist das Verhalten des Säuglings absurd, doch für Piaget wurden die Denkfehler von Kindern zu einer fruchtbaren Quelle der Erkenntnis.

Das Baby hatte offensichtlich noch nicht verinnerlicht, dass der Ball auch dann noch existierte, wenn es ihn nicht mehr sehen konnte. Piaget hatte am Morgen desselben Tages die Theorien des französischen Mathematikers Henri Poincaré über unveränderliche Eigenschaften von mathematischen Gruppen studiert und kam auf die Idee, dass diesem Baby die unveränderliche Eigenschaft der »Gegenstandspermanenz«, wie Piaget es nannte, fehlte.

Laut Jacques Vonèche, Direktor des Piaget-Archivs an der Universität Genf, zog Piaget daraus nicht sofort den Schluss, dass es sich dabei um eine normale Stufe der Entwicklung handle. Vielmehr glaubte er, das Kind sei geistig behindert. Auch als er einige Zeit später im Hospital Salpêtrière epileptische Kinder beobachtete, deutete er ihr Verhalten falsch. Die Kinder sahen nicht, dass zwei Reihen aus Perlen gleich viele enthielten, wenn die Reihen unterschiedlich lang waren. Piaget glaubte, mit dem Perlentest ein Diagnoseverfahren für Epilepsie gefunden zu haben.

1921 ging Piaget als Studienleiter an das Institut Jean-Jacques Rousseau in Genf und hatte wenig Zeit, sich eigenen Projekten zu widmen. Zwischen 1925 und 1931 wurden seine drei Kinder geboren, mit denen er viele kleine Experimente durchführte. Aber erst 1933 gab er Alina Szeminska den Auftrag, die Sache mit den Perlenreihen genauer zu untersuchen. Laut Vonèche hatte Piaget selbst keinen besonders guten Draht zu Kindern.

Zu seinem Erstaunen stellte sich heraus, dass sich nicht nur Epileptiker täuschen ließen. Fast alle Kinder unter

Eine seltene Szene: Jean Piaget mit Kindern. Seine Versuche führte er fast nie selber aus.

etwa sechs Jahren glaubten, dass sich die Anzahl Perlen in einer Reihe veränderte, wenn Szeminska sie näher zusammen- oder weiter auseinanderrückte, sodass eine kürzere oder eine längere Reihe entstand. Wie beim Experiment mit dem Sirup fehlte ihnen die Mengeninvarianz.

Piaget ersann viele weitere Aufgaben, mit denen er den verschiedenen Entwicklungsstufen auf die Spur kam. Seine Kollegin Bärbel Inhelder machte das Mengeninvarianz-Experiment mit zwei gleich großen Tonkugeln, bei denen die eine zu einer langen Wurst geformt wurde. Wieder glaubten keine Kinder, dass der Ton dadurch weniger geworden sei.

In den 1950er- und 1960er-Jahren wiederholten amerikanische Wissenschafter Piagets Experimente zur Mengeninvarianz. Piaget war beunruhigt. Seine Forschung hatte einen rein qualitativen Hintergrund gehabt, und er hatte seine Theorien mit lauter Einzelfällen gestützt. Er war kein Freund streng wissenschaftlicher Forschung. Es gab keine standardisierten Untersuchungsmethoden, keine Kontrollgruppen, keine Statistik.

Da Piaget kein Englisch sprach, bat er Vonèche, damals einer seiner Mitarbeiter, zu den Wissenschaftlern in den USA Kontakt aufzunehmen und nach den Resultaten zu fragen. Die ersten Studien, die genaue Replikationen von Piagets Experimenten waren, wurden mit den gleichen Ergebnissen abgeschlossen. Doch bald schon kritisierten andere Forscher die Versuche und wandelten sie ab.

Ein Problem war das sprachliche Verständnis der Kinder. Stellte sich ein Fünfjähriger unter »mehr als« oder »weniger als« wirklich das Gleiche vor wie Erwachsene? Das ständige Nachfragen bei Piagets Methode könne auf der anderen Seite dazu führen, dass sich die Kinder gedrängt fühlten, ihre Antworten zu ändern, weil sie glaubten, das würde von ihnen erwartet.

Gegen Ende der 1960er-Jahre versuchten amerikanische Psychologen mit einem modifizierten Piaget-Experiment die Probleme des Sprachverständnisses zu überwinden. Sie legten eine kurze Reihe mit sechs M & M neben eine lange mit vier. Anstatt die Kinder zu fragen, welche Reihe aus mehr M & M bestehe, sagten sie zu ihnen: »Nimm die Reihe, die du essen willst, und iss alle M & M in dieser Reihe!« Und siehe da: Die Kinder schnitten erheblich besser ab als beim gleichen Test mit Tonkügelchen.

In einem späteren Experiment versuchten Wissenschaftler in Schottland, den Einfluss des Versuchsleiters auf die Kinder zu bestimmen. Eine erste Serie von Experimenten führten sie nach der herkömmlichen Methode durch: Sie legten zwei Reihen mit der gleichen Anzahl Perlen auf den Tisch, fragten, ob beide aus gleich vielen bestünden, rückten die Perlen der einen Reihe zusammen und stellten die gleiche Frage noch einmal.

Bei einer zweiten Version des Versuchs rückte ein Teddybär die Perlen näher zusammen, als der Versuchsleiter für einen Moment wegschaute. Als er die Veränderung bemerkte, sagte er: »O nein! Der dumme Bär hat wieder alles durcheinandergebracht.« Dann stellte er die Frage: »Wo sind es mehr?« In diesem Fall ließen sich die meisten Kinder nicht von den verschiedenen Längen der Perlenreihen irritieren und antworteten richtig.

Den Grund dafür vermuten die Forscher in der anderen Absicht des Versuchsleiters: Die zweite Frage ist ehrlich gemeint. Der Versuchsleiter weiß nicht, was der Bär gemacht hat. Im ersten Fall hingegen hat der Versuchsleiter die Reihen ja selbst verändert, und es muss für das Kind ein Rätsel sein, warum er die Frage stellt.

Die Versuche von Jean Piaget gehören zu den bedeutendsten und erfindungsreichsten in der Psychologie. Was man damit allerdings genau über das Denken von Kindern

verrueckte-experimente.de

◆ Piaget, J. (1936). *La genèse des principes de conservation*. Annuaire de l'instruction publique en Suisse 27, 31-44.

herausfindet, ist bis heute umstritten. (Ein anderes von Piagets kreativen Experimenten finden Sie auf Seite 87 f.)

1935 **Aus »Idioten« Genies machen**

In den frühen 1930er-Jahren adoptierte ein prominentes Paar aus dem US-Bundesstaat Iowa einen Säugling des Soldatenwaisenhauses in Davenport. Als sich später herausstellte, dass das Kind geistig schwer behindert war, drohten die Adoptiveltern mit einer Klage. Die staatliche Aufsichtsbehörde konnte einen Gerichtsfall abwenden und sich mit den Eltern einigen. Um weitere solche Fälle zu verhindern, beauftragte man den Psychologen Harold M. Skeels, die Intelligenz aller Kinder im Heim regelmäßig zu messen.

Aufgrund der Resultate sollten zukünftige Adoptiveltern passende Kinder bekommen, damit »geistig minderwertige Kinder nicht traurige Bürden höhergestellter Familien werden«, wie es 1941 in einem Buch über die »Iowa Child Welfare Research Station« stand. Skeels war an der Universität die damals übliche Lehrmeinung vermittelt worden, die Intelligenz einer Person werde weitgehend vererbt und verändere sich im Verlauf eines Lebens kaum.

Bald nach seiner Ankunft erkannte Skeels, dass zwei Kinder im Heim geistig behindert waren. Die Mädchen, die in seiner berühmten Studie später die Initialen C. D. und B. D. trugen, waren 13 und 16 Monate alt und erreichten in dem für Säuglinge angepassten Test einen Intelligenzquotienten von 46 und 35. Normal ist 100.

»Die Kleinen waren bemitleidenswerte Kreaturen«, schrieb Skeels später, »sie waren weinerlich, hatten Rotznasen und schütteres, strähniges und farbloses Haar; sie waren abgemagert, zu klein für ihr Alter und hatten kaum Muskeln. Traurig und träge wippten sie den ganzen Tag mit dem Oberkörper und wimmerten.«

Diese Mädchen würde ohne Zweifel niemand adoptieren wollen. Skeels ließ sie zwei Monate nach den Tests in die »Schule für Schwachsinnige« nach Woodward verlegen. Sie kamen auf eine Abteilung mit geistig behinderten Frauen im Alter von 18 bis 50 Jahren, deren mentales Alter zwischen 5 und 9 Jahren lag.

Damit hätte die Geschichte zu Ende sein können, und

Skeels wäre niemals auf die Idee für sein gewagtes Experiment gekommen. Doch der Psychologe schaute sechs Monate später in Woodward vorbei – und erkannte die Mädchen kaum wieder. Sie rannten munter umher, spielten mit den Erwachsenen und benahmen sich auch sonst wie ganz normale Kinder in diesem Alter. Skeels unternahm Tests, aus denen hervorging, dass sich nicht nur ihr Bewegungsvermögen, sondern auch ihr Intelligenzquotient fast verdoppelt hatte. Waren das wirklich dieselben Mädchen, denen er noch ein halbes Jahr zuvor ein tumbes Leben in einem Heim vorausgesagt hatte? Was war geschehen?

Nachforschungen ergaben, dass die Verlegung der Mädchen ein Glücksfall gewesen war. Es gab sonst keine Vorschulkinder auf der Abteilung, und die Frauen waren ganz vernarrt in die beiden. Eine der Frauen übernahm die Rolle der Mutter, die anderen agierten als die bewundernden Tanten, die den ganzen Tag mit den Mädchen spielten. Auch die Angestellten waren stolz auf sie. Sie nahmen sie in ihrer freien Zeit auf Ausflüge mit, gingen mit ihnen einkaufen und schenkten ihnen Bücher und Spielzeug. Es war ganz offensichtlich die liebevolle und anregende Betreuung, welche die Kinder aus ihrer Lethargie geholt hatte.

Doch Skeels blieb skeptisch. Würde die spektakuläre Wirkung anhalten? Er ließ die beiden Mädchen in Woodward und testete sie erneut 12 und 18 Monate später. Mit dem gleichen Resultat: Die Kinder entwickelten sich ganz normal – keine Spur von einer geistigen Behinderung. Als sie dreieinhalb Jahre alt waren, kamen sie für kurze Zeit ins Waisenhaus zurück und wurden dann adoptiert.

In der Zeit, in der Skeels die Mädchen beobachtete, muss ihm bewusst geworden sein, was ihre spektakulären Fortschritte bedeuteten: Viele der scheinbar zurückgebliebenen, apathischen Kinder im Waisenhaus litten nicht unter angeborenen Schäden, sondern ganz einfach an zu wenig Anregung und Zuwendung.

Bis sie sechs Monate alt waren, lagen die Säuglinge im Heim in Spitalkrippen mit Abdeckungen, welche die Sicht auf andere Babys verdeckten. Spielzeug gab es kaum, der Kontakt zu anderen Menschen beschränkte sich auf geschäftige Schwestern, die die Säuglinge fütterten und ihnen die Windeln wechselten. Mit sechs Monaten wurden die Kinder in Schlafzimmer mit fünf Krippen verlegt. Dort konnten sie zwar spielen, den Raum verließen sie aber kaum je. Damals war man der Meinung, für eine gesunde Entwicklung reiche die Befriedigung der körperlichen Grundbedürfnisse völlig aus. Zu viel Zärtlichkeit und Zuneigung im Kindesalter wurde sogar als schädlich angesehen.

Skeels erkannte, dass offenbar das Zusammensein mit Gleichaltrigen allein keinen großen Effekt auf die Entwicklung zurückgebliebener Kinder hatte. Andererseits konnte er solche Kinder auch nicht zur Adoption freigeben, da er ja nicht wusste, bei welchen wirklich Hirnschäden für ihr Verhalten verantwortlich waren. »Daher schien es nur eine – ziemlich fantastische – Alternative zu geben«, schrieb Skeels, »nämlich, geistig zurückgebliebene Kleinkinder aus einem Waisenhaus in ein Heim für geistig Behinderte zu verlegen, um sie normal zu machen.«

Die Aufsichtsbehörde hatte natürlich Bedenken, willigte aber schließlich ein. Bedingung war, dass die zurückgebliebenen und nicht vermittelbaren Kinder, die Skeels ins »Heim für Schwachsinnige« im benachbarten Glenwood schicken wollte, dort lediglich als »Hausgäste« aufgenommen und offiziell weiter als Insassen des Waisenhauses geführt wurden.

Von den insgesamt 13 Kindern unter drei Jahren, die an diesem »kühnen Experiment«, wie es Skeels nannte, teilnahmen, waren 10 unehelich geboren. Ihre Eltern hatten, soweit man sie kannte, keinen Schulabschluss und einen ähnlichen niedrigen Intelligenzquotienten wie ihre Kinder.

Die Kinder wurden auf verschiedene Abteilungen mit geistig behinderten Frauen verteilt, die sich liebevoll um sie kümmerten: Sie spielten mit ihnen, nähten Kleider für sie und kauften ihnen von dem wenigen Geld, das sie hatten, Geschenke. Am amerikanischen Nationalfeiertag organisierten sie eine Babyshow, bei der die kostümierten Kinder auf geschmückten Tragen präsentiert und prämiert wurden. Die Kinder verbrachten auch viel Zeit draußen auf dem Spielplatz und besuchten den hauseigenen Kindergarten.

Die Wirkung war dramatisch: Die 13 Kinder legten im Intelligenztest um durchschnittlich 28 Punkte zu. Die größten Fortschritte machten jene Kinder, für die eine der behinderten Frauen die Rolle einer festen Bezugsperson –

der Mutter – übernahm. Zum Vergleich zog Skeels 12 Kinder heran, die im Waisenhaus geblieben waren. Sie verloren in der gleichen Zeit 26 Punkte.

Das Waisenhaus hatte sich als Brutstätte für geistige Behinderung erwiesen! Skeels war jetzt überzeugt, dass Intelligenz keineswegs festgelegt war, sondern durch die Umwelt – vor allem in der frühen Kindheit – beeinflusst wird. Mit dieser Ansicht ernteten Skeels und seine Kollegen George Stoodard und Beth Wellman bei vielen ihrer Kollegen nur Hohn und Spott.

Ein Sturm der Kritik brach los. Den Forschern aus Iowa wurde vorgeworfen, sie seien im besten Fall naiv, im schlechtesten Betrüger, mehr ihrer politischen Haltung als Sozialreformer verpflichtet als der wissenschaftlichen Methode. Und von Statistik verstünden sie auch nichts. »Wenn es ein magisches Schulungsverfahren gibt, das aus Idioten Genies macht, hätte ich gerne das Rezept, wenn nicht, muss den Gerüchten darüber ein für alle Mal ein Ende gemacht werden«, forderte eine Forscherin scharfzüngig. Ein anderer Kollege machte sich über Skeels Experiment lustig, in dem »schwachsinnige Hilfskinderschwestern« andere »Schwachsinnige« lehrten, geistig normal zu werden. Skeels fand sich mitten in einer Auseinandersetzung, die bis heute andauert: im großen IQ-Krieg Vererbung gegen Erziehung.

Skeels' Studie kam zu einem Ende, als die Verwaltung der Staatsschulen in Iowa ihre tolerante Haltung gegenüber den Versuchen aufgab und er 1942 eingezogen wurde. Zurück aus dem Krieg, legte er 1946 seine Professur und die Leitung der psychologischen Dienste von Iowa unter Protest nieder: In den Waisenhäusern gebe es zu wenig und zu schlechte Betreuung. Die Probleme, die diese Kinder später als Erwachsene hätten, seien hausgemacht.

Auch hier könnte die Geschichte zu Ende sein. Skeels arbeitete bis zu seiner Pensionierung 1965 für den U.S. Public Health Service. Doch er machte sich immer wieder Gedanken darüber, was wohl aus »seinen« Kindern geworden sei. 1961 ging er auf die Suche nach den 25 Versuchspersonen. Er flog kreuz und quer durch das Land, suchte entlegene Weiler auf, um mit Informanten zu sprechen, die selten zu Hause waren. Er erkundigte sich bei Postboten, Gemeindepräsidenten, Geistlichen.

Zu seiner eigenen Überraschung hatte er nach drei Jahren alle 25 gefunden. Um sie nicht abzuschrecken, verzichtete er auf einen formalen Intelligenztest. Viel aussagekräftiger erschienen ihm Angaben zu Ausbildung, Beruf, Hobbys, Zivilstand, Krankengeschichte. Daraus wollte er ein Bild gewinnen, wie jemand sein Leben bewältigt, ob er sozial integriert ist.

Der Unterschied zwischen den beiden Gruppen war frappant: Von den 13 Kindern, die einige Zeit bei den geistig behinderten Frauen gelebt hatten und danach adoptiert wurden, waren elf verheiratet und gingen einer Beschäftigung nach oder waren Hausfrauen. Sie waren selbstständig, hatten Kinder, lebten in bescheidenem Wohlstand. Sie hatten ein Leben. Von den 12 Kindern der Vergleichsgruppe waren neun unverheiratet und eines geschieden. Eines war in einem Heim für geistig Behinderte gestorben, vier lebten immer noch in Heimen, drei waren Tellerwäscher. Sie waren sozial isoliert, zu einem oft fremdbestimmten Leben ohne Perspektive verurteilt.

»Wenn das tragische Schicksal der 12 Kinder aus der Vergleichsgruppe zu einer einzigen Untersuchung führt, die ein solches Schicksal verhindern hilft, dann war ihr Leben nicht vergebens«, schrieb Skeels am Schluss seiner Langzeitstudie.

Am 28. April 1968 erhielt Skeels den Joseph P. Kennedy Award for Research in Mental Retardation. Die Trophäe wurde ihm im Beisein seiner Forscherkollegin Marie P. Skodak von Louis Branca überreicht, einem Absolventen der Universität von Minnesota in Saint Paul. »Ich saß in einer Ecke und tat den ganzen Tag nichts anderes, als mit dem Oberkörper zu wippen, bis diese zwei etwas unternahmen. Wenn ich heute Abend hier bin, dann, weil sie mir Liebe und Verständnis entgegenbrachten«, sagte Branca in seiner Rede. Er war eines von Skeels' 13 Kindern.

Trotz Skeels' Studie und vieler weiterer Untersuchungen, die zum gleichen Ergebnis kamen, gab es immer wieder Zweifel, ob die Resultate stimmten. Meistens konnten die Forscher nämlich nicht sicherstellen, dass sich die beiden Kindergruppen, die verglichen wurden, in ihrer Intelligenz nicht von Anfang an unterschieden. Mit einer kürzlich in Rumänien durchgeführten Studie sollten die Zweifel ein

◆ Skeels, H. M., and H. B. Dye (1939). A study of the effects of differential stimulation on mentally retarded children. *Proceedings and Addresses of the American Association on Mental Deficiency* 44, 114-136.

für alle Mal beseitigt werden. 136 Kinder wurden zuerst getestet und dann entweder in einem Waisenhaus oder bei einer Pflegefamilie untergebracht. Mit vier Jahren hatten die Kinder in den Pflegefamilien einen durchschnittlich um acht Punkte höheren Intelligenzquotienten.

◆ Skeels, H. M. (1966). Adult status of children with contrasting early life experiences: A follow-up study. *Monograph of the Society for Research in Child Development* 31(3).

1936 **Die Sache mit dem Wasserspiegel**

Dieses Experiment hätte jedem einfallen können, der jemals Kinder beim Malen beobachtete. Doch es brauchte den wachen Geist des Schweizer Pädagogen Jean Piaget, um darauf zu kommen. Piaget sah auf den Zeichnungen seiner drei Kinder, dass diese den Wasserspiegel in einer Flasche immer rechtwinklig zum Flaschenrand zeichneten, egal, wie schräg die Flasche war. Er arbeitete damals am Institut Jean-Jacques Rousseau in Genf, an das ein Kindergarten angeschlossen war. Als er mit den Kindergärtnerinnen dort über die seltsame künstlerische Sichtweise seiner Kinder sprach, erfuhr er, dass die meisten Kinder den Wasserspiegel in einem schiefen Gefäß falsch einzeichnen. Das schien im ersten Moment wenig spektakulär, doch Piaget erkannte, dass dieser Fehler der Kinder mit der Entwicklung und dem Gebrauch des wichtigsten räumlichen Referenzsystems zu tun hat: mit ihrer Vorstellung von waagerecht und senkrecht. 1936 beauftragte er schließlich seine engste Mitarbeiterin Bärbel Inhelder mit Experimenten.

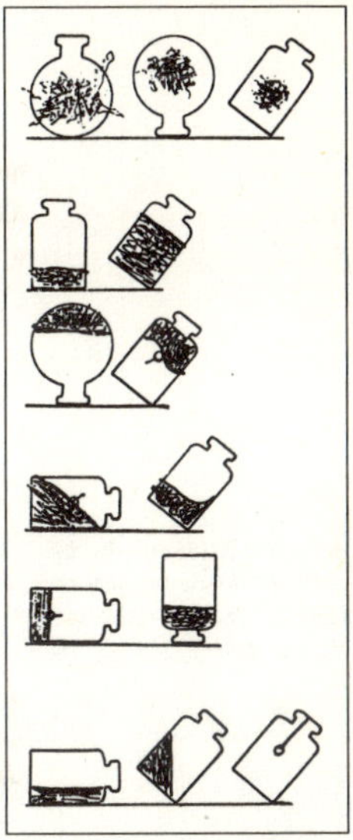

Typische Entwicklungsstufen bei der Wasserspiegel-Aufgabe: Kinder unter fünf Jahren zeichnen das Wasser als Knäuel, ältere zeichnen einen Wasserspiegel, der sich aber mit der Flasche neigt. Unten rechts: Ein Lot, das in der Flasche hängt.

Kindern unter fünf Jahren stellte Inhelder zwei Flaschen mit engem Hals, auf den Tisch: eine bauchige und eine mit geraden Seiten. Jede war zu einem Viertel mit gefärbtem Wasser gefüllt. An zwei gleich geformten, aber leeren Flaschen, die Inhelder unterschiedlich stark kippte, mussten die Kinder nun mit der Hand anzeigen, wie der Wasserspiegel verlaufen würde, wenn sie ebenfalls mit Wasser gefüllt wären. Dann forderte Inhelder sie auf, in Umrisszeichnungen leerer Flaschen, die unterschiedlich geneigt waren, den Wasserspiegel einzuzeichnen. Älteren Kindern gab Inhelder nur die Umrisszeichnungen.

Aus den Skizzen der Kinder schloss Piaget, dass die Entwicklung zur korrekten Lösung in altersabhängigen Stufen verlief: Kinder unter fünf Jahren hatten meistens noch kein

Konzept für den Wasserspiegel. Sie zeichneten die Flüssigkeit oft als Knäuel mitten in der Flasche. Die nächste Stufe war der feststehende, rechtwinklig zur Flaschenwand verlaufende Wasserspiegel, unabhängig von der Neigung der Flasche. Zeigte die Umrisszeichnungen eine Flasche auf dem Kopf, befand sich das Wasser jetzt oben. Auf der nächsten Stufe begannen die Kinder das Wasser nun schräg einzuzeichnen, wenn die Flasche geneigt war, aber noch nicht horizontal. Bei der dritten und letzten Stufe schließlich, die zwischen sieben und acht Jahren beginnt, nähern sich die Kinder langsam der richtigen Lösung, die sie normalerweise mit neun finden: den unabhängig von der Neigung der Flasche horizontalen Wasserspiegel.

Wie bereits erwähnt (siehe Seite 80), war Piaget zwar ein brillanter Denker, aber kein besonders umsichtiger Experimentator. Er zog seine Schlüsse aus Einzelfällen und führte keine sauberen Statistiken, sonst wäre ihm vielleicht nicht entgangen, was 30 Jahre später andere Forscher bemerkten und was dem »Water-Level-Task«, wie die Aufgabe heute genannt wird, zu einer fulminanten Karriere verhalf: Mehr über das große Rätsel, das die Aufgabe bis heute umgibt, erfahren Sie auf Seite 195 ff.

◆ Piaget, J. (1948). *La representation de l'espace chez l'enfant*. Paris, Presses Universitaires de France.

1936 **Warum der Mantel $ 9,99 kostet**

Mit der Erfindung der Registrierkasse gegen Ende des 19. Jahrhunderts begann sich im Einzelhandel in den USA der Brauch durchzusetzen, die Preise knapp unter runden Beträgen zu halten: 49 Cents, 98 Cents, 1,98 Dollar. Ralph M. Hower schreibt in seiner *History of Macy's*, dass diese Preise ursprünglich aufgekommen seien, um den Diebstahl durch Angestellte zu verhindern. Anders als runde Preise zwangen diese sogenannten gebrochenen Preise den Verkäufer, mit dem Geld des Kunden zur Kasse zu gehen, um das Rückgeld zu holen, anstatt es einfach einzustecken.

Es dauerte nicht lange, bis die Händler bemerkten, dass solche Preise noch einen ganz anderen Effekt hatten: Die Produkte schienen billiger, also würden die Kunden mehr kaufen, was den Verlust von einem oder zwei Cent auf den Kaufpreis mehr als ausgleichen würde. Doch stimmte das wirklich? Die Geschäftsführung eines großen Versandhauses in den USA (dessen Name im Artikel nicht genannt wird) hatte den Verdacht, dass diese Preistradition zu keinen Mehreinnahmen führte, und glaubte, sie würde sofort fallen, wenn jemand damit aufhörte.

Also machte das Versandhaus ein aufwendiges Experiment: In einem Teil der sechs Millionen Kataloge wurden Produkte, die normalerweise 0,49, 0,79, 0,98, 1,49 und 1,98 Dollar kosteten, für 0,50, 0,80, 1,00, 1,50 und 2,00 Dollar angeboten. »Das Resultat des Versuchs war so interessant wie verwirrend«, schrieb der Ökonom Eli Ginzberg von der Columbia University über den Versuch. »Obwohl beachtlicher Aufwand getrieben wurde, um die Resultate zu interpretieren, ließen sich die Daten nicht verallgemeinern.« Einige Produkte wurden viel häufiger gekauft, wenn die Preise knapp unter einem runden Betrag lagen, andere viel weniger. Ein zweites Experiment durchzuführen, schien den Verantwortlichen zu gefährlich. Schließlich war nicht sicher, ob beim nächsten Mal die Verluste beim einen Produkt durch die Gewinne beim anderen aufgefangen würden, wie es beim ersten Experiment der Fall gewesen war.

Es dauerte sechzig Jahre, bis andere Forscher ähnliche Studien unternahmen (siehe Seite 213 ff.).

Anzeige aus dem Jahr 1936. Lohnen sich 99er-Preise für einen Laden?

◆ Ginzberg, E. (1936). Customary Prices. *American Economic Review*, 296

1938 **Die verhassten Danieraner**

Jetzt mal ganz ehrlich: Mögen Sie Danieraner? Angenommen, Horden von Danieranern kämen nach Deutschland. Würden die deutsche Staatsbürgerschaft beantragen. Ihre Tochter wollte einen Danieraner heiraten. Wären Sie damit einverstanden? Eben!

Genauso ging es jenen 144 Studenten der Columbia University in New York, welche am 30. November 1938 einen Fragebogen zu 35 Ethnien, 7 religiösen Gemeinschaften und 7 politischen Gruppen ausfüllten. Auf einer Skala von eins (»nicht ins Land lassen«) bis acht (»durch Heirat als Familienmitglied akzeptieren«) schafften es die Danieraner nicht weit über die Stufe zwei (»als Besucher im Land tolerieren«). Damit lagen sie hinter den Türken (3,4) und Japanern (2,7) und nur knapp vor Faschisten (1,9) und Nazis (1,8).

Den Danieranern machte das nichts aus, denn es gibt sie gar nicht – genauso wenig wie die Pirenianer und die Wallonianer, die mit 2,3 und 2,1 ähnlich schlecht abschnitten. Der Psychologe Eugene Leonard Horowitz hatte die Fantasienationalitäten in den Fragebogen geschmuggelt, um zu erfahren: Wie urteilen Menschen über Gruppen, von denen sie nichts wissen – nichts wissen können.

Kurz nachdem Horowitz 1936 seine Dissertation über »Die Entwicklung der Einstellung gegenüber dem Neger« abgeschlossen hatte, sollte er den Antisemitismus untersuchen. Weil er sich von einer isolierten Betrachtung des Judenhasses keine aussagekräftigen Resultate versprach, weitete er den Auftrag auf Vorurteile gegenüber anderen Gruppen aus. Neben den Studenten der Columbia University befragte er Angehörige sieben weiterer Institutionen.

Es war kein Zufall, dass die Konferenz für jüdische Beziehungen die Arbeit mitfinanzierte. Juden hatten angesichts der langen Geschichte ihrer Diskriminierung großes Interesse an der Erforschung der Entstehung von Vorurteilen. Wahrscheinlich litt Horowitz auch selbst darunter, jedenfalls änderte er seinen jüdischen Nachnamen 1942 in »Hartley«. Unter diesem Namen, Eugene L. Hartley, erschien 1946 die Monografie *Problems in Prejudice* mit den Resultaten der Studie.

Die Einstellung der Befragten variierte von Institution zu Institution. Princeton-Studenten waren gegenüber deutschen Juden zum Beispiel viel misstrauischer als Studenten des City College von New York. Am tolerantesten waren die Studenten des Bennington College in Vermont, am intolerantesten jene der Universität Howard in Washington, welche vor allem Afroamerikaner besuchten. Wenn es nach ihnen gegangen wäre, sollten die Schweizer, gegen die man an den anderen Universitäten nichts hatte, höchstens die Staatsbürgerschaft erhalten – als Schulkameraden, Nachbarn oder Ehepartner waren sie unerwünscht. Den Deutschen erging es noch schlechter. Die Studenten tolerierten sie gerade mal als Besucher im Land.

Trotz aller Unterschiede zeichnete sich auch ein globales Muster ab: Unter den Nationen waren Amerikaner, Kanadier und Engländer beliebt, Japaner, Chinesen, Türken und Araber unbeliebt.

Das interessanteste Resultat erbrachte der Beliebtheitsvergleich der Fantasienationalitäten: Je weniger jemand Danieraner, Pirenianer und Wallonianer mochte, desto misstrauischer war er auch gegenüber den existierenden Gruppen. Daraus schloss Horowitz, dass sich die Haltung gegenüber Juden nicht »mit Eigenschaften jüdischer Gruppen« erklären lasse. Vorurteile hätten nichts mit den realen Eigenschaften der Gruppen zu tun, sie seien vielmehr das Resultat einer grundsätzlich intoleranten Persönlichkeit. Die betreffende Person litt unter einer Art »moralischem Vitaminmangel«.

Diese Sicht ebnete den Weg für die sogenannte Kontakthypothese – die Idee, dass der Kontakt zwischen Gruppen den Menschen ihre grundlegende Ähnlichkeit offenbaren und so zu einem Abbau von Feindseligkeiten führen würde.

Heute ist klar, dass die Sache komplizierter ist. Kontakt zwischen Gruppen allein führt nicht automatisch zu weniger Vorurteilen. Auch gibt es zwischen den Kulturen wohl mehr Unterschiede, als die Psychologen damals wahrhaben wollten. Hartleys Studie enthielt zudem einige statistische Fehler. Mit seiner Idee, nach nicht existierenden Nationen zu fragen, zeigte er jedoch eindrücklich, wie groß die Gefahr ist, mit Umfragen lediglich Pseudomeinungen einzuholen.

Andere Studien bestätigten diese Tendenz. Passanten in Teheran erklärten einem Touristen zum Beispiel bereitwillig den Weg zu einem Platz, den es gar nicht gab, und eine Untersuchung aus den 1950er-Jahren erbrachte ein noch groteskeres Resultat. Eine der Fragen lautete: »Sind Sie für oder gegen Inzest?« (Inzest war damals noch kein gebräuchlicher Begriff.) Das Ergebnis: zwei Drittel dagegen, ein Drittel dafür.

◆ Hartley, E. (1946). *Problems in prejudice*. New York, King's Cross Press.

1951 **Nur ja nicht aus der Reihe tanzen**

Der Versuchsteilnehmer mit der Nummer sechs musste den Eindruck bekommen, er sei in das langweiligste Psychologieexperiment aller Zeiten geraten. Er hatte sich freiwillig für einen Versuch über visuelles Urteilsvermögen gemeldet. Jetzt saß er mit sechs anderen Freiwilligen in einem

Seminarraum des Swarthmore College außerhalb von Philadelphia.

Der Versuchsleiter zeigte den versammelten Männern zwei weiße Tafeln. Auf der ersten war eine 25 Zentimeter lange schwarze Linie zu sehen, auf der zweiten verliefen drei Linien nebeneinander: 22, 25 und 20 Zentimeter lang. Die Versuchsteilnehmer mussten nun sagen, welche der drei Linien auf der zweiten Karte genauso lang war wie jene auf der ersten.

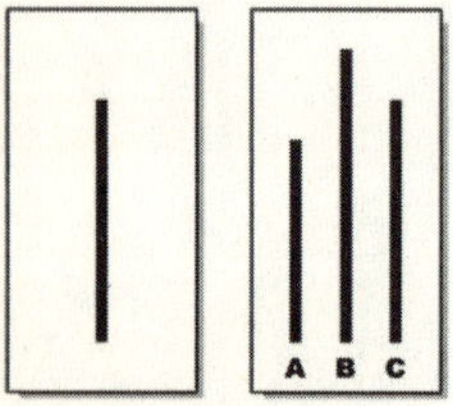

Die Aufgabe: Welcher Linie rechts (A, B, C) entspricht die Linie links? Obwohl die Antwort offensichtlich C lautet, beugten sich drei Viertel der Versuchsteilnehmer dem Gruppendruck und gaben falsche Antworten, wenn andere Leute ebenfalls falsch antworteten.

Einer nach dem anderen tippte richtig auf die zweite Linie. Der Versuchsleiter deckte die nächsten zwei Karten auf. Alle bestimmten korrekt die erste Linie. Auch bei den nächsten beiden Karten war der Längenunterschied klar zu erkennen: Es war die dritte Linie, die mit jener auf der ersten Karte übereinstimmte. Doch als Versuchsteilnehmer Nummer sechs die Antworten der fünf anderen hörte, die vor ihm an der Reihe waren, wollte er seinen Ohren nicht trauen: Alle nannten die erste Linie, die fast zwei Zentimeter zu lang war. Er lehnte sich vor, rückte seine Brille zurecht, doch es gab keinen Zweifel: Die Linien waren verschieden lang. Oder doch nicht? Wenn fünf Leute das so sahen? Konnte ihn seine Wahrnehmung derart täuschen?

Es war der Psychologe Solomon Asch, der Versuchsteilnehmer Nummer sechs in diese ungemütliche Lage brachte. Asch wollte wissen, wie leicht Menschen dem Gruppendruck nachgeben. Den Resultaten früherer Studien traute er nicht, weil auf die Fragen an die Versuchspersonen oft keine eindeutigen Antworten erfolgt waren. So war zum Beispiel untersucht worden, wie sich das Urteil über eine Textpassage änderte, je nachdem, welchem Autor sie zugeschrieben wurde. Dabei gab es kein eindeutiges »richtig« oder »falsch«. Das war bei der Längenschätzung der Linien ganz anders. Entweder die Linien waren gleich lang, oder sie waren es nicht. Entweder Versuchsteilnehmer Nummer sechs traute seiner Wahrnehmung und stellte sich gegen alle anderen, oder er passte sich an und ignorierte, was er sah. Er konnte nicht wissen, dass alle anderen »Versuchspersonen« Komplizen des Versuchsleiters waren, deren falsche Antworten auf einem festen Drehbuch basierten.

Die Ergebnisse stehen heute in jedem Psychologielehr-

Der Versuchsteilnehmer mit der Nummer 6 konnte nicht ahnen, dass alle anderen am Tisch Komplizen des Versuchsleiters waren, die nach Drehbuch übereinstimmend falsche Antworten gaben.

buch: In einem Drittel aller Längenurteile passten sich die Versuchsteilnehmer der Gruppe an und antworteten ebenfalls falsch. Nur ein Viertel aller Versuchspersonen erlag nie der Versuchung, dem Gruppendruck nachzugeben. Viele wurden nervös und konnten es nicht fassen, wenn die anderen übereinstimmend falsche Antworten gaben. Eine Versuchsteilnehmerin war derart außer sich, dass sie nach vorne sprang, ein Lineal ergriff und es neben die Linien hielt: »Seht ihr das denn nicht?« Doch die anderen sagten nur: »Was sollen wir sehen?« Sie war sehr beunruhigt: »Etwas stimmt nicht mit mir, vielleicht sind es meine Augen, oder vielleicht ist es etwas Grundlegenderes.«

Ob Asch das Resultat erstaunt hat, geht aus seinen Arbeiten nicht hervor. Anders als es viele Lehrbücher heute darstellen, wollte er eigentlich das Gegenteil von dem zeigen, was er dann herausgefunden hat: dass Menschen sich nicht sklavisch einer Gruppe unterwerfen, sondern ihre Meinung unabhängig vertreten.

Aschs Konformitätstest aus dem Jahr 1951 ist eines der am häufigsten wiederholten wissenschaftlichen Experimente. Ein Überblicksartikel verzeichnete 1996 133 Konformitätsstudien aus 17 Ländern. Bereits Asch variierte den Versuch, um herauszufinden, unter welchen Bedingungen sich Leute anpassten. Wenn in der Gruppe ein zweiter Versuchsteilnehmer die richtige Antwort gab, sank die Rate der falschen Antworten zum Beispiel von 32 auf 5 Prozent. Der Grad der Anpassung verringerte sich auch drastisch, wenn die Versuchsteilnehmer die Antworten der anderen zwar kannten, ihre Antwort aber aufschrieben, ohne sie bekannt zu geben.

Aschs Experiment führt zu anderen Zeiten und in anderen Kulturen zu unterschiedlichen Resultaten. In der individualistischen Kultur westlicher Industrienationen ist der Hang zur Konformität erwartungsgemäß weniger ausgeprägt als in Kulturen, die das Wohl der Gruppe über jenes des Einzelnen stellen, wie im Fernen Osten oder in Afrika. In westlichen Kulturen wird Konformität denn auch häufig negativ als Anpassertum ausgelegt. »Man muss für den Rest seines Lebens damit leben, dass man ein Feigling war, der sagte, 10 Inch seien kürzer als 4 Inch«, sagte Aschs Mitarbeiter Henry Gleitman. Asch selbst sah es weniger dramatisch. Man hat zwei Informationen: was man sieht und was andere Leute sagen. Ernst zu nehmen, was andere Leute sagen, ist nicht per se dumm, sondern unter Umständen richtig und menschlich. In kollektivistischen Kulturen kann die Konformität im Experiments auch positiv interpretiert werden: Wer sich anpasst, hilft den anderen Versuchsteilnehmern, die offensichtlich einen Fehler begehen, das Gesicht zu wahren.

Ein Vergleich verschiedener Studien zeigt, dass der Hang zu konformem Verhalten seit den 1950er-Jahren, als Asch das Experiment durchführte, zwar abgenommen hat, aber nicht verschwunden ist. Ein Beleg dafür sind die sogenannten »No soap radio«-Witze, die ebenfalls in den 1950er-Jahren aufkamen, aber auch heute noch bestens funktionieren. Hier ist einer: Zwei Eisbären sitzen in der Badewanne. Da sagt der erste: »Reich mir die Seife.« Worauf der zweite antwortet: »Keine Seife, Radio!« Wie jeder sofort merkt, hat die vermeintliche Pointe nichts mit dem Witz zu tun, doch wenn Eingeweihte über den Witz zu lachen beginnen, verhalten sich andere Zuhörer oft konform und lachen ebenfalls.

In einer Variante des Versuchs versuchte Asch übrigens herauszufinden, wie stark sich die Längen der Linien unterscheiden müssen, damit kein Versuchsteilnehmer mehr bereit war, seine Wahrnehmung zu verleugnen. Es gelang ihm nicht: Selbst wenn der Längenunterschied 18 Zentimeter betrug, gab es immer noch einige, die sich der falschen Mehrheitsmeinung anschlossen.

verrueckte-experimente.de

◆ Asch, S. (1956). Studies of independence and conformity: I. A minority of one against a unanimous majority. *Psychological Monographs: General and Applied* 70(416).

1954 **Der schnellste Bremser der Welt**

Colonel John Paul Stapp war kein Aufschneider. Sonst hätte er seinem 1955 im *Journal of Aviation Medicine* erschienenen Artikel einen spektakuläreren Titel gegeben als »Die Wirkung von mechanischer Kraft auf lebendes Gewebe«. Das »lebende Gewebe« war nämlich er selbst, und die »Wirkung der mechanischen Kraft« hatte sich in Prellungen, blutunterlaufenen Augen und gebrochenen Knochen geäußert.

1947 flog Chuck Yaeger mit dem Jet X-1 als erster Mensch schneller als der Schall. Im selben Jahr begann

John Paul Stapp auf dem Raketenschlitten »Gee-Whiz«.

sich Stapp als Militärarzt mit der Frage zu beschäftigen, wie es einem Piloten wohl erginge, wenn er bei solchen Geschwindigkeiten sein Flugzeug im Schleudersitz verlassen müsste. Ein gewaltiger Luftstrom würde seinen Körper treffen und ihn augenblicklich abbremsen. Konnte ein Mensch diese Belastung überleben? Stapp beantwortete die Frage mit kühnen Versuchen, zuerst auf der Luftwaffenbasis Edwards in Kalifornien, dann auf jener von Holloman in New Mexico.

Für die ersten Tests 1947 mit dem Raketenschlitten »Gee Whiz« waren Schimpansen vorgesehen. Als sie nicht rechtzeitig eintrafen, stellte sich Stapp als Versuchskaninchen zur Verfügung. Wegen seines eigenwilligen Verhaltens versuchten ihn seine Vorgesetzten immer wieder zurückzuhalten – ohne Erfolg.

Das gewagteste und letzte Experiment, das Stapp beinahe das Augenlicht kostete, fand am 10. Dezember 1954 statt. Um die Mittagszeit ließ sich Stapp von seinen Mitarbeitern im Raketenschlitten »Sonic Wind« anschnallen. Am Ende der einen Kilometer langen Gleise konnte er ein Ambulanzfahrzeug sehen.

Der Schlitten war nicht viel mehr als ein auf Schienen geführter Stuhl, mit neun Raketen im Rücken, die auf einem zweiten Schlitten montiert waren. Sie beschleunigten Stapp so stark, dass das Blut aus seiner Netzhaut wich: 1,5 Sekunden nach dem Start wurde ihm schwarz vor Augen. 3,5 Sekunden später – Stapp war jetzt mit 1017 km/h unterwegs – setzten die Bremsen ein: Eine Art Schaufeln griffen in das lange Wasserbecken zwischen den Schienen am Ende des Gleises und brachten den Schlitten in 1,4 Sekunden zum Stillstand; es war, wie mit 100 km/h in eine Mauer zu fahren – bloß dauerte es 18-mal länger.

Am Anfang des 210 Meter langen Bremswegs kehrte das Augenlicht für einen grellen Moment zurück. Doch die Gefäße hielten dem Druck, mit dem das Blut in die Augen schoss, nicht stand und platzten. Stapps Sicht färbte sich lachsrot, seine Augen rissen an Muskeln und Sehnerv. Sie schmerzten, »wie wenn ein Zahn ohne Betäubung gezogen wird«.

Nachdem der Schlitten zum Stillstand gekommen war,

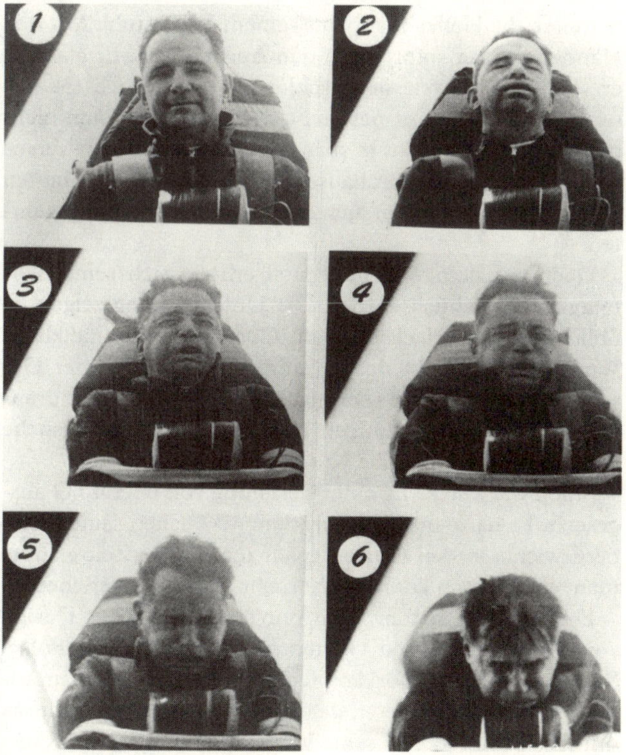

John Paul Stapps Gesicht während des Bremsvorgangs: Es war, wie mit hundert in eine Mauer zu fahren – bloß dauerte es 18 Mal länger. Stapp hat sich bei den Versuchen mehrmals Knochen gebrochen und wäre fast erblindet.

John Paul Stapp wird vor einem Versuch festgeschnallt.

befreiten die Helfer Stapp aus seinem Feuerstuhl. Mit den Händen griff er sofort nach den Augenlidern. Er glaubte, er sehe nichts, weil sie geschlossen seien, doch sie waren offen. »Jetzt ist es passiert«, dachte er, »ich kann nicht mehr sehen.« Stapp war sich des Risikos, bei den Versuchen zu erblinden, durchaus bewusst. Seine Augen hatten schon bei früheren Versuchen unter der Belastung gelitten.

Doch auf dem Weg ins Spital erholte sich seine Sehfähigkeit allmählich wieder. Die Untersuchung zeigte die üblichen blauen Flecken, wo die Gurte verliefen, und kleine Wunden, verursacht durch Sandkörner, die mit der Geschwindigkeit von Gewehrkugeln durch die Kleider drangen. Anders als bei einigen seiner 28 früheren Versuche hatte er bei diesem keine Knochen gebrochen.

Stapp war kurzzeitig einer Belastung von über 40 G ausgesetzt. Er hatte mit mehr als dem 40-Fachen seines Körpergewichts in den Gurten gehangen. Lange Zeit glaubte man, ein Mensch könne nicht mehr als 18 G überleben.

Die Versuche hatten nicht nur ein verbessertes Design von Pilotensitzen und Gurten in Flugzeugen zur Folge, Stapp war auch ein Vorkämpfer für Sicherheitsgurte in Autos. Er führte auf Kosten der Armee die ersten Crashtests mit PKWs durch. Als seine Vorgesetzten dagegen protestierten, rechnete er ihnen vor, dass mehr Militärpiloten bei Autounfällen ums Leben kämen als bei Flugzeugabstürzen. In den Jahren vor seinem Tod 1999 war er Vorsitzender der »Dr. Stapp International Car Crash Conference«.

Die kühnen Versuche machten Stapp berühmt. Er trat im Fernsehen auf, und sein Bild erschien auf dem Titel von *Time*. Kein Wunder, dass sich die Zeitungen Stapps Fehltritt 1956 nicht entgehen ließen: Am 9. März konnte man in den *Alamogordo Daily News* lesen, dass der »schnellste Mann der Welt« von der Polizei erwischt worden war, als er 60 km/h zu schnell fuhr. Der Friedensrichter hob die Buße auf und erließ eine neue gegen einen fiktiven »Captain Ray Darr«, die er aus seiner eigenen Tasche bezahlte.

Stapps Experimente führten zu einem Nebenprodukt, das seine eigene Berühmtheit weit übertraf. Zu Beginn der Versuche 1949 wurde eine von einem Ingenieur namens Edward A. Murphy entwickelte Messsonde falsch am Raketenschlitten montiert. Stapp, der bekannt dafür war, ständig neue Redewendungen zu erfinden, brachte darauf »Murphy's Law« (»Murphys Gesetz«) in Umlauf, das bald darauf seinen Siegeszug durch die Populärkultur antrat: »Wenn etwas schiefgehen kann, dann geht es schief.«

verrueckte-experimente.de

◆ Stapp, J. P. (1955). Effects of mechanical force on living tissue. 1. Abrupt deceleration and windblast. *Journal of Aviation Medicine* 26, 268-288.

Bevor Menschen in den Raketenschlitten saßen, wurden Tests mit Puppen gemacht. Hier durchschlägt die Puppe nach einer Vollbremsung gerade den hölzernen Windschutz (die Puppe ist der graue Schatten).

1954 **Adler gegen Klapperschlangen**

Für die elf Knaben aus Oklahoma City, die am 11. Juni 1954 in einem Bus Richtung Robbers Cave State Park saßen, hatte es den Anschein einer ganz normalen Fahrt in ein Ferienlager. Sie sprachen über ihre Hobbys, ihre bevorzugten Baseballmannschaften, die Berufe ihrer Väter. Auf dem weitläufigen Lagergelände angekommen, bezogen sie eine Hütte und erkundeten die Umgebung. Dass am nächsten Tag in einer anderen Ecke des Geländes unbemerkt elf weitere Jungen eine Hütte belegten, blieb ihnen lange verborgen. Sie konnten auch nicht ahnen, dass die Lagerleiter Wissenschaftler waren, die alles, was in den nächsten drei Wochen zwischen den Gruppen geschah, im Geheimen aufzeichneten.

Der Leiter dieses als Ferienlager getarnten Experiments war Muzafer Sherif, Professor für Psychologie an der University of Oklahoma. Er wollte die Gruppen zuerst zu Feinden machen und dann das Unmögliche vollbringen: heillos zerstrittene Elfjährige miteinander versöhnen.

Sherif stammte ursprünglich aus Izmir in der Türkei. Als Dreizehnjähriger war er bei einem Überfall der Griechen knapp dem Tod entgangen. Dieses Erlebnis war für ihn ein Grund, sich später der Erforschung von Konflikten zwischen Gruppen zu widmen. Das »Robbers-Cave-Experiment«, wie es in der Folgezeit genannt wurde, war das Glanzstück seiner Karriere. Obwohl bei dem Versuch lediglich Elfjährige um den Sieg im Seilziehen und den Zugang zum Badeplatz stritten, wird das Experiment heute oft in Zusammenhang mit den großen gewaltsamen Auseinandersetzungen, etwa in Nordirland oder Palästina, zitiert.

Sherif hatte den Versuch in drei Phasen angelegt: In der ersten sollten sich unabhängig voneinander zwei Gruppen bilden. In der zweiten würde er diese Gruppen zusammenbringen und für Spannungen sorgen, die er in der dritten Phase zu lösen versuchen wollte. Natürlich hätte er direkt bei Phase zwei einsteigen können, wenn er das Experiment mit zwei bereits bestehenden Gruppen gemacht hätte. Aber Sherif war ein akribischer Wissenschaftler: Bestehende Gruppen hätten womöglich bereits stereotype Verhaltensweisen gegenüber anderen Gruppen mitgebracht, wodurch das Resultat seines Versuchs verfälscht worden wäre.

Um die Entstehung der Gruppenbildung unter Kontrolle zu haben, wählte er je elf Jungen aus, die einander zuvor noch nie gesehen hatten. In einem aufwendigen Verfahren bestimmte er in 22 verschiedenen Schulen im US-Bundesstaat Oklahoma jeweils einen Schüler, den er einer der beiden Gruppen zuordnete. Die Jungen mussten aus möglichst gleichartigen, intakten mittelständischen protestantischen Familien kommen. Problemfälle sowie Kinder, die zu Heimweh neigten, wurden ausgeschlossen.

Um die Auswahl zu treffen, beobachteten die Forscher unerkannt Schüler auf dem Schulhof, sprachen mit Eltern und Lehrern, ließen sich Zeugnisse geben, informierten sich darüber, wie groß das Haus war, in dem die Familie lebte, und welchen Wagen sie fuhr. Den Eltern gab man die diffuse Auskunft, im Lager solle die Interaktion zwischen Gruppen studiert werden. Eine Woche nach Ankunft hatten sich beide Gruppen einen Namen gegeben – »Klapperschlangen« und »Adler« –, es hatten sich stabile innere Hierarchien herausgebildet und typische Verhaltensmuster. Die Klapperschlangen fluchten zum Beispiel ständig, die Adler badeten nackt.

Der Plan sah vor, dass man die Gruppen in dieser Phase noch ein oder zwei Tage getrennt hielt, bevor man sie in der

Seilziehen: Gruppe Adler gegen Gruppe Klapperschlangen. Die Kinder konnten nicht ahnen, dass sie an einem psychologischen Experiment teilnahmen.

Phase zwei zu Feinden machte. Doch die Jungen waren dem Plan weit voraus. Ohne die andere Gruppe je zu Gesicht bekommen zu haben, sprach die eine Gruppe von den »Nigger-Campern«, als sie die andere weit entfernt auch nur hörte.

Spannungen aufzubauen schien der einfachste Teil des Experiments zu sein. Doch Sherif musste aufpassen. Einen ähnlichen Versuch hatte er im Jahr zuvor abbrechen müssen: Weil die Manipulationen der Lagerleitung zu offensichtlich waren, hatte sich der Ärger der Gruppen plötzlich nicht mehr gegeneinander, sondern gegen die Erwachsenen gerichtet.

Der Kern der Phase zwei waren 15 Wettbewerbe, in denen sich die Gruppen während vier Tagen maßen. Dazu gehörten Baseball und Seilziehen, aber auch eine Schatzsuche und Zimmerinspektionen, die es den Experimentatoren erlaubten, unauffällig der einen oder anderen Gruppe Punkte zuzuschanzen.

Die Folgen des Turniers – als Preise gab es heiß begehrte Sackmesser – kannte Sherif bereits aus früheren Studien: Der Zusammenhalt innerhalb der Gruppen wuchs, die andere Gruppe wurde herabgesetzt und bekämpft. Das Ausmaß der Feindseligkeiten muss jedoch auch ihn überrascht haben. Es begann damit, dass sich die Teams gegenseitig beschimpften (»Stinker«, »Memmen«, »Kommunisten«). Am Abend des zweiten Tages verbrannten die Adler die auf dem Spielfeld zurückgelassene Fahne der Klapperschlangen – ein Ereignis, »das es für die Experimentatoren unnötig machte, die Missstimmung zwischen den Gruppen künstlich anzufachen«, wie Sherif später schrieb.

Der Gegenschlag ließ nicht lange auf sich warten: Am nächsten Abend überfielen die Klapperschlangen die Hütte der Adler, rissen Vorhänge herunter und stülpten Betten um. Dabei eroberten sie eine Bluejeans des Gruppenführers, die sie am nächsten Tag als Fahne mit der Aufschrift: »Der Letzte der Adler« herumtrugen. Einen Tag danach machten sich die Adler mit Baseballschlägern bewaffnet auf zur Hütte der Klapperschlangen, die sich an einem anderen Ort aufhielten.

Nach einer Reihe weiterer Zusammenstöße wollte keine der Gruppen noch etwas mit der anderen zu tun haben. Phase drei konnte beginnen.

Mitglieder der Gruppe Klapperschlangen überfallen die Hütte der Adler. Der Plan der Forscher, die Feindschaft zwischen den Gruppen anzufachen, erwies sich als unnötig: Die beiden Gruppen verhielten sich von Anfang an sehr feindselig.

Die Klapperschlangen mit den erbeuteten Bluejeans des Anführers der Adler. Sie hatten darauf geschrieben: »Der Letzte der Adler«.

Sherif ließ die Gruppen zuerst in neutralen Situationen aufeinandertreffen. Doch eine Filmvorführung trug nichts zur Versöhnung bei, und das gemeinsame Essen endete mit einer Nahrungsmittelschlacht. Bloßer Kontakt reichte nicht aus, um den Streit zu schlichten.

Die Forscher sabotierten den Trinkwassertank auf dem Lagergelände, um die verfeindeten Gruppen zur Zusammenarbeit zu zwingen und so Frieden zu stiften.

In einem früheren Experiment war es ihm gelungen, zwei verfeindete Gruppen zusammenzubringen, indem er sie gegen einen äußeren Feind mobilisierte. Doch diese Methode schien ihm wenig sinnvoll, weil sich ein alter Konflikt auf diese Weise nur lösen ließ, indem ein neuer entstand. Sherif wollte die Spannungen auf andere Art abbauen: indem er die beiden Gruppen vor Aufgaben stellte, die eine allein nicht bewältigen konnte.

Als Erstes ließ Sherif im Geheimen ein Rohr blockieren, das der Trinkwasserversorgung des Lagers diente. Als die Jungen den Wassermangel bemerkten, erklärten ihnen die Lagerleiter, dass die Leitung auf der ganzen Länge zwischen dem Lagergelände und dem Wasserreservoir abgesucht werden müsse. Dafür seien etwa 25 Leute nötig. Während der gemeinsamen Überprüfung herrschte Friede, man lieh sich gegenseitig Werkzeuge und arbeitete zusammen. Aber schon beim Abendessen flammten die Feindseligkeiten wieder auf.

Als Nächstes stand ein gemeinsamer Filmabend auf dem Programm. Die Miete des Films »Schatzinsel« – 15 Dollar – musste von beiden Gruppen aufgebracht werden. Nach kurzer Diskussion einigten sie sich, je 3,50 Dollar beizutragen, den Rest sollte die Lagerleitung bezahlen.

Beim gemeinsamen Zeltausflug wurde das Material so verteilt, dass die beiden Gruppen es miteinander tauschen mussten.

Ein gemeinsamer Zeltausflug bildete den Abschluss von Sherifs Interventionen. Zunächst streikte der Motor des Lieferwagens, der das Essen hätte holen sollen. Beiden Gruppen war klar, dass sie ihn nur gemeinsam anschieben konnten, was sie dann auch taten.

Dann, beim Aufstellen der Zelte, entdeckten beide Gruppen, dass sie auf Material der anderen angewiesen waren

Auch die vorgetäuschte Panne des Lastwagens hatte einzig den Zweck, die beiden Gruppen vor eine Aufgabe zu stellen, die eine allein nicht lösen konnte, und sie so zu versöhnen.

(die Lagerleitung hatte die Campingausrüstung bewusst durcheinandergebracht). Das Essen schließlich bestand aus vier Kilo Fleisch am Stück. So waren die Gruppen gezwungen, irgendwie zu teilen.

Diese Maßnahmen führten tatsächlich zur Versöhnung der Gruppen. Sie feierten den Abschlussabend gemeinsam, entschieden sich, die Rückfahrt im selben Bus anzutreten, und als die Adler bei einem Verpflegungsstopp kein Geld mehr hatten, luden die Klapperschlangen sie zu Malzmilch ein.

Sherifs Experiment gehört heute zu den Klassikern in der Psychologie. An der friedensfördernden Wirkung übergeordneter Ziele wird heute kaum noch gezweifelt. Allerdings kann ihre Wirkung von anderen Faktoren gedämpft werden. Zudem lassen sich die Resultate nicht ohne Weiteres auf größere Gruppen wie etwa Nationalstaaten anwenden.

◆ Sherif, M., O. J. Harvey et al. (1961). *Intergroup Conflict and Cooperation: The Robbers Cave Experiment*. Norman, University of Oklahoma Book Exchange.

Eine ganz andere Methode, wie man zwischen Konfliktparteien vermitteln kann, finden Sie auf Seite 215ff.

1956 **Rauchen ist gesund**

Im Jahr 1956 spielten sich in einem Büro der Universität Stanford seltsame Szenen ab. 21 junge Studentinnen saßen eine nach der anderen dem 24-jährigen angehenden Psychologen Elliot Aronson gegenüber und lasen ihm von Karten, die sie von ihm bekommen hatten, obszöne Wörter vor: vögeln, Schwanz, bumsen. Hatten sie die zwölf Karten durch, so gab ihnen Aronson zwei Bücher, aus denen sie »lebhafte Beschreibungen sexueller Aktivität« vortragen mussten, wie er es später in einem Fachartikel beschrieb. Eines davon war D.H. Lawrence' *Lady Chatterley's Lover*, das in den USA damals auf dem Index verbotener Bücher stand.

Die Studentinnen hatten sich gemeldet, um in einer Gruppe mitzumachen, in der die »Dynamik des Gruppendiskussionsprozesses« untersucht werden sollte. Das Thema der Diskussion erfuhren sie erst, als sie vor Aronson saßen: die Psychologie von Sex. Er erklärte ihnen, das Vorlesen der obszönen Wörter sei eine Art Eintrittstest für die Diskussionsgruppe. Anhand von Erröten, Stottern und ande-

Der Mensch ist ein Meister darin, seine Wünsche so hinzubiegen, dass die Wirklichkeit dazupasst.

ren Zeichen der Scham werde er ein »klinisches Urteil« darüber fällen, ob sie unbefangen über Sex sprechen könnten. Tatsächlich ging es Aronson um ganz etwas anderes.

Elliot Aronson besuchte damals ein Seminar bei Leon Festinger, der gerade seine Theorie der kognitiven Dissonanz aufgestellt hatte. »Kognitive Dissonanz« nannte er den inneren Konflikt, der entsteht, wenn unsere Überzeugungen nicht mit unseren Handlungen übereinstimmen oder wenn sich zwei unserer Überzeugungen widersprechen: Raucher kennen die Gefahren des Rauchens und rauchen trotzdem, Frauen wissen, dass Markenschuhe viel zu teuer sind, und kaufen sie dennoch. Festinger glaubte, dass der Mensch diese Spannung abbauen will, indem er Handeln und Denken wieder in Übereinstimmung bringt – was lediglich dann geschehen kann, wenn er das eine oder das andere ändert.

Wenn er zum Beispiel nicht anders handeln kann oder will, bleibt ihm nur, sich abenteuerliche Rechtfertigungen für sein Tun auszudenken, die er dann bereitwillig selber glaubt: Rauchen ist gar nicht so schädlich, Markenschuhe sind von besserer Qualität.

Als die Studenten im Seminar von Festinger nach Situationen suchten, die zu einer kognitiven Dissonanz führten, fielen ihnen Initiationsriten ein. Nach Festingers Theorie müsste die Zugehörigkeit zu einer Gruppe nach einer mühevollen Initiation attraktiver erscheinen als ohne Eintrittsprüfung. Wer jahrelang versucht, eine Membercard der Tanzbar »Alibaba« zu bekommen, dem wird das »Alibaba« als der Nabel der Welt erscheinen, wenn er sie endlich hat, auch wenn es eigentlich ein heruntergekommener Tanzschuppen ist. Schließlich möchte keiner vor sich selber als Dummkopf dastehen. Diesen Effekt wollten Aronson und sein Kollege Judson Mills wissenschaftlich überprüfen.

Als Erstes brauchten die beiden Forscher einen Initiationsritus. »Wir saßen zusammen, und die Ideen sprudelten nur so aus Aronson heraus. Eine davon war ›obszöne Wörter vorlesen‹. Da sagte ich: ›Das ist es!‹«, erinnert sich Mills.

Nachdem die Studentinnen die Wörter vorgelesen und den Test bestanden hatten, wollten Aronson und Mills feststellen, ob sie die Zugehörigkeit zur Gruppe höher werteten als Studentinnen, die keinen oder einen harmloseren Test gemacht hatten.

Dazu wurden alle Versuchsteilnehmerinnen über Kopfhörer in das laufende Gespräch der Diskussionsgruppe eingeschaltet. Aronson erklärte den Studentinnen, dass sich jede Gesprächsteilnehmerin in einem anderen Raum befinde und sich über eine Gegensprechanlage mit den anderen unterhalte. Ohne einander ansehen zu müssen, lasse sich einfacher über Sex diskutieren. Der wahre Grund, weshalb die Versuchsteilnehmerinnen nicht direkt zur Diskussionsgruppe stoßen durften, war, dass es diese Gruppe gar nicht gab. Damit alle Versuchsteilnehmerinnen die exakt gleichen Bedingungen antrafen, ertönten die Stimmen vom Band. Um zu verhindern, dass sich die Studentinnen am Gespräch beteiligten, sagte man ihnen, sie sollten als Vorbereitung einfach zuhören.

Was die Studentinnen zu hören bekamen, war eine der »wertlosesten und langweiligsten Diskussionen, die man sich vorstellen kann«, wie Aronson und Mills später schrieben. Damit sollte die größtmögliche Dissonanz zum unangenehmen Eintrittstest geschaffen werden.

Und tatsächlich stuften die Studentinnen, die den peinlichen Test absolviert hatten, die Diskussion und die Gesprächsteilnehmer als viel interessanter ein als die anderen. Auf diese Weise verminderten sie die Dissonanz zwischen dem mühevollen Eintritt und der langweiligen Diskussion. Als Aronson sie über den wahren Zweck des Experiments informierte, begriffen sie sofort, worum es ging. »Sie verstanden durchaus, dass die meisten Leute sich verhalten würden, wie ich es vorausgesagt hatte«, erinnert sich Aronson, »aber sie versicherten mir immer wieder, dass in ihrem Fall der mühevolle Initiationsritus keine Rolle gespielt habe. Jede von ihnen behauptete, dass sie die Gruppe mochte, weil sie das wirklich so empfand.«

Das Verringern einer kognitiven Dissonanz ist kein bewusster Prozess. Er lässt sich bei anderen einfach erkennen, nur nicht bei sich selbst. Das ist ein Grund, weshalb die Folgen aus dieser psychologischen Eigenheit des Menschen von monumentaler Bedeutung für unser Zusammenleben sind. Sie entwickelt ihre Macht völlig unbemerkt sowohl im Alltag als auch in der Weltpolitik. Über 3000 Untersuchungen zum Thema wurden seit der Studie von Aronson und Mills publiziert. Eine darunter zeigte, auf welch grundlegende Eigenschaft Festinger gestoßen war: Selbst Kapuzineräffchen, die von drei verschiedenfarbigen Smarties zufällig die gelben auswählten, entwickelten danach eine Vorliebe für diese Farbe, obwohl sie zuvor keinen Unterschied zwischen den drei Farben gemacht hatten.

Das Verringern der kognitiven Dissonanz ist eine urmenschliche Strategie zur Lebensbewältigung. Es löst innere Widersprüche auf und versöhnt mit unerfüllten Wünschen. Und es erklärt zumindest teilweise, weshalb wir standhaft behaupten, Kinder machten uns glücklich, wenn genau das Gegenteil der Fall ist. Untersuchungen haben nämlich ergeben, dass Eltern im Durchschnitt weniger glücklich sind, wenn sie gemeinsame Zeit mit ihren Kindern verbringen, als wenn sie essen, Sport treiben, einkaufen oder fernsehen. Der Psychologe Daniel Gilbert von der Harvard University sieht Parallelen zwischen dem Initiationsexperiment von Mills und Aronson und dem Familienleben: »Wenn wir viel für etwas bezahlen, nehmen wir an, dass es uns glücklich macht, deshalb schwören wir auf

Mineralwasser und Armani-Socken. Der Zwang, für unsere Kinder zu sorgen, wurde vor langer Zeit in unserem Erbgut festgeschrieben. Also schuften und schwitzen wir, bekommen wenig Schlaf und weniger Haare, spielen Krankenschwester, Fahrer und Koch, und wir tun all das, weil die Natur uns keine andere Wahl lässt. Angesichts des hohen Preises, den wir bezahlen, ist es nicht überraschend, dass wir diese Kosten rechtfertigen, indem wir annehmen, dass uns unsere Kinder sie mit Glück zurückbezahlen.«

Doch nicht immer sind die Folgen dieses psychologischen Mechanismus so positiv. Oft hat die Verringerung der Dissonanz fatale Folgen – zum Beispiel bei Justizirrtümern, wenn eine DNA-Analyse zeigt, dass ein Häftling, der seit zehn Jahren im Gefängnis sitzt, ein Verbrechen nicht begangen haben kann. Wie Fälle in den USA zeigen, beharrt der Staatsanwalt oft völlig irrational auf der Position, dass er es doch war. Warum? Einerseits weiß er, dass er einen Mann für zehn Jahre hinter Gitter gebracht hat, andererseits sind Beweise vorhanden, dass dieser Mann unschuldig ist. Es gibt zwei Möglichkeiten, diese Dissonanz zu verringern: Entweder der Staatsanwalt gesteht ein, einen furchtbaren Fehler begangen zu haben, oder er beharrt auf der Schuld des Häftlings. Die Wahl fällt offenbar vielen Staatsanwälten leicht.

◆ Aronson, E., and J. Mills (1959). The effect of severity of initiation on liking for a group. *Journal of Abnormal and Social Psychology* 59, 177-181.

1958 **Ich sehe was, was du nicht siehst**

Babys sind der Albtraum jedes Experimentalpsychologen: Sie können keine Fragebogen ausfüllen, sie können nicht reden, auf nichts zeigen und sind auch sonst nicht sehr kooperativ. Wie soll man da herausfinden, wie scharf sie sehen, ob sie Gesichter erkennen oder sich an Gesehenes erinnern?

Was sich im Kopf von Säuglingen abspielt, ist ein Rätsel, das nicht nur Mütter, Väter und Kinderpsychologen lösen wollen. Es tangiert auch die große Frage, mit welchen Fähigkeiten ein Mensch geboren wird und welche er erlernt. Wer hat das Sagen: die Natur oder die Umwelt?

In den 1950er-Jahren herrschte die Meinung vor, das Kind beginne sein Leben als unbeschriebenes Blatt. Es sehe die Welt zuerst nur als chaotisches Stückwerk aus Farben verschiedener Helligkeiten. Erst durch die Erfahrung des Sehens lerne es, die Eindrücke zu ordnen.

Aufgrund früherer Experimente vermutete der Psychologe Robert Fantz, dass diese Ansicht falsch sei: Er hatte frisch geschlüpften Küken unterschiedliche geometrische Formen dargeboten und beobachtet, dass sie am häufigsten nach Kügelchen in Körnergröße pickten. Die Fähigkeit, diese Objekte zu erkennen, war den Küken offenbar angeboren.

Doch dieses Experiment konnte so nicht mit Menschen durchgeführt werden – Babys picken nicht. Aber sie schauen sich ständig in der Welt um. Ihre Augen sollten Fantz verraten, wie ihre Welt aussieht.

»Wenn ein Säugling eine bestimmte Form durchweg häufiger anschaut als eine andere, muss er diese Formen erkennen können«, schrieb Fantz in einem Fachartikel. Auf der Basis dieser einfachen Idee entwickelte er eine Krippe, in der ein Säugling auf dem Rücken lag und in eine gleichmäßig ausgeleuchtete Kammer blickte. An der Decke der Kammer befestigte Fantz Paare von Testobjekten: Tafeln mit Längsstreifen und konzentrischen Kreisen, mit einem

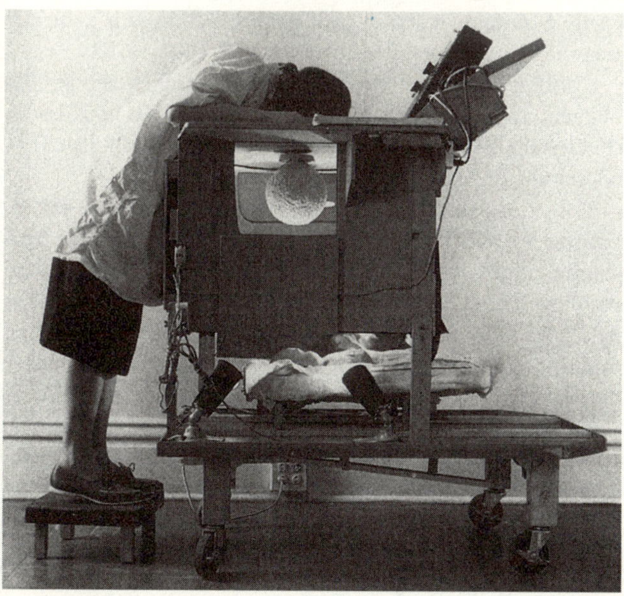

Wie sieht ein Säugling die Welt? Mit dieser Vorrichtung kann man es herausfinden.

ausgefüllten Quadrat und einem Schachbrettmuster, mit einem Dreieck und einem Kreuz. Durch ein Guckloch zwischen den Objekten konnte er der Blickrichtung der Babys folgen und ermitteln, wie lange sie welches Objekt betrachteten.

Von den 30 Säuglingen (zwischen 1 und 15 Wochen alt), die am ersten Experiment teilnahmen, mussten 8 ausgeschlossen werden: Sie schrien, quengelten oder schliefen während des Versuchs einfach ein. Übrig blieben 22, von denen praktisch alle die komplexeren Muster bevorzugten: Sie schauten zum Beispiel das Schachbrett länger an als das Quadrat. Babys sind offenbar fähig, solche Muster von Geburt an zu unterscheiden.

Fantz konnte mit seiner Methode auch bestimmen, wie scharf Säuglinge sehen. Er präsentierte ihnen eine graue Tafel neben einer gestreiften. Die Säuglinge bevorzugten die gestreifte – wenn sie die Streifen erkannten. Fantz machte den Versuch nämlich mit immer schmaleren Streifen, bis die Säuglinge die Graufläche und die Streifen gleich häufig anschauten, was bedeutete, dass sie die Muster nicht mehr unterscheiden konnten. Die gestreifte Tafel war für die Babys grau. Mit einem Monat konnten sie drei Millimeter breite Streifen erkennen, mit einem halben Jahr zehnmal schmalere.

Können Säuglinge von Geburt an räumlich sehen? Sie blicken länger auf eine Kugel als auf einen Kreis. Können sie Gesichter erkennen? Keine der gezeigten Tafeln war beliebter als jene mit dem gezeichneten Gesicht.

Heute ist Fantz' Methode Grundlage für die Erforschung der geistigen Fähigkeiten unserer Kleinsten. Abgewandelt wurde mit ihr sogar nachgewiesen, dass Säuglinge rechnen können: Man stellte unter den Augen eines Babys eine Mickymaus-Figur auf eine kleine Bühne, klappte eine Sichtblende hoch und platzierte eine zweite Figur hinter der Blende: 1 + 1. Nun wurde die Blende entfernt, und die Babys sahen einmal zwei Figuren (das korrekte Resultat), ein anderes Mal eine Figur (die zweite wurde unbemerkt entfernt). Im Mittel betrachteten die Säuglinge die falsche Addition eine Sekunde länger als die richtige. Ein Hinweis darauf, dass sie das Ergebnis überraschte, sie das richtige Resultat also gekannt hatten.

◆ Fantz, R. L. (1958). Pattern vision in young infants. *Psychological Record* 8, 43-47.

1960 **Das Vierkartenproblem**

E	**T**	**4**	**7**

Die meiststudierte Denkaufgabe der Psychologie: Welche Karten muss man umdrehen, um zu überprüfen, ob die folgende Regel eingehalten wird: Wenn auf der einen Seite einer Karte ein Vokal steht, steht auf der anderen eine gerade Zahl?

Das Rätsel macht einen trügerisch einfachen Eindruck. Als es der britische Psychologe Peter Wason in den frühen 1960er-Jahren ersann, konnte er nicht ahnen, welche fulminante Karriere ihm beschieden sein würde: Auf dem Tisch liegen vier Karten mit einem Buchstaben auf der einen, einer Zahl auf der anderen Seite. Zwei davon zeigen die Buchstaben E und T, die anderen zwei die Zahlen 4 und 7. Es gilt die Regel: Wenn auf der einen Seite einer Karte ein Vokal steht, steht auf der anderen eine gerade Zahl. Welche Karten muss man umdrehen, um zu überprüfen, ob die Regel eingehalten wird? Diese simple Frage wurde unter der Bezeichnung »selection task« zur meiststudierten Denksportaufgabe in der Psychologie. Unter Titeln wie »Deontic thought and the selection task« oder »The elusive thematic materials effect in the Wason selection task« ist sie Gegenstand Hunderter Untersuchungen.

Der Grund für das enorme Interesse ist die erstaunliche Tatsache, dass kaum zehn Prozent der Versuchspersonen auf die richtige Lösung kommen. Von den 128 Studenten, die Wason in einer frühen Studien mit diesem Problem konfrontierte, antworteten gerade mal 5 korrekt. 59 Studenten wollten E und 4 wenden, 42 nur E. Der Rest gab andere Antworten. Dabei lautet die richtige Antwort E und 7.

Dass die Karte, die E zeigt, gedreht werden muss, war allen klar: Wenn auf der anderen Seite eine ungerade Zahl steht, ist die Regel verletzt. Die 4 zu wenden, ist hingegen unnötig. Die Regel besagt nur, dass auf der Karte mit einem Vokal eine gerade Zahl steht, nicht aber, dass auf einer Karte mit einer geraden Zahl auch ein Vokal stehen muss. Das klingt verwirrend, klärt sich aber mit einem konkreten Beispiel: Die Aussage, alle Postautos sind gelb, heißt ja auch nicht, dass alles, was gelb ist, Postautos sind.

Hingegen ist es entscheidend, sich die Karte mit der 7 anzuschauen: Wenn auf der anderen Seite ein Vokal steht, ist die Regel ebenfalls verletzt. Bloß waren die meisten darauf nicht gekommen. Und nicht nur das: Als Wason seinen Versuchspersonen ihren Irrtum zu erklären versuchte, stieß er auf unerwarteten Widerstand. Selbst als er sie aufforderte, die Karte mit der 7 zu wenden, und sie auf der anderen Seite ein A entdeckten, behaupteten sie, die 7 auszuwählen sei unnötig.

Die wichtigste Erkenntnis von Wasons Experiment liegt darin, dass die meisten Menschen dazu neigen, einmal getroffene Annahmen durch neue Information zu bestätigen, anstatt dass sie versuchen, sie zu widerlegen. Wer die Karte E wendet, hat die Möglichkeit, die Regel »wenn Vokal, dann gerade Zahl« zu bestätigen, wer die 7 dreht, kann sie höchstens widerlegen. Das Bedürfnis, Überzeugungen bestätigt und nicht widerlegt zu sehen, ist zutiefst menschlich und findet seinen Ausdruck im leidenschaftlichen Glauben an Pseudowissenschaften und Verschwörungstheorien.

Beliebt machte sich Wason mit dem Vierkartenproblem bei vielen Kollegen übrigens nicht. Das schlechte Abschneiden widersprach den Theorien über die Entwicklung logischen Denkens beim Menschen von Jean Piaget (siehe Seite 77 ff.). Wason führte den Versuch auch mit einem Mitglied von »Mensa«, einer Vereinigung von Leuten mit hohem Intelligenzquotienten, durch. Die Testperson »argumentierte selbstsicher und präzise mit Annahmen, wie sie nach Piaget typisch sind für kleine Kinder«, schrieb Wason. »Einmal sagte mir ein Kollege, ›wir machen keine Experimente mehr zum Vierkartenproblem‹, als ob die Abteilung in Gefahr gewesen wäre, mit einem neuen Virus infiziert zu werden.«

Fast hätte die Welt übrigens nie von Wasons Rätsel erfahren. Als er es Anfang der 1960er-Jahre zum ersten Mal ausprobierte, hielt sich die Resonanz in Grenzen. »Ich zeigte es zwei Freunden. Beide lösten es nach einigem Nachdenken, und mein Assistent war der Ansicht, dem Rätsel fehle es an Potenzial.«

◆ Wason, P. C. (1968). Reasoning about a rule. *Quarterly Journal of Experimental Psychology* 20, 273–281.

1960 Der Pupillenforscher und die Pin-up-Girls

Das exotische Fachgebiet der Pupillometrik wurde an einem Morgen im Jahr 1960 im Büro von Eckhard Hess an der Universität von Chicago geboren: Hess hatte einen Stapel Karten aus Landschaftsbildern zusammengestellt und das Foto eines »halb nackten Pin-up-Girls« daruntergemischt. Diese Bilder zeigte er eines nach dem andern seinem Assistenten James Polt. Hess konnte dabei nur die Rückseiten der Karten sehen, wusste also nicht, welches Bild sich Polt gerade anschaute. »Beim siebten Bild bemerkte ich eine deutliche Erweiterung der Pupillen«, schrieb Hess später. Es war das Bild der spärlich bekleideten Elaine Reynolds, Playmate des Monats Oktober 1959 im *Playboy*. Von da an widmete der Psychologieprofessor seine Forschung der Verbindung zwischen Pupillengröße und Vorgängen im Gehirn.

Die Idee, dass sich in den Augen alles Mögliche lesen lässt, ist in der Literatur und im Alltag allgegenwärtig. Der französische Dichter Guillaume de Salluste nannte die Augen »Fenster zur Seele«. Vor allem Emotionen wie Liebe, Leidenschaft, Hass oder Wut sollen sich in den Augen zeigen.

Wissenschafter hatten die Veränderung der Pupillengröße bei bestimmten Tätigkeiten des Gehirns schon früher beobachtet, doch es war Hess, der ihr Studium als Forschungsgebiet etablierte. Schuld daran war eigentlich seine Frau. Sie hatte eines Abends beobachtet, wie sich seine Pu-

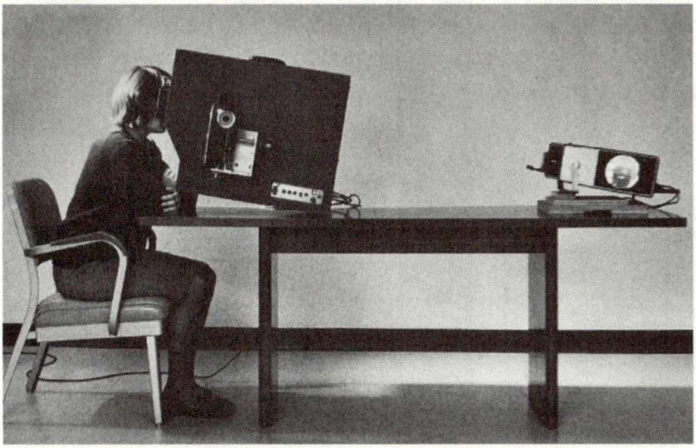

Durch diesen Apparat blickten die Versuchspersonen auf projizierte Bilder. Mittels eines eingebauten Spiegels konnte dabei die Weite der Pupillen beobachtet werden.

pillen erweiterten, als er sich einen Bildband mit Tierfotos anschaute. Daraufhin improvisierte Hess das Pin-up-Girl-Experiment mit Polt.

Den ersten systematischen Versuch führte er mit vier Männern und zwei Frauen durch. Er ließ sie in eine dunkle Kiste blicken, auf deren gegenüberliegender Wand er nacheinander verschiedene Bilder projizierte. Ein kleiner Spiegel lenkte das Bild des linken Auges in eine auf der Seite angebrachte Infrarotkamera, die jede Sekunde zwei Bilder machte. Auf diesen Aufnahmen bestimmte Hess die Pupillengröße. Die Resultate waren erstaunlich klar: Bei den Frauen erweiterten sich die Pupillen am stärksten, wenn das Bild ein Baby zeigte, eine Mutter mit Baby oder einen nackten Mann. Männer reagierten vor allem auf die nackte Frau. Hess deutete diese Erweiterung als Zeichen des Interesses und der Zustimmung. In späteren Experimenten zeigte er seinen Versuchspersonen Bilder von behinderten Kindern und von moderner Kunst. Dabei beobachtete er, wie sich die Pupillen verengten – selbst bei Leuten, die behaupteten, ihnen gefielen abstrakte Gemälde.

Diese beiden Bilder unterscheiden sich einzig durch die Weite der Pupillen. Beim Anblick des Bildes rechts reagierten Männer ihrerseits mit einer Erweiterung ihrer Pupillen: ein Zeichen für Interesse.

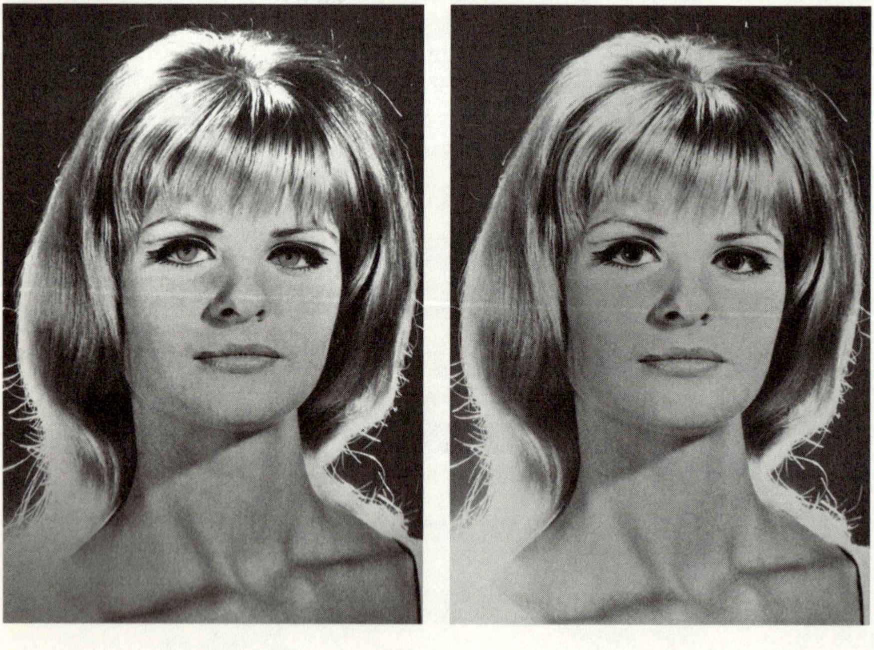

In einer berühmten Studie untersuchte Hess auch die Wirkung der Pupillengröße auf andere. Er legte Männern zwei Bilder einer Frau vor, die sich einzig durch die Größe der Pupillen unterschieden. Die Augen der Männer reagierten viel stärker auf die Frau mit den weiteren Pupillen. Hess spekulierte, dass die weiten Pupillen einer Frau Interesse an ihrem Gegenüber signalisierten und sich deshalb wiederum die Pupillen der Männer weiteten. Schon im Mittelalter hatten sich die Frauen Belladonna (Atropin) in die Augen geträufelt, um ihre erotische Ausstrahlung zu erhöhen.

Hess glaubte, das ultimative Werkzeug für die Untersuchung des menschlichen Geistes gefunden zu haben: Er behauptete, an der Pupillenreaktion einer Person ihre sexuelle Orientierung zu erkennen. Und er war überzeugt, Werber könnten an der unbestechlichen Reaktion der Pupillen auf Produkte deren Marktwert voraussagen. Nach eigenen Aussagen wurde Hess auch immer wieder von Bundesstellen gebeten, die Pupillometrik als Lügendetektor einzusetzen. Er lehnte ab.

Als andere Forscher die Experimente von Hess wiederholten, konnten sie seine Resultate nicht bestätigen. »Hess war ein netter Mann, aber kein sehr guter Experimentator«, urteilte Stuart Steinhauer vom Biometrics-Research-Programm in Pittsburgh. Er habe zum Beispiel bei der Messung der Pupillengröße viele physische Reaktionen, die nichts mit dem Inhalt der Bilder zu tun hätten, außer Acht gelassen.

Heute sind die Wissenschaftler zwar über zahlreiche Aspekte der Pupillenreaktion immer noch uneins, aber zwei Dinge haben sich herauskristallisiert: Die Pupillen erweitern sich bei Interesse, unabhängig davon, ob es durch negative oder positive Bildinhalte geweckt wird. Das Gleiche geschieht auch, wenn das Gehirn viel Information verarbeitet, etwa bei schwierigen Rechenaufgaben.

Bloß: Warum reagieren die Pupillen überhaupt auf die Vorgänge im Gehirn? Ob darin ein tieferer Sinn liegt oder ob diese Aktivität nur das Nebenprodukt eines mit anderen Dingen beschäftigten Gehirns ist, bleibt unklar.

◆ Hess, E. H. (1975). *The Tell-Tale Eye: How Your Eyes Reveal Hidden Thoughts And Emotions*. New York, Van Nostrand Reinhold Company.

1960 Der Badewannenastronaut

Am Mittwoch, dem 27. Januar 1960, um acht Uhr stieg Duane Graveline im Aerospace Medical Center Brooks in San Antonio, Texas, in einen ein mal zwei Meter großen Tank. Am 3. Februar – sieben Tage später – um acht Uhr verließ er ihn wieder. Der 28-jährige Graveline war Mediziner und wollte die Wirkung der Schwerelosigkeit auf den menschlichen Körper untersuchen.

Mit dem Start von »Sputnik«, dem ersten Satelliten, den die Sowjetunion 1957 ins All schickte, war das Rennen um den ersten Menschen im Weltraum eröffnet. Eine Frage, die dabei geklärt werden musste, betraf die zu erwartenden Auswirkungen der Schwerelosigkeit auf den Körper eines Astronauten. Sicher war, dass der erste Astronaut »bei Wiedereintritt in die Atmosphäre ein anderer Mann ist, als er beim Start war«, wie Graveline sich ausdrückte. Seine Muskeln würden bei fehlender Schwerkraft schwinden. Könnte ein so geschwächter Astronaut die Belastung bei der Rückkehr zur Erde überhaupt ertragen?

Um das herauszufinden, unternahm Graveline zuerst sogenannte Bettruhestudien, bei denen zehn Männer zwei Wochen liegend verbrachten. Auf diese Weise sollte jener Effekt simuliert werden, bei dem der Körper des Astronauten in der Schwerelosigkeit durch keinerlei Gewicht belastet ist. Doch Graveline war nicht zufrieden. »Die Männer lasen Bücher, rasierten sich, setzten sich im Bett auf und unternahmen heimliche Ausflüge zur Toilette, um die Bettpfanne zu vermeiden.« Und auch wenn sie untätig dalagen, war die Simulation nicht perfekt: Astronauten würden ja nicht inaktiv sein, sie würden bloß kein Gewicht spüren bei dem, was sie taten. Die Lösung hieß: Wasser. Auf der Erde konnte die Schwerelosigkeit am besten im Wasser nachvollzogen werden.

Astronautenkandidat Duane Graveline in seiner Badewanne, in der er sieben Tage verbrachte. Er wollte so den Einfluss der Schwerelosigkeit auf den menschlichen Körper simulieren.

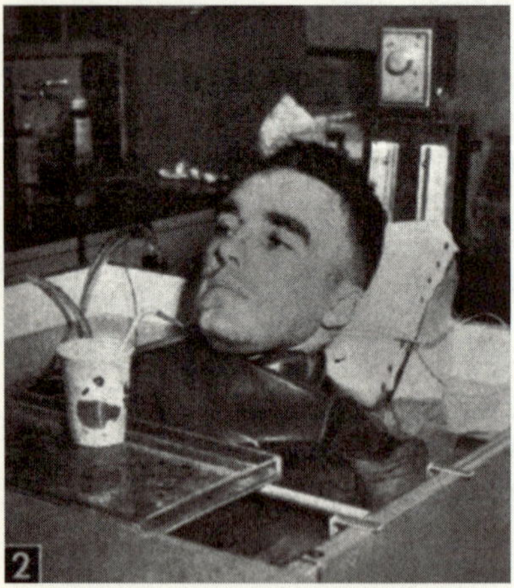

Graveline ließ sich eine große Badewanne bauen, in die er einen Liegesitz stellte, wie er für die Astronauten in der Raumkapsel vorgesehen war. Er kaufte einen Trockentaucheranzug und begann mit ersten Tests. Der einfachste davon kostete ihn beinahe

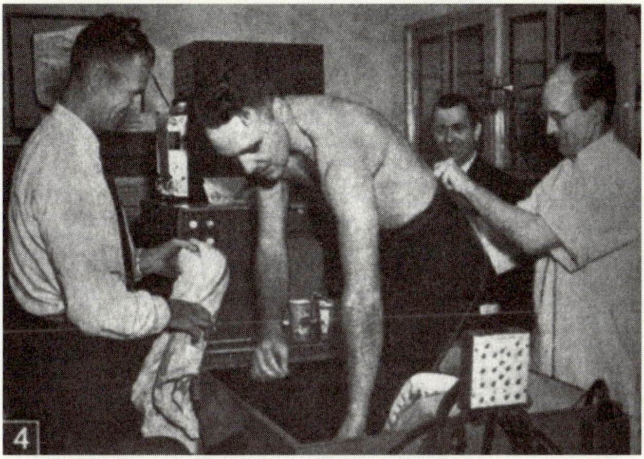

Nach einer Woche entstieg Graveline zittrig der Wanne.

das Leben: An einem Sonntag ging er allein ins Labor und prüfte, wie dicht der Anzug war. Weil Wasser eintrat, versuchte er, die Dichtung zwischen Hosen und Oberteil zu verbessern. Mit zwölf Windungen eines Gummischlauchs presste er die beiden Teile an den großen Aluminiumring, der um seinen Bauch verlief, und stieg ins Wasser. Doch die Gummischläuche rutschten vom Ring und schnürten Gravelines Leib mit unglaublicher Kraft zusammen. Schon stellte er sich vor, wie man ihn am Montagmorgen tot in der Wanne finden würde. »Was für eine dumme Weise zu sterben.« Schließlich gelang es ihm, einen Finger unter den Gummischlauch zu bekommen und eine Windung nach der anderen zu zerreißen. Noch Wochen nach diesem Zwischenfall zog sich ein zwanzig Zentimeter breiter Bluterguss wie ein Gürtel um seine Leibesmitte.

Gravelines Stundenplan während des Experiments sah so aus:

8 bis 12 Uhr: Psychomotorische Tests (bei bestimmten Ereignissen auf dem Bildschirm über der Wanne bestimmte Tasten drücken).

12 bis 13 Uhr: Nahrungsaufnahme. Graveline ernährte sich ausschließlich von der Flüssignahrung Sustagen.

13 bis 17 Uhr: Psychomotorische Tests.

17 bis 23 Uhr: Fernsehen. »Die Soaps waren schrecklich«, erinnert er sich heute.

23 bis 3 Uhr: Psychomotorische Tests.

Duane Graveline als Versuchsleiter (Gesicht hinter der Scheibe). Bei diesen späteren Tests verbrachten Versuchspersonen ganze Tage komplett unter Wasser.

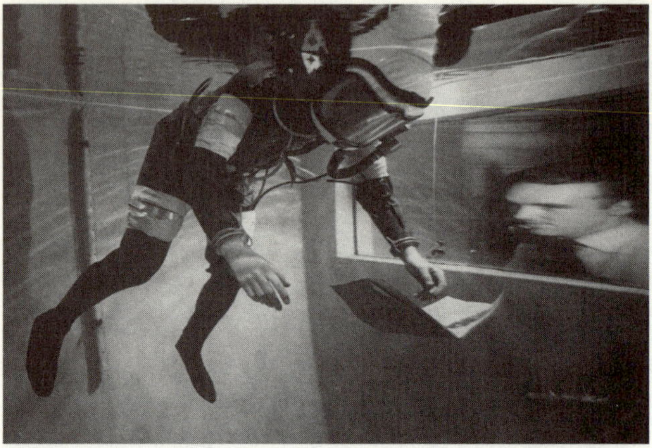

3 bis 4 Uhr: Verlassen der Wanne. Medizinische Tests. Unterwäsche wechseln.

4 bis 8 Uhr: In die Wanne zurück. Schlafen. Überraschend erwachte Graveline nach nur zwei Stunden ausgeruht.

Das Experiment zeigte den erwarteten Effekt: Graveline fiel es jeden Tag schwerer, aus der Wanne zu klettern. Auch die gleich nach dem letzten Tag in der Wanne angesetzten Tests in der Zentrifuge setzten ihm viel mehr zu als vor dem Experiment.

Viele Zeitungen berichteten über den »Captain in der Badewanne«. Graveline trat sogar in der »Today Show« im Fernsehen auf. Dort wollten sie ihn zuerst in Taucheranzug und Flossen interviewen. Graveline weigerte sich und bestand auf der Uniform. »Wäre ich noch einmal in der gleichen Lage, ich würde die Flossen anziehen«, sagt er heute, »das Publikum hätte sich viel länger an meinen Auftritt erinnert.«

Graveline verfeinerte seine Experimente später. Dabei trugen die Versuchspersonen auch einen wasserdichten Helm und verbrachten Tage komplett unter Wasser.

1965 wählte die NASA Graveline als Astronauten aus. Kurze Zeit später schied er aber »aus persönlichen Gründen« – wahrscheinlich war damit die schmutzige Scheidung von seiner Frau gemeint – wieder aus. Er praktizierte dann als Allgemeinmediziner und betreibt heute als »Spacedoc« eine Website.

◆ Graveline, D. E., B. Balke et al. (1961). Psychobiologic effects of water-immersion-induced hypodynamics. *Aerospace Medicine* 32, 387-400.

1961 **Maus mit Kiemen**

Im Herbst 1987 erhielt Johannes Kylstra einen seltsamen Anruf. Kylstra war zu dieser Zeit Professor für Medizin an der Duke University in Durham, USA. Am anderen Ende der Leitung meldete sich James Cameron, der drei Jahre zuvor mit dem Kassenschlager »Terminator« seinen Durchbruch als Hollywoodregisseur geschafft hatte. Camerons nächster Film »Abyss« sollte in der Tiefsee handeln, und dazu brauchte er Kylstras Hilfe.

Ende der 1950er-Jahre hatte Johannes Kylstra an der Universität Leiden in den Niederlanden gearbeitet. Auf der Suche nach einer Möglichkeit, Patienten mit Nierenkrankheiten zu helfen, kam ihm die Idee, einen der beiden Lungenflügel des Menschen zu einer behelfsmäßigen Niere umzugestalten. Seine Überlegung war einfach: Wenn er einen Lungenflügel mit Flüssigkeit füllte, würden in den Lungenbläschen die Giftstoffe vom Blut in die Flüssigkeit wandern und könnten so ausgewaschen werden. Die Atmung würde in dieser Zeit der andere Lungenflügel übernehmen. »Ich machte Experimente mit Hunden, aber die Methode war nicht effizient genug«, sagte Kylstra 1969 während eines Vortrags am Marine Biomedical Institute in Galveston, US-Bundesstaat Texas, über seine Arbeit. Besser wäre es gewesen, beide Lungenflügel mit Flüssigkeit zu füllen – bloß gab es dabei ein offensichtliches Problem: Man ertrinkt.

Doch Kylstra glaubte, das verhindern zu können, indem er die Flüssigkeit mit Sauerstoff anreicherte. Dem Körper macht es nichts aus, ob er seinen Sauerstoff aus einer Flüssigkeit oder aus der Luft bezieht. Hauptsache, es ist genug davon da.

Wasser enthält unter normalem Druck allerdings rund 40-mal weniger Sauerstoff als Luft – etwa so viel wie Luft in einer Höhe von 20 Kilometern. »Engel würden Kiemen brauchen, um in dieser Höhe überleben zu können«, sagte Kylstra in einem Artikel in der Zeitschrift *Life*. Wenn man den Druck erhöht, lässt sich aber mehr Sauerstoff ins Wasser pressen: bei 8 Atmosphären etwa 200 Milliliter in 1 Liter – gleichviel, wie 1 Liter Luft enthält. Also setzte Kylstra eine Salzlösung mit ähnlichem Salzgehalt wie Blut unter 8 Atmosphären Druck und gab dann über eine kleine

Diese Maus lebt! Sie atmet nicht Luft, sondern die Flüssigkeit Fluorkarbon.

Schleuse eine Maus in die Druckkammer; der Nager wurde von einem Gitter unter der Wasseroberfläche am Auftauchen gehindert.

»Und es klappte!«, sagte Kylstra bei dem Vortrag – jedenfalls aus seiner Sicht. Die 66 Mäuse, die in seiner Publikation »Of Mice as Fish« erwähnt werden, dürften das anders gesehen haben. »Es gelang uns noch nicht, den Übergang von der Luftatmung zur Flüssigkeitsatmung wieder umzukehren«, umschrieb Kylstra die Tatsache, dass alle Mäuse ertranken – einige allerdings erst nach 18 Stunden, was belegte: Sie hatten tatsächlich Flüssigkeit geatmet.

Von da galt Kylstras größeres Interesse dem Umstand, Menschen in Fische zurückzuverwandeln, als ihre Nierenprobleme zu lösen, und er begann, mit der niederländischen Marine zusammenzuarbeiten. Das erste Säugetier, das 24 Minuten Flüssigkeit atmete und überlebte, war der Hund Snibby. Nach dem Experiment adoptierte ihn die Besatzung des niederländischen U-Boot-Rettungsschiffs »Cerberus«.

Die Zusammenarbeit mit den Tauchspezialisten war ein logischer Schritt. Die Flüssigkeitsatmung versprach nämlich, eine der größten Schwierigkeiten beim Tauchen zu beseitigen. Je tiefer sich ein Taucher ins Wasser wagt, desto höher ist der Druck, der auf dem Körper und damit auch auf der Lunge lastet. Solange in der Lunge ein gleichhoher Gegendruck herrscht, merkt der Taucher davon kaum etwas. Dieser Gegendruck wird automatisch aufgebaut, wenn der Taucher Luft aus der Pressluftflasche atmet. (Die Luft in einer Taucherflasche setzt sich wie normale Atemluft aus etwa einem Fünftel Sauerstoff und vier Fünfteln Stickstoff zusammen.) Doch der höhere Druck dieser eigentlich normalen Atemluft in der Lunge hat zwei gravierende Folgen, die bereits bei einigen Dutzend Metern Tauchtiefe auftreten können: Einerseits wirkt Stickstoff unter Druck betäubend (Tiefenrausch), Sauerstoff sogar giftig, andererseits bildet der unter höherem Druck im Körper verteilte Stickstoff Blasen, wenn ein Taucher zu schnell auftaucht, so wie Mineralwasser perlt, wenn die Flasche geöffnet wird. Dieser Effekt führt zur sogenannten Taucherkrankheit, die unter anderem Lähmungen verursacht und nur verhindert werden kann, wenn ein Taucher so langsam aufsteigt, dass der Stickstoff aus den Geweben entweichen und abgeatmet werden kann, oder wenn er einige Zeit in einer Druckkammer verbringt und dort die langsame Dekompression nachholt.

Für beide Probleme ist letztlich der Umstand verantwortlich, dass sich Atemluft, wie jedes andere Gas auch, zusammendrücken lässt. Das führt dazu, dass sich in der Lunge unter Druck plötzlich zu viel komprimierter Sauerstoff und Stickstoff drängen, die dann ins Blut gepresst werden und dort die beschriebenen Leiden auslösen.

Wenn man eine Flüssigkeit atmen könnte, wäre man alle diese Schwierigkeiten auf einen Schlag los: Da Flüssigkeiten praktisch nicht komprimiert werden können, wird es in der Lunge auch bei hohem Druck nicht zu einer höheren Konzentration des unter Druck stehenden, in der Flüssigkeit gelösten Sauerstoffs kommen.

Der Mensch könnte so praktisch beliebig tief tauchen. Allerdings musste Kylstra einsehen, dass man sich eine Reihe anderer Probleme einhandelt: Zum Beispiel kann Wasser das ausgeatmete Kohlendioxid nicht so effizient abtransportieren wie Luft, zudem brauchen die Lungen viel mehr Kraft, um Wasser zu atmen. Kylstra berechnete überschlagsmäßig, dass seine Mäuse etwa 60-mal mehr Energie brauchten, um ihre Lungen zu füllen und zu leeren, als wenn sie Luft atmeten.

Diese Probleme konnten vier Jahre später zwei andere Forscher entschärfen, aber letztlich nicht lösen. Leland C. Clark und Frank Gollan verwendeten Fluorokarbon für ihre Experimente. Fluorokarbon kann dreimal mehr Kohlendioxid und 30-mal mehr Sauerstoff binden als Wasser. Viele ihrer Mäuse überlebten die Prozedur, ohne Schaden zu nehmen. Aber das Problem des überschüssigen Kohlendioxids blieb bestehen.

James Cameron erfuhr von diesen Versuchen, als er 1971 mit 17 Jahren einen Vortrag des Kampfschwimmers, Tiefseetauchers und Fallschirmspringers Francis J. Falejczyk besuchte. Falejczyk hatte sich für einen von Kylstras Versuchen eine Lunge mit einer Salzlösung füllen lassen, während er mit der anderen normal atmete. Das war zwar keine echte Flüssigkeitsatmung, zeigte aber laut Kylstra, dass das Verfahren weder unangenehm noch besonders gefährlich war. Falejczyk erzählte in seinem Vortrag von Kylstras Experimenten, zeigte Dias und Filme.

Unmittelbar nachdem James Cameron von Kylstras Experimenten zur Flüssigatmung erfahren hatte, schrieb er den Unterwasserthriller *The Abyss*. Im Film wird das Experiment mit einer richtigen Ratte wiederholt.

Cameron war fasziniert. Er ging nach Hause und schrieb die Kurzgeschichte *The Abyss*. Sie handelte von einer Forschungsstation in 700 Meter Tiefe am Rand des Cayman-Tiefseegrabens und wurde zum Kern des späteren Kinofilms. Im Film muss die Hauptfigur in den Cayman-Graben tauchen und bedient sich dabei der Flüssigkeitsatmung. Um die Zuschauer mit dem Konzept vertraut zu machen, wollte Cameron in einer früheren Szene Kylstras Experimente mit Ratten nachstellen, deshalb brauchte er seine Hilfe.

Kylstra war zuerst skeptisch, ließ sich aber von Cameron überreden. Der Regisseur erinnerte sich später so: »Ich sagte ihm, dass ich das Experiment wiederholen wollte, das ich vor 17 Jahren im Film gesehen hatte, aber könnte ich es mit einer richtigen Ratte tun? Er sagte, es sei einfach.«

Und so wurde der Flüssigkeitsatmung von Johannes Kylstra in »Abyss« ein cineastisches Denkmal gesetzt. Bis heute diskutieren Zuschauer in Internetforen über diese Szene. War es richtig, den Versuch real zu drehen? Haben die Ratten sehr gelitten? Wo sind die Tiere jetzt? James Cameron versicherte mehrmals, die Tiere hätten alle überlebt. Es machte sogar das Gerücht die Runde, die Szene sei in der Filmversion für Großbritannien herausgeschnitten worden, und Cameron habe eine der fünf verwendeten Ratten später als Haustier gehalten.

Abgesehen von »Abyss« und einigen Auftritten in Science-Fiction-Geschichten ist es heute still geworden um die Flüssigkeitsatmung für Taucher. Allerdings hat sich das Füllen der Lungen mit Fluorokarbon in anderen Situationen als lebensrettend erwiesen. Bei schweren Lungenproblemen kann es effizienter sein, Patienten über eine Flüssigkeit zu beatmen als mit normaler Atemluft. Fluorokarbon gilt zudem auch als Kandidat bei der bis heute erfolglosen Entwicklung von künstlichem Blut.

verrueckte-experimente.de

◆ Kylstra, J. A., M. O. Tissing et al. (1962). Of mice as fish. *Transactions of the American Society for Artificial Internal Organs (ASAIO)* 8, 378-383.

1962 **Schreiben Sie Ihr Testament!**

Wie der Mensch in Todesangst reagiert, kann nur herausfinden, wer ihm Todesangst einjagt. Zu diesem Schluss kam Mitchell M. Berkun von der Leadership Human Research Unit des amerikanischen Militärs. In den meisten Experimenten, so der Psychologe, würden die Versuchspersonen schnell merken, dass die Situation nicht wirklich ernst sei; das erweise sich als das größte Hindernis bei der Untersuchung der Reaktion des Menschen auf Angst. Doch seine Versuche, da war sich Berkun sicher, würden diese »kognitive Verteidigung« problemlos durchbrechen.

Die zehn Rekruten, die in Ford Ord, Kalifornien, in eine zweimotorige DC-3 kletterten, glaubten, sie nähmen an einer Studie über die »Wirkung der Flughöhe auf die psychomotorische Leistung« teil. Sie mussten vor dem Flug Urin abgeben, die Notfallanweisungen gründlich lesen und wurden dann auf eine Höhe von 2000 Metern geflogen, wo sie einen irrelevanten Fragebogen ausfüllten. Als das Flugzeug höher steigen wollte, setzte der eine Motor aus, und die Rekruten hörten über die Gegensprechanlage, dass Probleme aufgetreten waren. Auf dem Flugplatz unter ihnen konnten sie sehen, wie Feuerwehrautos und Ambulanzen auf die Piste rollten. Ein paar Minuten später meldete der Pilot, dass er das Fahrwerk nicht ausfahren könne und die Maschine deshalb im Meer wassern müsse.

Wie wirkt sich Todesangst auf die geistige Leistungsfähigkeit aus? Die Passagiere einer DC-3 wurden glauben gemacht, das Flugzeug stürze ab.

Während das Flugzeug der vermeintlichen Bruchlandung entgegensegelte, wurden an die Rekruten zwei Fragebogen verteilt: das »Emergency Data Form« und die »Official Data on Emergency Instructions«. Ersteres war eine Art Testament – ein absichtlich kompliziert gehaltenes Formular, auf dem die Rekruten zu vermerken hatten, was im Todesfall mit ihrem persönlichen Besitz geschehen sollte. Auf dem zweiten Formular standen zwölf Fragen zu den Notfallanweisungen, die sie vor dem Flug gelesen hatten. Es musste unter dem Vorwand ausgefüllt werden, die Versicherung könnte einen Beweis dafür verlangen, dass die Sicherheitsbestimmungen eingehalten worden seien. Man sagte den Rekruten, die Formulare würden vor der Notlandung in einem wasserdichten Behälter über Bord geworfen.

Nachdem alle die Fragebogen ausgefüllt hatten, landete das Flugzeug sicher auf der Piste, und die Rekruten erfuhren von der wahren Natur des Experiments.

Von den zwanzig Versuchspersonen – das Experiment wurde am folgenden Tag wiederholt – ließen sich nur fünf nicht hinters Licht führen. Bei den anderen wurden »in unterschiedlichem Maß Ängste vor Verletzung oder Tod« geweckt. Diese Angst hatte sich beim Ausfüllen der Formulare bemerkbar gemacht. Vor allem die Gedächtnisleistung fiel fast um die Hälfte, als es darum ging, sich an die Sicherheitsbestimmungen zu erinnern.

Als wollte Berkun ganz sichergehen, einen Spitzenplatz in der Hitparade der unethischsten Experimente aller Zeiten zu belegen, machte er noch zwei weitere Versuche. Einer bestand darin, während eines Manövers einen Rekruten auf einem einsamen Beobachtungsposten glauben zu machen, sein Standort sei versehentlich als Zielgebiet für Artilleriefeuer freigegeben worden. Damit dieses Szenario auch echt wirkte, täuschten in der Umgebung deponierte Sprengladungen Einschläge vor.

Der Rekrut hatte ein kompliziert aussehendes, zudem defektes Funkgerät dabei, dessen Funktionsweise ihm völlig unbekannt war. Die einzige Chance, gerettet zu werden, lag für ihn darin, den defekten Sender nach der Anleitung auf dem Gerät zu flicken und einen Helikopter anzufordern. Dazu musste er das Gerät öffnen, einige Kabel unterbrechen, andere neu verbinden, die Schrauben, die die

Schaltplatte hielten, lösen und wieder anziehen. Was er nicht wusste: Jede Aktion startete oder stoppte versteckt im Gerät untergebrachte Uhren, die aufzeichneten, wie lange er unter den Panikbedingungen dafür brauchte.

Als kleine Variation der Bedrohung gerieten die Rekruten nicht immer unter Beschuss, sie wurden auch mal vermeintlich radioaktiv verseucht oder von einem Waldbrand eingeschlossen, den Rauchgeneratoren vortäuschten. Doch es waren nur die Bombeneinschläge, welche die Konzentrationsfähigkeit bei der Reparatur des Funkgeräts beeinträchtigten, in den anderen zwei Situationen blieb die Leistung der Rekruten unbeeinflusst.

Beim dritten Versuch wurde 15 Rekruten vorgegaukelt, sie hätten durch eine falsche Verkabelung eine Explosion ausgelöst, die einen ihrer Kameraden schwer verletzt habe.

Berkuns Untersuchung dient mit einigen anderen Experimenten aus dieser Zeit (siehe Seite 134ff.) mittlerweile als beliebte Fallstudie in Ethikkursen. Sie ist ein eindrucksvoller Beleg dafür, wie sich die ethischen Maßstäbe verändert haben. Heute würde ein solches Experiment empörte Reaktionen hervorrufen, damals wurde es kaum zur Kenntnis genommen.

◆ Berkun, M. M., H. M. Bialek et al. (1962). Experimental studies of psychological stress in man. *Psychological Monographs: General and Applied* 76, 1-39.

1962 **Der Höhlenmensch**

Michel Siffre führte sein Tagebuch mit roter Tinte. Er hoffte, so etwas Abwechslung in seinen trostlosen Alltag zu bringen. Die Wirkung blieb aus. »Was mache ich bloß hier?«, schrieb er einmal, oder: »Mein Gott, warum habe ich bloß solche Ideen?«

Ein Jahr zuvor hatte der 22-jährige Geologe im Massiv von Marguareïs an der französisch-italienischen Grenze eine Höhle mit einem unterirdischen Gletscher entdeckt und beschlossen, im Jahr darauf für zwei oder drei Tage dort zu kampieren. Oder wären zwei Wochen sinnvoller? Oder noch länger? Schließlich entschied Siffre sich, mindestens zwei Monate ohne Uhr in der Höhle zu verbringen und seinen natürlichen Rhythmus zu beobachten.

Familie und Freunde versuchten, ihm das Vorhaben auszureden. Die Kammer mit dem Gletscher war nur durch

Der französische Geologe Michel Siffre verbrachte zwei Monate ohne Uhr in einer Höhle. Als er ausstieg, glaubte er, es seien nur 25 Tage gewesen.

einen engen Schacht zugänglich. Wer sich in der Höhle ernsthaft verletzte oder krank wurde, konnte selbst von gut ausgerüsteten Helfern nicht geborgen werden. Doch Siffre ließ sich von seinem Plan nicht mehr abbringen.

Am 16. Juli 1962 stieg er in sein Verlies hinab. Eine Tonne Material hatten Kollegen zuvor zum Campingplatz auf dem unterirdischen Gletscher geschleppt: ein Zelt, einen Gaskocher, Batterien, einen Plattenspieler, ein Feldbett, einen Schlafsack, Ersatzkleider in Alufolie gegen die Feuchtigkeit, Bücher und Proviant. Eine Telefonverbindung zum Höhleneingang wurde installiert, wo während der ganzen Zeit des Experiments zwei Leute wachten. Immer wenn Siffre aufstand, aß oder schlafen ging, rief er an und schätzte die aktuelle Zeit. Die wirkliche Zeit des Anrufs wurde erfasst, ohne dass er sie erfuhr.

Sein Buch *Expériences hors du temps* über den Versuch liest sich wie eine Anleitung zum Masochismus. In der Höhle herrschten konstant null Grad bei hundert Prozent Luftfeuchtigkeit. Im Zelt entstand Kondenswasser. Das Feldbett war ständig nass, ebenso der Schlafsack und die Kleider. Die Schuhe sogen sich mit Eiswasser voll wie ein Schwamm. Siffre bekam unerträgliche Rückenschmerzen, wurde depressiv, dachte daran, sein Testament zu schreiben. Ein festes Tagesprogramm gab es nicht. Zu Beginn unternahm Siffre zwar noch kleine Ausflüge auf dem Gletscher. Doch bald blieb er nur noch in der unmittelbaren Umgebung seines Lagers.

Immer wieder wollte er ausrechnen, wie lange er schon in der Höhle war. Aus der Spielzeit der Platten versuchte er das Zeitgefühl zurückzugewinnen – ohne Erfolg. Manchmal schien ihm die Dauer zwischen Anfang und Ende eines Stücks unendlich kurz zu sein. Siffre zog sogar in Betracht, eine volle Gaskartusche leer brennen zu lassen. Er wusste, dass sie 35 Stunden hielt.

Als man Michel Siffre am 14. September über das Telefon mitteilte, das Experiment sei zu Ende, wollte er es nicht glauben. Nach seiner Schätzung war es erst der 20. August. Er hatte 25 Tage Rückstand auf die 58 Tage seines Aufenthalts. Zwar lebte er, ohne sich dessen bewusst zu sein, seinen gewohnten 24-Stunden-Rhythmus (er schlief 8 Stunden und wachte 16), bloß hatte er den Eindruck, die Zeit zwischen Aufstehen und Schlafengehen habe nur wenige Stunden gedauert. Deshalb lag er mit seiner Schätzung der Gesamtdauer seines Aufenthalts völlig daneben.

Die Presse berichtete begeistert über den »einsamen Höhlenforscher, der seine Ferien in 130 Meter Tiefe verbringt und dort Beethoven hört«. Das Bild von Siffre am Ende des Experiments ging um die Welt: Gestützt von Helfern, entsteigt er dem Flugzeug, das ihn zur Nachuntersuchung nach Paris gebracht hatte. Er trägt eine riesige schwarze Brille zum Schutz vor dem Tageslicht. Ein Held der Wissenschaft? Die Reaktion anderer Höhlenforscher

Michel Siffre auf dem Weg zur Nachuntersuchung. Nach 60 Tagen in der Dunkelheit erträgt er noch kein Tageslicht.

fiel negativer aus. Viele zweifelten am wissenschaftlichen Wert des Experiments und glaubten, Siffre habe sich nur in Szene setzen wollen.

Doch Siffre war von der Wichtigkeit seines Versuchs überzeugt und machte weitere Isolationsexperimente. 1972 verbrachte er 205 Tage allein in der Midnight Cave in Texas. Die NASA beteiligte sich am Experiment: Die Kenntnis des Schlafrhythmus von Menschen sei wichtig für lange Reisen im Weltall.

Auch den Anbruch des neuen Jahrtausends erlebte Siffre – damals 60 Jahre alt – unter Tage. Am 30. November 1999 zog er sich für zwei Monate in die Höhle von Clamouse im Süden Frankreichs zurück. (Andere ungewöhnliche Experimente aus der Schlafforschung finden Sie auf Seite 137 ff. und im *Buch der verrückten Experimente*, Seite 47, 49 bzw. 106.)

verrueckte-experimente.de

◆ Siffre, M. (1971). *Expériences hors du temps*. Paris, Fayard.

1964 **Warum hilft niemand?**

Am 27. März 1964 druckte die *New York Times* einen der schockierendsten Artikel in ihrer 155-jährigen Geschichte. Er begann mit dem Satz: »Mehr als eine halbe Stunde lang schauten 38 achtbare, gesetzestreue Bürger in Queens zu, wie ein Mörder eine Frau in Kew Gardens belästigte und auf sie einstach.« Die Frau hieß Kitty Genovese. Sie war 28 Jahre alt und starb in dieser Nacht.

Es war nicht so sehr ihr Tod, der die Leserinnen und Leser erschütterte – dafür kamen solche Verbrechen in New York zu häufig vor –, es war die Reaktion der Nachbarn. Laut dem Zeitungsbericht hatte die Frau wiederholt um Hilfe gerufen, doch hatte keiner der Bewohner, die aus den Fenstern blickten, während des Angriffs die Polizei alarmiert. Nach den Gründen für die Passivität befragt, gab einer später an: »Ich wollte da nicht hineingezogen werden.«

Während die Medien die 38 Zeugen kollektiv als unbarmherzige Charakterlumpen darstellten und die Politiker den moralischen Zerfall der amerikanischen Gesellschaft beklagten, trafen sich zwei junge Psychologen in New York zu einem Abendessen. John Darley und Bibb Latané unterhielten sich fast den ganzen Abend über den Fall Kitty Genovese. »Wir betrachteten die Reaktion der Zeugen aus

37 Who Saw Murder Didn't Call the Police

Apathy at Stabbing of Queens Woman Shocks Inspector

By MARTIN GANSBERG

For more than half an hour 38 respectable, law-abiding citizens in Queens watched a killer stalk and stab a woman in three separate attacks in Kew Gardens.

Twice the sound of their voices and the sudden glow of their bedroom lights interrupted him and frightened him off. Each time he returned, sought her out and stabbed her again. Not one person telephoned the police during the assault; one wit-

Dieser Artikel in der *New York Times* vom 27.3.1964 über den Mord an der jungen Kitty Genovese führte zu einem der berühmtesten Experimente der Sozialpsychologie.

dem Blickwinkel der Sozialpsychologie. Nicht wie die Zeitungen, die sie als Monster abstempelten«, erinnert sich Darley.

Die beiden konnten nicht glauben, dass alle Zeugen überdurchschnittlich schlechte Menschen waren. Dagegen sprach schon ihre große Zahl: 38! Als Sozialpsychologen misstrauten Darley und Latané grundsätzlich allen Erklärungen, welche die abnorme Persönlichkeit Einzelner für das Verhalten einer Gruppe verantwortlich machten. Vielmehr überlegten Darley und Latané, mit welchen ganz normalen Gruppenprozessen sich die Ereignisse jener Nacht erklären ließen. Sie stießen auf zwei Möglichkeiten:

1. Die Diffusion von Verantwortung: Je mehr andere Leute zugegen sind, desto weniger fühle ich mich in der Verantwortung zu helfen.

2. Das Definitionsproblem: Wenn die anderen nicht helfen, die vielleicht mehr wissen als ich, wird es sich wohl nicht um einen Notfall handeln.

Doch wie ließen sich diese Hypothesen prüfen? An diesem Abend begannen Darley und Latané mit der Planung dessen, was sich später als die berühmtesten Experimente ihrer Karriere erweisen sollte. John Darley ist darüber heute etwas unglücklich: »Kein Forscher ist gerne für etwas bekannt, was er vor langer Zeit vollbracht hat.«

Um herauszufinden, ob es den Diffusionseffekt wirklich gab, galt es eine Situation zu schaffen, in der dieser nicht vom Definitionsproblem überlagert wurde: weil die Forscher andernfalls nie herausfänden, welcher der beiden Effekte wie viel zur Passivität der Zeugen beitrug. Wie beim Mord an Kitty Genovese mussten Darley und Latané eine

Notfallsituation kreieren, in der die Leute zwar wussten, dass andere Leute zugegen waren, in der sie aber deren Reaktion nicht beobachten konnten. Die Zeugen des Mordes konnten ja nicht wissen, ob einer der anderen Zeugen, die am Fenster standen, bereits etwas unternommen hatte.

Die Lösung war wohl durchdacht: Wenn eine Versuchsperson ins Labor kam, fand sie einen langen Gang vor, von dem mehrere Kabinen abgingen. Der Versuchsleiter begleitete sie in eine davon, forderte sie auf, einen Kopfhörer mit Mikrofon anzulegen. Über den Kopfhörer erklärte er ihr dann, dass sie an einer Gruppendiskussion über Probleme des Studentenlebens teilnehme. Weil es vielen Leuten leichter falle, offen zu reden, wenn sie einander nicht sähen, säßen die anderen Gesprächsteilnehmer – über Kopfhörer und Mikrofon mit ihr verbunden – in Nachbarkabinen. In Wirklichkeit verhinderte die Isolation, dass sie sehen konnte, wie die anderen Gesprächsteilnehmer auf den nachfolgenden Notfall reagierten.

Der Versuchsleiter erklärte nun, er selbst werde der Diskussion nicht zuhören, da sich das als gesprächshemmend erweisen könnte. Der Gesprächsverlauf werde von einem automatischen Schalter gesteuert. Alle Diskussionsteilnehmer hätten der Reihe nach zuerst zwei Minuten Zeit, um über ihre Probleme zu sprechen. Danach bekämen sie noch einmal je zwei Minuten, um das Gehörte zu kommentieren. Während einer sprach, seien die Mikrofone aller anderen ausgeschaltet. Was die Versuchsperson nicht wusste: Alle Stimmen kamen vom Band.

Die erste gehörte einem jungen Mann, der von den Schwierigkeiten erzählte, sich an das Leben in New York zu gewöhnen. Er erwähnte auch, dass er epileptische Anfälle hatte, wenn er unter Stress geriet. Es folgten Gesprächspartner (vom Band) und am Schluss der Versuchsteilnehmer. In der zweiten Runde begann die erste Stimme zu stammeln: »Ich … äh … um … ich glaube, ich … ich brauche … äh … äh … jemanden äh … äh … äh … äh … äh … äh … äh.« Nach etwa 70 Sekunden war klar, dass der Student einen epileptischen Anfall hatte: »K … könnte jemand … äh … äh … mir … eh … helfen [hustet]? Ich … sterbe.«

Der Versuchsleiter stoppte die Zeit, welche die Versuchsperson vom Beginn des Gestammels an brauchte, bis sie ihre Kabine verließ, um zu helfen. Die Resultate waren erstaunlich klar: Von den Versuchspersonen, denen man gesagt hatte, sie führten ein Zweiergespräch (mit dem Opfer des epileptischen Anfalls), eilten 85 Prozent zu Hilfe – nach durchschnittlich 52 Sekunden. Wenn man die Versuchspersonen glauben ließ, es gebe einen weiteren Gesprächspartner, reagierten bloß noch 62 Prozent – nach durchschnittlich 93 Sekunden. Bei sechs Gesprächsteilnehmern schließlich kamen gerade mal 31 Prozent aus ihren Kabinen – nach über zwei Minuten.

Tatsächlich scheint die Verantwortung in Notfällen umso stärker zu diffundieren, je mehr Leute zugegen sind. Die Situation ist paradox: Ein Opfer sollte nicht darauf hoffen, dass möglichst viele Leute seinen Unfall beobachten, sondern möglichst wenige – am besten nur eine einzige Person.

Es war also ironischerweise ausgerechnet die große Zahl der Zeugen, die beim Mord an Kitty Genovese verhinderte, dass sie Hilfe erhielt. Hätte ihre Rufe nur ein Nachbar gehört, wäre sie vielleicht noch am Leben. Oder doch nicht?

Mehr als vierzig Jahre nach dem Artikel in der *New York Times* stellte sich nämlich heraus, dass es der Reporter mit der Schilderung der Ereignisse nicht besonders genau genommen hatte. Der Anwalt Joseph De May, der in seiner Freizeit die Fakten einer akribischen Prüfung unterzog, kam zu dem Ergebnis, dass vieles von dem, was der Journalist geschrieben hatte, nicht stimmte: Zum Beispiel hatten die meisten der 38 Augenzeugen gar nichts gesehen, manche hatten zwar etwas gehört, dieses aber für den lautstarken Streit eines Paares gehalten. Auch konnte der Großteil des Angriffs von den Fenstern aus gar nicht beobachtet werden, weil er auf der anderen Seite des Hauses stattfand. Und überdies hatte sogar einer der Zeugen die Polizei alarmiert. Eines der bedeutendsten Experimente der Sozialpsychologie hat seinen Ursprung in einem zu dick aufgetragenen Artikel der *New York Times*.

Das ändert allerdings nichts an den beeindruckenden Resultaten. Auch die zweite Hypothese, das Definitionsproblem, konnten Darley und Latané klar belegen. Dazu ließen sie Versuchspersonen einen Fragebogen ausfül-

Eine Ehre, die nur wenigen Experimenten zuteil wird: Eine Band hat sich nach ihm benannt (oder zumindest nach dem gefundenen Bystander-Effekt).

len – in einem Raum, aus dessen Belüftung plötzlich dicker Rauch quoll. Waren die Versuchspersonen allein, meldeten drei Viertel von ihnen den Rauch innerhalb von zwei Minuten. Waren die Versuchspersonen zu dritt, alarmierten nur noch 13 Prozent sofort den Versuchsleiter.

Einige blieben selbst dann noch ruhig sitzen, als der ganze Raum mit Rauch gefüllt war und sie den Fragebogen kaum noch sehen konnten. Offenbar dachte jeder: Wenn der andere den Rauch nicht als Notfall definiert, wird es wohl keiner sein – ohne sich darüber im Klaren zu sein, dass ein Notfall nie als solcher erkannt wird, wenn alle so denken.

Was kann man gegen diese lähmende Eigenschaft der menschlichen Natur tun? »Einem Opfer kann man nur empfehlen, eine einzelne Person aus einer Gruppe um Hilfe zu bitten, weil so die Diffusion der Verantwortung aufgebrochen wird«, sagt Darley. Bei Rettungsschwimmern in den USA wird das Definitionsproblem in der Ausbildung behandelt. Ein Lebensretter darf sich nie an den Reaktionen anderer Leute orientieren, um herauszufinden, ob der Schwimmer da draußen wirklich in Schwierigkeiten ist oder nur herumplanscht.

Einen Weg, die Leute zum Eingreifen zu bewegen, haben Sie eben selbst beschritten, indem Sie diesen Abschnitt lasen: Versuchspersonen, die das Experiment von Darley und Latané kannten, halfen in einem Notfall fast doppelt so häufig wie die anderen.

verrueckte-experimente.de

◆ Latane, B. and J. M. Darley (1970). *The Unresponsive Bystander – Why Doesn't He Help?* New York, Appleton-Century-Crofts.

1964 **Teufel gegen Beelzebub**

Die älteste Methode, Alkoholismus zu behandeln, hatte der römische Gelehrte Plinius der Ältere im 1. Jahrhundert n. Chr. vorgeschlagen: Man lege einem Alkoholiker ein paar Spinnen ins Glas. Er konnte nicht wissen, dass er damit die Basis für die Aversionstherapie geschaffen hatte, bei der ein unerwünschtes Verhalten (Alkohol trinken) mit einem unangenehmen Reiz (Spinnen im Glas) gekoppelt wird. Das Ziel dieser Kopplung war, dass der Mensch auf Alkohol mit der gleichen Abscheu reagiert wie auf die Spinnen, selbst wenn diese nicht mehr da sind.

Ein großes Problem dieser Therapie besteht darin, dass sich die Kopplung – und damit die Abneigung gegen Alkohol – mit der Zeit abschwächt, wenn der ursprüngliche Schock nicht sehr groß war. Auf der Suche nach unangenehmen Reizen, die der Patient nie mehr vergisst, machten Mediziner Versuche mit Elektroschocks, die gleichzeitig mit Alkohol verabreicht wurden, mit stechenden Gerüchen oder mit Medikamenten, die Übelkeit verursachten.

1960 kam S.G. Laverty von der kanadischen Queen's University in Kingston, Ontario, auf eine neue Idee: Er würde seine Versuchspersonen nicht physisch behandeln, sondern ihnen Todesangst einjagen.

Vier Jahre später bot er bei einem Versuch Patienten ihr bevorzugtes alkoholisches Getränk an und forderte sie auf, Flasche und Glas in die Hand zu nehmen, daran zu riechen und einen Schluck zu nehmen. Kurz danach wurde durch eine Infusionsnadel, die vor der Behandlung unter einem Vorwand angelegt worden war, Scoline in die Blutbahn gespritzt – ohne dass die Patienten etwas davon wussten.

Scoline ist ein Medikament, das zu einer totalen Lähmung der Muskeln führt und damit auch die Atmung stilllegt. Weil die Patienten die Flasche in diesem Zustand nicht mehr halten konnten, ließ sie der Versuchsleiter eine Minute daran riechen. Wenn die Atmung bis dahin noch nicht wieder eingesetzt hatte, wurde ein Beatmungsgerät zu Hilfe genommen. Die meisten Versuchsteilnehmer sagten im Nachhinein, dass sie geglaubt hätten, sterben zu müssen, als ihre Atmung aussetzte. Nie im Leben hätten sie größere Angst gehabt.

Obwohl der unangenehme Reiz, der mit dem Genuss von Alkohol gekoppelt wurde, nicht heftiger hätte sein können, waren die Resultate gemischt. Einer der Alkoholiker schmiss die nächste Flasche, die sich in Greifweite befand, an die Wand, einem anderen gelang nicht einmal mehr dies. Doch es gab auch Patienten, die den Schock erst einmal mit einem Glas Whisky hinunterspülen wollten oder die auf ein anderes alkoholisches Getränk umstiegen, das mit keinem negativen Reiz verbunden war.

Die Therapie hatte auch unerwartete Nebenwirkungen. Ein Patient bekam Atembeschwerden, als er bei seinem Auto Frostschutz nachfüllte, ein anderer konnte seine Frau nicht mehr küssen, wenn sie getrunken hatte. Die Mehrheit der Patienten begann nach einiger Zeit wieder zu trinken.

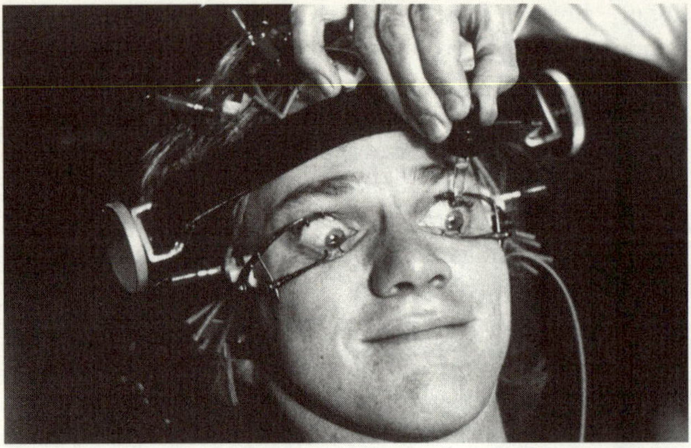

Im Film *A Clockwork Orange* durchläuft der gewalttätige Alex eine Aversionstherapie.

Die Aversionstherapie mit Atemstillstand wird heute nicht mehr durchgeführt. Nicht nur, weil Zweifel an ihrer Wirksamkeit bestehen, sondern auch, weil es heute undenkbar ist, für einen Versuch jemanden ohne sein Wissen in Todesangst zu versetzen. Die skrupellosen Experimente von Laverty und seinen Kollegen wurden mit anderen Versuchen aus dieser Zeit (siehe Seite 125 ff.) zu negativen Standardbeispielen in Ethikkursen.

Nicht nur bei Alkoholismus, sondern auch bei Spielsucht, Esssucht oder sexueller Andersartigkeit wurde die Aversionstherapie angewendet. Homosexuellen Männern zeigte man Bilder von nackten Männern und gab ihnen gleichzeitig einen Stromschlag, bei Bildern von nackten Frauen blieb der Strom ausgeschaltet.

Es war die krude Vorstellung vom Menschen als einem Bündel umprogrammierbarer Reflexe, die in den 1960er-Jahren zu einer Blüte der Aversionstherapie führte. 1962 setzte sich der Schriftsteller Anthony Burgess in *A Clockwork Orange* kritisch mit ihr auseinander. 1971 verfilmte Stanley Kubrick das Buch, und seither ist diese Form der Behandlung fest mit dem Bild des gewalttätigen Alex verbunden, der, an einen Stuhl gefesselt, mit von Klammern aufgerissenen Augen »therapiert« wird.

Derzeit ist noch die Behandlung von Alkoholismus mit Antabus verbreitet. Dieses Medikament bewirkt, dass einem von Alkohol sofort übel wird. Aus offensichtlichen Gründen brechen viele Patienten eine solche Therapie bald ab.

Obwohl die Wirkung umstritten ist und die Behandlung mit Elektroschocks für Außenstehende an Folter grenzt, war die Aversionstherapie bei Patienten oft beliebter als das »zwischenmenschliche Bohren, Deuten und Beurteilen, das sie in anderen Therapien erlebt haben«, wie der Psychologe William Mikulas von der University of West Florida in seinem Buch *Behavior Modification* schreibt.

◆ Laverty, S. G. (1966). Aversion therapies in the treatment. of alcoholism. *Psychosomatic Medicine* 28, 651-666.

1964 **Randy Gardner schläft nicht**

Am 3. Januar 1964 entdeckte William Dement eine kurze Meldung in der Zeitung. »Randy Gardner, 17, ein Schüler an der Point Loma High School, erreichte am Donnerstag die Halbzeitmarke beim Versuch, den Weltrekord im Wachbleiben zu brechen – 260 Stunden.« Dement griff zum Telefonhörer und rief Randys Eltern in San Diego an.

Der Psychiater William Dement arbeitete an der Stanford University in Palo Alto, Kalifornien. Obwohl er einer der führenden Schlafforscher war, wusste auch er nicht genau, wie sich extremer Schlafentzug beim Menschen auswirkt. Viele der früheren Experimente, bei denen Menschen versuchten, lange wach zu bleiben, waren reine Show und wurden wissenschaftlich nicht begleitet. Der Rekord, den Randy brechen wollte, war fünf Jahre zuvor von einem Discjockey auf Hawaii aufgestellt worden.

Dement sah in der Person Randy Gardners die einmalige Gelegenheit, extremen Schlafentzug an einem hochmotivierten Probanden zu studieren. »Und ich brauchte nicht einmal Forschungsmittel zu beantragen«, erinnert sich der Wissenschaftler in seinem Buch *The Promise of Sleep*. Als er Randys Eltern in San Diego am Draht hatte und um die Erlaubnis bat, ihren Sohn während seines Rekordversuchs zu beobachten, rannte er offene Türen ein: Sie waren froh, dass ein Arzt zugegen war, befürchteten sie doch, dass ihr Sohn einen bleibenden Schaden davontragen könnte. Die Angst war nicht unbegründet, immerhin waren bei den ersten dokumentierten Experimenten mit Hunden im Jahre 1894 die Tiere nach vier bis sechs Tagen ohne Schlaf gestorben (siehe *Das Buch der verrückten Experimente*, Seite 47). Menschen konnten zwar länger wach bleiben, doch wie lange und mit welchen Folgen, wusste man nicht.

Randys Unternehmung war sein Beitrag zur »Science Fair« seiner Schule. Solche »Wissenschaftsmessen«, bei denen jeder Schüler sich mit einem wissenschaftlichen Projekt befasst, sind seit den 1950er-Jahren fester Bestandteil des amerikanischen Schulalltags. Nachdem er am 28. Dezember 1963 um sechs Uhr aufgestanden war, wollte er elf Tage nicht mehr schlafen. Zwei Schulfreunde begleiteten ihn beim Rekordversuch. Welche Berühmtheit er damit erlangen sollte, konnte er nicht ahnen. Auf die Frage nach seiner Motivation sagte Randy, Extreme hätten ihn immer fasziniert, besonders wenn Leute ihm einzureden versuchten, etwas sei unmöglich.

Als Dement in San Diego eintraf, mietete er sich ein Zimmer in einem Motel in der Nähe von Randys Zuhause, das er allerdings selten benutzte, weil er ständig aufpassen musste, dass Randy nicht einschlief. »Ein Problem, mit dem ich nicht gerechnet hatte, war, dass ich selbst nach und nach unter Schlafmangel litt. Einmal fuhr ich falsch in eine Einbahnstraße und stieß beinahe mit einem Polizeiauto zusammen. Die Beamten waren wütend. Ich versuchte ihnen die Situation zu erklären, aber was ich auch sagte, es verschlimmerte die Situation nur noch.« Nach diesem Vorfall war Dement klar, dass er Gardner nicht allein überwachen konnte, und er bat einen Kollegen in San Diego, George Gulevich, ihm zu helfen.

»Die schlimmste Phase war immer kurz vor Sonnenaufgang, vom ersten Tag an. Da kriegte ich stets dieses kratzige Gefühl, wie wenn ich Sand in den Augen hätte«, sagte Randy Gardner später über die Wirkung des Schlafentzugs. Der frühe Morgen war auch die Tageszeit, während der sich Gardner besonders gereizt zeigte und hin und wieder die Forscher beschimpfte, wenn sie ihn wach hielten.

Randy und seine Bewacher schlugen sich die Nächte mit Ausflügen zu Winchell's Donuts um die Ohren, gingen in Spielsalons, oder sie hörten bei Randy zu Hause Musik. Wenn ihn auch die Beach Boys nicht mehr wach halten konnten, schleppte Dement ihn auf ein Basketballfeld, um ein bisschen zu spielen. Das klappte immer, erinnert sich der Wissenschafter. Einen Teil der Motivation bezog Gardner aus dem enormen Medieninteresse. Die Zeitungen berichteten jeden Tag über den »König der Schlaflosigkeit«,

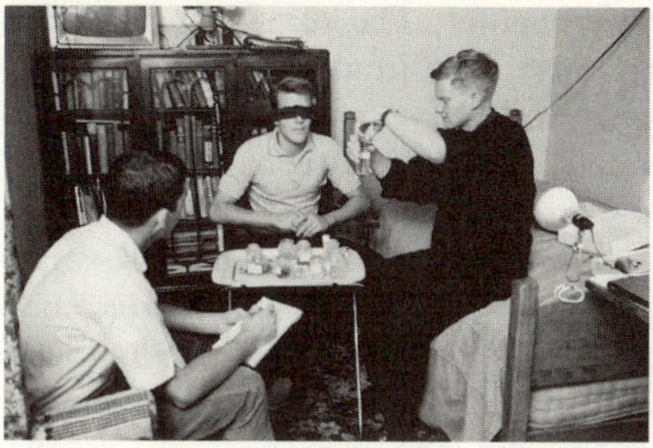

Was als Schulprojekt begann, entwickelte sich zum Medienereignis: Der 17-jährige Randy Gardner blieb 264 Stunden wach. Zwei Freunde betreuten ihn Tag und Nacht (Bild links). Später untersuchte ihn der Schlafforscher William Dement (Bild rechts).

das Magazin *Life* schickte einen Fotografen und der TV-Sender CBS ein Kamerateam.

Nach etwas mehr als der Hälfte der Zeit fing Randy an undeutlich zu reden. »Ich begann Sätze, die ich nicht zu Ende brachte. Von da an ging alles den Bach runter. Es gab keine Hochgefühle mehr, nur noch Tiefpunkte. Es war, als würde jemand mein Gehirn mit Sandpapier bearbeiten.«

Am Mittwoch, dem 8. Januar, gab Randy um fünf Uhr morgens eine Pressekonferenz. Zwei Stunden zuvor hatte er Dement noch mehrmals beim Basketball besiegt. Trotz der frühen Stunde tauchte ein ganzer Pulk von Zeitungsreportern und Kameramännern auf. Randys Auftreten sei tadellos gewesen, erinnert sich Dement, er habe sich nicht ein einziges Mal verhaspelt. Anschließend wurde er zum Marinekrankenhaus in Balboa Park gefahren, wo er nach 264 Stunden Wachbleiben um zwölf Minuten nach sechs einschlief – angeschlossen an einen Apparat, der seine Hirnströme aufzeichnete.

Während er schlief, wurden Dement und Gulevich von den Reportern mit Fragen bestürmt, darunter: »Wird er wieder aufwachen?« – »Wie lange wird er schlafen?« Die Antwort auf die erste fiel ihnen leichter als jene auf die zweite. »Ich muss gestehen«, schrieb Dement später, »dass ich nicht die leiseste Ahnung hatte, wie lange er schlafen würde.« Am Mittwochabend um acht Minuten vor neun kannte er die Antwort: Randy war nach 14 Stunden und 40 Minuten Schlaf fast vollständig erholt aufgewacht. Er duschte, gab Interviews und beschloss, als er um Mitternacht noch hellwach war, aufzubleiben und am nächsten Tag zur Schule zu gehen. Das war das unspektakuläre Ende eines der berühmtesten Experimente der Schlafforschung. Dement war ernüchtert. Die kurze Dauer der Erholungszeit hatte ihn überrascht. Immerhin hatte Gardner etwa 75 Stunden Schlaf verloren – und dann stand er nach nur knapp 15 Stunden im Bett ausgeruht auf. Das war nicht viel mehr, als man nach einer durchzechten Nacht schläft. Und auch Randys Symptome während des Experiments, wie die eingeschränkte Reaktionsfähigkeit, die Konzentrationsschwierigkeiten oder die Sehstörungen, zeigen sich schon bei viel kürzerem Schlafentzug. »Meine Erwartungen, durch jemanden, der eine oder zwei Wochen lang keinen oder fast keinen Schlaf bekommt, Hinweise auf die lebenswichtige Funktion des Schlafs zu erhalten, wurden enttäuscht«, schrieb Dement später.

Randys Leistung fand Eingang ins *Guinness-Buch der Rekorde*, wurde aber bald schon mehrfach gebrochen. Doch keiner der neuen Rekordhalter machte auch nur annähernd so viel Schlagzeilen wie der 17-Jährige aus San Diego. Vielleicht auch deshalb nicht, weil sich in Fachkreisen in der Zwischenzeit die Meinung durchgesetzt hatte, dass der Erkenntnisgewinn aus stetig neuen Höchstmarken in der Disziplin Schlafentzug gering war. Weil immer noch nicht ganz klar ist, wie schädlich solche Versuche sind, nimmt das *Guinness-Buch der Rekorde* heute keine Rekorde mehr an, bei denen Menschen versuchen, möglichst lange wach zu bleiben.

◆ Gulevich, G., W. C. Dement et al. (1966). Psychiatric and EEG Observations on a Case of Prolonged (264 Hours) Wakefulness. *Archives of General Psychiatry* 15(1), 29-33.

(Andere ungewöhnliche Experimente aus der Schlafforschung finden Sie auf Seite 127 ff. sowie im *Buch der verrückten Experimente* auf Seite 47, 49 und 106.)

1965 **Der Hofnarr der Kommunikation**

Wer in den 1960er-Jahren mit Studenten von Harold Garfinkel befreundet war, musste auf Überraschungen gefasst sein. Garfinkel war damals Professor für Soziologie an der Universität von Kalifornien in Los Angeles, und es konnte passieren, dass sich seine Schüler ohne Vorwarnung sehr seltsam benahmen.

Der Ehemann einer Studentin erwähnte an einem Freitagabend vor dem Fernseher, dass er müde sei, und wurde darauf in folgende Konversation verwickelt:

»Wie bist du müde? Körperlich, geistig, oder ist dir nur langweilig?«

»Ich weiß nicht, ich glaube, vor allem körperlich.«

»Du meinst, deine Muskeln tun weh oder deine Knochen?«

»Ich schätze, ja, sei nicht so spitzfindig.«

Nach einer kleinen Pause:

»In allen diesen alten Filmen taucht dieselbe Art eiserne Bettstatt auf.«

»Was meinst du damit? Meinst du alle alten Filme oder einige unter ihnen oder nur jene, die du gesehen hast?«

»Was ist los mit dir? Du weißt genau, was ich meine.«

»Ich wünschte, du wärst präziser.«

»Du weißt, was ich meine! Ach, halt doch die Klappe.«

Garfinkel hatte seinen Studenten den Auftrag erteilt, in alltäglichen Unterhaltungen darauf zu bestehen, dass ihre Gesprächspartner ihre Aussagen präzisierten. Fast immer endete dieser Versuch im Streit:

»Hallo, wie geht es dir?«

»Wie es mir geht in Bezug worauf? Meine Gesundheit, meine Finanzen, meine Arbeit an der Schule, meine geistige Verfassung, meine …?«

»Hör zu! Ich versuchte nur höflich zu sein. Wenn ich ehrlich bin, ist es mir völlig egal, wie es dir geht.«

Mittels solcher Insistenz wollte Garfinkel vor Augen führen, wie unvollständig sich der Mensch ausdrückt, wenn er spricht. Erstaunlich daran ist, dass das niemanden stört – im Gegenteil: Ganz genaues Formulieren oder ständiges Nachfragen wird als bemühend empfunden. Garfinkel war überzeugt, dass die reibungslose Verständigung paradoxerweise zu einem großen Teil gerade auf dieser Vagheit der Sprache beruht. Wir verstehen einander zwar nicht ganz, aber wir meinen, einander zu verstehen.

Die Strategien, die der Mensch anwendet, um aus diffusen Sätzen einen stabilen Sinn zu zimmern, nannte Garfinkel »Ethnomethodologie«. Dabei nimmt der Sprecher zum Beispiel selbstredend an, dass seine Sätze gar nicht diffus seien, sondern objektive, klare und eindeutige Definitionen eines Sachverhalts. Der Zuhörer geht andererseits davon aus, dass das, was der Sprecher sagt, konsistent und logisch aufgebaut ist. Um zu zeigen, auf wie viel geteiltem Hintergrundwissen und wie vielen impliziten Annahmen unsere Kommunikation beruht, entwarf Garfinkel seine

Der Soziologe Harold Garfinkel ließ seine Studenten Kommunikationsexperimente durchführen, die deren Eltern und Freunde gar nicht schätzten.

sogenannten Krisenexperimente, in denen diese impliziten Konventionen nicht eingehalten wurden. »Ich verfahre immer so, dass ich mit alltäglichen Vorfällen beginne und mir überlege, was man tun könnte, um Ärger zu machen«, schrieb er in seinem Buch *Studies in Ethnomethodology*.

Für einen seiner legendären Versuche bat er seine Studenten, zu Hause zwischen fünfzehn Minuten und einer Stunde so zu tun, als wären sie Untermieter, und so mit der Annahme zu brechen, dass man ein gemeinsames soziales Gedächtnis habe. Die Reaktionen waren erstaunlich harsch.

Die anderen Familienmitglieder versuchten verzweifelt, dem Verhalten der Studenten einen Sinn abzugewinnen: zu viel Arbeit an der Uni, eine Auseinandersetzung mit der Freundin. Als das nicht gelang, wurden sie zunehmend wütender. Die Eltern eines Studenten legten ihrem Sohn sogar nahe auszuziehen.

Garfinkels Experimente sind so legendär, dass heute in den USA für das absichtliche Brechen stillschweigender Regeln einer Kultur der Begriff »garfinkeln« (»garfinkeling«) verwendet wird.

Doch die Versuche stießen nicht immer auf Verständnis. Nachdem eine Studentin ihrer Schwester den Grund für ihr seltsames Verhalten erklärt hatte, sagte diese: »Bitte keine von diesen Experimenten mehr. Wir sind keine Ratten.«

◆ Garfinkel, H. (1967). *Studies in ethnomethodology*. Englewood Cliffs, NJ, Prentice-Hall.

1966 **Der Verpackungskünstler**

Es war der seltsamste Auftrag, den Steven Tendrich je bekommen hatte. Normalerweise wurde der Kammerjäger der Firma National Exterminators von verzweifelten Hausbesitzern in Miami gerufen, wenn Kakerlaken die Küche erobert hatten oder sich Termiten durchs Dachgebälk fraßen. Tendrich ging dann hin, sprayte Pestmaster Soil Fumigant-1 oder Dow Ethylene Oxide, und die Sache war erledigt. Doch der junge Mann, der ihn im Frühling 1966 anrief, hatte ein anderes Anliegen: Ob Tendrich auch ganze Inseln von Tieren befreien könne.

Edward O. Wilson hatte bereits mehrere Kammerjäger angerufen, bevor er Steven Tendrich kontaktierte, doch die meisten hatten geglaubt, er wolle sie auf den Arm nehmen.

Doch Wilsons kühnes Projekt war ernst gemeint; es wurde zu einem der bekanntesten Experimente in der Ökologie, und die Interpretation seines Resultats zog einen Forscherstreit nach sich, der bis heute andauert.

Wilson war Biologe an der Harvard University mit einer Vorliebe für Ameisen. Er beschäftigte sich mit Biogeografie, der geografischen Verteilung von Tier- und Pflanzenarten. Wie andere Naturforscher vor ihm bereiste er die Welt und schrieb auf, welche Arten er wo fand. Das war interessant, aber irgendwie auch unbefriedigend, denn es gab nur wenige und dazu ungeprüfte Theorien darüber, warum welche Arten wo lebten, wie viele nebeneinander existieren konnten und weshalb immer wieder welche ausstarben. Der Journalist David Quammen beschrieb die frühe Biogeografie in seinem Buch *Der Gesang des Dodos* als »ein lose gestricktes, deskriptives, nicht quantifizierbares, theorieloses Unternehmen«.

Wilson sah in seinen Aufzeichnungen Muster, von denen er überzeugt war, dass es eine Theorie dazu geben musste. Das glaubte auch der Biologe Robert MacArthur, mit dem sich Wilson zusammentat, um eine Theorie über die Verteilung der Arten zu entwerfen. Das Buch, das sie 1967 herausbrachten, hieß *Die Theorie der Biogeographie von Inseln* und enthielt viele für Biologen verwirrende Formeln, mit denen sich berechnen ließ, wie viele Arten auf einer Insel einer bestimmten Größe in einer bestimmten Distanz zur nächsten Insel oder zum Festland zu finden sind.

Dass Inseln der Schlüssel für die theoretische Betrachtung der Artenverteilung waren, wurde Wilson bald klar. Jede Insel war – isoliert durch das Meer – eine kleine Welt für sich, die sich mit anderen Inseln vergleichen ließ. Wilson vermutete, dass es für jede Inselgröße eine Maximalzahl von Arten gab, die auf ihr leben konnten. Er hatte beobachtet, dass für jede neue Art Ameisen, die eine Insel besiedelte, eine bereits ansässige ausstarb. Ein natürliches Gleichgewicht stellte sich ein.

Der mathematisch versierte MacArthur formulierte aus diesen Beobachtungen Gleichungen, die von einer völlig unbelebten Insel ausgingen. Eine Tierart, die auf eine solche Insel einwanderte, würde sich sofort etablieren, schließlich hatte sie noch keine Konkurrenten. Doch mit jeder zusätzlichen Art, die bereits auf der Insel lebte, wurde es für einen Neuankömmling schwieriger, sich zu behaupten. Mit zunehmender Artenfülle nahm die Zuwanderung also ab. Und es gab einen zweiten Effekt: Je artenreicher eine Insel wurde, desto wahrscheinlicher war es, dass eine eingewanderte Tierart wieder ausstarb. Das normale Artenkontingent der Insel war erreicht, wenn gleichviele Arten ausstarben wie zuwanderten. Wie groß es war, hing von zwei Faktoren ab: der Fläche der Insel und ihrer Distanz zum Festland. Je größer die Insel, desto mehr Arten würden dort nebeneinander existieren können, und je isolierter sie lag, desto geringer wäre die Zahl der Neuankömmlinge.

Das war eine schöne Theorie. Doch stimmte sie? Wilson und MacArthur suchten nach Daten, um sie zu überprüfen, und stießen auf Krakatau, eine kleine indonesische Insel zwischen Sumatra und Java, auf der 1883 ein Vulkanausbruch alles Leben vernichtete. Aus Beobachtungen von Reisenden, die die Insel nach dieser Naturkatastrophe besuchten, versuchten Wilson und MacArthur, die Zuwanderung von Vogelarten bis zum Gleichgewichtszustand zu rekonstruieren. In einigen Punkten stimmten die Berechnungen mit der Situation auf Krakatau überein, in anderen nicht. Die Daten waren lückenhaft, und bald wurde Wilson klar: Er brauchte sein eigenes Krakatau, eine Insel, von der er alles Leben tilgen konnte, um dann die Einwanderung neuer Arten abzuwarten.

Doch wie sollte er das anstellen? Es konnte hundert Jahre dauern, bis der Gleichgewichtszustand erreicht war. Zudem: Wie ließ es sich technisch bewerkstelligen? Wer würde ihm die Erlaubnis für ein solches Experiment geben? Und dann brauchte er ja mehrere Inseln, damit er Vergleiche anstellen konnte.

Wilsons Lösung lautete: Verkleinere das System. Seine Wahl fiel auf einige halb überflutete Sandbänke in den Sümpfen Floridas, auf denen einzelne Mangroven wuchsen. Auf diesen Inseln lebten zwar weder Säugetiere noch Vögel permanent, aber es gab große Populationen von Insekten, Spinnen und anderen Gliederfüßern. »Für eine Ameise oder eine Spinne von dem Millionstel der Größe eines Hirsches ist ein einzelner Baum wie ein ganzer Wald«, schrieb Wilson später.

Zuerst wollte er auf den ausgewählten Inseln alle Arten bestimmen, dann alle Tiere entfernen und schließlich beobachten, wie Zuwanderer das Eiland langsam wieder bevölkern und ob sich dabei ein Gleichgewicht zwischen Zuwanderung und Aussterben einstellt. Für die Ausführung dieses Plans war vor allem Wilsons Doktorand Daniel Simberloff verantwortlich.

Die Bewilligung, das Leben auf einigen dieser Inselchen zu tilgen, erhielten die zwei Forscher vom Nationalparkservice erstaunlich problemlos. Doch danach begannen die Schwierigkeiten. So gab es nur wenige Spezialisten, die in der Lage waren, alle Käfer, Spinnen und Ameisen auf den Inseln zu bestimmen. Es dauerte seine Zeit, bis Wilson und Simberloff 54 davon für die Mitarbeit gewonnen hatten. Einer reiste sogar selber an, die anderen bekamen die Tiere oder Fotos zugeschickt.

Doch das größte Problem war ein anderes: Wie konnten die Insekten auf den Inselchen ausgerottet werden? Wilson dachte zuerst, die Natur würde ihm dabei behilflich sein. Ab und zu raste ein Hurrikan über Teile der Sümpfe hinweg. Inseln, die dabei in seinem Weg lagen, waren blank gefegt und hätten sich eigentlich für Wilsons Studie geeignet. Doch weil er nicht im Voraus wusste, welche Gebiete es treffen würde, kam er von diesem Plan ab und beauftragte den Kammerjäger Steven Tendrich.

Im Juli 1966 sprühten Tendrich und Wilson zwei Insel-

Die von Edward O. Wilson (Bild) und Robert MacArthur begründete Theorie der Biogeografie von Inseln bediente sich viel komplizierter Mathematik. Um die Theorie zu testen, räucherten Wilson und sein Doktorand Daniel Simberloff in Florida kleine Inseln aus.

Edward O. Wilson scheute keinen Aufwand, um seine Theorie über die Artenverteilung zu überprüfen. Er verpackte in Florida kleine Inseln, um auf ihnen alles tierische Leben auszulöschen.

chen – E 1 und E 2 – mit dem Insektizid Parathion ein. Bei einer der Inseln gab es Ammenhaie, und Tendrichs Männer weigerten sich, ins Wasser zu gehen, bis Wilson selbst, hüfttief im Wasser stehend, die Raubfische mit einem Ruder vertrieb. Die Sprayaktion war allerdings kein Erfolg. Zwar tötete das Gift alle Tiere an der Oberfläche, doch Larven, die tief im Holz der Mangroven steckten, überlebten.

Sprayen reichte offenbar nicht aus, die Tiere mussten ausgeräuchert werden. Wenn Termiten in Miami ein Haus befielen, war es gängige Praxis, über dem Haus ein luftdichtes Nylonzelt zu errichten und ein giftiges Gas ins Innere zu leiten. Das müsste sich doch auch mit Inseln machen lassen, überlegte sich Wilson. Lange bevor der bulgarische Künstler Christo Inseln mit Planen verhüllte, fuhr Wilson mit Tendrich und ein paar Arbeitern am 10. Oktober 1966 zu einer Mangroveninsel in den Keys von Florida und packte sie ein. Die Plane war zu schwer, als dass sie sie direkt auf den Baum hätten legen können. Bei den ersten Inseln bauten sie deshalb ein Gerüst, später richteten sie in der Mitte der Insel einen Mast auf, an dem das Zelt aufgezogen wurde.

Zuvor hatte Tendrich an kleineren Bäumen und Zweigen Tests gemacht, um die richtige Dosis Methylbromid zu bestimmen: hoch genug, damit alle Tiere starben, aber niedrig genug, damit die Mangrove nicht in Mitleidenschaft gezogen wurde. Dass einer der Bäume beim ersten Versuch nach drei Stunden im Giftzelt trotzdem Schaden nahm, lag nicht so sehr am Gift als an den hohen Temperaturen im Zelt. Von da an wurde in der Nacht gearbeitet – mit Erfolg: Bei den Kontrollen nach der Vergasung fanden Wilson und Simberloff praktisch keine überlebenden Tiere mehr.

Jetzt begann Simberloffs Arbeit: Ein Jahr lang fuhr er regelmäßig zu den vier Inseln hinaus und beobachtete die Besiedlung. Außer auf der am stärksten isolierten Insel änderte sich nach 250 Tagen die Anzahl der Arten, die er auf den Inseln fand, kaum noch. Sie hatte sich etwa auf dem Wert von vor der Ausräucherung eingependelt. Offenbar gab es tatsächlich einen Zusammenhang zwischen Inselgröße und Artenbestand. Nach zwei Jahren wurden die Arten auf den Inseln erneut bestimmt. Ihre Anzahl hatte sich kaum verändert, doch es waren neue hinzugekommen und alte verschwunden, was Wilsons und MacArthurs Idee von einem dynamischen Gleichgewicht bestätigte.

Obwohl die Inselbiogeografie ein exotisches Fachgebiet war, wurde der Versuch schnell berühmt – einerseits weil er eine beschreibende Wissenschaft zu einer experimentellen machte, andererseits weil die Resultate nicht nur für Inseln galten.

Bereits in ihrem Buch *Die Theorie der Biogeographie von Inseln* hatten Wilson und MacArthur darauf hingewiesen, dass von Wasser umgebenes Land nur eine Form von Insel darstellt. Jeder Ort, der inmitten von Sperren lag, konnte eine Insel sein. Das galt auch für die isolierten Restbestände, die von der Abholzung des Tropenwalds übrig blieben. 1975 formulierte der amerikanische Naturforscher Jared Diamond, was das seiner Meinung nach für die Errichtung von Naturreservaten bedeutete. Sein wichtigster Schluss: Ein großes Schutzgebiet beherbergt mehr Arten und ist deshalb besser als mehrere kleine mit gleicher Gesamtfläche.

Um diese These entbrannte Ende der 1970er-Jahre ein ungewöhnlich heftiger Streit, der unter der Abkürzung SLOSS (»single large or several small« – »ein großes oder mehrere kleine«) bekannt wurde. Widerspruch kam von unerwarteter Seite: von Daniel Simberloff, der noch kurz zuvor selber geschrieben hatte, dass die Theorie von Wilson und MacArthur »zum Schutz der biotischen Vielfalt der Erde« angewendet werden könne. Doch jetzt war sich Simberloff offenbar nicht mehr sicher, ob sich die Resultate des Experiments als für den Naturschutz nützlich erwiesen. Was den Sinneswandel Simberloffs bewirkt hatte, ist bis heute nicht ganz klar. Vielleicht waren es seine neuen Daten von den Mangroveninseln, aus denen ersichtlich wurde, dass eine große Mangroveninsel nicht in jedem Fall mehr Arten beherbergte als mehrere kleine.

Simberloff und andere Wissenschafter, die seine Meinung teilten, wurden als schwarze Schafe der Naturschutzbewegung gebrandmarkt.

Der Versuch, mit einem groß angelegten Experiment im Amazonas Klarheit über die Frage zu gewinnen, scheiterte. Bäume wurden gefällt, Urwaldinseln verschiedener Größe stehen gelassen. Doch die Resultate waren viel komplizierter als gedacht. Aus den vielen Wenn und Aber ließ sich keine eindeutige Antwort auf die SLOSS-Frage gewinnen.

◆ Wilson, E. O., and D. S. Simberloff (1969). Experimental zoogeography of islands: defaunation and monitoring techniques. *Ecology* 50, 267-278.

1967 **Wie ein nicht funktionierender Lügendetektor funktioniert**

Die Apparatur, mit der sich 60 Versuchspersonen im Frühling 1967 konfrontiert sahen, war beeindruckend. Vier große Gehäuse standen auf der Ecke des Tisches, je zwei übereinandergestapelt. Auf ihrer Vorderseite konnte man verwirrende Schaltdiagramme erkennen und Dutzende von Buchsen, von denen Kabel kreuz und quer zu den anderen

Geräten auf dem Tisch verliefen: einem Tonband, einem Voltmeter und einer schwarzen Kiste, aus der ein Steuerrad ragte. »Es sah aus wie die Horrorfilmversion eines Computers«, beschreibt es Harold Sigall heute.

Sigall, der heute einen Lehrstuhl für Psychologie an der Universität von Maryland innehat, forschte damals an der Universität von Rochester in der Nähe von New York. Der »Elektromyograph« – so hieß sein Gerät, das angeblich geringe Muskelaktivität messen konnte – hatte eine erstaunliche Eigenschaft, von der die Versuchspersonen allerdings nichts wissen durften: Er funktionierte nicht! Was da in einem Kellerraum der Universität stand, war nichts als ein Haufen Elektroschrott, den Sigalls Kollege Richard Page in der Physikabteilung zusammengesucht hatte. Doch bei dem bahnbrechenden Experiment, das Sigall im Sinn hatte, kam es darauf nicht an. Das Einzige, was zählte, war, dass die Versuchspersonen glaubten, es funktioniere.

Seit es die Psychologie als Wissenschaft gibt, träumen Forscher davon, den Leuten direkt in die Seele zu schauen. Doch weil Menschen im Allgemeinen ihr Herz nicht auf der Zunge tragen, kann man nur auf Umwegen ihr Innenleben ergründen – etwa indem man Fragen stellt: Was denken Sie jetzt gerade? Was fühlen Sie? Was würden Sie tun, wenn dieses oder jenes geschähe? Eine Möglichkeit, herauszufinden, ob die Leute dabei die Wahrheit sagen, gibt es nicht.

Sigall, Page und Edward E. Jones, der dritte am Experiment beteiligte Psychologe, glaubten, den direkten Draht ins Innerste des Menschen gefunden zu haben. Weil ihr Verfahren nicht ohne eine kleine Lüge auskam, nannte Jones es »Bogus Pipeline« (etwa »erschwindelter Zugang«).

Bei Psychologieexperimenten wurde damals viel geschwindelt. Und eine Art dieser »faulen Tricks« brachte Jones und Sigall auf die entscheidende Idee. Es waren Experimente, bei denen die Versuchspersonen falsche Rückmeldungen über ihre Körperfunktionen erhielten. Ein Forscher zeigte Männern zum Beispiel zehn Fotos von halb nackten Frauen und machte dabei ihren Herzschlag über einen Lautsprecher hörbar. Das glaubten die Männer zumindest. In Wirklichkeit wurde ein Band mit aufgezeichneten Herzschlägen abgespielt. Bei fünf Bildern hörten die

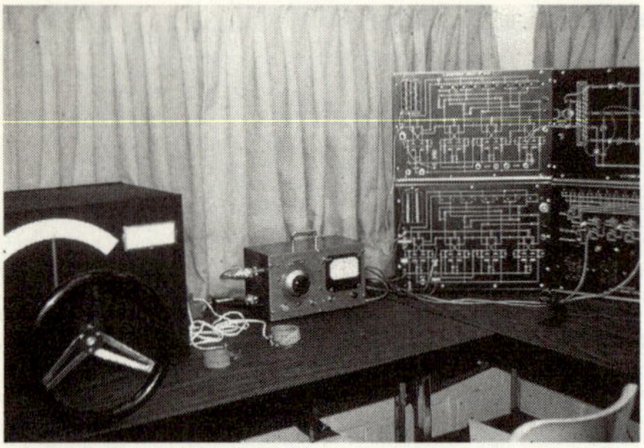

Dieser sogenannte Elektromyograph hat eine erstaunliche Eigenschaft: Er ist nichts anderes als ein Haufen Elektroschrott, der nicht funktioniert. Doch solange die Versuchspersonen das nicht erfahren, lassen sich erstaunliche Dinge mit ihm anstellen.

Männer, wie sich ihr Puls vermeintlich stark erhöhte. Als sie anschließend die Attraktivität der Frauen beurteilten, standen diese fünf ganz oben. Offenbar ließen sich die Männer vom falschen Feedback stark beeinflussen.

Sigall und Jones spannen diesen Gedanken weiter: Wenn sie eine Versuchsperson glauben machen konnten, dass eine Maschine imstande sei, jede ihrer Antworten vorauszusagen, würde das ihr Verhalten beeinflussen? Sigall glaubte, ja: »Sie würden es nicht wagen zu lügen, denn niemand will von einer Maschine als Lügner entlarvt werden.«

Also ließ er Page eine eindrucksvolle, aber funktionslose Apparatur konstruieren und überlegte sich, wie er die Leute damit hinters Licht führen konnte. Sicher war: Um das Vorgehen zu testen, musste er Fragen stellen, die es den Leuten schwer machten, ehrlich zu sein.

Ende der 1960er-Jahre ergab sich aus Fragebogenuntersuchungen, dass die Einstellung weißer Amerikaner gegenüber den Schwarzen über die Jahre positiver geworden war. Sigall vermutete, dass viele der Befragten nicht wirklich weniger Vorurteile hatten.

Sigall und Page ließen also 60 weiße Studenten einen Fragebogen zu den Charaktereigenschaften von weißen und schwarzen Amerikanern ausfüllen. Für 22 Eigenschaften – von musikalisch bis faul – mussten sie auf einer Skala von –3 bis +3 einschätzen, wie stark sie auf die jeweilige Gruppe zutraf. Bei der Hälfte der Versuchsteilnehmer kam der Elektromyograph zum Einsatz. Sigall befestigte Elektroden an den Unterarmen der Versuchsteilnehmer und erklärte ihnen, der Elektromyograph sei in der Lage, die jeweilige Antwort (–3 bis +3) aus den unwillkürlichen Muskelbewegungen der Arme zu lesen, wenn sie auf dem Steuerrad lägen.

Darauf demonstrierte er die Genauigkeit des Geräts, indem er den Versuchspersonen ein paar unverfängliche Fragen über Filme, Musik, Sport und Autos stellte. Es waren die gleichen Fragen, die die Versuchspersonen zuvor im Vorraum auf einem Fragebogen beantwortet hatten, von dem sie glaubten, niemand habe ihn gesehen – in Wirklichkeit hatte ein Komplize die Antworten unauffällig abgeschrieben. Sigall stellte also die Fragen, und ohne dass die Versuchsperson am Steuerrad drehte, bewegte sich der Zeiger des Voltmeters immer auf jenen Wert, den die Versuchsperson zuvor auf dem Fragebogen angekreuzt hatte.

Das Voltmeter wurde dabei von Page gesteuert, der in einem Nebenraum saß und die kopierten Antworten vor sich hatte. Den Versuchspersonen musste es vorkommen, als könnte das Gerät tatsächlich ihre Antworten voraussagen. Jetzt stellte Sigall die Fragen zu den Charaktereigenschaften der schwarzen und weißen Amerikaner. Er erklärte den Versuchspersonen, dass der Elektromyograph die Antworten wie bei den Testfragen aus den Muskelbewegungen lesen würde. Dann sagte Sigall, dass er auch erfahren möchte, »in welchem Grad Leute in Verbindung mit ihren Gefühlen stehen«. Er deckte die Anzeige ab und forderte die Versuchspersonen auf, bei jeder Frage zu raten, was die Maschine wohl anzeigte. Die Leute mussten also ständig befürchten, von der Maschine entlarvt zu werden, wenn sie nicht die Wahrheit sagten. Die zweite Gruppe wurde nicht an den Elektromyographen angeschlossen und musste folglich auch nicht befürchten, dass ihre wahre Einstellung offengelegt würde.

Wie Sigall vermutet hatte, unterschieden sich die Antworten der beiden Gruppen. Wer am Elektromyographen angeschlossen war, gab seine ehrliche Meinung preis und beurteilte seine schwarzen Landsleute als deutlich fauler, unzuverlässiger, schmutziger und dümmer als derjenige, der seine Antworten unüberwacht abgeben konnte.

Am Ende des Experiments eröffnete Sigall den Versuchspersonen, dass der Apparat nicht echt gewesen sei. Sie waren erstaunt und interessiert, erinnert er sich, behaupteten aber, sie hätten ohne Elektromyograph genau gleich geantwortet.

Dass die Methode funktionierte, hatte auch damit zu tun, dass jeder Versuchsteilnehmer unschwer die Ähnlichkeit des Elektromyographen mit dem fünfzig Jahre zuvor erfundenen Lügendetekor erkannte. »Unsere Aufgabe wurde uns durch das Wissen der Öffentlichkeit um den Lügendetektor und seinen Einsatz bei Strafuntersuchungen stark erleichtert«, schrieb Sigall im *Psychological Bulletin* über die Bogus-Pipeline-Methode. Obwohl es keine wissenschaftlichen Belege für die zuverlässige Funktion des Lügendetektors gab (es gibt sie bis heute nicht), ließen sich viele Leute von der eindrucksvollen Technik und einigen Presseberichten über ihren erfolgreichen Einsatz beeindrucken.

Wie der Wissenschaftshistoriker Ken Alder in seinem Buch *The Lie Detectors* schreibt, beruhten diese Erfolge auf dem gleichen Prinzip wie Sigalls Bogus Pipeline. Wer sich dem Lügendetektortest zu unterziehen hatte, befürchtete, enttarnt zu werden, und zog es oft vor, ein Geständnis abzulegen. Als Jones und Sigall die Bogus-Pipeline-Methode entwickelten, war ihnen nicht bewusst, dass der Rektor einer Highschool in New Jersey schon in den 1930er-Jahren Schüler dazu gebracht hatte, vor einer Attrappe eines Lügendetektors Verfehlungen zuzugeben, und dass auch Polizisten bereits ähnlich verfahren waren.

Die Bogus-Pipeline-Methode ist ein eleganter Trick, wie man Menschen dazu bringt, ehrlich zu sein. Sie wird in der Forschung dort angewendet, wo vorauszusehen ist, dass es die Leute mit der Wahrheit nicht so genau nehmen: wenn es um Vorurteile geht, um Essgewohnheiten oder wenn man Männer fragt, wovor sie Angst haben.

Nicht immer ist hierzu ein Elektromyograph erforderlich. Bei einer Studie über das Rauchverhalten von Teenagern zeigte man den Versuchsteilnehmern einen Film, der erklärte, wie aus dem Speichel einer Person auf ihren Zigarettenkonsum geschlossen werden kann. Bevor sie anschließend den Fragebogen ausfüllten, mussten sie eine Speichelprobe abgeben. Daraufhin war eine Laboranalyse nicht mehr nötig.

Besonders oft kommt die Bogus-Pipeline-Methode nicht zum Einsatz. Einerseits, weil sie ziemlich aufwendig ist, andererseits, weil sie den Keim ihres eigenen Untergangs in sich trägt: Wenn zu viele Leute erfahren, dass alles nur Show ist, wird man niemanden mehr finden, der die Lüge glaubt.

verrueckte-experimente.de

◆ Jones, E. E., and H. Sigall (1971). The Bogus Pipeline: A New Paradigm for Measuring Affect and Attitude. *Psychological Bulletin* 76(5), 349-364.

1968 **Das lange Warten auf zwei Marshmallows**

Angenommen, Sie müssten die Zukunft eines vierjährigen Kindes vorhersagen. Ob es später gute Schulleistungen zeigt, viele Freunde hat, keine Drogen nimmt, eine harmonische Partnerschaft führt. Kurz: ob es sich zu einer stabilen, zufriedenen Persönlichkeit entwickelt. Was würden Sie tun?

Das Kind von Experten beobachten lassen? Es einem Intelligenztest unterziehen? Sein Gehirn scannen? Die Antwort ist viel einfacher: Machen Sie mit ihm den Marshmallow-Test: Lassen Sie ihm die Wahl zwischen einem Marshmallow sofort oder zwei Marshmallows später (Sie können auch Schokolade nehmen). Je länger es bereit ist, auf die zwei Marshmallows zu warten, desto besser wird es sein Leben meistern.

Dass ein derart einfacher Test so effizient ist, war auch für seinen Erfinder Walter Mischel eine Überraschung. Die erstaunliche Voraussagegenauigkeit entdeckte der Psychologe fast zufällig und erst zwanzig Jahre nachdem er die ersten Experimente zum Thema Belohnungsaufschub gemacht hatte.

Mischel war 25 Jahre alt, als er im Sommer 1955 zum ersten Mal auf die Karibikinsel Trinidad reiste, wo er auch die folgenden drei Sommer verbrachte. Er begleitete seine damalige Frau, die Riten und Zeremonien der Einheimischen erforschte. Doch bald suchte er nach einer eigenen Beschäftigung.

Bei Gesprächen erfuhr er, wie die Inselbewohner übereinander dachten. In den Augen der Einwanderer aus Indien waren die afrikanischstämmigen Trinidader »dem Vergnügen zugetan, vor allem bestrebt, im Moment zu leben und nicht über die Zukunft nachzudenken«. Umgekehrt hielten die Afrikaner die Inder für Arbeitstiere, die »das Geld unter der Matratze verstecken, ohne je den Tag zu genießen«.

Dass ihn die Frage interessierte, ob es besser sei, seinen Bedürfnissen sofort nachzugeben oder sie für ein höheres Ziel aufzuschieben, war kein Zufall. Nachdem er 1938 im Alter von acht Jahren mit seiner Familie vor den Nazis aus Wien in die USA geflüchtet war, musste er viele seiner Bedürfnisse zurückstellen. »Aus einer mittelständischen Familie kommend, fand ich mich in den USA in extremer Armut

Die erstaunliche Vorhersagekraft seines Experiments entdeckte der Psychologe Walter Mischel nur durch Zufall.

wieder. Die Frage, wie man sich aus schwierigen Umständen hocharbeitet, wurde zu meinem Lebensthema.«

Dass die Fähigkeit zum selbst auferlegten Aufschub einer Belohnung einen wesentlichen Schritt zur Reifung eines Menschen bedeutete, war schon lange postuliert worden. Geld sparen, eine Diät befolgen, eine Sprache lernen – überall waren diese Gaben gefragt. Wissenschaftliche Versuche dazu hatte jedoch noch niemand angestellt.

Also ließ Mischel Schüler in Trinidad Fragebogen ausfüllen und sagte ihnen dann: »Ich möchte euch allen Süßigkeiten geben, habe aber nicht genug von den großen Süßigkeiten mit dabei. Ihr könnt also heute die kleinere Süßigkeit bekommen oder bis nächsten Freitag warten, dann bringe ich euch die große.«

Dabei fand er zum Beispiel heraus, dass Kinder, die ohne Vater aufwuchsen, was bei den Afrikanern häufig war, oft nicht auf die größere Belohnung warten mochten. Viele der afrikanischstämmigen Kinder zweifelten auch grundsätzlich daran, dass der weiße Experimentator tatsächlich mit den großen Süßigkeiten auftauchen würde, und entschieden sich deshalb für die sofortige Belohnung.

1962 zog Mischel mit seiner zweiten Frau an die Westküste nach Kalifornien. Die Stanford University in Palo Alto hatte ihm eine Stelle angeboten. Es waren seine drei kleinen Töchter, die ihm dort zu seiner größten Entdeckung verhalfen.

1966 gründete die Universität Stanford auf ihrem Campus die Bing Nursery School, eine Kinderkrippe, die der Forschung diente. Dort führte Mischel zwischen 1968 und 1974 seine bekanntesten Experimente über die Mechanik des Belohnungsaufschubs durch.

Seine Versuchspersonen waren jünger als jene in Trinidad. Kinder zwischen vier und sechs Jahren saßen allein vor einem Tisch im sogenannten Überraschungszimmer der Kinderkrippe, einem Raum, der durch einen Einwegspiegel einsehbar ist. Mischel hatte zuvor zwei unterschiedliche Belohnungen und eine Glocke auf den Tisch gelegt und den Kindern erklärt, er werde den Raum jetzt verlassen und längere Zeit nicht wiederkommen. Wenn sie bis zu seiner Rückkehr warteten, bekämen sie die große Belohnung. Sollte ihnen das jedoch zu lange dauern, könnten sie

Ein Kind im sogenannten Überraschungszimmer, in dem seine Fähigkeit getestet wurde, ein Bedürfnis aufzuschieben. Links auf dem Tisch liegt die Glocke, mit der es den Versuchsleiter herbeirufen kann, wenn es nicht mehr länger auf die Belohnung warten will.

mit der Glocke klingeln. Er werde dann sofort zurückkommen. Dann allerdings gebe es nur die kleine Belohnung.

Das Verfahren scheint recht einfach zu sein, doch waren viele Unwägbarkeiten zu bedenken. Wie lange sollte der Versuchsleiter maximal warten, wenn das Kind der Versuchung nicht erlag? In Vorstudien warteten einige Kinder eine ganze Stunde allein im Zimmer. Mischel beschränkte die Wartezeit schließlich auf 20 Minuten.

Wie lange die Kinder bereit waren zu warten, hing natürlich auch von den Belohnungen ab. »Einmal legten wir ein M & M neben einen Beutel M & M, was dazu führte, dass die meisten Kinder ewig auf den Beutel warteten«, erinnert sich Mischel. Waren sich Belohnungen aber zu ähnlich, nahmen die Kinder natürlich sofort die kleinere. In Vorversuchen wurde der Wert der Belohnungen so austariert, dass mit ungefähren Wartezeiten zwischen 0 und 20 Minuten zu rechnen war. Weil Mischel dabei auch Marshmallows einsetzte, wurden die Versuche unter dem Namen »Marshmallow-Test« bekannt.

Durch den Einwegspiegel beobachtete Mischel, welche Strategien die Kinder anwendeten, um der Versuchung zu widerstehen. Einige hielten die Hände vors Gesicht, damit sie die Belohnung nicht anschauen mussten. Andere redeten sich zu: »Wenn ich noch ein bisschen länger warte, kriege ich es – er kommt jetzt sicher bald zurück –; ich bin ganz sicher, er muss.« Wieder andere begannen zu singen oder erfanden Spiele mit ihren Händen und Füßen. Es gab sogar Kinder, die versuchten einzuschlafen – was einem tatsächlich gelang.

Mischel versuchte herauszufinden, was in den Köpfen der Kinder vorging, erforschte die Bedingungen, die das Warten erleichterten oder erschwerten. Weil auch seine Töchter die Bing Nursery School besuchten, gehörten sie ebenfalls zu den Versuchspersonen. Das war sein großes Glück, denn von ihnen erfuhr er noch Jahre nach den Experimenten, wie es den anderen Kindern ging. »Hin und wieder fragte ich: Wie geht es eigentlich Susie?, oder: Was macht George? Ich schrieb mir die Antworten auf und entdeckte einen verblüffenden Zusammenhang zwischen den Testresultaten und den Kommentaren meiner Töchter.« Wer sich beim Marshmallow-Test als geduldig erwiesen hatte, war offenbar besser in der Schule und hatte auch sonst weniger Probleme.

Das brachte ihn auf die Idee, die Kinder dreizehn Jahre nach den ersten Experimenten noch einmal unter die Lupe zu nehmen. Das Resultat war eine Sensation: Der im Alter zwischen vier und sechs Jahren absolvierte Marshmallow-Test sagte viele Eigenschaften der Kinder zehn Jahre später mit unerwarteter Genauigkeit voraus. Aus einem einzigen Messwert – der Anzahl Sekunden, die ein Kind warten konnte – ließ sich ablesen, ob es später ausgeglichen und kooperativ war, ob es Initiative zeigte und welche Schulnoten es nach Hause brachte. Selbst als die Kinder längst erwachsen waren, ergaben sich aus ihren frühen Testresultaten noch Hinweise auf Selbstbewusstsein und Stressresistenz.

Die Welt außerhalb der Psychologie erfuhr von Mischels Marshmallow-Test aus Daniel Golemans 1995 erschienenem Bestseller *Emotional Intelligence*. Goleman erhob die Fähigkeit, kurzfristigen Verlockungen zugunsten langfristiger Ziele zu entsagen, zu einer der wichtigsten in der Lebensbewältigung. »Diese Fähigkeit ist wertneutral«, sagt Mischel, »man braucht sie, ob man nun Mafiaboss werden will oder Gandhi.«

Erstaunlicherweise dauerte es fast vierzig Jahre, bis jemand der offensichtlichen Frage nachging, die Mischels Erkenntnis beinhaltete: Wenn Kinder, die im Test gut abschneiden, generell besser durchs Leben kommen, könnte man diese Fähigkeit dann nicht trainieren? Und wenn ja, auf welche Weise? Und würde sich dieses Training dann wirklich positiv auf das spätere Leben auswirken? Die Fähigkeit zum Belohnungsaufschub könnte auch genetisch bedingt sein.

Entsprechende Studien laufen derzeit an. Ihre Resultate werden wohl zu den wichtigsten gehören, die die Psychologie in Zukunft über die Erziehung gewinnen wird.

Bevor Sie nun mit drei Marshmallows und einer Stoppuhr Ihrem Vierjährigen die Zukunft prophezeien, hier noch eine Warnung: Es gibt keine Tabelle, die Ihnen sagt, welche Zeit Ihrem Kind ein gutes Leben garantiert. Die hängt von der Versuchsanordnung und der Art der Belohnung ab und wäre überdies ohnehin nur als statistische Tendenz zu verstehen, die über den Einzelfall wenig aussagt.

Darüber bin auch ich froh, denn mein Vierjähriger würde ohne zu zögern die kleine Belohnung ergreifen und dann seine Mutter so lange anflehen, bis sie auch die große herausrückt.

verrueckte-experimente.de

◆ Mischel, W. (1974). Process in Delay of Gratification. *Advances in Experimental Social Psychology*. L. Berkowitz. New York, Academic Press. 7, 249-292.

1968 **Die Gnus mit den gelben Hörnern**

Weil der Zoologe Hans Kruuk das Experiment mit den gelben Hörnern der Gnus nicht für besonders aussagekräftig hielt, hat er es nie publiziert. Dass dreißig Jahre später trotzdem Millionen Menschen davon erfuhren, ist der Verdienst des amerikanischen Bestsellerautors Michael Crichton. In seinem Wissenschaftsthriller *Prey* entkommen die Hauptfiguren gefährlichen Nanopartikeln nur, weil sich eine von ihnen an Kruuks Versuch erinnert.

In Michael Crichtons Nanotechnik-Thriller *Beute* können sich die Protagonisten nur retten, weil einer von ihnen ein altes Experiment mit Gnus kennt.

In dem Roman will eine Gruppe von Menschen dem Angriff von Nanopartikeln entgehen. Diese mikroskopisch kleinen Maschinen bilden in Crichtons Science-Fiction-Story Schwärme in der Luft und entwickeln nach dem Vorbild biologischer Evolution immer neue Jagdstrategien. Als sie sich in die Richtung der Menschen bewegen, bilden die fünf Protagonisten eine Miniherde, indem sie sich hintereinanderstellen und sich genau synchron bewegen.

Eine von Crichtons Romanfiguren hatte sich an ein Experiment von Kruuk erinnert: Vor dreißig Jahren habe dieser in der Serengeti Hyänen studiert und herausgefunden, dass ein Gnu, das er mit Farbe markiert, beim nächsten Angriff garantiert getötet werde. Umgekehrt würden gleiches Aussehen und gleiche Bewegungen es den Jägern erschweren, ein Opfer auszusondern.

Tatsächlich sind die Nanopartikel ratlos, als sie auf die Miniherde stoßen, und sich im Unklaren darüber, über wen sie herfallen sollen, bis eine der Romanfiguren – ein bisschen Action muss sein – Panik bekommt, wegrennt und getötet wird.

Kruuk weiß nicht, wie Crichton von seinem Experiment erfahren hat. Er führte es im Ngorongoro-Nationalpark in Tansania durch. Ein anderer Forscher, der Gnus markierte, damit er sie später wiedererkannte, hatte ihm erzählt, dass Hyänen bevorzugt genau diese Gnus angriffen. Dieses Phänomen interessierte Kruuk. Er betäubte 32 einjährige Gnus und bemalte bei 16 von ihnen die schwarzen Hörner giftig gelb. Dann entließ er eines nach dem anderen in die Herde. Die Gnus ohne gelbe Hörner, die bloß betäubt worden waren, hatten keine Probleme, doch die Tiere mit den gelben Hörnern wurden von den anderen Gnus aus der Herde ausgestoßen und verbrachten den nächsten Tag allein. Länger konnte Kruuk sie nicht verfolgen. Und selbst wenn er hätte beobachten können, dass sie häufiger von Hyänen gejagt worden wären als andere Tiere, hätte es zwei mögliche Gründe dafür gegeben: die gelben Hörner selbst oder die Tatsache, dass die Gnus durch die gelben Hörner zu Einzelgängern geworden waren.

Crichtons Romanfiguren hatten eine eher oberflächliche Vorstellung von Kruuks Experiment. Dass es ihnen das Leben rettete, dürfte weniger mit der Erkenntnis daraus zu tun haben als mit der schützenden Hand des Autors, der nicht schon auf Seite 271 das halbe Personal seines Romans den Nanopartikeln zum Fraß vorwerfen konnte.

◆ Crichton, M. (2002). *Beute*, Blessing, München.

1969 **Eine ganz besondere Halloween-Party**

Am 31. Oktober 1969 erschienen acht Grundschüler in New York zu einer ganz besonderen Halloween-Party. Die Kinder – alle zwischen acht und zehn Jahre alt – waren eingeladen worden, den Nachmittag mit verschiedenen Spielen zu verbringen. Kostüme brauchten sie keine mitzubringen, hatte man ihnen gesagt, die seien vorhanden. Als die Kinder eintrafen, erhielten sie als Erstes große Namensschilder. Die erwachsenen Aufsichtspersonen sprachen sie in der Folge immer mit dem Namen an. Die Kostüme waren noch nicht da. Die seien noch nicht angekommen, flunkerte ihnen eine der Aufsichtspersonen vor, also begannen die Kinder in Straßenkleidern mit den Spielen.

Zur Auswahl standen acht Spiele, die im Wohnzimmer und in den benachbarten Räumen eines Hauses vorbereitet worden waren: vier ruhige, wie etwa auf einem Holzsteg zu balancieren, und vier kampfbetonte, wie zum Beispiel Wasserballons ins Gesicht eines Erwachsenen zu werfen. Die Kinder waren eifrig bei der Sache, denn es gab Gutscheine zu gewinnen, die sie am Ende der Party gegen Spielsachen tauschen konnten.

Der Raum war reich dekoriert, aus einem Lautsprecher klang Musik, und farbige Glühbirnen sorgten für Partyatmosphäre. Keinem der Kinder dürfte aufgefallen sein, dass eine der gelben Lampen exakt alle 20 Sekunden blinkte, worauf sich einige der Erwachsenen umblickten und dann etwas auf ihren Block kritzelten.

Nach einer Stunde trafen die Kostüme ein – das jedenfalls erzählte man den Kindern. In Wahrheit lagen die kuklux-klan-artigen Gewänder schon lange bereit, doch das Experiment erforderte, dass die Kinder zuerst nicht verkleidet waren.

Als alle Kinder ihre Kostüme übergezogen hatten, wusste niemand mehr, wer wer war. Nicht nur, weil sich jedes Kind einzeln in einem abgetrennten Raum umgezogen hatte, sondern auch, weil die Kostüme alle gleich aussahen: weiße Umhänge, die bis zu den Füßen reichten, mit Löchern für die Arme, und Kissenbezüge, die den Kopf bedeckten. Auch die Erwachsenen hatten sich damit ausstaffiert. Die Kinder konnten nicht sehen, dass sie jetzt unter ihren Kopfbedeckungen farbige Brillen trugen, die dem Zweck dienten, die jungen Partyteilnehmer unter diesen Bedingungen immer noch zu identifizieren: Die Farbfilter erlaubten ihnen, sonst unsichtbare Nummern auf den Umhängen zu lesen.

»Sie sahen aus wie kleine psychedelische Gespenster«, erinnert sich der Psychologe Scott Fraser, der die Idee für

Anonymität in der Gruppe ist eine explosive Mischung. Der Psychologe Scott Fraser lud Kinder zu einer Halloween-Party ein. Als ihm die ersten Wasserballons um die Ohren flogen, betrachtete er das Experiment als geglückt.

dieses Experiment hatte. Fraser arbeitete an seiner Doktorarbeit. Sein Professor Philip Zimbardo, der später mit dem Stanford-Prison-Experiment (siehe *Das Buch der verrückten Experimente*, Seite 211) Aufsehen erregte, interessierte sich damals für die Frage, wie sich das Verhalten von Leuten ändert, wenn sie sich als anonymen Teil einer Gruppe empfinden.

Dabei hatte eines seiner Laborexperimente einen beängstigenden Effekt: Wenn Versuchsteilnehmerinnen durch eine Gesichtsmaske und eine übergroße Schürze füreinander nicht mehr identifizierbar waren, dauerten die Elektroschocks, die sie einer anderen Person austeilten, doppelt so lange, wie wenn sie nicht verkleidet waren und Namensschilder trugen. Dieser Effekt wird »Deindividuation« genannt und führt dazu, dass Menschen in Gruppen Dinge tun, zu denen sie als Individuen nie fähig wären.

Fraser fragte sich, ob sich dieser Effekt auch außerhalb des Labors in einer natürlichen Umgebung nachweisen ließe. Dabei kam ihm die Idee mit Halloween: Die Tradition, sich in der Nacht auf den 1. November zu verkleiden, schien ihm ideal für ein Deindividuationsexperiment. Also suchte er Forschungsassistenten, die bei der Durchführung des Experiments halfen, und Eltern, die ihre Kinder zu seiner Party schickten.

Obwohl Fraser eigentlich wusste, was er zu erwarten hatte, wurde er vom Verlauf des Versuchs überrascht. Als nämlich alle ihre Kostüme trugen, breitete sich auf einen Schlag eine aggressive Stimmung aus. Wenn sich die Kinder noch an den Wettbewerben beteiligten, wählten sie vermehrt die kämpferischen Spiele aus. Viele spielten auch gar nicht mehr, sondern rempelten sich an, schrien herum oder schlugen einander.

Die gelbe Lampe blinkte immer noch alle 20 Sekunden. In diesem Rhythmus notierten die Forschungsassistenten jeweils, welche Kinder sich gerade aggressiv verhielten. Aus diesen Daten wollte Fraser später herauslesen, ob die Aggressivität in der Gruppe durch die anonymisierende Wirkung der Kostüme zugenommen hatte. Ihre Arbeit wurde durch gezielte Würfe mit Wasserballons und Angriffe mit der Holzplanke des Balancierspiels, die die Kinder nun als Waffe benutzten, erschwert.

Wie die Phase zuvor hätte auch diese eine Stunde dauern sollen. »Doch wir verloren völlig die Kontrolle über die Situation«, sagt Fraser. »Ich war nicht mehr so sehr besorgt um die Sicherheit der Kinder, sondern viel mehr um die Sicherheit meiner Forschungsassistenten.« Deshalb brach er diesen Teil des Experiments vorzeitig ab.

Unter dem Vorwand, ihre Kostüme würden noch auf einer anderen Party gebraucht, mussten die Kinder sie wieder ausziehen. Dann konnten sie eine weitere Stunde um Gutscheine kämpfen. Ohne Kostüme waren die Kinder sofort wieder friedlich. Eine Zählung der errungenen Gutscheine ergab zudem, dass sich das aggressive Verhalten nachteilig auswirkte: In der Kostümphase sammelte jedes Kind durchschnittlich 31 Gutscheine, in der Phase zuvor waren es 58, in jener danach sogar 79. Die Anonymität in der Gruppe hatte die Aggression gefördert, obwohl dies dem Interesse des Einzelnen im Grunde widersprach, wie die geringere Zahl erworbener Gutscheine zeigt. »Die Aggression selbst bekam ihre eigene Belohnung. Andere, weiter in der Zukunft liegende Ziele wurden gegenüber dem ›Spaß am Spiel‹ zurückgesetzt«, schrieb Philip Zimbardo später.

Nachdem Scott Fraser von New York an die University of Washington in Seattle gewechselt hatte, suchte er wieder »Opfer« für ein Halloween-Experiment. Dieser Versuch fand nicht in einem Haus statt wie jener in New York, sondern in 27 Häusern in Seattle gleichzeitig. In allen diesen Häusern, die ihm nach Vorgesprächen zur Verfügung gestellt worden waren, sah es im Eingangsbereich gleich aus: Auf einem Tisch standen zwei Schalen, eine mit Süßigkeiten, 60 Zentimeter davon entfernt eine andere mit Kleingeld. Wenn Kinder aus der Nachbarschaft auf dem traditionellen Gang von Tür zu Tür anklopften, wurden sie hereingebeten. Eine ihnen unbekannte Frau sagte zu ihnen: »Jeder von euch darf eine Süßigkeit nehmen. Ich muss zurück an meine Arbeit in einem anderen Raum.«

Jetzt waren die Kinder allein und bedienten sich: Manche taten, wie ihnen geheißen, und nahmen nur eine Süßigkeit, andere nahmen zwei oder griffen in die Schale mit dem Kleingeld. Dass sie dabei von einem von Frasers Assistenten beobachtet wurden, der sich im Schrank versteckt hatte und durch ein kleines Guckloch blickte, bemerkten sie nicht.

Wieder zeigte sich die Wirkung der Anonymität in der Gruppe: Wenn die Frau die Kinder nach ihren Namen fragte, bevor sie den Raum verließ, stahlen 21 Prozent der Kinder, wenn die Kinder anonym blieben, 57 Prozent. Manchmal ging die Frau darüber hinaus zuvor auf ein einzelnes Kind in der Gruppe zu und sagte: »Ich mache dich dafür verantwortlich, wenn etwas wegkommen sollte.« In dieser Situation stahlen 80 Prozent der Kinder.

Anonymität bei Einzelpersonen hatte eine weit geringere Wirkung: Nur 20 Prozent der Kinder, die allein auftauchten und anonym blieben, griffen unerlaubt in eine der Schalen.

Die harmlose Übertretung in Frasers Experimenten ist ein Modell für schwerwiegende Vergehen. Von der Lynchjustiz gegenüber Schwarzen im frühen 19. Jahrhundert in den USA über die Pogromnacht 1938 im »Dritten Reich« bis zu den Krawallen von rechts und links bei politischen Demonstrationen heute spielte und spielt die Anonymität in der Gruppe eine entscheidende Rolle. Dabei geht es nicht nur darum, dass die Anonymität vor Strafverfolgung schützt, vielmehr enthemmt sie Menschen derart, dass sie nicht mehr sie selbst sind. Es braucht dann nur ein paar wenige, die den ersten Schritt machen, und eine Kettenreaktion setzt ein.

Fraser und später seine Studenten führten noch etliche weitere Halloween-Experimente durch. Die meisten davon waren sehr aufwendig, weil man Häuser und viele Assistenten brauchte. Einige der Versuche gelten heute als Klassiker der Psychologie. Frasers allererste Studie – die Halloween-Party in New York – gehört aus einem einfachen Grund nicht dazu: Sie wurde nie formell publiziert. Philip Zimbardo beschrieb sie zwar in seinem Lehrbuch *Psychology and Life*, doch in einer Fachzeitschrift ist sie nie erschienen. »Ich hatte damals viel andere Arbeit«, sagt Fraser, »oder vielleicht war es auch nur Faulheit.« Dass sie noch je veröffentlicht wird, ist ausgeschlossen: Bei einem Feuer sind 1996 alle Unterlagen verbrannt.

◆ Fraser, S. C. (1974). Deindividuation: Effects on Anonymity on Aggression in Children, University of Southern California (unveröffentlichtes Manuskript)

1970 **Ein Delfin und 40 nackte Frauen**

Um mehr über die Schwimmtechnik von Delfinen zu erfahren, suchte der russische Biomechaniker Yu Aleyev nach Tieren, die dem Delfin möglichst ähnlich waren. Er fand sie in 40 Wettkampfschwimmerinnen zwischen 17 und 28 Jahren, die er mit Strömungsanzeigern beklebte, nackt an einer Seilwinde durchs Wasser schleppte und dabei mit einer Hochgeschwindigkeitskamera fotografierte.

»Frauen sind ähnlich groß wie ein mittlerer Delfin«, begann Aleyev die Aufzählung der Gemeinsamkeiten seiner Untersuchungsobjekte und fuhr dann fort: »Wie bei Delfinen sind die Körperkonturen der Frauen glatt«, was mit den vergleichbar dicken Fettschichten zu tun habe: zwischen 1 und 4 Zentimetern bei den Frauen, zwischen 3 und 6 Zentimetern bei den Delfinen. Zudem können »die

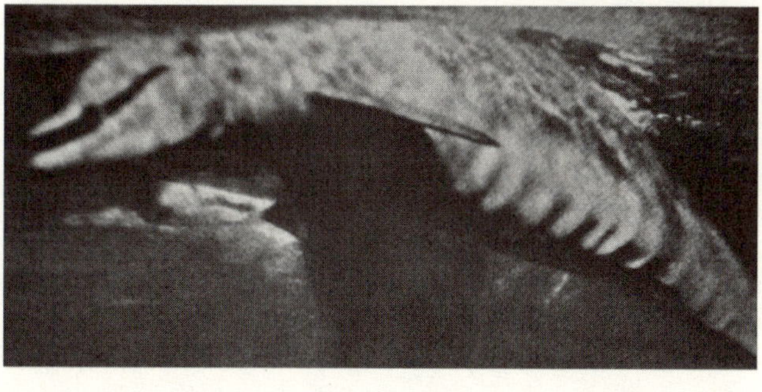

Beim schnellen Schwimmen bildet die Haut der Delfine Wülste, von denen vermutet wurde, dass sie den Wasserwiderstand der Tiere verringern.

Körperoberfläche einer Frau in ausreichender Näherung als haarlos betrachtet werden, was auch für den Delfin typisch ist«.

Eines der ungelösten Rätsel, das der Delfin den Forschern aufgegeben hatte, war seine enorme Schwimmgeschwindigkeit: 23 Meilen pro Stunde (fast 38 km/h) waren gemessen worden. 1936 berechnete der Zoologe James Grey, dass der Delfin dazu eigentlich siebenmal mehr Muskeln benötigen würde, als er hatte. Obwohl sich Greys Kalkulation später als fehlerhaft erwies, blieb schwierig zu erklären, wie Delfine so schnell durchs Wasser gleiten. Einige Wissenschafter glaubten, dass das Tier einen ganz speziellen Trick beherrschte. Sie vermuteten, dass es an seiner Oberfläche den laminaren Fluss des Wassers aufrechterhalten konnte.

Wie viel Widerstand ein Körper der Flüssigkeit, in der er sich bewegt, entgegenbringt, hängt davon ab, wie sich die Flüssigkeit an seiner Oberfläche verhält. Solange sie einfach gerade vorbeistreicht – die Forscher nennen das eine laminare Strömung –, bleibt der Widerstand klein; bilden sich jedoch Wirbel, steigt er stark an, man spricht von einer turbulenten Strömung.

Der Traum jedes U-Boot-Bauers ist es, die laminare Strömung möglichst an der ganzen Oberfläche aufrechtzuerhalten. Die Praxis zeigt jedoch, dass jeder noch so stromlinienförmige Körper einer bestimmten Größe letztlich irgendwo eine turbulente Strömung erzeugt. War das beim Delfin anders?

Als es in den 1950er-Jahren gelang, Delfine bei hohen Geschwindigkeiten zu fotografieren, waren auf den Bildern wellenförmige Hautwülste zu sehen, die über den Körper der Tiere wanderten. Bald glaubten viele Forscher, Delfine seien imstande diese Wülste aktiv zu formen, um die Entstehung der turbulenten Strömung und damit die Zunahme des Wasserwiderstands zu verhindern. Diese Hypothese wollte Aleyev mit seinen 40 nackten Schwimmerinnen überprüfen.

Als er die Frauen beim Schwimmen, bei Sprüngen ins Wasser oder an der Seilwinde angehängt fotografierte, entstanden auf ihrer Haut ganz ähnliche Wülste wie bei den Delfinen. Aleyev glaubte aber, dass die Muskeln des Menschen anatomisch nicht in der Lage waren, solche Wülste aktiv zu bilden. Die Hautwölbungen waren wohl einfach eine Folge starker Wasserströmung, die an der Haut zerrte. Um ganz sicherzugehen, dass wirklich das Wasser für die Erscheinung verantwortlich war, ließ er die Frauen das Schwimmen an Land simulieren – mittels eines Geräts, das aussah wie eine Kreuzung aus einem Hometrainer und einem Foltergerät. Die Frauen hingen mit den Händen an Ringen, während sie die Beine wie beim Schwimmen im Wasser bewegten, die Füße waren mit Seilen verbunden, die den Widerstand des Wasser simulierten. Wie erwartet bildeten sich während dieser seltsamen Übung keine Hautwülste. Zudem führten die Wülste zu höherem Wasserwiderstand. Daraus schloss Aleyev, dass die Wülste auch bei den Delfinen keine Geheimwaffe für schnelles Schwimmen waren, sondern lediglich die Folge des schnell vorbeifließenden Wassers.

Bis heute ist nicht restlos geklärt, ob die Haut des Delfins versteckte Eigenschaften zum Schnellschwimmen hat. Einer, der das glaubt, ist der Ingenieur Yoshimichi Hagiware vom Kyoto Institute of Technology. Er hatte bei einem

Bis heute hat die Wissenschaft Schwierigkeiten, die hohen Schwimmgeschwindigkeiten der Delfine zu erklären. Eigentlich bräuchten die Tiere dafür mehr Muskeln, als sie haben.

Aquariumbesuch zufällig von einer seltsamen Eigenschaft der Delfine erfahren: Die Tiere verlieren alle zwei Stunden ihre oberste Hautschicht. Hagiware hält es für unwahrscheinlich, dass dahinter kein Zweck steht. Er glaubt, die kleinen Schuppen, die sich ständig von der Haut lösen, stören die Entstehung großer Wirbel und erleichtern so das schnelle Schwimmen.

Anders als Aleyev versuchte Hagiware seine Theorie nicht mit 40 nackten Frauen zu überprüfen, sondern baute sich eine Delfinhaut aus Silikon, deren Strömungswiderstand er im Wasser testete. Um zu simulieren, wie sich Hautschuppen vom Körper lösen, klebte er mit wasserlöslichem Leim Glitzer auf den Silikondelfin. Erste Messungen scheinen seine Hypothese zu bestätigen.

◆ Aleyev, Y. G. (1977). *Nekton*. The Hague, Dr. W. Junk.

1970 **Kitzeln (II): Vor dem Versuch bitte Füße waschen**

Irgendwo in einem Abstellraum der Universität Oxford steht ein seltsames Gerät: eine Holzkiste mit einem Schlitz auf der Oberseite, aus dem knapp die Spitze einer Stricknadel ragt. Mit einem Hebel an der Stirnseite der Box lässt sich diese Spitze im Schlitz hin- und herbewegen. Kein Uneingeweihter könnte erraten, dass dieser krude Apparat eine Fußkitzelmaschine ist. Gebaut hat sie der Psychologe Lawrence Weiskrantz 1970 mit zweien seiner Studenten.

Weiskrantz war nicht der Erste, der sich mit dem Phänomen Kitzeln beschäftigte. Große Denker wie Aristoteles, Francis Bacon oder Charles Darwin hatten schon darüber philosophiert. Eine der Fragen, die dabei immer wieder auftauchten, war: Warum kann sich der Mensch nicht selbst kitzeln? Darwin schrieb dazu: »Aus der Tatsache, dass sich ein Kind kaum selbst kitzeln kann, muss man schließen, dass es den genauen Ort, der beim Kitzeln berührt wird, nicht kennen darf.« Das hielt Weiskrantz nicht für die ganze Wahrheit: »Die meisten Kinder sind kitzlig, selbst wenn sie wissen, wo und wann der Kitzelreiz erfolgt.« Er schlug zwei Studenten vor, die Sache in einem Forschungspraktikum unter die Lupe zu nehmen.

»Als Erstes bestimmten wir die Körperteile, die wir kitzeln konnten, ohne sozial unkorrekt zu sein«, erinnert sich

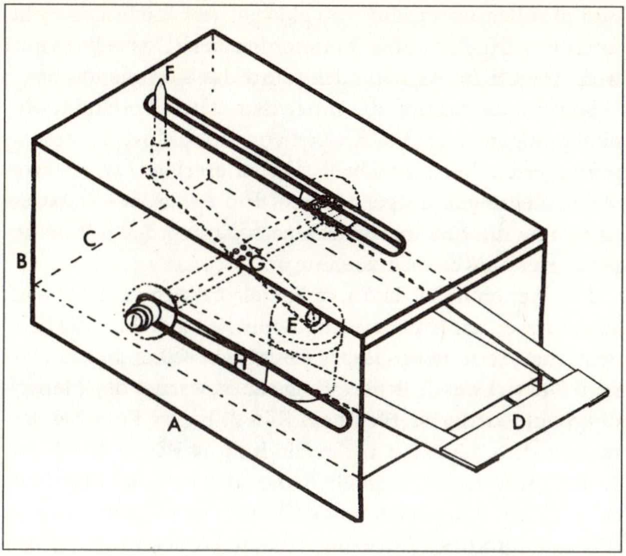

Lawrence Weiskrantz' Kitzelmaschine: Die Versuchspersonen stellten ihren Fuß auf die Kiste, sodass die Plastikspitze F ihre Fußsohle berührte. Das Gewicht E sorgte für konstanten Druck, wenn die Plastikspitze mit dem Hebel D in Bewegung versetzt wurde.

Weiskrantz. »Die besten Kandidaten waren die Fußsohlen.« Damit sich die Resultate unter verschiedenen Versuchsbedingungen vergleichen ließen, musste der Kitzelreiz standardisiert werden. Dafür war der Apparat da. Er war so gebaut, dass die 1 Millimeter dicke Spitze einen konstanten Druck von 17 Gramm auf die Fußsohle ausübte. Um den Kitzelreiz auszulösen, wurde der Hebel mit der Plastikspitze vier Sekunden lang zehn Zentimeter hin- und hergeschoben. Ein Metronom gab den Takt vor: Jede Sekunde fand ein Richtungswechsel statt.

Die 30 Studenten, die am Versuch teilnahmen (und sich vorher die Füße gewaschen hatten), waren sich einig: Wenn eine fremde Person den Hebel bediente, waren sie viel kitzliger, als wenn sie es selbst taten. Interessant war vor allem die Variante, bei der zwar jemand anderer den Hebel führte, die Versuchspersonen aber ebenfalls die Hand an den Hebel hielten und so eine direkte Rückkopplung zur Kitzelbewegung bekamen.

In diesem Fall war die Kitzelempfindlichkeit der Probanden zwar vermindert, aber immer noch größer, als wenn sie den Hebel selbst führten. Weiskrantz zog daraus den Schluss, dass, anders als Darwin vermutete, die Information darüber, wann und wo gekitzelt wird, nicht ausreicht, um die Kitzligkeit völlig zu unterdrücken. Das gelingt nur, wenn man beim Kitzeln auch selbst das Kommando hat.

Weiskrantz' Studie, die unter dem Titel »Vorläufige Beobachtungen über das Kitzeln von sich selbst« in der renommierten Fachzeitschrift *Nature* erschien, wurde von vielen Zeitungen aufgenommen. Ein englischer Kabarettist wollte die Fußkitzelmaschine sogar auf der Bühne demonstrieren. Weiskrantz lehnte ab.

Aus weiteren Studien mit Kitzelrobotern und Gehirnscans wissen wir heute, welche Bereiche im Gehirn die Nervensignale so steuern, dass wir uns nicht selber kitzeln können. Die viel wesentlichere Frage aber, warum der Mensch überhaupt kitzlig ist, bleibt ein Rätsel. Einige Forscher vermuten, dass das Kitzeln die Bindung zwischen Kind und Eltern fördert; andere glauben, dass das Kitzeln bei freundschaftlichen Rangeleien unter Kindern den Kampf in Gang hält und auf diese Weise eine bessere Vorbereitung für den Ernstfall ermöglicht. Auch eine Funktion bei der Partnersuche wurde dem Kitzeln schon zugeschrieben.

Es gibt aber auch Forscher, die an sozialen Erklärungen zweifeln. Die amerikanische Psychologin Christine R. Harris hat sich 1999 die Frage gestellt: Sind Menschen auch kitzlig, wenn sie allein sind? Mit einem Kitzelroboter fand sie es heraus (siehe Seite 223 ff.).

◆ Weiskrantz, L., J. Elliott et al. (1971). Preliminary observations on tickling oneself. *Nature* 230(5296), 598-9.

1972 **Ich fuhr schnell und war deshalb früher am Ziel**

Früher beruhten viele psychologische Theorien auf der stillschweigenden Annahme, dass Menschen mit offenen Augen und Ohren durch die Welt gehen und ihr Verhalten eine einigermaßen vernünftige und nachvollziehbare Reaktion auf das ist, was sie sehen und hören. Die Psychologin Ellen Langer benötigte nicht mehr als einen Fotokopierer und ein paar ahnungslose Versuchspersonen, um diese naheliegende Annahme Anfang der 1970er-Jahre zu erschüttern. »Die Forscher verbrachten damals ihre Zeit damit, herauszufinden, auf welche Weise Denkprozesse beim Menschen ablaufen«, erinnert sich Langer. »Da dachte ich: Lasst uns zuerst sicherstellen, dass die Leute überhaupt denken.«

Sie denken nicht! Das vermochte Langer mit einem eleganten Experiment am Kopierapparat des Graduate Center der City University of New York aufzuzeigen. Während einer Woche im Jahr 1972 sprach ein Assistent Langers immer wieder Personen an, die gerade Kopien machen wollten und ihre Blätter schon auf die Maschine gelegt hatten: »Entschuldigen Sie, ich habe fünf Seiten. Könnte ich den Kopierer schnell benutzen, weil ich Kopien machen muss?« 14 der Angesprochenen – alle außer einer – ließen den Assistenten vor. Ganz anders sah es aus, wenn der Assistent die Begründung wegließ: »Entschuldigen Sie, ich habe fünf Seiten. Könnte ich den Kopierer schnell benutzen?« Jetzt ließen ihn von 15 Personen nur 9 gewähren.

Dass darin eine Überraschung steckt, ist im ersten Moment nicht offensichtlich, doch Langer erkannte sofort, welch bizarres Verhalten sich hier offenbarte. Der Student hatte nämlich im ersten Fall gar keinen wirklichen Grund angegeben: »Könnte ich den Kopierer schnell benutzen, weil ich Kopien machen muss?« – Ja, weswegen denn sonst!?

Die Psychologin Ellen Langer zeigte mit einem erstaunlich einfachen Experiment, wie oft der Mensch ohne zu denken nach einem festen Drehbuch handelt.

Langer nannte solche Scheinbegründungen »Placebo-Information« (»placebic information«) und stellte fest, dass die Angesprochenen sie oft als wirkliche Erklärung akzeptierten. In Langers Experiment war die Scheinbegründung ebenso wirksam wie ein wirklicher Grund: »Könnte ich den Kopierer schnell benutzen, weil ich in Eile bin?« Mit dieser Bitte sprach Langers Assistent 16 Personen an, 15 davon machten Platz.

Langer glaubt, dass, obwohl viele unserer Handlungen im Alltag als Resultat bewusster Entscheidungen erscheinen, sie in Wirklichkeit gedankenlos nach einem vorhandenen Drehbuch abgespult werden. Wer um einen Gefallen gebeten wird, erwartet eine Begründung. Doch wenn es nur um eine Kleinigkeit geht, wird keine Anstrengung verschwendet, diese Begründung auf ihre Plausibilität hin abzuklopfen. Wird jedoch nach einem größeren Opfer verlangt, sieht die Sache anders aus. Wenn der Assistent anstelle von 5 Kopien 20 machen wollte, schalteten die Angesprochenen ihr Hirn ein. Jetzt bemerkten sie den Vorwand und gaben nicht häufiger nach, als wenn die Begründung ganz fehlte. Der Hinweis darauf, man sei in Eile, wirkte aber immer noch.

Die Meister der von Langer postulierten Gedankenlosigkeit sind wohl Sportreporter, lassen sie sich von ihren Interviewpartnern doch seit Jahrzehnten unkommentiert Dinge wie: »Ich fuhr schnell und war deshalb früher am Ziel«, oder: »Wir haben verloren, weil die andere Mannschaft mehr Tore gemacht hat« unterjubeln. Doch auch jeder Benutzer eines Computers legt, ohne etwas davon zu merken, einen geradezu grotesken Mangel an Aufmerksamkeit an den Tag (siehe Seite 239 ff., 244 f., bzw. 247 f.).

◆ Langer, E., A. Blank et al. (1978). The mindlessness of ostensibly thoughtful action: The role of »placebic« information in interpersonal interaction. *Journal of Personality and Social Psychology* 36, 635-642.

1972 **Feiglinge in der U-Bahn**

Wenn es eine Auszeichnung für das einfachste psychologische Experiment gäbe, dann wäre die sogenannte U-Bahn-Studie von Stanley Milgram ein heißer Anwärter. Das Experiment können Sie jederzeit selber durchführen: Stellen Sie sich in einer voll besetzten U-Bahn vor einen beliebigen Fahrgast und sagen Sie zu ihm: »Entschuldigen Sie. Darf ich Ihren Sitz haben?« Das ist alles.

Genau das taten vier Studentinnen und sechs Studenten Milgrams während einiger Wochen im Jahr 1972. Als sie 30 Jahre danach von der *New York Times* befragt wurden, erinnerten sie sich lebhaft daran: Für viele war es ein traumatisches Erlebnis. »Man kann das nicht wirklich verstehen, wenn man nicht dabei gewesen ist«, sagte Jacqueline Williams. Eine andere, Kathryn Krogh, beschrieb ihren Zustand so: »Ich hatte Angst, mich übergeben zu müssen.«

Es war eine Unterhaltung mit seiner Schwiegermutter, die Milgram auf die Idee für diesen Versuch brachte. Sie fragte ihn einmal, warum die jungen Leute im Bus oder in der U-Bahn einer weißhaarigen Frau ihren Sitzplatz nicht mehr anböten. Als er zurückfragte, ob sie denn je um einen Platz gebeten habe, schaute sie ihn an, als wäre die Idee völlig abwegig. Offenbar herrschte in der U-Bahn die stumme Vorschrift: Frage niemanden einfach so nach seinem Platz!

Der Psychologe Stanley Milgram schickte seine Studenten los, andere Leute in der U-Bahn um ihren Sitz zu bitten. Für viele wurde die Aufgabe zum Horrortrip.

Milgram schlug einer seiner Klassen an der Universität vor, diese Vorschrift zu brechen und genau das zu tun. Doch die Studenten weigerten sich. Einer, der es dann doch wagte, schaffte nur 14 der vorgesehenen 20 Versuche. Fasziniert probierte Milgram es selber, doch als er sich dem ausgewählten Fahrgast näherte, erstarrte er: »Die Worte blieben mir im Hals stecken und kamen einfach nicht heraus«, sagte er später in einem Interview mit *Psychology Today*. »Was für ein Feigling du bist«, dachte er bei sich.

Als er sich dann später doch traute und der Fahrgast seinen Sitz auch freigab, durchlebte er erstaunliche Gefühle. »Nachdem ich dem Mann den Sitz genommen hatte, fühlte ich einen unheimlichen Drang, meine Aufforderung durch mein Verhalten zu rechtfertigen. Mein Kopf sank zwischen meine Knie, und ich fühlte, wie ich bleich wurde. Ich spielte nicht Theater. Ich fühlte mich, als ob ich gleich ohnmächtig würde.«

Im nächsten Semester schickte er zehn seiner Studenten los, verschiedene Variationen auszuprobieren. Bei der ersten Frage: »Entschuldigen Sie. Darf ich Ihren Sitz haben?«, räumten erstaunlicherweise zwei Drittel der Leute ihren Sitzplatz, obwohl »der gesunde Menschenverstand einem nahelegt, dass es unmöglich ist, einen Sitzplatz zu bekommen, indem man einfach danach fragt«, wie Milgram später schrieb. Wenn die Frage hingegen lautete: »Entschuldigen Sie. Darf ich Ihren Sitz haben? Ich kann mein Buch stehend nicht lesen«, stand nur noch etwas mehr als ein Drittel auf.

Milgram vermutete, dass sich die angesprochenen Wagginsassen im ersten Fall derart überrumpelt fühlten, dass es für sie einfacher war, den Sitz freizugeben, als sich eine ablehnende Antwort auszudenken. Um diese Idee zu testen, ließ er seine Studenten ein weiteres Szenario spielen: Zwei von ihnen unterhielten sich für alle hörbar darüber, ob es wohl in Ordnung wäre, jemanden um seinen Platz zu bitten. Erst dann fragte einer der beiden nach einem Platz. Der auserkorene Fahrgast wusste also schon vorher, worum es ging. Tatsächlich gab jetzt nur noch ein Drittel der Leute ihren Sitz auf.

In einer letzten Variation wollte Milgram den Inhalt der Bitte von der Art, wie sie vorgebracht wurde, trennen. Seine Studenten wandten sich jetzt an den ausgewählten Fahrgast: »Entschuldigen Sie bitte«, überreichten ihm aber dann einen Zettel, auf dem stand: »Entschuldigen Sie bitte. Dürfte ich Ihren Sitz haben? Ich möchte mich so gerne setzen.« Milgram vermutete, dass jetzt noch weniger Leute Platz machen würden, weil eine schriftliche Anfrage distanzierter wirke als eine mündliche. Dabei unterschätzte er wohl, wie abwegig dieses Verfahren wirken musste: Eine Person, die offensichtlich sprechen kann – sie sagte ja, »entschuldigen Sie bitte« –, überreicht einem Fahrgast einen Zettel mit der Bitte um den Sitzplatz. Das kam der Hälfte der Passagiere offenbar so bizarr vor, dass sie das Feld sofort räumten.

Erstaunlicher und aufschlussreicher als diese Resultate waren aber wohl die erwähnten Schwierigkeiten der Studenten, überhaupt eine wildfremde Person zu bitten, ihnen ihren Sitz zu überlassen. Für Milgram war das ein starker Hinweis darauf, wie unausgesprochene Normen helfen, die Ordnung in einer Gruppe von Menschen aufrechtzuerhalten.

◆ Milgram, S., and J. Sabini (1978). On Maintaining Urban Norms. *Advances in Environmental Psychology*. A. Baum, J. E. Singer and S. Valins. Hillsdale, NJ, Lawrence Erlbaum. 1, 31-40.

1975 **Auditorische Effekte des Wandtafelkratzens**

Der Wissenschafter David J. Ely war sich durchaus über die Grausamkeit seines Experiments im Klaren. In einer Fußnote schreibt er: »Der Autor möchte sich für die Qual entschuldigen, die das Lesen dieses Artikels verursacht haben könnte.« Ely hatte guten Grund, um Verzeihung zu bitten: Seine Publikation dreht sich um die »Potenzierung vorgestellter und auditorischer Effekte von Wandtafelkratzen«.

Dass das Geräusch von Fingernägeln (oder einer Kreide), die über eine Wandtafel kratzen, vielen Leuten unerträglich ist, war schon lange bekannt. Warum das so ist, wusste niemand. Sicher war einzig, dass es ein äußerst seltsamer Effekt ist. Wandtafelkratzen braucht ja nicht besonders laut zu sein, um seine Wirkung zu entfalten, und anders als laute Geräusche, die in den Ohren – und nur in den Ohren – schmerzen, löst Wandtafelkratzen noch ganz andere Körperreaktionen aus: Gänsehaut und kalten Schweiß etwa.

Elys Ziel war bescheiden. Er wollte einzig überprüfen, ob sich die Wirkung des Geräuschs verstärkte, wenn man sich dazu vorstellte, wie es erzeugt wurde. Der tiefere Grund dafür war die Möglichkeit, dass gar nicht das Geräusch selbst für die Gänsehaut und den kalten Schweiß verantwortlich war, sondern die Vorstellung davon, wie es entstand.

16 bedauernswerte Versuchspersonen hatte Ely an seinem Arbeitsort, dem Porterville State Hospital in Porterville, Kalifornien, rekrutiert. Während er ihnen Tonfolgen aus Wandtafelkratzen und einem harmlosen Ton vorspielte, zeichnete er ihren Hautwiderstand auf. Weil der Hautwiderstand als Maß für den Erregungszustand eines Menschen gilt, konnte er so die körperliche Reaktion auf die Geräusche messen.

Einem Teil seiner Versuchspersonen teilte Ely mit, dass es sich beim einen Geräusch um das Kratzen von Fingernägeln auf einer Wandtafel handelte (in Wirklichkeit hatte Ely seine Fingernägel geschont und mit einem Plastikstab die Tafel malträtiert). Die anderen Probanden wussten nicht, woher die Geräusche stammten. Die Resultate waren ausgesprochen verwirrend: Manchmal war der Hautwiderstand bei der einen Gruppe höher, dann bei der anderen. Trotzdem glaubte Ely – allerdings aus schwer nachvollziehbaren Gründen –, seine These belegt zu haben: Die Vorstellung von Fingernägeln, die über eine Wandtafel kratzen, verstärke die Wirkung des dazugehörenden Geräuschs.

Es dauerte mehr als zehn Jahre, bis drei andere Forscher

◆ Ely, D. J. (1975). Aversiveness Without Pain: Potentation of Imaginal and Auditory Effects of Blackboard Screeches. *Bulletin of the Psychonomic Society* 6(3), 295-296.

genug Versuchspersonen zusammengekratzt hatten, um ein weiteres Experiment zum Thema Wandtafelkratzen durchzuführen. Ihre Arbeit trug den Titel: »Die Psychoakustik eines abschreckenden Geräusches« (siehe Seite 187f.).

1977 **Der perfekte Gang afrikanischer Frauen**

Eigentlich war Norman Heglund 1977 nicht nach Afrika gereist, um den Gang afrikanischer Frauen zu studieren. Der Biologiestudent der Universität Harvard wollte vielmehr den Energieverbrauch großer Tiere in Bewegung untersuchen. Am einfachsten ließ sich das bewerkstelligen, indem er mithilfe einer Gesichtsmaske die Sauerstoffaufnahme der Tiere bestimmte, die sich direkt proportional zur verbrauchten Energie verhält.

Heglund lebte für sechs Monate in Muguga, einem Ort in der Nähe der kenianischen Hauptstadt Nairobi, wo er mit seinen Kollegen in einer Baracke ein Laufband und ein Sauerstoffmessgerät aufstellte. Während sie die ersten Tests mit Büffeln, Antilopen und Gazellen machten, beobachtete er, mit welcher Leichtigkeit die Frauen der Luo und Kikuyu im Dorf schwere Lasten auf dem Kopf trugen. Fiel ihnen das Tragen wirklich leichter als anderen Menschen? Er fragte die afrikanischen Hilfskräfte, ob sich ihre Ehefrauen für ein Experiment zur Verfügung stellen würden. »Den Frauen war das zwar erst etwas peinlich, aber nachdem wir die Fenster mit Zeitungen zugeklebt hatten, machten sie mit.«

Fünf Frauen kamen ins Labor und ließen sich von Heglund testen. Sie setzten eine Gesichtsmaske auf und gingen mit unterschiedlichen Gewichten auf dem Kopf für einige Minuten auf dem Laufband, dessen Geschwindigkeit in fünf Stufen verändert wurde.

Es dauerte acht volle Jahre, bis Heglund entdeckte, welch erstaunliches Resultat dieser Versuch ergab. Der Sauerstoffverbrauch der Frauen ließ sich nämlich nur mit einiger Rechnerei aus den gewonnenen Messungen bestimmen. Dafür fehlte Heglund aber die Zeit. Er musste seine Doktorarbeit abschließen. Danach zog er nach Mailand und arbeitete beim bekannten Gehforscher Giovanni Cavagna an der dortigen Universität.

Erst 1985 – zurück in Harvard – kramte er die Messungen wieder hervor, und was er sah, bereitete ihm Kopfzerbrechen: Wenn die Last auf dem Kopf der Frauen weniger als ein Fünftel ihres Körpergewichts betrug, verbrauchten sie nicht mehr Sauerstoff, als wenn sie ohne Last gingen. Eine 70 Kilogramm schwere Frau konnte 14 Kilogramm tragen, ohne auch nur ein bisschen mehr Energie dafür aufzuwenden. Das widersprach allem, was Heglund über den Energieumsatz von Tieren wusste. Versuche mit rennenden Menschen, Pferden, Hunden und Ratten hatten ergeben: Eine Last von 20 Prozent des Körpergewichts erhöht auch den Energieverbrauch um 20 Prozent. Bei amerikanischen Rekruten erbrachten Messungen im Gehen das gleiche Resultat. Die Afrikanerinnen ließen die trainierten Soldaten weit hinter sich.

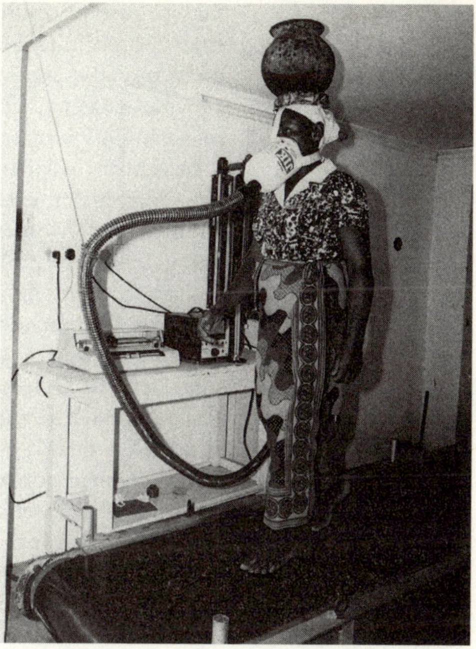

Nachdem Norman Heglund den Energieverbrauch afrikanischer Frauen gemessen hatte, stand er vor einem Rätsel: Luo-Frauen tragen 20 Prozent ihres Körpergewichts, ohne mehr Energie aufzuwenden.

Um sicherzugehen, dass der seltsame Effekt nicht daher rührte, dass die Frauen ihre Lasten auf dem Kopf trugen, die Rekruten aber auf dem Rücken, führte Heglund Versuche mit Europäern und einem mit Bleigewichten versehenen Fahrradhelm durch. Das Resultat waren ein steifer Hals und die Erkenntnis: Ob Rücken oder Kopf, macht keinen Unterschied. Heglund war ratlos.

Seine damaligen Spekulationen über andere mögliche Gründe erwiesen sich im Nachhinein alle als falsch. Heglund vermutete, die Frauen sparten vielleicht Energie, indem sie ihren Körperschwerpunkt immer auf der gleichen Höhe halten – wie etwa Michael Jackson bei seinem »Moonwalk« –, oder dass es bei Frauen, die von klein auf schwere Lasten trugen, zu einer anatomischen Veränderung gekommen sei, die das Energiesparen möglich machte.

Heglund kannte zwar den Grund für den von ihm entdeckten Effekt nicht, aber er wusste, wie er ihn herausfinden konnte: mithilfe einer sogenannten Force Plate, einer Druckplatte. Das ist eine Art komplizierte Badezimmerwaage, die den zeitlichen Verlauf der Kraft, die auf sie einwirkt, aufzeichnet. Mit einem solchen Gerät im Gepäck reiste er 1989 erneut nach Kenia.

Er ließ die Afrikanerinnen so über die Force Plate gehen, dass er den exakten Verlauf eines Schrittes verfolgen konnte – vom Moment an, wo der Fuß die Platte berührte, bis zu dem Augenblick, da er sie wieder verließ. Diesen Verlauf wollte er mit dem eines europäischen Schrittes vergleichen. Im Unterschied musste des Rätsels Lösung liegen.

Heglund wusste von seiner Arbeit mit Cavagna, dass man sich das Gehen als wiederholte Bewegung einer Art Pendel vorstellen konnte. Anders als bei einem normalen Pendel, bei dem der unbewegte Drehpunkt oben liegt, ist er beim Gehen unten. Der Fuß setzt auf, und das Bein mit dem Oberkörper bewegt sich von der Position hinter dem Bodenkontakt vor diesen, bis der andere Fuß aufsetzt und der Prozess von vorne beginnt. Wie wenn man sich mithilfe eines Stocks über einen Bach schwingt, ist die Geschwindigkeit dabei am höchsten, wenn man den Fuß – oder den Stock – auf den Boden setzt. Danach nimmt die Geschwindigkeit ab und die Höhe des Körperschwerpunkts zu. Die Geschwindigkeit (kinetische Energie) wird in Höhe (potenzielle Energie) investiert. Hat der Körper den höchsten Punkt erreicht – sein Schwerpunkt liegt jetzt senkrecht über dem Fuß oder über dem Stock –, kann er auf dem weiteren Weg die gespeicherte Energie wieder beziehen, indem er an Höhe verliert und gleichzeitig an Geschwindigkeit gewinnt.

Würde die ständige Umwandlung von Geschwindigkeitsenergie in Höhenenergie und zurück perfekt funktionieren, so wäre das Gehen mit praktisch keiner Anstrengung verbunden, doch Heglund wusste, dass der Mensch beim Gehen kein perfektes Pendel war. Er konnte nur etwa 65 Prozent der investierten Energie zurückgewinnen.

Ein Vergleich der mit der Force Plate gemessenen Kraftverläufe zeigte, dass das auch auf die Luo- und Kikuyu-Frauen zutraf – jedenfalls solange sie keine Lasten trugen. Wie Europäer verloren auch sie Energie am Anfang und am Ende des Schrittes, wenn beide Füße gleichzeitig auf dem Boden waren. Das war nicht zu verhindern. Wie bei einer Pendeluhr braucht der Mensch beim Gehen immer wieder einen kleinen Schubs, um die Pendelbewegung in Gang zu halten.

Doch es gab eine weitere Stelle, an der Energie verloren ging: in der Mitte der Bewegung. Wenn der Körperschwerpunkt am höchsten lag, wurde die Höhenenergie für 15 Millisekunden nicht perfekt in Geschwindigkeitsenergie verwandelt. Der Schwerpunkt verlor an Höhe, ohne dass die Geschwindigkeit entsprechend zunahm – man schwingt sich mit dem Stock über den Bach und rutscht an der höchsten Stelle ein wenig am Stock herunter; dabei geht Höhe verloren, ohne dass die Geschwindigkeit zunimmt.

Als Norman Heglund die Kraftverläufe verglich, sah er, dass die Afrikanerinnen diesen unnötigen Energieverlust unter Last vermindern konnten. Sie wurden zu besseren Pendeln, die die in der Höhe gespeicherte Energie nun fast perfekt in Bewegungsenergie verwandelten. So gelang es ihnen, eine Last von bis zu 20 Prozent ihres Körpergewichts zu kompensieren.

Sherpas in Nepal tragen Lasten bis zum Doppelten ihres Körpergewichts, brauchen dabei aber nur halb so viel Energie, wie ein Europäer benötigte.

Könnten das auch amerikanische Rekruten und mit dem Wochenendeinkauf beladene Hausfrauen lernen? Heglund bezweifelt es. Er glaubt zwar nicht, dass die Fähigkeit angeboren sei, aber er hält es für wahrscheinlich, dass man, um sie zu erwerben, von klein auf Lasten tragen muss. Der Unterschied der Gangarten ist so gering, dass man ihn mit bloßem Auge nicht bemerkt.

In den 1990er-Jahren zog es Heglund nach Nepal, wo Sherpas Lasten von bis zum Doppelten ihres Körpergewichts Berghänge hinauftragen. Er fand heraus, dass auch die Sherpas dabei viel weniger Energie brauchen als angenommen. Anders als die Afrikanerinnen bekommen sie die ersten 20 Prozent zwar nicht umsonst – der spezielle Pendelgang eignet sich nur im

◆ Maloiy, G. M., N. C. Heglund, et al. (1986). Energetic cost of carrying loads: have African women discovered an economic way? *Nature* 319(6055), 668-9.

Flachen –, dafür sind sie bei größeren Lasten effizienter. Wenn ein Sherpa Waren vom Gewicht seines eigenen Körpers trägt, braucht er dabei bloß die Energie, die ein Europäer für die halbe Last benötigt. Wie die Sherpas das schaffen, weiß Heglund nicht – noch nicht.

1979 **Die Puppen an der Bar**

Im Sommer 1979 geriet Henry L. Bennett in eine hitzige Diskussion, weil er nicht glauben wollte, was in der Psychologie längst als etablierte Tatsache galt. Bennett war damals Medizinstudent an der University of California in Davis und besuchte ein Seminar über das Gedächtnis. Die Kapazität des Kurzzeitgedächtnisses wurde dabei mit sieben Informationseinheiten plus/minus zwei angegeben. Auf dieses Resultat war man bei unzähligen Labortests gekommen.

»Jede Kellnerin kann sich mehr als sieben Dinge merken«, behauptete Bennett.

»Kann sie nicht«, entgegnete ein Kommilitone.

»Und ob.«

»Aber nein.«

»Ich werde es beweisen.«

Diese vollmundige Ankündigung sollte Bennett einige Jahre beschäftigen, während denen er die erstaunlichen Gedächtnisleistungen von Kellnerinnen dokumentierte.

Seine erste Untersuchungsmethode muss ihn in den Lokalitäten rund um die Universität zum unbeliebtesten Gast aller Zeiten gemacht haben. Er setzte sich mit einer Gruppe von acht Freunden an einen Tisch, und dann bestellte jeder ein anderes Gericht und ein anderes Getränk. Nachdem die Kellnerin in Richtung Küche verschwunden war, tauschten die Studenten die Plätze. Bennett wollte nicht nur herausfinden, wie viele Bestellungen eine Kellnerin im Gedächtnis behalten konnte, sondern auch, wie sie sich an die Gerichte und Getränke erinnerte: Merkte sie sich den Platz oder das Gesicht?

Nach einigen solcher Versuche wurde Bennett klar, dass sein Verfahren nicht optimal war. Die Situationen in den Lokalen unterschieden sich zu stark voneinander, als dass sie brauchbare Aussagen erlaubt hätten, zudem schrieben einige Bedienungen die Bestellung auf. »Also wechselte ich in Bars«, erinnert sich Bennett, der heute als Anästhesist im Saint Luke's Hospital in New York arbeitet. Getränkebestellungen werden normalerweise nicht aufgeschrieben.

Um jeder Kellnerin die exakt gleiche Aufgabe zu stellen, hatte er schließlich die verschrobene Idee, die sein Experiment zur Legende werden ließ: Er kaufte in einem Spielzeugladen 33 fingergroße Plastikpuppen, die er an langen Abenden zu Hause individuell einkleidete und denen er die Haare unterschiedlich färbte. Dazu bastelte er zwei runde Miniaturtische mit Stühlen, die er auf einer Holzplatte von der Größe eines Serviertabletts befestigte. Mit dieser Ausrüstung betrat er nachmittags um halb fünf, wenn noch nicht viel los war, regelmäßig Bars und fragte die Kellnerinnen, ob sie bei einem Experiment mitmachen wollten. Obwohl sie Bennett leicht für ein Mitglied der örtlichen Puppenfetisch-Gruppe hätten halten können, ließen sich 40 von 41 Frauen auf das seltsame Spiel ein.

Bennett brachte eine Tonbandkassette mit, auf die er mit Kommilitonen eine Serie von 7, 11 und 15 Bestellungen gesprochen hatte. Sobald die Kellnerin bereit war, ließ er das Band laufen: »Bringen Sie mir eine Margarita« (zwei Sekunden Pause), »ich hätte gern ein Budweiser«. Und so weiter. Bei jeder Bestellung wackelte Bennett mit jener Plastikpuppe, zu der die Stimme vom Band gehörte.

Während eine Assistentin von Bennett hinter der Theke die Getränke vorbereitete – es waren Gummipfropfen mit einem Fähnchen, auf dem der Name des Drinks stand –, beschäftigte Bennett die Kellnerin mit einem Kurzinterview. Auf diese Weise wollte er verhindern, dass sie sich die Bestellung ungestört einprägen konnte. Dann brachten die Kellnerinnen den Puppen die Minidrinks an den Tisch. Im Vergleich mit Studenten, die sich dem gleichen Test unterzogen, schnitten sie tatsächlich besser ab. 6 der 40 verwechselten überhaupt keine der insgesamt 33 Bestellungen, 9 nur eine einzige.

Bennetts Vermutung, dass die Größe des Kurzzeitgedächtnisses – sieben plus/minus zwei Informationseinheiten – ein künstliches Konstrukt war, das im wirklichen Leben kaum Bedeutung hatte, schien sich zu bestätigen. Die Kellnerinnen berichteten von Fällen, in denen sie sich

50, in einem Fall sogar 150 Bestellungen merken konnten. Herauszufinden, wie sie das machten, war jedoch schwierig. Oft sagten sie bloß: »Ich weiß nicht, wie ich die Drinks im Kopf behalte.« Genaueres Nachfragen ergab, dass die Position der Gäste am Tisch nebensächlich war. Für die meisten waren das Gesicht und die Erscheinung der Kunden entscheidend.

Manche gaben auch an, sie würden nach einem Merkmal suchen, das zum Drink passte: Wangenrouge zum Erdbeer-Daiquiri etwa. Doch die erstaunlichste Erklärung für ihr überragendes Gedächtnis – eine Art höhere Bewusstseinsstufe der Kellnerinnen – lieferten jene drei Kellnerinnen, die sagten: »Nach einer Weile beginnen die Kunden auszusehen wie ihre Drinks.«

◆ Bennett, H. L. (1983). Remembering Drink Orders: The Memory Skills of Cocktail Weitresses. *Human Learning* 2, 157-169.

1980 **Wie man sich vordrängelt**

Für die meisten Leute ist die Warteschlange jener Ort, an dem sich Langeweile und schmerzende Füße zur übelsten Mischung zusammentun, die unsere Zivilisation zu bieten hat. Für Warteschlangenforscher ist sie hingegen ein »soziales System«, dessen »Aufrechterhaltung … vom gemeinsamen Wissen der dieser Situation angemessenen Verhaltensnormen« abhängt. So drückte es Stanley Milgram in seiner Studie »Reaktionen auf Vordrängeln in Warteschlangen« aus. Wer sich am Bratwurststand in die Schlange einreiht, tritt in eine Minigesellschaft mit eigenen Regeln ein – ob er will oder nicht. Anfang der 1980er-Jahre machte sich Stanley Milgram daran, diese Regeln zu erforschen.

Die einfachste Möglichkeit, Regeln zu erforschen, besteht darin, zu beobachten, was geschieht, wenn man sie bricht. Milgram schickte seine Studenten in New York mit dem Auftrag los, sich überall in Warteschlangen vorzudrängeln. Der damaligen Psychologiestudentin Joyce Wackenhut blieb das Experiment in lebhafter Erinnerung. Theoretisch schien das Vorgehen ganz einfach zu sein. Indem Wackenhut die Rolle des Eindringlings spielte, steuerte sie auf die Position zwischen der dritten und der vierten Person in der Schlange zu, sagte: »Entschuldigen Sie bitte, ich möchte hier hinein«, und drängelte sich an die vierte Stelle in der Schlange. Doch die Durchführung war ganz etwas

Eine Warteschlange ist eine kleine Welt mit ihren eigenen Regeln. Wer sich vordrängeln will, sollte sie kennen.

anderes. »Es brauchte wahnsinnig viel Überwindung, es zu tun«, erinnert sich Wackenhut. Auch die anderen Studenten hatten große Mühe. Einige trippelten eine halbe Stunde nervös auf und ab, bis sie den Mut aufbrachten, sich vorzudrängeln, anderen wurde schlecht oder schwindlig.

Die Reaktionen der Leute in der Schlange reichten von stiller Duldung bis zu wütenden Tiraden. »Als wir uns bei einer Warteschlange der Hafenbehörde vordrängten, packte einer seine Pistole aus«, erzählt Wackenhut. »Wir rannten davon, so schnell wir konnten.« Insgesamt 129 Warteschlangen infiltrierten die Studenten, bis sie genug Daten zusammenhatten.

Nicht jede Warteschlange reagierte gleich. »Die Schlange vor dem Info-Schalter im Bahnhof Grand Central rückte schnell voran«, erinnert sich Wackenhut, »das Vordrängen wurde dort seltener geahndet als vor dem Ticket-Master-Schalter, wo die Leute in ihrer knappen Mittagszeit Theaterkarten kaufen wollten.«

Von den Leuten in der Schlange, die sich gegen den Eindringling wehrten, standen drei Viertel hinter ihm. Das war wenig überraschend, fügte er ihnen doch direkten Schaden zu. Ein Viertel stand jedoch vor ihm. Das zeigt, dass es in einer Warteschlange um mehr geht als um das eigene Vorwärtskommen. »Es ist nicht nur der Verlust von Position und Zeit, der wütend macht, vielmehr reicht allein die Verletzung der Regel als solche, um sich zu ärgern«, schreibt Milgram.

Auch von den Leuten hinter dem Eindringling machte offenbar nicht jeder seine eigene Kosten-Nutzen-Rechnung. Weil alle im selben Maße unter dem Regelbruch litten, hätten eigentlich auch alle das gleiche Interesse gehabt einzugreifen. Die Aufgabe, den Eindringling zurechtzuweisen, oblag aber in erster Linie der Person direkt hinter ihm. Sie reagierte in 60 Prozent der Fälle. Unternahm sie nichts, war die Person zwei Positionen hinter dem Eindringling an der Reihe, die aber nur noch in etwa 20 Prozent der Fälle eingriff. Die Personen auf den anderen Positionen wurden fast nie aktiv. Auf der Person hinter dem Eindringling lastete also eine ziemliche Verantwortung. »Manchmal waren die Leute nicht wütend auf uns, sondern auf diese Person, wenn sie nicht eingriff«, erinnert sich Wackenhut.

Wenn Sie sich also je vordrängen wollen, dann lautet der Tipp aus der Wissenschaft: Bestimmen Sie die Ihrer Meinung nach schüchternste Person in der Schlange, und stellen Sie sich vor diese. Wenn Sie hingegen in einer Schlange stehen, und jemand drängt direkt vor ihnen hinein, dann denken Sie daran: Nach den ungeschriebenen Gesetzen des Schlangestehens ist es Ihre Pflicht einzugreifen.

◆ Milgram, S., H. J. Libety et al. (1986). Response to Intrusion Into Waiting Lines. *Journal of Personality of Social Psychology* 51(4), 683-689.

1984 **Aus der Bibel (III): Die Kreuzigung im Wohnzimmer**

Es braucht einiges, um erfahrene Gerichtsmediziner in Erstaunen zu setzen, doch das Bild, das im Januar 1984 auf Seite 9 des *Canadian Society of Forensic Science Journal* abgedruckt war, dürfte es geschafft haben. Der Leser blickte in ein dunkel getäfeltes Zimmer mit biederen Vorhängen, in dem ein junger Mann in Shorts an einem Kreuz hing. Am Oberarm trug er eine Manschette zur Blutdruckmessung, auf der Brust klebten Elektroden, deren Kabel zu einem Schreiber führten. Ein bärtiger älterer Mann in einem weißen Arztkittel stand daneben und horchte mit einem Stethoskop die Lunge des jungen Mannes ab.

Wenn man es nicht für undenkbar hielte, könnte man durchaus auf die Idee kommen, dass da einer im Wohnzimmer die Kreuzigung Jesu nachstellte – und genau das tat er. Der Titel des Fachbeitrags lautete »Tod durch Kreuzigung«.

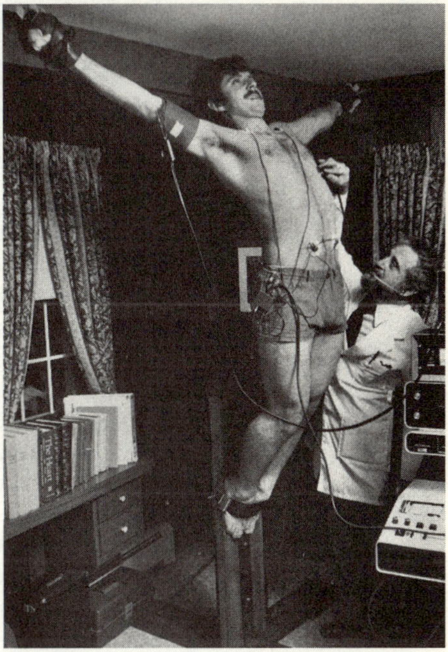

Der Gerichtsmediziner Frederick Zugibe hatte keine Mühe, Freiwillige für seine Experimente zu finden. Die Mitglieder einer nahe gelegenen Freikirche konnten es kaum erwarten, ans Kreuz gehängt zu werden.

Frederick Zugibe, Gerichtsmediziner von Rockland County nördlich von Manhatten, hat sich ein ungewöhnliches Fachgebiet ausgesucht. »Ich gelte weltweit als die Autorität in Sachen Kreuzigung«, sagte der heute 80-jährige Pathologe kürzlich dem Wissenschaftsmagazin *Zeitwissen*. Mit 20 Jahren las er zum ersten Mal einen Fachartikel über »Die physischen Leiden unseres Herrn«, seither hat er darüber seine eigenen Theorien aufgestellt. Und weil Theorien ohne harte Fakten nichts wert sind, ließ er sich von einem gewissen Pater Weyland vom Orden des Göttlichen Wortes ein 2,30 Meter hohes Kreuz zimmern, an das er bei sich zu Hause Hunderte von Versuchspersonen hängte.

Die meisten wissenschaftlichen Abhandlungen über die Kreuzigung seien von Leuten mit zwar redlichen Absichten, jedoch beschränktem medizinischem Wissen geschrieben worden, oder von Leuten, deren religiöses Feuer sie zu unhaltbaren Befunden getrieben habe, kann man in Zugibes Kreuzigungsstudie lesen. Er selbst ist zwar ebenfalls gut katholisch, aber eben auch Wissenschafter, und als solcher war ihm bald klar, dass die Theorien des anderen großen Kreuzigungsforschers, Pierre Barbet, Unsinn waren. Barbet glaubte mit seinen Experimenten in den 1930er-Jahren bewiesen zu haben, das Jesus am Kreuz erstickt sei, weil die hängende Position einen Atemstillstand verursacht habe (siehe Seite 74 ff.). Von seinen Freiwilligen, versichert Zugibe, habe keiner je nach Luft gerungen.

Wer übrigens glaubt, es sei schwierig, Freiwillige für

Kreuzigungsexperimente zu finden, täuscht sich. Die ersten knapp 100 Versuchspersonen waren Angehörige einer lokalen religiösen Gemeinschaft. »Die hätten mich bezahlt dafür. Jeder wollte hoch, um zu sehen, wie es sich anfühlt«, sagte Zugibe der Journalistin Mary Roach, die in ihrem Buch über Leichen, *Stiff*, ein Kapitel den Kreuzigungen widmet.

Obwohl Zugibe antike Eisennägel aus einem römischen Lager in Schottland besitzt, nagelte er seine Versuchspersonen nicht ans Kreuz. Er hatte vielmehr Manschetten angefertigt, in denen die Hände mittels Bolzen am Querbalken fixiert werden konnten. Die Füße steckten in einem Gurt, der um den Längsbalken führte. Zwischen 5 und 45 Minuten hielten es die Versuchspersonen aus. Zugibe kontrollierte ihre Herztätigkeit, bestimmte den Sauerstoffgehalt im Körper, horchte die Lunge ab und nahm Blutproben. Die Leute klagten über Muskelschmerzen und Krämpfe, manche hatten Schweißausbrüche und bekamen Panik. Sie konnten das Experiment jederzeit abbrechen. Für den Notfall standen ein Defibrillator und ein Beatmungsgerät bereit. Gebraucht habe er sie nie, sagt Zugibe.

Nach den ausgedehnten Versuchen glaubt er die Todesursache von Jesus abschließend bestimmt zu haben: Er starb an Herz- und Atemstillstand, verursacht durch hohen Blutverlust und traumatischen Schock.

◆ Zugibe, F. T. (1984). Death by Crucifixion. *Canadian Society of Forensic Science Journal* 17(1), 1-13.

1984 **Ein befriedigendes Experiment**

Den angenehmsten Selbstversuch aller Zeiten hat wohl Ann Carol Schulster unternommen. Die Ärztin am Royal Victoria Hospital in Montreal las im Februar 1984 in einer Fachzeitschrift, dass die Gesundheit eines ungeborenen Kindes durch einen Orgasmus seiner Mutter bedroht sein könnte. Das schlossen die Autoren aus einem früheren Versuch, bei dem der Puls des Babys beim Höhepunkt der Mutter sank.

Schulster, selbst schwanger, konnte das nicht glauben. In der 38. Woche ihrer Schwangerschaft schloss sie sich an einen Smith-Kline-Pulsmonitor an und brachte sich zum Orgasmus. Die Messung zeigte keine Verlangsamung des Pulses beim Baby. Zwei Wochen später brachte sie eine gesunde Tochter zur Welt.

◆ Schulster, A. C. (1984). Does Coitus Embarrass the Fetus. *The Lancet* 2(8401), 514.

1986 **Synchronisieren der Menstruation**

Während ihres Studiums merkte Genevieve M. Switz, dass sie eine besondere Gabe hatte: Jeweils nach einigen Monaten hatten die Frauen, die mit ihr die Wohnung teilten, ihre Periode zum gleichen Zeitpunkt wie sie. Damit konnte sie zwar nicht im Zirkus auftreten, aber das Interesse der Wissenschaft war ihr sicher.

Dass Frauen, die engen Kontakt haben, ihre Menstruation synchronisieren, hatte Ende der 1960er-Jahre eine Studentin vom Wellesley College in Massachusetts belegt. Martha McClintock war gerade 20 Jahre alt, als sie bei einer Diskussion Wissenschaftler darüber sprechen hörte, wie Pheromone (Duftbotenstoffe) den Eisprung bei Mäusen steuerten, sodass das Ei bei allen gleichzeitig reifte.

Das Gleiche geschehe auch bei Frauen, warf McClintock ein. Doch die Wissenschafter – alles Männer – wollten ihr nicht glauben. »Ich hatte den Eindruck, dass sie meine Äußerung lächerlich fanden. ›Wo ist der Beweis?‹, fragten sie.«

Den Beweis wollte Martha McClintock liefern. Sie befragte während eines Studienjahres die 135 Kommilitoninnen in ihrem Wohnheim, wann sie ihre Periode hatten. Die Auswertung zeigte: Bei engen Freundinnen lag der Zeitpunkt der Menstruation unmittelbar nach den Sommerferien im Schnitt sechseinhalb Tage auseinander; sieben Monate später waren es nur noch viereinhalb Tage.

Martha McClintock stieß auf das erstaunliche Phänomen, dass Frauen ihre Menstruation offenbar synchronisieren.

Zwei Tage Annäherung waren für die renommierte Fachzeitschrift *Nature* Beweis genug: 1971 publizierte sie die Studie – der erste Hinweis darauf, dass Pheromone auch beim Menschen eine Rolle spielten. Gaben Alphafrauen so den Menstruationstakt an?

Genevieve Switz studierte 1977 organische Chemie an der San Francisco State University, wo sie auf Michael J. Russell traf, der sich für die Geruchskommunikation des Menschen interessierte. Da sie den Zyklus anderer Frauen beeinflusste, eignete sie sich für Russells Experiment – oder besser, ihr Schweiß eignete sich dafür. Falls wirklich Pheromone die Synchronisation der Menstruation verursachen, müsste regelmäßig verabreichter Schweißgeruch von Genevieve Switz den Zeitpunkt der Menstruation bei anderen Frauen beeinflussen.

Switz musste ihren Schweiß in Watte sammeln, die sie unter den Armen trug. Einmal pro Tag wurden die Bäusche ersetzt, mit vier Tropfen Alkohol beträufelt, in vier Stücke geschnitten und tiefgefroren. Switz durfte keine parfümierte Seife verwenden und sich unter den Armen weder rasieren noch waschen.

Aus der Studie geht nicht hervor, ob die Versuchsteilnehmerinnen wussten, was es mit den Wattebäuschen auf sich hatte. Es heißt lediglich: »Wir baten sie um Erlaubnis, einen Duft auf ihre Oberlippe aufzutragen.« Während vier Monaten gelangte Switz' Schweißgeruch so in die Nasen der Hälfte der Versuchsteilnehmerinnen; die andere Hälfte, die Kontrollgruppe, bekam Wattebäusche, die lediglich Alkohol enthielten.

Das Ergebnis: Bei den fünf Frauen, die Switz' Duftstoffe verabreicht bekamen, lag die Menstruation nach vier Monaten 3,4 Tage auseinander, 6 Tage weniger als zu Beginn der Studie. Bei den sechs Frauen der Kontrollgruppe kam es zu keiner Annäherung der Zyklen.

Trotz des scheinbar eindeutigen Resultats zweifeln heute viele Fachleute daran, dass es so etwas wie die Synchronisation der Menstruation überhaupt gibt. Denn obwohl später alle möglichen Frauengruppen daraufhin untersucht wurden – von Beduininnen über Basketballerinnen bis hin zu lesbischen Paaren –, ergab sich kein eindeutiges Bild. Bei einigen zeigte sich der McClintock-Effekt, bei anderen nicht. Kritiker führen die positiven Resultate auf methodische Mängel zurück. Dass viele Frauen trotzdem daran glauben, habe damit zu tun, dass sich die Perioden oft zufällig überlappten.

McClintock ist immer noch von Existenz und Wirkung der Pheromone überzeugt. Doch sei die Sache komplizierter als angenommen. So wirkten die Duftstoffe nicht immer synchronisierend, und eine Taktgeberin gebe es wahrscheinlich nicht. Auch was die Funktion des Phänomens angeht, tappen die Forscher im Dunkeln.

Dass die zwei Lager zu einem Konsens finden, ist unwahrscheinlich, denn die naturwissenschaftliche Diskussion wird von einer feministischen überlagert. Wenn Frauen zur gleichen Zeit menstruieren, sehen das manche als biologischen Ausdruck der Frauensolidarität.

◆ Russel, M. J., G. M. Switz et al. (1980). Olfactory Influences on the Human Menstrual Cycle. *Pharmacology Biochemistry & Behavior* 13, 737-738.

1986 **Vom langsamen Kratzen einer Gartenhacke über eine Schiefertafel**

Mitte der achtziger Jahre wollten die Wissenschafter Lynn Halpern, Randolph Blake und James Hillenbrand wissen, was es mit dem Wandtafelkratzen auf sich hat. Warum erschaudern viele Leute, wenn Fingernägel über eine Wandtafel kratzen? Die bisher einzige Studie zum Thema (siehe Seite 172ff.) war wenig ergiebig gewesen, also gingen die drei Forscher das Phänomen grundsätzlich an.

Als Erstes ordneten sie eine Reihe Geräusche nach ihrer Beliebtheit. Sie spielten 24 Versuchspersonen 16 Geräusche vor, die sie bewerten mussten: Glockenklänge, laufendes Wasser, einen Bleistiftspitzer, einen Küchenmixer, zwei Styroporblöcke, die aneinanderreiben. Wenig überraschend schnitt das »langsame Kratzen einer Gartenhacke mit drei Zinken (Modell ›True Value Pacemaker‹) über eine Schiefertafel« am schlechtesten ab – eine Beschreibung, bei deren Lesen es schon »alle Versuchsteilnehmer schauderte«, wie es in der Arbeit heißt. Auf einer Skala von 0 (angenehm) bis 15 (unangenehm) landete dieses Geräusch bei 13,74. Die Forscher wählten es aus, weil es praktisch identisch klingt wie Fingernägel auf einer Wandtafel, aber einfacher zu erzeugen war.

Anschließend stellten die Wissenschafter eine künstliche, digitale Version des Geräuschs mit der Gartenhacke her, die sich einfacher manipulieren ließ als die Originalaufnahme. »Mehrere zögernde Freiwillige« beurteilten das künstliche Geräusch als »genauso unangenehm«. Jetzt galt es, herauszufinden, was dieses Geräusch so unerträglich machte.

In der Annahme, dass die hohen Frequenzen daran schuld seien, schickten die Forscher das Geräusch durch einen Klangfilter, der die Höhen dämpfte. Doch für die 12 Testzuhörer wurde das Geräusch dadurch keinen Deut angenehmer. Überraschenderweise nahm die umgekehrte Maßnahme dem Kratzen seinen Schrecken: Wenn dem

»langsamen Kratzen der Gartenhacke (Modell ›True Value Pacemaker‹) mit drei Zinken über eine Schiefertafel« die tiefen Frequenzen fehlten, empfanden es die Testhörer als deutlich erträglicher.

Etwas ratlos darüber, was dieses Resultat zu bedeuten hat, verlegten sich Halpern, Blake und Hillenbrand am Schluss des Artikels aufs Spekulieren darüber, warum das Gartenhackengeräusch so starke Reaktionen erzeugt. Ihre geniale oder absurde Idee (je nachdem, wen man fragt): Das Geräusch soll den Warnschreien von Makaken ähneln. Der kalte Schweiß und die Gänsehaut wären dann das nutzlose evolutionäre Überbleibsel einer früheren Fluchtreaktion.

Die These, dass Wandtafelkratzen wie ein Warnschrei aus dem Tierreich klingt, geistert bis heute als Erklärung für das seltsame Phänomen umher. Einer der Forscher, Randolph Blake, findet sie immer noch plausibel, wenn auch nicht bewiesen. Doch James Hillenbrand ist sich nicht mehr so sicher. Nachdem die Arbeit im Jahr 2006 einen Ig-Nobelpreis gewann, die Spaßauszeichnung für besonders schräge Studien, sagte Hillenbrand einem Journalisten: »Diese Idee ergab für mich nie einen Sinn.« Die Reaktion des Menschen auf Wandtafelkratzen sei »einzigartig« und nicht vergleichbar mit der zu erwartenden Reaktion, wenn man auf ein gefährliches Tier stoße. Hillenbrand glaubt vielmehr, dass es letztlich gar nicht das Geräusch selbst ist, das die Wirkung entfacht. Vielmehr vermutet er, dass die heftige Reaktion mit der unangenehmen Vorstellung der Tastempfindung zu tun hat, wenn Fingernägel über eine Wandtafel kratzen. Bereits David Ely, der elf Jahre zuvor die auf Seite 172 ff. geschilderte Studie zum Wandtafelkratzen unternahm, hatte diesen Verdacht.

Da das Geräusch und die Tastempfindung oft zusammen auftreten, stellt unser Gehirn vielleicht eine Verbindung zwischen ihnen her, sodass auch das Geräusch allein zu einer Gänsehaut führt; genau wie bei Pavlovs Hunden, die beim Klang der Glocke Speichel absonderten, obwohl dieser selber nichts mit Nahrung zu tun hat (siehe *Das Buch der verrückten Experimente*, Seite 60). Dann wäre unsere starke Reaktion auf das »langsame Kratzen der Gartenhacke (Modell ›True Value Pacemaker‹) mit drei Zinken über eine Schiefertafel« ein Fall von klassischer Konditionierung.

◆ Halpern, D. L., R. Blake et al. (1986). Psychoacoustics of a chilling sound. *Perception Psychophysics* 39(2), 77-80.

1987 **Denken Sie jetzt nicht an einen weißen Bären**

Hier ist die Aufgabe: Denken Sie jetzt auf keinen Fall an einen weißen Bären! – Sie schaffen es nicht? Nun, dann erleben Sie gerade »Die paradoxen Effekte bei der Unterdrückung von Gedanken«, wie eine Publikation im *Journal of Personality and Social Psychology* 1987 hieß. In dieser Untersuchung sollten 34 Studenten fünf Minuten lang nicht an einen weißen Bären denken – mit dem Resultat, dass sie im Durchschnitt 6,78-mal genau das taten.

Das ist kein Wunder, erfordert die bewusste Unterdrückung von Gedanken doch Hirnakrobatik der dritten Art: Wer sich vornimmt, nicht an einen weißen Bären zu denken, muss den Gedanken daran auch gleich wieder eliminieren, weil er sonst exakt das tut.

Der Wunsch, gewisse Gedanken – an die frühere Freundin oder an die nächste Zigarette – aus dem Hirn zu verbannen, ist weit verbreitet. Sich beim Vergessen anzustrengen, ist aber nutzlos. Nicht nur gelingt es kaum, Gedanken vollständig zu unterdrücken, vielmehr werden sie danach stärker zurückkommen. Als ein Teil der Studenten nach dem Eisbär-Denkverbot aufgefordert wurde, bewusst an einen weißen Bären zu denken, waren diese Gedanken viel mächtiger als bei einer Gruppe, die vorher ihre Gedanken an den Bären nicht zu unterdrücken versuchte.

Auch an etwas anderes zu denken, hilft wenig. Wenn man die Studenten aufforderte, anstatt an einen weißen Bären an einen roten VW-Käfer zu denken, sahen sie die Bären ständig vor sich – und den VW dazu. Ob der Bär am Steuer saß oder auf dem Beifahrersitz, geht aus der Studie allerdings nicht hervor.

◆ Wegner, D. M., D. J. Schneider et al. (1987). Paradoxical effects of thought suppression. *Journal of Personality and Social Psychology* 53, 5-13.

1987 **Der richtige Mann zum Abnehmen**

Frauen, die abnehmen wollen, sollten mit Männern ausgehen, die gern reisen, sich für Fotografie interessieren, Sport treiben, viel lesen, Recht studieren wollen und Single sind. Und sie sollten Männer meiden, die keine Hobbys außer Fernsehen und Partys haben, keine Karriereziele außer »Geld zu machen«, und in einer festen Beziehung leben.

Mit zwei solch unterschiedlichen Typen wurden zwei

Dutzend Studentinnen an der Vanderbilt University in Nashville, Tennessee, unter dem Vorwand zusammengebracht, es gehe um eine Untersuchung über das Kennenlernen. Die Studentinnen mussten vor der Begegnung einen Fragebogen zu ihren Interessen, Hobbys und Karrierezielen ausfüllen, den sie dann mit dem ausgefüllten Fragebogen ihres männlichen Partners austauschten. Der Mann war ein Komplize der Experimentatoren. Seinen Fragebogen gab es in zwei Versionen: Einer stellte ihn als interessant und noch zu haben dar, der andere als langweilig und vergeben.

Nachdem man die beiden in einem Raum für ein Gespräch zusammengebracht hatte, drückte man ihnen beiläufig je eine Schale mit M&Ms und Erdnüssen in die Hand. Es handle sich um »Überbleibsel einer Laborparty«, sie dürften so viel davon essen, wie sie wollten.

Was die Frauen nicht wussten: Die Schalen waren mit genau 250 Gramm Snacks gefüllt und wurden nach dem Treffen erneut gewogen. Bei Frauen, die sich mit dem vermeintlich interessanten Mann getroffen hatten, fehlten durchschnittlich 6,37 Gramm, bei jenen, die dem uninteressanten Mann zugewiesen worden waren, 25,24 Gramm – viermal so viel.

Die Autoren liefern dazu folgende Erklärung: »Wenig essen« wird als typisch feminine Eigenschaft angesehen, und in der Gegenwart eines begehrenswerten Partners versuchen Frauen, möglichst weiblich zu erscheinen.

◆ Mori, D., S. Chaiken et al. (1987). »Eating Lightly« and self-presentation of femininity. *Journal of Personality and Social Psychology* 53, 693-702.

Der potenzielle Partner muss allerdings in Fleisch und Blut präsent sein, die rein virtuelle Anwesenheit von Hugh Grant im Video hat aller Erfahrung nach nicht den gleichen Effekt.

1988 **Wenn Sportler Schwarz sehen**

Mark Frank hatte schon lange die Ahnung, dass die Farbe Schwarz auf Menschen eine ganz besondere Wirkung hatte. Er war ein großer Sportfan, und wenn er sich Football- oder Eishockeyspiele anschaute, wurde er den Eindruck nicht los, dass Mannschaften in schwarzen Trikots aggressiver spielten und mehr Fouls begingen als Teams in anderen Farben. Auch die Spaziergänge mit seinem Hund, einem schwarzen Schäfer-Husky-Bastard, bestätigten diese Vermutung. »Die Leute gingen ihm immer aus dem Weg, obwohl er sehr gutmütig war, ganz im Gegensatz zum Hund eines Freundes, dessen Fell weiß und grau war, vor dem sich aber niemand fürchtete, obwohl er viel angriffslustiger war als meiner«, erinnert sich der Psychologe.

Wird aggressiv, wer Schwarz trägt? Der Footballspieler Lyle Alzado von den Los Angeles Raiders ist ein typisches Beispiel für den »bad guy in black«.

Frank war überzeugt, dass die Farbe Schwarz hinter dieser Täuschung steckte. Er glaubte aber auch, bemerkt zu haben, dass sein braver Hund frecher wurde, wenn die Leute ihm auswichen. Konnte es sein, dass Schwarz nicht nur den Leuten Angst einflößt, sondern auch den Hund aggressiver macht?

Frank besprach diese Frage mit Thomas Gilovich, seinem Professor an der Cornell University in New York, und die beiden beschlossen, der Sache nachzugehen. Zuerst mussten sie natürlich herausfinden, ob Franks Beobachtungen überhaupt stimmten.

In einem ersten Versuch beurteilten 25 Versuchsteilnehmer, denen Frank Bilder der Spielertrikots von Eishockey- und Footballmannschaften zeigte, tatsächlich jene der Los Angeles Raiders, der Pittsburgh Steelers, der Vancouver Canucks und der Philadelphia Flyers als am aggressivsten – alle sind schwarz.

Als Nächstes schaute sich Frank die Strafstatistiken der Mannschaften an. Und auch dort zeitigte die Farbe Schwarz Wirkung: Die Los Angeles Raiders und die Philadelphia Flyers hatten mehr Strafen kassiert als alle anderen Teams. Und auch die übrigen Mannschaften in Schwarz lagen bei den Strafen weit vorne.

Besonders vielsagend war aber ein anderer Vorgang. Die Pittsburgh Steelers (American Football) und die Vancouver Canucks (Eishockey) hatten während der Erhebungszeit ihre Trikotfarbe gewechselt und spielten danach in Schwarz. Und siehe da: Sie erhielten umgehend mehr Strafminuten. Die Frage war bloß, warum? Spielten sie in Schwarz aggressiver oder unterlag der Schiedsrichter der gleichen Täuschung wie die Leute, die Franks Hund zum ersten Mal sahen, und nahm sie lediglich als aggressiver wahr?

Spieler in Schwarz werden als aggressiver wahrgenommen, verhalten sich aber auch aggressiver.

Auf diese Frage eine Antwort zu bekommen, erwies sich als umständlich, denn dazu waren Bilder von zwei identischen Spielszenen erforderlich, in denen abwechslungsweise immer eine der Mannschaften Schwarz trug. Wenn die Aggressivität in diesen Szenen unterschiedlich beurteilt würde, musste es eine von der Farbe Schwarz hervorgerufene Täuschung sein.

Frank besorgte sich also Aufnahmen von kampfbetonten Spielszenen, die er in zwei Versionen umarbeitete. »Wir zeichneten die Konturen der Spieler auf einem Hellraumprojektor nach – es war die Zeit vor Power Point und Photo Shop –, dann kopierten wir diese Bilder und färbten das Trikot des Angreifers einmal schwarz und einmal rot ein.« Doch die Versuchspersonen wussten mit diesen Bildern nichts anzufangen. Frank wurde klar, dass für die Beurteilung von Aggression bewegte Bilder nötig waren. Bewegte identische Spielszenen ließen sich aber nicht mit einem Hellraumprojektor und farbigen Filzstiften herstellen, und Videobilder aus aktuellen Spielen zu bearbeiten war damals technisch zu aufwendig. Frank musste seine Freunde um Hilfe bitten.

Bereits seit längerer Zeit traf er sich jedes Jahr mit ihnen für eine Männerwoche in einem Ferienhaus in Interlaken in der Nähe von New York. »Ich versprach ihnen zwei Kisten Bier, wenn sie sich in ihre Footballkluft werfen und ein paar harte Spielszenen nachstellen würden.«

Frank stellte mehrere Kameras auf und platzierte Marken auf dem Spielfeld, dann wurde exakt die gleiche Spielszene immer und immer wieder in wechselnden Trikotfarben wiederholt. Am Schluss wählte er aus den Aufnahmen die identischsten Spielszenen aus und zeigte sie Footballfans und Footballschiedsrichtern. Und tatsächlich verhängten die Schiedsrichter höhere Strafen gegen die Mannschaft in Schwarz, und die Fans befanden, diese Mannschaft spiele aggressiver.

Und was war mit Franks Beobachtung, derzufolge sein Hund frecher wurde, wenn die Leute sich vor ihm fürchteten? Konnte es sein, dass beide Effekte gleichzeitig spielten, dass nicht nur derjenige als aggressiver wahrgenommen wird, der Schwarz trägt, sondern dadurch auch aggressiver wird?

Frank bat 72 Versuchspersonen unter einem Vorwand, schwarze oder weiße T-Shirts anzuziehen und dann aus einer Liste von zwölf Spielen jene fünf auszuwählen, an denen sie teilnehmen wollten. Wer Schwarz trug, entschied sich für die aggressiveren. Dieses Resultat rüttelt am instinktiven Glauben, der Mensch habe letztlich eine stabile Persönlichkeit, die von scheinbar bedeutungslosen Äußerlichkeiten unberührt bleibe. Obwohl wir es nicht wahrhaben wollen, ist das Gegenteil der Fall.

Nachdem die Studie 1988 publiziert worden war, beeilten sich die Forscher, in der Presse klarzustellen, dass die Resultate nichts über die Gewinnchancen eines Teams aussagen, sonst hätten in der nächsten Saison wohl alle Mannschaften in Schwarz gespielt.

Wer seine Trikotfarbe wirklich nach wissenschaftlichen Kriterien auswählen will, sollte es wohl eher mit Rot versuchen. Eine Analyse der Wettkämpfe in vier Kampfsportarten bei den Olympischen Sommerspielen 2004, bei denen den Kontrahenten blaue und rote Dresses zugelost worden waren, ergab, dass die Kämpfer in Rot eher gewannen.

Fußballexperten wird es nicht überraschen, dass, was für den Kampfsport gilt, auch beim Fußball nicht ganz falsch sein kann. Bei der Fußballeuropameisterschaft 2004 gingen die Mannschaften in Rot öfter als Sieger vom Platz. Wenn man die Spielstärke der Mannschaften berücksichtigt, zeigt die Analyse der Evolutionsanthropologen Russel

Hill und Robert Barton von der Universität Durham (England), dass Kroatien, die Tschechische Republik, England, Lettland und Spanien in ihren roten Trikots durchschnittlich 0,97 Tore mehr erzielten, als wenn sie andersfarbige trugen (jede Mannschaft hat zwei Trikotfarben, die je nach der Farbe des Gegners getragen werden).

◆ Frank, M. G., and T. Gilovich (1988). The dark side of self and social perception: Black uniforms and aggression in professional sports. *Journal of Personality and Social Psychology* 54, 74-85.

Warum Rot auf diese Weise wirkt, ist unklar. Die Forscher glauben, dass der Effekt ein Erbe aus unserer Stammesgeschichte ist. Bei vielen Tieren ist Rot das Zeichen von Dominanz. Der dreizehnte Mann auf dem Spielfeld muss also Darwin sein, der uns ständig an unsere Herkunft erinnert. (Ein anderes Fußballexperiment finden Sie auf Seite 245 ff.)

1989 **Wie man Rasputin sympathisch macht**

Es ist schwierig, etwas Positives über Grigorij Rasputin zu sagen. Bereits als Siebzehnjähriger lagen gegen den späteren Geistheiler und Wanderprediger Anzeigen wegen Trunksucht, Mädchenschändung und Diebstahls vor. Auch später, als er am Zarenhof ein und aus ging, führte er ein ausschweifendes Leben. Er wird oft als Scharlatan beschrieben, dem es gelang, seine vielen Schwächen zu kaschieren und seine Stellung als religiöser Günstling der russischen Aristokratie skrupellos auszunutzen.

Rasputin war ein übler Zeitgenosse. Doch eine kleine psychologische Manipulation kann selbst ihm zu einem besseren Image verhelfen.

Trotzdem haben die Psychologen John F. Finch und Robert B. Cialdini einen einfachen Weg gefunden, Rasputin wenigstens ein bisschen sympathischer zu machen. Sie verteilten seinen Lebenslauf an Studenten und baten sie dann, vier seiner Charaktereigenschaften zu beurteilen. Das Urteil fiel natürlich immer negativ aus – außer wenn Rasputins Geburtstag, der auf dem Deckblatt des Lebenslaufs vermerkt war, so manipuliert worden war, dass er mit dem Geburtstag des Studenten übereinstimmte. Das führte zu einem Sympathiesprung von fast 25 Prozent.

Wie Ähnlichkeit zu Sympathie führt, lässt sich auch mittels E-Mail-Botschaften nachweisen (siehe Seite 248 f.), und das Servierpersonal in einem Restaurant kann damit sogar Geld verdienen (siehe Seite 260 f.).

◆ Finch, J. F., and R. B. Cialdini (1989). (Self-)Image Management: Boosting. *Personality & Social Psychology Bulletin* 15(2), 222-232.

1991 **Wissenschaft auf dem Oktoberfest**

Heiko Hecht wusste, dass es auf der Welt keinen Ort gab, der sich besser für sein Experiment eignete als die Münchner Theresienwiese Ende September. Seine Versuchspersonen mussten sich gut mit Flüssigkeiten in Gläsern auskennen, und wo findet man die, wenn nicht auf dem Oktoberfest. Mehr noch als die Gäste erfüllten die Zeltbedienungen diese Bedingung. Also streifte er während des Oktoberfestes 1991 jeweils nachmittags mit einem Fragebogen, auf dem ein leeres geneigtes Glas zu sehen war, durch die Bierzelte und bat Kellnerinnen, den Wasserspiegel im Glas einzuzeichnen. Dass sein Versuch ihrem Expertentum einen schweren Schlag versetzen würde, wusste er damals noch nicht.

Hecht stellte den Kellnerinnen die berühmte Wasserspiegel-Aufgabe (siehe Seite 87 f.), die der Schweizer Pädagoge Jean Piaget in den 1930er-Jahren entwickelt hatte. Piaget veranschaulichte mit diesem Test die Entwicklung der Vorstellung das Raums bei Kindern. Vor die Aufgabe gestellt, den Wasserspiegel in einem geneigten Glas wiederzugeben, ließen Fünfjährige den Wasserspiegel stets senkrecht zum Glasrand hin verlaufen. Sechs- oder Siebenjährige merkten, dass das nicht stimmt, stellten das Wasser aber immer noch geneigt dar. Erst mit etwa neun Jahren erreichten die Kinder die letzte der von Piaget postulierten Stufen und stießen auf die richtige Lösung: Der Wasserspiegel verläuft immer waagerecht, also parallel zur Tischplatte.

Als die Psychologin Freda Rebelsky das Experiment 30 Jahre später mit Psychologiestudenten wiederholte, stellte sie überrascht fest, dass viele Erwachsene Piagets letzte Stufe nicht erreichen und die gleichen Fehler begehen wie kleine Kinder: Fast zwei Drittel ihrer Versuchspersonen zeichneten den Wasserspiegel um mindestens fünf Grad falsch ein. Wobei einige geradezu grotesk danebenlagen und sich auf über 90 Grad festlegten. »Obwohl ein 20-Jähriger viele Gelegenheiten hatte, von einem geneigten Glas zu trinken, ist es offensichtlich, dass sie bei der Auf-

Wie steht das Bier im Glas? Die Kellnerinnen wussten es nicht.

gabe diese Erfahrung nicht anwenden«, schrieb Rebelsky damals mit dem in einer wissenschaftlichen Arbeit üblichen Understatement.

Um sich ein Bild vom Ausmaß des Versagens zu machen, hier eine kleine Rechnung: Wenn ein 20-Jähriger in seinem bisherigen Leben auch nur drei Glas Flüssigkeit pro Tag zu sich genommen hat, dann hat er rund 20 000-Mal aus nächster Nähe gesehen, dass die Flüssigkeit im Glas waagerecht bleibt, wenn er des Glas kippt. Und was macht er, wenn er das aufzeichnen soll? Er verpasst dem Wasserspiegel eine Schräglage!

Aber das war noch nicht alles. Rebelskys Studie brachte noch etwas an den Tag, das weit schlimmer war. »Man darf es fast nicht sagen«, bemerkt Heiko Hecht dazu: Frauen schneiden bei der Wasserspiegel-Aufgabe deutlich schlechter ab als Männer. Nachdem dieses Ergebnis bekannt geworden war, stürzte sich ein Heer von Psychologen darauf, die bis heute weit über 100 Studien publizierten. Doch wie sie es auch anstellten: Der Geschlechterunterschied war nicht aus der Welt zu schaffen. Hier zum Beispiel das Resultat einer typischen Studie von 1995: Von den Männern schnitten 50 Prozent sehr gut ab und 20 Prozent sehr schlecht, von den Frauen 25 Prozent sehr gut und 35 Prozent sehr schlecht.

Die Vermutungen, woher diese Divergenz kommt, reichen von einem »rezessiven Gen auf dem X-Chromosom«, über Verschiedenheiten beim Gleichgewichtsorgan von Mann und Frau bis hin zur Tatsache, dass Jungen mehr mit Bauklötzen spielen als Mädchen. Das Fazit nach fast 80-jährigem Studium der Wasserspiegel-Aufgabe lautet: Wir haben keine Ahnung, warum die Menschen so schlecht sind darin, und wir wissen ebenfalls nicht, warum Frauen schlechter abschneiden als Männer. Und wer jetzt hofft, Heiko Hecht hätte am Oktoberfest etwas Licht ins Dunkel gebracht, wird enttäuscht. Er stiftete mit seinen seltsamen Resultaten nur noch mehr Verwirrung.

Heiko Hecht hatte in den USA an der Universität Virginia eben seine Doktorarbeit abgeschlossen, als ihm die Idee für das Experiment kam. Er dachte damals über die Frage nach, was Expertentum bedeutet und wie man zum Experten wird. Eine seiner Kolleginnen beschäftigte sich mit der Wasserspiegel-Aufgabe, und weil Hecht im Begriff war, ans Max-Planck-Institut für psychologische Forschung in München zu wechseln, fielen ihm die Wiesnkellnerinnen ein, die mit fünf Maß Bier in jeder Hand durch die Zelte eilen, ohne etwas zu verschütten. »Die müssen doch wissen, wie das Bier im Glas steht«, dachte er sich, »das sind doch die Expertinnen für diese Aufgabe.«

Auch Hechts Doktorvater Dennis Proffitt interessierte sich dafür, wie Experten bei der Aufgabe abschneiden. Seit er in den 1970er-Jahren »dem ersten Mann mit Doktortitel begegnet war, der das Problem falsch löste«, wie Proffitt der Fachzeitschrift *Science* sagte, wollte er wissen, wie sich Erfahrung auf das Lösen der Wasserspiegel-Aufgabe auswirkte. Der Mann war nämlich Pharmakologe, der »den größten Teil seiner Tage damit verbrachte, Reagenzgläser zu schütteln«.

Hecht fand in den Bierzelten 20 Wiesnbedienungen, die im geneigten Glas den Wasserspiegel einzeichneten. Später testete er noch je 20 Barkeeper, Hausfrauen, Busfahrer und Studenten. Die Resultate waren so klar wie überraschend: Die Kellnerinnen und Barkeeper schnitten deutlich schlechter ab als alle anderen Gruppen. Nur

Der Test:
Das Glas in der Zeichnung ist nicht in Bewegung, das Wasser darin also in Ruhe. Zeichnen Sie den Wasserspiegel so ein, dass die Linie durch den Punkt am rechten Glasrand führt. (Lösung auf der nächsten Seite)

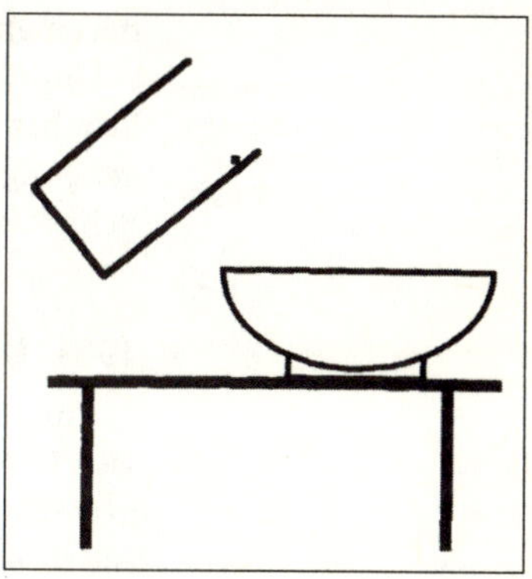

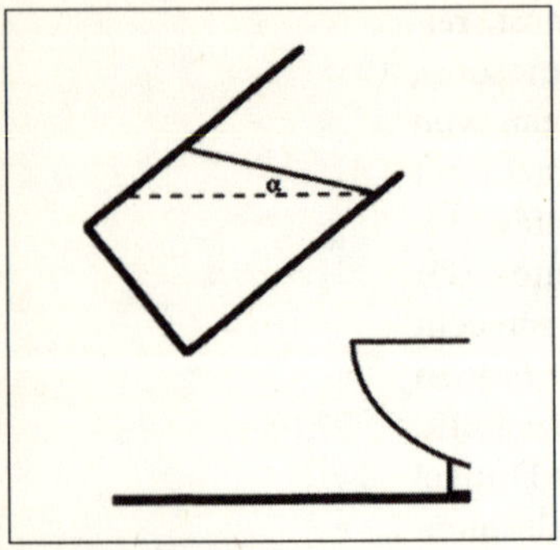

(Lösung von vorhergehender Seite)
Die gestrichelte Linie ist die korrekte Lösung: parallel zur Tischplatte. Die durchgezogene Linie zeigt eine typisch falsche Lösung.

gerade einem Drittel unter ihnen gelang es, den Wasserspiegel auf 5 Grad genau wiederzugeben. Die durchschnittliche Abweichung lag bei 21 Grad. Und nicht nur das: Unter allen Versuchsteilnehmern, die eine falsche Antwort gaben, staunten die Kellnerinnen und die Barkeeper am meisten über die richtige Lösung. Manchmal musste Hecht ein Glas nehmen und demonstrieren, was passiert, wenn er es kippt, bis sie es glaubten. Damit hat er den offenen Fragen rund um die Wasserspiegel-Aufgabe eine weitere hinzugefügt: Wie kann es sein, dass mit der Erfahrung sich auch die Fehleranfälligkeit erhöht?

Hecht und Proffitt vermuten, dass die Erfahrung in diesem Fall dazu verführt, das Glas als Bezugssystem anzusehen: »Es ist unerlässlich, dass Barkeeper und Kellnerinnen Getränke nicht verschütten, dazu müssen sie den Abstand zwischen der Oberfläche der Flüssigkeit und dem Rand des Gefäßes überwachen und regulieren.« Diese Konzentration auf das Glas könnte dazu führen, dass auch bei einer Aufgabe wie jener mit dem Wasserspiegel das Glas als Referenz genommen wird, obwohl sie eigentlich nach der Umgebung als Referenz verlangt.

Doch das ist nicht mehr als eine weitere von vielen Vermutungen, die rund um dieses Problem schon angestellt wurden. 1997, zwei Jahre nachdem Hecht und Proffitt ihre Resultate veröffentlicht hatten, publizierten andere Wissenschafter eine Studie mit dem genau entgegengesetzten Resultat: Dort schnitten amerikanische Barkeeper und Kellnerinnen besser ab als Buchhalter und Verkäuferinnen.

Und falls das der Rätsel nicht genug sein sollten: Kürzlich hat man herausgefunden, dass bei der Wasserspiegel-Aufgabe auch besser abschneidet, wer die chinesische Schrift beherrscht.

◆ Hecht, H., and D. R. Proffitt (1995). The Price of Expertise: Effects of Experience on the Water-Level Task. *Psychological Science* 6(2), 90-95.

1991 **Überlebenskampf im Gewächshaus**

Am 26. September 1991 um acht Uhr morgens betraten vier Frauen und vier Männer in der Wüste Arizonas ein hermetisch von der Außenwelt abgeriegeltes Gewächshaus. Als sie es zwei Jahre später wieder verließen, waren sie dermaßen verfeindet, dass einige von ihnen nicht mehr miteinander sprachen. Das riesige Glashaus trug den Namen »Biosphere 2«, weil es eine Kopie der ersten Biosphäre – unserer Erde – im Kleinformat sein sollte.

Bereits 1961 hatte sich der sowjetische Wissenschafter Ewgeni Schepelew für 24 Stunden in einer luftdichten Stahltonne einsperren lassen. Chlorella-Algen hatten sein ausgeatmetes Kohlendioxid wieder in Sauerstoff verwandelt. Später war in länger dauernden Experimenten versucht worden, Nahrung im geschlossenen System zu erzeugen. Das Fernziel war, eine kleine, sich selbst erhaltende Welt für lange Reisen im All zu schaffen.

So kühn wie Biosphere 2 war jedoch keiner der früheren Versuche. Eine Fläche von zweieinhalb Fußballfeldern wurde mit 6500 Glasscheiben überdacht. Im Boden dichtete eine 500 Tonnen schwere Stahlwanne die Welt unter Glas ab. Tests zeigten, dass die Anlage doppelt so dicht war wie das Spaceshuttle.

Nichts geht rein, nichts geht raus, lautete der wichtigste Leitsatz der zweijährigen Mission – nichts Materielles jedenfalls. Die sechs Millionen Kilowattstunden Energie, die Biosphere 2 für den Betrieb benötigte, stammten nämlich aus dem eigenen Kraftwerk außerhalb des Glashauses.

Fauna und Flora mussten so ausgewählt werden, dass ein Ökosystem entstand, das sich selbst und seine acht Nutznießer am Leben erhielt. Anders als bei früheren Ex-

Da war die Welt noch in Ordnung: Am 26. September 1991 ließen sich acht Menschen in das riesige Gewächshaus Biosphere 2 einschließen, um zwei Jahre darin zu leben. Doch bald schon gab es Streit.

perimenten, bei denen man die Anzahl Pflanzen und Tiere möglichst gering hielt, war Biosphere 2 ein kleiner Garten Eden. Auf 23 verschiedenen Bodentypen gab es einen Regenwald, eine Savanne, einen Sumpf, eine Geröllwüste und eine Wüste. Ein Meer samt Wasserfall und Korallen gehörte ebenso zur Miniaturwelt wie eine Landwirtschaftszone mit Ziegen, Schweinen und Hühnern. Hinzu kamen das Labor, die Werkstatt, der Computerraum und die Bibliothek.

Die Medien berichteten im Vorfeld begeistert über das Experiment. Es sei »das aufregendste wissenschaftliche Projekt seit der Mondlandung«, schrieb das Wissenschaftsmagazin *Discover*. Doch dann, ein halbes Jahr bevor es losging, behauptete ein Journalist, die am Projekt beteiligten Leute bildeten eine Art Sekte. Das Ganze sei völlig unwissenschaftlich.

Tatsächlich stammten die Initianten aus dem Umfeld der Synergisten, einer New-Age-Bewegung, die den Geist der Gegenkultur der 1960er-Jahre atmete. Das von ihnen gegründete Institut für Ökotechnik hatte zum Ziel, »globale Konflikte zwischen Natur und Technik« beizulegen. Ihr Anführer John Allen kleidete sich wie ein Beatnik und konnte kaum den Mund öffnen, ohne etwas Großspuriges von sich zu geben. Auch dass die Biosphäriker Uniformen von William Travilla trugen, der den berühmten Faltenrock von Marilyn Monroe kreiert hatte, und darin aussahen wie die Besatzung vom »Raumschiff Enterprise«, trug nicht zu ihrer Glaubwürdigkeit bei. Finanziert wurde das Unterfangen vom jungen texanischen Milliardär Ed Bass, der den Synergisten ebenfalls nahestand.

Das Leben im Glashaus war modern und rückständig zugleich. Jeder der acht Biosphäriker verfügte über ein luxuriöses Zimmer mit Stereoanlage, Fernsehen und Video. Es gab Funkgeräte, Computer und eine moderne Küche – aber kein Toilettenpapier, weil Papier im Glashaus nicht hergestellt werden konnte (stattdessen gab es auf den Toiletten Wasserdüsen). Jeder Stoffkreislauf musste geschlossen werden: Das Wasser wurde aufbereitet, die Exkremente wurden kompostiert, das ausgeatmete Kohlendioxid wurde von den Pflanzen aufgenommen und der Sauerstoff wieder abgegeben.

Kaum hatte sich die Luftschleuse hinter den Biosphärikern geschlossen, begannen sie Hunger zu leiden. Die Umstellung der Ernährungsweise von viel Fett und Fleisch zu viel Fasern und Gemüse war schwierig. Zudem verbrachten die Biosphäriker einen großen Teil ihrer Zeit mit der körperlich anstrengenden Arbeit in ihrer Miniaturlandwirtschaft, was ihren Kalorienbedarf steigerte.

Zu allem Unglück fiel die Sojaernte mager aus, die Bohnen raffte ein Pilz dahin, die Kartoffeln wurden von Milben gefressen. Der Versuch, ihnen mit einem Haarföhn den Garaus zu machen, scheiterte. Wenigstens schien den Süßkartoffeln das Mikroklima zu bekommen. Die Biosphäriker aßen so viele davon, dass sie vom Farbstoff Betacarotin orange Hände bekamen.

Größere Schwierigkeiten bereitete es auch, die Zusammensetzung der Atmosphäre einigermaßen stabil zu halten. Die wichtigsten Bestandteile der Luft sind 78 Prozent Stickstoff, 21 Prozent Sauerstoff und etwa 0,04 Prozent Kohlendioxid. Ursprünglich sollte dieses Verhältnis allein durch die richtige Kombination von Pflanzen und Tieren gewährleistet werden. Erste Tests zeigten jedoch, dass der Anteil des Kohlendioxids stark variierte. Um überschüssiges Gas zu binden, wurde ein sogenannter Atemkalkbehälter installiert, wie er auch in U-Booten zum Einsatz kommt. Als die Presse später zufällig davon erfuhr, vermuteten einige Journalisten, das Management von Biosphere 2 habe es verschweigen wollen.

Überhaupt erwies sich John Allen, was die Kommunika-

Biosphere 2 lag in der Wüste Arizonas, wo es für die Pflanzen genug Sonne hätte geben sollen, um den Sauerstoffgehalt stabil zu halten. Doch ein Jahr nach Beginn musste Frischluft zugeführt werden.

tion betraf, als Albtraum. Er neigte zu Monologen, brach Interviews ab und hielt bewusst Informationen zurück. Er war es auch, der gemeinsam mit der Projektmanagerin Margaret Augustine die acht Versuchspersonen – die jüngste 29, die älteste 69 Jahre alt – auswählte und auf eine bizarre Vorbereitungsreise auf ein Schiff und eine australische Farm schickte. Die zwei entließen auch immer wieder Mitarbeiter aus undurchsichtigen Gründen.

Das chaotische Management war der Hauptgrund, weshalb die acht Biosphäriker im Glashaus Streit bekamen: Eine Gruppe stand aufseiten John Allens, die andere lehnte sich auf. Zum Eklat kam es, als der Sauerstoffanteil von Biosphere 2 sank. John Allen verheimlichte die schlechten Werte vor dem wissenschaftlichen Beirat, solange er konnte. Am 13. Januar 1993, etwas mehr als ein Jahr nach Beginn des Experiments, musste dann von außen Sauerstoff zugeführt werden.

Einige der Biosphäriker schlugen dem wissenschaftlichen Beirat Experimente vor, wie man herausfinden könnte, warum es zur Sauerstoffknappheit gekommen war. Doch es wurde schnell klar, dass Allen der reduktionistischen Wissenschaft misstraute, die versucht, mit einfachen Experimenten einzelne Einflussfaktoren zu isolieren. Biosphere 2 war das genaue Gegenteil davon: ein komplexes System mit einer kaum überblickbaren Zahl an Störfaktoren.

6500 Glasscheiben überdachten eine Fläche von zweieinhalb Fußballfeldern. Es gab einen Regenwald, eine Savanne, einen Sumpf, eine Geröllwüste und eine Wüste; ein Meer samt Wasserfall und Korallen sowie eine Landwirtschaftszone mit Ziegen, Schweinen und Hühnern.

Spätere Analysen ergaben, dass der Sauerstoffmangel auf den Beton zurückzuführen war, der große Mengen Kohlendioxid aufnahm, das den Pflanzen dann nicht mehr zur Verfügung stand, um es in Sauerstoff umzuwandeln.

Während des zweiten Jahres ihres Aufenthalts sprachen die verfeindeten Gruppen kaum noch miteinander. Als auch noch Gerüchte über Nahrungsknappheit nach außen drangen, wurde eine Versuchsperson von einer Teamkollegin angespuckt, weil man sie für die Indiskretion verantwortlich machte.

»Wir können stolz darauf sein, dass wir einander nicht umbrachten«, schreibt Jane Poynter in ihrem Buch *The Human Experiment* über ihre zwei Jahre im Glashaus. Am 26. September 1993 verließen die acht Biosphäriker Biosphere 2 unter großem Medienbrimborium.

Der Streit um das Projekt ging weiter. Der Geldgeber Ed Bass, der 150 Millionen Dollar investiert hatte, verlangte eine Buchprüfung und vertrieb das Management unter John Allen schließlich mithilfe der Polizei aus der Anlage, während bereits eine zweite Crew ins Glashaus eingezogen war. Vier Tage später sabotierten zwei Mitglieder der ersten Crew, die John Allen nahestanden, Biosphere 2.

Nachdem die zweite Mission vorzeitig abgebrochen worden war, benutzte von 1996 bis 2003 die Columbia University in New York Biosphere 2 für wissenschaftliche Experimente. 2007 wurden die Anlage und das Grundstück an eine private Gesellschaft verkauft, die Einfamilienhäuser und ein Hotel bauen will. Die University of Arizona hat Biosphere 2 zu Forschungszwecken gemietet.

Im Rückblick scheint Biosphere 2 ein Misserfolg gewesen zu sein. Es musste Sauerstoff zugegeben werden, Schaben und Ameisen vermehrten sich explosionsartig, alle Blütenbestäuber und 19 von 25 Wirbeltierarten starben aus – die Schweine unter aktiver Mitwirkung der Menschen: Sie wurden geschlachtet, da sie Nahrungskonkurrenten der Bewohner waren.

Andererseits entfaltete das Experiment eine enorme Wirkung in der Öffentlichkeit. Man steckt Menschen mit Tieren in ein überdimensionales Einmachglas und schaut, was geschieht: Schöner lässt sich nicht zeigen, was Leben auf unserem Planeten eigentlich bedeutet.

verrueckte-experimente.de

◆ Poynter, J. (2006). *The Human Experiment: Two Years and Twenty Minutes Inside Biosphere 2*, Basic Books.

1992 **Die angeborene Vorliebe der Jungen für Spielzeugautos**

Angesichts der herannahenden Geburtstage ihrer lieben Sprösslinge stehen aufgeschlossene Eltern vor dem gleichen Problem: Sollen sie ihrem Sohn den Betonmischer mit Profilreifen, Wassertank und Auslaufblechen kaufen, obwohl er eben erst den Kippsattelzug mit Zwillingsbereifung bekommen hat? Wäre es nicht an der Zeit, seine Fürsorge weg vom Gabelstapler in Richtung Puppe zu lenken? Und das Mädchen? Sollte man ihm nicht den Lego-Bausteinkasten schmackhaft machen statt das dritte Fashion-Fever-Abendkleid für Barbie?

Wenig ist in einem Kinderleben so stabil wie die Vorlieben der Geschlechter für bestimmte Spielsachen. Lange Zeit vermutete man dahinter ausschließlich die Sozialisation. Knaben imitieren Männer, Mädchen Frauen, die Werbung besorgt den Rest, sodass kein Knabe in der Nähe eines rosaroten Plüschponys gesehen werden will. Doch kann das die ganze Erklärung sein? Die Psychologin Melissa Hines zweifelte daran.

Als sie in den 1990er-Jahren an der University of California in Los Angeles tätig war, ergaben Hines' Studien, dass Mädchen, die wegen einer Störung vor der Geburt zu viel des männlichen Sexualhormons Testosteron produziert hatten, sich später mehr für Hubschrauber und Feuerwehrautos interessierten.

Doch gegen die Idee, Spielzeugvorlieben bei Kindern könnten auch hormonell bedingt sein, erwuchs erheblicher Widerstand. Einerseits war unklar, warum diese Vorlieben hätten angeboren sein sollen, andererseits war die Sache politisch: Viele Frauen unterstrichen die Forderung nach Gleichberechtigung mit dem Argument, typisch männliche oder weibliche Verhaltensweisen seien ausschließlich das Resultat gesellschaftlicher Einflüsse. Da wäre es politisch äußerst unkorrekt gewesen, wenn sich Frauen schon als kleine Mädchen genetisch zum Kochherd hingezogen gefühlt hätten.

Es war Hines' Kollegin Margaret Kemeny, die sie auf die entscheidende Idee brachte, wie sich die Sache klären ließe: Warum die Vorlieben für Spielzeug nicht dort messen, wo jeder Einfluss konservativer Eltern und knalliger Werbung

Die Psychologin Melissa Hines testete die Neigung männlicher und weiblicher Affen, mit Puppen, Bällen und Spielzeugautos zu spielen. Das Resultat: Affen spielen politisch nicht korrekt.

ausgeschlossen werden kann – bei Affen? Also entwarfen Hines und ihre Mitarbeiterin Gerianne M. Alexander ein Experiment, das sie 1992 auf der Affenstation der Universität in Sepulveda durchführten: Sie präsentierten 88 Gelbgrünen Meerkatzen – 44 Weibchen und 44 Männchen – in Gruppen nacheinander sechs verschiedene Spielsachen und beobachteten, mit welchen sie am längsten spielten. Die Beliebtheit der Spielsachen war in früheren Studien bestimmt worden. Es waren zwei typisch männliche (ein Ball und ein Polizeiauto), zwei typisch weibliche (eine Puppe und ein Kochtopf) und zwei neutrale (ein Bilderbuch und ein Plüschhund).

Die Resultate waren eindeutig: Die männlichen Affen spielten doppelt so lange mit dem Ball und dem Polizeiauto wie die weiblichen, diese wiederum doppelt so lange mit der Puppe und dem Kochtopf wie die männlichen. Bilderbuch und Plüschhund waren ähnlich beliebt. Bis auf kleine Unterschiede zeigten die Affen also ähnliches Verhalten wie Menschenkinder. Wie Knaben spielten männliche Affen grundsätzlich häufiger mit Objekten als Mädchen und Weibchen.

Was das alles zu bedeuten hat, ist noch unklar, zumal die Forscher bei den Affen nicht die gleiche Methode anwenden konnten wie bei Kindern, die bei solchen Tests jeweils allein sind und denen zwei Spielzeuge gleichzeitig zur Auswahl angeboten werden. Sicher scheint, dass die Vorliebe der Geschlechter für unterschiedliches Spielzeug nicht nur von Eltern und Fernsehspots bestimmt wird, sondern auch einen biologischen Anteil hat. Wie unpopulär diese Erkenntnis ist, erfuhren Hines und Alexander, als sie das Ergebnis publizieren wollten: Zehn Jahre dauerte es, bis sie eine Fachzeitschrift fanden, die ihren Artikel 2002 druckte. Sechs Jahre später wiesen andere Forscher bei männlichen Rhesusaffen eine Vorliebe für Spielzeug mit Rädern und eine Abneigung gegen Plüschtiere nach.

Die große Frage bleibt: Woher kommen diese unterschiedlichen Präferenzen? Wie konnten sich das männliche und das weibliche Gehirn dahin entwickeln, Dinge zu mögen, die es noch gar nicht gab, als dieses Gehirn von den Kräften der Evolution geformt wurde? Welche Eigenschaft eines Tiefladers macht ihn für ein männliches Gehirn attraktiv? Darüber wird im Moment eifrig spekuliert. Sind es die beweglichen Teile? Oder ist es gar nicht das Spielzeug selbst, sondern, was man damit tun kann? Mit einer Puppe kann man nicht auf dem Boden umherfahren.

◆ Alexander, G. M. and M. Hines Sex differences in response to children›s toys in nonhuman primates (Cercopithecus aethiops sabaeus). *Evolution and Human Behavior* 23(6), 467-479.

In der Wissenschaft sind es fast nur Frauen, die sich mit diesen Fragen auseinandersetzen. Ihre früheren Schulkollegen konstruieren derweil wohl Autos oder spielen Fußball.

1992 **Wie man einen toten Wal versenkt**

Als Craig Smith im Februar 1992 auf Hawaii in das Flugzeug stieg, wusste er, dass er seine Kleider und seinen Taucheranzug nach der Rückkehr würde wegwerfen müssen. Das war eine der Schattenseiten seiner Arbeit mit Walkadavern: Sie verbreiteten einen Gestank, den man nicht wieder loswurde. Ein paar Tage zuvor hatte Smith erfahren, dass in der Nähe von San Diego ein 10 Tonnen schwerer toter Grauwal angeschwemmt worden sei, worauf er sofort ein Flugticket nach der Hafenstadt in Kalifornien buchte, ein Boot samt Besatzung charterte und sich 700 Kilogramm Eisenschrott beschaffte.

Smith arbeitet an der Universität von Hawaii und befasst sich schon lange mit der Frage, was eigentlich in der Tiefsee geschieht, wenn große Stücke organischen Materials absinken. Und natürlich gibt es kein größeres solches Stück als einen toten Wal. Da Walkadaver auf dem Meeres-

Die verschiedenen Phasen einer Walversenkung: Wal festbinden (oben), zum vorgesehenen Ort schleppen (Mitte), mit Ballast beschweren und versenken (unten). Oft schießt die Schiffsbesatzung noch auf den Wal, was aber keine Wirkung hat.

grund aber nur zufällig und selten gefunden werden, entschied sich Smith, selber Wale zu versenken.

Der erste Versuch im Jahr 1983 scheiterte kläglich: Der tote Wal wollte einfach nicht untergehen. In seinem Innern hatten sich Gärgase gebildet, die für Auftrieb sorgten. Dann brach auch noch ein Sturm los, und Smith musste den Wal treiben lassen und an Land zurückkehren. Auch der zweite Versuch 1988 im Puget Sound vor Seattle im US-Bundesstaat Washington war nur ein halber Erfolg: Zwar erreichte der Wal diesmal den Grund, doch gab es in der Region kein U-Boot, mit dem Smith später hätte zu ihm tauchen können.

Der jetzige Wal war besser positioniert: Das Meer bei San Diego gehörte zum Einsatzgebiet von Forschungs-U-Booten. Auch dass das Tier bei einer Marinebasis gestrandet war, entpuppte sich als Glücksfall. Für die Soldaten war es eine willkommene Abwechslung, den Wal mit ihren Amphibienfahrzeugen so weit ins Meer zu ziehen, dass ihn Smiths Schiff ins Schlepptau nehmen konnte. Darauf fuhr der seltsame Kombination 24 Stunden lang auf die offene See hinaus, bis zu jener Stelle des San Clemente Basin, die Smith für das Experiment ausgesucht hatte. Dort notierte er die exakte Position und beschwerte den Wal dann mit dem Eisenschrott, bis er versank – 1920 Meter tief. Im Glauben, den Forschern einen Gefallen zu tun, hatten einige Crewmitglieder auch noch mit ihren Pistolen auf den Kadaver geschossen. »Das hilft zwar nichts, aber es gibt ihnen das Gefühl, Teil des Projekts zu sein«, sagt Smith verständnisvoll. »Es ist ein sehr amerikanisches Verhalten.«

Obwohl die Voraussetzungen perfekt waren, musste Smith erneut um sein Experiment bangen, denn jetzt fehlte ihm das Geld, um nach dem Kadaver zu tauchen. Zwei Finanzierungsgesuche wurden abgelehnt. Erst beim dritten bekam er die nötigen Mittel zugesprochen. Drei Jahre nach dem Versenken des Wals machte Smith sich also auf den Weg. Weil der Boden an dieser Stelle im San Clemente Basin relativ eben war, fand Smith den Kadaver – oder was von ihm übrig war – problemlos mit dem Echolot.

Als er mit dem U-Boot »Alvin« hinuntertauchte, war der größte Teil des Verwertungsprozesses schon vorbei. Smith fand nur noch ein Skelett im sogenannten dritten Stadium

So sieht ein toter 30-Tonnen-Wal nach sechs Jahren in 1674 Meter Tiefe aus.

des Zerfalls vor. Es war von zehntausenden Muscheln und Schnecken bevölkert, deren Überleben von Sulfiden abhing, die Bakterien aus dem Fett im Inneren der Knochen erzeugten. Das erste Stadium, in dem große Aasfresser wie Schleimaale und Schlafhaie 40 bis 60 Kilogramm Walfleisch pro Tag fraßen, war schon nach etwa sechs Monaten abgeschlossen gewesen. Und auch das zweite Stadium, in dem Muscheln, Würmer und Schnecken sich an den Resten gütlich taten, war schon zu Ende. Diese Stadien konnte er bei späteren Experimenten beobachten.

Smith vermutet, dass sich einige der Arten, die er entdeckt hat, ausschließlich von Walkadavern ernähren. Das mag überraschen, scheint ein toter Wal auf dem Meeresgrund doch ein zeitlich streng begrenzter und noch dazu kein häufiger Nahrungslieferant zu sein. Doch Smith berechnete, dass die Knochen eines großen Wals 80 Jahre oder länger als Futterquelle dienen können. Die durchschnittliche Distanz zwischen zwei Kadavern schätzt er auf weniger als 16 Kilometer. Damit leisten die Walkadaver einen bedeutenden Beitrag zum Ökosystem der Tiefsee.

Bis heute hat Smith sieben Walkadaver versenkt. Dass seine Arbeit noch größere Risiken birgt als stinkende Kleider, wurde ihm spätestens dann bewusst, als er 1998 einen zwölf Meter langen Grauwal versenken wollte, der unter einem Landungssteg gestrandet war. Um ihn abzuschleppen, mussten Smith und sein Team ihre Taucheranzüge anziehen und ihn in ein Netz hüllen. Erst als sie das Netz am Zielort entfernten, bemerkten sie einen zwei Meter langen Blauhai, der offenbar schon beim Landungssteg am Wal gefressen hatte und den sie versehentlich mit eingewickelt hatten. Im Nachhinein erinnerte sich Smith, mit dem Fuß etwas berührt zu haben, das sich wie ein Hai anfühlte.

◆ Smith, C. R., and A. R. Baco (2003). The ecology of whale falls at the deep-sea floor. *Oceanography and Marine Biology: an Annual Review* 41, 311-354.

1992 **Das Wunder von Costa Rica**

Als James Glasheen mit seiner Doktorarbeit begann, glaubte er, dass er auf keine größeren Schwierigkeiten stoßen würde. Glasheen arbeitete im Labor des Biomechanikers Thomas McMahon an der Harvard University in Cambridge, Massachusetts. Als Anfang der 1990er-Jahre ein Kommilitone das Bild eines Basilisken, einer »Jesusechse«, ins Labor brachte, wollte er herausfinden, wie das Tier es schaffte, übers Wasser zu laufen. »Ich war überzeugt, dass das nicht besonders schwierig sein konnte. Die nötige Physik schien einigermaßen bekannt zu sein, und die Echsen, die ich für die Experimente brauchte, glaubte ich im Zooladen zu bekommen«, erinnert sich Glasheen. Ein paar Monate später saß er verschwitzt und frustriert in einer heruntergekommenen Bar in Costa Rica.

Nachdem der Biomechaniker James Glasheen dieses Bild einer Jesusechse gesehen hatte, wollte er herausfinden, wie das Tier es anstellt, übers Wasser zu gehen.

Nachdem sich herausgestellt hatte, dass Zooläden in den USA keine Jesusechsen führten, war Glasheen nichts anderes übrig geblieben, als zu versuchen, die Tiere selber im Urwald ausfindig zu machen. Da er schon fast einen Monat erfolglos unterwegs gewesen war, empfahlen ihm die Einheimischen in der Bar, es in der anderen Ecke des Landes, im Städtchen Golfito, zu versuchen. Dort angekommen, betrat er wieder eine Bar und versprach in seiner Verzweiflung jedem fünf Dollar, der ihm eine lebende Jesusechse bringe.

Als Glasheen wieder nach draußen trat, wurde ihm klar, wie absurd seine Offerte war: In Golfito wimmelte es nur so von Jesusechsen. Es dauerte nicht lange, da hatte er eigenhändig ein Dutzend davon gesammelt. Doch in der Zwischenzeit hatte sich sein Angebot unter der Dorfjugend herumgesprochen, und bald standen auf dem Dorfplatz kleine Latinos in schmutzigen Schuluniformen um einen Jutesack randvoll mit Jesusechsen. »Natürlich musste ich ein paar davon kaufen, obwohl ich eigentlich keine mehr brauchte.«

Zurück in Cambridge, brachte Glasheen seine zwölf Jesusechsen unter den kritischen Augen seiner Mitstudenten ins Labor. »Es war ein Ingenieurlabor, wo es normalerweise keine Tiere gab und wo es sehr sauber zuging.« Dass die kleinen Reptilien immer wieder ausbüxten und Glasheen zudem eine Grillenzucht einrichten musste, um sie zu ernähren, erhöhte seine Beliebtheit im Labor auch nicht gerade.

Um dem Trick der Echse auf die Spur zu kommen, machte Glasheen Filmaufnahmen. Er ließ die Tiere durch eine 3,6 Meter lange Wanne rennen, die er – ebenfalls zum Missfallen seiner Kollegen – im Labor aufgestellt hatte und die auch prompt mehrmals leckte. Weil eine mittelgroße Echse etwa 20 Schritte pro Sekunde macht, verwendete Glasheen eine Hochgeschwindigkeitskamera, die die Schritte mit 400 Bildern pro Sekunde festhielt. Um die Kräfte zu bestimmen, die auf die Füße der Jesusechsen einwirken, baute Glasheen auch noch verschieden große Echsenfüße aus Aluminium, versah sie mit Messgeräten und klatschte sie immer wieder aufs Wasser.

Dabei stellte sich heraus, dass auch die Physik kompli-

James Glasheen musste die Echsen für sein Experiment selber in Costa Rica holen.

zierter war als angenommen. Die Werkzeuge der Strömungslehre, nach denen die Jesusechse verlangte, mussten die Forscher zuerst entwickeln. Ihrer ersten Publikation, »Das vertikale Eindringen von Platten mit tiefen Froude-Zahlen ins Wasser«, merkte man nicht an, dass es eigentlich um die Frage ging, wie eine kleine Echse übers Wasser flitzt – es sei denn, man wusste, dass mit den »Platten mit tiefen Froude-Zahlen« die Füße der Jesusechse gemeint waren.

Anhand von Filmaufnahmen, Kraftmessungen und einer Masse unanständig komplizierter physikalischer Formeln gelang es den Forschern schließlich nach vier Jahren, das Geheimnis zu lüften: Als Erstes klatscht der Fuß aufs Wasser. Der Widerstand, den ihm die Oberflächenspannung entgegensetzt, liefert etwa 23 Prozent der nötigen Kraft,

Eine Hochgeschwindigkeitskamera hielt die verschiedenen Laufphasen fest.

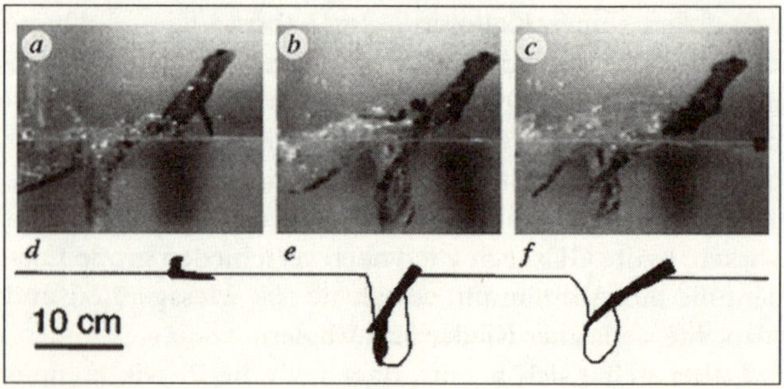

um oben zu bleiben. Dann drückt die Echse den Fuß so schnell nach unten, dass eine luftgefüllte Tasche entsteht. Die Echse stößt sich sozusagen auf dem verdrängten Wasser ab.

Eine ausgewachsene, rund 90 Gramm schwere Echse kann daraus etwa 88 Prozent der Tragkraft beziehen, 2 Gramm leichte Jungtiere aus beiden Effekten sogar 225 Prozent. Ein junger Basilisk könnte also ohne Probleme einen zweiten über das Wasser tragen. Damit die Echse den gewonnenen Auftrieb nicht verliert, zieht sie den Fuß blitzschnell aus der Wassertasche, bevor diese sich füllt. Sonst bekäme sie es mit dem viel höheren Widerstand im Wasser zu tun.

Als Erklärung für biblische Wunder kommt das Experiment allerdings nicht infrage: Die Beine eines 80 Kilogramm schweren Menschen müssten mit einer Geschwindigkeit von 110 km/h nach unten treten und ins Wasser eindringen, um ein Einsinken zu verhindern.

verrueckte-experimente.de

◆ Glasheen, J. W., and T. A. McMahon (1996). A hydrodynamic model of locomotion in the Basilisk Lizard. *Nature* 380, 340-342.

1992 **Der Preis ist lauwarm**

Wer am Montag, dem 9. November 1992, in einer Drogerie bei Nürnberg drei Kilo Waschmittel für 10 DM einkaufte, konnte nicht wissen, dass er an einem wissenschaftlichen Experiment teilnahm – am Samstag hatte das Waschmittel noch 9,99 DM gekostet. Auch die Knoblauchpillen schlugen übers Wochenende von 2,69 auf 2,70 DM auf, ebenso waren der Badreiniger und die Baldriantropfen einen Pfennig teurer geworden. Insgesamt wurden die Preise von 160 Reinigungs- und 280 Gesundheitsprodukten aufgerundet: die letzte Pfennigziffer war nicht mehr wie üblich eine 8 oder eine 9 sondern eine 0.

Bis heute gilt im Handel die Faustregel, die Preise knapp unter runden Beträgen zu setzen. Weit überdurchschnittlich viele Preise enden auf 99, 98, 95. Ursprünglich waren diese Preise Anfang des 20. Jahrhunderts in den USA aufgekommen, um den Diebstahl durch Angestellte zu verhindern. Anders als runde Preise zwangen diese gebrochenen Preise den Verkäufer, mit dem Geld des Kunden zur Kasse zu gehen, um das Rückgeld zu holen, anstatt es einfach einzustecken.

Doch diese Preise hatten auch einen anderen Effekt: Ein Produkt für 19,99 Dollar wirkt überproportional billiger als eines für 20 Dollar. Weil Kunden dazu neigen, die Ziffern rechts zu ignorieren, kostet es in ihrer Wahrnehmung eher 19 als 20 Dollar, manchmal sogar eher 10 als 20 Dollar.

Zwar verliert man an jedem verkauften Artikel 1 Cent, aber dieser Verlust könnte – so die Annahme – mehr als ausgeglichen werden, wenn die Leute unter dem Eindruck, der Artikel sei besonders billig, mehr davon kauften.

Bereits in den 1930er-Jahren versuchte ein Versandhaus, der Sache auf den Grund zu gehen (siehe Seite 88): In einem Teil der 6 000 000 Kataloge wurden Produkte, die normalerweise 0,49, 0,79, 0,98, 1,49 und 1,98 Dollar kosteten, für 0,50, 0,80, 1,00, 1,50 und 2,00 Dollar angeboten. Das Resultat war so verwirrend, dass keine allgemeine Regel daraus abgeleitet werden konnte: Einige Produkte wurden viel häufiger gekauft, andere viel weniger.

Sechzig Jahre später wollte Hermann Diller mittels Waschmitteln und Knoblauchpillen eine Antwort finden. Diller ist Professor für Marketing an der Universität Erlangen-Nürnberg und führte das Experiment in der Drogerie mit Andreas Brielmaier durch. Er war schon immer skeptisch, ob das zwanghafte Festsetzen gebrochener Preise zu mehr Umsatz führte, wie es die meisten Händler immer noch glaubten.

Der schwierigste Teil des Experiments bestand darin, einen Ladenbesitzer davon zu überzeugen, den Versuch zu wagen. »Am Preis zu spielen, halten viele für gefährlich. Das ist für die Händler das Spiel mit dem Feuer«, sagt Diller. Schließlich fand er eine Drogeriekette, die sich bereit erklärte, in vier Läden während vier Wochen bei den Reinigungs- und Gesundheitsprodukten runde Preise zu setzen. Eine Rolle spielte dabei wohl auch, dass Diller vorrechnete, wie sich der Gewinn von 1 oder 2 Pfennig pro Artikel bei runden gegenüber gebrochenen Preisen zur stattlichen Summe von 1,2 Millionen DM pro Jahr addieren kann.

Am Ende der Testphase zeigte sich, dass wegen der aufgerundeten Preise weder der Umsatz generell sank, noch weniger Artikel verkauft wurden. Es kam im Gegenteil zu einem – allerdings nicht signifikanten – Anstieg in beiden Fällen.

Die Gewohnheit, immer und überall mit gebrochenen Preisen zu werben, ist also wahrscheinlich ökonomischer Unsinn – oder doch nicht. Zwei amerikanische Forscher hatten in den 1990er-Jahren 30 000 Kataloge verschickt, in denen die angebotenen Kleider zwischen 7 und 120 Dollar kosteten, und 30 000 mit Preisen zwischen 6,99 Dollar und 119,99 Dollar. Die 99er-Version bewirkte stattliche neun Prozent mehr Umsatz. Wahrscheinlich gibt es keine allgemein gültige Antwort, ob sich gebrochene Preise für ein Unternehmen lohnen oder nicht.

Auch Diller fand gewisse »Preisschwellen«, bei denen gebrochene Preise ihre Wirkung entfalteten und zu Mehrabsatz führten: zum Beispiel beim Waschmittel für 9,99 DM anstatt für 10 DM. Tendenziell vor allem dann, wenn ein Preis auf einen vollen DM-Betrag endete, also keine Pfennigbeiträge enthielt.

Die Vermutung, Preise, die auf 9 endeten, führten zu Mehrabsatz, wurde zu einer sich selbst erfüllenden Prophezeiung. Die Konsumenten sind derart darauf eingestellt, dass eine 9 am Schluss »billig« bedeutet, dass sie in einem Experiment ein Kleid für 39 Dollar deutlich häufiger kauften als dasselbe für 34 Dollar.

Dass Diller mit seiner kritischen Haltung gegenüber dem flächendeckenden Einsatz gebrochener Preise nicht so falsch liegen kann, wusste er, als drei Flaschen Champagner mit der Post kamen: Ein Manager einer Großhandelskette schrieb in dem Begleitbrief, er habe die Preise aufgerundet und seinen Umsatz um einen zweistelligen Millionenbetrag erhöht.

◆ Diller, H., and A. Brielmaier (1996). Die Wirkung gebrochener und runder Preise. Ergebnisse eines Feldexperiments im Drogeriewarensektor. *Zeitschrift für betriebswirtschaftliche Forschung* 48(7/8), 695-710.

1993 **Die vertauschten Friedenspläne**

Wie bringt man israelische Studenten dazu, einen palästinensischen Friedensplan vorteilhafter zu beurteilen als einen israelischen? Jeder Diplomat, der die Verhältnisse im Nahen Osten kennt, hielte das für unmöglich, doch der israelischen Sozialpsychologin Ifat Maoz ist es im Frühsommer 1993 mittels eines Tricks gelungen.

Maoz hatte schon immer zum Frieden zwischen Israel und dem Volk der Palästinenser beitragen wollen. »Es war mir unvorstellbar, Forschung zu betreiben, die nicht von Bedeutung für die Lösung dieses Konflikts ist«, sagt die Professorin an der Hebräischen Universität von Jerusalem. Als sie Anfang der 1990er-Jahre auf der Suche nach einem Thema für ihre Dissertation war, traf sie den Psychologen Lee Ross von der Stanford University in Palo Alto, Kalifornien. Ross ist bekannt für seine Untersuchungen über den naiven Realismus: die Überzeugung jedes Menschen, die Dinge so zu sehen, wie sie wirklich sind. Unser Gehirn ist mit der ebenso bewundernswerten wie eigennützigen Fähigkeit ausgestattet, die eigene Wahrnehmung und die eigenen Ansichten für präzise, realistisch und unvoreingenommen zu halten.

Ross erkannte, welch weitreichende Folgen sich daraus ergeben, wenn zwei Menschen aufeinandertreffen, deren Ansichten auseinandergehen. Wenn ich die Dinge sehe, wie sie sind, muss natürlich jeder andere vernünftige Mensch meine Sicht teilen. Tut er es nicht, muss es möglich sein, dass ich ihn mit meinen vernünftigen Argumenten überzeuge. Sieht er es immer noch nicht ein, ist er dumm, faul oder voreingenommen. Dabei gibt es nur ein einziges Problem: Der andere denkt genauso.

Besonders bei lang andauernden Konflikten sind oft beide Parteien überzeugt davon, die andere Seite sei unaufrichtig oder führe etwas im Schilde. Der Standpunkt des Gegners wird so von vornherein abgewertet – ganz egal, wie nahe er am eigenen liegt. Ross konnte diese unwillkürliche Abwertung bei Rollenspielen im Labor nachweisen, Maoz wollte jetzt herausfinden, ob es sie auch bei realen Konflikten gab.

Mithilfe ihres Vaters, des Nahostexperten Moshe Maoz, verschaffte sie sich Zugang zum Text der Friedensvorschläge, die Israelis und Palästinenser während der Friedensverhandlungen in Washington 1993 präsentiert hatten. Sie suchte zwei davon aus – jenen der Israelis vom 6. Mai und den der Palästinenser vom 10. Mai –, kürzte sie etwas und bat eine Gruppe von Studenten um zwei Wertungen: Wie vorteilhaft ist ein Vorschlag für die Israelis? Wie vorteilhaft ist ein Vorschlag für die Palästinenser? 1 bedeutete sehr schlecht, 7 sehr gut. Wie bei solchen Verhandlungen üblich, waren die Vorschläge eher allgemein gehalten.

Was die Studenten nicht wussten: Bei einem Teil der Fragebogen waren die Urheber vertauscht worden. Der Vor-

Der historische Händedruck am 13. September 1993: der israelische Präsident Rabin links, Palästinenserführer Arafat rechts, Präsident Clinton in der Mitte. Friedensvorschläge aus den vorangegangenen Verhandlungen wurden für ein raffiniertes Experiment verwendet.

schlag der Israelis wurde den Palästinensern zugeschrieben, jener der Palästinenser den Israelis – mit dem Resultat, dass die Studenten den Friedensvorschlag ihrer Feinde deutlich besser fanden (4,06) als ihren eigenen (3,26). Die Politiker hätten es sich sparen können, nächtelang über Details zu brüten, entscheidend war nicht, was da stand, sondern, wer es geschrieben hatte. (War die Zuordnung nicht vertauscht, bewerteten die Studenten die Vorschläge der eigenen Seite als besser.)

Als Maoz die Versuchsteilnehmer über die Manipulation aufklärte, waren sie weder verunsichert noch beschämt. Das war überraschend, schließlich hatte sie ihnen eben nachgewiesen, dass sie höchst parteiisch waren, es ihnen weniger um den Inhalt eines Friedensvorschlags ging als darum, von wem er stammte. »Doch sie sagten nur: ›Das ist ganz rational. Wir befinden uns in einem Kampf, der Feind sind die Palästinenser, wir können ihnen nicht vertrauen, also können wir ihren Vorschlägen auch nicht vertrauen.‹«

Maoz führt das Experiment inzwischen jedes Jahr durch. Am Anfang hatten sie die Resultate noch erstaunt. »Wir dachten: Wie kann das bei politisch gebildeten Leuten passieren, denen dieser Konflikt so wichtig ist?« Heute vermutet sie, dass es eine Frage des Stolzes ist. »Wir glaubten, der Stolz der Studenten würde sich aus ihrer politischen Expertise speisen, aber er stammt wohl eher aus ihrer konsequenten Haltung, den Palästinensern zu misstrauen.«

Zu großen Diskussionen kommt es jeweils, wenn Maoz die Antworten gesondert nach der politischen Position analysiert: Taube oder Falke? (Tauben befürworten einen Kompromiss mit den Palästinensern, Falken lehnen ihn ab.) Auch diese Analyse erbringt stets das gleiche Resultat: Es sind immer die Tauben, deren Wertung stark vom vermeintlichen Urheber abhängt, nie die Falken, deren Urteil sich unabhängig von der Quelle nicht verändert. Das hat auch damit zu tun, dass die Falken jeden Kompromiss mit den Palästinensern ablehnen, ganz egal, von welcher Seite er kommt. Manchmal wirft Maoz trotzdem die provokante Frage in die Runde: »Bedeutet das Resultat, dass Leute, die dem linken politischen Spektrum angehören [also die Tauben], mehr Vorurteile haben als rechts stehende?« Auf eine endgültige Antwort darauf wartet sie noch.

Maoz' Trick funktioniert auch in der anderen Richtung: Auch arabische Israelis, die normalerweise auf der palästinensischen Seite stehen, fanden einen israelischen Vorschlag besser als den palästinensischen, wenn die Urheber vertauscht worden waren. Die Resultate waren zwar etwas weniger ausgeprägt, aber Maoz vermutet, dass die arabischen Studenten es nicht wagten, ehrlich zu antworten, weil sie wussten, dass eine israelische Wissenschaftlerin die Studie durchführte.

Obwohl diese unverrückbare Voreingenommenheit gegenüber der anderen Seite bei Verhandlungen ein fast unüberwindbares Hindernis darstellt, gelingt es Maoz, die Ergebnisse positiv zu deuten. Immerhin habe sie Leute dazu gebracht, Lösungen zuzustimmen, die sie bis dahin abgelehnt hatten.

Natürlich ist das Vertauschen der Urheber eine Manipulation, die im Verhandlungsalltag nicht praktikabel ist, aber Maoz hat bereits weitere Untersuchungen durchgeführt über den Einfluss einer dritten unabhängigen Partei, die als Urheber der Vorschläge auftritt. Die Chancen, dass ein Friedensplan von beiden Seiten akzeptiert wird, erhöht sich dadurch deutlich. In ihrem nächsten Experiment will sie herausfinden, ob es einen Unterschied macht, wenn ein Vorschlag von einer Frau oder von einem Mann kommt.

◆ Maoz, I., A. Ward et al. (2002). Reactive Devaluation of an »Israeli« vs. »Palestinian« Peace Proposal. *Journal of Conflict Resolution* 46(4), 515-546.

1993 **Die Farm der Leichen**

Im September 1993 führte die anthropologische Forschungseinrichtung der Universität Tennessee ein Experiment durch, dessen Resultat nie in einer Fachzeitschrift publiziert wurde. Wer wissen will, wie der Versuch mit der Leiche 4-93 ausging, muss vielmehr Patricia Cornwells Krimi *Body Farm* lesen.

Cornwell hatte 1990 mit großem Erfolg ihren ersten Krimi publiziert und zugleich eine neue Gattung geschaffen: den forensischen Polizeiroman. Ihre Heldin Kay Scarpetta ist Gerichtsmedizinerin und löst ihre Fälle mit geballtem Wissen über das Einsetzen der Leichenstarre und die Schädelbeschaffenheit nach einem Schlag auf den Kopf.

Ein Großteil dieses Wissens hatte Patricia Cornwell aus erster Hand: Bevor sie Schriftstellerin wurde, war sie Gerichtsreporterin und Computerspezialistin am gerichtsmedizinischen Institut von Virginia. Selbst Experten zollen ihr Respekt für die realistische und exakte Darstellung der forensischen Methoden in ihren Büchern. Über ihre Arbeit schreibt sie: »Wenn ich Ihnen zeige, wie ein Tatort gesichert, eine Autopsie ausgeführt, ein wissenschaftliches Instrument verwendet wird, dann können Sie mir glauben, dass ich Ihnen die Wahrheit sage.«

Für diese Zusicherung wollte Cornwell auch mit *Body Farm* einstehen, und dazu brauchte sie die Leiche 4-93. Für die Lösung des Falls, den sie sich ausgedacht hatte, musste sie wissen, welche Spuren eine Münze auf der Haut einer Leiche hinterlässt, wenn diese einige Tage in einem Keller auf dem Geldstück gelegen hat. Kein Forensiker konnte ihr diese Frage beantworten. Cornwell kannte nur einen Mann, der ihr helfen konnte: Bill Bass, den »Bürgermeister der Farm der Leichen«, wie er scherzhaft genannt wurde.

Bass war forensischer Anthropologe an der Universität von Tennessee und untersuchte seit Langem die Verwesung von Leichen. Cornwell hatte ihn auf einem Kongress kennengelernt, als sie noch in der Gerichtsmedizin arbeitete. 1981 richtete Bass fünf Autominuten von seinem Büro in Knoxville entfernt auf einem halben Hektar Land die Anthropology Research Facility ein, einen Komplex, auf dem er die Zersetzung von Leichen unter realistischen Bedin-

Nachdem sich Spaziergänger immer wieder vor dem Anblick der Leichen erschreckten, wurde das Gelände der Body Farm besser eingezäunt (links). Blick auf den Todesacker (rechts), die Dreibeine dienen zum täglichen Wiegen der Leichen.

gungen beobachten konnte. Polizisten sprachen bald nur noch von der »Farm der Leichen«. Der ersten gab er die Nummer 1-81.

Bass hoffte, in seinem Freiluftlabor Fragen zu beantworten wie etwa: Nach welcher Zeit fällt ein Arm ab? Wann lösen sich Zähne aus dem Schädel? In welcher Reihenfolge besiedeln Insekten Leichen? Wie lange dauert es, bis von einem Körper nur noch das Skelett übrig bleibt? Heute bringt er mit seinen Erkenntnissen Verbrecher zur Strecke: als Sonderberater der Staatspolizei von Tennessee.

Die Farm der Leichen brockte ihm aber auch Probleme ein. Vier Jahre nach ihrer Gründung protestierte die lokale Patientenorganisation »Solutions to Issues of Concern to Knoxvillians« (SICK) gegen die Forschungseinrichtung, da sie in der Nähe eines Hospitals lag. Man einigte sich schließlich darauf, das Gelände besser einzuzäunen. Bis dahin hatten die Leichen offenbar immer wieder Spaziergänger erschreckt, die ungewollt einen Blick ins Totenreich erhaschten.

Als Bass den Anruf von Cornwell erhielt, wusste er noch nicht, dass die Schriftstellerin im Begriff war, ihn und die Farm der Leichen weltberühmt zu machen. In seinen Memoiren *Der Knochenleser* schreibt Bill Bass, dass er zuerst ablehnen wollte, das Experiment für Cornwell durchzuführen. »Aber als sie mir näher erklärte, was ihr vorschwebte, war meine wissenschaftliche Neugier geweckt.« Es ging darum, die Verwesung einer Leiche in einem kühlen, geschlossenen Raum zu studieren.

Bis zu diesem Zeitpunkt hatte Bass seine Leichen meist vergraben oder im Freien liegen lassen. Dass er sich schließlich zu dem Versuch bereit erklärte, war wohl auch Cornwells Prominenz zu verdanken. Obwohl Bass schrieb, »Cornwells Anfrage eröffnete ein ganz neues Forschungsgebiet«, hat er die Studie nie in einer Fachzeitschrift publiziert.

Der Mord in Cornwells Geschichte sollte im Keller eines Hauses in Black Mountain (North Carolina) geschehen. Dort war es deutlich kühler als die 30 bis 35 Grad, die im Osten von Tennessee im Sommer herrschten. Cornwell bot an, eine Klimaanlage zu finanzieren, damit der Versuch im Sommer durchgeführt werden könnte, doch da keine Leiche zur Verfügung stand, musste die Sache bis zum Herbst warten.

An einem Wochenende im September 1993 besuchte Cornwell schließlich die Body Farm. Es fand gerade ein wichtiges Footballspiel statt, und Bass vermutete, Cornwell habe eines der letzten Hotelzimmer in der Stadt erwischt. Bei späteren Aufenthalten war sie nicht mehr auf Übernachtungen in nahen Hotels angewiesen: Sie flog mit dem eigenen Helikopter nach Knoxville und mähte dabei auch einmal den Zaun der Leichenfarm nieder.

Bass führte sie durch das Reich der Toten. Cornwell machte eifrig Notizen. Ihre Heldin Kay Scarpetta wird später berichten: »Der Boden war übersät mit Walnüssen, gegessen hätte ich jedoch keine davon, weil der Tod hier den Boden regelrecht durchtränkt hatte und alle möglichen Körperflüssigkeiten in das Erdreich dieser Hügel gesickert waren.«

Bass hatte alles für das Experiment vorbereitet. Um die Verhältnisse in einem Keller zu simulieren, bediente er sich des Betonfundaments eines geplanten Geräteschuppens. Darüber stellte er eine umgedrehte Sperrholzkiste, 2,50 Meter lang sowie jeweils 1,20 Meter hoch und breit.

Ein paar Wochen nach Cornwells Besuch traf die Leiche 4-93 ein. Wie von Cornwell gewünscht, legten sie Bass und seine Mitarbeiter mit dem Rücken auf den Betonsockel. Unter den Körper steckten sie ein Ein-Cent-Stück und andere Gegenstände, dann stülpten sie die Sperrholzkiste darüber. Sechs Tage später holte Bass die Leiche ins Leichenschauhaus. An der unteren Rückenpartie wies sie eine kreisförmige Vertiefung auf, in deren Mitte ein schwacher

Für ihren 1993 erschienenen Thriller *Body Farm* ließ die Autorin Patricia Cornwell auf dem Todesacker ein Experiment durchführen.

Abdruck des Porträts von Abraham Lincoln zu sehen war – die Leiche verriet, dass sie auf einer Münze gelegen hatte. Scarpetta konnte also im Buch dieses Indiz brauchen, um den Fall zu lösen. Bass schickte Cornwell einen Bericht mit Fotos.

Einige Monate später erfuhr er, dass sie ihren Roman *Body Farm* nennen würde. Und nicht nur das, Bass bekam als Dr. Lyall Shade – »trotz seiner gewaltigen Kompetenz ein bescheidener und introvertierter Mann von sehr sanftmütiger Art« – einen Auftritt. Selbst dass seine Mutter im Altersheim aus Stoffresten Ringe fertigte für die ordentliche Fixierung der Totenschädel, hat Cornwell nicht erfunden. Bass war bekannt dafür, seinen Studenten solche Ringe zum Abschluss zu schenken.

Nachdem das Buch erschienen war, blieb das Telefon von Bill Bass wochenlang nicht mehr still. Reporter aus aller Welt wollten Lyall Shades Alter Ego interviewen; Fernsehteams filmten auf dem Gelände der Farm der Leichen. Bass hatte Schwierigkeiten, die Leute abzuwimmeln. Einmal erkundigten sich in derselben Woche zwei Mütter, ob Bass nicht die Pfadfindergruppen ihrer Söhne durch die Farm der Leichen führen könne.

Doch der ganze Rummel war auch ein Segen. Die Anzahl Leute, die beabsichtigten, ihren Körper nach dem Tod der Body Farm zu spenden, hatte seither deutlich zugenommen. Wegen der Herkunft der Leichen wurde Bass auch schon angegriffen. Die medizinischen Sachverständigen von Tennessee schickten ihm immer wieder Leichen, auf die niemand Anspruch erhob. Vielfach waren es Obdachlose gewesen, darunter Kriegsveteranen, was Bass nicht wusste. Als ein Fernsehsender Bass' Arbeit als Schändung verstorbener Kriegsteilnehmer darstellte, brachten einige Parlamentarier einen Gesetzesentwurf ein, der die Forschung an Leichen unbekannter Herkunft unmöglich gemacht hätte. Das Gesetz wurde schließlich abgelehnt. Es setzte sich die Meinung durch, dass die Sorge um die Überreste Verstorbener hinter der Notwendigkeit, Verbrecher zu ergreifen, zurücktreten sollte.

Bill Bass ist heute über 80 Jahre alt. Er hat auf der Farm der Leichen mehr als 300 Verstorbenen beim Verwesen zugesehen. Wird sein eigener Körper dereinst in der Body

Farm liegen? »Werde ich praktizieren, was ich predige? Werde ich mein Leben zu seinem logischen Abschluss bringen?«, fragt er sich in *Der Knochenleser*.

Früher hätte er ohne zu zögern Ja gesagt. Doch seine jetzige Frau neige eher zu einer »traditionelleren und – zumindest nach ihrer Denkweise – würdigeren letzten Ruhestätte«. Bass wird die Entscheidung ihr und seinen Söhnen überlassen. Er wäre wohl auch nicht unglücklich, wenn sein Körper nicht in der Body Farm landen würde. »Der Wissenschafter in mir will die Spendeneinwilligung unterschreiben. Der Rest meiner Person kann nicht vergessen, wie sehr ich Fliegen hasse.«

verrueckte-experimente.de

◆ Bass, B., and J. Jefferson (2003). *Death's Acre: Inside the Legendary Forensic Lab, The Body Farm, Where the Dead Do Tell Tales*. New York, G. P. Putnam's Sons.

1994 **Kitzeln (III): Kann eine Maschine kitzeln?**

Wenn es an etwas nicht gelegen hat, dass die Kitzelforschung im 20. Jahrhundert keine großen Fortschritte machte, dann an mangelnder Originalität: Da gab es einen Wissenschafter, der immer eine Maske über sein Gesicht zog, bevor er seine Kinder kitzelte (siehe Seite 72 ff.), und einen anderen, der aus einer Holzkiste, einer Stricknadel und ein paar Hebeln einen manuellen Kitzelapparat baute (siehe Seite 166 ff.). Und auch die Studie, die Christine Harris von der University of California in San Diego Anfang der 1990er-Jahre durchführte, setzte die Tradition der seltsamen Kitzelexperimente fort. Sie trug den Titel: »Kann eine Maschine kitzeln?«

So seltsam und unwichtig diese Frage scheint, Harris hatte gute Gründe ihr nachzugehen. Die bisherigen Arbeiten hatten kaum zur Klärung der Frage beigetragen, was es mit dem Kitzeln auf sich hatte, und wie immer in solchen Situationen schossen die Spekulationen ins Kraut. Eine davon schrieb dem Kitzeln eine soziale Funktion zu. Welche genau das sein sollte, war zwar unklar, aber sie legte die Vermutung nahe, dass nur lachen würde, wer von einem anderen Menschen gekitzelt werde. Die Ansicht, dass Kitzeln eine zwischenmenschliche Angelegenheit sei, war weit verbreitet. Bei einer Umfrage, die Harris und ihr Mitarbeiter Nicholas Christenfeld unter Studenten durchführten, glaubte die Hälfte der Befragten nicht, dass eine Kitzelmaschine einen Menschen auch nur ein bisschen zum Lachen bringen könnte, und lediglich 15 Prozent waren der Meinung, eine Maschine könnte dem Menschen in Sachen Kitzeln ebenbürtig sein.

Keine Frage: Christine Harris brauchte dringend eine Kitzelmaschine. Sie besorgte sich verschiedene Zeiger, Einstellknöpfe und Lämpchen und bastelte einen beeindruckenden Apparat, aus dem an einem Schlauch ein Roboterarm aus dem nächsten Spielwarengeschäft ragte. Die prächtigen Geräusche, die das Gerät von sich gab, stammten von einem im Gehäuse versteckten Inhalator, wie ihn Asthmatiker brauchen.

»Die Idee war, dass er glaubwürdig aussehen sollte«, sagte Harris der Wissenschaftszeitschrift *Discover*. »Je weniger er einem Menschen glich, desto besser.« Nichts sollte die Versuchsteilnehmer an eine soziale Situation erinnern. Dass der Kitzelroboter gar nicht funktionierte, war nicht etwa ein Lapsus, sondern gehörte zum Plan.

Harris wollte vergleichen, wie stark ihre Versuchspersonen lachten, wenn sie von einem anderen Menschen gekitzelt wurden oder von der Maschine. Lachten sie bei der Maschine nicht, wäre das ein Hinweis auf eine soziale Funktion des Kitzelns, lachten sie hingegen bei Maschine und Mensch gleich stark, so existierte diese soziale Funktion vielleicht gar nicht.

Das Problem war natürlich, dass Harris' Roboter genau die gleiche Kitzelleistung vollbringen musste wie ein Mensch. Schließlich ging es nicht um die Frage: Ruft eine andere Art zu kitzeln beim Menschen eine andere Reaktion hervor?, sondern darum: Spielt es eine Rolle, ob hinter dem exakt gleichen Kitzeln ein Mensch oder eine Maschine steckt?

Dieses Problem löste Harris mithilfe von Meg Notman. Wie alle Psychologiestudentinnen an der Universität musste auch Notman ein Forschungspraktikum absolvieren. Ob sie wusste, was sie erwartete, als sie sich bei Harris meldete, ist unbekannt, jedenfalls war ihre Aufgabe mehr als ungewöhnlich: Sie musste sich nämlich unter dem Tisch mit dem Kitzelroboter verstecken und an seiner Stelle die Versuchspersonen an den Füßen kitzeln.

Nachdem die Versuchspersonen den Raum mit dem Kitzelroboter betreten hatten, erklärte ihnen Harris, dass sie

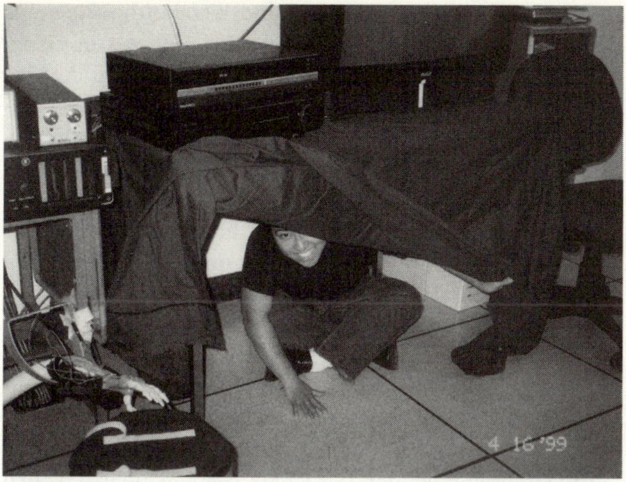

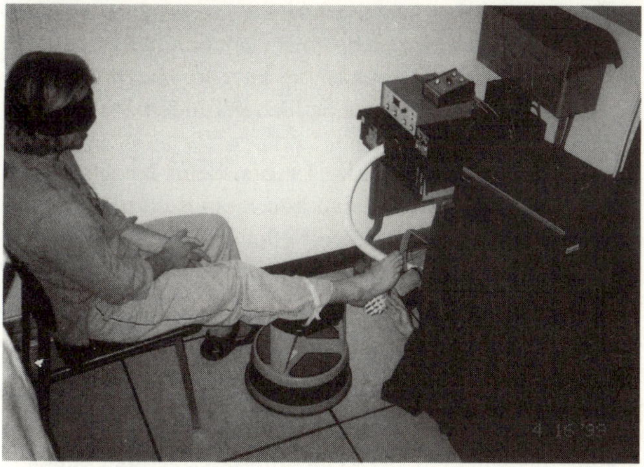

Die Versuchspersonen glaubten bloß, dass der Kitzelroboter (links im Bild) funktionierte. In Tat und Wahrheit wurden sie von der Studentin Meg Notman gekitzelt, die sich unter dem Tisch versteckt hielt.

nun zweimal gekitzelt würden: einmal von ihr selbst, einmal von der Maschine. Die Forscherin bat sie, den rechten Schuh und Strumpf auszuziehen, sich hinzusetzen und den nackten Fuß auf einen Schemel zu stellen, wo sie ihn in Reichweite des Roboterarms festband. Sie gab ihnen Ohrenstöpsel und verband ihnen die Augen, damit sie nicht abgelenkt würden, wie sie ihnen erklärte. In Tat und Wahrheit ging es ihr nur darum zu verhindern, dass ihre Manipulation aufflog.

Dann lehnte Harris sich vor und kitzelte die Fußsohle der Versuchsperson, oder sie setzte den Roboter in Gang, der das Kitzeln übernahm – das jedenfalls sollten die Versuchspersonen glauben. In Wahrheit langte in beiden Fällen Meg Notman aus ihrem Versteck zu und kitzelte die Probanden. So konnte Harris sichergehen, dass das Kitzeln von Mensch und Maschine identisch war. Dass die Versuchspersonen nie wirklich von einer Maschine gekitzelt wurden, war für das Experiment unwesentlich, solange alle glaubten, der Kitzelroboter habe seine Arbeit getan. Nur eine einzige Versuchsperson bemerkte den Bluff, als Meg Notman sich mit einer Haarklammer in den Tischtüchern verfing und sich zu befreien versuchte. Zu Ehren ihrer furchtlosen Assistentin taufte Harris den Kitzelroboter »Mechanical Meg«.

Videoaufnahmen der Gesichter der Versuchspersonen und ihre Selbsteinschätzung zeigten, dass die Intensität des Lachens immer die gleiche blieb, unabhängig davon, ob ein Mensch oder die »Maschine« kitzelte. Harris hatte die Antwort auf ihre Frage schließlich gefunden: Ja, Maschinen können kitzeln!

Harris vermutet, dass das Lachen beim Kitzeln nichts Soziales an sich hat, sondern einfach ein Reflex ist, wie der Kniereflex. Warum wir diesen Reflex haben, müssten allerdings weitere, zweifellos originelle Experimente klären.

◆ Harris, C. R., and N. Christenfeld (1999). Can a machine tickle? *Psychon Bull Rev* 6(3), 504-10.

1994 **Physik vor Gericht**

War das eine neue Sportart? Eine Kunstperformance? Ein Initiationsritus unter Bauarbeitern? Am 19. November 1994 konnte man auf dem Dach eines dreistöckigen Backsteingebäudes etwas außerhalb von New York 19 Männer sehen, die mit Pflaster gefüllte Eimer auf den Parkplatz vor dem Haus warfen. Ebenfalls auf dem Dach stand Psychologieprofessor Michael McCloskey, der den Männern Anweisungen gab: Sie sollten einer nach dem anderen über die Dachkante blicken, ein fünfeinhalb Meter vor der Hausmauer am Boden markiertes Ziel anvisieren, den zehn Kilogramm schweren Eimer fassen, Anlauf nehmen und das Behältnis ohne hinzuschauen runterwerfen – genau wie damals im Herbst 1993 Pedro José Gil, der deswegen jetzt im Gefängnis saß.

Auf dem Parkplatz in sicherer Entfernung stand Strafverteidiger Peter Neufeld, der nach jedem Wurf notierte, wo der Eimer gelandet war. 16 der Männer warfen den Eimer zu weit – durchschnittlich 2,5 Meter – und das, obwohl 10 von ihnen glaubten, ihr Wurf sei zu kurz gewesen. Dieses Resultat, hoffte Neufeld, würde seinem Mandanten Pedro José Gil eine langjährige Gefängnisstrafe ersparen.

Im Herbst 1993 hatte Gil eine große Dummheit begangen. Nachdem er beobachtet hatte, wie einige seiner Freunde nach einem Streit mit der Polizei in seiner Wohnstraße in Manhattan festgenommen worden waren, stieg er auf das Dach seines Hauses und warf einen Eimer voll Pflaster auf die Straße. Er sei wütend gewesen und habe die Leute erschrecken wollen, sagte er später. Doch Gil warf zu weit. Der Eimer landete nicht auf dem leeren Gehsteig, den er nach eigener Aussage habe treffen wollen, sondern auf dem Kopf von Polizist John Williamson, der auf der Straße stand. Williamson starb kurz darauf, Gil wurde festgenommen. Die Anklage lautete auf Totschlag. Es drohten ihm mehrere Jahrzehnte hinter Gittern. Jetzt wollte sein Vertei-

Von diesem Gebäude warfen die Testpersonen mit Pflaster gefüllte Eimer, um einem Angeklagten eine lange Gefängnisstrafe zu ersparen.

diger Peter Neufeld belegen, dass Gil gar nicht auf den Polizisten gezielt hatte, und dazu brauchte er McCloskey.

Als Michael McCloskey 1978 an der Johns Hopkins University Professor wurde, suchte er nach einem eigenen Forschungsbereich. »Ich wollte etwas Neues tun«, erinnert er sich. Kurze Zeit später riefen die National Science Foundation und das National Institute of Education dazu auf, Projekte zum Thema »Struktur des Wissens in Wissenschaft und Mathematik« einzureichen. McCloskey schlug vor, zu untersuchen, wie sich Leute mit unterschiedlichen Physikkenntnissen Bewegungen erklären. Er dachte dabei zum Beispiel an die Eiskunstläuferin, die sich bei einer Pirouette schneller dreht, wenn sie die Arme zum Körper zieht. Das Projekt wurde bewilligt. Doch nachdem McCloskey mit seinen Befragungen begonnen hatte, zeigte sich, dass die Mechanik der Eiskunstläuferinnen die Vorstellungskraft vieler Studenten bei Weitem überstieg. In den Gesprächen stellte sich heraus, dass sie selbst die viel grundlegenderen Bewegungen einer Kugel falsch deuteten.

McCloskey legte den Versuchspersonen Skizzen vor, in denen Leute Bälle schleuderten, Kugeln über Tischkanten rollten oder Flugzeuge Bomben abwarfen, und forderte sie auf, unter verschiedenen vorgeschlagenen Flugbahnen die richtige auszuwählen. Und er ließ sie selber Bälle werfen und die Aufprallstelle schätzen.

Selbst bei den einfachsten Fragen lagen viele völlig daneben. Bei einem Test sollten zum Beispiel zwanzig Versuchspersonen, während sie durchs Labor marschierten, einen Golfball so fallen lassen, dass er eine Markierung am Bo-

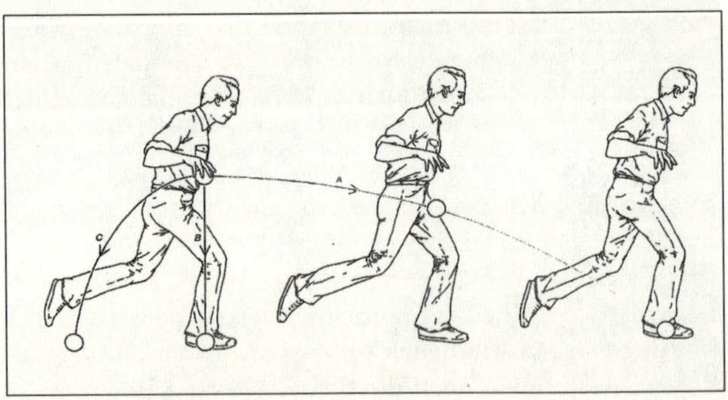

Test 1: Die Person im Bild rennt von links nach rechts. In der linken Position lässt sie den Ball fallen. Welchen Weg (A, B, C) wird der Ball nehmen? (Lösung im Text)

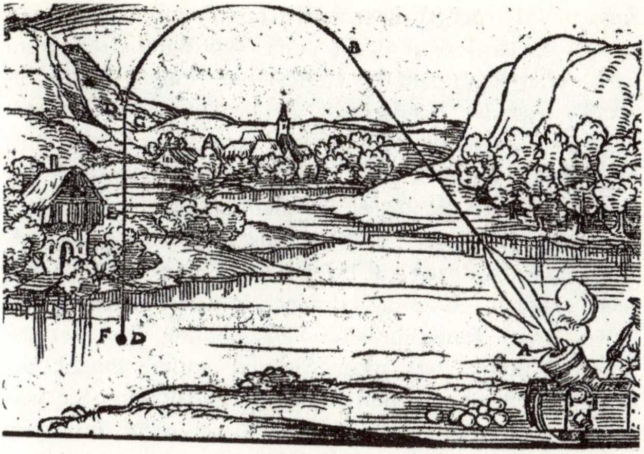

Intuitiv erklären sich auch heute noch viele Leute Bewegungen mit der Impetustheorie aus dem 14. Jahrhundert: Ein Körper kommt zum Stillstand, weil die ihm innewohnende Bewegungsenergie aufgebraucht ist. Deshalb fällt die Kanonenkugel im Bild auch plötzlich senkrecht herunter.

den traf. Zwölf davon ließen den Golfball los, als ihre Hand genau über der Markierung war, im festen Glauben, der Ball falle genau senkrecht zu Boden – McCloskey nennt das den »Gerade-abwärts-Glauben«. Auch wenn die Versuchspersonen die Bahn des Balls in einer Zeichnung bestimmten, wählten sie oft die senkrechte Linie oder vermuteten sogar, der Ball würde sich gegen die Marschrichtung rückwärts bewegen (Lösung von Test auf Seite 228: A).

McCloskey war nicht etwa entsetzt über so viel Unwissen. Vielmehr faszinierten ihn die systematisch falschen Antworten. Als Jugendlicher hing er selber dem »Gerade-abwärts-Glauben« an. »Ich erinnere mich, als Schüler Geschichten über den Zweiten Weltkrieg gelesen zu haben. Darin wurde auch über die Schwierigkeit gesprochen, eine Bombe zum richtigen Zeitpunkt aus dem Flugzeug abzuwerfen. Ich verstand nicht, was daran so kompliziert sein soll, wenn man einfach warten kann, bis sich das Flugzeug exakt über dem Ziel befindet, und die Bombe dann fallen lässt.«

Nach den Bewegungsgesetzen von Newton bewegt sich ein Ball, den man im Gehen fallen lässt, aber auf einer Kurve in Marschrichtung dem Boden zu. Solange die marschierende Person den Ball hält, hat er ja deren Geschwindigkeit. Wird er dann losgelassen, bewegt er sich mit dieser Geschwindigkeit weiter in Marschrichtung, nur dass ihn jetzt auch noch die Schwerkraft zu Boden zieht.

Zusammen ergeben diese zwei Komponenten die immer steiler werdende Kurve, die auch »Wurfparabel« genannt wird. Jeder Schlüssel, der einem beim Spurt zur Bushaltestelle aus der Tasche fällt, beschreibt eine Wurfparabel; warum also glauben so viele, dass er senkrecht fällt? Ein Grund dafür ist eine Täuschung der Wahrnehmung: Wenn Sie Ihre Schlüssel im Gehen fallen lassen, landen sie nicht hinter oder vor Ihnen, sondern genau neben Ihnen. In Bezug auf Ihren Körper sind sie also senkrecht gefallen – bloß dass der sich in dieser Zeit vorwärts bewegt hat. Eine ähnliche Verschiebung des Bezugsrahmens findet statt, wenn Sie eine andere Person beobachten, die im Gehen Schlüssel fallen lässt. Sie vergleichen die Bewegung der Schlüssel nicht mit dem ruhenden Boden, sondern mit der marschierenden Person – und in Bezug auf sie fallen die Schlüssel ja senkrecht. Bei einem anderen Problem waren die Resultate ähnlich falsch: McCloskey fragte nach der Flugbahn eines Balles, der an einer Schnur über dem Kopf im Kreis geschwungen und dann losgelassen wird (wie Davids Steinschleuder im Alten Testament). Ein Drittel der Studenten zeichnete eine gekrümmte Bahn ein, offenbar nicht wissend, dass ein Körper sich immer auf einer geraden Linie bewegt, wenn keine Kraft auf ihn einwirkt.

Wenn Sie die Aufgaben ebenfalls falsch gelöst haben, sind Sie zwar in guter Gesellschaft, aber mit Ihren Physikkenntnissen vor 400 Jahren stehen geblieben. McClos-

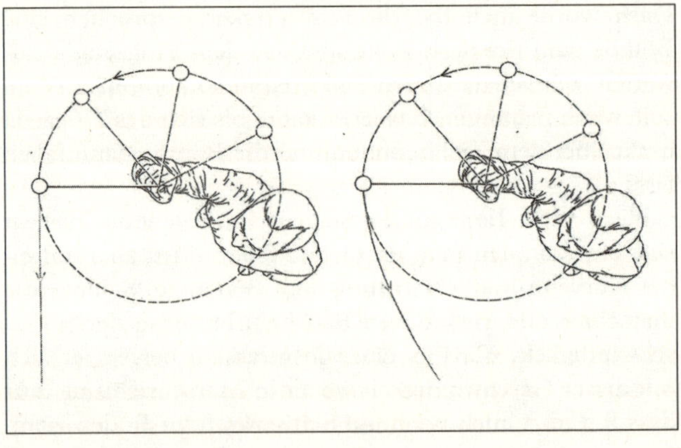

Test 2: Die Person im Bild schwingt an einer Schnur einen Ball über dem Kopf. Angenommen, die Schnur reißt. Beschreibt der Ball dann eine gerade oder eine gekrümmte Bahn? (Lösung im Text)

key fiel nämlich auf, dass die falschen Lösungen mit einer Theorie übereinstimmten, mit der man sich Bewegungen erklärt hatte, bevor Isaac Newton im 17. Jahrhundert seine Bewegungsgesetze aufstellte: mit der sogenannten Impetus-Theorie, die besagt, dass jede Bewegung von einer Kraft in Gang gehalten werden muss. Der Impetus war die Kraft, die einer Kugel innewohnt und sie in Bewegung hält, dabei aber langsam aufgebraucht wird. Auch die gebogene Wurfbahn aus dem Steinschleuderexperiment ließ sich so erklären: Der Ball speichert in seinem Inneren die Drehbewegung, die dann eine gekrümmte Bahn verursacht. Wie Strafverteidiger Peter Neufeld richtig hoffte, ließen sich McCloskeys Erkenntnisse auch auf einen mit Pflastersteinen gefüllten Eimer, der vom Dach eines sechsstöckigen Hauses geworfen wird, übertragen. Weil die meisten Leute intuitiv die Impetus-Theorie anwenden, glauben sie, die durch den Wurf auf den Eimer übertragene Kraft sei irgendwann aufgebraucht, und der Eimer bewege sich von diesem Moment an keinen Zentimeter mehr vorwärts, sondern nur noch senkrecht abwärts. Das hat zur Folge, dass sie systematisch unterschätzen, wie weit weg der Eimer landen wird, und deshalb ständig über das Ziel hinaus werfen.

Im Falle des Angeklagten Pedro José Gil heißt das: Hätte er den Polizisten wirklich treffen wollen, hätte er zu weit geworfen und ihn gerade nicht getroffen. Oder umgekehrt: Die Tatsache, dass der Eimer dem Polizisten auf den Kopf fiel, ist ein Beleg dafür, dass Gil den Gehsteig hatte treffen wollen.

Der zuständige Richter wies McCloskeys Bericht aus unklaren Gründen als für den Fall irrelevant ab. Doch die Geschworenen glaubten Pedro José Gil trotzdem und befanden nicht auf Totschlag, sondern auf fahrlässige Tötung.

McCloskeys Erkenntnisse tauchen heute oft in der pädagogischen Literatur auf. Es zeigte sich nämlich, dass selbst viele Versuchspersonen, die die Newton'schen Bewegungsgesetze kannten, die Aufgaben falsch lösten. Offenbar hatten sie die Gesetze in der Schule gelernt, ohne sie wirklich verstanden zu haben. Der Grund dafür war wohl, dass sie bereits eine intuitive – und falsche – Vorstellung von Bewegungsabläufen verinnerlicht hatten, die sie weiterhin

◆ McCloskey, M. (1995). Report: The People of the State New York versus Pedro Gil, Defendant. Surpreme Court of the State of New York.

anwendeten. Daraus zogen Pädagogen den Schluss, dass neues Wissen nur dann wirksam vermittelt werden kann, wenn bestehende falsche Vorstellungen vorher abgebaut werden.

1995 **Zuerst fernsehen, dann frühstücken**

Experimente, wie sie Seth Roberts durchführt, können Sie jederzeit auch machen. Sie brauchen dazu lediglich eine Uhr, ein Stehpult und sich selbst. Oder eine Badezimmerwaage, etwas Olivenöl und sich selbst. Oder einen Fernseher, ein paar Videos von Talkshows und sich selbst. Darüber hinaus ein Statistikprogramm und ziemlich viel Durchhaltewillen.

Seth Roberts ist Professor für Psychologie an der University of California in Berkeley. Seine Leidenschaft sind aber Selbstexperimente, die aus zufälligen Alltagsbeobachtungen entstehen. Mal bestimmt er den Einfluss einer Sushi-Diät auf sein Gewicht, mal misst er mit einer Stoppuhr, wie viele Stunden er pro Tag im Stehen verbringt, und berechnet daraus die Auswirkungen auf seinen Schlaf.

Das klingt nach müheloser Forschung, und Roberts sagt auch, dass ihn nur Dinge interessierten, die ihm leicht von der Hand gingen. Das kann man auch anders sehen: Roberts aß für Wochen nur Pasta, um eine seltsame Diättheorie zu überprüfen, und er trank vier Monate lang jeden Tag fünf Liter Wasser. »Das mit dem Wasser wurde mit der Zeit etwas hart«, gibt er zu; sonst mag er in seinen Experimenten nichts Ungewöhnliches sehen.

Angefangen hatte Roberts mit seinen Versuchen als Student: Er bestimmte zum Beispiel die Zeit, die er mit drei Bällen jonglieren konnte, wenn er ein Auge geschlossen hielt, oder testete systematisch die Medikamente, die sein Arzt ihm gegen Akne verschrieben hatte – die Salbe war viel wirksamer als die Pillen.

Anfang der 1980er-Jahre bekam Seth Roberts Schlafprobleme: Er wachte morgens sehr früh auf und konnte, obwohl müde, nicht mehr einschlafen. Ein klarer Fall für ein paar Selbstexperimente. Doch das Problem erwies sich als hartnäckig: Mehr als zehn Jahre probierte Roberts mit Sport, anderer Ernährung, unterschiedlichem Licht beim

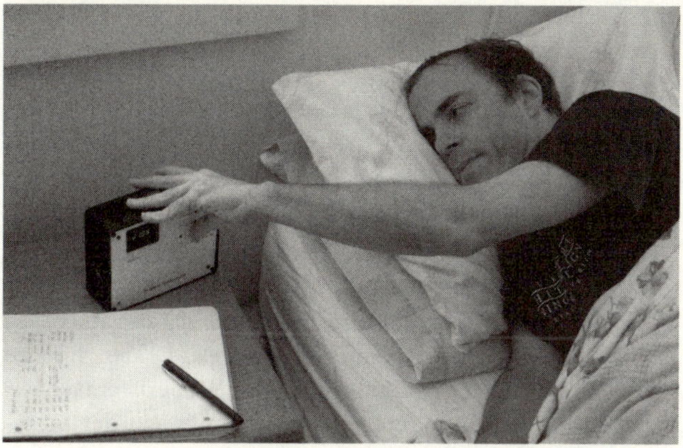

Seth Roberts versuchte seinen Schlafprobleme mit Selbstexperimenten auf den Grund zu gehen – mit seltsamen Resultaten.

Aufwachen herum – ohne Erfolg. Dann gingen ihm die Ideen aus, was er noch hätte versuchen können.

1993 – nun im Besitz eines Computers – erstellte er eine Grafik seiner Schlafdauer und stellte zufällig fest, dass sie sich ein paar Monate zuvor von ihm unbemerkt um 40 Minuten vermindert hatte, genau in der Zeit, in der er seine Nahrung umgestellt und dadurch fünf Kilo abgenommen hatte: Er aß mehr Früchte und Gemüse und weniger Teigwaren und Gebäck.

Eine weitere Steigerung des Früchtekonsums – anstelle von Haferbrei verleibte er sich eine Banane und einen Apfel zum Frühstück ein – wirkte sich zwar nicht mehr auf die Schlafdauer aus, doch das unangenehme frühe Erwachen trat jetzt noch häufiger auf. Roberts versuchte dem Problem erfolglos mit Joghurt, Crevetten oder Hotdogs zum Frühstück beizukommen.

Dann nahm er für 112 Tage überhaupt kein Frühstück mehr zu sich. Zu seiner Überraschung erwachte er jetzt viel seltener früh am Morgen. War das die Lösung? Roberts isst seither nicht mehr vor 10 Uhr morgens.

Er war nicht nur von dieser Idee fasziniert, sondern auch davon, dass sie aus dem Nichts gekommen zu sein schien. Er hatte nie daran gedacht, dass das Frühstück einen Einfluss auf den Zeitpunkt des Aufwachens haben könnte. Der Grund, weshalb er trotzdem darauf gestoßen war: Sein Experiment war ein Selbstversuch. Wenn Experimentator und Versuchsperson ein und dieselbe Person sind, fallen auch unerwartete Effekte auf, die in einem normalen Experiment gar nicht beachtet würden.

Roberts spekulierte, dass der Einfluss vom Frühstück auf das Aufwachen mit unserer evolutionären Vergangenheit zu tun haben könnte. »Ich zweifle daran, dass unsere Steinzeitvorfahren frühstückten. Vor der Erfindung der Landwirtschaft dürften sie kaum Vorräte angelegt haben. Unsere Gehirne wurden von einer Welt ohne Frühstück geformt.«

Diese gewagte Begründung führte zu seinem nächsten Experiment. Nicht zu frühstücken hatte sein Leiden, früh zu erwachen, nämlich nicht ganz behoben. Roberts entschloss sich, sein Leben noch mehr den Gewohnheiten der Steinzeitmenschen anzugleichen – mithilfe eines Fernsehers.

»Der durchschnittliche Steinzeitmorgen begann mit Gesichtskontakt. Ich hingegen lebte allein und arbeitete oft den ganzen Morgen, ohne jemanden zu sehen. Vielleicht verursachte der Mangel an Kontakt mit Menschen das frühe Erwachen«, beschrieb Roberts seine Überlegungen in einem Fachartikel.

Eines Morgens im Jahr 1995 erwachte Roberts um 4.50 Uhr und schaute sich 20 Minuten lang Aufnahmen von Late-Night-Shows an – ohne unmittelbaren Effekt am selben Tag. Als er aber am nächsten Morgen um 5.01 Uhr die Augen öffnete, fühlte er sich großartig, er war bester Stimmung und voller Energie. Gab es einen Zusammenhang mit den Late-Night-Shows und seinem Wohlbefinden? Das war selbst für Roberts schwer zu glauben. Doch »Selbstexperimente sind so einfach, dass man auch seltsame Ideen oder Ideen, die wahrscheinlich falsch sind, damit testen kann«.

Roberts hoffte, die richtige Dosis Frühstücksfernsehen könnte sein frühes Erwachen endgültig beseitigen. Doch endlose Tests mit unterschiedlicher Startzeit, Dauer und verschiedenen Programmen zeigten keinen Effekt. Schließlich gab er auf und wandte sich der Untersuchung der Stimmungsänderungen durch das Fernsehen zu.

Im Juli 1995 entwarf er einen Fragebogen, mit dem er mehrmals pro Tag seine Stimmung prüfte, und sah weiterhin jeden Morgen fern. Es zeigte sich, dass Dokumentarfilme die Stimmung weniger hoben als Kabarett. War der

Humor der Auslöser? Dagegen sprach, dass die Zeichentrickserie »The Simpsons« ohne Wirkung blieb.

Nach weiteren Versuchen hatte er den entscheidenden Faktor isoliert: Gesichter! Je höher die »Gesichtsdichte« einer Fernsehsendung war, desto besser seine Stimmung am nächsten Morgen. Er bestätigte diesen Befund, indem er bei seinem Fernseher für eine gewisse Zeit die oberen zwei Drittel des Bildschirms abdeckte – worauf die gute Stimmung verschwand!

Roberts vermutet, dass hinter diesem Effekt eine Art innere Uhr für die Reaktion auf Gesichter steckt: Zu bestimmten Zeiten wirkt sich Kontakt positiv auf die Stimmung aus, zu anderen negativ.

Sein einträglichstes Experiment bisher ist jenes, mit dem er herausfand, wie man Gewicht verlieren kann. Roberts behauptet, dass einige Löffel möglichst geschmacksneutrales Olivenöl (oder auch Zuckerwasser) zwischen den Mahlzeiten das Hungergefühl dämpfen – so stark, dass es ihm gelang, auf diese Weise problemlos 16 Kilo abzunehmen. Das Buch, das er darüber schrieb, wurde zum Bestseller: *Die Shangri-La-Diät*.

Die Theorie hinter dieser Diät hat Roberts selbst gezimmert, und sie ist bis heute nicht bestätigt: Jeder Körper hat bezüglich der Höhe seines Fettanteils einen bestimmten Sollwert. Dieser steuert den Hunger und verschiebt sich in Abhängigkeit vom Nahrungsangebot: Für unsere Urahnen war es sinnvoll, in fetten Jahren Fett anzusetzen und in mageren das Hungergefühl zu dämpfen. Bloß: Wie merkte der Körper, ob gerade viele Kalorien im Angebot waren oder nicht? An einem Mammutsteak hing ja keine Kalorientabelle.

Roberts geht davon aus, dass der menschliche Organismus lernte, einen bestimmten Geschmack mit einem bestimmten Nährwert zu verbinden. Je geschmackvoller ein kalorienreiches Nahrungsmittel, desto leichter entsteht diese Verbindung – und desto schneller wird in der Folge der Sollwert für den Fettanteil nach oben verschoben. Auf diese Weise wird heute, in einer Welt aus Hamburgern und Pommes frites, ständig mehr Hunger erzeugt.

Das Olivenöl führt dem Körper nun Kalorien zu, ohne den Sollwert zu heben. Weil es geschmacksneutral ist, kann

Statistische Analysen haben Seth Roberts gezeigt: Wenn er am Morgen eine Stunde lang in den Spiegel schaut, hat er den ganzen Tag gute Laune.

das Gehirn die Verbindung »Olivenöl gleich Kalorien« nicht herstellen.

Roberts wird von einem großen Teil seiner Kollegen ignoriert: Viele Forscher halten Selbstexperimente für unseriös, und dies aus zwei Gründen: Weil Roberts seine eigene Versuchsperson sei, könne er die Ergebnisse bewusst oder unbewusst beeinflussen, und weil es nur eine einzige Versuchsperson gebe, sei nicht sicher, ob die Resultate auch für andere gälten.

Roberts kennt diese Schwächen, weist aber auf die Stärken von Selbstversuchen hin: Sie sind billig, brauchen wenig Vorbereitung, und mit ihnen entdeckt man auch Veränderungen, die für das Experiment unwesentlich schienen. »Ich schaute frühmorgens fern, um meinen Schlaf zu verbessern, stattdessen verbesserte sich meine Stimmung.«

Diesen Effekt hat Roberts weiter untersucht und festgestellt, dass es nicht unbedingt fremde Gesichter im Fernseher sein müssen. Heute betrachtet sich Roberts morgens zwischen sechs und sieben eine Stunde lang im Spiegel.

◆ Roberts, S. (2004). Self-experimentation as a source of new ideas: Ten examples about sleep, mood, health, and weight. *Behavioral and Brain Sciences* 27(2), 227-288.

1996 Rückendeckung

Am 9. Februar 1996 ließ sich der Ulmer Orthopäde Peter Neef zwischen dem vierten und dem fünften Lendenwirbel ein Loch in die Bandscheibe bohren. Operationen am Rücken sind riskant und kommen nur als letzter Ausweg bei Patienten mit starken Schmerzen infrage. Neefs Rücken war jedoch gesund, als er in der Münchener Alpha-Klinik auf dem Operationstisch lag. Das hatte eine eigens angeordnete Kernspintomografie vier Wochen vor dem Eingriff ergeben.

Durch das Loch schob der Chirurg eine kleine Druckmesssonde zwischen die Wirbel. Neef hatte zuvor mit seiner Unterschrift bestätigt, dass er über die Gefahren dieser Prozedur im Bild war.

Mit der gewagten Intervention sollte eine Studie aus den 1960er-Jahren überprüft werden. Damals hatte der schwedische Orthopäde Alf Nachemson bei 19 Patienten eine ähnliche Operation vorgenommen. Die Resultate seiner Druckmessungen begründeten die Rückenschule, wie wir sie heute kennen. Dass man sich zum Beispiel besser aufrecht hinsetzt, anstatt sich hinzulümmeln, wurde indirekt aus der unterschiedlichen Belastung der Bandscheiben im Sitzen und im Stehen gedeutet: Im Sitzen war der Druck fast eineinhalbmal so hoch wie im Stehen. Also muss es rückenschonend sein, im Sitzen das Stehen nachzuahmen, aufrecht mit durchgedrücktem Rücken: Die Sekretärinnenhaltung war geboren.

Riskantes Unterfangen: Der Orthopäde Peter Neef ließ sich eine Druckmesssonde zwischen zwei Rückenwirbel schieben.

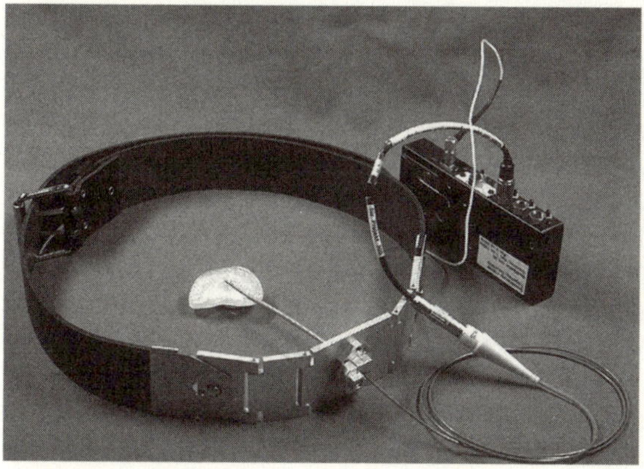

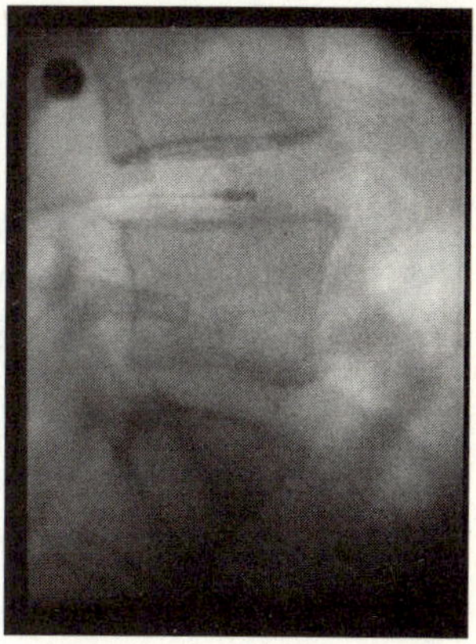

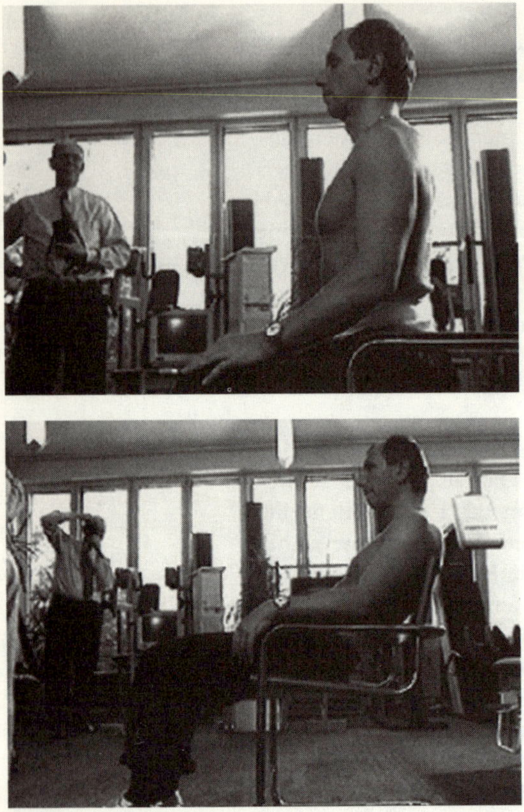

Sich hinlümmeln oder aufrecht sitzen? Die Messungen im Rücken von Peter Neef ergaben beim aufrechten Sitzen eine doppelt so hohe Belastung wie bei der angelehnten Position.

Doch Biomechanikern kamen immer wieder Zweifel an Nachemsons Messungen. Der Druckunterschied zwischen Stehen und Sitzen ließ sich nicht plausibel erklären. Zudem zeigten andere Studien, dass sich die Wirbelsäule nach dem Hinsetzen ausdehnt – ein Hinweis darauf, dass sie entlastet wird.

Dass da etwas nicht stimmte, sah auch der Biomechaniker Hans-Joachim Wilke von der Universität Ulm. Für das Design von Rückenimplantaten brauchte er aber korrekte Daten. Auch Neef war an einer Messung der Belastungen interessiert.

Er empfiehlt vielen Patienten mit Rückenschmerzen, ihre Rückenmuskeln zu kräftigen, deshalb wollte er wissen, welche Belastungen durch seine Trainingsgeräte verursacht werden. Neef und Wilke diskutierten immer wieder über die Widersprüche in den alten Daten. Schließlich entschieden sie sich, die Messung zu wiederholen.

Eigentlich waren für den Versuch zwei Versuchspersonen vorgesehen. Doch bei der ersten, dem Basler Arzt Marco Caimi, rutschte die Drucksonde noch auf dem Operationstisch aus der Bandscheibe heraus. Weil diese Gefahr bei Neef ebenfalls bestand, modifizierte Wilke die Messtechnik, und Neef begann nach dem Eingriff mit den am wenigsten belastenden Übungen: Liegen, Sitzen, Stehen, Lachen, Niesen. Dann folgten die Disziplinen Bücken, Seilhüpfen, Joggen und Heben einer Bierkiste. Auch die Belastung im Trainingsgerät und im Schlaf wurde gemessen. Am nächsten Morgen wären noch Flüge mit zwei verschiedenen Helikoptertypen vorgesehen gewesen, Radfahren und das Stehen am Presslufthammer. Doch als Neef in den Hubschrauber kletterte, rutschte die Sonde heraus, und das Experiment war zu Ende.

Die Resultate zeigten: Beim Liegen auf dem Rücken standen die Bandscheiben erwartungsgemäß unter dem kleinsten Druck. Bei entspanntem Stehen erhöhte sich der Druck um das Fünffache, blieb aber – anders als bei den alten Messungen – beim Sitzen im selben Bereich. Das für Laien Überraschendste kam zustande, als Neef immer tiefer in den Stuhl rutschte: Der Druck verringerte sich kontinuierlich und erreichte sein Minimum, als der Orthopäde eine Stellung zwischen Liegen und Sitzen eingenommen hatte, wie sie sonst nur Teenager und Rapper hinkriegen. Die Erklärung: Ein Teil der Last fließt über die Rückenlehne ab.

Beim Bierkistenschleppen hat die Rückenschule noch Gültigkeit: In die Knie mit geradem Rücken führt zur geringsten Belastung.

Zwar dürfe nicht allein aus den Druckwerten auf die Schädlichkeit einer Haltung geschlossen werden, sagt Wilke, doch sollte die Rückenschule überdacht werden. Man sollte es Patienten nach Rückenoperationen selbst überlassen, welche Stellung sie einnähmen. »Die Leute finden von selber die für sie richtige Position«, sagt Neef. Wichtig sei nicht die richtige Haltung, sondern die Sitzposition zu verändern. Dadurch würden Verkrampfungen vermieden und die Bandscheiben durch den Lastwechsel mit Nährstoffen versorgt.

◆ Wilke, H. J., P. Neef et al. (1999). New in vivo measurements of pressures in the intervertebral disc in daily life. *Spine* 24(8), 755-62.

1997 **Mein Freund, der Computer (I): Gefälligkeiten am Bildschirm**

Wer regelmäßig seinen Computer anfleht, seinen Bildschirm schlägt oder seiner Festplatte droht, weiß natürlich, dass die hartnäckige Neigung des Menschen, unbelebter Materie Persönlichkeit zuzuschreiben, sich auch auf elektronische Geräte erstreckt. Trotzdem kamen die Wissenschaftler ins Staunen, als sie feststellten, dass fast alle Anstandsregeln, die zwischen Menschen üblich sind, auch bei der Beziehung des Menschen zum Computer eingehalten werden – mit absurden Folgen.

Clifford Nass und seine Mitarbeiter von der kalifornischen Stanford University haben zum Beispiel herausgefunden, dass wir einen Computer als Individuum wahrnehmen und ihm einen Gefallen, den er uns erwiesen hat, erwidern. Bei ihrem einfachen Experiment half ein Computer Studenten beim Lösen einer Aufgabe. Danach sollten die Studenten umgekehrt einem Computer dabei behilflich sein, eine Farbpalette zu erstellen, die mit der Farbwahrnehmung des Menschen übereinstimmt. Das erstaunliche Resultat: Am Computer, der ihnen zuvor geholfen hatte, opferten sie der Aufgabe fast doppelt so viel Zeit wie an einem baugleichen anderen Modell.

Als Nass die gleiche Studie in Japan durchführte, zeigte sich, dass sich auch komplizierte Anstandsregeln auf den Kontakt zwischen Mensch und Computer ausdehnen lassen.

In Japan beziehen sich Verhaltensvorschriften oft nicht auf Individuen, sondern auf ganze Gruppen. Wenn ich einem japanischen Freund einen Gefallen tue, fühlt er sich nicht nur mir gegenüber zu einer Gegenleistung verpflichtet, sonderen auch gegenüber meinen Freunden oder meiner Familie.

Wie andere Kulturen übertragen auch die Japaner ihre zwischenmenschlichen Verhaltensregeln auf Computer – mit erstaunlichen Folgen.

Welche Absurditäten bei der Arbeit mit Computern daraus entstehen, trat zutage, als Nass das Experiment mit japanischen Studenten wiederholte: Wieder half zuerst ein Computer den Studenten. Dass es ein Windows-Computer war, ist in diesem Fall entscheidend. Anders als die amerikanischen Studenten waren die japanischen nämlich bereit, danach auch einem Rechner, der ihnen keinen Gefallen erwiesen hatte, zu helfen, vorausgesetzt, es war ebenfalls ein Windows-Computer. Einem Apple-Computer gegenüber zeigten sie sich viel weniger hilfsbereit.

Die Studenten übertrugen die gängigen Anstandsregeln einfach auf ihren Umgang mit Computern: Sie halfen jedem Windows-Computer, weil er zur gleichen Gruppe gehörte wie der Rechner, dessen Hilfe ihnen zuteil geworden war, also sozusagen sein Freund sein musste. Weil ein Apple-Computer aber bekanntlich kein Freund eines Windows-Rechners sein kann, hatte er kein Anrecht auf eine Gegenleistung.

◆ Fogg, B. J., and C. Nass (1997). How users reciprocate to computers: an experiment that demonstrates behavior change. Conference on Human Factors in Computing Systems archive. *CHI '97 extended abstracts on Human factors in computing systems: looking to the future*, Atlanta, Georgia.

1998 **An der Weinnase herumgeführt**

Es gibt Momente im Leben, da ist man besser dran, wenn man von Wein keinen blassen Schimmer hat. Zum Beispiel wenn man in eines von Frédéric Brochets Experimenten gerät. Brochet ist Professor für Weinkunde an der Universität Bordeaux und führt seine Studenten regelmäßig mit gemeinen Tests hinters Licht.

Für seinen berüchtigsten Versuch ließ er 1998 54 Studenten einen Weißwein und einen Rotwein degustieren. Die Studenten saßen in abgetrennten Kabäuschen in einem der großen Degustationssäle der Universität und machten Notizen. Für den Rotwein fanden sie Eigenschaften wie »dunkel«, »tief«, »holzig«, für den Weißwein »fruchtig«, »trocken«, »blumig«. Brochet hatte ihnen gesagt, er brauche ihre Notizen, um ein neues Degustationsprotokoll auszuarbeiten. Unter dem gleichen Vorwand degustierten sie einige Stunden später erneut einen Weißwein und einen Rotwein. Was die Studenten nicht wussten: Dieses Mal war es ein und derselbe Wein. Brochet hatte den Rotwein hergestellt, indem er den Weißwein aus dem ersten Test mit etwas Lebensmittelfarbstoff E 163 färbte.

Selbst Weinkenner halten einen rot gefärbten Weißwein für einen Rotwein.

Aus den Notizen wurde ersichtlich, dass kein einziger der Studenten etwas gemerkt hatte. Alle charakterisierten den gefärbten Weißwein mit dem klassischen Rotweinvokabular. Die Notizen für den Weißwein waren hingegen fast identisch mit jenen im ersten Versuch, was zeigte, dass die Studenten ihr Handwerk eigentlich verstanden. Wie konnte es dann sein, dass sie auf den plumpen Trick hereinfielen?

Brochet glaubt, dass die Erwartung, einen Rotwein zu degustieren, auch die Geschmackswahrnehmung in Richtung Rotwein dirigiert. Das ist im Grunde eine sinnvolle Strategie, die sich wahrscheinlich im Laufe der Evolution herausgebildet hat. Um effizient zu arbeiten, bezieht das Gehirn alle Informationen ein, die den Arbeitsaufwand verringern könnten. In diesem Fall hieß eine Information: Im Glas ist Rotwein, also kann ich mich auf mein Rotweinwissen beschränken. Deshalb wäre weniger Wissen von Vorteil gewesen: Wem die Erfahrung fehlt, dass ein Rotwein »dunkel«, »tief« und »holzig« schmecken kann, wird nicht von Anfang an den falschen Weg einschlagen.

Die Studenten reagierten interessiert und verständnisvoll, als Brochet sie über den wahren Zweck des Versuchs informierte. Ganz anders als bei einem zweiten, verwandten Experiment, das ihnen sauer aufstieß.

Brochet ließ 57 seiner Studenten im Abstand von einer Woche ein und denselben Bordeaux degustieren. Einmal sagte er ihnen, es handle sich um einen Tischwein, das andere Mal, es sei ein Spitzenwein. Wieder ließen sich Versuchspersonen in ihren Beschreibungen stark beeinflussen. Wenn sie glaubten, einen Spitzenwein zu trinken, waren sie enthusiastisch, im anderen Fall kritisch.

»Als ich die Täuschung offenlegte, reagierten sie heftig«, erinnert sich Brochet. »Einige erhoben sich und sagten: ›Was soll das? Das geht doch nicht! Sie sind ein Betrüger.‹«

Offenbar ist es weniger schlimm, einen roten nicht von einem weißen Wein unterscheiden zu können, als auf eine falsche Etikettierung hereinzufallen.

Dabei ging es Brochet gar nicht darum, die Studenten bloßzustellen. Er vermutet, dass er selbst auch nichts gemerkt hätte. »Ich glaube nicht an den Mythos des großen Degustators.« Vielmehr wollte er demonstrieren, dass die Wahrnehmung in unseren Köpfen eine Einheit bildet. Alle Informationen über den Wein, über den Ort, wo er getrunken wird, über die Leute, die dabei sind, werden untrennbar miteinander verwoben und beeinflussen einander gegenseitig. Das ist ein ganz normaler Vorgang, keiner ist davor gefeit. Einzig die Blinddegustation in schwarzen Bechern kann die Voreingenommenheit ausschalten.

»Deshalb gibt es keinen Sirup ohne künstlichen Farbstoff«, erklärt Brochet, »die Kunden sagen, er schmecke weniger stark.« Und damit haben sie in einem gewissen Sinn sogar recht. Der Einfluss von Informationen, die nicht mit dem Geschmack zu tun haben, ist nämlich alles andere als oberflächlich.

Gehirnscans zeigten zum Beispiel, dass derselbe Geruch unterschiedliche Regionen aktivierte, je nachdem, ob den Probanden gesagt wurde, es sei Cheddarkäse oder Körpergeruch. Das Gleiche gilt für den Preis eines Weins: Wenn die Leute glauben, einen teuren Wein zu trinken, sind die Genusszentren in Gehirn aktiver, als wenn der gleiche Wein billiger war.

Für Anfänger unter den Weinaficionados ist das eine gute Nachricht: Der Kauf von teurem Wein lohnt sich auf jeden Fall, auch wenn er schlecht ist.

◆ Brochet, F. (2002). La dégustation: étude des représentations des objets chimiques dans le champ de la conscience. *La Revue des Oenologues*(102).

1999 **Unfähig, dafür selbstsicher**

Haben Sie sich auch schon über Leute gewundert, die an Singwettbewerben teilnehmen, obwohl sie überhaupt nicht singen können? Oder die Witze erzählen, die niemand lustig findet?

Der Versuch, das Phänomen der verzerrten Wahrnehmung der eigenen Leistung zu untersuchen, mündete in die Arbeit »Unfähig und sich dessen nicht bewusst: Wie Schwierigkeiten bei der Einschätzung der eigenen Kompetenz zu einer übersteigerten Selbsteinschätzung führen«.

Die Forscher ließen Studenten Fragebogen zu Themen wie Humor, Grammatik oder Logik ausfüllen. Nach dem

Test mussten sie angeben, wie gut sie im Vergleich zu den anderen Studenten abgeschnitten zu haben glaubten.

Die fatale Erkenntnis lautete: Je schlechter das Testresultat, desto stärker die Selbstüberschätzung. In allen Tests glaubte der schlechteste Viertel der Studenten, weit über dem Durchschnitt zu liegen. Selbst als man ihnen später die unkorrigierten Testbogen der besten Versuchsteilnehmer zur Ansicht gab, blieben sie bei ihrer übersteigerten Selbsteinschätzung.

Diesem Problem, so die Autoren, sei kaum beizukommen, denn die Fähigkeiten, die den Studenten im Test fehlten, waren die gleichen, die sie gebraucht hätten, um sich richtig einzuschätzen. Mitleid mit den Einfaltspinseln dieser Welt ist also fehl am Platz: Ihnen mögen zwar bedauerliche Fehler unterlaufen, doch dank ihrer Inkompetenz merken sie nichts davon.

◆ Kruger, J., and D. Dunning (1999). Unskilled and Unaware of It: How Difficulties in Recognizing One›s Own Incompetence Lead to Inflated Self-Assessments. 77(6), 1121-1134.

1999 **Mein Freund, der Computer (II): Höflichkeit am Bildschirm**

Es gibt Verhaltensregeln, die so selbstverständlich sind, dass sie nicht ausgesprochen werden müssen. Dazu gehört, dass man einer Frau das wahre Urteil über die neue Frisur nie ungeschminkt ins Gesicht sagt. Um andere Menschen nicht zu verletzen, nehmen wir ein bisschen Unehrlichkeit in Kauf. Diese Konvention ist uns so in Fleisch und Blut übergegangen, dass sie auch für Dinge gilt, die nicht aus Fleisch und Blut bestehen. Wir lügen sogar einen Computer an, um seine Gefühle nicht zu verletzen.

Entdeckt haben das Clifford Nass und B. J. Fogg von der Stanford University in Palo Alto, Kalifornien. Den 30 Studenten, die an ihrem Experiment teilnahmen, sagten sie, es drehe sich um die Beurteilung eines Lerncomputers. Dieser ermittelte zuerst mit 20 Fragen den Kenntnisstand jedes Versuchsteilnehmers hinsichtlich der amerikanischen Kultur und unterzog ihn dann einem auf sein Wissen abgestimmten Test. Das jedenfalls sollte er glauben, in Wirklichkeit war der Test für alle derselbe. Die entscheidende Aufgabe kam danach: Die Studenten mussten die Leistung des Lerncomputers beurteilen, und zwar entweder am Bildschirm des Lerncomputers selbst oder an einem anderen

Gerät in einem anderen Raum beziehungsweise auf einem Fragebogen aus Papier.

Das Resultat zeigte, dass die Versuchsteilnehmer ihre gute Erziehung auch vor dem Computer nicht ablegten. Wer mit dem Lerncomputer gearbeitet hatte, beurteilte dessen Leistung nämlich deutlich besser als derjenige, der dieses Urteil einem anderen Computer anvertraute oder es auf Papier schrieb. Ganz offensichtlich hatten die Versuchspersonen Hemmungen, dem Lerncomputer ehrlich ihre Meinung mitzuteilen.

◆ Nass, C., Y. Moon et al. (1999). Are People Polite to Computers? Responses to Computer-Based Interviewing Systems. *Journal of Applied Social Psychology* 29(5), 1093–1109.

1999 **Warum gibt es den Heimvorteil?**

Keiner von Alan Nevills über 130 wissenschaftlichen Artikeln erregte auch nur annähernd die Aufmerksamkeit wie der kurze Brief, den er 1999 der Fachzeitschrift *Lancet* schickte. Der Wissenschaftler von der Universität Wolverhampton in England konnte seinen Namen danach in der *Washington Post* lesen und auf BBC hören. Alan Nevill hatte aber weder ein Malariamedikament entdeckt noch Einstein widerlegt. Er hatte den Heimvorteil im Fußball enträtselt. Mit einem raffinierten Experiment hatte der Statistiker herausgefunden, warum eine Mannschaft zu Hause eher gewinnt als auswärts.

Der Heimvorteil gehört zu jenen faszinierenden Phänomenen im Fußball, die einfach zu belegen, aber schwer zu erklären sind. Dass eine Mannschaft eher gewinnt, wenn sie im eigenen Stadion spielt, lässt sich leicht überprüfen: In mehreren großen Studien haben Statistiker festgestellt, dass von insgesamt 40 493 Spielen zu 68,3 Prozent die Heimmannschaft gewann. Ungefähr ein halbes Tor pro Match geht auf das Konto des Heimvorteils (für alle, die nicht mit halben Bällen spielen: in jedem zweiten Spiel fällt ein unverdientes Tor zugunsten der Heimmannschaft).

Drei mögliche Gründe sind den Wissenschaftern dazu eingefallen: die Reise zum Spielort, die Vertrautheit mit dem Stadion, die Unterstützung durch die Zuschauer. Die Reise konnte bald ausgeschlossen werden. Es zeigte sich, dass die Distanz, die eine Mannschaft zurücklegte, in keinem Zusammenhang stand mit der Tendenz, auswärts zu verlieren. Auch Teams, die lediglich in der Nachbarstadt antraten, bekamen den Auswärtsnachteil zu spüren. Die Vertrautheit mit dem Stadion konnte ebenso wenig der Grund für den Heimvorteil sein, sonst hätten zum Beispiel Mannschaften mit Kunstrasen im Heimstadion – wie es ihn in England vorübergehend gab – auswärts auf Naturrasen überproportional schlecht abschneiden müssen. Das war aber nicht der Fall.

Blieben noch die Zuschauer. Nevill analysierte die Zuschauerzahlen in verschiedenen englischen Ligen und stellte fest, dass der Heimvorteil sich mit der Anzahl der Matchbesucher erhöhte. Wird die Heimmannschaft auf den Wogen des Jubels ihrer Fans zu besonderen Leistungen getragen? Nevill zweifelte daran, denn bei Sportarten wie Golf oder Tennis, bei denen das subjektive Urteil des Schiedsrichters eine kleinere Rolle spielt als im Fußball, gibt es keinen Heimvorteil. Seine Statistik zeigte, dass der Schiedsrichter nur 30 Prozent der Regelverstöße bei der Heimmannschaft sah. Konnte es sein, dass Tausende von tobenden Fans den Unparteiischen parteiisch werden ließen?

Um das herauszufinden, entwarf Nevill 1999, was seine berühmteste Studie werden sollte: Er spielte elf Fußballern, Schiedsrichtern und Trainern am Bildschirm 52 Fouls vor. 26 wurden von der auswärts spielenden Mannschaft

Sind die Zuschauer verantwortlich für den Heimvorteil?

begangen, 26 von der Heimmannschaft. Das Band wurde jeweils kurz vor der Entscheidung des offiziellen Schiedsrichters gestoppt, und die Versuchsteilnehmer mussten ihr Urteil abgeben. Die entscheidende Versuchsbedingung: Sechs der Testschiedsrichter bekamen die Szenen ohne Ton zu sehen, fünf mit. Das Resultat: Mit den Lärmkulisse der Fans im Ohr fiel das Urteil signifikant zugunsten der Heimmannschaft aus. Offenbar ließen sich die Schiedsrichter im Zweifelsfall von den Zuschauern beeinflussen. Nevill führt einen großen Teil des Heimvorteils auf diesen Effekt zurück. Das halbe Tor schießt der »zwölfte Mann«, wie das Publikum im Fußball genannt wird.

◆ Nevill, A., N. Balmer, et al. (1999). Crowd influence on decisions in association football. *The Lancet* 353(9162), 1416.

(Ein anderes Sportexperiment finden Sie auf Seite 190ff.)

2000 **Mein Freund, der Computer (III): Intimitäten am Bildschirm**

Wie bringt ein Mensch einen anderen dazu, Intimitäten auszuplaudern? Ganz einfach: indem er zuerst Persönliches von sich selbst preisgibt. Und wie bringt ein Computer eine Person dazu, Intimitäten auszuplaudern. Ganz einfach: indem der Computer etwas Persönliches von sich selbst preisgibt.

Dieser Gedanke ist einfach zu lächerlich, um ernst genommen zu werden. Die Psychologin Youngme Moon von der Harvard University hat es trotzdem getan und dabei eine erstaunliche Entdeckung gemacht.

Moons Versuchsteilnehmer mussten am Computer elf persönliche Fragen beantworten: Auf welche Ihrer Eigenschaften sind Sie am meisten stolz? – Was war die größte Enttäuschung in Ihrem Leben? – Was sind Ihre Gefühle gegenüber dem Tod? Und so weiter. Die Fragen wurden auf dem Bildschirm eingeblendet, und die Versuchsteilnehmer gaben die Antworten über die Tastatur ein.

Bei einem Teil der Versuchsteilnehmer ging jeder Frage ein Text mit Informationen über den Computer voraus. Vor der Frage »Was sind Ihre Gefühle gegenüber dem Tod?« konnten die Versuchsteilnehmer zum Beispiel lesen: »Computer werden so gebaut, dass sie theoretisch Jahre überdauern können. Weil jedoch immer neuere und schnellere

Computer auf den Markt kommen, werden die meisten Computer nur wenige Jahre gebraucht, bis sie von ihren Besitzern entsorgt werden. Dieser Computer hier ist etwa sechs Monate alt.... Es bleiben ihm also etwa vier oder fünf Jahre, bis er durch ein neueres Modell ersetzt werden wird.« Und vor der Frage »Können Sie den Moment beschreiben, als Sie das letzte Mal sexuell erregt waren?« blendete der Computer diesen Text ein: »Vor einigen Wochen kam ein Benutzer hierher und brauchte diesen Computer, um ein digitales Video zu schneiden. Das hatte noch nie jemand auf diesem Computer gemacht.«

Als Moon die Antworten auswertete, zeigte sich, dass ihre Versuchspersonen dem Computer gegenüber exakt die gleichen sozialen Regeln befolgten, die zwischen Menschen üblich sind: Wenn der Computer ihnen verriet, dass seine Benutzer sich nie mit Programmen beschäftigten, die seine Leistung ausschöpften, beantworteten sie die Frage nach der größten Enttäuschung in ihrem Leben viel offener.

Immer wenn der Computer sein Innerstes offenlegte – dass er mit einem Pentium-II-Prozessor bestückt ist, eine 9 Gigabyte große Festplatte hat und mit 266 Megahertz getaktet ist –, waren die Antworten der Benutzer danach umfassender, tiefgründiger und enthielten eine größere Anzahl Details.

Dass diese Erkenntnis dereinst auch praktisch angewendet werden soll, legt der Name der Fachzeitschrift nahe, in der sie publiziert worden ist: *Die Zeitschrift für Konsumentenforschung*.

◆ Moon, Y. (2000). Intimate Exchanges: Using Computers to Elicit Self-disclosure from Consumers. *Journal of Consumer Research* 26(4), 324-340.

2001 **Die E-Mail-Verwandtschaften**

Wenn Sie schon einmal in einer E-Mail einen Fremden um einen Gefallen baten, wissen Sie: Die Chancen auf eine Antwort sind gering. Zu viele »einmalige« Angebote von roten Socken, ausgedienten Flugzeugbestuhlungen und preiswerten Potenzpillen verstopfen täglich die Mailbox, als dass die Bitte eines Unbekannten Beachtung fände.

Um die Wahrscheinlichkeit einer Antwort zu erhöhen, sind Psychologen auf ein probates Mittel gestoßen: Geben Sie sich als Namensvetter des Adressaten aus und unterschreiben Sie mit dem gleichen Vor- und Nachnamen wie er.

Sollte es der Zufall wollen, dass Sie nicht den gleichen Namen tragen wie die angefragte Person, müssen Sie halt lügen – es lohnt sich: Die Forscher verschickten 2961 E-Mails mit dem folgenden Text: »Hallo :-). Mein Name ist [Vorname des Absenders]. Ich bin Student und arbeite an einem Projekt über Maskottchen von Sportmannschaften. Ich wollte fragen, ob Sie mir helfen könnten: Ich möchte Sie bitten herauszufinden, welches das Maskottchen der Sportmannschaft Ihrer Stadt ist. ... Vielen Dank für Ihre Zeit. ... Ich hoffe, bald von Ihnen zu hören. Aufrichtig. [Voller Name des Absenders].«

Wenn weder Vorname noch Nachname derselbe war, antworteten nur gerade 2 Prozent der angefragten Personen, stimmten jedoch beide überein, kletterte die Quote auf 12 Prozent – sechsmal mehr! Wenn Sie nicht so dreist lügen wollen, können Sie auch nur einen Namen anpassen. Beim selben Vornamen beträgt die Antwortrate 3,7 Prozent, beim selben Nachnamen 5,8 Prozent.

Der tiefere Grund für dieses Verhalten liege darin, dass der Mensch biologisch darauf programmiert sei, anderen Familienmitgliedern zu helfen, und gleiche Nachnamen, so die Autoren, geben einen Hinweis auf eine mögliche, wenn auch entfernte Blutsverwandtschaft. Nur derselbe Vorname wirkt, weil Ähnlichkeit Leute einander generell sympathisch macht.

Dass Dwayne Banks seinem Namensvetter übrigens viel häufiger antwortete als Richard Smith dem seinigen, ist nur konsequent, gestattet doch ein seltener Nachname wie Banks einen sichereren Rückschluss auf eine Verwandtschaft als ein weit verbreiteter wie Smith.

◆ Oates, K., and M. Wilson (2002). Nominal kinship cues facilitate altruism. *Proceedings of the Royal Society B: Biological Sciences* 269(1487), 12-17.

2001 **Gedächtnistest für Spermien**

Peter Brugger träumte schon lange davon, ein Labyrinth für Spermien zu bauen. Hundert Jahre war es her, seit Wissenschaftler entdeckt hatten, dass man das Gedächtnis einer Ratte untersuchen konnte, indem man sie durch ein Labyrinth schickte (siehe *Das Buch der verrückten Experimente,* Seite 56). Jetzt hatte der Neurowissenschaftler vom Universitätsspital Zürich das Gleiche mit Spermien vor. Doch nachdem er die Maße für ein Spermienlabyrinth berechnet hatte, musste er den Plan verwerfen: So kleine Strukturen konnte niemand fertigen.

1996 dann stieß er in der *Neuen Zürcher Zeitung* auf das Bild eines menschlichen Haars, auf das Wissenschafter mittels eines Lasers den Namen ihrer Arbeitsstätte geschrieben hatten: »Laserlabor Göttingen«. Als Brugger sich das »L« von »Laserlabor« genauer anschaute, erkannte er, dass es genau die Dimensionen seines Spermienlabyrinths besaß. Also schrieb er einen Brief nach Göttingen. Erst im Nachhinein dachte er darüber nach, dass ihn die Leute dort wohl für verrückt halten müssten, wenn er um Mithilfe bei einem Gedächtnistest für Spermien bat. Doch die Zusammenarbeit kam zustande. Das Laserlabor Göttingen fertigte die zwei Mikrolabyrinthe, mit denen Brugger den Test durchführte.

Die Labyrinthe waren so einfach gebaut, dass sie diesen Namen eigentlich gar nicht verdienten. Das erste war T-förmig: ein kurzer Gang, an dessen Ende die Spermien links oder rechts abbiegen konnten. Von den 714 beobachteten Spermien schwammen 351 (49 Prozent) nach links und 363 (51 Prozent) nach rechts. Diese Verteilung war zu erwarten. Es gab keinen Grund, weshalb sie eine Seite hätten bevorzugen sollen.

Der eigentliche Gedächtnistest war das zweite Labyrinth. Es hatte eine T-Form wie das erste, jedoch einen rechtwinkligen Eingang, der eine Rechtskurve erzwang, bevor die Spermien in das T gelangten. Die 588 Spermien, die aus der Rechtskurve kamen, bogen jetzt an der T-Kreuzung häufiger (in 59 Prozent der Fälle) nach links ab, was nichts anderes bedeuten konnte, als dass sie sich daran erinnerten, eben rechts gegangen zu sein. Obwohl Spermien kein Nervensystem haben, gelang es ihnen offenbar, die Information irgendwie zu speichern.

So richtig überrascht hat Brugger dieses Resultat nicht. Bisher zeigte jeder Organismus – von der Assel bis zum Menschen –, den man in ein Labyrinth steckte, dieses Verhalten. Wenn zum Beispiel eine Ratte bei der ersten Gabelung nach links geht, erhöht sich die Wahrscheinlichkeit, dass sie bei der nächsten rechts abbiegt, dann wieder links, anschließend wieder rechts und so weiter. In der Wissenschaft heißt dieser Richtungswechsel ironischerweise

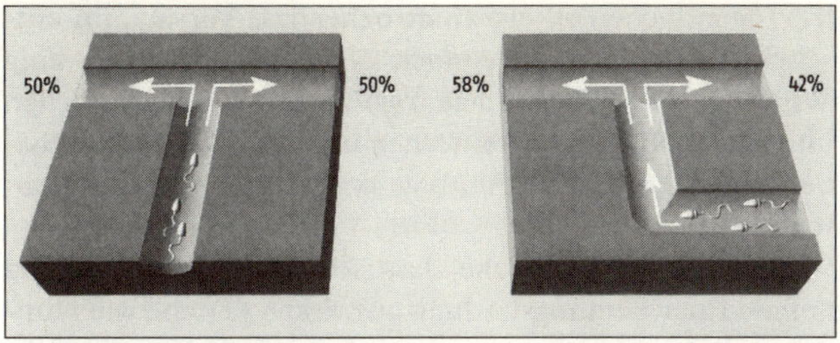

Spermien im Labyrinth: Nach einer erzwungenen Rechtskurve (Bild rechts) wenden sich mehr Spermien nach links. Das bedeutet nichts anderes, als dass sich die Spermien an die Rechtskurve erinnern konnten.

»spontanes alternierendes Verhalten«, obwohl es eben nicht spontan ist. Schließlich erinnern sich die Tiere an ihre letzte Entscheidung und richten ihre nächste danach aus. Es wird vermutet, dass darin bei der Nahrungssuche und der Erkundung eines Territoriums ein Überlebensvorteil steckt.

◆ Brugger, P., E. Macasb et al. (2002). Do sperm cells remember. *Behavioural Brain Research* 136(1), 325-328.

2001 **Bei Ejakulation Tabulator drücken**

Fragebogen gehören zum Langweiligsten, was die Wissenschaft je hervorgebracht hat. Gelangweilte Studenten sitzen vor dicht bedruckten Blättern, auf denen sie weiße Kästchen ankreuzen. Aus den Antworten ziehen Forscher dann bahnbrechende Schlüsse: Frauen essen mehr Tofu als Männer, Achtzigjährige hören weniger Gangsta-Rap als Sechzehnjährige.

Doch die Befragung, die Dan Ariely im Jahr 2001 an der University of California in Berkeley durchführte, hatte einen besonderen Dreh. Die Computertastatur, mit der die Versuchsteilnehmer ihre Antworten eingaben, war nämlich so ausgelegt, dass »sie einfach mit der nicht dominanten Hand bedient werden konnte«, wie Ariely in seiner Studie »In der Hitze des Gefechts: Die Wirkung sexueller Erregung auf sexuelle Entscheidungen« schrieb. Die andere Hand wurde benötigt, um die im Titel der Studie erwähnte sexuelle Erregung herbeizuführen.

Die Idee für das Experiment kam Ariely, als er über eine in den USA übliche Maßnahme gegen Teenagerschwangerschaften nachdachte. Konservative und kirchliche Kreise propagieren den von der Drogenprävention übernommenen Appell »Just say no« (»Sag einfach Nein«) – als Mittel gegen Teenagersex. Ariely wunderte sich, warum der von vielen Jugendlichen so ernsthaft beherzigte Vorsatz, im entscheidenden Moment einfach Nein zu sagen, so wenig Wirkung zeigte. »Die Frage war: Wissen die Jugendlichen im Grunde, dass ihr Versprechen unrealistisch ist, oder haben sie wirklich keine Ahnung, wie sie sich später verhalten werden?«

Die Vermutung lag nahe, dass sich die sexuelle Erregung auf die Entscheidungsfindung auswirkte. »Triebe wie Hunger und Durst sind so angelegt, dass sie stärker ausgelebt werden, wenn sich die Gelegenheit bietet. Es gibt keinen Grund anzunehmen, dass Sex nicht dieser Regel gehorcht«, schreibt Ariely. Für Hunger und Durst war dieser Zusammenhang längst wissenschaftlich belegt, für Sex wusste man es höchstens aus eigener Erfahrung oder vom Hörensagen. Das wollte Ariely ändern.

Eigentlich arbeitete Ariely am Massachusetts Institute of Technology (MIT) in Cambridge, aber weil er gerade ein Jahr als Gast im kalifornischen Berkeley verbrachte, hängte er seine Zettel dort an die Anschlagbretter: »Gesucht: Männliche Versuchsteilnehmer, heterosexuell, 18 Jahre oder älter, für eine Studie über Entscheidungsfindung und Erregung«. Weiter unten stand: »Die Experimente können sexuell erregendes Material einschließen.«

Über mangelndes Interesse konnte sich Ariely nicht beklagen. Schon bald musste er Studenten abweisen. Nach langen Diskussionen mit seinen Assistentinnen und Assistenten entschied er sich, für die erste Studie nur Männer heranzuziehen. »Was Sex betrifft, ist ihre Verdrahtung viel einfacher als jene von Frauen«, schrieb er später in seinem Buch *Predictably Irrational.* »Eine Ausgabe des *Playboy* und ein abgedunkelter Raum waren so ziemlich alles, was wir brauchten, um ans Ziel zu kommen.«

Ariely wollte nicht direkt mit den Studenten in Kontakt treten. Einigen wäre es wohl peinlich gewesen, nach dem Experiment in seiner Vorlesung zu sitzen. Ein Forschungsassistent übernahm die Aufgabe, die Versuchsteilnehmer zu instruieren. Von der Idee, den Versuch in einem Labor durchzuführen, war Ariely schnell abgekommen. Wenn er auch nur halbwegs ehrliche Antworten auf seine delikaten Fragen erhalten wollte, musste das Ganze in privater Atmosphäre stattfinden und so unkompliziert wie möglich sein. Deshalb verzichtete er auch darauf, den Grad der Erregung mit den in der Sexforschung üblichen ringförmigen Dehnmessstreifen zu bestimmen, die über den Penis gestülpt werden und die Veränderung des Durchmessers anzeigen. Vielmehr drückte sein Forschungsassistent den jungen Männern einen Laptop in die Hand und wies sie an, sich in ihr Zimmer zurückzuziehen, die Tür abzuschließen und sich aufs Bett zu legen, den Computer so positioniert, dass ihre nicht dominante Hand bequem die in Zellophan gewickelte Tastatur erreichte.

Auf dem Bildschirm konnten sie sich dann durch Pornobilder klicken, die zwei Studenten zuvor im Auftrag von Ariely ausgesucht hatten. »Ich wollte Material, das bei ihnen wirkte, deshalb mussten die Bilder von Studenten ausgewählt werden.« Den Grad ihrer Erregung gaben sie mit den Pfeiltasten auf einem Leuchtbalken an, der sie rechts neben den nackten Körpern ständig daran erinnerte, dass sie im Dienste der Wissenschaft standen. Wenn sie bei »75 Prozent Erregung« angekommen waren, wurde auf dem Bildschirm die erste Frage eingeblendet, die sie beantworten konnten, indem sie mit den Pfeiltasten eine Markierung irgendwo zwischen »Ja« und »Nein« auf einem zweiten Leuchtbalken positionierten, je nachdem, ob sie eher zustimmten oder ablehnten. Falls sie aus Versehen ejakulierten, erhielten sie die Anweisung, die Tabulatortaste zu drücken. Das Experiment wäre dann abgebrochen worden, was aber nie geschah.

Die Fragen, die die Versuchsteilnehmer beantworten mussten, hatten es in sich, und wer keine sexuell explizite Passagen lesen will, sollte spätestens jetzt weiterblättern. Es begann harmlos mit »Halten Sie die Schuhe von Frauen für erotisch?«, ging dann aber weiter mit »Könnten Sie sich vorstellen, Sex mit einer vierzigjährigen Frau zu haben?«, »mit einer fünfzigjährigen?«, »mit einer sechzigjährigen?« – »Könnten Sie sich zu einem zwölfjährigen Mädchen hingezogen fühlen?« – »Könnten Sie Sex genießen mit jemandem, den Sie hassen?« – »Ist eine Frau sexy, wenn sie schwitzt?« – »Würden Sie versuchen, Ihre Chancen auf Sex zu erhöhen, indem Sie einer Frau sagten, dass Sie sie liebten?«, »indem Sie sie ermutigten, Alkohol zu trinken?«, »indem Sie ihr Drogen gäben?« – »Würden Sie ein Kondom

Diese Darstellung sahen die Studenten auf dem Bildschirm: In der Mitte ein Pornobild. Rechts den Balken für ihren Erregungszustand, den sie mit den Pfeiltasten eingaben. Bei 75 Prozent Erregung wurden unten die Fragen mit dem Antwortbalken eingeblendet, den sie ebenfalls mit den Pfeiltasten ansteuerten.

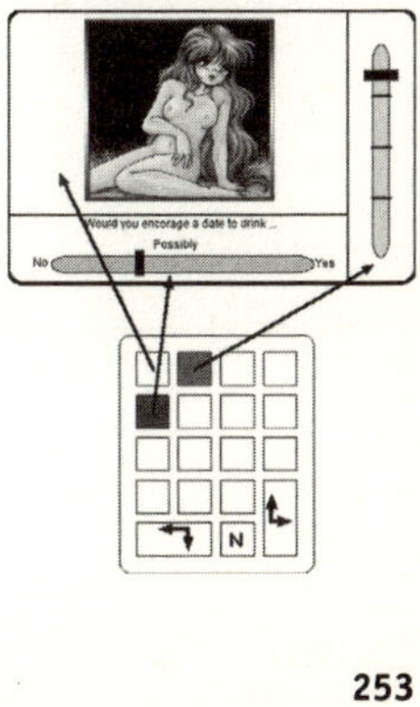

benutzen, wenn die Gefahr bestünde, dass die Frau ihre Meinung ändert, während Sie es holten?«

Ariely bildete aus den 35 Versuchsteilnehmern drei Gruppen: Die bedauernswerte erste Gruppe beantwortete die Fragen nur in nicht erregtem Zustand und wurde dann entlassen. Die zweite Gruppe antwortete zuerst erregt und mindestens einen Tag später nicht erregt und die dritte Gruppe zuerst nicht erregt, dann erregt und schließlich wieder nicht erregt. Ariely wollte damit klären, ob die Reihenfolge der verschiedenen Situationen einen Unterschied machte. Sie machte keinen, die Resultate waren erstaunlich konsistent: Sexuell erregt, waren die Studenten viel eher bereit zu ungewöhnlichen sexuellen Praktiken, zu arglistigem Verhalten gegenüber einer Partnerin und zu risikoreichen Handlungen.

Der Effekt war erstaunlich groß. Ariely hatte den Leuchtbalken, den die Studenten zur Eingabe ihrer Antworten benutzten, in eine Hunderterskala verwandelt. »Nein« lag bei 0, »vielleicht« bei 50, »ja« bei 100. Die Durchschnittsantwort auf die Frage »Würde es Ihnen Spaß machen, Ihre Partnerin zu fesseln?«, lag nicht erregt bei 47, erregt bei 75. Für »Ist nur küssen frustrierend?« nicht erregt bei 41, erregt bei 69.

Ariely musste mehrere Anläufe nehmen, bis die Fachzeitschrift *Journal of Behavioral Decision Making* die Arbeit veröffentlichte. Vielen anderen Publikationen war das Experiment zu heiß. Die Reaktionen ließen nicht lange auf sich warten. »Einige Leute sagten, ›das Resultat ist trivial‹, oder ›das wussten wir schon lange‹«, erinnert sich Ariely. Er hielt das Ergebnis für ganz und gar nicht trivial. »Wenn alle das schon wussten, warum unterscheiden sich die Antworten dann so stark?«, fragt er. In Wirklichkeit seien sich die wenigsten Leute dieses Effekts bewusst – jedenfalls nicht bei sich selbst.

Dass jeder von uns – egal, für wie edel er sich hält – die Wirkung der Leidenschaft auf seine Handlungen unterschätzt, hat weitreichende Folgen. »›Sag einfach Nein‹ geht davon aus, dass man seine Leidenschaft auf Knopfdruck abstellen kann«, schreibt Ariely. Und weil man das nicht könne, bliebe nur die Alternative: »Entweder lehren wir unsere Teenager, wie man Nein sagt, bevor sich eine Situation entwickelt, in der es unmöglich ist, zu widerstehen, oder wir bereiten sie auf die Konsequenzen vor, wenn sie in entflammter Leidenschaft Ja gesagt haben (indem sie zum Beispiel Kondome benutzen).« Eines ist sicher: »Wenn wir unsere jungen Leute nicht lehren, wie sie mit Sex umgehen sollen, wenn sie halb wahnsinnig sind, halten wir nicht nur sie zum Narren, sondern auch uns selbst.«

Nach seinem Gastjahr in Berkeley kehrte Ariely ans MIT zurück, wo er das Experiment wiederholen und auf Frauen ausweiten wollte. Er fragte den Dekan der Sloan School of Management am MIT, wo er arbeitete, um Erlaubnis. »Der Dekan sagte, ›lass uns eine Kommission einsetzen‹«, erinnert sich Ariely, »und jedes Mal, wenn man das Wort ›Kommission‹ hört, weiß man, dass es lange dauern wird.«

Obwohl dieses Gremium nicht nur aus Frauen bestand, nannte sie Ariely bald die »Kommission der wütenden Frauen«. »Da gab es zum Beispiel eine Frau, die nie nach Frankreich reisen würde, weil die Werbung dort zu gewagt war. Mit solchen Leuten musste ich mich herumschlagen.«

Wie nicht anders zu erwarten, hatte die Kommission einige Einwände. So wurde zum Beispiel befürchtet, dass masturbationssüchtige Versuchsteilnehmer rückfällig würden oder dass die Pornobilder unterdrückte Erinnerungen an früheren Missbrauch heraufbeschwören könnten. Ariely hielt beide Einwände für weit hergeholt, einerseits war krankhafte Masturbationssucht extrem selten, andererseits war wissenschaftlich höchst zweifelhaft, ob es das, was die Kommission unter »unterdrückte Erinnerungen« verstand, wirklich gab.

Schließlich wurde die Bewilligung unter drei Bedingungen erteilt: Für das Experiment durften keine MBA-Studenten der Sloan School rekrutiert werden, alle Anfragen der Presse mussten direkt an die Kommunikationsabteilung weitergeleitet werden, und es war Ariely verboten, von diesen Experimenten im Unterricht zu erzählen. Vor allem der letzte Punkt kam Ariely reichlich seltsam vor: »Warum sollten wir Experimente machen, wenn wir dann nicht darüber reden dürfen?«

In der Zwischenzeit hatte sich Ariely zur Sicherheit die Bewilligung bei einem anderen MIT-Institut eingeholt, für das er tätig war. Doch die Schwierigkeiten nahmen trotzdem kein Ende, denn als Nächstes machte Ariely die Tatsache zu schaffen, dass Studentinnen viel seltener masturbieren als Studenten und dabei größere Schwierigkeiten haben, in Erregung zu geraten. »Bei den Männern kann man jeden nehmen, alle wissen, wie man masturbiert, doch wenn wir die Studie nur mit jenen zwanzig Prozent Frauen machen konnten, die Selbstbefriedigung betrieben oder sich dazu bekannten, hätten wir eine sehr unausgewogene Stichprobe gehabt.« Daraus hätte sich nicht auf das Verhalten der Frauen im Allgemeinen schließen lassen.

Ariely erwog schließlich sogar den Einsatz von Vibratoren, um seine Studie zu retten, doch das Zulassungsgremium hielt das für keine gute Idee. »Ich glaube, sie befürchteten, der *Boston Globe* würde schreiben: ›MIT-Professor lehrt Frauen das Masturbieren!‹« Ariely musste das Projekt schließlich aufgeben, und so wissen wir bis heute nicht, ob Frauen Männerschuhe erotischer und Männerschweiß anziehender finden, wenn sie sexuell erregt sind.

◆ Ariely, D., and G. Loewenstein (2006). The Heat of the Moment: The Effect of Sexual Arousal on Sexual Decision Making. *Journal of Behavioral Decision Making* 19, 87-98.

2002 **Wenn Hollywoodschauspieler Tankstellenräuber wären**

Kennen Sie die beiden Männer auf den Bildern unten? Wenn Sie ab und zu ins Kino gehen, sollten Sie eigentlich. Na? Wenn nicht, befinden Sie sich wenigstens in guter Gesellschaft. Die zwei Porträts sind Phantombilder

Wer ist das?
(Lösung Seite 259)

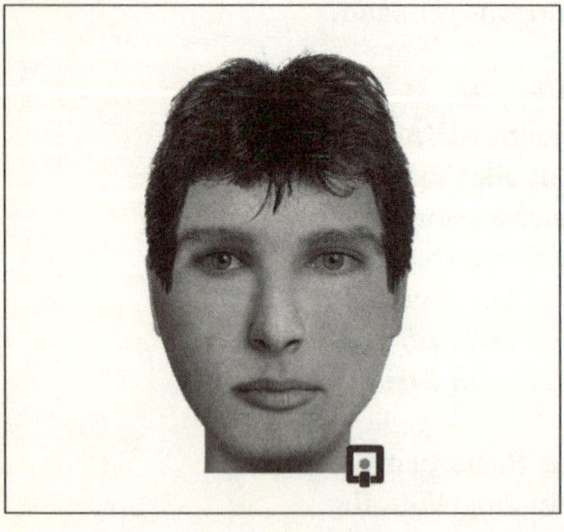

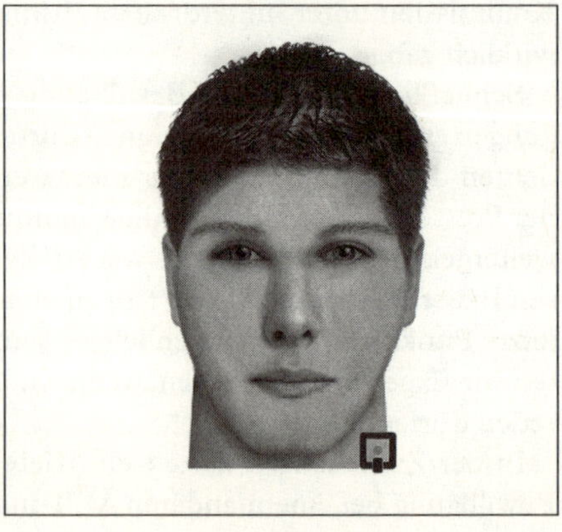

der Schauspieler Ben Affleck und Matt Damon. Von den 80 Studenten, denen man sie vorlegte, erkannte sie kein einziger. Anschaulicher kann man nicht zeigen, wie es um Brauchbarkeit von Phantombildern steht. Wir können von Glück sagen, dass Hollywoodschauspieler es nicht nötig haben, Tankstellen zu überfallen.

Das Experiment mit Affleck und Damon – und acht weiteren Gesichtern prominenter Schauspieler und Musiker – war die Idee des Psychologen Charlie Frowd von der Universität Stirling in Schottland. Er beschäftigte sich schon lange mit Phantombildern und fand, dass es an der Zeit sei, die in Großbritannien eingesetzten Programme und Verfahren zu testen – nicht zuletzt deshalb, weil er selber ein Programm entwickelt hatte, das er mit ihnen vergleichen wollte.

Am liebsten hätte Frowd natürlich ein Verbrechen mit ahnungslosen Zeugen inszeniert. Weil das nicht möglich war, mussten die Prominenten herhalten. »Es ist zwar ein bisschen ungewöhnlich, berühmte Gesichter zu verwenden, schließlich sind Verbrecher ja nicht berühmt«, sagt Frowd, »aber es ist sehr praktisch.« Allerdings sei es schwierig, Prominente mit dem richtigen Bekanntheitsgrad zu finden. Unbekannt genug, damit man Versuchsteilnehmer findet, die sie nicht kennen – wenn die Zeugen den Bankräuber kennen, bräuchte man ja kein Phantombild. Aber bekannt genug, damit man ihr Phantombild anschließend genügend Leuten vorlegen kann, denen das Gesicht eigentlich bekannt vorkommen müsste. Zu der Zeit, als Frowd den Versuch durchführte, fielen Ben Affleck und Matt Damon in diese Kategorie.

Frowd legte ihre Porträts zu den acht anderen, dann ließ er den Stapel nacheinander von 50 Leuten durchblättern, bis sie auf die erste ihnen unbekannte Person stießen. Dieses Gesicht konnten sie dann eine Minute lang betrachten. Zwei Tage später – eine in der Polizeiarbeit typische Verzögerung bei der Zeugenbefragung – saßen sie wieder im Labor und erstellten mithilfe eines Spezialisten ein Phantombild. Dabei kamen eines der drei verbreiteten Programme E-Fit, PROfit oder FACES, ein geschulter Zeichner oder Frowds eigene Software zum Einsatz.

Das Ergebnis war nicht nur im Fall von Damon und

Das Resultat eines anderen Experiments aus den 1990er-Jahren. Hier durfte ein Experte mit seiner Software Prominente direkt von einer Bildvorlage erstellen. Kennen Sie einen einzigen? (Lösung Seite 260 in der Randspalte)

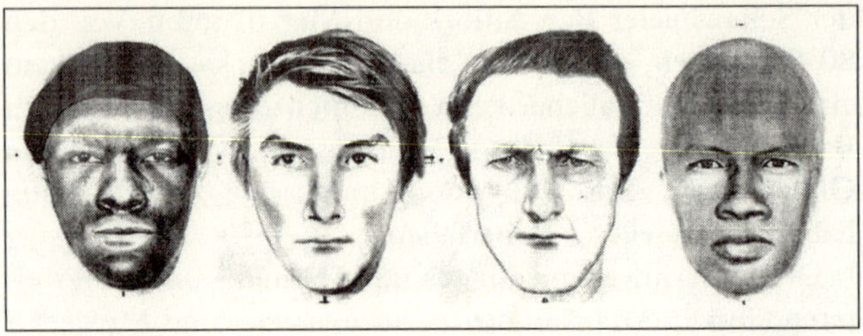

Affleck ernüchternd. 800-Mal wurde eines der 10 Phantombilder einer Jury aus 80 Studenten gezeigt. Nur gerade 22-Mal erkannten sie ein Gesicht. Das entspricht einer Quote von 2,8 Prozent. Und das, obwohl die Bedingungen geradezu ideal waren: Die Testzeugen wussten von Anfang an, dass sie sich die Gesichter einprägen mussten, die Bilder waren gestochen scharf und konnten eine Minute lang in Ruhe angesehen werden. Das wäre, wie wenn sich ein Bankräuber bei bestem Licht vor die Zeugen stellen und langsam bis sechzig zählen würde, bevor er davonrennt.

Dass solch schlechte Resultate weder mit der Fähigkeit des Zeichners noch mit der Leistung der Computerprogramme zu tun haben, weiß man schon lange. Es liegt vielmehr am Verfahren, wie die Bilder zustande kommen. Fast immer müssen Augen, Ohren, Nase, Mund und andere Gesichtsmerkmale einzeln beschrieben und aus einer Vielzahl abgelegter Formen ausgewählt werden. Doch dafür ist unser Gehirn nicht geschaffen. Wir prägen uns nicht einzelne Merkmale ein, sondern verarbeiten ein Gesicht als Ganzes. »Selbst bei Paaren, die 15 oder 20 Jahre verheiratet sind, kann es passieren, dass der Mann oder die Frau nicht in der Lage ist, auch nur ein einziges Gesichtsmerkmal des Partners präzise zu beschreiben«, sagt Christopher Solomon, technischer Direktor der Firma VisionMetric, die das von Frowd ebenfalls getestete Programm E-Fit vertreibt.

Wie genau die Gesichtserkennung beim Menschen funktioniert, ist immer noch ein Rätsel, sicher ist aber: Wir erkennen ein Gesicht wieder, ohne zu wissen, dass es aus einer breiten Nase, großen Augen, schmalen Lippen und kleinen Ohren zusammengesetzt war. Doch genau nach diesem Wissen verlangen die Programme.

Und selbst wer ein Phantombild von einem Foto erstellt, das er vor sich liegen hat, wird auf Probleme stoßen. Auch wenn er die richtigen Augen, Augenbrauen, die richtige Nase und den richtigen Mund auswählt, kann es sich als schwierig erweisen, sie in der korrekten Konfiguration zusammenzusetzen. Es gibt eine Studie, derzufolge die Erkennungsrate eines Phantombilds sich nicht erhöht, wenn man ein unbekanntes Gesicht anstatt aus der Erinnerung direkt von einem Foto rekonstruiert. »Das ist erschreckend!«, konstatiert Frowd.

Frowd bestreitet nicht, dass mit herkömmlichen Programmen wie den von ihm getesteten hin und wieder ein brauchbares Phantombild entsteht. Die vereinzelten Erfolge seien jedoch der Grund dafür, dass viele Polizeikräfte und auch die Öffentlichkeit den Phantombildern zu sehr vertrauen. Über die Täter, die mithilfe eines Phantombilds festgenommen werden konnten, liest man in der Zeitung – über die Verbrechen, die trotz Phantombilds unaufgeklärt bleiben, nicht. Es wäre interessant zu erfahren, in welchem Verhältnis Erfolg bringende Phantombilder zu nutzlosen stehen. Aber solche Statistiken werden kaum geführt. Restlos im Dunkeln bleibt, in wie vielen Fällen ein schlechtes Phantombild die Aufklärung verhinderte, weil es vom wirklichen Täter ablenkte.

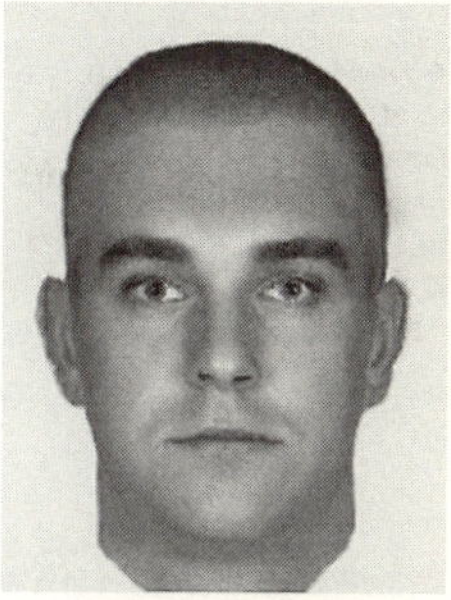

Dieses Phantombild wurde mit EvoFit erstellt. Kennen Sie den Mann?
(Lösung Seite 260 in der Randspalte)

Charlie Frowds Software EvoFit löst das Problem mit den Einzelmerkmalen elegant: Bei EvoFit beschreibt der Zeuge nicht schmale Augen oder dicke Lippen, er bekommt einfach 72 Gesichter gezeigt, aus denen er die 6

Zum Vergleich: Matt Damon und Ben Affleck im Original.

Auflösung von Seite 258: Bill Cosby, Tom Cruise, Ronald Reagan, Michael Jordan.

Auflösung von Seite 259: Robbie Williams.

dem Täter ähnlichsten auswählt. EvoFit wirbelt die Merkmale dieser 6 durcheinander, kreiert daraus 72 neue Gesichter, und das Ganze beginnt von vorne. Nach der dritten Runde wählt der Zeuge das geeignetste Gesicht aus, das dann als Phantombild verwendet wird. Auch andere Firmen sind dabei, ähnliche Techniken zu entwickeln.

EvoFit schnitt in Frowds Test 2002 ebenso gut ab wie die besten merkmalbasierten Systeme, doch inzwischen hat Frowd das Programm weiterentwickelt, und seine Treffergenauigkeit liegt heute nach zwei Tagen Wartezeit bei erstaunlichen 25 Prozent (gegenüber 5 Prozent der besten herkömmlichen Programme).

◆ Frowd, C. D., D. Carson et al. (2005). Contemporary Composite Techniques: the impact of a forensically-relevant target delay. *Legal & Criminological Psychology* 10(1), 63-81.

Sollten die Geschäfte für Ben Affleck und Matt Damon dereinst nicht mehr so gut laufen, kann man ihnen also nur raten, anständig zu bleiben.

2002 **Warum die Kellnerin den Gast nachäffen sollte**

Seit den ersten Experimenten in den 1980er-Jahren konnte die internationale Trinkgeldforschung immer wieder mit erstaunlichen Erkenntnissen aufwarten: So erhielt das Servierpersonal mehr Trinkgeld, wenn es den Gast kurz berührte (siehe *Das Buch der verrückten Experimente*, Seite 258), sich mit Namen vorstellte, eine kleine Sonne auf die Rechnung zeichnete oder für die Bestellaufnahme am Tisch kauerte. Im Jahr 2002 machte der Psychologe Rick B. van Baaren von der Universität Nijmegen in Holland eine weitere Möglichkeit ausfindig, einen Gast großzügig zu stimmen: nämlich ihn nachzuäffen.

Dass Menschen unbewusst andere imitieren, haben Psychologen schon vor einiger Zeit herausgefunden. So beginnen wir zum Beispiel während einer Unterhaltung zu sprechen und zu lachen wie unsere Gesprächspartner. Oft ist diese Synchronisation ein Zeichen dafür, dass wir unser Gegenüber mögen. Wer eine Person geschickt nachahmt, kann sogar bewusst erreichen, dass er ihr sympathisch wird – immer vorausgesetzt, sie merkt nichts von der Manipulation.

Dass dieser Effekt im Alltag Konsequenzen haben kann, zeigte van Baaren in einem Restaurant in Holland. Dort

Kellnerinnen, die die Bestellung ihrer Gäste Wort für Wort wiederholten, nahmen 68 Prozent mehr Trinkgeld ein.

erhielt eine Kellnerin 68 Prozent mehr Trinkgeld, wenn sie jede Bestellung Wort für Wort wiederholte, als wenn sie es nicht tat.

»Servierpersonal, das mehr verdienen will«, schreibt der amerikanische Trinkgeldforscher Michael Lynn von der Cornell University, »sollte sich stärker darauf konzentrieren, … die Stimmung der Gäste zu heben und ein harmonisches Verhältnis zu ihnen aufzubauen, als darauf, sorgfältig und technisch korrekt zu bedienen.«

◆ Van Baaren, R. B., R., W. Holland et al. (2003). Mimicry for money: behavioral consequences of imitation. *Journal of Experimental Social Psychology* 39, 393-398.

2003 **Welche Musik mögen Affen?**

Musik ist eine der merkwürdigsten Beschäftigungen des Menschen. Obwohl es sie in allen Kulturen gibt, bei Beduinen, Bergbauern und Buchhaltern, bleibt sie aus Sicht der Evolution unerklärlich. Damit universelle menschliche Verhaltensweisen überhaupt entstehen konnten, mussten sie auf lange Sicht zu mehr Nachkommen geführt haben. Bei Eigenschaften wie der Angst vor großen Höhen oder dem Fluchtreflex, die allen Menschen eigen sind, ist dieser Zusammenhang offensichtlich. Bei der Musik hingegen ist er völlig rätselhaft.

Um mehr darüber herauszufinden, wäre es interessant zu erfahren, ob auch Tiere Musik mögen. Denn falls sie tatsächlich eine Vorliebe für Musik hätten, wäre des Men-

Mit dieser Vorrichtung testete Josh McDermott die Musikvorlieben von Affen.

schen Liebe zur Musik wohl ein evolutionäres Überbleibsel eines angeborenen Verhaltens, das nicht direkt mit Musik zu tun hatte. Tiere machen ja selber keine Musik – jedenfalls nicht so, wie wir Menschen den Begriff verstehen.

Bloß: Wie findet man heraus, ob Tiere Musik mögen? Wir können ihnen Mozart oder die Kastelruther Spatzen vorspielen und beobachten, wie sie reagieren. Doch selbst wenn sie in Heulen und Zähneklappern ausbrechen: Vielleicht mag das Tier von allen Volksmusikformationen ausgerechnet die Kastelruther Spatzen nicht und von Mozart nur das 14. Klavierkonzert in Es-Dur, und wir haben für unseren Test das 20. in d-Moll ausgewählt.

Josh McDermott vom Massachusetts Institute of Technology und Marc Hauser von der Harvard University lösten dieses Problem so: Sie bauten für sechs Tamarine, das sind kleine Krallenaffen, einen V-förmigen Käfig, in dem einer nach dem anderen getestet wurde. Hielt sich eines der Tiere im einen Arm des Käfigs auf, hörte er aus dem dort angebrachten Lautsprecher wohlklingende Akkorde aus jeweils zwei zusammenpassenden Tönen, ging es hingegen in den anderen Arm, spielten Hauser und McDermott ihm eine Serie schrecklich dissonanter Tonkombinationen vor, auf die Stockhausen stolz gewesen wäre. Mit seinem Aufenthaltsort konnte der Affe also bestimmen, was er zu hören bekam.

Ganz egal, ob Krallenaffen die Kastelruther Spatzen mögen oder nicht: Wenn sie Musik ähnlich empfinden wie Menschen, sollten sie den »Stockhausenflügel« ihres Käfigs meiden. Doch das taten sie nicht. Die Tamarine waren in beiden Käfigteilen gleich häufig anzutreffen, hörten sich also die harmonischen Tonkombinationen ebenso lange an wie die dissonanten.

Hauser und McDermott ziehen daraus den Schluss, dass die Vorliebe der meisten Menschen für harmonische Klänge entstanden sein muss, nachdem der letzte gemeinsame Vorfahre der Krallenaffen und Menschen vor 40 Millionen Jahren gelebt hatte, und vielleicht sogar eine dem Menschen eigene Anpassung für Musik sein könnte. Umgekehrt würde das auch heißen, dass die Musik nicht aus einem umfunktionierten Verhalten unserer tierischen Vorfahren entstanden sein kann, sondern eine zutiefst menschliche Angelegenheit ist.

Weil sich die Apparatur dafür eignete, auch andere Hörvorlieben zu erkunden, ließen es sich die Forscher nicht entgehen, die Reaktion der Affen auf das rätselhafteste aller Geräusche zu erkunden: das Wandtafelkratzen (siehe Seite 172ff. bzw. Seite 187ff.). Den Affen war das gleichgültig. Wenn sie zwischen Wandtafelkratzen und einem gleich lauten Rauschen auswählen konnten, gaben sie keinem von beiden den Vorzug.

In weiteren Experimenten mit russischen Wiegenliedern, deutscher Technomusik und Mozarts Streichkonzert in B-Dur (KV 458) fanden die Wissenschafter schließlich heraus, was Affen wirklich mögen: nämlich Ruhe.

◆ McDermott, J., and M. Hauser (2004). Are consonant intervals music to their ears? Spontaneous acoustic preferences in a nonhuman primate. *Cognition* 94, B11-B21.

2003 **Schwimmen im Sirup**

22 Bewilligungen waren nötig, bis das Wasser im Pool mit 310 Kilogramm Geliermittel eingedickt werden durfte.

Obwohl der Schwimmer Brian Gettelfinger die US-Qualifikation für die Olympischen Sommerspiele in Athen 2004 knapp verpasste, wurde er in seiner Sportart berühmter als die meisten Olympiateilnehmer. Am 18. August 2003 kraulte er im Wassersportzentrum der Universität von Minnesota in Minneapolis durch 650000 Liter Sirup und entschied damit eine 400 Jahre alte Kontroverse. Auf die Frage, ob es sich in Sirup schneller, langsamer oder gleich schnell schwimmt wie in Wasser, gab es seit dem 17. Jahrhundert zwei Antworten. Isaac Newton glaubte, dass sich die Geschwindigkeit verringern müsste, schließlich ist Sirup dickflüssiger und bremst den Schwimmer ab. Christiaan Huygens war dagegen der Meinung, dass der Widerstand, den ein Schwimmer spürt, in erster Linie

vom Quadrat seiner Geschwindigkeit abhängt: Wer doppelt so schnell schwimmen will, muss sich viermal mehr anstrengen. Huygens' Hypothese hat den interessanten Nebeneffekt, dass die Viskosität der Flüssigkeit – ob dick- oder dünnflüssig – keine Rolle spielt. In Ermangelung eines Schwimmbeckens voll Sirup wurde die Diskussion in den nächsten Jahrhunderten vor allem theoretisch geführt.

Auch Ed Cussler, Professor für Chemie an der Universität Minnesota, hatte schon vor mehr als drei Jahrzehnten von Huygens' und Newtons Kontroverse gehört. »Eine eher rundliche Studentin aus Uruguay forderte mich zu einem Schwimmwettkampf heraus«, sagte Cussler dem Unimagazin *Inventing Tomorrow*. Zu seiner Überraschung gewann sie. Die Niederlage weckte sein Interesse an der Physik das Schwimmens, und dabei tauchte unweigerlich die Frage nach dem Einfluss der Viskosität beim Schwimmen auf.

Doch erst als der Schwimmer Brian Gettelfinger zu Cusslers Student wurde, dachte er über ein Experiment nach. »Er stellte mir alle möglichen guten Fragen, auf die ich keine Antwort wusste«, sagte Cussler der Zeitschrift *Pool & Spa News*, in der sich einer von hunderten Artikeln über das Experiment fand. »Er wollte zum Beispiel wissen, ob er seinen ganzen Körper rasieren soll, wie seine Trainer es vorschlugen, oder ob er alles rasieren soll außer seinen Armen.« Die Idee dabei war, dass der Körper dem Wasser möglichst wenig Widerstand bieten sollte, die Arme, die ihn wie Paddel vorwärtstreiben, möglichst viel.

Am Schluss ihrer Diskussionen landeten Gettelfinger und Cussler immer wieder bei Newton und Huygens. Beide waren überrascht, als eine Literaturrecherche zeigte, dass bisher niemand den Versuch unternommen hatte, die Kontroverse zu klären. Ein Grund mag der Aufwand gewesen sein, der mit einem solchen Experiment verbunden ist.

Nicht weniger als 22 Bewilligungen musste Cussler einholen. Zuerst wollte er das Wasser im Schwimmbecken mit Maissirup eindicken, doch die Behörden befürchteten, die Kläranlage würde ob der Masse an Zuckerwasser kollabieren. Schließlich kam Guarkernmehl zum Einsatz, ein Geliermittel, das sonst zum Verdicken von Salatsaucen und Eiscreme verwendet wird.

Der Leiter des Schwimmzentrums war etwas erstaunt über den Vorschlag, 310 Kilogramm Geliermittel in eines seiner Schwimmbecken zu kippen, sah dann aber ein, dass das Experiment ein erstklassiger Bildungsanlass war. Doch wie stellt man sicher, dass sich so viel Pulver gleichmäßig im Wasser auflöst? Guarkernmehl tendiert nämlich dazu, Klumpen zu bilden, wenn es nicht gründlich vermischt wird. Die Lösung war ein zweckentfremdeter Abfalleimer, in dem das Geliermittel unter Zusetzung einer kleinen Menge Wasser und mithilfe eines starken Mixers gemischt wurde. Ein Pumpe leitete dann am Samstag vor dem Experiment vier Stunden lang das Wasser des Schwimmbeckens durch diese Tonne, sodass sich das Pulver überall verteilte. Vier Unterwasserpumpen unterstützten die Durchmischung, sodass Cussler am Montag ein Pool voll grünlichem Schleim zur Verfügung stand, doppelt so dickflüssig wie Wasser.

Schwimmt sich im Sirup schneller oder langsamer als im Wasser? Diese Frage wurde hier endlich geklärt.

Cussler ließ es sich nicht nehmen, am Montag als Erster ein Schleimbad zu nehmen. Als er wohlbehalten wieder auftauchte, konnte das Experiment beginnen. Neben Gettelfinger zogen neun weitere Wettkampf- und sechs Freizeitschwimmer ihre Bahnen im Pool: zuerst 25 Meter in normalem Wasser eines zweiten Beckens, dann 50 Meter im Sirup, dann wieder 25 Meter im normalen Wasser. Die gemessenen Zeiten zeigten, dass die Geschwindigkeit in Wasser und Sirup praktisch identisch ist.

Erklären lässt sich das vereinfacht so: Der Schwimmer kämpft im Sirup zwar gegen einen größeren Widerstand, seine Armzüge haben aber in der dickeren Flüssigkeit auch eine größere Wirkung, er kann sich sozusagen besser daran abstoßen. Diese beiden Effekte waren immer schon bekannt. Das Experiment zeigte, dass sie für einen Schwimmer etwa gleich groß sind und sich deshalb aufheben. Erst wenn der Sirup etwa 1000-mal so dick wäre wie Wasser, würde sich etwas daran ändern. Anders sind die Verhältnisse auch für sehr kleine Organismen wie Bakterien,

Gettelfinger, B., and E. L. Cussler (2004). Will Humans Swim Faster or Slower in Syrup. *American Institute of Chemical Engineers Journal* 50, 2646-2647.

bei denen sich die Viskosität stärker auf die Schwimmgeschwindigkeit auswirkt.

Cussler und Gettelfinger wurden für ihre Forschung im Jahr 2005 mit dem Ig-Nobel-Award für Chemie ausgezeichnet, dem Spaß-»Nobelpreis« der jedes Jahr im Oktober in Boston vergeben wird.

2005 **Wehret den Anfängen**

Es war eine kalte Dezembernacht im Jahr 2005, als Kees Keizer mit drei Spraydosen in der Tasche zur Tingtanggasse schlich und dort innerhalb einer Viertelstunde die Hauswände mit Graffiti verunstaltete. Keizer hatte sich lange überlegt, was er der Polizei gesagt hätte, wenn er erwischt worden wäre, aber ihm war beim besten Willen nichts Gescheites eingefallen: »Das ist Teil meiner Doktorarbeit an der Universität Groningen.« – »Ich spraye für ein psychologisches Experiment.« – »Ich habe die Tingtanggasse zuvor selber gestrichen.« Obwohl all das stimmte, machte sich Keizer keine Illusionen über die Glaubwürdigkeit dieser Antworten. »Es wäre sehr schwierig gewesen, den Groninger Polizisten die Sache zu erklären«, sagt der Doktorand der Sozialwissenschaften rückblickend, denn dazu hätte er ihnen eine lange Geschichte erzählen müssen, die 1969 begann.

Im diesem Jahr parkte der Psychologe Philip Zimbardo einen alten Oldsmobile am Straßenrand gegenüber der New York University, entfernte die Nummernschilder und öffnete die Motorhaube. Danach beobachtete er aus der Ferne, wie Plünderer und Vandalen einer nach dem anderen das Auto innerhalb von 26 Stunden zu einem Wrack machten. Als er das Experiment in der kalifornischen Universitätsstadt Palo Alto wiederholte, geschah erst gar nichts. Doch als Zimbardo zu einem Vorschlaghammer griff und kurz auf das Auto einschlug, war auch der schlummernde Vandalismus in Palo Alto geweckt: Passanten zerstörten das Auto in kurzer Zeit (siehe *Das Buch der verrückten Experimente* Seite 192).

Zimbardo vermutete, dass Anzeichen des Verfalls die Bereitschaft zu destruktivem Verhalten nicht nur bei seinen Abbruchautos erhöhten, sondern auch sonst überall, wo sie zutage treten. Aus diesen Erkenntnissen entwickelten der Kriminolge George L. Kelling und der Politikwissenschafter James Q. Wilson später eine Theorie über die schrittweise Verslumung von Stadtteilen, die sie 1982 in der Zeitschrift *Atlantic Monthly* unter dem Titel »Broken Windows« beschrieben.

Die Broken-Windows-Theorie, wie sie schon bald genannt wurde, besagt, dass harmlose Übertretungen wie Graffiti, Vandalenakte und Abfall liegen lassen den Boden für weit schlimmere Taten bereite, weil sie das Gefühl erzeugten, die Situation sei außer Kontrolle geraten und niemand werde für irgendetwas zur Rechenschaft gezogen.

Als der New Yorker Polizeichef Bill Bratton in den 1990er-Jahren in seiner Stadt die sogenannte Null-Toleranz-Politik einführte, bei der selbst kleine Verstöße sofort geahndet wurden, berief er sich auf die Theorie von Kelling und Wilson. Obwohl die Kriminalität in New York in der Folge tatsächlich stark zurückging, blieb umstritten, ob das wirklich eine Folge von Brattons Maßnahmen war.

Die Broken-Windows-Theorie war nämlich eine weitgehend unüberprüfte und darüber hinaus ziemlich allgemein gehaltene Theorie. Es gab kaum saubere wissenschaftliche Untersuchungen, und niemand wusste, was man unter den vermeintlich harmlosen Übertretungen genau zu verstehen hatte und wie stark und wie schnell sie ein illegales Verhalten bei anderen Menschen auslösten.

Genau deshalb stand Kees Keizer in jener Nacht mit pochendem Herzen in der Tingtanggasse und sprayte zum allerersten Mal in seinem Leben mit zittriger Hand ein R, ein B und ein paar Schlangenlinien an die Hauswand. Den ein-

Was tun die Leute mit den Flyern an ihren Lenkern? Links werfen sie 33 Prozent auf den Boden, rechts 69 Prozent. Normverletzungen wirken ansteckend.

zigen Anspruch, den Keizer an die Motive stellte, war, dass sie nichtssagend genug waren, um nicht als Kunst wahrgenommen zu werden.

Ein paar Wochen zuvor war er schon einmal nachts in der Tingtanggasse unterwegs gewesen. Damals hätte die Polizei noch mehr gestaunt: Keizer strich nämlich mitten in der Nacht die ganze Gasse in Grau. Dann stellte er ein Verbotsschild für Grafitti auf jener Seite der Gasse hin, die von einem Fahrradparkplatz eingenommen wurde.

Am nächsten Tag hängte Keizer an den Lenker jedes dort abgestellten Fahrrads einen Flyer eines nicht existierenden Sportgeschäfts mit der Aufschrift »Wir wünschen allen frohe Festtage« und beobachtete, was geschah, als die Besitzer der Räder auftauchten. Da es in der Nähe keinen Abfalleimer gab, hatten sie nur die Wahl, den Flyer entweder in die Tasche zu stecken oder ihn auf den Boden zu werfen, was 33 Prozent von ihnen taten (ihn am Lenker zu belassen, hätte sie beim Fahren behindert). Nachdem Keizer die Wand in der Nacht mit seinen Graffiti verschandelt hatte, hängte er am nächsten Tag wieder Flyer an die Lenker. Jetzt waren es plötzlich 69 Prozent, die sie wegwarfen.

Ein paar unansehnliche Graffiti, und die Leute vergaßen ihre gute Kinderstube. Nicht nur die Wucht des Effekts war erstaunlich – die Zahl der Übertretungen hatte sich mehr als verdoppelt –, sondern auch, dass hier die Verletzung einer Norm (hier darf nicht gesprayt werden) die Verletzung einer anderen Norm (man wirft Abfall nicht einfach auf den Boden) begünstigte. Offenbar wirkte die Normverletzung wie eine Infektion, die andere Normen befallen konnte.

Dieses Resultat hatten der Soziologe Siegwart Lindenberg und die Psychologin Linda Steg nicht anders erwartet. Lindenberg und Steg waren Kees Keizers wissenschaftliche Begleiter und hatten die sogenannte Goal-framing-Theorie entwickelt, die das Verhalten der Leute in der Tingtanggasse erklären konnte. Die Goal-framing-Theorie besagt, dass die Ziele, die das menschlichen Verhalten steuern, in drei Kategorien fallen:

1. Normorientiert: Ich verhalte mich, wie es sich gehört.

2. Genussorientiert: Ich tue, was sich gut anfühlt, zum Beispiel was nicht anstrengend ist.

Durchgang verboten! Wenn das zweite Verbot (keine Räder anketten) nicht verletzt wurde, drängten 27 Prozent der Passanten zwischen den Gittern durch, wenn Räder angekettet waren, dreimal so viele.

3. Gewinnorientiert: Ich tue, was meine materielle Stellung verbessert.

Oft stehen diese Ziele in Konkurrenz zueinander, und ihre Prioritäten können durch äußere Vorgänge verschoben werden. Der Blick auf die verbotenen Graffiti schwächte zum Beispiel das Ziel der Radfahrer, sich überhaupt an Verhaltensnormen zu halten. Nach der Theorie musste dieser Effekt auch auftreten, wenn es nicht um eine Normverletzung geht, sondern um eine Weisung der Polizei. Dafür dachten sich Keizer, Lindenberg und Steg ein zweites Experiment aus.

Keizer schloss den Eingang des Parkplatzes eines Krankenhauses mit einem mobilen Gitter, sodass nur noch ein Durchgang von 50 Zentimetern blieb. Am Gitter befestigte er zwei Verbotstafeln: »Keine Fahrräder anketten« und »kein Durchgang, bitte Nebeneingang benutzen«. Und wieder führte die Verletzung der ersten Regel zur Verletzung der zweiten. Wenn Keizer vier Fahrräder am Gitter ankettete, drängten 82 Prozent der Passanten durch den verbotenen schmalen Durchgang. Wenn er die gleichen vier Räder nicht ankettete, waren es nur 27 Prozent – dreimal weniger.

In weiteren Experimenten fanden Keizer, Lindenberg und Steg heraus, dass selbst Regeln, die von Privaten aufgestellt wurden, demselben Effekt unterworfen waren und dass sich auch nicht visuell wahrnehmbare Normverletzungen auf dieselbe Weise fortpflanzen: Wenn Fahrradbesitzer hörten, dass in der Nähe des Fahrradparkplatzes je-

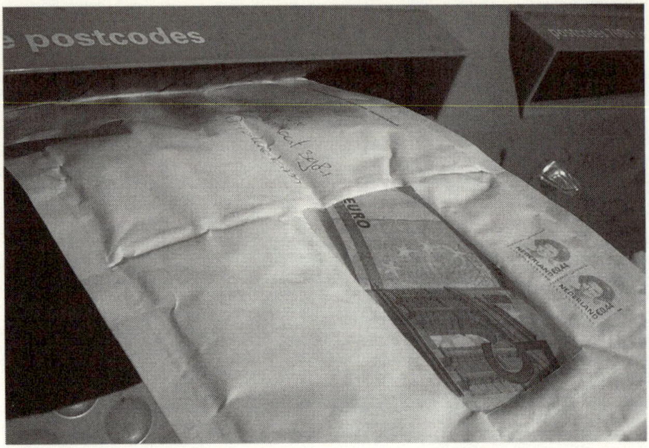

Wenn es bei diesem Briefkasten sauber war, stahlen 13 Prozent der Passanten den Briefumschlag mit dem Geld. Wenn Abfall herumlag, waren es doppelt so viele.

mand verbotenerweise Feuerwerk abbrannte, warfen sie den Flyer 30 Prozent häufiger weg, als wenn keine Regelverletzung wahrnehmbar war.

Als Keizer sich daranmachte, die letzte und wichtigste Frage zu klären, war er unter den Obdachlosen von Groningen bereits gut bekannt. »Sie grüßten mich regelmäßig. Da ich tagelang auf der Straße herumstand, um die Leute zu beobachten, nahmen sie zweifellos an, ich sei einer von ihnen.« Die wichtigste Frage war: Kann eine harmlose Regelverletzung auch auf eine viel bedeutendere Norm überspringen? Geht der Effekt so weit, dass eine zahme Übertretung einer sozialen Norm eine Kettenreaktion auslösen kann, die mit einer kriminellen Handlung endet?

Um das herauszufinden, wollten die drei Forscher die Leute zum Stehlen verleiten. Keizer steckte einen Briefumschlag mit einen gut sichtbaren Fünf-Euro-Schein im Sichtfenster zur Hälfte in einen Briefkasten der holländischen Post, sodass der Geldschein gut zu sehen war. Den Briefkasten versah er im ersten Fall mit Graffiti, im zweiten verstreute er etwas Abfall in seiner Umgebung, im dritten war alles sauber. Wieder waren die Resultate eindeutig: Wenn der Briefkasten sauber war, stahlen 13 Prozent der Passanten das Geld, in den beiden anderen Fällen doppelt so viele.

»Was ich sah, ließ mich an der Menschheit zweifeln«, sagt Keizer heute. Selbst alte Mütterchen wurden unter dem

Eindruck des verdreckten Briefkastens zu Diebinnen. Zu Hause müssen sie dann enttäuscht gewesen sein: Der vermeintliche Geldschein war bloß eine Kopie.

Nachdem die drei ihre Resultate im Herbst 2008 veröffentlicht hatten, erhielten sie Hunderte von Reaktionen. Nicht alle davon positiv. Eine Großstadt ohne Graffiti sei keine Großtadt, hieß es aus der Sprayerszene. Als Lindenberg vorschlug, in Amsterdam Wände zum legalen Sprayen freizugeben, reagierten die Sprayer empört: Erst die Illegalität erzeuge die Spannung, die eine künstlerische Entwicklung erlaube. Beeinflusst von der Studie, hat die Gemeinde Amsterdam mittlerweile ein Gesetz verabschiedet, nach dem jedes neue Graffito sofort entfernt werden muss.

Lindenberg warnt allerdings davor, zu glauben, ein heruntergekommenes Wohnviertel könne wieder aufblühen, nur indem man Scheiben flickt und Wände streicht. »Wenn schon alles verludert ist, hilft nur aufzuräumen nicht mehr«, sagt der Soziologe. Die Normverletzungen seien dann längst auf Bereiche übergesprungen, die öffentlich nicht mehr sichtbar seien und bei denen es wenig helfe, nur die physische Ordnung wiederherzustellen.

◆ Keizer, K., S. Lindenberg et al. (2008). Science. *The Spreading of Disorder* 322, 1681-1685.

2006 **Hunde (I): Versager auf vier Pfoten**

Es geschah auf einem Spaziergang, den Silke S., wie sie später in der Zeitung genannt wurde, oft mit ihrem Berner Sennenhund Balu unternahm: Mitten im Wald bedrohten plötzlich zwei Männer die junge Frau. Balu, der sonst selbst vor kleinen Hunden die Flucht ergriff, »wuchs über sich hinaus und verteidigte Silke S. gegen die Angreifer«, bis sie sich aus dem Staub machten.

Für seinen Mut verlieh die Zeitschrift *Ein Herz für Tiere* Balu den Titel »Retter auf vier Pfoten«. Er erhielt ein goldenes Herz und einen »Pedigree«-Fresskorb.

Wenn es nach dem Psychologen William A. Roberts von der kanadischen Universität Western Ontario ginge, hätte Balu besser auf die Ehrung verzichtet. Natürlich weiß Roberts, dass sich Hunde erstaunliche Fähigkeiten aneignen können: Sie führen Blinde oder spüren Lawinenopfer auf. Doch auf solche Leistungen muss man sie lange und intensiv vorbereiten. Was Roberts nicht recht glauben will, ist, dass ein untrainierter Hund erkennen kann, wann ein Mensch Hilfe braucht.

Aus Sicht vieler Tierbesitzer ist das ein dicker Hund. Schließlich kann man immer wieder in der Zeitung lesen, welch außergewöhnliche Taten Hunde vollbringen. Schäferhund Freddie zog sein Herrchen aus dem eisigen Wasser. Irish Setter Caleigh holte Hilfe, als sein Besitzer einen Herzinfarkt erlitt. Golden Retriever Toby sprang seinem Frauchen auf den Brustkorb, als diese an einem Apfelstückchen zu ersticken drohte.

»Ich zweifle nicht daran, dass Hunde Dinge tun, die Menschen in Notfällen helfen, sondern daran, dass sie dies mit Absicht tun«, sagt Roberts. Die Tatsache, dass es so viele Geschichten über Hunde als Retter gebe, sei vielleicht bloß darauf zurückzuführen, dass Hunde die häufigsten Haustiere sind. »Deshalb sind sie oft zugegen, wenn jemand in Not gerät, und tun manchmal aus purem Zufall das Richtige.« Und damit werden sie dann bekannt. Ein Hund hingegen, der sein Herrchen verletzt liegen lässt, um einer Hundedame ins Gebüsch zu folgen, macht keine Schlagzeilen. Damit er in die Zeitung kommt, wenn er das Falsche tut, muss er schon durch eine gewisse Originalität auffallen, wie jener Jagdhund, der in Texas seinen Meister erschoss, als er den Abzugbügel des Gewehrs berührte.

Roberts besitzt selbst keinen Hund und kannte sich mit den Tieren auch nicht besonders gut aus; deshalb dauerte es eine Weile, bis er seinen Zweifeln auf den Grund gehen konnte. 2005 saß Krista Macpherson in einem seiner Kurse an der Uni. Als Roberts erfuhr, dass sie Hundezüchterin und Hundetrainerin war, schlug er ihr vor, die Hilfsbereitschaft von Hunden in einem Experiment wissenschaftlich zu untersuchen.

Als Erstes mussten sich die beiden Forscher für einen Notfall entscheiden, der sich für den Versuch einfach inszenieren ließ. Die nächstliegenden Ideen waren »Herrchen ist am Ertrinken« oder »Frauchen wird angegriffen«. Roberts und Macpherson verwarfen beide. »Wir befürchteten, dass tatsächlich jemand hätte ertrinken oder gebissen werden können«, erinnert sich Roberts. Sie entschieden sich für zwei andere Situationen: einen simulierten Herzinfarkt und einen von einem umgestürzten Regal eingeklemmten

Menschen. Beide waren inspiriert von den berühmten Studien aus den 1960er-Jahren über die Hilfsbereitschaft von Menschen.

Anders als bei den meisten wissenschaftlichen Studien mit Versuchstieren war die Rekrutierung der Hunde kinderleicht. Die Hundebesitzer verlangten geradezu, dass ihr Hund getestet würde – immer in der unausgesprochenen Annahme, er erweise sich als selbstloser Retter.

Für den Versuch mit dem Herzinfarkt trainierte Macpherson zwölf Hundebesitzer darin, eine solche Attacke vorzutäuschen. Dann schickte sie einen nach dem anderen mit ihrem Hund auf den verlassenen Schulhof, der ihr für die Experimente zur Verfügung stand. In der Mitte des Hofes brachen sie zusammen. In elf Metern Entfernung saß eine Person auf einem Stuhl und las Zeitung (manchmal waren es auch zwei Personen).

Mit einer einzigen Ausnahme berührte kein Hund die Zeitung lesenden Personen, um sie auf den Notfall aufmerksam zu machen. Sie bellten auch nicht. Vielmehr vertrieben sie sich die sechs Minuten, bis der Test zu Ende war, damit, in der Nähe des Opfers herumzuschnüffeln und hie und da ein wenig auf dem Boden zu scharren. Einige waren auch nervös, legten die Ohren an und senkten den Schwanz. Macpherson glaubt, dass den Hunden die Situation nicht gleichgültig war, »aber ihr Instinkt war

Geht ein Hund Hilfe holen, wenn sein Besitzer einen Herzinfarkt simuliert? Nein! Nur ein einziger ging zur Person auf dem Stuhl – sprang auf ihren Schoß und wollte gestreichelt werden.

Ein Hundebesitzer wird von einem umstürzenden Regal eingeklemmt und fleht das Tier an, Hilfe zu holen. Kein Hund versteht.

nicht, im nächsten Dorf den Sheriff zu holen. Ich glaube, sie sehen den Menschen als Mitglied des Rudels, und blieben bei ihm.« Oder auch nicht. Ein Spaniel ließ sich durch ein Eichhörnchen von den Leiden seines Besitzers ablenken. Der Hund rannte ihm nach und erlegte es mit einem Nackenbiss. Und ein kleiner Pudel sprang nach dem Herzinfarkt seines Besitzers sofort auf den Schoß des Zeitungslesers; er wollte gestreichelt werden.

Beim zweiten Test begrub ein Bücherregal die Hundebesitzer unter sich, sodass sie sich nicht mehr regen konnten, aber bei Bewusstsein waren. Sie simulierten Schmerzen und befahlen dem Hund, bei der Person, die er zuvor im Nebenraum gesehen hatte, Hilfe zu holen.

Doch auch bei diesem Versuch versagten die Hunde: Kein einziger ging Hilfe holen! Eine Hundebesitzerin war darüber so wütend, dass sie ihren Hund anschrie: »Du bist die 700 Dollar nicht wert, die ich für dich bezahlt habe!«

Als die Resultate publik wurden, waren Roberts und Macpherson tagelang mit Radio- und Fernsehinterviews beschäftigt. Viele Hundebesitzer wollten ihre Schlussfolgerung aber nicht glauben, dass Hunden die Fähigkeit fehle, zu erkennen, wann ein Mensch in Not sei. Sie riefen während der Sendung an und steuerten ihre eigenen Anekdoten von den Rettern auf vier Pfoten bei.

Kritiker warfen Roberts und Macpherson vor, ihre Szenarien seien nicht dramatisch genug gewesen. Nur bei der Bedrohung durch Feuer oder durch einen Gewalttäter oder bei der Gefahr des Ertrinkens produziere ein Opfer die Pheromone, die einen Hund instinktiv spüren ließen, dass es sich wirklich um einen Notfall handle.

Roberts weiß, dass mit dieser Studie nicht das letzte Wort zum Thema Hunde als Retter gesprochen ist, aber dass sich von den 44 Hunden aus 15 Rassen kein einziger als Lassie hervorgetan hat, verlangt nach einer Erklärung.

Hunde sind die ältesten Haustiere, seit 10000 oder 15000 Jahren sind sie Begleiter des Menschen. Roberts vermutet, dass in dieser Zeit die Fähigkeit, sich selbstständig in der Welt zu bewegen, herausgezüchtet worden ist. »Auf sich selbst gestellt, sind Hunde nicht besonders gut.«

Während der Domestizierung ist den Hunden offenbar auch ihr räumliches Gedächtnis abhanden gekommen. In Labyrinthversuchen, die Roberts und Macpherson kürzlich unternommen haben, schnitten sie jedenfalls deutlich schlechter ab als Ratten und Tauben.

◆ Macpherson, K., and W. A. Roberts (2006). Do dogs *(Canis familiaris)* seek help in an emergency? *Journal of comparative psychology* 120(2), 113-119.

(Für alle Hundeliebhaber: Besser kommen die Hunde im Experiment auf Seite 280ff. weg und im *Buch der verrückten Experimente* auf Seite 275.)

2006 **Riechen in Stereo**

Warum haben Menschen und Tiere zwei Nasenlöcher? Bei anderen Sinnesorganen ist die Frage, warum sie in Paaren kommen, einfach zu beantworten: Wir haben zwei Augen, damit wir räumlich sehen, zwei Ohren, damit wir Geräusche orten können – aber zwei Nasenlöcher? Die Frage blieb vor allem deshalb lange Zeit unbeantwortet, weil die einzige brauchbare Hypothese schwer zu glauben und noch schwerer zu überprüfen war.

Hunde sind erstklassige Spurensucher. Können Menschen das auch?

Diese Hypothese besagte, dass die beiden Nasenlöcher einem Tier das Richtungsriechen erlaubten. Das Gehirn könne aus den unterschiedlichen Konzentrationen und Ankunftszeiten der Geruchsmoleküle in den Nasenlöchern auf den Standort der Quelle schließen.

Wenn der Mensch auf die Knie geht, kann er wie hier einer Schokoladenspur folgen. Aus den Konzentrationsunterschieden in beiden Nasenlöchern extrahiert er Richtungsinformationen.

Schwer zu glauben war dies, weil die Nasenlöcher so nahe beieinanderliegen, dass diese Unterschiede nicht sehr groß sein konnten. Und noch schwerer zu überprüfen war es, weil selbst geduldige Hunde, geschweige denn andere Tiere höchst empfindlich auf Manipulationen an ihren Nasen, wie zum Beispiel das Verschließen eines Nasenlochs für ein Experiment, reagieren. Das einzige Tier, dass solche Prozeduren klaglos über sich ergehen lässt, ist der Mensch.

Experimente des Nobelpreisträgers Georg von Békésy in den 1960er-Jahren ergaben, dass der Mensch tatsächlich in der Lage sei, die Richtung, aus der ein Geruch kommt, auf 7 bis 10 Grad genau zu bestimmen. Doch anderen Forschern gelang es nicht, diese Resultate zu bestätigen. Überdies war auch nicht klar, ob diese Fähigkeit praktische Folgen hatte: Ermöglichten zwei Nasenlöcher, einer Geruchsspur schneller zu folgen als ein Nasenloch? Weil der Mensch kein Meister im Spurenerschnüffeln ist, stellte sich aber zuerst eine ganz andere Frage: Kann er *überhaupt* einer Geruchsspur folgen?

Genau das wollte Jess Porter, Studentin in Biophysikstudentin an der University of California, herausfinden. Sie legte auf dem Rasenstück vor der Barker Hall am Rand des Campus einen Bindfaden aus, den sie zuvor in eine stark verdünnte Schokoladenlösung getunkt hatte. Darauf verband sie 32 Versuchspersonen die Augen, zog ihnen Gehörschützer, Knieschoner und dicke Handschuhe an und ließ sie drei Meter von der Schokoladenspur entfernt auf den Knien mit Schnüffeln beginnen.

Zwei Drittel der Probanden konnten die Fährte aufnehmen und schafften es, dem Schokoladenduft bis ans Ende zu folgen. Doch welche Rolle spielten die Nasenlöcher dabei? Porter klebte 14 Versuchspersonen ein Nasenloch zu. Jetzt erreichte nur noch ein Drittel von ihnen das Ziel, und die waren dabei auch noch langsamer. War für dieses schlechtere Resultat tatsächlich die fehlende Richtungsinformation verantwortlich? Porter war sich nicht sicher, schließlich werden durch ein offenes Nasenloch nur halb so viele Geruchsmoleküle eingeatmet wie durch zwei, die noch dazu nur zu halb so vielen Sinneszellen gelangen, was die schlechtere Leistung ebenfalls hätte erklären können. Um diese Möglichkeit auszuräumen, baute Porter einen kleinen Nasenaufsatz, mit dem die Luft durch ein Loch angesaugt dann aber auf beide Nasenlöcher verteilt wurde. Wieder waren die Versuchspersonen weniger erfolgreich und langsamer. Damit war zweifelsfrei belegt, dass sie die Fähigkeit, in Stereo zu riechen, beim vorangegangenen Versuch nutzten.

Die Geschwindigkeit, die der Mensch beim Spurensuchen an den Tag legt, ist zwar nicht berauschend – 10 Meter in 38 Sekunden –, aber Porter zeigte, dass sie mit wenig Training stark erhöht werden kann. Vier Versuchsteilnehmer, die dreimal pro Tag an drei Tagen zum Spurensuchen antraten, waren am Ende doppelt so schnell. Messungen zeigten, dass sie ihre Leistung erhöhten, indem sie ihre Schnüffelfrequenz verdoppelten: Von einmal in drei Sekunden auf einmal in eineinhalb Sekunden – ein Hund schnüffelt zehnmal so schnell. Vorausgesetzt, der Mensch schnüffelt schnell genug, kann er also zu einem ganz akzeptablen Spurensucher werden – aber nur, wenn er die Demut hat, auf die Knie zu gehen.

verrueckte-experimente.de

◆ Porter, J., B. Craven et al. (2007). Mechanisms of scent-tracking in humans. *Nature Neuroscience* 10, 27-29.

2007 **Hunde (II): Asymmetrisch wedeln**

Giorgio Vallortigara hat aus seinem Experiment zwei ganz persönliche Lehren gezogen. Erstens: Was Journalisten angeht, hatte er bisher mit der falschen Tierart gearbeitet. Und zweitens: Sich stundenlang Videoaufnahmen von Hundeschwänzen anzuschauen ist langweilig.

Vallortigara ist Neurowissenschafter an der Universität Triest in Italien. Den größten Teil seiner wissenschaftlichen Karriere verbrachte er damit, Hirnasymmetrien bei Tieren zu untersuchen, wie zum Beispiel die Spezialisierung der beiden Hirnhälften. Auf diese Asymmetrie ist es etwa zurückzuführen, dass Menschen und andere Primaten bevorzugt die rechte Hand gebrauchen.

Weil die rechte Gehirnhälfte die linke Körperseite steuert und die linke Gehirnhälfte die rechte Körperseite, hatten Forscher bisher immer bei paarweise vorhandenen Körperfunktionen nach dem Effekt der Asymmetrie gesucht: bei Händen eben, aber auch bei Augen, Ohren, Beinen. Vallortigara fragte sich nun, wie sich die Asymmetrie bei Körperteilen auswirken würde, die es nicht als Paar gab. Und als erstes solches Organ fiel ihm – vielleicht weil er selbst einen Chihuahua besitzt – der Hundeschwanz ein.

Der Hundeschwanz eignete sich ganz besonders für das Experiment, weil der Hund mit ihm sein emotionales Befinden anzeigt, und man wusste, dass auch die beiden Gehirnhälften für unterschiedliche Emotionen zuständig sind: Die linke Gehirnhälfte ist generell für Annäherung und Vertrauen zuständig, bei Menschen zum Beispiel für Liebe, ein Gefühl von Sicherheit und Ruhe. Die rechte Gehirnhälfte hingegen ist spezialisiert auf Flucht, Misstrauen, Angst, Depression. Das zeigt sich zum Beispiel darin, dass beim Menschen die Muskeln auf der rechten Gesichtshälfte Freude und Zufriedenheit reflektieren, jene auf der linken Trauer und Unzufriedenheit.

Da beim Hund die linke Gehirnhälfte die Muskeln steuert, die den Schwanz gegen rechts bewegen und umgekehrt, vermutete Vallortigara, dass Hunde je nach ihrem Gemütszustand asymmetrisch wedeln müssten.

Um das zu überprüfen, arbeitete er mit zwei Tierärzten von der Universität Bari zusammen, die 30 Hunde für Versuche rekrutierten. Sie bauten eine zwei mal zwei mal vier Meter große, dunkle Kiste, in denen die Hunde einer nach dem anderen durch das einzige Fenster abwechselnd eine Katze, einen dominanten Hund, eine unbekannte Person oder ihren Besitzer zu sehen bekamen. Wenn die Hunde ans Fenster der Kiste traten, zeichnete eine Videokamera von oben auf, wie ihr Schwanz wedelte.

In tagelanger, mühseliger Kleinarbeit bestimmte Vallortigaras Mitarbeiter Marcello Siniscalchi auf 18 000 Einzelbildern wedelnder Hundeschwänze deren exakte Position. Die Statistik brachte dann an den Tag, dass Vallortigara mit seiner Vermutung recht gehabt hatte: Wenn die Hunde ihre Besitzer sahen, wedelten sie mit einem Rechtsdrall: durchschnittlich 80 Grad gegen rechts, aber nur 65 Grad gegen links. Ebenfalls eine Tendenz gegen rechts hatten sie bei der unbekannten Person und bei der Katze, der Schwanz bewegte sich allerdings deutlich weniger stark als beim An-

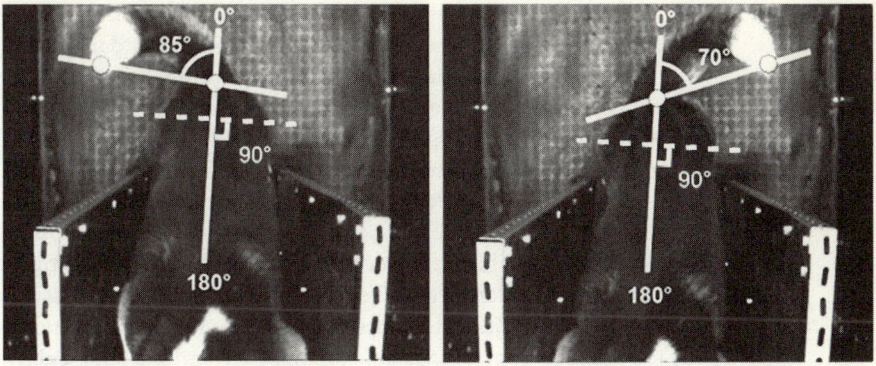

Der italienische Neurologe Giorgio Vallortigara hat mit seinen Mitarbeitern auf 18 000 Bildern den Maximalausschlag von wedelnden Hundeschwänzen bestimmt.

blick des Herrchens. Hatten sie dagegen den dominanten Hund vor sich, schlug der Schwanz stärker in die linke Richtung aus.

Alle Reize, von denen sich die Hunde angezogen fühlten – einschließlich einer Katze –, führten zu rechtsseitigem Wedeln. Wenn der Hund sich auf Flucht einstellte, wedelte er nach links.

Vallortigara ist der Erste, der zugibt, dass dieses Resultat im Grunde nicht überrascht, umso erstaunter war er von der Reaktion der Medien. Von Moskau bis Tokio vermeldeten die Zeitungen seine Erkenntnis zum Wedeln der Hunde, und als auch noch die *New York Times* darüber berichtete, war es endgültig vorbei mit der Ruhe. »Wie Andy Warhol es vorausgesagt hatte, bekam ich meine 15 Minuten Ruhm«, sagt der Forscher. Mehr noch als über die Spezialisierung der Hirnhälften sagte das Medienecho etwas über die spezielle Beziehung zwischen Mensch und Hund aus: »Meine früheren Versuche mit Fischen und Vögeln haben nicht annähernd so viel Aufsehen erregt.«

Bleibt die Frage, warum das Gehirn überhaupt asymmetrisch gebaut ist. Lange glaubte man, dass es die Spezialisierung der Hirnhälften nur beim Menschen gibt. Eine Erklärung war schnell gefunden: die Sprache. Die beiden Gehirnhälften kommunizieren nämlich nur durch ein relativ schmales Nervenbündel, den sogenannten Balken. Sprache erfordert aber eine derart schnelle Datenverarbeitung im Gehirn, dass dieser Balken zum Flaschenhals würde, wenn die Sprachfähigkeiten auf beide Hirnhälften verteilt wären. Also entwickelte sich das Sprachzentrum nur in einer Hirnhälfte (bei den meisten Menschen in der linken). Andere Funktionen rutschten in die rechte.

Die Sprache kann allerdings nicht die ganze Erklärung sein, denn es zeigte sich, dass auch das Gehirn von Bienen, Hühnern, Hunden und anderen Tieren asymmetrisch ist. Wissenschafter vermuten heute, die Spezialisierung der Hirnhälften habe sich entwickelt, weil sie einen Überlebensvorteil bietet. Sie erlaubt es, zwei Dinge gleichzeitig zu tun: zum Beispiel zu fressen und nach Feinden Ausschau zu halten. Zudem könnten auch die asymmetrische Anordnung der inneren Organe und ihre Verbindung zum Gehirn zur Asymmetrie der Hirnhälften beitragen.

◆ Quaranta, A., M. Siniscalchi et al. (2007). Asymmetric tail-wagging responses by dogs to different emotive stimuli. *Current Biology* 17(6), R199-201.

2008 **Hunde (III): Das große Gähnen**

Von allen Alltagsphänomenen dürfte das Gähnen den Wissenschaftlern am meisten Rätsel aufgeben. Obwohl sie so bemerkenswerte Studien publiziert haben wie »Gähnen und Verhaltensstadien bei Frühgeborenen« oder »Altersabhängige Veränderungen der serotonischen Modulation beim Gähnen von Ratten«, wissen wir noch immer nicht, welchen Zweck es hat, den Mund reflexartig mit einem tiefen Atemzug weit zu öffnen und ihn dann – manchmal mit einem langen, undefinierbaren Urlaut – wieder zu schließen. Alle paar Jahre tauchen neue Theorien auf, doch bisher wurde keine bewiesen und kaum eine widerlegt. Als gesichert gilt nur, dass Gähnen nicht, wie lange behauptet, durch Sauerstoffmangel ausgelöst wird. Leute mit weniger Sauerstoff im Blut gähnen nämlich nicht häufiger. Die neueste Idee lautet übrigens: Gähnen kühlt das Gehirn.

Zu den wenigen Gewissheiten über das Gähnen gehört, dass es ansteckend ist. Wenn in einer Runde einer zu gähnen beginnt, gähnen bald alle. Das brachte einige Wissenschafter auf die Idee, dem Gähnen eine soziale Funktion zuzuschreiben. Regelte das Gähnen früher den Schlaf-Wach-Rhythmus von Jägern und Sammlern? Oder führte es zu höherer Aufmerksamkeit der ganzen Gruppe? Ist das Gähnen für die Menschen, was das Heulen für die Wölfe ist: eine Art Vorbereitung auf die Jagd? Wenn das alles nach wilden Spekulationen klingt, dann aus dem einfachen Grund, weil sie es sind.

Eine dieser Spekulationen fand der Psychologe Atsushi Senju von der University of London besonders interessant: Gähnen könne seine ansteckende Wirkung nur entfalten, weil Menschen die Fähigkeit besitzen, sich in andere zu versetzen. Oder andersherum: Wer nicht mit der intuitiven Gewissheit lebt, andere Menschen seien Wesen mit Erwartungen und Meinungen, Gefühlen und Absichten wie man selbst, sollte gegen das ansteckende Gähnen immun sein. Zu den wenigen Gruppen, denen diese Gewissheit fehlt, gehören die Autisten. Es wird vermutet, dass ihre großen Schwierigkeiten im Umgang mit anderen Menschen genau von dieser Gefühlsblindheit herrühren.

Senju spielte also 49 Kindern, darunter 24 Autisten, Videobänder mit sechs gähnenden Gesichtern vor und beobachtete sie dabei. Und tatsächlich gähnten die Autisten dreimal weniger häufig als die anderen Kinder.

Nachdem Senju die Resultate 2007 veröffentlicht hatte, erhielt er ungewöhnliche Post: Zahlreiche Hundebesitzer meldeten sich bei ihm und behaupteten, ihre Tiere ließen sich vom Gähnen eines Menschen anstecken. Das überraschte Senju, denn eigentlich erfüllten Hunde die Voraussetzung nicht, sich in jemand anderen versetzen zu können. Laut der gängigen Theorie waren dazu komplexes Denken und die Fähigkeit, sich selbst zu erkennen, erforderlich. Beides konnten Hunde nicht vorweisen. Senju beschloss, der Sache nachzugehen, und rekrutierte 29 Hunde.

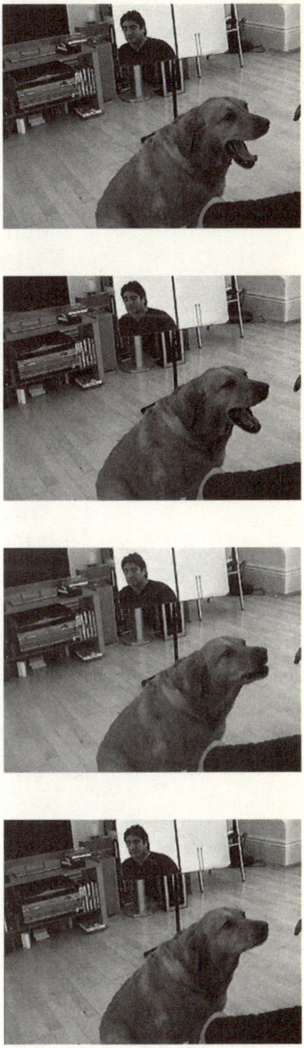

Hunde lassen sich vom Gähnen der Menschen anstecken und beginnen auch zu gähnen. (Im Spiegel ist ein Wissenschaftler zu sehen, auf dessen Gähnen der Hund mit Gähnen reagiert.)

Der erste Versuch, den Hunden die Videoaufnahmen vorzuführen, misslang kläglich. Die Hunde taten das einzig Vernünftige, als man ihnen den Film mit den gähnenden Gesichtern zeigte: Sie schauten weg. Dass die Kinder in der ersten Studie nicht das Gleiche getan hatten, lag einzig daran, dass Senju sie beauftragt hatte, die Anzahl Männer- und Frauengesichter in der Filmsequenz zu zählen. Weil das bei den Hunden nicht ging, kam Senjus Mitarbeiter Ramiro M. Joly-Mascheroni zum Einsatz. Er hatte die reichlich bizarre Aufgabe, sich vor den jeweiligen Hund zu setzen, zu warten bis er ihn anschaute und dann während der nächsten fünf Minuten 10- bis 20-mal zu gähnen. Und prompt begannen 21 der 29 Hunde auch zu gähnen – durchschnittlich nach 1 Minute und 39 Sekunden.

Um sicherzugehen, dass die Hunde nicht einfach das Öffnen des Mundes imitierten, setzte sich Joly-Mascheroni ein zweites Mal vor sie hin und öffnete und schloss mehrmals seinen Mund, ohne jedoch zu gähnen. Die Hunde zeigten keine Reaktion.

Dieses Resultat ist gleich doppelt erstaunlich – einerseits weil die ansteckende Wirkung des Gähnens vom Menschen zum Hund über eine Artengrenze hinweg erfolgt, andererseits weil der Anteil der gähnenden Hunde sehr hoch ist: 21 von 29 Hunden, das sind 72 Prozent – mehr als bei Menschen untereinander (45 bis 50 Prozent) oder Schimpansen (33 Prozent)! Sollten diese Zahlen tatsächlich etwas über das Mitgefühl der Hunde für den Menschen aussagen, dann könnten sie bedeuten, dass die Hunde die Menschen besser verstehen als die Menschen einander. Aber das haben Hundebesitzer ja schon immer gewusst.

verrueckte-experimente.de

◆ Joly-Mascheroni, R. M., A. Senju et al. (2008). Dogs catch human yawns. *Biology Letters* 4(5), 446-448.

Dank

Ein Buch schreiben ist ein bisschen wie sich um einen Säugling kümmern: Es bereitet zwar Freude, aber man macht sich vorher keine Vorstellung, wie viel Arbeit damit verbunden ist (selbst wenn man schon mehrere Bücher geschrieben hat). Schreibstau, durchgearbeitete Nächte, Kleinigkeiten, die sich zu monströsen Problemen entwickeln. Unter dieser Pein ächzend, ist man auf die Unterstützung einer ganzen Armee von Leuten angewiesen.

Da wären mal die Protagonisten dieses Buches selbst, deren Zeit ich stehlen durfte, um sie mit lästigen Fragen nach Details zu nerven. Viele haben auch uraltes unveröffentlichtes Material oder verschollen geglaubte Bilder hervorgezaubert.

Mein Dank gilt auch meinen Kollegen von *NZZ Folio*, in dem der größte Teil dieser Texte erschienen waren. Sie sorgen jeden Tag dafür, dass diese Redaktion ein wunderbar angenehmer und überaus inspirierender Ort bleibt.

Mit meinem Agenten Peter Fritz führte ich viele anregende Diskussionen (nicht nur über Experimente).

Thomas Häusler hat das Manuskript gelesen und mit seinem kritischen Auge manche inhaltliche und stilistische Dummheit verhindert. Kathrin Hofmann von Partner & Partner hat sich für *NZZ Folio* um die Bildrecherche gekümmert. Armin Ulrich von der Zollikofer AG hat aus uralten Bildvorlagen das Maximum herausgescannt.

Bei Bertelsmann hat die unermüdliche Dietlinde Orendi die Rechte von 150 Bildern eingeholt. Johannes Jacob hat mir großzügigerweise Aufschub gewährt, Max Widmaier hat sich um das Layout gekümmert, und mein Lektor Dieter Löbbert wurde dort fündig, wo ich nach langer Suche nach dem treffenden Ausdruck aufgegeben und den falschen hingeschrieben hatte.

Meine Frau Regula von Felten musste nicht nur als Testleserin, sondern auch spontane Vorträge über das Vierkartenproblem oder Kreuzigungsversuche ertragen. Und noch etwas für dich, Tim: Ich hoffe, die anschaulichen Tierversuche im Buch gefallen dir. Die Suche nach einem lustigen Experiment mit einem Kamel dauert noch an.

Sachregister

Personenregister

Bildnachweis

S. 13: Otto von Guericke Gesellschaft, Magdeburg
S. 14 o.: Bundesministerium der Finanzen, Berlin/Entwurf Gerhard Stauf
S. 14 Mi.: Bundesministerium der Finanzen, Berlin/Entwurf Prof. Christof Gassner
S. 14 u.: Bundesministerium der Finanzen, Berlin
S. 16 o.: Bundesministerium der Finanzen, Berlin
S. 16 Mi.: Bundesministerium der Finanzen, Berlin
S. 16 u.: Stadt Magdeburg
S. 17 o.: Picture Alliance, Frankfurt (Gambarini/Maurizio)
S. 17 u.: Abtshof Magdeburg GmbH / http://www.abtshof.de
S. 19: Corbis Images, Düsseldorf (Bettman/Corbis)
S. 21: James Lind Library, Oxford/UK
S. 23 o.: Corbis Images, Düsseldorf
S. 23 u.: IMPS, Belgien
S. 24 o.: Eric Ferrante (»Bolt of Lightning« by Isamu Noguchi)
S. 24 u.: Off The Mark Cartoons, Melrose/MA
S. 25 o.: Smithsonian National Postal Museum, Washington
S. 25 u.: Nationales Postamt Sierra Leone
S. 26: Museum of London
S. 27: American Institute of Physic, Melville/NY, USA (Aus: Physics Today/January 2006, S. 41, Fig 5)
S. 31: Wellcome Library, London
S. 32: Universität Bern, Institut für Medizingeschichte, Nachlass Theodor Kocher
S. 33: Aus: Zur Lehre von Schusswunden, Theodor Kocher, Fischer & Co, 1895
S. 34: Wikipedia
S. 35: Aus: Handbuch of Sensory Physiology 1978, Springer Verlag, mit Genehmigung der Universität Tübingen
S. 36: Wikipedia

S. 37 o.: Wikipedia
S. 37 u.: The University of Chicago
S. 39: Wikipedia
S. 40: Hale Observatory
S. 43: Wikipedia
S. 45: Library of Congress, Prints and Photographs Division, Washington
S. 46: ETH Bibliothek/Sammlung Alte Drucke, Zürich (Aus: Brown, H. P. (1888). Death-Current Experiments at the Edison Laboratory. Electrical World 12, 393-394)
S. 47: Wikipedia
S. 49: Interfoto, München/Mary Evans
S. 50: Bayerische Staatsbibliothek, München (Med.for. 1pd-20, S. 627, 629, 630)
S. 51: Bayerische Staatsbibliothek, München (Med.for. 1pd-20, S. 627, 629, 630)
S. 52: Bayerische Staatsbibliothek, München (Med.for. 1pd-20, S. 627, 629, 630)
S. 54: Artemis Images, Centennial/Co/USA
S. 55: Zeitungsausschnitt
S. 56: American Medical Association, Chicago/Ill (Aus: Davis, C. M. (1928). Self-selection of diet by newly weaned infants: an experimental study. American journal of diseases of children 28, 651-679)
S. 57: American Medical Association, Chicago/Ill (Aus: Davis, C. M. (1928). Self-selection of diet by newly weaned infants: an experimental study. American journal of diseases of children 28, 651-679)
S. 58: The University of Queensland, Australia (Prof. J. S. Mainstone)
S. 59: The University of Queensland, Australia (Karen Kindt)
S. 60: The University of Queensland, Australia (Prof. J. S. Mainstone)
S. 63: Interfoto, München
S. 64 o.: Aus »Daily Mail«
S. 64 u.: Aus: »The Morning Herald«
S. 67: Mitzi Wertheim (Aus: McGraw, M. (1935). Growth: A Study of Johnny and Jimmy. New York, D. Appleton-Century Company)
S. 68: Mitzi Wertheim (Aus: McGraw, M. (1935). Growth:

A Study of Johnny and Jimmy. New York, D. Appleton-Century Company)

S. 69: Mitzi Wertheim (Aus: McGraw, M. (1935). Growth: A Study of Johnny and Jimmy. New York, D. Appleton-Century Company)

S. 70 o.: Aus: Stevens Point/Daily Journal, March 15, 1934

S. 70 u.: Aus: »Daily Journal Gazette, 14.12.1946«

S. 72: Aus: »The Sheboygan Press«

S. 74: Aus: Les Cing Plaies du Christ von Pierre Barbet 1937, Seiten 60/63

S. 75: Aus: Les Cing Plaies du Christ von Pierre Barbet 1937, Seiten 60/63

S. 78 r., 78 li.: Corbis Images, Düsseldorf (Laura Dwight)

S. 80: Piaget Archiv, Genève

S. 87: Piaget Archiv, Genève (Aus: The essential Piaget, Jason Aronson, Northvale, New Jersey)

S. 89: Zeitungsausschnitt

S. 93: William Vandivert

S. 96: Edwards Air Force Base/History Office/AFB/CA/USA

S. 97: Getty Images, München

S. 98: Edwards Air Force Base/History Office/AFB/CA/USA

S. 99: David Hill Collection

S. 101: Muzafer Sherif (Aus: The Robbers Cave Experiment. Intergroup Conflict and Cooperation, Wesleyan University Press, 1988)

S. 103 o., 103 u.: (Aus: The Robbers Cave Experiment. Intergroup Conflict and Cooperation, Wesleyan University Press, 1988)

S. 104: (Aus: The Robbers Cave Experiment. Intergroup Conflict and Cooperation, Wesleyan University Press, 1988)

S. 105 o., 105 u.: (Aus: The Robbers Cave Experiment. Intergroup Conflict and Cooperation, Wesleyan University Press, 1988)

S. 107: Scott Adams, Inc.Dist.by UFS Inc.

S. 111: Ann Linton (Aus: Introduction to Psychology 10th edition by Atkinson/HBJ, 1989)

S. 115: Sol Mednick, Philadelphia (Aus: The Tell Tale Eye, Eckhard H. Hess, Van Nostrand 1975

S. 116 r., 116 li.: Aus: The Tell Tale Eye, Eckhard H. Hess, Van Nostrand 1975
S. 118: Aus: Science and Mechanics, October 1961, S. 110
S. 119: Aus: Science and Mechanics, October 1961, S. 110
S. 120: Getty Images, München (Fritz Gore/Time Life)
S. 122: Aus: Lowe, K. C. (2006). Blood substitutes: from chemistry to clinic. J. Mater. Chem 16, 4189-4196
S. 124: Cinetext, Frankfurt
S. 125: Corbis Images, Düsseldorf (Museum of Flight)
S. 128: AFP Agence France Press GmbH, Berlin
S. 129: AFP Agence France Press GmbH, Berlin
S. 131: Aus: »The New York Times«
S. 136: Warner Bros/The Kobal Collection
S. 139 r., 139 li.: Getty Images, München (Don Gravens/ Time Life Pictures)
S. 141: The Schutz Archive at Waseda University 1999-2007
S. 145: Harvard Edu:/Prof. E.O.Wilson
S. 146 o., 146 u.: Harvard Edu:/Prof. E.O.Wilson
S. 150: The University of Maryland/Prof. Harold Sigall
S. 153: Columbia University/Psychology Department
S. 155: Columbia University/Psychology Department
S. 157: Karl Blessing Verlag, München
S. 160: Corbis Images, Düsseldorf (Nancy Brown)
S. 163: Museum of Comparative Zoology, Cambridge/ USA (Aus: Essapian F S 1955 Speed-induced skin folds in the bottle-nosed porpoise Tursiops. truncatus. Breviora Mus. Comp. Zool. 43, S. 1–4)
S. 165: Corbis Images, Düsseldorf (Stephen Fink)
S. 167: Aus: Weiskrantz, L., J. Elliott, et al. (1971). Preliminary observations on tickling oneself. Nature 230(5296), 598-9
S. 169: Robert Scoble
S. 171: Getty Images, München (Jeff Randall)
S. 175: Norman Heglund
S. 177: Norman Heglund
S. 181: Corbis Images, Düsseldorf (Lynn Goldsmith)
S. 183: Ph.d. Frederick T. Zugibe, New York
S. 185: The University of Chicago/Martha McClintock

S. 191: Getty Images, München
S. 192: Corbis Images, Düsseldorf (Reuters)
S. 194: Corbis Images, Düsseldorf (Hulton-Deutsch Collection)
S. 196: AP Images, Frankfurt
S. 197: Aus: Artikel von Susan Sugarman, unterstützt vom Max Planck-Institut, ©American Psychological Society
S. 198: Aus: Artikel von Susan Sugarman, unterstützt vom Max Planck-Institut, ©American Psychological Society
S. 199: AP Images, Frankfurt
S. 201: Corbis Images, Düsseldorf (Roger Ressmeyer)
S. 202: Corbis Images, Düsseldorf (Roger Ressmeyer),
S. 205 r., 205 li.: Melissa Hines/Elsevier/Copyright Clearence Center/Boston/MA (Aus: »Alexander & Hines (2002) Evolution and Human Behavior 23: 467-479.«)
S. 207 o. 207 Mi., 207 u.: The University of Hawaii/Craig R. Smith
S. 209: The University of Hawaii/Craig R. Smith
S. 210: Nature, London (Stephen Dalton)
S. 212 o.: Jim Glasheen
S. 212 u.: Nature Publishing Group, London (Aus: : Glasheen, J. W. and McMahon, T. A. (1996a). A hydrodynamic model of locomotion in the basilisk lizard. Nature 380, 340-342)
S. 217: Getty Images, München (AFP)
S. 220 r., 220 li.: Jon Jefferson/Jefferson Bass.com
S. 222: Hoffmann & Campe Verlag, Hamburg, 2005
S. 225 o., 225 u.: The University of San Diego/Chris Harris
S. 228: Scientific American/Michael McCloskey (Aus: : Michael McCloskey, Intuitive Physics, Scientific American, 248 #4, 1983, Seiten 114-122)
S. 229: Scientific American/Michael McCloskey (Aus: : Michael McCloskey, Intuitive Physics, Scientific American, 248 #4, 1983, Seiten 114-122)
S. 230: Scientific American/Michael McCloskey (Aus: : Michael McCloskey, Intuitive Physics, Scientific American, 248 #4, 1983, Seiten 114-122
S. 233: Lea Delson, Berkeley/CA/USA
S. 236: Lea Delson, Berkeley/CA/USA
S. 237 r., 237 li.: Spine Magazin (Aus: Wilke, H. J., P. Neef,

et al. (1999). New in vivo measurements of pressures in the intervertebral disc in daily life. Spine 24(8), 755-62

S. 238 o., S. 238 u.: Clinical Biomechanics: (Aus: Wilke H., Neef P., Hinz B., Seidel H., Claes L. Intradiscal pressure together with anthropometric data-a data set for the validation of models. 2001 Clinical Biomechanics 16, Suppl 1, pp S111-26, with permission of Elsevier, Oxford)

S. 239: Clinical Biomechanics (Aus: Wilke H., Neef P., Hinz B., Seidel H., Claes L. Intradiscal pressure together with anthropometric data-a data set for the validation of models. 2001 Clinical Biomechanics 16, Suppl 1, pp S111-26, with permission of Elsevier, Oxford)

S. 240: Corbis Images, Düsseldorf (Shun Suke Yamamoto/amanaimages)

S. 242: Corbis Images, Düsseldorf (Hammamond/photocuisine)

S. 246: Getty Images, München (Adrian Dennis/AFP)

S. 251: The New Scientist Magazine, London

S. 253: Dan Ariely

S. 256 li., 256 r.: Dr. Charlie Frowd/School of Psychology/University of Central Lancashire, Preston, UK. (Aus: Sinha, Pawan. (2002). Recognizing Complex Patterns. Nature Neuroscience (suppl). Vol. 5, 1093-1097

S. 258: Dr. Charlie Frowd/School of Psychology/University of Central Lancashire, Preston, UK. (Aus: Sinha, Pawan. (2002). Recognizing Complex Patterns. Nature Neuroscience (suppl). Vol. 5, 1093-1097

S. 259 Mi.: Dr. Charlie Frowd/School of Psychology/University of Central Lancashire, Preston, UK. (Aus: Sinha, Pawan. (2002). Recognizing Complex Patterns. Nature Neuroscience (suppl). Vol. 5, 1093-1097

S. 259 u.r.: Corbis Images, Düsseldorf (Frank Trapper)

S. 259 u.li.: Corbis Images, Düsseldorf (Stephane Cardinal)

S. 261: Getty Images, München (Anderson Ross)

S. 262: The University of Minnesota/Josh McDermott

S. 263: The University of Minnesota/New Service

S. 265: The University of Minnesota/New Service

S. 267 r., 267 li.: Keez Keizer

S. 269: Keez Keizer

S. 270: Keez Keizer

S. 273: Krista MacPherson
S. 274: Krista MacPherson
S. 275: Courtesy Noam Sobel lab, UC Berkeley (Aus: UC Berkeley News/ Two nostrils better than one, researchers show By Robert Sanders, Media Relations 18. December 2006)
S. 276: Courtesy Noam Sobel lab, UC Berkeley (Aus: UC Berkeley News/ Two nostrils better than one, researchers show by Robert Sanders, Media Relations, 18 December 2006)
S. 279 r., 279 li.: Current Biology (Aus: Asymmetric tail-wagging responses by dogs to different emotive stimuli A. Quaranta, M. Siniscalchi and G. Vallortigara) with courtesy of G. Vallortigara
S. 280: Ramiro M. Joly-Mascheroni
S. 281: Ramiro M. Joly-Mascheroni

Die Rechteinhaber der Fotos von Seite 133, 227 konnten trotz intensiver Recherche bis Redaktionsschluss leider nicht ermittelt werden. Der Verlag bittet Personen oder Institutionen, welche die Rechte an diesen Fotos haben, sich zwecks angemessener Vergütung zu melden.